种植行业标准汇编

（2024）

标准质量出版分社　编

中国农业出版社
农村设物出版社
北　京

主　　编：刘　伟

副 主 编：冀　刚

编写人员（按姓氏笔画排序）：

冯英华　刘　伟　牟芳荣

杨桂华　胡烨芳　廖　宁

冀　刚

出 版 说 明

近年来，我们陆续出版了多部中国农业标准汇编，已将2004—2021年由我社出版的5 000多项标准单行本汇编成册，得到了广大读者的一致好评。无论从阅读方式还是从参考使用上，都给读者带来了很大方便。

为了加大农业标准的宣贯力度，扩大标准汇编本的影响，满足和方便读者的需要，我们在总结以往出版经验的基础上策划了《种植行业标准汇编（2024）》。本书收录了2022年发布的农作物品种试验与信息化技术规程、等级规格、品种审定规范、品种试验技术规范、机械化生产技术规范、农作物生产技术规程、品种鉴定技术规程、繁育技术规程、良好农业规范、农作物生产全程质量控制技术规范等方面的农业标准72项，并在书后附有2022年发布的6个标准公告供参考。

特别声明：

1. 汇编本着尊重原著的原则，除明显差错外，对标准中所涉及的有关量、符号、单位和编写体例均未做统一改动。

2. 从印制工艺的角度考虑，原标准中的彩色部分在此只给出黑白图片。

本书可供农业生产人员、标准管理干部和科研人员使用，也可供有关农业院校师生参考。

标准质量出版分社

2023年12月

目　录

附录

ICS 83.060
CCS B 72

NY

中华人民共和国农业行业标准

NY/T 459—2022
代替 NY/T 459—2011

天然生胶　子午线轮胎橡胶

Rubber, raw natural—Radials tire rubber

2022-11-11 发布　　2023-03-01 实施

中华人民共和国农业农村部　发布

前　言

本文件按照 GB/T 1.1—2020《标准化工作导则　第 1 部分：标准化文件的结构和起草规则》的规定起草。

本文件代替 NY/T 459—2011《天然生胶　子午线轮胎橡胶》，与 NY/T 459—2011 相比，除结构调整和编辑性改动外，主要技术变化如下：

a) 更改了适用范围（见第 1 章，2011 年版的第 1 章）；

b) 更新了规范性引用文件并增加了规范性引用文件 GB/T 19188（见第 2 章，2011 年版的第 2 章）；

c) 更改了术语“子午线轮胎橡胶”的定义（见 3.1，2011 年版的 3.1）；

d) 更改了原料组成（见第 4 章，2011 年版的第 4 章）；

e) 更改了 10 号胶和 20 号胶的杂质含量、10 号胶的硫化胶拉伸强度及 20 号胶的塑性初值（P_0）的技术要求（见第 5 章，2011 年版的第 5 章）；

f) 删除了“交货时不大于 48”的要求（见 2011 年版中表 1 的脚注[a]）；

g) 删除了“有关各方也可同意采用另外的黏度值”（见 2011 年版中表 1 的脚注[b]）；

h) 将“取样和评价”更改为：“检验规则”，并将其细分为“组批、取样、出厂检验和验收检验、判定”（见 6.1、6.2、6.3 和 6.4，2011 年版的第 6 章）；

i) 更改了“包装”的内容（见 7.2，2011 年版的 7.2）；

j) 更改了“标志”的内容（见 7.2.1，2011 年版的 7.2.1）；

k) 更改了“储存和运输”的内容（见 7.3、7.4，2011 年版的 7.3）。

请注意本文件的某些内容可能涉及专利。本文件的发布机构不承担识别专利的责任。

本文件由农业农村部农垦局提出。

本文件由农业农村部热带作物及制品标准化技术委员会归口。

本文件起草单位：中国热带农业科学院农产品加工研究所、海南中橡科技有限公司、云南天然橡胶产业集团有限公司、广东省广垦橡胶集团有限公司。

本文件主要起草人：张北龙、袁瑞全、陶金龙、阮林光、杨学富、李一民、罗梓蓉、卢光、张荣华、刘培铭。

本文件及其所代替文件的历次版本发布情况为：

——2001 年首次发布，2011 年第一次修订；

——本次为第二次修订。

天然生胶　子午线轮胎橡胶

1　范围

本文件规定了天然生胶子午线轮胎橡胶的原料组成、技术要求、检验规则，以及包装、标志、储存和运输。

本文件适用于以鲜胶乳、凝块、胶园凝胶、烟胶片和生胶片为原料生产的天然生胶子午线轮胎橡胶。

2　规范性引用文件

下列文件中的内容通过文中的规范性引用而构成本文件必不可少的条款。其中，注日期的引用文件，仅该日期对应的版本适用于本文件；不注日期的引用文件，其最新版本（包括所有的修改单）适用于本文件。

GB/T 528　硫化橡胶或热塑性橡胶拉伸应力应变性能的测定

GB/T 1232.1　未硫化橡胶用圆盘剪切黏度计进行测定　第1部分：门尼黏度的测定

GB/T 3510　未硫化橡胶塑性的测定快速塑性计法

GB/T 3516　橡胶中溶剂抽出物的测定

GB/T 3517　天然生胶塑性保持率的测定

GB/T 4498.1　橡胶灰分的测定　第1部分：马弗炉法

GB/T 8082—2018　天然生胶技术分级橡胶（TSR）　包装、标志、贮存和运输

GB/T 8086　天然生胶杂质含量测定

GB/T 8088　天然生胶和天然胶乳氮含量的测定

GB/T 15340　天然、合成生胶取样及其制样方法

GB/T 19188　天然生胶和合成生胶　贮存指南

GB/T 24131.1　生橡胶挥发分含量的测定　第1部分：热辊法和烘箱法

NY/T 1403—2007　天然橡胶　评价方法

3　术语和定义

下列术语和定义适用于本文件。

3.1

子午线轮胎橡胶　radials tire rubber

专用于子午线轮胎生产的天然橡胶。

4　原料组成

使用的原料主要有鲜胶乳、凝块、胶园凝胶、烟胶片和生胶片。

5　技术要求

不同级别的子午线轮胎橡胶物理和化学性能应符合表1的要求。

表1　子午线轮胎橡胶的技术要求

性能	各级子午线轮胎橡胶的极限值			试验方法
	5号胶 （SCR RT 5）	10号胶 （SCR RT 10）	20号胶 （SCR RT 20）	
标志颜色	绿	褐	红	
留在筛网上的杂质（质量分数），%	≤0.05	≤0.08	≤0.16	GB/T 8086

表 1（续）

性能	各级子午线轮胎橡胶的极限值			试验方法
	5 号胶 (SCR RT 5)	10 号胶 (SCR RT 10)	20 号胶 (SCR RT 20)	
灰分(质量分数),%	≤0.60	≤0.75	≤1.0	GB/T 4498.1
氮含量(质量分数),%	≤0.6	≤0.6	≤0.6	GB/T 8088
挥发分(质量分数),%	≤0.8	≤0.8	≤0.8	GB/T 24131.1［烘箱法,(105±5)℃］
丙酮抽出物（质量分数),%	2.0～3.5	2.0～3.5	2.0～3.5	GB/T 3516
塑性初值(P_0)	≥36	≥36	≥33	GB/T 3510
塑性保持率(*PRI*)	≥60	≥50	≥40	GB/T 3517
门尼黏度，ML（1＋4）100 ℃	83±10	83±10	83±10	GB/T 1232.1
硫化胶拉伸强度[a],MPa	≥21.0	≥21.0	≥20.0	GB/T 528

[a] 进行拉伸强度试验的硫化胶使用 NY/T 1403—2007 表 1 中规定的 ACS 1 纯胶配方:橡胶 100.00、氧化锌 6.00、硫黄 3.50、硬脂酸 0.50、促进剂 MBT 0.50,硫化条件:140 ℃×20 min、30 min、40 min、60 min。

6 检验规则

6.1 组批

同一批相同原料生产的子午线轮胎橡胶每 20 t 按一批计,每批原料生产的子午线轮胎橡胶不足 20 t 也应按一批计。

6.2 取样

除非有关各方同意采用其他方法,否则,子午线轮胎橡胶应按 GB/T 15340 规定的方法取样。

6.3 出厂检验或验收检验

本文件第 5 章所规定的项目均为出厂检验项目或验收检验项目。

6.4 判定

除非合同另有规定,否则全部检验项目符合表 1 的规定要求为合格。如果检验项目有一项性能不符合规定,应加倍抽样检验;加倍抽样检验结果仍有不符合项,则该批子午线轮胎橡胶为不合格。

7 包装、标志、储存和运输

7.1 包装

按 GB/T 8082—2018 中第 3 章的规定执行。

7.2 标志

7.2.1 子午线轮胎橡胶使用“SCR RT”代号,子午线轮胎橡胶 5 号胶、10 号胶和 20 号胶的代号分别为 SCR RT 5、SCR RT 10 和 SCR RT 20。

7.2.2 标志内容按 GB/T 8082—2018 中 4.3 的规定执行。

7.3 储存

按 GB/T 19188 的规定执行。

7.4 运输

按 GB/T 8082—2018 中第 6 章的规定执行。

ICS 67.060
CCS B 22

NY

中华人民共和国农业行业标准

NY/T 594—2022
代替 NY/T 594—2013

食用粳米

Edible japonica rice

2022-11-11 发布　　　　2023-03-01 实施

中华人民共和国农业农村部 发布

前 言

本文件按照 GB/T 1.1—2020《标准化工作导则 第1部分:标准化文件的结构和起草规则》的规定起草。

本文件代替 NY/T 594—2013《食用粳米》。与 NY/T 594—2013 相比,除结构调整和编辑性改动外,主要技术变化如下:

a) 修改了标准名称的英文译名(见封面,2013 年版封面);
b) 修改了食用粳米的英文译名(见 3.1,2013 年版 3.1);
c) 增加了阴糯米、阴糯米率、整精糯米的术语和定义(见 3.3、3.4、3.5,2013 年版);
d) 修改了杂质、不完善粒、加工精度、碎米的质量等级指标值(见表 1、表 2,2013 年版表 1、表 2);
e) 修改了水分、胶稠度、直链淀粉含量的检测方法标准(见 6.1、6.9,2013 年版 6.1、6.10.2);
f) 删除了合格判定和品质分类(见 2013 年版 7.3、7.5);
g) 修改了包装、标签、储存和运输(见第 8 章,2013 年版第 8 章);
h) 增加了附录 A 异型米粒检验方法、附录 B 白度检验方法和附录 C 阴糯米率检验方法(见附录 A、附录 B、附录 C)。

请注意本文件的某些内容可能涉及专利。本文件的发布机构不承担识别专利的责任。

本文件由农业农村部种植业管理司提出并归口。

本文件起草单位:中国水稻研究所、农业农村部稻米及制品质量监督检验测试中心。

本文件主要起草人:胡培松、胡贤巧、王仁杯、朱智伟、陈铭学、于永红、章林平、牟仁祥、邵雅芳、施俊生、卢林、方长云、扈战强。

本文件及其所代替文件的历次版本发布情况为:

——2002 年首次发布为 NY/T 594—2002,2013 年第一次修订;

——本次为第二次修订。

食用粳米

1 范围

本文件规定了食用粳米的术语和定义、分类、质量要求、检验方法、检验规则及包装、标签、储存和运输。

本文件适用于对食用粳米的检验、评价和评选。

本文件不适用于食品、酿造等工业用粳米原料。

2 规范性引用文件

下列文件中的内容通过文中的规范性引用而构成本文件必不可少的条款。其中,注日期的引用文件,仅该日期对应的版本适用于本文件;不注日期的引用文件,其最新版本(包括所有的修改单)适用于本文件。

GB/T 191 包装储运图示标志

GB/T 1354 大米

GB 5009.3 食品安全国家标准 食品中水分的测定

GB/T 5490 粮油检验 一般规则

GB/T 5491 粮食、油料检验 扦样、分样法

GB/T 5492 粮油检验 粮食、油料的色泽、气味、口味鉴定

GB/T 5494 粮油检验 粮食、油料的杂质、不完善粒检验

GB/T 5496 粮食、油料检验 黄粒米及裂纹粒检验法

GB/T 5502 粮油检验 大米加工精度检验

GB/T 5503 粮油检验 碎米检验法

GB 7718 食品安全国家标准 预包装食品标签通则

GB/T 15682 粮油检验 稻谷、大米蒸煮食用品质感官评价方法

GB/T 17109 粮食销售包装

GB 28050 食品安全国家标准 预包装食品营养标签通则

JJF 1070 定量包装商品净含量计量检验规则

NY/T 83 米质测定方法

NY/T 593 食用稻品种品质

NY/T 2639 稻米直链淀粉的测定 分光光度法

国家质量监督检验检疫总局令 2005 年第 75 号 定量包装商品计量监督管理办法

3 术语和定义

GB/T 1354 界定的以及下列术语和定义适用于本文件。

3.1

食用粳米 edible japonica rice

作为粮食消费的粳稻谷碾制而成的稻米。

3.2

异型米粒 shaped grain

形态、结构、色泽与本批次稻米明显不同的米粒。

3.3

阴糯米 translucent glutinous rice grain

胚乳透明或半透明的糯米颗粒。

3.4

阴糯米率 translucent glutinous rice grain percentage

整精糯米中阴糯米粒占整个米样粒数的百分率。

3.5

整精糯米 head glutinous rice

长度达到试样完整米粒平均长度 3/4 以上的糯米粒。

4 分类

食用粳米分为食用粳黏米和食用粳糯米。

5 质量要求

5.1 基本要求

食用粳黏米和食用粳糯米应符合表 1 的基本要求。

表 1 食用粳黏米和食用粳糯米质量基本要求

水分,%	杂质		黄粒米,%	不完善粒,%	异型米粒,%	色泽	气味
	总量,%	无机杂质,%					
≤15.5	≤0.25	≤0.02	≤0.5	≤3.0	≤5.0	正常	正常

5.2 质量等级要求

优质食用粳黏米的质量等级见表 2,优质食用粳糯米的质量等级见表 3。

表 2 优质食用粳黏米质量等级要求

项目			等级		
			一	二	三
加工精度			精碾	精碾	适碾
碎米	总量,%		≤5.0	≤7.5	≤10.0
	其中:小碎米,%		≤0.1	≤0.3	≤0.5
垩白度,%			≤1.0	≤3.0	≤5.0
透明度,级			1	≤2	
蒸煮食用	Ⅰ	感官评价,分	≥90	≥80	≥70
	Ⅱ	碱消值,级	7.0		≥6.0
		胶稠度,mm	≥70		≥60
		直链淀粉含量(干基),%	13.0～18.0	13.0～19.0	13.0～20.0

表 3 优质食用粳糯米质量等级要求

项目			等级		
			一	二	三
加工精度			精碾	精碾	适碾
碎米	总量,%		≤5.0	≤7.5	≤10.0
	其中:小碎米,%		≤0.2	≤0.5	≤0.8
阴糯米率/%			≤1	≤3	≤5
白度/级			1	≤2	
蒸煮食用	Ⅰ	感官评价,分	≥90	≥80	≥70
	Ⅱ	碱消值,级	7.0		≥6.0
		胶稠度,mm	≥100		≥90
		直链淀粉含量(干基),%	≤2.0		

5.3 安全指标按食品安全国家标准和相关法律法规要求的规定执行。

5.4 植物检疫按有关标准和国家有关规定执行。

5.5　净含量应符合国家质量监督检验检疫总局令 2005 年第 75 号的规定，为产品最大允许水分状况下的质量。

6　检验方法

6.1　水分检验：按 GB 5009.3 的规定执行。

6.2　杂质、不完善粒检验：按 GB/T 5494 的规定执行。

6.3　黄粒米检验：按 GB/T 5496 的规定执行。

6.4　异型米率检验：按附录 A 的规定执行。

6.5　色泽、气味检验：按 GB/T 5492 的规定执行。

6.6　加工精度检验：按 GB/T 5502 的规定执行。

6.7　碎米检验：按 GB/T 5503 的规定执行。

6.8　垩白度、透明度检验：按 NY/T 83 的规定执行。

6.9　蒸煮食用检验可采用感官法（Ⅰ）或理化指标法（Ⅱ）。

6.9.1　感官评价：按 GB/T 15682 的规定执行，其中，GB/T 15682 中加水浸泡的加水量按 NY/T 593 的规定执行。

6.9.2　碱消值、胶稠度检验：按 NY/T 83 的规定执行。

6.9.3　直链淀粉含量检验：按 NY/T 2639 的规定执行。

6.10　白度检验：按附录 B 的规定执行。

6.11　阴糯米率检验：按附录 C 的规定执行。

6.12　净含量检验：按 JJF 1070 的规定执行。

7　检验规则

7.1　检验的一般规则

按 GB/T 5490 的规定执行。

7.2　扦样、分样

按 GB/T 5491 的规定执行。

7.3　组批规则

同原料、同工艺、同设备、同班次加工的产品为一批。

7.4　等级判定

食用粳黏米或食用粳糯米的质量等级根据该批次大米样品检测的结果综合评定，以全部符合标准条件的最低等级判定等级。不符合最低等级指标要求的，作为非等级产品。

8　包装、标签、储存和运输

8.1　包装

8.1.1　包装应符合 GB/T 17109 和食品安全的要求。

8.1.2　包装应清洁、牢固、无破损，封口或缝口应严密、结实，不应洒漏，不应带来污染和异常气味。

8.2　标签

8.2.1　预包装食用粳米的标签标识应符合 GB 7718 和 GB 28050 的要求。应在包装物上或随行文件中注明产品名称、类别、等级、产地、加工日期、保质期限和净含量。

8.2.2　外包装物包装储运标识应符合 GB/T 191 的要求。

8.2.3　标注的净含量应为产品最大允许水分状况下的质量。

8.3 储存和运输

8.3.1 应储存在清洁、干燥、防雨、防潮、防虫、防鼠、无异味的合格场所，不得与有毒有害物质或水分较高的物质混存。

8.3.2 应使用符合食品安全要求的运输工具和容器运送食用粳米产品，运输过程中应注意防止雨淋和被污染。

8.3.3 在满足上述包装、运输和储存条件下，保质期应不低于3个月。

附 录 A
（规范性）
异型米率检验方法

A.1 仪器和用具

分析盘、镊子。

A.2 操作方法

从大米试样中随机数取完整精米 100 粒，拣出形态、结构、色泽与本批次稻米明显不同的米粒（粒数 n）。重复 1 次。

A.3 结果计算

异型米率按公式（A.1）计算。

$$Y = \frac{n}{100} \times 100 \qquad (A.1)$$

式中：

Y ——异型米率的数值，单位为百分号（%）；

n ——异型米粒数的数值，单位为粒；

测定结果以 2 次测定的平均值表示，计算结果保留到小数点后 1 位。

附　录　B
（规范性）
白度检验方法

B.1　仪器和用具

白度计、分析盘、镊子。

B.2　操作方法

从糯米中随机取出白度计所需用量的整精糯米。以镁条燃烧发出的白光为白度标准值（即 100%），用白度计测量整粳糯米的白度值（%）（表 B.1）。重复 1 次。

表 B.1　白度分级

级别	1	2	3
白度值，%	＞50.0	47.1～50.0	≤47.0

B.3　结果表示

测定结果以 2 次测定的平均值，查询表 B.1 得到的白度级别表示。

附 录 C
（规范性）
阴糯米率检验方法

C.1 仪器和用具

分析盘、镊子。

C.2 操作方法

从糯米中随机取整精糯米 100 粒，拣出阴糯米的米粒（m）。重复 1 次。

C.3 结果计算

阴糯米率按公式（C.1）计算。

$$T = \frac{m}{100} \times 100 \tag{C.1}$$

式中：

T ——阴糯米率的数值，单位为百分号（%）；

m ——阴糯米粒数的数值，单位为粒；

测定结果以 2 次测定的平均值表示，计算结果保留到整数位。

ICS 67.060
CCS B 22

NY

中华人民共和国农业行业标准

NY/T 595—2022
代替 NY/T 595—2013

食用籼米

Edible indica rice

2022-11-11 发布 2023-03-01 实施

中华人民共和国农业农村部 发布

前　言

本文件按照 GB/T 1.1—2020《标准化工作导则　第 1 部分:标准化文件的结构和起草规则》的规定起草。

本文件代替 NY/T 595—2013《食用籼米》。与 NY/T 595—2013 相比,除结构调整和编辑性改动外,主要技术变化如下:

a) 修改了英文译名(见封面,2013 年版的封面);
b) 修改了范围(见第 1 章,2013 年版的第 1 章);
c) 修改了术语和定义中食用籼米的英文译名;增加了阴糯米、阴糯米率、整精糯米的术语和定义(见 3.1、3.3、3.4、3.5);
d) 删除了基本要求里的糠粉、带壳稗粒和稻谷粒(见 2013 年版的表 1);
e) 修改了基本要求里杂质总量的数值(见表 1,2013 年版的表 1);
f) 修改了加工精度等级描述(见表 2、表 3,2013 年版的表 2、表 3);
g) 修改了食用籼米和食用籼糯米等级要求里碎米总量的数值(见表 2、表 3,2013 年版的表 2、表 3);
h) 修改了粒长、水分、胶稠度和直链淀粉含量的检测方法标准(见 6.1、6.2、6.11.2,2013 年版的 6.1、6.2、6.11.2);
i) 删除了检验规则里的合格判定和品质分类(见 2013 年版的 7.3、7.5);
j) 修改了包装、标签、储存和运输(见第 8 章,2013 年版的第 8 章);
k) 增加了附录 A 异型米粒检验方法、附录 B 白度检验方法和附录 C 阴糯米率检验方法(见附录 A、附录 B、附录 C)。

请注意本文件的某些内容可能涉及专利。本文件的发布机构不承担识别专利的责任。

本文件由农业农村部种植业管理司提出并归口。

本文件起草单位:中国水稻研究所、农业农村部稻米及制品质量监督检验测试中心。

本文件主要起草人:于永红、施俊生、朱智伟、邵雅芳、陈铭学、胡贤巧、孙成效、朱大伟。

本文件及其所代替文件的历次版本发布情况为:

——2002 年首次发布为 NY/T 595—2002,2013 年第一次修订;
——本次为第二次修订。

食用籼米

1 范围

本文件规定了食用籼米的术语和定义、分类、质量要求、检验方法、检验规则及包装、标签、储存和运输的要求。

本文件适用于对食用籼米的检验、评价和评选。

本文件不适用于食品、酿造等工业用籼米原料。

2 规范性引用文件

下列文件中的内容通过文中的规范性引用而构成本文件必不可少的条款。其中，注日期的引用文件，仅该日期对应的版本适用于本文件；不注日期的引用文件，其最新版本（包括所有的修改单）适用于本文件。

GB/T 191 包装储运图示标志

GB/T 1354 大米

GB 5009.3 食品安全国家标准 食品中水分的测定

GB/T 5490 粮油检验 一般规则

GB/T 5491 粮食、油料检验 扦样、分样法

GB/T 5492 粮油检验 粮食、油料的色泽、气味、口味鉴定

GB/T 5494 粮油检验 粮食、油料的杂质、不完善粒检验

GB/T 5496 粮食、油料检验 黄粒米及裂纹粒检验法

GB/T 5502 粮油检验 大米加工精度检验

GB/T 5503 粮油检验 碎米检验法

GB 7718 食品安全国家标准 预包装食品标签通则

GB/T 15682 粮油检验 稻谷、大米蒸煮食用品质感官评价方法

GB/T 17109 粮食销售包装

GB/T 24535 粮油检验 稻谷粒型检验方法

GB 28050 食品安全国家标准 预包装食品营养标签通则

JJF 1070 定量包装商品净含量计量检验规则

NY/T 83 米质测定方法

NY/T 593 食用稻品种品质

NY/T 2639 稻米直链淀粉的测定 分光光度法

国家质量监督检验检疫总局令 2005 年第 75 号 定量包装商品计量监督管理办法

3 术语和定义

GB/T 1354 界定的及下列术语和定义适用于本文件。

3.1

食用籼米 edible indica rice

作为粮食消费的籼稻谷碾制而成的精米。

3.2

异型米粒 abnormal grain

形态、结构、色泽与本批次稻米明显不同的米粒。

3.3

阴糯米 translucent glutinous rice grain

胚乳透明或半透明的糯米颗粒。

3.4

阴糯米率　translucent glutinous rice grain percentage

整精糯米中阴糯米粒占整个米样粒数的百分率。

3.5

整精糯米　head glutinous rice

长度达到试样完整米粒平均长度 3/4 及以上的糯米粒。

4 分类

将食用籼米分为食用籼黏米、食用籼糯米；依据其米粒长短分别分为长粒、中粒和短粒 3 种，即：

a) 长粒形籼米，粒长大于 6.5 mm；

b) 中粒形籼米，粒长范围 5.6 mm～6.5 mm；

c) 短粒形籼米，粒长小于 5.6 mm。

5 质量要求

5.1 基本要求

食用籼黏米和食用籼糯米应符合表 1 的基本要求。

表 1　食用籼黏米和食用籼糯米质量基本要求

水分，%	杂质		黄粒米，%	不完善粒，%	异型米，%	色泽	气味
	总量，%	无机杂质，%					
≤14.5	≤0.25	≤0.02	≤0.5	≤3.0	≤5.0	正常	正常

5.2 质量等级要求

食用籼黏米和食用籼糯米的质量等级见表 2 和表 3。

表 2　食用籼黏米质量等级要求

项目			等级		
			一	二	三
加工精度			精碾	精碾	适碾
碎米	总量，%		≤10.0	≤12.5	≤15.0
	其中：小碎米，%		≤0.2	≤0.5	≤1.0
垩白度，%			≤1.0	≤3.0	≤5.0
透明度，级			1	≤2	
蒸煮食用	Ⅰ	感官评价，分	≥90	≥80	≥70
	Ⅱ	碱消值，级	≥6.0		≥5.0
		胶稠度，mm	≥60		≥50
		直链淀粉含量（干基），%	13.0～18.0	13.0～20.0	13.0～22.0

表 3　食用籼糯米质量等级要求

项目			等级		
			一	二	三
加工精度			精碾	适碾	适碾
碎米	总量，%		≤10.0	≤12.5	≤15.0
	其中：小碎米，%		≤0.5	≤1.0	≤1.5
阴糯米率，%			≤1	≤3	≤5
白度，级			1	≤2	
蒸煮食用	Ⅰ	感官评价，分	≥90	≥80	≥70
	Ⅱ	碱消值，级	≥6.0		≥5.0
		胶稠度，mm	≥100		≥90
		直链淀粉含量（干基），%	≤2.0		

5.3 安全指标按食品安全国家标准和相关法律法规要求规定执行。

5.4 植物检疫按有关标准和国家有关规定执行。

5.5 净含量应符合国家质量监督检验检疫总局令2005年第75号的规定，为产品最大允许水分状况下的质量。

6 检验方法

6.1 粒长的检验：按GB/T 24535或NY/T 83的规定执行。

6.2 水分检验：按GB 5009.3的规定执行。

6.3 杂质、不完善粒检验按：GB/T 5494的规定执行。

6.4 黄粒米检验：按GB/T 5496的规定执行。

6.5 异型米率检验：按附录A的规定执行。

6.6 色泽、气味检验：按GB/T 5492的规定执行。

6.7 加工精度检验：按GB/T 5502的规定执行。

6.8 破碎米检验：按GB/T 5503的规定执行。

6.9 垩白度检验：按NY/T 83的规定执行。

6.10 透明度检验：按NY/T 83的规定执行。

6.11 蒸煮食用检验：可采用感官法（Ⅰ）或理化指标法（Ⅱ）。

6.11.1 感官评价：按GB/T 15682的规定执行，其中，GB/T 15682中加水浸泡的加水量按NY/T 593的规定执行。

6.11.2 碱消值、胶稠度检验：按NY/T 83的规定执行。

6.11.3 直链淀粉含量检验：按NY/T 2639的规定执行。

6.12 白度检验：按附录B的规定执行。

6.13 阴糯米率检验：按附录C的规定执行。

6.14 净含量检验：按JJF 1070的规定执行。

7 检验规则

7.1 检验的一般规则

按GB/T 5490的规定执行。

7.2 扦样、分样

按GB 5491的规定执行。

7.3 产品组批

同原料、同工艺、同设备、同班次加工的产品为一批。

7.4 等级判定

食用籼黏米或食用籼糯米的质量等级根据该批次大米样品检测的结果综合评定，以全部符合标准条件的最低等级判定。不符合最低等级指标要求的，作为非等级产品。

8 包装、标签、储存和运输

8.1 包装

8.1.1 包装应符合GB/T 17109的规定和食品安全的要求。

8.1.2 包装应清洁、牢固、无破损，封口或缝口应严密、结实，不应洒漏，不应带来污染和异常气味。

8.2 标签

8.2.1 预包装食用籼米的标签标识应符合GB 7718和GB 28050的要求。应在包装物上或随行文件中注明产品名称、类别、等级、产地、加工日期、保质期限和净含量。

8.2.2 外包装物包装储运标识应符合 GB/T 191 的要求。

8.2.3 标注的净含量应为产品最大允许水分状况下的质量。

8.3 储存和运输

8.3.1 应储存在清洁、干燥、防雨、防潮、防虫、防鼠、无异味的合格场所，不得与有毒有害物质或水分较高的物质混存。

8.3.2 应使用符合食品安全要求的运输工具和容器运送食用籼米产品，运输过程中应注意防止雨淋和被污染。

8.3.3 在满足包装、储存、运输条件下，保质期不应低于 3 个月。

附 录 A
（规范性）
异型米率检验方法

A.1 仪器和用具

分析盘、镊子。

A.2 操作方法

从大米试样中随机数取完整精米 100 粒，拣出形态、结构、色泽与本批次稻米明显不同的米粒（粒数 n）。重复 1 次。

A.3 结果计算

异型米率按公式（A.1）计算。

$$Y=\frac{n}{100}\times 100 \qquad \text{(A.1)}$$

式中：

Y ——异型米率的数值，单位为百分号（%）；

n ——异型米粒数的数值，单位为粒；

测定结果以 2 次测定的平均值表示，计算结果保留小数点后 1 位。

附 录 B
(规范性)
白度检验方法

B.1 仪器和用具

白度计、分析盘、镊子。

B.2 操作方法

从糯米中随机取出白度计所需用量的整精糯米。以镁条燃烧发出的白光为白度标准值(即 100%),用白度计测量求得白度值(%)(见表 B.1)。重复 1 次。

表 B.1 白度的分级

级别	1	2	3
白度值,%	>50.0	47.1~50.0	≤47.0

B.3 结果表示

测定结果以 2 次测定的平均值,查询表 B.1 得到的白度级别表示。

附 录 C
（规范性）
阴糯米率检验方法

C.1 仪器和用具

分析盘、镊子。

C.2 操作方法

从糯米中随机取整精糯米 100 粒，拣出阴糯米的米粒（m）。重复 1 次。

C.3 结果计算

阴糯米率按公式（C.1）计算。

$$T = \frac{m}{100} \times 100 \qquad (C.1)$$

式中：

T ——阴糯米率的数值，单位为百分号（%）；

m ——阴糯米粒数的数值，单位为粒；

测定结果以 2 次测定的平均值表示，计算结果保留到整数位。

ICS 67.080.10
CCS B 31

NY

中华人民共和国农业行业标准

NY/T 694—2022

代替 NY/T 694—2003

罗　汉　果

Siraitia grosvenorii

2022-11-11 发布　　　　2023-03-01 实施

中华人民共和国农业农村部　发布

前　　言

本文件按照 GB/T 1.1—2020《标准化工作导则　第 1 部分:标准化文件的结构和起草规则》的规定起草。

本文件代替 NY/T 694—2003《罗汉果》。与 NY/T 694—2003 相比,除结构调整和编辑性改动外,主要技术变化如下:

a) 删除了规范性引用文件 GB/T 5009.11、GB/T 5009.12、GB/T 5009.15、GB/T 5009.20、GB/T 5009.110、GB/T 5009.188、GB/T 6194(见 2003 年版的第 2 章);
b) 增加了规范性引用文件 GB/T 5048、GB/T 20357(见第 2 章);
c) 删除了术语和定义“果肉纤维”“绒毛”“上限果”(见 2003 年版的 3.2、3.3、3.6);
d) 增加了术语和定义“圆形果”(见 3.3);
e) 修改了规格指标(见 4.1,2003 年版的 4.3);
f) 调整了基本要求内容至感官指标(见 4.2 的表 2,2003 年版的 4.1);
g) 删除了理化指标总糖(见 2003 年版的 4.4);
h) 增加了感官指标(见 4.2);
i) 增加了理化指标皂苷Ⅴ(见 4.2);
j) 修改了理化指标水分、水浸出物(见 4.2,2003 年版的 4.4);
k) 删除了卫生指标列表(见 2003 年版的 4.5);
l) 增加了检验方法的检验样品(见 5.1);
m) 删除了检验方法中可溶性总糖(见 2003 年版的 5.3.2);
n) 删除了检验方法中砷、铅、镉、水胺硫磷、多菌灵、氰戊菊酯、溴氰菊酯(见 2003 年版的 5.3.5、5.3.6、5.3.7、5.3.8、5.3.9、5.3.10);
o) 修改了检验方法中感官检验的方法(见 5.3,2003 年版的 5.1);
p) 增加了检验方法中皂苷Ⅴ的检验方法(见 5.4.1);
q) 修改了检验方法中水浸出物的检验方法(见 5.4.3,2003 年版的 5.3.3);
r) 修改了检验规则 (见第 6 章,2003 年版的第 6 章);
s) 删除了判定规则容许度内容(见 2003 年版的 6.4.1);
t) 修改了包装、储存(见 8.1、8.2,2003 年版的 7.1.4、7.3)。
u) 修改了附录 A 内容,删除罗汉果主栽品种的果形、果面特征内容,增加高效液相色谱皂苷Ⅴ色谱图(见附录 A,2003 年版的附录 A);
v) 增加了参考文献(见参考文献)。

本文件由农业农村部农垦局提出。

本文件由农业农村部热带作物及制品标准化技术委员会归口。

本文件起草单位:广西壮族自治区亚热带作物研究所、广西热带作物学会。

本文件主要起草人:甘志勇、彭靖茹、吕丽兰、李鸿、冯春梅、杨秀娟、檀业维、单彬、温立香、李建强、张芬、蒋越华、黎新荣、李冬桂。

本文件及其所代替文件的历次版本发布情况为:

——NY/T 694—2003。

罗　汉　果

1　范围

本文件规定了罗汉果[*Siraitia grosvenorii* (*Swingle*) C. Jeffrey ex A. M. Lu et Z. Y. Zhang]术语和定义、要求、检验方法、检验规则、标志、标签、包装、储存和运输。

本文件适用于罗汉果干果质量评定和贸易。

2　规范性引用文件

下列文件中的内容通过文中的规范性引用而构成本文件必不可少的条款。其中，注日期的引用文件，仅该日期对应的版本适用于本文件；不注日期的引用文件，其最新版本（包括所有的修改单）适用于本文件。

GB/T 191　包装储运图示标志

GB 5009.3　食品安全国家标准　食品中水分的测定

GB/T 5048　防潮包装

GB 7718　食品安全国家标准　预包装食品标签通则

GB/T 20357　地理标志产品　永福罗汉果

3　术语和定义

下列术语和定义适用于本文件。

3.1

响果　noising fruit by rocking

当果实被摇动时，果瓤与果壳分离发出撞击声的果实。

3.2

长形果　long-shape fruit

纵径与横径比值大于等于 1.2 的果实。

3.3

圆形果　Roundish fruit

纵径与横径比值小于 1.2 的果实。

3.4

苦果　bitter fruit

烤焦或果实内可转化成甜苷的化合物未完全转化，而带有苦味的果实。

4　要求

4.1　规格

规格应符合表 1 的规定。

表 1　规格指标

单位为厘米

规格	果实横径(Φ)	
	圆形果	长形果
特果	$\Phi \geqslant 6.4$	$\Phi \geqslant 5.7$
大果	$5.7 \leqslant \Phi < 6.4$	$5.3 \leqslant \Phi < 5.7$

表 1 (续)

规格	果实横径(Φ)	
	圆形果	长形果
中果	5.3≤Φ<5.7	4.8≤Φ<5.3
小果	Φ<5.3	Φ<4.8

4.2 等级

等级应符合表 2 感官指标的规定和表 3 理化指标的规定。

表 2 感官指标

等级	分级要求	基本要求
特级	滋味和气味:具有罗汉果的清甜香味,无苦果 果皮表面:无烤焦,无斑痕 缺陷:无响果,无裂损果	色泽:金黄色、黄褐色或绿褐色,有光泽 果形:果形呈球形、卵形或椭圆形 缺陷:无霉变、无沾污物、无虫害、无杂质、无异味 气孔:真空微波干燥的罗汉果允许有排气孔
一级	滋味和气味:具有罗汉果的清甜香味,无苦果 果皮表面:无烤焦,单果斑痕面积≤5% 缺陷:响果比例≤2%,无裂损果	
二级	滋味和气味:具有罗汉果的清甜香味,苦果比例≤2% 果皮表面:单果烤焦面积≤2%,单果斑痕面积≤10% 缺陷:响果比例≤4%,裂损果比例≤2%	
三级	滋味和气味:具有罗汉果的清甜香味,苦果比例≤4% 果皮表面:单果烤焦面积≤5%,单果斑痕面积≤15% 缺陷:响果比例≤6%,裂损果比例≤6%	

表 3 理化指标

单位为百分号

等级	皂苷Ⅴ(K)	水分	水浸出物
特级	K≥1.40	≤13.0	≥30.0
一级	1.10≤K<1.40		
二级	0.80≤K<1.10		
三级	0.50≤K<0.80		

5 检验方法

5.1 检验样品

从抽取的罗汉果样品中随机取 50 个为检验样品,依次用于 5.2、5.3 的检验。

5.2 规格检验

果柄向上,采用游标卡尺,保持卡尺水平状态下测量果实最大横径,并作记录。

5.3 感官检验

采用目测法对色泽,果形,霉变、沾污物、虫害、杂质、裂损的缺陷,果皮表面的烤焦痕、斑痕进行检验;采用鼻嗅法进行气味检验;采用口尝法对滋味进行检验;采用摇动果实方法检查响果;并作记录。

5.4 理化检验

5.4.1 皂苷Ⅴ

采用高效液相色谱法检验。

5.4.1.1 色谱条件与系统适用性试验

以十八烷基硅烷键合硅胶为填充剂;以乙腈-水(23∶77)为流动相;检测波长为 203 nm。理论板数按罗汉果皂苷Ⅴ峰计算应不低于 3 000。

5.4.1.2 对照品溶液的制备

取罗汉果皂苷Ⅴ对照品适量,精密称定,加流动相制成每 1 mL 含 0.2 mg 的溶液,即得。

5.4.1.3 样品溶液的制备

取样品粉末[过四号筛(250±9.9) μm]约 0.5 g,精密称定,置具塞锥形瓶中,精密加入甲醇 50 mL,密塞,称定重量,加热回流 2 h,放冷,再称定重量,用甲醇补足减失的重量,摇匀,滤过。精密量取续滤液 20 mL,回收溶剂至干,加水 10 mL 溶解,通过大孔吸附树脂柱 AB-8(内径为 1 cm,柱高为 10 cm),以水 100 mL洗脱,弃去水液,再用 20%乙醇 100 mL 洗脱,弃去洗脱液,继用稀乙醇 100 mL 洗脱,收集洗脱液,回收溶剂至干,残渣加流动相溶解,转移至 10 mL 容量瓶中,加流动相至刻度,摇匀,即得,待测。

5.4.1.4 测定法

分别精密吸取对照品溶液与样品待测溶液各 10 μL,注入液相色谱仪,测定,即得。罗汉果皂苷Ⅴ标准工作液色谱图见附录 A 中的图 A.1。

5.4.1.5 结果计算

样品按干燥品计算罗汉果皂苷Ⅴ($C_{60}H_{102}O_{29}$)含量。按公式(1)计算。

$$K=\frac{C_x\times f\times V_2\times V_0}{m\times(1-w_S)\times V_1\times 1000} \quad\cdots\cdots(1)$$

式中:

K ——样品中罗汉果皂苷Ⅴ含量的数值,单位为百分号(%);

C_x ——样品待测溶液中罗汉果皂苷Ⅴ含量的数值,单位为毫克每毫升(mg/mL);

f ——样品溶液稀释倍数;

V_0 ——样品加入甲醇提取液体积的数值,单位为毫升(mL);

V_1 ——样品续滤液体积的数值,单位为毫升(mL);

m ——样品质量的数值,单位为克(g);

V_2 ——样品待测溶液定容体积的数值,单位为毫升(mL);

w_S ——样品水分含量的数值,单位为百分号(%)。

5.4.2 水分

按 GB 5009.3 的规定执行。

5.4.3 水浸出物

采用热浸法检验。

5.4.3.1 样品制备

测定用的样品需粉碎,使能通过二号筛[(850±29) μm],并混合均匀。

5.4.3.2 热浸提

取样品 2 g~4 g,精密称定,置 100 mL~250 mL 的锥形瓶中,精密加水 50 mL~100 mL,称定重量,静置 1 h 后,连接回流冷凝管,加热至沸腾,并保持微沸 1 h。放冷后,取下锥形瓶,密塞,再称定重量,用水补足减失的重量,摇匀,用干燥过滤器过滤,精密量取滤液 25 mL,置于已干燥至恒重的蒸发皿中,水浴上蒸干后,于 105 ℃干燥 3 h,置于干燥器中冷却 30 min,迅速精密称定重量。

5.4.3.3 结果计算

除另有规定外,以干燥品计算样品中水溶性浸出物含量(%)。按公式(2)计算。

$$\omega_j=\frac{m_j\times V_1}{m_0\times(1-w_S)\times V_2}\times 100 \quad\cdots\cdots(2)$$

式中:

ω_j ——样品中水浸出物含量的数值,单位为百分号(%);

m_j ——样品中水溶性浸出物质量的数值,单位为克(g);

V_1 ——样品加浸提液体积的数值,单位为毫升(mL);

m_0 ——样品质量的数值,单位为克(g);

w_S ——样品水分含量的数值,单位为百分号(%);

V_2 ——样品量取滤液体积的数值,单位为毫升(mL)。

6 检验规则

6.1 组批

同产地、同品种、同等级、同一批加工的果实组为一个检验批次。

6.2 抽样方法

按 GB/T 20357 的规定执行。

6.3 检验分类

6.3.1 型式检验

型式检验的项目包括本文件规定的全部项目。有下列情形之一者应进行型式检验：

a） 新生产线投产时；

b） 原料、生产工艺有较大改变，可能影响产品质量时；

c） 生产线停产半年以上，恢复生产时；

d） 前后两次抽样检验结果有较大差异时；

e） 国家质量监督机构或行业主管部门提出型式检验要求时。

6.3.2 交收检验

每批产品交收前，交易双方之间进行交收检验，交收检验的项目包括：感官指标、理化指标、标志、标签；或合同规定的项目。检验合格后，附上合格证方进行正常交收。

6.4 判定规则

6.4.1 检验结果全部符合本文件规定时，判该批产品为合格品。

6.4.2 检验结果不符合 4.2 的表 3 理化指标规定时，可在同批产品中抽取样品，再次检验该指标；再次检验结果仍不符合本文件规定时，判该批产品为不合格产品。

6.4.3 检验结果满足同一等级规格指标要求时，则判为该等级规格，否则按较低等级规格判定，直到判出等级规格为止。若产品不符合等级指标要求，则判为等外产品。

6.4.4 无标签或有标签但缺“等级”内容，判为未分等级产品。

6.5 复检

对检测结果有异议时，允许用备用样复检一次，复检结果为最终结果。

7 标志、标签

标志按 GB/T 191 的规定执行，标签按 GB 7718 的规定执行。

8 包装、储存和运输

8.1 包装

产品包装材料应无害，其强度能满足装卸和运输要求；建议分等级、规格包装。防潮按 GB/T 5048 的规定执行。

8.2 储存

储存库应清洁卫生和干燥，不应与有毒、有害、有异味、发霉以及其他易于传播病虫的物品混存。宜在温度 5 ℃～15 ℃，相对湿度≤40%的冷库中储存。

8.3 运输

运输工具应清洁卫生、防雨，不应与有毒、有害、有异味以及其他易于传播病虫的物品混合运输，应小心装卸、运输。

附 录 A
(资料性)
色 谱 图

罗汉果皂苷Ⅴ标准工作液色谱图(检测波长为 203 nm)见图 A.1。

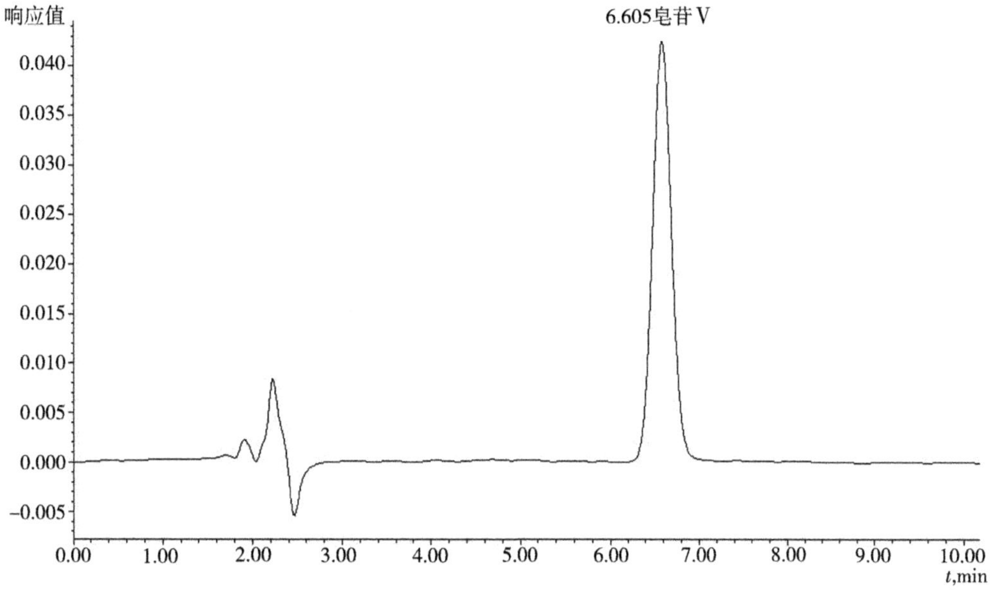

图 A.1 罗汉果皂苷Ⅴ标准工作液色谱图

参 考 文 献

[1] 《中华人民共和国药典》(2020 年版)

ICS 67.060
CCS B 22

NY

中华人民共和国农业行业标准

NY/T 832—2022
代替 NY/T 832—2004

黑　　米

Black rice

2022-11-11 发布　　2023-03-01 实施

中华人民共和国农业农村部　发布

前　言

本文件按照 GB/T 1.1—2020《标准化工作导则　第 1 部分：标准化文件的结构和起草规则》的规定起草。

本文件代替 NY/T 832—2004《黑米》。与 NY/T 832—2004 相比，除结构调整和编辑性改动外，主要技术变化如下：

a) 更改了部分术语和定义（见 3.6、3.8，2004 年版的 3.2、3.11）；

b) 增加了部分术语和定义（见 3.2、3.3、3.4、3.5、3.10）；

c) 删除了部分术语和定义（见 2004 年版的 3.4、3.5、3.6、3.7、3.8、3.9、3.10、3.12.1、3.12.2、3.12.3、3.12.4、3.12.5、3.13）；

d) 更改了直链淀粉、异品种率、杂质和水分指标的要求（见表 1，2004 年版的表 1）；

e) 增加了矢车菊素-3-O-葡萄糖苷指标的要求（见表 1）；

f) 删除了黑色度、黑米色素、碱消值、粗蛋白和稻谷粒等指标的要求（见 2004 年版的表 1）；

g) 更改了直链淀粉含量的检验方法（见 6.4，2004 年版的 6.5）；

h) 增加了矢车菊素-3-O-葡萄糖苷含量的检测方法（见 6.1）；

i) 删除了黑米粒率、黑色度、碱消值、粗蛋白、稻谷粒和黑米色素的检验方法（见 2004 年版的 6.3、6.4、6.6、6.7、6.11、6.13 和附录 A）；

j) 增加了附录 B。

请注意本文件的某些内容可能涉及专利。本文件的发布机构不承担识别专利的责任。

本文件由农业农村部种植业管理司提出并归口。

本文件起草单位：中国水稻研究所、农业农村部稻米及制品质量监督检验测试中心、全国农业技术推广服务中心。

本文件主要起草人：邵雅芳、朱大伟、章林平、刘哲、于永红、胡贤巧、陈铭学。

本文件及其所代替文件的历次版本发布情况为：

——2004 年首次发布为 NY/T 832—2004；

——本次为第一次修订。

黑　　米

1 范围

本文件规定了黑米的术语和定义、分类、质量要求、检验方法、检验规则、包装和标签、储存和运输。

本文件适用于收购、储存、运输、加工、销售和检验评价的黑米。

2 规范性引用文件

下列文件中的内容通过文中的规范性引用而构成本文件必不可少的条款。其中,注日期的引用文件,仅该日期对应的版本适用于本文件;不注日期的引用文件,其最新版本(包括所有的修改单)适用于本文件。

GB/T 191　包装储运图示标志

GB 2715　食品安全国家标准　粮食

GB 5009.3　食品安全国家标准　食品中水分的测定

GB/T 5490　粮油检验　一般规则

GB/T 5491　粮食、油料检验　扦样、分样法

GB/T 5492　粮油检验　粮食、油料的色泽、气味、口味鉴定

GB/T 5494　粮油检验　粮食、油料的杂质、不完善粒检验

GB 7718　食品安全国家标准　预包装食品标签通则

GB/T 17109　粮食销售包装

GB 28050　食品安全国家标准　预包装食品营养标签通则

JJF 1070　定量包装商品净含量计量检验规则

NY/T 2639　稻米直链淀粉的测定　分光光度法

NY/T 3164　黑米花色苷的测定　高效液相色谱法

国家质量监督检验检疫总局令 2005 第 75 号　定量包装商品计量监督管理办法

3 术语和定义

下列术语和定义适用于本文件。

3.1

黑米　black rice

稻谷经脱壳加工后,其米粒颜色为黑色的糙米。

3.2

籼黏型黑米　indica-type non-waxy black rice

用籼型非糯性稻谷脱壳加工成的黑米。

3.3

粳黏型黑米　japonica-type non-waxy black rice

用粳型非糯性稻谷脱壳加工成的黑米。

3.4

籼糯型黑米　indica-type waxy black rice

用籼型糯性稻谷脱壳加工成的黑米。

3.5

粳糯型黑米　japonica-type waxy black rice

用粳型糯性稻谷脱壳加工成的黑米。

3.6

整黑米　head black rice

黑米长度达到完整黑米粒长度 3/4 的米粒。

3.7

整黑米率　head black rice percentage

整黑米占黑米试样质量的百分率。

3.8

异品种率　rate of different varieties

试样中粒型、外观和本批次黑米不同的粮粒或黑米粒数占试样粒数的百分率。

3.9

不完善粒　imperfect kernel

有一定损伤但尚有食用价值的黑米粒，包括未熟粒、虫蚀粒、病斑粒、生芽粒和生霉粒等。

3.10

杂质　extraneous matter

除黑米粒之外的其他物质，包括筛下物、带壳秕粒、稻谷粒、异种粮粒及其他动、植物源有机物质等有机杂质和泥土、沙石、砖瓦块及其他无机物等无机杂质。

4　分类

根据黑米的品种类型分为 4 类：籼黏型黑米、粳黏型黑米、籼糯型黑米和粳糯型黑米。

5　质量要求

5.1　质量指标

黑米质量指标见表 1。其中矢车菊素-3-O-葡萄糖苷含量、整黑米率、不完善粒为定等指标。

表 1　黑米质量指标

类别	等级	矢车菊素-3-O-葡萄糖苷 mg/kg	整黑米率 %	不完善粒 %	直链淀粉(干基) %	异品种率 %	杂质 %	水分 %	色泽、气味
籼黏型黑米	一	≥900.0	≥96.0	≤2.0	11.0～26.0	≤3	≤0.25	≤14.5	正常
	二	≥600.0	≥94.0	≤3.0					
	三	≥300.0	≥92.0	≤5.0					
粳黏型黑米	一	≥900.0	≥98.0	≤2.0	11.0～22.0	≤3	≤0.25	≤15.5	
	二	≥600.0	≥96.0	≤3.0					
	三	≥300.0	≥94.0	≤5.0					
籼糯型黑米	一	≥900.0	≥96.0	≤2.0	≤2.0	≤3	≤0.25	≤14.5	
	二	≥600.0	≥94.0	≤3.0					
	三	≥300.0	≥92.0	≤5.0					
粳糯型黑米	一	≥900.0	≥98.0	≤2.0	≤2.0	≤3	≤0.25	≤15.5	
	二	≥600.0	≥96.0	≤3.0					
	三	≥300.0	≥94.0	≤5.0					

5.2　安全要求

5.2.1　产品应符合相关食品安全国家标准和法律法规的要求。

5.2.2　植物检验检疫按有关标准和国家有关规定执行。

5.3　净含量

应符合国家质量监督检验检疫总局令 2005 第 75 号的要求。

6 检验方法

6.1 矢车菊素-3-O-葡萄糖苷含量的检验

按 NY/T 3164 的规定执行。

6.2 整黑米率的检验

按附录 A 规定的方法执行。

6.3 不完善粒、杂质含量的检验

按 GB/T 5494 的规定执行。

6.4 直链淀粉含量的检验

按 NY/T 2639 的规定执行,并以精米为样品执行。

6.5 异品种率的检验

按附录 B 规定的方法执行。

6.6 水分含量的检验

按 GB 5009.3 规定的方法执行。

6.7 色泽、气味检验

按 GB/T 5492 规定的方法执行。

6.8 净含量检验

按 JJF 1070 规定的方法执行。

7 检验规则

7.1 扦样、分样

按 GB/T 5491 的规定执行。

7.2 检验的一般规则

按 GB/T 5490 的规定执行。

7.3 产品组批

同原料、同工艺、同设备、同班次加工的产品为一批。

7.4 出厂检验

出厂检验项目按 5.1 的规定检验。

7.5 型式检验

按第 5 章的规定检验。有下列情况之一的应进行型式检验:

a) 新产品投产;
b) 产品投产后,当原料、工艺、装备有较大改动,可能影响产品性能;
c) 产品停产 1 年以上,恢复生产;
d) 连续生产 3 年;
e) 出厂检验结果与上次型式检验有较大差异;
f) 国家有关质量管理部门提出检验要求。

7.6 判定规则

7.6.1 凡不符合 GB 2715 以及国家卫生检验和植物检疫有关规定的产品,判为非食用产品。

7.6.2 等级判定:黑米的定等指标中有一项及以上达不到表 1 该等级质量要求的,逐级降至符合的等级;不符合最低等级指标要求的,作为普通黑米。

8 包装和标签

8.1 包装

8.1.1 包装应符合 GB/T 17109 和食品安全的要求。

8.1.2 包装应清洁、牢固、无破损，封口或缝口应严密、结实，不应洒漏，不应带来污染和异常气味。

8.2 标签

8.2.1 预包装黑米的标签标识应符合 GB 7718 和 GB 28050 的要求。产品名称应按本文件规定的名称和等级标注。

8.2.2 外包装物包装储运标识应符合 GB/T 191 的要求。

8.2.3 标注的净含量应为产品最大允许水分状况下的质量。

9 储存和运输

9.1 储存

应储存在清洁、干燥、防雨、防潮、防虫、防鼠、无异味的合格场所，不得与有毒有害物质或水分较高的物质混存。

9.2 运输

应使用符合食品安全要求的运输工具和容器运送黑米产品，运输过程中应注意防止雨淋和被污染。

9.3 保质期

在满足上述包装、运输和储存条件下，保质期不应低于 3 个月。

附　录　A
（规范性）
整黑米率检验方法

A.1　仪器

A.1.1　实验室用砻谷机。

A.1.2　天平（感量 0.01 g）。

A.1.3　谷物筛选。

A.2　操作方法

若样品为稻谷，则用砻谷机将稻谷脱壳加工成黑米。从混匀后的净黑米试样中分取 10 g～35 g 的试样（W_0）（精确到 0.01 g），从中拣出整黑米粒，称量整黑米粒的重量（W_1），称量后计算其整黑米率（H）。

A.3　结果计算

整黑米率按公式（A.1）计算。

$$H = \frac{W_1}{W_0} \times 100 \qquad \text{(A.1)}$$

式中：

H ——整黑米率的数值，单位为百分号（%）；

W_1 ——整黑米质量的数值，单位为克（g）；

W_0 ——黑米试样质量的数值，单位为克（g）。

测定结果取 2 次测定的平均值，结果保留至小数点后 1 位。2 次试验绝对差值不超过 2%。

附 录 B
（规范性）
异品种率检验方法

B.1 用具

分析盘、镊子。

B.2 操作方法

随机数取黑米试样 100 粒，记为 N_0；拣出外观和粒形和本批次不同的粮粒或黑米粒，粒数记为 N_1。

B.3 结果计算

异品种率按公式(B.1)计算。

$$Y=\frac{N_1}{N_0}\times 100 \qquad \text{(B.1)}$$

式中：

Y ——异品种率的数值，单位为百分号（%）；

N_1——外观和粒形与本批次不同的稻谷或黑米粒的数值，单位为粒；

N_0——稻谷或黑米试样粒数的数值，单位为粒。

测定结果取 2 次测定的平均值，结果保留至整数位。

ICS 65.020.01
CCS B 05

NY

中华人民共和国农业行业标准

NY/T 1299—2022
代替 NY/T 1299—2014

农作物品种试验与信息化技术规程 大豆

Technical code of practice for the variety trial and information of crops—Soybean[*Glycine max* (L.) Merrill]

2022-11-11 发布 2023-03-01 实施

中华人民共和国农业农村部 发布

前　言

本文件按照 GB/T 1.1—2020《标准化工作导则　第 1 部分:标准化文件的结构和起草规则》的规定起草。

本文件代替 NY/T 1299—2014《农作物品种试验技术规程　大豆》,与 NY/T 1299—2014 相比,除结构调整和编辑性改动外,主要技术变化如下:

a) 明确了标准的适用范围(见第 1 章);
b) 增加了规范性引用文件(见第 2 章);
c) 术语和定义中修改了区域试验和生产试验定义中的相关要求,增加了籽粒型和鲜食型品种定义(见第 3 章的 3.1、3.2、3.5、3.6);
d) 调整了试验点数量和区域试验的小区面积有关规定(见第 4 章的 4.4.1、4.4.2);
e) 明确了对照品种确定的原则和程序(见第 4 章的 4.6);
f) 细化了试验密度及田间管理的相关要求(见第 4 章的 4.4.1、4.4.2);
g) 将第 5 章"试验种子"与第 4 章的"试验设置"合并(见 2014 年版的第 5 章和第 4 章);
h) 将第 6 章的"播种期""密度""播种方法"合并(见 2014 年版的第 6 章 6.1、6.2、6.3);
i) 删除了"记载项目和标准"内容,增加了"试验数据采集与上报"内容,明确要求采用信息化手段管理品种试验工作(见第 8 章);
j) 将"遗传特性的分子检测"改为"DNA 指纹检测",细化了转基因检测的相关要求(见第 7 章的 7.1);
k) 删除了"品种的来源和处理"内容(见 2014 年版的第 11 章);
l) 增加了附录 C　大豆性状数据信息系统采集描述规范(见附录 C)。

本文件由农业农村部种业管理司提出。

本文件由全国农作物种子标准化技术委员会(SAC/TC 37)归口。

本文件起草单位:全国农业技术推广服务中心、中国农业科学院油料作物研究所、中国农业科学院作物科学研究所、吉林省农业科学院大豆研究所、华南农业大学、北京农业信息技术研究中心、黑龙江省种业技术服务中心、安徽省种子管理站、河南省种子管理站、山西省农业种子总站、江苏省种子站、湖北省种子管理局、浙江省种子总站、广西壮族自治区种子管理局。

本文件主要起草人:陈应志、杨中路、白岩、吴存祥、邱强、武婷婷、程艳波、于春花、邵文、高媛、冷苏凤、王佳、刘素娟、傅晓华、燕宁、时小红、李霞、王宏康、沈静、于维、王文良、田慧芳、覃德斌、李燕、陈蔡隽。

本文件及其所代替文件的历次版本发布情况为:

——NY/T 1299—2007、NY/T 1299—2014。

农作物品种试验与信息化技术规程　大豆

1　范围

本文件规定了大豆品种试验方法与技术要求。

本文件适用于国家和省级大豆品种统一试验、联合体试验、绿色通道试验及以审定为目的的各类试验。

2　规范性引用文件

下列文件中的内容通过文中的规范性引用而构成本文件必不可少的条款。其中，注日期的引用文件，仅该日期对应的版本适用于本文件；不注日期的引用文件，其最新版本（包括所有的修改单）适用于本文件。

GB 4404.2　粮食种子　豆类

NY/T 3　谷类、豆类作物种子粗蛋白质测定法（半微量凯氏法）

NY/T 4　谷类、油料作物种子粗脂肪测定方法

NY/T 3428　大豆品种大豆花叶病毒病抗性鉴定技术规程

3　术语和定义

下列术语和定义适用于本文件。

3.1

区域试验　regional variety trial

在同一生态类型区内，选择多个有代表性的地点，按照统一的试验方案鉴定参试品种丰产性、稳产性、适应性、品质、抗逆性、生育期及其他特征特性的试验。

3.2

生产试验　yield potential trial

在同一生态类型区内，按照规定数量的面积和接近大田生产条件下，对区域试验中表现优良的品种进行的多点验证试验。

3.3

试验品种　tested variety

区域试验或生产试验中被鉴定的品种，是人工选育或发现并经过改良、与已知品种有明显区别，形态特征、生物学特性稳定、一致，且具有符合品种命名规定名称的品种。

3.4

对照品种　check variety

区域试验和生产试验的参照品种，应为通过审定且为本生态区生产上的主栽品种。

3.5

籽粒型品种　seed-type variety

豆荚转为成熟颜色、豆粒收水归圆后利用干籽粒的大豆品种。

3.6

鲜食型品种　vegetable-type variety

豆荚鼓粒饱满、豆荚和籽粒颜色均呈绿色时采青食用的大豆品种。

4　试验设置

4.1　试验类别

区域试验和生产试验。

4.2 试验区、试验组划分

试验区主要依据农业生态区域、品种用途与播期类型划分。

试验组主要根据品种的生育期组划分。

4.3 试验点

4.3.1 试验点选择

选择具有生态和生产代表性，技术力量、基础设施、仪器设备等试验条件能满足试验要求的地点和承担单位作为试验点。

4.3.2 试验点数量

同一生态类型区试验点，国家级不少于10个，省级不少于5个。试验点数量和地点应保持相对稳定。

4.3.3 试验地的选择

面积应满足试验需要；前茬一致且前茬没有种过大豆，无除草剂残留、无菟丝子及严重土传病害；交通便利、远离高大建筑物、高大树木和高秆作物；地势平整、排灌方便，肥力均匀且能代表当地肥力水平。

4.4 试验设计

4.4.1 区域试验

采用随机区组设计，3次重复，小区面积不少于12 m^2，小区行数不少于4行。试验地四周设立保护行不少于4行。试验重复与试验地肥力梯度或坡度垂直。

4.4.2 生产试验

采用随机排列，2次重复，每品种每次重复面积不少于150 m^2，行数不少于8行。试验地周围设立不少于4行的保护区(行)。

4.5 试验品种数量

4.5.1 区域试验

同一组内的品种数(含对照)为6个～15个。

4.5.2 生产试验

同一组内的品种数(含对照)不多于6个。

4.6 对照品种

每试验组设置1个～2个对照品种。对照品种由品种试验组织实施单位提出，品种审定委员会大豆专业委员会确认，并根据农业生产发展的需要适时调整。

4.7 试验种子数量与质量

按试验方案要求提供足够数量种子，质量应达到GB 4404.2的要求，不得对种子进行拌种、包衣等处理。

4.8 试验年限

区域试验年限不少于2年，生产试验年限不少于1年。

5 试验田间管理

5.1 播种

播种期根据试验组所在生态区生产特点确定。试验密度根据试验组所在区域大豆生产上常规密度和品种特点确定。在区域试验同一试验组内，所有参试品种的播种密度一致，生产试验密度依据当地生产实际并参考育种家提供的密度要求确定。播种方法采用条播或穴播，同一试验点同一试验须采用同一播种方法。

5.2 田间管理

田间管理与当地生产习惯保持一致。及时间苗、补苗、定苗，适时中耕、除草、排灌，防治虫害但不防治病害，不使用影响大豆生长发育的植物生长调节剂和叶面肥。在进行田间操作时，同一组别试验管理措施应当一致，同一重复应在同一天内完成。试验过程中应防止人和动物危害。

6 收获和计产

6.1 粒用型大豆

当大豆植株达到完熟期后及时收获，成熟一个、收获一个。小区计产面积和行数按试验方案要求执行，收获后及时晾晒、脱粒、风干，测定含水量，折算成标准含水量(13.0%)时的产量。对于成熟期过晚且影响下茬作物播种或难以霜前成熟的品种，可以在成熟前收获，但应明确记载收获时的发育状态。

6.2 鲜食型大豆

在适宜采摘时期及时收获，小区计产面积和行数按试验方案要求执行，收获后及时计产。

7 特性鉴定与检测

7.1 DNA 指纹检测

由同级农作物品种审定委员会办公室指定专业机构检测。应用 DNA 指纹技术鉴定参试品种个体间、年份间的遗传一致性、品种的特异性等。种子由试验主持单位指定试点在播种前提供。

7.2 转基因成分检测

由同级农作物品种审定委员会办公室指定专业机构统一检测。种子样品由试验主持单位指定试点从区域试验种子中提取并编码、送检。

7.3 品质测试与品尝鉴定

粒用型品种：大豆收获后，由试验主持单位统一从不少于 3 个代表性的试验点抽取样本，交指定的专业机构进行混样测试，按照 NY/T 3、NY/T 4 的规定测试粗蛋白质含量、粗脂肪含量等。

鲜食型品种：在鲜荚采收期，由试验主持单位或品质鉴定试验承担单位组织专家进行现场鉴定，鉴定项目包括鲜荚外观品质和口感品质等。

7.4 抗病性鉴定

由同级农作物品种审定委员会办公室指定专业机构对区域试验参试品种进行鉴定。种子由试验主持单位指定试点按要求在播种前提供。鉴定的病害类型包括大豆花叶病毒病、大豆灰斑病、大豆炭疽病、大豆孢囊线虫病等。

8 试验数据采集与上报

8.1 试验数据采集

8.1.1 调查记载项目

区域试验和生产试验调查记载项目见附录 A。

8.1.2 调查记载要求

区域试验和生产试验调查记载要求见附录 B。

8.1.3 数据描述规范

品种试验信息系统的数据格式见附录 C。

8.1.4 上报要求

根据不同试验组生育进程分别在定苗后 15 d 内、试验结束后 30 d 内及时在“国家大豆品种试验数据管理平台”填报试验数据，具体要求见附录 C。

8.2 图像采集

8.2.1 采集时期

出苗期、成熟期、室内考种阶段，以及出现异常情况时。

8.2.2 采集要求

8.2.2.1 试验全景拍摄：在苗期、结荚期和成熟期拍摄试验地全景情况，包括 3 次重复排列、保护行(区)、走道及排水沟等；试验小区情况，包括行数、行长、密度(行距、株距)等。

8.2.2.2 试验小区拍摄：在苗期、结荚期和成熟期拍摄试验小区情况，籽粒型品种包括田间倒伏情况、落叶性、成熟一致性、病虫害情况等。鲜食型品种包括倒伏、病虫害等情况。

8.2.2.3 室内考种拍摄：拍摄每个品种有代表性的单株、豆荚及籽粒照片各1张～2张。

8.2.3 上报要求

8.2.3.1 图像清晰、主体明确。

8.2.3.2 图像格式：“.jpg”格式，分辨率大于1 600×1 200像素，图像大小不小于2 M。

8.2.3.3 图像文件名称由“时期-品种名称-内容说明-编号”组成，如“苗期-中豆41-小区情况-1”等。

8.2.3.4 图像采集后随试验数据信息一起上传至“国家大豆品种试验数据管理平台”。

8.3 异常情况

遭遇自然灾害、极端天气(如干旱、高温、暴雨、大风、冰雹、早霜、倒春寒等)造成缺苗断垄、严重倒伏、荚而不实等情况以及严重病虫害、意外影响的，应及时拍照，记录灾害情况，并在异常情况发生15 d内将有关情况说明及照片上传至“国家大豆品种试验数据管理平台”。

9 试验汇总与总结

9.1 试验异常情况处理

9.1.1 试验点异常情况的处理

出现下列情况之一，该试验点数据不纳入汇总：

a) 田间设计未按试验方案执行，如试验地面积不够、前茬不一致、管理粗放等；

b) 试验中2个(含)以上小区数据缺失；

c) 因自然灾害，大部分参试品种不能正常生长发育；

d) 产量数据误差变异系数在15.0%(含)以上；

e) 因人和动物等因素影响试验正常进行。

9.1.2 品种异常情况的处理

出现下列情况之一，该品种数据不纳入汇总：

a) 参试品种在2个(含)以上试验点生长发育不正常或因种子原因出现缺苗严重等情况；

b) 参试品种在多个试验点田间表现纯度较差或性状分离明显等情况。

9.1.3 其他

同级农作物品种审定委员会办公室在品种试验考察中，可对出现异常情况的试验点、参试品种提出处理意见。

有效汇总试验点少于承试点50%(含)的试验组，整组试验数据不进行汇总。

9.2 试验报告

承担品种试验、品质测试、抗病性鉴定、DNA分子检测、转基因成分检测等任务的单位，应及时向试验主持单位和主管部门提交试验、测试和鉴定报告，有关材料的电子版上传至“国家大豆品种试验数据管理平台”；试验主持单位及时汇总试验结果，撰写本区年度试验总结报告。

附 录 A
（规范性）
国家大豆品种试验记载项目

国家大豆品种区域试验
记 载 本

（__________年度）

组 别：______________________________

地 点：______________________________

单 位：______________________________

负责人：______________________________

执行人：______________________________

电 话：______________________________

邮 箱：______________________________

全国农业技术推广服务中心品种区试处制

田间试验设计

1. 区域试验排列方法：____________。

2. 重复数：__________。

3. 小区面积：________ m²，行长：________ m，每小区________行。保护行________行。

计产面积：________ m²，计产行长________ m，计产________行。

4. 密度：行距：________ m，株距：________ m，折每亩密度为________万株。

田间种植图

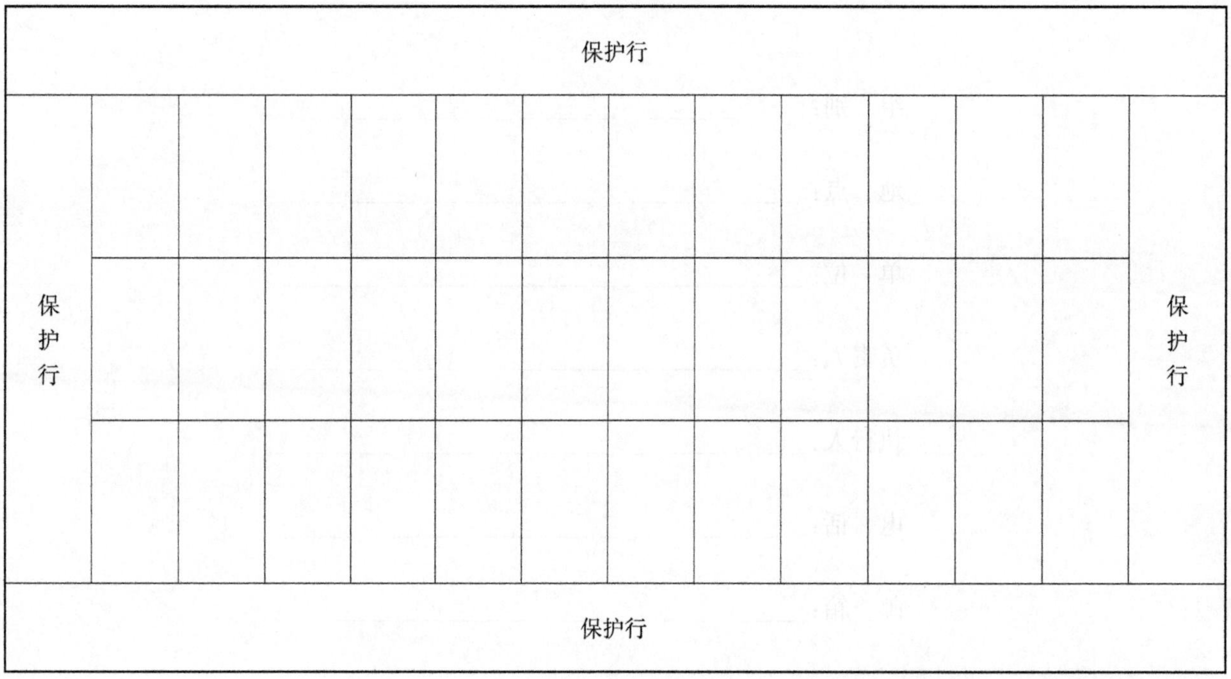

田间管理记载

1. 试验地点：________________________________

经度：________ 纬度：________ 海拔：________ 地势：________ 土壤类型：________

2. 前茬作物及产量水平：________________________________

3. 上年是否种过大豆：________________________________

4. 整地情况：________________________________

5. 施肥情况(种类、数量、日期)：________________________________

____

6. 播种日期、方法、播种量：________________________________

7. 间苗次数、日期：________________________________

8. 定苗日期：________________________________

9. 中耕除草(次数、方法、日期)：________________________________

____

10. 灌排情况：________________________________

____

11. 虫害防治(方法、药剂、日期)：________________________________

____

12. 收获(次数、日期、方法)：________________________________

13. 脱粒(日期、方法，仅适用于籽粒型品种)：________________________________

____

生育期间主要气象资料

项目		月			月			月			月			月			月			月		
		当年	常年	相差	当年	常年	相差	当年	常年	相差	当年	常年	相差	当年	常年	相差	当年	常年	相差	当年	常年	相差
气温 ℃	上旬																					
	中旬																					
	下旬																					
	月平均																					
降水量 mm	上旬																					
	中旬																					
	下旬																					
	月总量																					
实际日照时数,h																						

概述大豆生育期间气象条件(包括降水、气温、灾害性天气发生时间及其对大豆生长发育的影响):______________________________

____

田间性状调查记载表——籽粒型(日期:用月/日表示)

序号	品种名称	播种期	出苗期	开花期	成熟期	收获期	生育日数	叶形	花色	茸毛色	结荚习性	株型	裂荚性	落叶性	倒伏性	大豆花叶病毒病		其他病虫害		备注
																时期	程度	种类	程度	

田间性状调查记载表——鲜食型（日期：用月/日表示）

序号	品种名称	播种期	出苗期	开花期	采收期	生长日数	叶形	花色	茸毛色	鲜荚色	株型	结荚习性	倒伏性	大豆花叶病毒病		其他病虫害		备注
														时期	病级	时期	程度	

室内考种表——籽粒型

序号	品种名称	株高 cm	底荚高度 cm	主茎节数 个	有效分枝 个	单株有效荚数 个	单株粒数 个	单株粒重 g	百粒重 g	各类种粒百分率 %					种皮色	子叶色	脐色	粒形	籽粒光泽
										完好	紫斑	褐斑	虫蚀	其他					

室内考种表——鲜食型

序号	品种名称	株高 cm	主茎节数 个	分枝数 个	单株荚数 个				多粒荚 %	单株荚重 g	标准荚数 个/500 g	各种荚果百分率 %				二粒标准荚 cm		百粒鲜重 g	口感	备注
					秕荚	一粒	多粒	合计				标准	虫蚀	病害	其他	长	宽			

产量结果表

序号	品种名称	计产面积 m^2	收获株数 株				小区产量 g				亩产量 kg	比 CK ± %		位次
			重复 1	重复 2	重复 3	平均	重复 1	重复 2	重复 3	平均		1	2	

注 1:试验设 1 个对照品种时填入 CK1 栏目中,2 个对照品种时分别填入 CK1 和 CK2 中。

注 2:小区产量称取应使用感量为 5 g 以下的电子天平。

注 3:取样样本产量应补入对应小区产量中。

品种综合表现

品种名称	综合表现	处理意见

国家大豆品种生产试验
记　载　本

（__________年度）

组　别：______________________________

地　点：______________________________

单　位：______________________________

负责人：______________________________

执行人：______________________________

电　话：______________________________

邮　箱：______________________________

全国农业技术推广服务中心品种区试处制

一、试验概况

1. 试验地土质：

地势：

肥力：

前茬：

2. 播种期及播种方式：

3. 田间管理及收获情况：

保苗密度：

中耕除草：

施肥：

灌排情况：

收获情况：

4. 试验期间气候情况：

二、试验结果

田间调查记载表

序号	品种名称	播种期	出苗期（月/日）	成熟期（采收期）（月/日）	叶形	花色	茸毛色	结荚习性	倒伏性	备注

产量结果表

序号	品种名称	种植面积 m^2	计产面积 m^2	小区产量 kg			亩产量 kg	比 CK± %		位次
				Ⅰ	Ⅱ	平均		1	2	
注：小区产量结果保留 2 位小数。										

三、品种综合表现

品种名称	综合表现	处理意见

附 录 B
（规范性）
国家大豆品种试验调查项目及要求

B.1 田间调查性状及物候期

B.1.1 播种期：播种当天的日期，以月/日表示。

B.1.2 出苗期：50%以上的幼苗子叶出土时的日期，以月/日表示。

B.1.3 开花期：50%的植株开始开花的日期，以月/日表示。

B.1.4 成熟期①：全株有95%的荚变为成熟颜色，摇动时开始有响声的植株达50%以上的日期，以月/日表示。

B.1.5 采收期②：80%的豆荚达鼓粒饱满的日期，以月/日表示。

B.1.6 生育日数①：从出苗当日到成熟日的天数。

生长日数②：从出苗当日到采收日的天数。

B.1.7 叶形：开花盛期调查植株中上部发育成熟的三出复叶中间小叶的形状。分为披针形、椭圆形、卵圆形和圆形4类。

B.1.8 花色：花瓣的颜色，分为白色和紫色2种。

B.1.9 茸毛色：成熟时调查植株茎秆中上部或荚皮上茸毛的颜色。分为灰色和棕色。

B.1.10 鲜荚色②：采摘时鲜荚的颜色，分为淡绿、绿、深绿色3种。

B.1.11 结荚习性：分为有限、亚有限和无限3种。

有限：主茎在开花时即不再出现新的叶片，顶端有明显的花序，结荚成簇。

无限：主茎开花时顶部仍可产生新的叶片，开花结荚顺序由下而上，顶端叶片小，花序短，结荚分散，主茎顶端一般1个～2个荚。

亚有限：主茎顶端生长特性和结荚状况介于无限与有限之间，主茎顶端一般着生3个～4个荚。

B.1.12 株型：植株生长的形态，成熟期调查下部分枝的着生方向，目测与主茎的自然夹角。分3种：

收敛：植株整体较紧凑，下部分枝与主茎角度在15°以内；

开张：植株上下均松散，下部分枝与主茎角度大于45°；

半开张：介于上述两种之间，下部分枝与主茎角度在15°～45°。

B.1.13 倒伏性：除记载倒伏时期和原因外，在成熟前后观察植株倒伏程度，植株倾斜角度大于45°为倒伏植株。分为5级。

1级：不倒，全部植株直立不倒；

2级：轻倒，0＜倒伏植株率≤25%；

3级：中倒，25%＜倒伏植株率≤50%；

4级：重倒，50%＜倒伏植株率≤75%；

5级：严重倒伏，倒伏植株率＞75%。

B.1.14 落叶性①：植株成熟时叶柄脱落状况。分为3类：

落叶：落叶率＞95.0%；

半落叶：落叶率5.0%～95.0%；

不落叶：落叶率＜5.0%。

B.1.15 裂荚性①：在成熟收获期观察、记载。

不裂：裂荚率<5.0％；

中裂：裂荚率 5.0％～50.0％；

易裂：裂荚率>50.0％。

B.1.16 抗病性（以大豆花叶病毒病为例，以 3 个重复所有植株为调查对象）：分别在盛花期和花荚期调查。感病程度以发病率最高的病级确定。分级标准如下：

0 级：叶片无症状或其他感病标志；

1 级：叶片有轻微皱缩，植株生长正常；

2 级：叶片皱缩明显，中脉变褐，植株生长无明显异常；

3 级：叶片有泡状隆起，叶缘卷缩，植株稍矮化；

4 级：叶片皱缩畸形呈鸡爪状，全株僵缩矮化，结少量无毛畸形荚。

B.1.17 其他病虫害：记载发生严重的病虫害名称及发生程度。

B.2 考种项目

取试验小区内中间 2 行生长正常、无缺株的连续 10 株为考种样本，不用边行边株。3 个小区各取 1 次（计算小区产量时注意在哪个小区收取的样本，产量应计入该取样小区内）。将以上 3 个样本各计算其平均值，取均值较近的 2 个重复计算均值。以下项目除单株粒（荚）重和各类粒（荚）百分率数据外，每重复数据均为 10 株样本的平均。

B.2.1 株高：从子叶节到植株顶端的高度（包括顶花序），以厘米（cm）表示。

B.2.2 主茎节数：从子叶节以上起到顶端节数，不包括顶端花序。

B.2.3 底荚高度①：从子叶节到主茎最下部豆荚着生位置的高度，以厘米（cm）表示。

B.2.4 有效分枝数：有一个成荚以上的分枝数，分枝至少有 2 个节，不计二次分枝。

B.2.5 单株有效荚数①：一株上含有 1 粒以上饱满种子的荚数。

B.2.6 单株荚数②：单株秕荚、一粒荚和多粒荚的合计。

秕荚：荚中无籽粒。

一粒荚：荚中仅 1 个籽粒。

多粒荚：荚中有 2 个以上（含）籽粒。

多粒荚率（％）：多粒荚数占单株总荚数的百分率。

B.2.7 单株粒数①：一株实际获得粒数，包括完好粒、未熟粒、虫蚀粒、病粒等在内。

B.2.8 单株粒重①：10 株样本籽粒重量（包括未熟、虫蚀及病粒）的平均粒重（克/株）（g/株）。

B.2.9 单株荚重②：10 株样本鲜荚重量的平均值。

B.2.10 各类种粒百分率①（％）：将 10 株样本籽粒按以下标准分类，并计算各种籽粒所占百分率（各类种粒百分率之和应等于 100％）。

完好粒：完熟、饱满、未遭病虫害的豆粒；

虫蚀粒：被虫蚀的豆粒；

褐斑粒：带褐斑（从种脐处出现呈放射状的褐色斑点或花纹）的豆粒；

紫斑粒：带紫斑（籽粒上有紫色斑块）的豆粒；

其他粒：发育不完全、霉烂、损伤的豆粒。

B.2.11 各类荚果百分率②（％）：在取样样本中或小区中（若样本不够）随机取样 500 g 鲜荚，分为标准荚、虫蚀荚、病害荚和其他荚。然后分别称重，计算各类荚果的百分率。各类荚果百分率之和应为 100％。

标准荚：含有 2 粒以上（含）无损豆粒的饱满豆荚。

虫蚀荚：被虫蚀的豆荚。

病害荚：豆荚上存在病斑或受病害影响的豆荚。

其他荚：发育不完全、霉烂、损伤的及不能归入以上 3 类的豆荚。

B.2.12 百粒重①：分 2 次从样本完好粒中随机数取各 100 粒，分别称重并计算平均值（若 2 次称重数值相差超过 0.5 g,应重新取样称重),单位以克(g)表示。

B.2.13 百粒鲜重②:分 2 次随机选取完整饱满豆粒各 100 粒,分别称重,计算 2 次称重平均值(若 2 次称重相差超过 0.5 g,则重新取样称重),单位以克(g)表示。

B.2.14 每 500 g 标准荚的个数②:称取标准荚 500 g,然后数其个数(若样本中标准荚重量不足 500 g,可在小区中选取标准荚补足 500 g)。

B.2.15 两粒标准荚长、宽②:从荚最长、最宽处测量,以厘米表示。随机取标准荚 20 个,首尾相接连成直线后测总长,然后将荚相邻并排后测总宽,最后取平均值。

B.2.16 口感②:收获当天完成。具体评价方法为:

取标准荚 50 g,用水清洗干净→待水沸后将豆荚淹没于水中→再次沸腾后煮 2 min～3 min→捞取,立即放入凉水中冲凉片刻→立即品尝。

口感分级:A 级即香甜柔糯、B 级即鲜脆、C 级即硬或微苦。

B.2.17 种皮色:籽粒种皮的颜色,分为黄、青(绿)、黑、褐、双色。

B.2.18 脐色:籽粒种脐的颜色,分为浅黄、黄、淡褐、褐、深褐、蓝、黑 7 种。

B.2.19 粒形:籽粒的形状,分为圆形、扁圆、椭圆、扁椭、长椭、肾形。

B.2.20 籽粒光泽:分为强光、微光、无光。

B.2.18 子叶色:种皮内子叶的颜色,分为黄、绿(青)2 种。

B.3 计产

B.3.1 小区产量:小区产量单位用克(g)表示,保留整数。待种子含水量达到 13%以下并清除杂质后称重,在计算小区产量时应加入取样重量。

B.3.2 亩产量:称完小区产量,应折算成每亩(666.7 m^2)产量,单位为千克(kg),保留 1 位小数。

注:标注①表示该项目适用于粒用型品种,标注②表示该项目适用于鲜食型品种,不标注表示两者都适用。

附　录　C
（规范性）
大豆性状数据信息系统采集描述规范

大豆性状数据信息系统采集描述规范见表 C.1。

表 C.1　大豆性状数据信息系统采集描述规范

性状序号	性状名称	试验类型	数据类型	采集阶段	处理方法	数据精度	示例数据	适用类型
1	子叶色	区域试验	文本型	苗期	取最多值	—	黄	籽粒型、鲜食型大豆
2	种皮色	区域试验	文本型	苗期	取最多值	—	黄	籽粒型、鲜食型大豆
3	脐色	区域试验	文本型	苗期	取最多值	—	褐	籽粒型、鲜食型大豆
4	粒形	区域试验	文本型	苗期	取最多值	—	圆形	籽粒型、鲜食型大豆
5	光泽	区域试验	文本型	苗期	取最多值	—	微光	籽粒型、鲜食型大豆
6	播种期	区域试验 生产试验	日期型	苗期	不处理	—	2017/6/10	籽粒型、鲜食型大豆
7	出苗期	区域试验 生产试验	日期型	苗期	不处理	—	2017/6/17	籽粒型、鲜食型大豆
8	出苗势	区域试验	文本型	苗期	不处理	—	1	籽粒型、鲜食型大豆
9	全苗率	区域试验	数值型	苗期	取平均值	1	89.3	籽粒型、鲜食型大豆
10	定苗期	区域试验	文本型	苗期	不处理	—	2017/5/20	籽粒型、鲜食型大豆
11	开花期	区域试验	日期型	开花结荚期	不处理	—	2017/7/20	籽粒型、鲜食型大豆
12	花色	区域试验 生产试验	文本型	开花结荚期	取最多值	—	紫	籽粒型、鲜食型大豆
13	叶形	区域试验 生产试验	文本型	开花结荚期	取最多值	—	披针形	籽粒型、鲜食型大豆
14	田间 SMV 时期	区域试验	文本型	开花结荚期	不处理	—	花荚期	籽粒型、鲜食型大豆
15	田间感 SMV 程度	区域试验	文本型	开花结荚期	不处理	—	0	籽粒型、鲜食型大豆
16	其他病虫害及程度	区域试验	文本型	开花结荚期	不处理	—	蚜虫较轻	籽粒型、鲜食型大豆
17	株型	区域试验	文本型	成熟期	取最多值	—	收敛	籽粒型、鲜食型大豆
18	茸毛色	区域试验 生产试验	文本型	成熟期	取最多值	—	灰	籽粒型、鲜食型大豆
19	结荚习性	区域试验 生产试验	文本型	成熟期	取最多值	—	亚有限	籽粒型、鲜食型大豆
20	倒伏性	区域试验 生产试验	文本型	成熟期	不处理	—	1	籽粒型、鲜食型大豆
21	备注	区域试验	文本型	成熟期	不处理	—	未正常成熟	籽粒型、鲜食型大豆
22	有效分枝	区域试验	数值型	考种期	取平均值	1	2.1	籽粒型、鲜食型大豆
23	株高	区域试验	数值型	考种期	取平均值	1	95.3	籽粒型、鲜食型大豆
24	主茎节数	区域试验	数值型	考种期	取平均值	1	18.4	籽粒型、鲜食型大豆
25	比对照 1 长短天数	区域试验	数值型	考种期	取平均值	0	3	籽粒型、鲜食型大豆
26	比对照 2 长短天数	区域试验	数值型	考种期	取平均值	0	2	籽粒型、鲜食型大豆
27	区试—小区实收产量 1	区域试验	数值型	考种期	不处理	0	2 456	籽粒型、鲜食型大豆
28	区试—小区实收产量 2	区域试验	数值型	考种期	不处理	0	2 782	籽粒型、鲜食型大豆
29	区试—小区实收产量 3	区域试验	数值型	考种期	不处理	0	2 934	籽粒型、鲜食型大豆
30	区试—小区标准产量 1	区域试验	数值型	考种期	不处理	0	2 156	籽粒型、鲜食型大豆
31	区试—小区标准产量 2	区域试验	数值型	考种期	不处理	0	2 251	籽粒型、鲜食型大豆
32	区试—小区标准产量 3	区域试验	数值型	考种期	不处理	0	2 532	籽粒型、鲜食型大豆
33	区试—小区平均产量	区域试验	数值型	考种期	取平均值	0	2 413	籽粒型、鲜食型大豆

表 C.1（续）

性状序号	性状名称	试验类型	数据类型	采集阶段	处理方法	数据精度	示例数据	适用类型
34	生试—小区实收产量 1	生产试验	数值型	考种期	不处理	1	28.6	籽粒型、鲜食型大豆
35	生试—小区实收产量 2	生产试验	数值型	考种期	不处理	1	31.8	籽粒型、鲜食型大豆
36	生试—小区标准产量 1	生产试验	数值型	考种期	不处理	1	25.6	籽粒型、鲜食型大豆
37	生试—小区标准产量 2	生产试验	数值型	考种期	不处理	1	26.2	籽粒型、鲜食型大豆
38	生试—小区平均产量	生产试验	数值型	考种期	取平均值	1	26.3	籽粒型、鲜食型大豆
39	实收面积	区域试验 生产试验	数值型	考种期	不处理	1	10.4	籽粒型、鲜食型大豆
40	收获株数 1	区域试验	数值型	考种期	不处理	0	220	籽粒型、鲜食型大豆
41	收获株数 2	区域试验	数值型	考种期	不处理	0	260	籽粒型、鲜食型大豆
42	收获株数 3	区域试验	数值型	考种期	不处理	0	243	籽粒型、鲜食型大豆
43	收获株数平均	区域试验	数值型	考种期	取平均值	0	216	籽粒型、鲜食型大豆
44	标准收获株数—1	区域试验	数值型	考种期	不处理	0	220	籽粒型、鲜食型大豆
45	标准收获株数—2	区域试验	数值型	考种期	不处理	0	260	籽粒型、鲜食型大豆
46	标准收获株数—3	区域试验	数值型	考种期	不处理	0	243	籽粒型、鲜食型大豆
47	标准收获株数平均	区域试验	数值型	考种期	取平均值	0	216	籽粒型、鲜食型大豆
48	亩产量	区域试验 生产试验	数值型	考种期	取平均值	1	211.2	籽粒型、鲜食型大豆
49	比对照 1 增减产	区域试验 生产试验	数值型	考种期	不处理	1	3.1	籽粒型、鲜食型大豆
50	比对照 2 增减产	区域试验 生产试验	数值型	考种期	不处理	1	2.6	籽粒型、鲜食型大豆
51	位次	区域试验 生产试验	数值型	考种期	不处理	0	1	籽粒型、鲜食型大豆
52	增产点次	区域试验 生产试验	数值型	考种期	不处理	0	78	籽粒型、鲜食型大豆
53	成熟期	区域试验 生产试验	日期型	成熟期	不处理	—	2020/9/18	籽粒型大豆
54	收获期	区域试验 生产试验	日期型	成熟期	不处理	—	2020/9/21	籽粒型大豆
55	生育日数	区域试验 生产试验	数值型	成熟期	取平均值	0	126	籽粒型大豆
56	落叶性	区域试验	文本型	成熟期	不处理	—	落	籽粒型大豆
57	裂荚性	区域试验	文本型	成熟期	不处理	—	不	籽粒型大豆
58	百粒重	区域试验	数值型	考种期	取平均值	1	18.2	籽粒型大豆
59	单株粒数	区域试验	数值型	考种期	取平均值	1	102.4	籽粒型大豆
60	单株粒重	区域试验	数值型	考种期	取平均值	1	18.7	籽粒型大豆
61	单株有效荚数	区域试验	数值型	考种期	取平均值	1	46.3	籽粒型大豆
62	底荚高度	区域试验	数值型	考种期	取平均值	1	12.6	籽粒型大豆
63	紫斑粒率	区域试验	数值型	考种期	取平均值	1	2.3	籽粒型大豆
64	褐斑粒率	区域试验	数值型	考种期	取平均值	1	7.3	籽粒型大豆
65	虫蚀粒率	区域试验	数值型	考种期	取平均值	1	7.5	籽粒型大豆
66	其他粒率	区域试验	数值型	考种期	取平均值	1	10.5	籽粒型大豆
67	完全粒率	区域试验	数值型	考种期	取平均值	1	72.4	籽粒型大豆
68	鲜荚色	区域试验	文本型	成熟期	取最多值	—	绿	鲜食型大豆
69	采收期	区域试验 生产试验	日期型	成熟期	不处理	—	2020/8/18	鲜食型大豆
70	生长日数	区域试验 生产试验	数值型	成熟期	取平均值	0	82	鲜食型大豆
71	百粒鲜重	区域试验	数值型	考种期	取平均值	1	83.2	鲜食型大豆
72	秕荚数	区域试验	数值型	考种期	取平均值	1	3.2	鲜食型大豆

表 C.1（续）

性状序号	性状名称	试验类型	数据类型	采集阶段	处理方法	数据精度	示例数据	适用类型
73	一粒荚数	区域试验	数值型	考种期	取平均值	1	5	鲜食型大豆
74	多粒荚数	区域试验	数值型	考种期	取平均值	1	10.2	鲜食型大豆
75	标准荚率	区域试验	数值型	考种期	取平均值	1	60.8	鲜食型大豆
76	病害荚率	区域试验	数值型	考种期	取平均值	1	8	鲜食型大豆
77	虫蚀荚率	区域试验	数值型	考种期	取平均值	1	12	鲜食型大豆
78	单株荚数	区域试验	数值型	考种期	取平均值	1	35	鲜食型大豆
79	单株荚重	区域试验	数值型	考种期	取平均值	1	55.3	鲜食型大豆
80	多粒荚率	区域试验	数值型	考种期	取平均值	1	73.8	鲜食型大豆
81	口感	区域试验	文本型	考种期	不处理	—	A	鲜食型大豆
82	两粒标准荚宽	区域试验	数值型	考种期	取平均值	1	1.3	鲜食型大豆
83	两粒标准荚长	区域试验	数值型	考种期	取平均值	1	5.2	鲜食型大豆
84	每 500 g 标准荚数	区域试验	数值型	考种期	取平均值	0	180	鲜食型大豆
85	其他荚率	区域试验	数值型	考种期	取平均值	1	15.6	鲜食型大豆

ICS 65.020.01
CCS B 04

NY

中华人民共和国农业行业标准

NY/T 1300—2022
代替 NY/T 1300—2007

农作物品种试验与信息化技术规程 水稻

Technical code of practice for the variety trial and informatization of crops—Rice(*Oryza sativa* L.)

2022-11-11 发布   2023-03-01 实施

中华人民共和国农业农村部 发布

前　言

本文件按照 GB/T 1.1—2020《标准化工作导则　第 1 部分：标准化文件的结构和起草规则》的规定起草。

本文件代替 NY/T 1300—2007《农作物品种区域试验技术规范　水稻》，与 NY/T 1300—2007 相比，除结构调整和编辑性改动外，主要技术变化如下：

a）试验设置要素中增加了按生态区设置试验组别（见 4.1.1）；

b）田间试验设计要素中增加了轻简化区域试验和生产试验的田间试验设计方法（见 7.1.2）；

c）观察记载要素修改为田间数据采集和上报，增加了附录 B、附录 C、图像采集、异常报备及在“国家水稻品种试验数据管理平台”线上填报田间试验数据（见第 9 章）；

d）抗性鉴定和米质检测要素合并修改为鉴定与检测，增加了耐逆性鉴定、DNA 指纹鉴定、转基因成分检测，米质检测修改为依据 NY/T 593《食用稻品种品质》检测和评价（见第 10 章）；

e）附录 A 删除了区域试验品种最高苗、叶色、叶姿、长势等农艺性状的调查，删除了生产试验品种的苗情调查和取样考种，增加了轻简化区域试验苗情调查和取样考种的方法（见 A.2.2）。

请注意本文件的某些内容可能涉及专利。本文件的发布机构不承担识别专利的责任。

本文件由农业农村部种业管理司提出。

本文件由全国农作物种子标准化技术委员会（SAC/TC 37）归口。

本文件起草单位：全国农业技术推广服务中心、中国水稻研究所、北京农业信息技术研究中心、中国农业科学院作物科学研究所、四川省农业科学院植物保护研究所、恩施土家族苗族自治州种子管理局。

本文件主要起草人：曾波、杨仕华、邱军、于春花、程本义、王开义、王洁、卢代华、龚俊义、钟育海、张芳、夏俊辉、朱国邦、刘鑫、顾见勋、金志刚、付高平、罗志勇、程子硕、韩友学、邬亚、丁军。

本文件及其所代替文件的历次版本发布情况为：

——NY/T 1300—2007。

农作物品种试验与信息化技术规程　水稻

1　范围

本文件规定了水稻(*Oryza sativa* L.)品种试验的有关术语和定义、试验设置、参试品种、试验田选择、田间试验设计、田间试验管理、田间数据采集与上报、鉴定与检测、汇总与总结等内容。

本文件适用于水稻品种统一试验、绿色通道试验、联合体试验及以审定为目的的各类试验。

2　规范性引用文件

下列文件中的内容通过文中的规范性引用而构成本文件必不可少的条款。其中，注日期的引用文件，仅该日期对应的版本适用于本文件；不注日期的引用文件，其最新版本（包括所有的修改单）适用于本文件。

GB 4404.1　粮食作物种子　禾谷类

NY/T 593　食用稻品种品质

3　术语和定义

下列术语和定义适用于本文件。

3.1

试验品种　tested variety

人工选育或发现并经过改良，与现有品种有明显区别，形态特征和生物学特性一致，遗传性状稳定，具有一定的利用价值，并具有适当名称的水稻群体。本文件中试验品种包括常规稻和杂交稻。

3.2

对照品种　check variety

符合试验品种定义，通过国家级或省级品种审定，在生产上或特征特性上具有代表性，用于与试验品种比较的品种。

3.3

品种试验　variety test

在一定生态区域范围内，按照统一的试验方案和技术规程进行多品种、多点次、多年份的品种鉴定和检测，从而确定参试品种的利用价值和适宜种植区域的试验。本文件中的品种试验包括区域试验和生产试验。

3.4

区域试验　regional trial

在同一生态类型区的不同自然区域，选择能代表该地区土壤特点、气候条件、耕作制度、生产水平的地点，按照统一的试验方案和技术规程鉴定试验品种的生育期、丰产性、稳产性、适应性、抗逆性、米质及其他重要特征特性，从而确定试验品种的利用价值和适宜种植区域的试验。

3.5

生产试验　productive test

在同一生态类型区域试验的基础上，在接近大田生产的条件下，对试验品种的生育期、丰产性、稳产性、适应性、抗逆性及其他重要特征特性进一步验证的试验。

4　试验设置

4.1　试验组：应根据生态区、季别、品种类型、生育期分组进行试验。

4.1.1　生态区：依据生态区划和种植区划，全国分南方稻区和北方稻区，南方稻区分华南、长江上游、长江中下游、武陵山生态区,北方稻区分黄淮、京津唐、东北西北生态区。

4.1.2 季别:分双季早稻、双季晚稻和一季稻(含中稻、麦茬稻和一季晚稻)。

4.1.3 类型:按亚种分籼稻、粳稻,按用途分食用稻、专用稻,按特性分普通稻、节水耐旱稻、耐盐碱稻等。

4.1.4 生育期:分早熟、中熟、迟熟等。

4.2 试验点

4.2.1 试验点的选择:试验点除应具有生态与生产代表性外,还应具有稳定的试验田、良好的仪器设备和专业技术人员,一般设在县级以上(含县级)农业科研单位、原(良)种场、种子管理(服务)站(局)、农技中心、种子公司、种植合作社等。试验点应保持相对稳定。

4.2.2 试验点的数量:一个试验组区域试验以国家级 10 个~20 个点、省级 5 个~15 个点为宜,生产试验以 5 个~10 个点为宜。

5 参试品种

5.1 对照品种的选择

一组试验设 1 个对照品种,对照品种应选用通过国家或省级农作物品种审定委员会审定,稳定性好,适应性广,在相应生态类型区内当前生产上推广面积较大的同类型同熟期主栽品种。根据需要可增设 1 个辅助对照品种,如更换对照时,应同时设新旧对照品种 1 年作为过渡。

5.2 品种数量

一个试验组区域试验以 6 个~12 个(含对照品种)为宜,生产试验以不超过 6 个(含对照品种)为宜,具体品种数量由试验实施方案确定。

5.3 种子质量

品种的种子质量应符合 GB 4404.1 中常规稻或杂交稻大田用种要求,并不得带检疫性有害生物。供种单位不得对参试品种种子进行任何影响植物生长发育的处理。

5.4 种子数量

试验品种种子由品种审定申请者按照试验实施方案规定的数量无偿提供。

5.5 品种标识

参试品种可实名制或采取密码编号。

6 试验田选择

试验田应选择有当地水稻土壤代表性、肥力水平中等偏上、不受荫蔽、排灌方便、形状规整、大小合适、肥力均匀、交通便利的田块。试验田前作应经过匀地种植,秧田不作当季试验田,早稻试验田不作当年晚稻试验田。

7 田间试验设计

7.1 试验设计

7.1.1 区域试验宜采用完全随机区组排列,3 次~4 次重复,小区面积 13 m^2~15 m^2,同一试验点小区面积应一致,一组试验在同一田块进行;生产试验采用大区随机排列,不设重复,大区面积不小于 300 m^2,一组试验一般应在同一田块进行,如需在不同田块进行,每一田块均应设置相同对照品种,试验品种与同一田块对照品种比较。

7.1.2 轻简化区域试验(机插式区域试验和直播式区域试验)可采用间比法排列,不设重复,小区面积 40 m^2~50 m^2,每间隔 5 个~6 个试验品种设 1 次对照品种,试验品种与相邻的 2 次对照品种比较。轻简化生产试验田间试验设计与传统的生产试验相同。

7.2 小区/大区形状与方位

小区/大区长方形,长宽比以(2~3):1 为宜,小区/大区长边应与试验田实际或可能存在的肥力梯度方向平行。

7.3 区组方位

区组排列的方向应与试验田实际或可能存在的肥力梯度方向一致。

7.4 保护行设置

区域试验、生产试验田四周均应设置保护行，保护行不少于3行，种植对应小区/大区品种。

7.5 操作道设置

区组间、小区/大区间及试验与保护行间应留操作道，宽度应不大于40 cm。机插式区域试验和生产试验田四周应设置适合机械作业的转弯区。

8 田间试验管理

8.1 同一组试验栽培管理措施应一致，如遇特殊情况，必须严格遵循局部控制的原则，同一区组内应一致。

8.2 试验田准备：无论秧田、本田，均应精耕平整，若施用有机肥应完全腐熟。

8.3 播种/育秧：常规稻、杂交稻播种量按当地大田生产习惯，并根据各品种的千粒重和发芽率确定。机插式区域试验和生产试验可采用育秧盘育秧，直播式区域试验和生产试验按当地大田生产习惯直播。同一组试验所有品种同期播种/育秧。

8.4 移栽：适宜秧龄移栽，防止超秧龄。行株距按当地大田生产习惯确定。机插式区域试验和生产试验采用机插方式移栽。同一组试验所有品种同期移栽。移栽后应及早进行查苗补缺。

8.5 试验过程中不使用植物生长调节剂。肥、水管理应及时、适当，施肥水平中等偏上。

8.6 试验过程中应按当地大田生产习惯对病、虫、草害进行防治，并及时采取有效的防护措施防止鼠、鸟、畜、禽等对试验的危害。

8.7 收获计产：按参试品种的成熟先后及时收获，成熟期相近的品种可同一批收获，明显偏迟的可割青。分小区/大区全区实收、单收、单晒。待晒干、扬净后称重计产。

9 田间数据采集与上报

9.1 记载项目与要求：见附录A。

9.2 记载表格式：见附录B。

9.3 数据描述规范：见附录C。

9.4 图像采集：在灌浆结实期，所有参试品种在同一重复拍摄至少一张带品种标识的全景照片，力求展示出参试品种的典型农艺性状。

9.5 异常报备：遭遇台风、洪涝、高低温等极端天气以及暴发严重的病虫害，可能造成田间试验报废的，须在异常情况发生后15 d内将有关情况说明和现场照片上传至“国家水稻品种试验数据管理平台”。

9.6 数据采集和上报：按照附录A的要求采集数据，田间试验结束后一个月内在“国家水稻品种试验数据管理平台”上完成所有田间试验数据的线上填报。

10 鉴定与检测

10.1 抗病虫性鉴定

主要是稻瘟病、白叶枯病和稻飞虱，不同稻区、不同品种类型可根据实际情况有所侧重或增、减。参加区域试验的品种，同年由同级农作物品种审定委员会办公室指定的专业机构进行鉴定。鉴定用种子必须与参加区域试验种子来源相同。

10.2 耐逆性鉴定

主要是耐热性、耐冷性、耐旱性和耐盐碱，不同稻区、不同品种类型可根据实际情况有所侧重或增、减。参加区域试验或生产试验的品种，同年由同级农作物品种审定委员会办公室指定的专业机构进行鉴定。

鉴定用种子必须与参加区域试验或生产试验种子来源相同。

10.3 米质检测

参加区域试验的品种，同年指定3个有代表性的试验点提供米质检测样品，由具有资质的检测机构按照NY/T 593的规定进行检测，测定项目包括加工品质、外观品质、蒸煮品质和食味等。

10.4 DNA指纹鉴定

参加区域试验和生产试验的品种，同年由同级农作物品种审定委员会办公室指定的专业机构，对其特异性和年度间的一致性进行鉴定。鉴定用种子必须与参加区域试验和生产试验种子来源相同。

10.5 转基因成分检测

参加区域试验和生产试验的品种，由具有资质的检测机构按照行业认可的检测方法和标准进行转基因成分检测。鉴定用种子必须与参加区域试验和生产试验种子来源相同。

10.6 结果上报

鉴定检测工作结束后15 d内在"国家水稻品种试验数据管理平台"上完成所有鉴定检测数据和结果的线上填报。

11 汇总与总结

11.1 数据质量控制

试验点出现下列情况之一的，数据不参与汇总：

a) 小区产量数据缺失3个以上(含3个)或同一个品种缺失2个；

b) 品种小区产量数据区组间平均变异系数大于5.0%；

c) 对照品种产量比本试点品种(含对照)平均产量低10.0%以上；

d) 试验期间发生气象灾害、病虫灾害等异常情况，并对试验产生明显影响。

11.2 内容与方法

11.2.1 试验概况

概述试验目的、参试品种、试验点、田间试验设计、栽培管理、鉴定与检测、数据质量控制及品种评价依据等基本情况。列表说明参试品种的亲本来源、选育单位，试验点的地理分布、播种移栽期等信息。

11.2.2 结果分析

a) 丰产性：计算分析参试品种产量的平均表现、比对照的增减产百分率及品种间的差异。产量联合方差分析采用混合模型(品种为固定因子，试验点为随机因子)，品种间差异显著性检验采用新复极差法(SSR)或最小显著差数法(LSD)，并列出数据表。

b) 稳产性和适应性：采用线性回归分析法和试验品种比对照增产点的比例进行综合分析，并列出数据表。

c) 生育期：计算分析参试品种全生育期的平均表现及比对照品种的长、短天数，并列出数据表。

d) 主要农艺性状：计算分析参试品种主要农艺性状的平均表现及品种间的差异，并列出数据表。

e) 抗逆性：以专业机构鉴定结果为主要依据，分析评价参试品种的抗逆性表现，并列出数据表。

f) 米质：以具有资质的检测机构出具的检测结果为主要依据，分析评价参试品种的米质表现，并列出数据表。

g) 各点表现：分析参试品种在各试验点的产量、生育期、主要农艺性状、田间抗性表现，并列出数据表。

11.2.3 品种综合评价

根据1年～2年区域试验和生产试验汇总分析结果，对各试验品种的丰产性、稳产性、适应性、生育期、主要农艺性状、抗逆性、米质等作出综合评价。

附　录　A
(规范性)
水稻品种试验田间记载项目与要求

A.1　试验概况

A.1.1　试验田土壤状况

A.1.1.1　土壤质地:按我国土壤质地分类标准填写。

A.1.1.2　土壤肥力:分肥沃、中上、中、中下、贫瘠5级。

A.1.2　秧田

A.1.2.1　种子处理:种子翻晒、清选、药剂处理等措施或药剂名称与浓度。

A.1.2.2　育秧方式:水育、半旱、旱育、育秧盘等及防护措施。

A.1.2.3　播种量:秧田净面积播种量,以 kg/666.7 m^2表示。轻简化品种试验为每育秧盘播种量或直播种子量,以 g/育秧盘或 kg/666.7 m^2表示。

A.1.2.4　施肥:日期及肥料名称、数量。

A.1.2.5　田间管理:除草、病虫防治等日期及药剂名称与浓度。

A.1.3　本田

A.1.3.1　前茬作物:作物名称及种植方式等。

A.1.3.2　耕整情况:机耕、畜耕、耙田等日期及耕整状况。

A.1.3.3　试验设计:设计方法及重复次数。

A.1.3.4　小区/大区面积:实栽面积,以 m^2 表示,保留1位小数。

A.1.3.5　行株距:以厘米×厘米(cm×cm)表示。

A.1.3.6　小区行数:实栽行数。

A.1.3.7　小区穴数:实栽穴数。

A.1.3.8　每穴苗数:计划每穴栽苗数。

A.1.3.9　保护行设置:品种及行数。

A.1.3.10　基肥:肥料名称及数量。

A.1.3.11　追肥:日期及肥料名称、数量。

A.1.3.12　病、虫、鼠、鸟等防治:日期、农药名称与浓度(或措施)及防治对象。

A.1.3.13　其他田间管理:除草、耘田、搁田等措施及日期。

A.1.4　气象条件:试验期间气候概况及特殊气候因素对试验的影响。

A.1.5　特殊情况说明:如病虫灾害、气象灾害、鸟禽畜害、人为事故等异常情况及其对试验的影响,声明试验结果可否采用。

A.2　试验结果

A.2.1　生育期

区域试验和生产试验应及时准确记录参试品种的生育期,主要包括播种期、移栽期、始穗期、齐穗期、成熟期、全生育期等生育期性状。

A.2.1.1　播种期:实际播种日期,以月/日表示。

A.2.1.2 移栽期:实际移栽日期,以月/日表示。

A.2.1.3 始穗期:10%稻穗露出剑叶鞘的日期,以月/日表示。

A.2.1.4 齐穗期:80%稻穗露出剑叶鞘的日期,以月/日表示。

A.2.1.5 成熟期:籼稻 85%以上、粳稻 95%以上实粒黄熟的日期,以月/日表示。

A.2.1.6 全生育期:播种翌日至成熟之日的天数。

A.2.2 主要农艺性状

苗情调查:区域试验应定点查苗,其中直播式区域试验采用定面积查苗,计算参试品种的基本苗、有效穗、株高等农艺性状。生产试验可以不查苗,但应观测查苗、考种之外的群体整齐度、杂株率、株型、熟期转色、耐寒性、倒伏性、落粒性等农艺性状。

取样考种:区域试验收获前 1 d~2 d,在同一重复的保护行内每参试品种取有代表性的植株 3 穴,直播式区域试验在保护行内每参试品种取有代表性植株 5 株,作为室内考查穗部性状的样本,计算参试品种穗长、每穗总粒数、每穗实粒数、结实率、千粒重等农艺性状。生产试验可以不进行取样考种。

A.2.2.1 基本苗:移栽返青后在Ⅰ、Ⅲ重复小区相同方位的第三纵行第三穴起连续调查 10 穴(定点),其中机插式区域试验在各参试品种小区选取 2 个有代表性的位点连续调查 10 穴(定点);直播式区域试验的调查方法:准备 0.1 m^2的小方框若干个,播种 15 d 后,在各参试品种小区有代表性的 2 个位点放置小方框,以小方框内(定面积)的植株为样本进行调查。包括主苗与分蘖苗,取其平均值,并折算成万株/666.7 m^2表示,保留 1 位小数。

A.2.2.2 有效穗:成熟期在调查基本苗的定点/面积处调查有效穗,抽穗结实少于 5 粒的穗不算有效穗,但白穗应算有效穗。取其平均值,折算成万株/666.7 m^2表示,保留 1 位小数。

A.2.2.3 株高:在成熟期选有代表性的植株 10 穴,直播式区域试验选有代表性的植株 10 株,测量每穴(株)之最高穗,从茎基部至穗顶(不连芒),取其平均值,以 cm 表示,保留 1 位小数。

A.2.2.4 群体整齐度:根据长势、长相、抽穗情况目测,分整齐、中等、不齐 3 级。

A.2.2.5 杂株率:试验全程调查明显不同于正常群体植株的比例,保留 1 位小数。

A.2.2.6 株型:分蘖盛期目测,分紧束、适中、松散 3 级。

A.2.2.7 熟期转色:成熟期目测,根据叶片、茎秆、谷粒色泽,分好、中、差 3 级。

A.2.2.8 耐寒性:早稻苗期在遇寒后根据叶色、叶形变化记载苗期耐寒性,中、晚稻孕穗抽穗期及后期遇寒后根据叶色、叶形、谷色变化及结实情况记载中后期耐寒性,分强、中、弱 3 级。

A.2.2.9 倒伏性:分直、斜、倒、伏 4 级。直:茎秆直立或基本直立;斜:茎秆倾斜角度小于 45°;倒:茎秆倾斜角度大于 45°;伏:茎穗完全伏贴于地。

A.2.2.10 落粒性:成熟期用手轻捻稻穗,视脱粒难易程度分难、中、易 3 级。难:不掉粒或极少掉粒;中:部分掉粒;易:掉粒多或有一定的田间落粒。

A.2.2.11 穗长:穗节至穗顶(不连芒)的长度,取 3 穴(5 株)全部稻穗的平均数,保留 1 位小数。

A.2.2.12 每穗总粒数:3 穴(5 株)总粒数/3 穴(5 株)总穗数,保留 1 位小数。

A.2.2.13 每穗实粒数:3 穴(5 株)充实度 1/3 以上的谷粒数及落粒数之和/3 穴(5 株)总穗数,保留 1 位小数。

A.2.2.14 结实率:每穗实粒数/每穗总粒数×100,以%表示,保留 1 位小数。

A.2.2.15 千粒重:在考种后晒干的实粒中,每参试品种各随机取 2 个 1 000 粒分别称重,其差值不大于其平均值的 3%,取 2 个重复的平均值,以克(g)表示,保留 1 位小数。

A.2.3 抗病虫性:记录各参试品种叶瘟、穗颈瘟、白叶枯病、纹枯病、稻曲病等病虫害田间发生情况,分未发、轻、中、重 4 级记载,标准如表 A.1。

表 A.1 水稻主要病虫害分级标准

病害种类	级别	病　情
叶瘟	未发	全部没有发病
	轻	全试区 1%～5%面积发病，病斑数量不多或个别叶片发病
	中	全试区 20%左右面积叶片发病，每叶病斑数量 5 个～10 个
	重	全试区 50%以上面积叶片发病，每叶病斑数量超过 10 个
穗颈瘟	未发	全部没有发病
	轻	全试区 1%～5%稻穗及茎节发病，有个别植株白穗及断节
	中	全试区 20%左右稻穗及茎节发病，植株白穗及断节较多
	重	全试区 50%以上稻穗及茎节发病
白叶枯病	未发	全部没有发病
	轻	全试区 1%～5%面积发病，站在田边可见若干病斑
	中	全试区 20%左右面积发病，部分病斑枯白
	重	全试区一片枯白，发病面积在 50%以上
纹枯病	未发	全部没有发病
	轻	病区病株基部叶片部分发病，病势开始向上蔓延，只有个别稻株通顶
	中	病区病株基部叶片发病普遍，病势部分蔓延至顶叶，10%～15%稻株通顶
	重	病区病株病势大部蔓延至顶叶，30%以上稻株通顶
稻曲病	未发	全部没有发病
	轻	全试区 1%～5%稻穗发病
	中	全试区 20%左右稻穗发病
	重	全试区 50%以上稻穗发病
注：其他病虫害，参照上述标准，分级记载。		

A.2.4 稻谷产量

分区单收、晒干、扬净、称重后，测定含水量，并按籼稻 13.5%、粳稻 14.5%的标准含水量折算小区/大区产量，以千克(kg)表示，保留 2 位小数。

A.3 品种评价

根据参试品种在本试验点的田间表现，描述其主要的优点和缺点，并依据综合表现对参试品种做出等级评定，分好、较好、中等、一般 4 级。

附 录 B
（资料性）
水稻品种试验田间记载表

试验组别＿＿＿＿＿＿＿＿＿＿＿＿＿＿＿＿＿＿＿＿＿＿＿＿＿＿＿＿

承试单位＿＿＿＿＿＿＿＿＿＿＿＿＿＿＿＿＿＿＿＿＿＿＿＿＿＿＿＿

试验地点＿＿＿＿＿＿＿＿＿＿＿＿＿＿＿＿＿＿＿＿＿＿＿＿＿＿＿＿

试点经度＿＿＿＿＿＿＿＿纬度＿＿＿＿＿＿＿＿海拔＿＿＿＿＿＿＿＿

试验负责人＿＿＿＿＿＿＿＿＿＿＿＿＿＿＿＿＿＿＿＿＿＿＿＿＿＿＿

试验执行人＿＿＿＿＿＿＿＿＿＿＿＿＿＿＿＿＿＿＿＿＿＿＿＿＿＿＿

试验联系人＿＿＿＿＿＿＿＿＿＿＿＿＿＿＿＿＿＿＿＿＿＿＿＿＿＿＿

通信地址＿＿＿＿＿＿＿＿＿＿＿＿＿＿＿＿＿＿＿＿＿＿＿＿＿＿＿＿

邮编＿＿＿＿＿＿＿＿＿＿电话＿＿＿＿＿＿＿＿＿＿手机＿＿＿＿＿＿＿＿

E-mail＿＿＿＿＿＿＿＿＿＿＿＿＿＿＿＿＿＿＿＿＿＿＿＿＿＿＿＿＿

年　　　月　　　日

一、试验概况

1. 试验田基本情况

(1)土壤质地：________________ (2)土壤肥力：________________

2. 秧田

(1)种子处理：________________ (2)播种期(月/日)：________________

(3)播种量，常规稻(kg/666.7 m^2)：__________ 杂交稻(kg/666.7 m^2)：__________

(4)育秧方式：________________________________

(5)施肥(日期及肥料名称、数量)：________________________________

____

____

(6)其他田间管理措施(除草、治虫等)：________________________________

____

____

3. 本田

(1)前作：________________ (2)耕整情况：________________

____

(3)田间排列：________________ (4)重复次数：________________

(5)保护行设置：________________________________

(6)小区/大区面积(m^2)：区试__________生产试验__________(7)移栽期(月/日)：__________

(8)行株距(cm×cm)：__________ (9)苗数/穴，常规稻：__________ 杂交稻：__________

(10)基肥(肥料名称及数量)：________________________________

(11)追肥(日期及肥料名称、数量)：________________________________

____

____

(12)虫病鼠鸟防治(日期、农药名称或措施及防治对象)：________________________________

____

____

(13)其田间管理措施(除草、耘田、搁田等)：________________________________

____

4. 生育期内气象概况及其对试验的影响：________________________________

____

____

5. 特殊情况说明(如病虫灾害、气象灾害、鸟禽畜害、人为事故等异常情况及其对试验的影响，声明试验结果可否采用)：________________________________

____

____

____

二、试验结果

表 1　参试品种生育期及主要农艺性状表现

试验点：

品种名称（编号）	播种期 月/日	移栽期 月/日	秧龄 d	始穗期 月/日	齐穗期 月/日	成熟期 月/日	全生育期 d	基本苗 万株/666.7 m^2	有效穗 万株/666.7 m^2	株高 cm	穗长 cm	总粒数 粒/穗	实粒数 粒/穗	结实率 %	千粒重 g	备注

表 2　参试品种产量、农艺性状及抗逆性表现

试验点：

品种名称（编号）	小区/大区产量 kg			小区/大区面积 m^2	耐寒性	整齐度	杂株率 %	株型	熟期转色	倒伏性			落粒性	叶瘟	穗颈瘟	白叶枯病	纹枯病	稻曲病	其他病虫害	备注
	Ⅰ	Ⅱ	Ⅲ							日期	面积	程度								

表3　参试品种综合评价表现

试验点：

品种名称 （编号）	等级	主要优点	主要缺点	备注

注：等级分好、较好、中等、一般4级，分别以A、B、C、D表示。

附　录　C
（规范性）
水稻品种试验田间数据信息系统采集描述规范

水稻品种试验田间数据信息系统采集描述规范见表 C.1。

表 C.1　水稻品种试验田间数据信息系统采集描述规范

序号	性状名称	试验类型	数据类型	采集阶段	数据精度	示例
C1	播种期	区域试验 生产试验	日期型	苗期	—	4/13
C2	移栽期	区域试验 生产试验	日期型	苗期	—	4/13
C3	基本苗	区域试验	数值型	苗期	1	4.1
C4	叶瘟	区域试验 生产试验	文本型	苗期	—	重
C5	株型	区域试验 生产试验	文本型	分蘖期	—	适中
C6	始穗期	区域试验 生产试验	日期型	孕穗扬花	—	4/13
C7	齐穗期	区域试验 生产试验	日期型	孕穗扬花	—	4/13
C8	整齐度	区域试验 生产试验	文本型	孕穗扬花	—	整齐
C9	杂株率	区域试验 生产试验	数值型	孕穗扬花	1	0.5
C10	成熟期	区域试验 生产试验	日期型	灌浆结实	—	4/13
C11	有效穗	区域试验	数值型	灌浆结实	1	16.1
C12	株高	区域试验	数值型	灌浆结实	1	115.3
C13	耐寒性	区域试验 生产试验	文本型	苗期或灌浆结实	—	弱
C14	熟期转色	区域试验 生产试验	文本型	灌浆结实	—	好
C15	倒伏性	区域试验 生产试验	文本型	灌浆结实	—	倒
C16	落粒性	区域试验 生产试验	文本型	灌浆结实	—	易
C17	穗颈瘟	区域试验 生产试验	文本型	灌浆结实	—	未发
C18	白叶枯病	区域试验 生产试验	文本型	灌浆结实	—	重
C19	纹枯病	区域试验 生产试验	文本型	灌浆结实	—	轻
C20	稻曲病	区域试验 生产试验	文本型	灌浆结实	—	中
C21	其他病虫害	区域试验 生产试验	文本型	分蘖期或灌浆结实	—	轻

表 C.1（续）

序号	性状名称	试验类型	数据类型	采集阶段	数据精度	示例
C22	穗长	区域试验	数值型	室内考种	1	15.2
C23	每穗总粒数	区域试验	数值型	室内考种	1	200.3
C24	每穗实粒数	区域试验	数值型	室内考种	1	180.5
C25	千粒重	区域试验	数值型	室内考种	1	26.1
C26	小区产量	区域试验	数值型	收获测产	2	9.85
C27	大区产量	生产试验	数值型	收获测产	2	300.52
C28	小区面积	区域试验	数值型	收获测产	1	13.3
C29	大区面积	生产试验	数值型	收获测产	1	333.4
C30	综合评级	区域试验 生产试验	文本型	收获测产	—	B

ICS 67.080.10
CCS B 31

NY

中华人民共和国农业行业标准

NY/T 1436—2022
代替 NY/T 1436—2007

莲雾等级规格

Grades and specifications of wax apple

2022-11-11 发布　　　　2023-03-01 实施

中华人民共和国农业农村部 发布

前 言

本文件按照 GB/T 1.1—2020《标准化工作导则 第 1 部分:标准化文件的结构和起草规则》的规定起草。

本文件代替 NY/T 1436—2007《莲雾》,与 NY/T 1436—2007 相比,除结构调整和编辑性改动外,主要技术变化如下:

a) 删除了引用 GB/T 5009.11、GB/T 5009.12、GB/T 5009.17、GB/T 5009.188、GB/T 8855、GB/T 12143.1、GB/T 12456、NY/T 761(见 2007 年版的第 2 章);
b) 增加了基本要求(见 4.1);
c) 修改了等级要求(见 4.2.1 表 1,2007 年版的 3.2 表 2);
d) 修改了规格要求(见 4.3.1 表 2,2007 年版的 3.1 表 1);
e) 删除了表 4 卫生指标(见 4.5,2007 年版的 3.5);
f) 修改了"试验方法"为"检验方法"(见第 5 章,2007 年版的第 4 章);
g) 修改了"6 标签、标志,7 包装、运输和贮存"为"7 包装、标志、标识、储存和运输"(见第 7 章,2007 年版的第 6 章、第 7 章);
h) 增加引用了最新相关标准 GB 2762、GB 2763、GB 12456、NY/T 1778、NY/T 2637、NY/T 5344.4(见 4.5、5.4、5.5、6.2、7.2)。

请注意本文件的某些内容可能涉及专利。本文件的发布机构不承担识别专利的责任。

本文件由农业农村部农垦局提出。

本文件由农业农村部热带作物及制品标准化技术委员会归口。

本文件起草单位:中国热带农业科学院分析测试中心。

本文件主要起草人:张月、谢德芳、韩丙军、陈显柳、赵方方、黄海珠、尹桂豪。

本文件及其所代替文件的历次版本发布情况为:

——2007 年首次发布为 NY/T 1436—2007;

——本次为第一次修订。

莲雾等级规格

1 范围

本文件规定了莲雾[*Syzygium samarangense*(Bl.)Merr. et Perry]鲜果的术语和定义、要求、检验方法、检验规则、包装、标志、标识、储存和运输。

本文件适用于莲雾主栽品种黑金刚和印尼大叶红鲜果的质量鉴定及其贸易,其他品种可参照执行。

2 规范性引用文件

下列文件中的内容通过文中的规范性引用而构成本文件必不可少的条款。其中,注日期的引用文件,仅该日期对应的版本适用于本文件;不注日期的引用文件,其最新版本(包括所有的修改单)适用于本文件。

GB/T 191 包装储运图示标志

GB 2762 食品安全国家标准 食品中污染物限量

GB 2763 食品安全国家标准 食品中农药最大残留限量

GB 12456 食品安全国家标准 食品中总酸的测定

NY/T 1778 新鲜水果包装标识 通则

NY/T 2637 水果和蔬菜可溶性固形物含量的测定 折射仪法

NY/T 5344.4 无公害食品 产品抽样规范 第4部分:水果

3 术语和定义

本文件没有需要界定的术语和定义。

4 要求

4.1 基本要求

应符合下列基本条件:

a) 果实发育正常,具有适于市场销售或者储运要求的成熟度;

b) 果实新鲜完整,无畸形,果面光滑,色泽鲜亮;

c) 果实无生理性病变,果肉无腐坏等;

d) 果实无异味;

e) 果实无病虫害、冻害;

f) 果实无裂果,无坏死组织,无明显的机械伤;

g) 果实单果质量大于等于70 g。

4.2 等级

4.2.1 等级划分

在符合基本要求的前提下,莲雾可划分为特级、一级和二级,各等级的要求应符合表1的规定。

表1 莲雾等级要求

指标	特级	一级	二级
果形	具有该品种果形特征,大小均匀,无畸形	具有该品种果形特征,无明显畸形	具有该品种特征,允许存在不影响果品品质的果形变化
色泽	具有该品种正常果皮色泽,着色良好	具有该品种正常果皮色泽,色泽差异度小于25%	具有该品种正常果皮色泽,色泽差异度小于65%,大于25%

表 1（续）

指标	特级	一级	二级
风味	肉脆、爽口、味甜、无异味	肉脆、爽口、味甜、无异味	肉脆、爽口、味甜、无异味
外观	果面光滑完整，无腐烂、虫伤、药害、冻害、碰压伤、坏死组织等果面缺陷	果皮光滑完整，无腐烂、虫伤、药害、冻害、碰压伤、坏死组织等果面缺陷	果皮光滑完整，无腐烂、虫伤、药害、冻害、碰压伤、坏死组织等果面缺陷

4.2.2 等级容许度

a) 特级允许有≤5%的产品不符合该等级的要求，但应符合一级的要求；

b) 一级允许有≤10%的产品不符合该等级的要求，但应符合二级的要求；

c) 二级允许有≤10%的产品不符合该等级的要求，但应符合基本要求。

4.3 规格

4.3.1 规格划分

以单果质量为指标，莲雾分为特大(XL)、大(L)、中(M)3 个规格。规格的划分应符合表 2 的要求。

表 2 规格要求

单位为克每个

品种	规格		
	特大(XL)	大(L)	中(M)
黑金刚	>130	100～130	<100
印尼大叶红	>110	90～110	<90

4.3.2 规格容许度

允许有 10%质量或数量莲雾的规格不符合要求。不符合要求的部分，应该在该规格所示的上下规格中。

4.4 理化指标

各等级莲雾的理化指标应符合表 3 的要求。

表 3 理化指标

单位为克每百克

项目	理化指标
可溶性固形物	≥6.5
总酸	≤0.3

4.5 卫生指标

污染物限量应符合 GB 2762 的规定，农药残留限量应符合 GB 2763 的规定。

5 检验方法

5.1 等级

从抽样所得样品中随机取 20 个果实，用目测法对果实形状、果面色泽及缺陷进行检验，风味采用品尝法进行检验，并作记录。一个果实同时存在多种缺陷时，仅记录最严重的一种缺陷。

5.2 规格

从抽样所得样品中随机取 20 个果实，用精度为 0.01 g 的天平称量单果质量。

5.3 容许度计算

产品不符合率以不符合果与检验样本量的比值百分数计，按公式(1)计算不符合率。

$$C = \frac{x_2}{x_1} \times 100 \quad (1)$$

式中：

C ——不符合率的数值，单位为百分号（%）；

x_2——不符合果的数值，单位为个；

x_1——检验样本的数值，单位为个。

结果保留一位小数。

5.4 可溶性固形物

按 NY/T 2637 的规定执行。

5.5 总酸

按 GB 12456 的规定执行。

6 检验规则

6.1 组批

同一产地、同一品种、同一采收批次的鲜果作为一个检验批次。

6.2 抽样方法

按 NY/T 5344.4 的规定执行。

6.3 检验项目

6.3.1 型式检验

型式检验是对产品进行全面考核，即对本文件规定的全部要求（指标）进行检验。有下列情形之一，应对产品进行型式检验。

a） 相邻两次抽样检验结果差异较大；

b） 因人为或自然因素使生产环境发生较大变化；

c） 有关行政主管部门提出型式检验要求。

6.3.2 交收检验

每批产品交收前，生产单位应进行交收检验。交收检验内容包括等级指标、规格指标、理化指标规定的项目。检验合格后并附合格证，方可交收。

6.4 判定规则

6.4.1 凡不符合 4.4 或 4.5 的规定者，判为不合格产品。

6.4.2 等级判定

在符合基本要求的前提下，整批产品不超过某等级规定的容许度，则判为某等级产品。若超过，则按低一级规定的容许度判定，直到判出等级为止。若产品不符合以上所有等级规定，则判为等外产品。

6.4.3 规格判定

整批产品不超过某规格规定的容许度，则判为某规格产品。若超过，则按低一级规定的容许度判定，直到判出规格为止。若产品不符合以上所有规格规定，则判为等外产品。

6.4.4 无标签或有标签但缺“等级”内容，判为未分级产品；无标签或有标签但缺“规格”内容，判为未分规格产品。

6.5 复检

对检测结果有异议时，允许用备用样复检一次，条件允许可再抽一次样。复检结果为最终结果。

7 包装、标志、标识、储存和运输

7.1 包装

包装材料的选择应符合包装和运输的需要，考虑包装方法、可承受的外力强度、实用性等因素，同时莲雾单个果实采用网状包装。包装材料应清洁、无毒、无污染、无异味，具有一定的抗压性。包装材料、容器和方式应符合 NY/T 1778 的规定，保护莲雾避免磕碰等损伤。同一包装箱内，莲雾应是同一品种、同一产地、同一等级、同一规格。包装内的产品可视部分应和不可视部分的果实相一致，能代表包装中莲雾等级和规格。

7.2 标志、标识

标志应符合 GB/T 191 的规定，标识应符合 NY/T 1778 的规定，产品附有食用农产品合格证。

7.3 储存与运输

7.3.1 运输工具应清洁，有防晒、防雨和通风设施。运输过程中不应与有毒、有害物质混运，小心装卸，严禁重压。

7.3.2 储存库应清洁、通风，有防晒防雨设施，产品分等级堆放。严禁与有毒、有害、有异味的物品混存。

ICS 67.080.10
CCS B 31

NY

中华人民共和国农业行业标准

NY/T 1808—2022
代替 NY/T 1808—2009

热带作物种质资源描述规范　芒果

Descriptors standard for tropical corps germplasm—Mango

2022-11-11 发布　　2023-03-01 实施

中华人民共和国农业农村部　发布

前　言

本文件按照 GB/T 1.1—2020《标准化工作导则　第 1 部分：标准化文件的结构和起草规则》的规定起草。

本文件代替 NY/T 1808—2009《芒果　种质资源描述规范》，与 NY/T 1808—2009 相比，除结构调整和编辑性改动外，主要变化如下：

a) 更改了标准名称(见封面，2009 年版的封面)；
b) 更改了规范性引用文件(见第 2 章，2009 年版的第 2 章)；
c) 更改了描述内容(见 3.2，2009 年版的 3.2)；
d) 更改了全国统一编号、种质圃编号、采集号、引种号、种质外文名、学名、主要用途、繁殖方式、育成年份、原产国、原产省、采集人、保存人、鉴定评价的地点、备注(见 4.1.1、4.1.2、4.1.3、4.1.4、4.1.6、4.1.9、4.1.12、4.1.14、4.1.16、4.1.17、4.1.18、4.1.24、4.1.27、4.1.35、4.1.36，2009 年版的 4.1.1、4.1.3、4.1.4、4.1.5、4.1.7、4.1.10、4.1.13、4.1.16、4.1.18、4.1.19、4.1.20、4.1.26、4.1.29、4.1.37、4.1.38)；
e) 删除了种质库编号、遗传背景(见 2009 年版的 4.1.2、4.1.15)；
f) 增加了树势、花瓣颜色(见 4.2.1.2、4.2.1.12)；
g) 更改了花的形态类型(见 4.2.1.10，见 2009 年版的 4.2.3.10)；
h) 更改了青熟果果皮颜色、完熟果果皮颜色(见 4.2.4.15、4.2.4.16，见 2009 年版的 4.4.15、4.4.16)；
i) 删除了种仁占种核的比例(见 2009 年版的 4.4.33)；
j) 增加了种仁饱满度(见 4.2.5.7)；
k) 增加了固酸比(见 4.4.6)。

本文件由农业农村部农垦局提出。

本文件由农业农村部热带作物及制品标准化技术委员会归口。

本文件起草单位：中国热带农业科学院热带作物品种资源研究所、中国热带农业科学院南亚热带作物研究所。

本文件主要起草人：高爱平、罗睿雄、黄建峰、马蔚红、赵志常、武红霞、陈业渊、王松标、党志国、朱敏、雷新涛。

本文件及其所代替文件的历次版本发布情况为：

——NY/T 1808—2009。

热带作物种质资源描述规范　芒果

1　范围

本文件规定了漆树科(Anacardiaceae)芒果属(*Mangifera*)种质资源描述的要求与方法。

本文件适用于芒果属种质资源描述。

2　规范性引用文件

下列文件中的内容通过文中的规范性引用而构成本文件必不可少的条款。其中,注日期的引用文件,仅该日期对应的版本适用于本文件;不注日期的引用文件,其最新版本(包括所有的修改单)适用于本文件。

GB/T 2260　中华人民共和国行政区划代码

GB/T 2659　世界各国和地区名称代码

GB/T 5009.86　食品安全国家标准　食品中抗坏血酸的测定

GB/T 12143　饮料通用分析方法

GB/T 15034　芒果　贮藏导则

GB/T 39558　感官分析　方法学　"A"-"非 A"检验

NY/T 492　芒果

NY/T 1688　腰果种质资源鉴定技术规范

NY/T 2009　水果硬度的测定

3　要求

3.1　样本采集

在植株进入稳定结果期并在正常生长情况下,随机采集的代表性样本。

3.2　描述内容

描述内容见表1。

表1　芒果种质资源描述内容

描述类别	描　述　内　容	
种质基本信息	全国统一编号、种质圃编号、采集号、引种号、种质名称、种质外文名、科名、属名、学名、种质类型、主要特性、主要用途、系谱、繁殖方式、选育人、育成年份、原产国、原产省、原产地、原产地经度、原产地纬度、原产地海拔、采集地、采集人、采集时间、采集材料、保存人、保存单位编号、种质保存名、保存种质的类型、种质定植年份、种质更新年份、图像、特性鉴定评价的机构名称、鉴定评价的地点、备注	
植物学特征	植株和枝条	树姿、树势、树形、枝梢密度、主干颜色、主干光滑度、幼嫩枝条颜色、成熟枝条颜色
	叶	叶形、叶着生姿态、叶片长度、叶片宽度、叶形指数、叶脉、叶片质地、叶尖、叶基、叶缘、叶柄长度、成熟叶颜色、叶气味、幼叶颜色
	花序和花	二次花/多次花、开花规律、花序轴着生姿态、花序着生位置、花序形状、花序长度、花序宽度、小花密度、两性花百分率、花的形态类型、花梗颜色、花瓣颜色、花盘特性、雄蕊数目、花的直径
	果实	单果质量、果实纵径、果实横径、果实侧径、果形指数、果实形状、果喙、果窝、果顶、果洼、果颈、腹沟、果肩、果梗着生方式、青熟果果皮颜色、完熟果果皮颜色、果皮厚度、果粉、果皮光滑度、皮孔密度、果皮与果肉的黏着度、果肉颜色、果肉质地、果汁多少、果肉纤维数量、果肉纤维长度
	果核和种仁	果核质量、果核表面特征、果核脉络形状、果核纵径、果核横径、果核侧径、种仁饱满度、种仁形状、种仁纵径、种仁横径、种仁质量、胚类型
农艺性状	抽梢期、花期长短、初花期、盛花期、末花期、开花习性、初果期树龄、大量采果日期、果实成熟特性、单株产量、丰产性、果实收获期、果实耐储期	
品质性状	果实硬度、可食率、可溶性糖含量、可溶性固形物含量、可滴定酸含量、固酸比、维生素C含量、果实香气、松香味、果实风味、食用品质	

4 描述方法

4.1 种质基本信息

4.1.1 全国统一编号

按照全国种质资源目录编写规范要求，给予一个“全国统一编号”（由8位字符构成，第一位表示国别，C代表国内种质，A代表国外种质；第二位表示种质类型，O代表栽培原种和地方品种，W代表野生资源，H代表杂交品种或品系；第三位至第八位表示序号，由6位数字组成。该编号由国家芒果种质资源圃赋予），并汇编成全国种质资源目录。

4.1.2 种质圃编号

种质资源圃保存编号，由“NYB”加“地名拼音首字母”加“MG”再加5位顺序号组成（5位顺序号从“00001”到“99999”）。每份种质具有唯一的种质圃编号。

4.1.3 采集号

种质资源在野外采集时赋予的编号，一般由年份加6位区域代码加4位顺序号（4位顺序号从“0001”到“9999”）组成。行政区域代码按GB/T 2260的规定执行。

4.1.4 引种号

引种号是由年份加引进国家（地区）名称代码加4位顺序号（4位顺序号从“0001”到“9999”）组成，每份引进种质具有唯一的引种号。引进国家（地区）代码按GB/T 2659的规定执行。

4.1.5 种质名称

国内种质资源的原始名称，如果有多个名称，可以放在英文括号内，用英文逗号分隔；国外引进种质如果没有中文译名，可以直接填写种质的外文名。

4.1.6 种质外文名

国外引进种质资源的外文名或国内种质资源的汉语拼音名，用全拼描述，首字母大写。

4.1.7 科名

漆树科（Anacardiaceae）。

4.1.8 属名

芒果属（*Mangifera*）。

4.1.9 学名

种质资源的植物学分类名称。如普通芒果学名为 *Mangifera indica* Linn.

4.1.10 种质类型

分为野生资源、半野生资源、地方品种（系）、引进品种（系）、选育品种（系）、遗传材料、其他。

4.1.11 主要特性

包括产量、品质、抗性、其他。

4.1.12 主要用途

分为食用、观赏、砧木用、药用、材用、其他。

4.1.13 系谱

选育品种（系）的亲缘关系。

4.1.14 繁殖方式

分为嫁接、实生、其他。

4.1.15 选育人

选育品种（系）的单位或个人。单位名称应写全称。

4.1.16 育成年份

品种（系）育成的年份，用4位阿拉伯数字表示。

4.1.17 原产国

种质资源的原产国家、地区或国际组织名称。国家和地区名称按照 GB/T 2659 的规定执行，如该国家已不存在应在原国家名称前加“前”。国际组织名称用该组织的外文名缩写。

4.1.18 **原产省**

种质资源的原产省名称。省份名称按照 GB/T 2260 的规定执行。国外引进种质原产省用原产国家一级行政区的名称。

4.1.19 **原产地**

种质资源的原产县、乡、村名称。县名按照 GB/T 2260 的规定执行。

4.1.20 **原产地经度**

种质资源原产地的经度，单位为度和分，格式为 DDDFF，其中 DDD 为度，FF 为分。

4.1.21 **原产地纬度**

种质资源原产地的纬度，单位为度和分，格式为 DDFF，其 DD 为度，FF 为分。

4.1.22 **原产地海拔**

种质资源原产地的海拔，单位为米(m)。

4.1.23 **采集地**

种质资源来源的国家、省、县名称，地区名称或国际组织名称。

4.1.24 **采集人**

种质资源采集单位或个人全称。

4.1.25 **采集时间**

以年月日表示，格式“YYYYMMDD”。

4.1.26 **采集材料**

种质资源收集时，采集的种质材料类型，分为种子、果实、芽、芽条、花粉、组织培养材料、苗木、其他。

4.1.27 **保存人**

负责种质资源繁殖并提交国家种质资源圃前的原保存单位或个人全称。

4.1.28 **保存单位编号**

种质资源在原保存单位中的种质编号。保存单位编号在同一保存单位应具有唯一性。

4.1.29 **种质保存名**

种质资源在资源圃保存时所用的名称，应与来源名称相一致。

4.1.30 **保存种质的类型**

分为植株、种子、组织培养外植体、花粉、DNA、其他。

4.1.31 **种质定植年份**

种质资源在资源圃中定植的年份。

4.1.32 **种质更新年份**

种质资源进行换种或重植的年份。

4.1.33 **图像**

图像格式为 .jpg。图像文件名由“全国统一编号”加“-”加序号加“.jpg”组成。图像要求 600 dpi 以上或 1 024×768 像素以上。

4.1.34 **特性鉴定评价的机构名称**

芒果种质特性鉴定评价机构的全称。

4.1.35 **鉴定评价的地点**

种质资源植物学特征、生物学特性和基因型等鉴定评价地点，记录到省(自治区、直辖市)和县(市、区)。

4.1.36 **备注**

收集时的主要生态环境信息、产量、栽培实践等，评价时的树龄、主干高度、干周等。

4.2 植物学特征

4.2.1 植株和枝条

4.2.1.1 树姿

在末次秋梢充分老熟以后，取代表性植株3株以上，每株测量3个基部一级侧枝中心轴线与主干的夹角，按图1并依据夹角的平均值确定树姿类型，分为直立（夹角＜30°）、中等（30°≤夹角＜60°）、开张（夹角≥60°）。

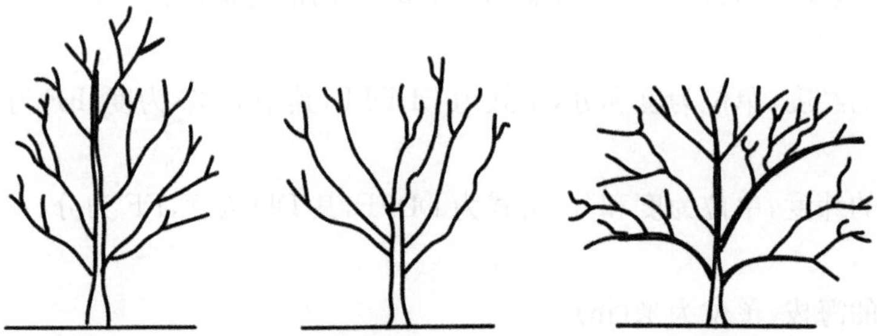

图1 树姿

4.2.1.2 树势

用4.2.1.1的样本，观察整株树冠，根据新梢的数量、长度、粗度和叶色的总体表现确定树势，分为弱、中、强。

4.2.1.3 树形

用4.2.1.1的样本，参照图2按最大相似原则确定树形类型，分为椭圆形、塔形、扁圆形、圆头形、其他。

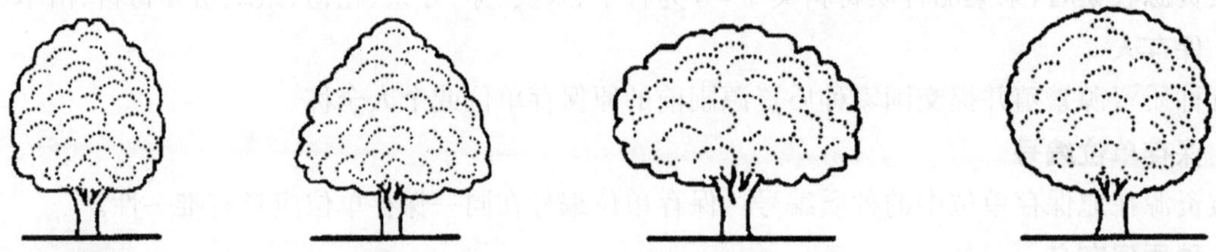

图2 树形

4.2.1.4 枝梢密度

用4.2.1.1的样本，确定树冠枝梢的密集程度，分为疏、中等、密。

4.2.1.5 主干颜色

在秋梢老熟期，观察主干颜色，用标准比色卡，按最大相似原则确定主干颜色，分为灰白、灰褐、浅褐、黑褐、其他。

4.2.1.6 主干光滑度

用4.2.1.1的样本，观察实生苗的主干全部或嫁接苗的嫁接口上方主干的光滑度，确定植株的主干光滑度，分为光滑、粗糙。

4.2.1.7 幼嫩枝条颜色

在新梢生长期，观察植株幼嫩枝条刚展叶尚未木质化时的表皮颜色，用标准比色卡，按最大相似原则确定幼嫩枝条颜色，分为淡绿、紫红、其他。

4.2.1.8 成熟枝条颜色

在末次秋梢充分成熟后至抽梢或开花前，观察植株外围中上部的成熟枝条颜色，用标准比色卡，按最大相似原则确定种质的成熟枝条颜色，分为灰白、灰褐、绿色、其他。

4.2.2 叶

4.2.2.1 **叶形**

在末次秋梢充分成熟后，随机抽取植株外围中上部末次秋梢的 20 片成熟叶，参照图 3 按最大相似原则确定种质的叶片形状，分为椭圆形、长椭圆形、卵形、倒卵形、披针形、倒披针形、其他。

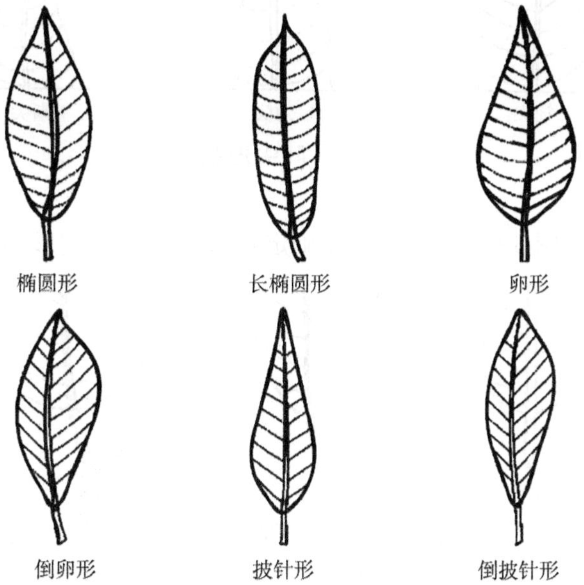

图 3　叶形

4.2.2.2 **叶着生姿态**

在末次秋梢充分成熟后，观察树冠外围不同方向当年生成熟枝，依叶柄与叶身间的弯曲程度，参照图 4 按最大相似原则确定向上生长枝条上叶的着生姿态，分为直立、水平、半下垂。

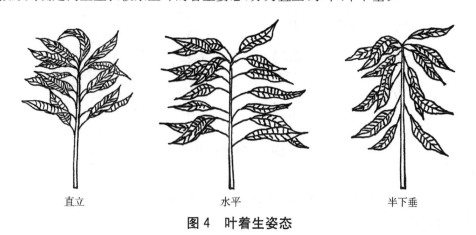

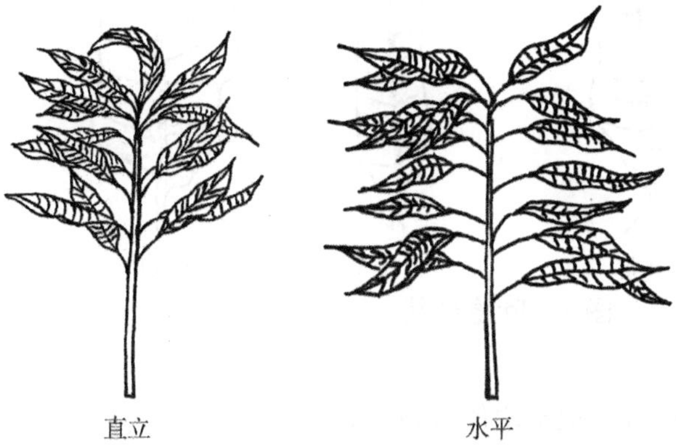

图 4　叶着生姿态

4.2.2.3 **叶片长度**

用 4.2.2.1 的样本，测量叶片基部至叶尖端长度，取平均值，精确到 0.1 cm。

4.2.2.4 **叶片宽度**

用 4.2.2.1 的样本，测量叶片最宽处的宽度，取平均值，精确到 0.1 cm。

4.2.2.5 **叶形指数**

用 4.2.2.3 和 4.2.2.4 的结果，计算叶片长度/叶片宽度的比值，精确到 0.01。

4.2.2.6 **叶脉**

用 4.2.2.1 的样本，观察确定叶侧脉的疏密程度，分为密、中等、疏。

4.2.2.7 **叶片质地**

用 4.2.2.1 的样本，观察叶片质地，分为革质、膜质、纸质。

4.2.2.8 **叶尖**

用 4.2.2.1 的样本，参照图 5 按最大相似原则确定叶尖形状，分为钝尖、急尖、渐尖。

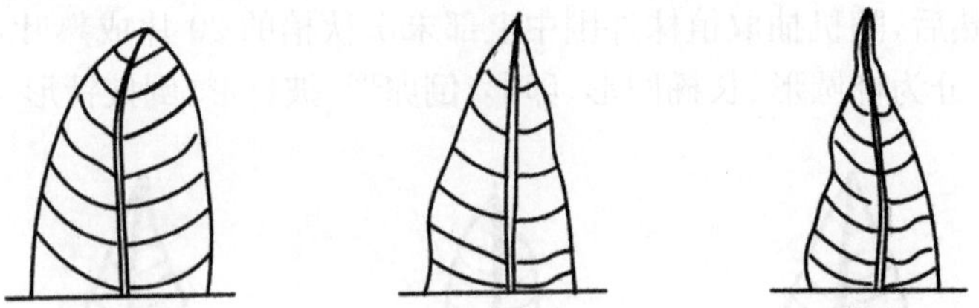

图 5　叶尖形状

4.2.2.9　叶基

用 4.2.2.1 的样本，参照图 6 按最大相似原则确定叶基形状，分为楔形、钝形、圆形。

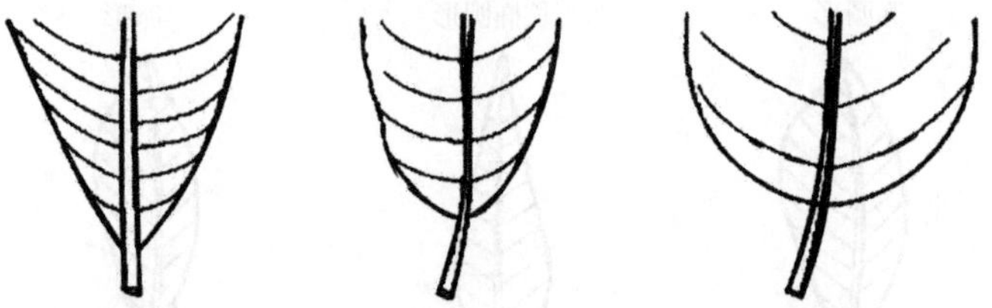

图 6　叶基形状

4.2.2.10　叶缘

用 4.2.2.1 的样本，参照图 7 按最大相似原则确定叶缘形状，分为平展形、波浪形、折叠形、皱波形、其他。

图 7　叶缘形状

4.2.2.11　叶柄长度

用 4.2.2.1 的样本，测量叶片的叶柄长度，取平均值，精确到 0.1 cm。

4.2.2.12　成熟叶颜色

用 4.2.2.1 的样本，观察每片成熟叶正面的颜色，用标准比色卡，按最大相似原则确定成熟叶颜色，分为浅绿、绿色、深绿、浓绿、其他。

4.2.2.13　叶气味

用 4.2.2.1 的样本，碾碎并闻其气味，分为无、淡、浓。

4.2.2.14　幼叶颜色

在新生长期，观察树冠外围中上部新梢所有完全展开幼叶正面的颜色，用标准比色卡，按最大相似原则确定幼叶颜色，分为浅绿、古铜、淡紫、紫、紫红、红、其他。

4.2.3　花序和花

4.2.3.1　二次花/多次花

观察植株二次花/多次花的情况，分为无、少、中等、多。

4.2.3.2　开花规律

观察植株开花的规律，分为每年开花、隔年开花和无规律。

4.2.3.3 花序轴着生姿态

观察花序主轴在枝条上的着生状态，分为半直立、水平、下垂。

4.2.3.4 花序着生位置

在植株开花盛期，观察花序的着生位置，以最多出现的类型确定花序着生位置，分为顶生、腋生、其他。

4.2.3.5 花序形状

在植株开花盛期，随机选树冠外围不同部位典型花芽抽出的顶生花序10个，测量每个花序的长度和宽度，计算长度/宽度的比值，取平均值，按图8确定花序形状，分为长圆锥形（花序长度/花序宽度≥1.5）、圆锥形（1.0<花序长度/花序宽度<1.5）、宽圆锥形（花序长度/花序宽度≤1.0）、其他。

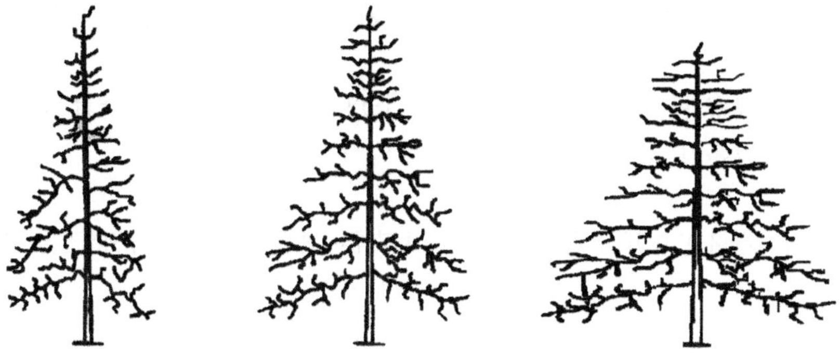

长圆锥形　　圆锥形　　宽圆锥形

图8　花序形状

4.2.3.6 花序长度

用4.2.3.5的样本，测量花序顶部至基部的长度，取平均值，精确到0.1 cm。

4.2.3.7 花序宽度

用4.2.3.5的样本，测量花序最大处的宽度，取平均值，精确到0.1 cm。

4.2.3.8 小花密度

用4.2.3.5的样本，观察花序上小花分布的疏密程度，分为疏散、中等、密集。

4.2.3.9 两性花百分率

用4.2.3.5的样本，每天人工去除一次已经完全开放的花朵，统计花序每天开的两性花的朵数（n_i）和总的开花朵数（N_i），直至花序上所有的花朵完全开放完毕，两性花百分率按公式（1）计算，精确到0.1%。

$$X=\frac{\sum n_i}{\sum N_i}\times 100 \tag{1}$$

式中：

X ——两性花百分率，单位为百分号（%）；

n_i ——每天开放的两性花的朵数；

N_i ——总的开花朵数。

4.2.3.10 花的形态类型

用4.2.3.5的样本，观察完全开放时花的形态类型，以最多出现的类型确定花的形态，分为四花瓣、五花瓣、六花瓣、七花瓣、混合花瓣、其他。

4.2.3.11 花梗颜色

用4.2.3.5的样本，观察花梗颜色，用标准比色卡，按最大相似原则确定种质的花梗颜色，分为浅绿、黄绿、绿带红、浅紫、紫红、红色、其他。

4.2.3.12 花瓣颜色

用4.2.3.5的样本，观察前花期和后花期的花瓣颜色，用标准比色卡，参照图9按最大相似原则确定种质的花瓣颜色，从花瓣基部向花瓣顶端进行描述，分为黄-白、黄-粉红-白、黄-白-粉红、黄-粉红-白-粉红、其他。

黄-白　　黄-粉红-白　　黄-白-粉红　　黄-粉红-白-粉红

图9　花瓣颜色

4.2.3.13　花盘特性

用4.2.3.5的样本，观察花盘特征，分为花盘肿胀、浅裂，比子房宽大；花盘窄、常常小或无。

4.2.3.14　雄蕊数目

用4.2.3.5的样本，观察花朵雄蕊的数目（单位为个）和雄蕊特征（可育、全育），分为10个～12个（4个～6个可育）、5个（全育）、5个（3个可育）、5个（1个～2个可育）。

4.2.3.15　花的直径

用4.2.3.5的样本，测量正常开放状态花朵的最大直径，雄花和两性花分开记录，计算平均值，精确到0.1 mm。

4.2.4　果实

4.2.4.1　单果质量

在果实成熟期，从树体上随机抽取20个正常果实，称取果实质量，计算平均值，精确到0.1 g。

4.2.4.2　果实纵径

用4.2.4.1的样本，测量果实果顶至果基的最长距离，结果以平均值表示，精确到0.1 cm。

4.2.4.3　果实横径

用4.2.4.1的样本，测量果实最大横切面的最长距离，结果以平均值表示，精确到0.1 cm。

4.2.4.4　果实侧径

用4.2.4.1的样本，测量果实与最大横切面垂直方向的最长距离，结果以平均值表示，精确到0.1 cm。

4.2.4.5　果形指数

用4.2.4.2和4.2.4.3的结果，计算果实纵径/果实横径的比值，精确到0.01。

4.2.4.6　果实形状

用4.2.4.1的样本，参照图10按最大相似原则确定种质的果实形状，分为长椭圆形、椭圆形、圆球形、卵形、象牙形、S形、扁圆形、肾形、其他。

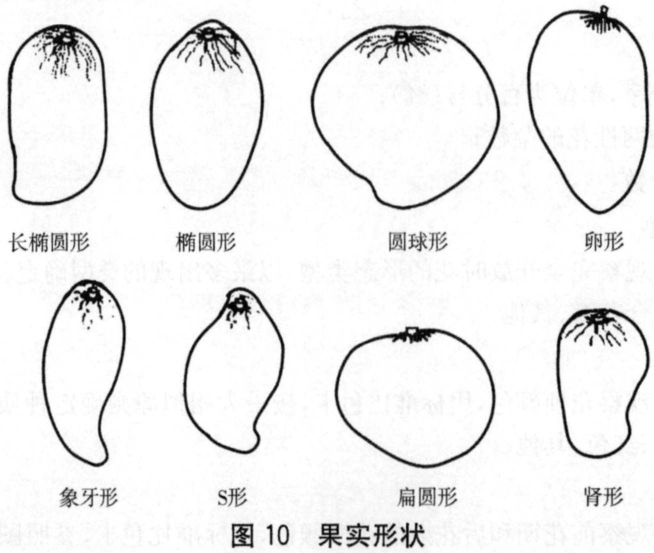

图10　果实形状

4.2.4.7 **果喙**

用 4.2.4.1 的样本，参照图 11 按最大相似原则确定果喙类型，分为无、点状、突出、乳头状、其他。

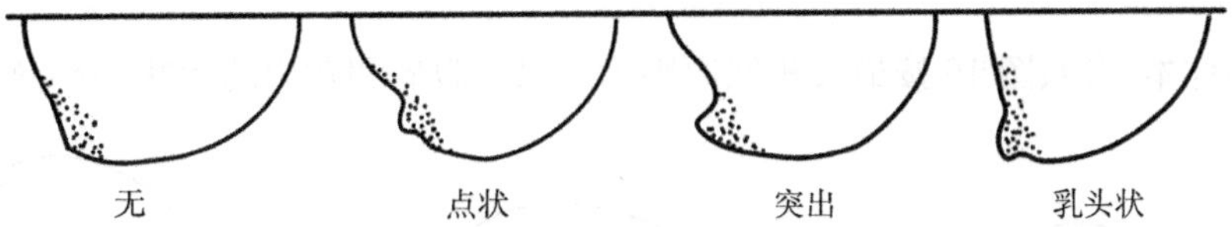

图 11 果喙类型

4.2.4.8 **果窝**

用 4.2.4.1 的样本，参照图 12 按最大相似原则确定果窝类型，分为无、浅、深。

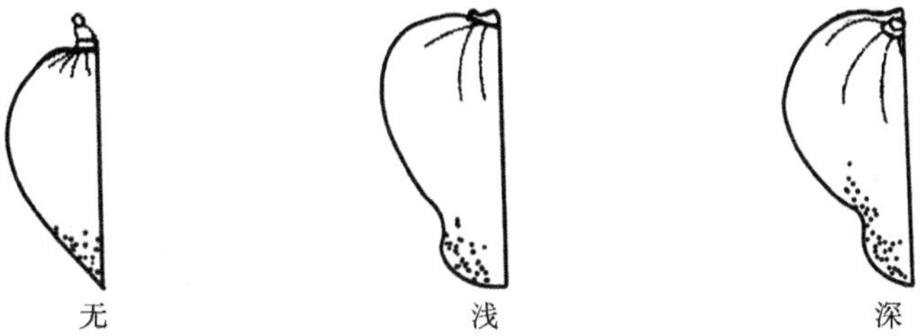

图 12 果窝类型

4.2.4.9 **果顶**

用 4.2.4.1 的样本，参照图 13 按最大相似原则确定果顶类型，分为尖、钝、圆、其他。

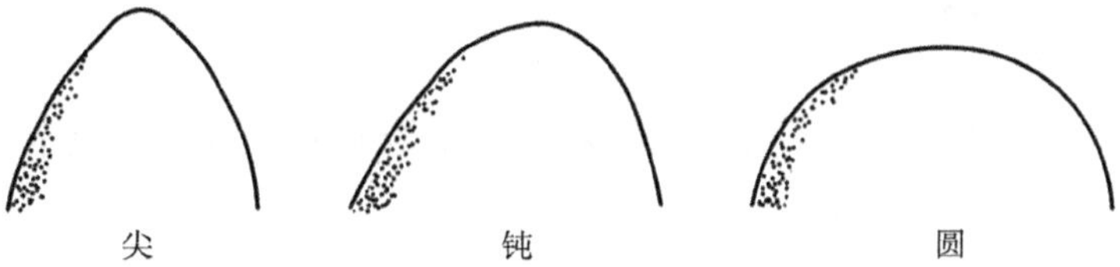

图 13 果顶类型

4.2.4.10 **果洼**

用 4.2.4.1 的样本，参照图 14 按最大相似原则确定果洼类型，分为无、浅、中等、深、极深。

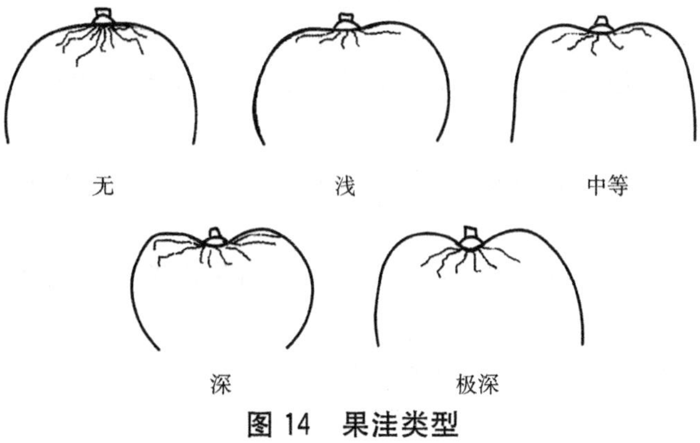

图 14 果洼类型

4.2.4.11 **果颈**

用 4.2.4.1 的样本，参照图 15 按最大相似原则确定果颈类型，分为无、微突、中等、极突出。

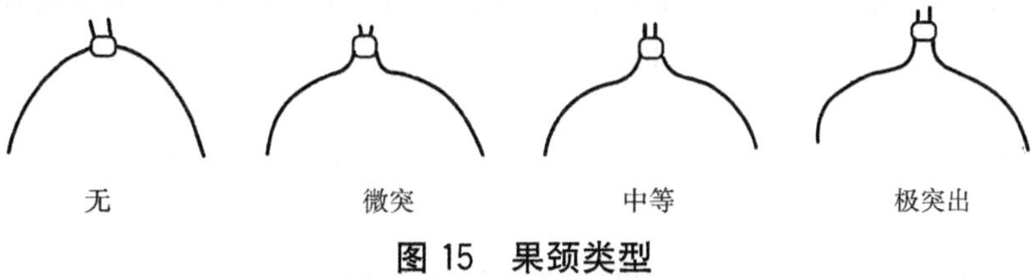

图 15 果颈类型

4.2.4.12 腹沟

用 4.2.4.1 的样本，观察果实腹肩至果腹有无明显的沟槽，确定腹沟的有无，分为无、有。

4.2.4.13 果肩

用 4.2.4.1 的样本，参照图 16 按最大相似原则确定果实腹肩和背肩的形状，分为斜平、平、突起。

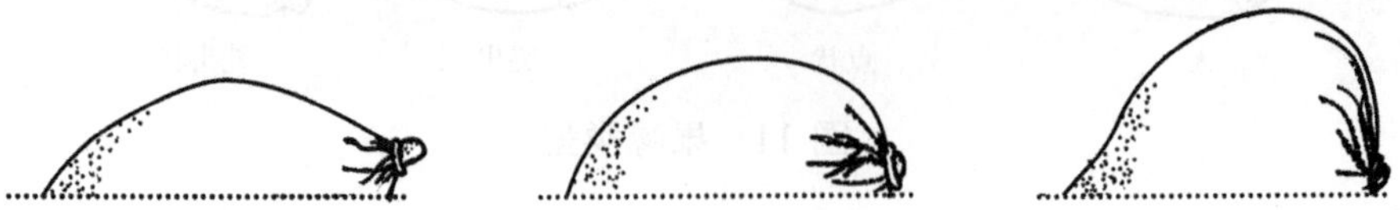

图 16 果肩类型

4.2.4.14 果梗着生方式

用 4.2.4.1 的样本，观察果梗着生方式，分为垂直、倾斜。

4.2.4.15 青熟果果皮颜色

用 4.2.4.1 的样本，观察青熟果实外果皮颜色，用标准比色卡，按最大相似原则确定种质的青熟果实果皮颜色，分为底色和盖色。

4.2.4.15.1 底色

果实底色分为绿色、黄色、其他。

4.2.4.15.2 盖色

果实盖色分为橙色、红色、紫色、其他。

4.2.4.16 完熟果果皮颜色

在果实完熟期，随机抽取 20 个果实，观察完熟果实外果皮颜色，用标准比色卡，按最大相似原则确定种质的完熟果实果皮颜色，分为底色和盖色。

4.2.4.16.1 底色

果实底色分为绿色、黄色、橙色、其他。

4.2.4.16.2 盖色

果实盖色分为黄色、橙色、粉红色、红色、紫色、其他。

4.2.4.17 果皮厚度

用 4.2.4.16 的样本，充分去除果肉，测量果实中部外果皮的厚度，结果以平均值表示，精确到 0.1 mm。

4.2.4.18 果粉

用 4.2.4.16 的样本，观察果实表面覆盖的蜡质层确定果粉多少，分为无、薄、中等、厚。

4.2.4.19 果皮光滑度

用 4.2.4.16 的样本，观察果实的外果皮是否光滑，确定外果皮光滑度，分为光滑、粗糙。

4.2.4.20 皮孔密度

用 4.2.4.16 的样本，观察确定果实的外果皮皮孔的密集程度，分为稀、中等、密。

4.2.4.21 果皮与果肉的黏着度

用 4.2.4.16 的样本，用手剥皮，感知果皮与果肉是否黏着，分为不黏、中等、黏。

4.2.4.22 果肉颜色

用 4.2.4.16 的样本，紧贴种壳剖开果实，用标准比色卡，按最大相似原则确定种质的果肉颜色，分为乳白、乳黄、浅黄、金黄、深黄、橙黄、橙红、其他。

4.2.4.23 果肉质地

用 4.2.4.22 的样本，品尝确定成熟果实的果肉质地，分为细腻、中等、粗硬。

4.2.4.24 果汁多少

用 4.2.4.22 的样本，观察确定成熟果实果汁的多少，分为少、中等、多。

4.2.4.25 果肉纤维数量

用4.2.4.22的样本，观察确定果肉纤维数量，分为无、少、中等、多。

4.2.4.26 果肉纤维长度

用4.2.4.22的样本，观察确定果肉纤维长短，分为短、中等、长。

4.2.5 果核和种仁

4.2.5.1 果核质量

用4.2.4.22的样本，称量果核质量，计算平均值，精确到0.1 g。

4.2.5.2 果核表面特征

用4.2.5.1的样本，去除果核表面的纤维，观察确定种质的果核表面特征，分为平滑、凹陷、隆起。

4.2.5.3 果核脉络形状

用4.2.5.1的样本，观察确定种壳的脉络形状，分为平行、交叉。

4.2.5.4 果核纵径

用4.2.5.1的样本，测量果核顶部至基部的最长距离，结果以平均值表示，精确到0.1 cm。

4.2.5.5 果核横径

用4.2.5.1的样本，测量果核最宽处的距离，结果以平均值表示，精确到0.1 cm。

4.2.5.6 果核侧径

用4.2.5.1的样本，测量果核最厚处的距离，结果以平均值表示，精确到0.1 cm。

4.2.5.7 种仁饱满度

用4.2.5.1的样本，打开种壳，观察种仁饱满程度，分为饱满、中等、干瘪。

4.2.5.8 种仁形状

用4.2.5.1的样本，去除种壳，取出种仁，参照图17按最大相似原则确定种仁形状，分为椭圆形、长椭圆形、肾形、其他。

图17 种仁形状

4.2.5.9 种仁纵径

用4.2.5.8的样本，测量种仁最长处的距离，结果以平均值表示，精确到0.1 cm。

4.2.5.10 种仁横径

用4.2.5.8的样本，测量种仁最宽处的距离，结果以平均值表示，精确到0.1 cm。

4.2.5.11 种仁质量

用4.2.5.8的样本，称量种仁质量，计算平均值，精确到0.1 g。

4.2.5.12 胚类型

用4.2.5.8的样本，去除种壳，观察种仁中胚的数目，以最多出现的类型确定，分为单胚、多胚。

4.3 农艺性状

4.3.1 抽梢期

在生长期，以整个试验小区为调查对象，记录50%植株开始抽生新梢的日期，表示方法为“年月日”，格式“YYYYMMDD”，分为春梢、夏梢、秋梢、晚秋梢、冬梢。

4.3.2 花期长短

记录同一植株上从第一朵花开放到最后一朵花凋谢所经历的时间。精确到1 d。

4.3.3 初花期

观察全树初花情况，记录有5%花朵开放的日期，以“年月日”表示，格式“YYYYMMDD”。

4.3.4 盛花期

观察全树盛花情况，记录有25%花朵开放的日期，以“年月日”表示，格式“YYYYMMDD”。

4.3.5 末花期

观察全树末花情况，记录有75%花朵已开放的日期，以“年月日”表示，格式“YYYYMMDD”。

4.3.6 开花习性

按4.3.3记录初花期，确定种质的开花习性，分为早、中、晚（对照品种依次是Nam Dok Mai、台农1号、圣心芒）。

注：提供Nam Dok Mai、台农1号、圣心芒的信息是为了方便本标准的使用，不代表对该品种的认可和推荐，经鉴定具有相同特性的其他品种均可作为对照品种。

4.3.7 初果期树龄

植株首次开花结果的树龄，单位为年。

4.3.8 大量采果日期

在果实成熟期，记录种质集中采收果实的日期（75%达到NY/T 492中青熟要求），以“月日”表示，格式为“MMDD”。

4.3.9 果实成熟特性

按4.3.8记录的日期，确定种质的成熟特性，分为特早、早、中、晚、特晚（对照品种依次是粤西1号、台农1号、金煌芒、圣心、Keitt）。

注：提供粤西1号、台农1号、金煌芒、圣心、Keitt的信息是为了方便本标准的使用，不代表对该品种的认可和推荐，经鉴定具有相同特性的其他品种均可作为对照品种。

4.3.10 单株产量

在成年结果树的果实成熟期，随机抽取3株以上，称果实质量，计算平均值。精确到0.1 kg。

4.3.11 丰产性

根据4.3.10记载的单株产量，确定植株的丰产性，分为丰产、中等、不丰产。

4.3.12 果实收获期

在结果期，随机抽取3株以上正常开花结果植株为调查对象，记载果实第一次采收至最后一次采收之间的天数。精确到1 d。

4.3.13 果实耐储期

在采收期，随机抽取20个成熟度达到GB/T 15034中收获要求的果实，放置常温条件下储藏的时间单位为天(d)。

4.4 品质性状

4.4.1 果实硬度

果实成熟期，随机抽取20个成熟度达到NY/T 492规定中完熟要求的果实，按NY/T 2009的规定测定。结果以平均值表示，精确到0.1 kg/cm²。

4.4.2 可食率

用4.4.1的样本，称量果实质量，去掉果肉，称量果皮果核质量按照公式(2)计算可食率，精确到0.1%。

$$X=\frac{m_1-m_2}{m_1}\times 100 \qquad (2)$$

式中

X ——可食率，单位为百分号(%)；

m_1 ——果实质量，单位为克(g)，精确到 0.1 g；

m_2 ——果皮和果核质量，单位为克(g)，精确到 0.1 g。

4.4.3 可溶性糖含量

按 GB/T 12143 的规定测定。结果以百分数表示(%)，精确到 0.1%。

4.4.4 可溶性固形物含量

按 NY/T 1688—2009 附录 A 规定测定。结果以百分数表示(%)，精确到 0.1%。

4.4.5 可滴定酸含量

按 NY/T 1688—2009 附录 B 规定测定。结果以百分数表示(%)，精确到 0.1%。

4.4.6 固酸比

采用 4.4.4 和 4.4.5 的结果，计算可溶性固形物/可滴定酸的比值，精确到 0.01。

4.4.7 维生素 C 含量

按 GB/T 5009.86 的规定测定。单位为 mg/100 g，精确到 0.1 mg/100 g。

4.4.8 果实香气

用 4.4.1 的样本，按 GB/T 39558 的规定检验，以品尝的方式判断果肉的香气，分为淡、中等、浓。

4.4.9 松香味

用 4.4.1 的样本，按 GB/T 39558 的规定检验，以品尝的方式判断果肉的松香味，分为无、淡、中等、浓。

4.4.10 果实风味

用 4.4.1 的样本，以品尝的方式判断果肉风味，分为酸、酸甜、清甜、甜、浓甜。

4.4.11 食用品质

用 4.4.1 的样本，依据果实成熟时的香气、酸度、甜度和风味综合评价果实的品质，分为差、中等、佳、极佳。

ICS 65.020.01
CCS B 21

NY

中华人民共和国农业行业标准

NY/T 2634—2022
代替 NY/T 2634—2014

棉花品种真实性鉴定　SSR分子标记法

Cotton(*Gossypium* spp.L.)variety genuineness identification —SSR based methods

2022-11-11 发布　　2023-03-01 实施

中华人民共和国农业农村部　发布

前　言

本文件按照GB/T 1.1—2020《标准化工作导则　第1部分：标准化文件的结构和起草规则》的规定起草。

请注意本文件的某些内容可能涉及专利。本文件的发布机构不承担识别专利的责任。

本文件为NY/T 2634—2014《棉花品种真实性鉴定　SSR分子标记法》的修订版，在棉花品种真实性鉴定过程中参考使用。本文件代替NY/T 2634—2014《棉花品种真实性鉴定　SSR分子标记法》，与NY/T 2634—2014相比，除结构调整和编辑性改动外，主要技术变化如下：

a） 调整了“范围”（见第1章）；
b） 调整了“规范性引用文件”（见第2章）；
c） 调整了“术语和定义”（见第3章）；
d） 增加了“缩略语”（见第4章）；
e） 调整了“原理”（见第5章）；
f） 增加了“检测方案”（见第6章）；
g） 调整了“引物”（见6.3）；
h） 调整了“仪器、设备和溶液配制”（见第7章）；
i） 调整了“检测程序”（见第8章）；
j） 增加了“鉴定意见”（见第9章）；
k） 增加了“结果报告”（见第10章）；
l） 调整了“溶液配制”（见附录A）；
m） 调整了“等位变异扩增片段信息”（见附录B）；
n） 增加了“引物分组信息”（见附录C）；
o） 增加了“参照样品名单”（见附录D）。

本文件由农业农村部种业管理司提出并归口。

本文件起草单位：全国农业技术推广服务中心、中国农业科学院棉花研究所、安徽省农业科学院棉花研究所。

本文件主要起草人：匡猛、晋芳、吴玉珍、金石桥、彭军、黄龙雨、何团结、魏守军、周大云、王延琴、黄义文、郑曙峰、张力科、刘丰泽、任雪贞、赖波、周明冬、李曼、王峰、侯新河、辜立新、聂新辉、艾先涛、孔德培、付小琼、李超。

本文件及其所代替文件的历次版本发布情况为：

——2014年首次发布为NY/T 2634—2014；

——本次为第一次修订。

棉花品种真实性鉴定　SSR 分子标记法

1　范围

本文件规定了利用简单重复序列(simple sequence repeat,SSR)分子标记法进行棉花(*Gossypium* spp. L.)品种真实性检测的术语和定义,缩略语,原理,检测方案,仪器设备、试剂和溶液配制,检测程序,鉴定意见和结果报告。

本文件适用于陆地棉(*G. hirsutum*)和海岛棉(*G. barbadense*)品种真实性验证和品种真实性身份鉴定,不适用于实质性派生品种(essential derived varieties,EDV)的鉴定。

2　规范性引用文件

下列文件中的内容通过文中的规范性引用而构成本文件必不可少的条款。其中,注日期的引用文件,仅该日期对应的版本适用于本文件;不注日期的引用文件,其最新版本(包括所有的修改单)适用于本文件。

GB/T 3543.1　农作物种子检验规程　总则

GB/T 3543.2　农作物种子检验规程　扦样

GB/T 3543.5　农作物种子检验规程　真实性和品种纯度鉴定

GB/T 6682　分析实验室用水规格和试验方法

3　术语和定义

下列术语和定义适用于本文件。

3.1

品种真实性验证　variety verification

与其对应品种名称的标准样品比较,检测证实供检样品品种名称与标注是否相符。

3.2

品种真实性身份鉴定　variety identification

通过与标准样品 DNA 指纹数据库比对或筛查,确定送验样品的真实品种名称。

3.3

标准样品　standard sample

国家指定机构保存的具有法定身份的代表品种特征特性的实物种子或 DNA 样品。

3.4

参照样品　reference sample

携带 SSR 位点上主要等位变异的品种,用于辅助确定试验样品的等位变异,校正仪器设备的系统误差。

3.5

引物组合　primer panel

具有不同荧光颜色或相同荧光颜色而扩增片段大小不同、能够组合在一起进行电泳的一组荧光标记引物。

4　缩略语

下列缩略语适用于本文件。

bp:碱基对(base pair)

CI:氯仿:异戊醇(Chloroform:3-Methyl-1-butanol)(V_1:V_2=24:1)

CTAB:十六烷基三甲基溴化铵(cetyltrimethylammonium bromide)

DNA:脱氧核糖核酸(deoxyribonucleic acid)

dNTPs:脱氧核糖核苷三磷酸(deoxy-ribonucleoside triphosphate)

EDTA:乙二胺四乙酸(ethylenediamine tetraacetic acid)

PAGE:聚丙烯酰胺凝胶电泳(polyacrylamide gel electrophoresis)

PCI:苯酚:氯仿:异戊醇(Phenol:Chloroform:3-Methyl-1-butanol)(V_1:V_2:V_3=25:24:1)

PCR:聚合酶链式反应(polymerase chain reaction)

SDS:十二烷基硫酸钠(sodium dodecyl sulfate)

SSR:简单重复序列(simple sequence repeat)

TBE:三羟甲基氨基甲烷-硼酸盐-乙二胺四乙酸二钠(Tris-Borate-EDTA)

Tris:三羟甲基氨基甲烷[tris(hydroxymethyl)aminomethane]

Taq 酶:耐热 DNA 聚合酶(*Taq*-DNA polymerase)

5 原理

棉花的不同品种,其基因组存在着能够世代稳定遗传的简单重复序列(SSR)的重复次数差异。这种差异可以从抽取有代表性的试验样品中提取 DNA,用 SSR 引物进行扩增和电泳检测,从而利用扩增片段大小不同而加以区分品种。

依据 SSR 标记检测原理,采用 SSR 引物,通过与标准样品 SSR 指纹数据比对或筛查的方式,对品种真实性进行验证或身份鉴定。品种真实性验证依据 SSR 位点差异数目而判定,品种真实性身份鉴定依据被检 SSR 位点无差异原则进行筛查、鉴定。

6 检测方案

6.1 总则

对于真实性鉴定,引物、检测平台、样品状况不同,其检测结果的准确度、精确度可能有所不同。应依据"适于检测目的"的原则,统筹考虑检测规模和检测能力,选择适宜的引物、检测平台、样品状况,制订相应的检测方案。

按规定要求填报检测结果,检验报告应注明检测方案所选择的影响检测结果的关键信息。

DNA 提取、PCR 扩增和电泳的技术条件要求,在适于检测目的和不影响检测质量的前提下,按照检测平台的要求允许对本文件的规定做适宜调整。

6.2 检测平台

6.2.1 对于棉花品种真实性验证,可采用变性 PAGE 垂直板电泳或者毛细管电泳,宜在同一电泳板上比较试验样品和标准样品;对于真实性身份鉴定,宜采用毛细管电泳。如需利用 SSR 指纹数据库,则需要利用参照品种确定试验样品的指纹后再进行真实性身份鉴定。

6.2.2 对于样品数量较大的,可将组织研磨仪、DNA 自动提取、自动移液工作站、高通量 PCR 扩增仪、多引物组合的毛细管电泳进行组合,以提高检测的综合效率。

6.3 引物

6.3.1 本文件遴选了 60 对 SSR 引物作为品种真实性验证和身份鉴定的检测引物,具体见表 1。

表 1 引物信息

编号	引物 名称	染色体 (编号)	退火温度 ℃	引物序列(5′-3′)
PC01	CCRI001	1A	60	F:CCACCAGCCTTACCTTATACGC R:GTGCTTGGCCTCGCTAAGTG

表 1 （续）

编号	引物名称	染色体（编号）	退火温度 ℃	引物序列(5′-3′)
PC02	CCRI002	2A	60	F:AGTCCTCCCACTATTCGAAGCT R:ATGCCTCGTACCCTGTTCCG
PC03	CCRI003	3A	60	F:CACGACGACTCTTCCTCATCAC R:ATTGCAGCCACGAAATTGTCAC
PC04	CCRI004	4A	60	F:AGGCTCGCATTGTTGACACTAGG R:CGAGCTTGAACGAACGAACCTCT
PC05	CCRI005	5A	60	F:TCGATTCACCGATCTGACAAGC R:TGACCCAGACCGACCGTTG
PC06	CCRI006	6A	60	F:ACCAGGTCGGTAACGATAGGC R:GCCCAAAGTTGAAGCGGAAAAC
PC07	CCRI007	6A	60	F:GTATGTCCAATCGCCACCCTAG R:GATGACGGTGTTAGGCGGTTC
PC08	CCRI008	7A	60	F:GGCCTCCCATCTTTATCCAATGT R:AGCAAAGCAAACTCGACAATGCT
PC09	CCRI009	8A	60	F:TTGGGCGGTTTGGGTCAAGG R:GGGATTCGGTCGGACACTCAAG
PC10	CCRI010	9A	60	F:GCCGGTAAGTCCAACATAAGGG R:CGGGGTAGTCCACCTCCTATTG
PC11	CCRI011	10A	60	F:ACTACGCAACTGAAGGGTTTCG R:GCTGCAAGGTTCGATGGAAGTG
PC12	CCRI012	11A	60	F:CTGCCTCGACCTACAGTTTGAC R:AGTTTTAGGCGGTTTGGGTTTG
PC13	CCRI013	12A	60	F:ACCATCCTTGCCGAGTAACCTG R:GTTGATGCCTGGGTCTCAATGC
PC14	CCRI014	12A	60	F:AGACGTGAGTTCGAGGACTTTG R:GCCTACCCTCTCAACAGTTTGG
PC15	CCRI015	13A	60	F:TTTCACTTGTCCGACCTTACCC R:GGATATGTGTTTGAGCGTGCTG
PC16	CCRI016	1D	60	F:CGAAAGAGTGTCGAGCAATCCG R:TCCTGTCAACTTGGAGGCTGAG
PC17	CCRI017	2D	60	F:CGCCACATGACCCCACCATC R:CCCACCGAGTATACAGGACACG
PC18	CCRI018	3D	60	F:CCGCTCGGTTCAACAGGTTT R:AGAGTTTGCGGTTTTGGTGCC
PC19	CCRI019	3D	60	F:CCAGCCACTCGGAGATCCTTG R:GCGTGGAGAAACCAGAGGGTAG
PC20	CCRI020	4D	60	F:ACCACTTTGTCCACCTGTCCAC R:ATCATCGCCATCTGCCTGGAAG
PC21	CCRI021	5D	60	F:AATTGAACCAAGGGCATCATGC R:GAACCTGATTGACGGGTAGCAC
PC22	CCRI022	6D	60	F:TGATGTTGGCGGGACTATGTAG R:CGACTTCACCCTCGTGGTAATC
PC23	CCRI023	7D	60	F:CTTCCCCACGCCACTACTATCG R:CTCAGCTTTCCTCCTCATTGGC
PC24	CCRI024	7D	60	F:ACGAGGGAACATGTGATCTCCT R:TCACTCCAAATCACACGTGCCA
PC25	CCRI025	8D	60	F:ACCAGCATCCTTTGTGTTAGGC R:GGATCGATTTTGGAACCGTGTG

表 1 （续）

编号	引物名称	染色体（编号）	退火温度 ℃	引物序列（5′-3′）
PC26	CCRI026	10D	60	F：TTCCATGAGGCTATCCACAAGC R：AATGCACCGCACCCCATCAC
PC27	CCRI027	11D	60	F：GCGGGCCACCTAATGATGATTG R：TTGTTTGACGAGGGAGACGATC
PC28	CCRI028	11D	60	F：ACAAGCGCGTCTGCCATATCC R：CGTGGTGGGTAGTCACAGTCAG
PC29	CCRI029	12D	60	F：ACACTGATGTGGCATCGACTAG R：GAATCTGGGCAAACTGTTGTCC
PC30	CCRI030	13D	60	F：GCCGAGGCCCCTATAACCC R：CTCATATCACGCACCACACCAC
PC31	CCRI031	1A	60	F：CCGGTTCAAGCCGACTATTCG R：ACTCGTAACACCGTGCTGATTG
PC32	CCRI032	1A	60	F：CTGAGGAGAAAGACAGGACGAC R：TGGCGGGGTAAATGTGAATGC
PC33	CCRI033	3A	60	F：TGGGTGAGTGTGAGGACTGAAG R：TGGGTGTTGCACAAAGTTTCTG
PC34	CCRI034	3A	60	F：GTGGGCAGCGATGAATATGATG R：ATGAGGGTCATTGCTTGGGTTG
PC35	CCRI035	4A	60	F：GCCGTTTCTGCCAACCCCTT R：CGGGATTCCACGTGCCCAAA
PC36	CCRI036	5A	60	F：CGTCTCGTCCCACCTGTAATGC R：GGACTTCGGCAAGGCGGTTC
PC37	CCRI037	7A	60	F：TTCCTGCAAAATTGCCTTCACC R：TGCTTTGATATCCCCGTGATGG
PC38	CCRI038	7A	60	F：AGGGACAAGAATGGACCGACAG R：TTAACCGTCGCAGCCTCCTAAC
PC39	CCRI039	8A	60	F：TGCCCTTCTTGCCCCTGTG R：GCTTGCCTAATTTGGTGGGAAG
PC40	CCRI040	9A	60	F：TTACTCTGGGCGTGTGGCATAG R：ATGGAAGGAACAGCAGCAAACG
PC41	CCRI041	10A	60	F：TGTGGCTCCATGGCACAATATG R：AGGCTCTGTTGCACCAATTCAC
PC42	CCRI042	11A	60	F：GTTGGAGGCTGCTTTTGATGGG R：TGCCATTGCCATGTTGGTCAAG
PC43	CCRI043	11A	60	F：GGACAAACATGGCCCCAACT R：TGTCCAAACTCTTGCCAACTTGT
PC44	CCRI044	12A	60	F：TCTTAGGGCACAATGAGGCAAGA R：CTAAGCAGCACCTCATCCAGAAA
PC45	CCRI045	13A	60	F：AACTCAATGGGTGTCGGTTACG R：GGAGGTGAGCTATCTTCGCAAC
PC46	CCRI046	13A	60	F：AGCACGGAAGAACATGATGAGG R：CGTCTTCGGCTCAAATGTGTGC
PC47	CCRI047	1D	60	F：TGCCCAACCTACATGTGACACA R：TCAAATTTGGTTGTCACACCCCA
PC48	CCRI048	1D	60	F：CCACATGCCACGCCGTATTATG R：ATGATGGGGTGGGCTGTAAAGG
PC49	CCRI049	2D	60	F：TTGGGCCGAAAAGGGTTGAAAC R：GGTCGGATTCTGGGCACTTTTC

表 1 （续）

编号	引物名称	染色体（编号）	退火温度℃	引物序列（5′-3′）
PC50	CCRI050	2D	60	F：AGTTCGGTGGACATCAATAGGC R：TCCCCAGGGCTTTGAGAATACC
PC51	CCRI051	4D	60	F：CGCCACATCCAAGGGTGAATG R：GGAATTGCGGTCCCAATACCAC
PC52	CCRI052	5D	60	F：ATTCATGGTCAAGTCGGGTCAC R：GCTTGCTTTGGGTGGAGTAGAC
PC53	CCRI053	5D	60	F：GTTGCTGTGGAGTGGAGTGGAG R：TTCGAGGGAGGTTGGTATTGGC
PC54	CCRI054	6D	60	F：TGGCTTTGCTTTGCTTATGGTGA R：TGCACTCAACTGGACACACTTT
PC55	CCRI055	7D	60	F：AATTGTGGAGGGGCACTGTCAG R：GTCCCCGCCATCCAAGCAC
PC56	CCRI056	8D	60	F：GACTCATGGCGACAGCGATTAG R：TGATCACTCAAACGGTGTCACG
PC57	CCRI057	10D	60	F：GTTTCCACCGTCGAACCACTG R：GGCAGGATTAGGAGATCGAAGC
PC58	CCRI058	10D	60	F：TCAGGGGCTCCGTCGTTCTC R：CTCGGCTCTTTCTCCGGTTGC
PC59	CCRI059	12D	60	F：AGTACCCCTATTTTCCCGTGAGA R：TGGGTCTCACATGTGGATTGTTG
PC60	CCRI060	13D	60	F：GGAAATGGCCCATCTGAGAGTC R：GCCAGGAGATCGGAGCGTTTG
注：本表中 60 对引物均为中国农业科学院棉花研究所通过基因组重测序自主开发遴选。				

6.4 样品

6.4.1 送验样品为种子、幼苗、叶片等组织或器官。需要扦样的样品数量符合 GB/T 3543.2 的要求。

6.4.2 试验样品应至少含有 70 个个体，可以混合检测或单个个体检测。

6.5 检测条件

真实性鉴定应在有利于检测正确实施的控制条件下进行，包括但不限于下列条件：

a） 种子检验员熟悉所使用检测技术的知识和技能；

b） 所有仪器与使用的技术相匹配，并已经过定期维护、验证和校准；

c） 使用适当等级的试剂和灭菌处理的耗材；

d） 使用校准检测结果评定的适宜参照品种。

7 仪器设备、试剂和溶液配制

7.1 仪器设备

7.1.1 DNA 提取

高速冷冻离心机、水浴锅或干式恒温金属浴、紫外分光光度计或核酸浓度测定仪、组织研磨仪。

7.1.2 PCR 扩增

PCR 扩增仪或水浴 PCR 扩增装置。

7.1.3 电泳

7.1.3.1 毛细管电泳

DNA 分析仪。

7.1.3.2 **变性 PAGE 垂直板电泳**

高压电泳仪、垂直板电泳槽及制胶附件、胶片观察灯、凝胶成像系统或数码相机。

7.1.3.3 **其他器具**

微量移液器、电子天平、高压灭菌锅、加热磁力搅拌器、冰箱、染色盒。

7.2 **试剂**

7.2.1 **DNA 提取**

CTAB、SDS、苯酚、三氯甲烷、异戊醇、异丙醇、乙二胺四乙酸二钠(EDTA-Na_2 · $2H_2O$)、三羟甲基氨基甲烷(Tris-base)、盐酸、氢氧化钠、氯化钠、β-巯基乙醇(β- Mercaptoethanol)、乙醇。

7.2.2 **引物合成**

根据真实性验证或身份鉴定的要求，采用序贯式方法，选定表 1 的引物。选用变性 PAGE 垂直板电泳，只需合成普通引物。选用荧光毛细管电泳，需要在上游或下游引物的 5′端标记与毛细管电泳仪发射和吸收波长相匹配的荧光染料。具体引物分组信息可参考附录 C。

7.2.3 **PCR 扩增**

dNTPs、*Taq* 酶、10×缓冲液、矿物油、ddH_2O、引物和 Mg^{2+}。

7.2.4 **电泳**

7.2.4.1 **毛细管电泳**

与使用的 DNA 分析仪型号相匹配的分离胶、分子量内标、去离子甲酰胺、电泳缓冲液。

7.2.4.2 **变性 PAGE 垂直板电泳**

去离子甲酰胺(Formamide)、溴酚蓝(Brph Blue)、二甲苯青(FF)、甲叉双丙烯酰胺(Bisacrylamide)、丙烯酰胺(Acrylamide)、硼酸(Boric Acid)、尿素、亲和硅烷(Binding Silane)、疏水硅烷(Repel Silane)、DNA 分子量标准、无水乙醇、四甲基乙二胺(TEMED)、过硫酸铵(APS)、冰醋酸、乙酸铵、硝酸银、甲醛、氢氧化钠、三羟甲基氨基甲烷(Tris-base)、乙二胺四乙酸二钠(EDTA-Na_2 · $2H_2O$)。

7.3 **溶液配制**

DNA 提取、PCR 扩增、电泳、银染的溶液按照附录 A 规定的要求进行配制，所用试剂均为分析纯。

试剂配制所用水应符合 GB/T 6682 规定的一级水的要求，其中银染溶液的配制可以使用符合三级要求的水。

8 检测程序

8.1 **DNA 提取**

8.1.1 **SDS 法**

试样种子充分研磨后，取 100 mg～200 mg 种子粉末置于 2.0 mL 离心管，每管加入 700 μL 的 SDS 提取液，混匀。65 ℃水浴 30 min，其间每 10 min 轻缓颠倒混匀。每管加入等体积的苯酚：氯仿：异戊醇(V_1：V_2：V_3＝25：24：1)混合液，上下颠倒混匀至不分层，12 000 r/min 离心 10 min。吸取上清液，加入等体积预冷的异丙醇，轻轻颠倒混匀至絮状 DNA 成团析出。吸取 DNA，转移至盛有 70%乙醇的离心管中洗涤 1 次，无水乙醇再洗涤 1 次，自然条件下干燥，加入 200 μL 超纯水或 TE 缓冲液，充分溶解后4 ℃备用。

8.1.2 **CTAB 法**

取试样的幼苗或叶片 100 mg～200 mg 置于 2.0 mL 离心管，液氮冷却后充分研磨，每管加入 700 μL 经 65 ℃预热的 CTAB 提取液，充分混匀，65 ℃水浴 30 min。其间每 10 min 轻缓颠倒混匀。每管加入等体积的三氯甲烷：异戊醇(V_1：V_2＝24：1)混合液，充分混合后 12 000 r/min 离心 10 min。吸取上清液，加入等体积预冷的异丙醇，轻轻颠倒混匀至絮状 DNA 成团析出。吸取 DNA，转移至盛有 70%乙醇的离心管中洗涤 1 次，无水乙醇再洗涤 1 次，自然条件下干燥，加入 200 μL 超纯水或 TE 缓冲液，充分溶解后4 ℃备用。

8.1.3 **试剂盒法**

选用适宜 SSR 标记法的商业试剂盒，并经验证合格后使用。DNA 提取方法，按照试剂盒提供的使用说明进行操作。

注:DNA 提取可选 8.1.1、8.1.2、8.1.3 或其他达到 PCR 扩增质量要求的方法。

8.2 PCR 扩增

8.2.1 反应体系

PCR 扩增反应体系的总体积和组分的终浓度参照表 2 进行配制,可依据试验条件不同进行相应调整。

表 2 PCR 扩增反应体系

反应组分	原浓度	终浓度	推荐反应体积(20 μL)
ddH_2O	—	—	13.0
10×缓冲液(含 25 mmol/L $MgCl_2$)	10×	1×	2.0
dNTPs	2.5 mmol/L each	0.2 mmol/L each	1.6
Taq 酶	5 U/μL	0.05 U/μL	0.2
正向引物	20 μmol/L	0.1 μmol/L	0.1
反向引物	20 μmol/L	0.1 μmol/L	0.1
DNA	40 ng/μL	6.0 ng/μL	3.0

8.2.2 反应程序

反应程序中各反应参数可根据 PCR 扩增仪型号、酶等不同而进行适当调整。通常采用下列反应程序:

a) 预变性:94 ℃ 5 min;

b) 扩增:94 ℃变性 45 s,60 ℃退火 45 s,72 ℃延伸 45s,共 32 次循环;

c) 终延伸:72 ℃ 10 min。

扩增产物置于 4 ℃保存。

8.3 扩增产物分离

8.3.1 毛细管电泳

8.3.1.1 按照预先确定的组合引物,等体积取同一组合引物的扩增产物,充分混匀。从混合液中吸取 1 μL,加入 DNA 分析仪专用 96 孔上样板上。每孔再分别加入 0.15 μL 分子量内标和 8.85 μL 去离子甲酰胺, 95 ℃变性 5 min,冷却 10 min 以上,瞬时离心 10 s 后备用。

8.3.1.2 打开 DNA 分析仪,检查仪器工作状态和试剂状态。

8.3.1.3 将装有样品的 96 孔上样板放置于样品架基座上,将装有电极缓冲液的 buffer 板放置于 buffer 板架基座上,打开数据收集软件,按照 DNA 分析仪的使用手册进行操作。DNA 分析仪将自动运行参数,并保存电泳原始数据。

8.3.2 变性 PAGE 垂直板电泳

8.3.2.1 制胶

蘸少量洗涤剂和清水仔细反复将玻璃板刷洗,再用蒸馏水冲洗干净,无水乙醇擦洗 2 遍。玻璃板干燥后,将 1 mL 亲和硅烷工作液,均匀涂在无凹槽的玻璃板上;将 1 mL 疏水硅烷工作液,均匀涂在带凹槽的玻璃板上。操作过程中 2 块玻璃板分别处理,防止相互污染;玻璃板彻底干燥后,将塑料隔条整齐放在无凹槽玻璃板两侧,盖上凹槽玻璃板,夹子固定后,用水平仪检测玻璃胶室是否水平;取 60 mL 6%PAGE 胶,加入 100 μL 的 TEMED 和 200 μL 10%过硫酸铵(过硫酸铵的用量与温度成反比,需根据温度调整用量),迅速混匀,将胶灌入玻璃胶室,灌胶过程应防止气泡的出现。待胶室灌满后,在凹槽处将鲨鱼齿朝外轻轻插入样品梳,在室温下聚合 1 h 以上,轻轻拔出梳子,用清水洗干净备用。

8.3.2.2 变性

取 20 μL 扩增产物,加入 5 μL 的 6×加样缓冲液,混匀。95 ℃变性 5 min,4 ℃ 冷却 10 min 后备用。

8.3.2.3 电泳

8.3.2.3.1 将清洗后的胶板安装于电泳槽上，在电泳正极槽(下槽)与负极槽(上槽)各加入 800 mL 的 1×TBE 缓冲液，拔出样品梳，90 W 恒功率预电泳 10 min～20 min。用移液器吹吸加样槽，清除气泡与杂质，插入样品梳。每一个加样孔加入 5 μL 变性样品(见 8.3.2.2)，90 W 恒功率电泳。

8.3.2.3.2 电泳的适宜时间参考二甲苯青指示带移动的位置和扩增产物预期片段大小范围(见附录 B 中表 B.1)加以确定。二甲苯青指示带在 6%的变性聚丙烯酰胺凝胶电泳中移动的位置与 230 bp 扩增产物泳动的位置大致相当。100 bp～200 bp 扩增产物的电泳时间约为 35 min；200 bp～300 bp 扩增产物电泳时间约为 40 min，300 bp～450 bp 扩增产物电泳时间约为 50 min。电泳结束后关闭电源，取下玻璃板并轻轻撬开，凝胶附着在无凹槽的玻璃板上。

8.3.2.4 染色

将粘有凝胶的长玻璃板浸入"固定液"中轻轻晃动 5 min；去离子水快速漂洗 1 次；"染色液"中染色 5 min～10 min；去离子水快速漂洗 1 次；"显影液"中轻轻晃动至带纹出现；"固定液"中定影 5 min；去离子水漂洗后晾干胶板，放在胶片观察灯上观察记录结果，用数码相机或凝胶成像系统拍照保存。

注：固定液、染色液、去离子水和显影液的用量，可依据胶板数量和大小调整，以没过胶面为准。

8.4 数据分析

8.4.1 总则

电泳结果需要通过规定程序进行数据分析降低误读率。在引物等位变异片段大小范围内(见表 B.1)，对于毛细管电泳，特异峰呈现为稳定的单峰型、双峰型或连续峰型；对于变性 PAGE 垂直板电泳，特异谱带呈现稳定的单谱带、双谱带或连续谱带。

8.4.1.1 对于毛细管电泳，由于不同引物扩增产物表现不同、引物不对称扩增、试验条件干扰等因素，可能出现不同状况的峰型，按照以峰高为主、兼顾峰型的原则依据下列规则进行甄别、过滤处置：

a) 对于连带(pull-up)峰，即因某一位置某一颜色荧光的峰值较高而引起同一位置其他颜色荧光峰值升高的，应预先将其干扰消除后再进行分析；
b) 对于(n+1)峰，即同一位置出现 2 个相距 1 bp 左右的峰，应视为单峰；
c) 对于高低峰，应通过设定一定阈值不予采集低于阈值的峰；
d) 对于有 2 个以上特异峰，应考虑是由非纯合 SSR 位点或混入杂株所致；
e) 对于连续多峰，即峰高递增或峰高接近的相差一个重复序列的连续多个峰，应视为单峰，取其最右边的峰，峰高值为连续多个峰的叠加值。

注：当存在非纯合 SSR 位点时，将会有 2 个特异峰，此时需要采集 2 个峰值。

8.4.1.2 对于变性 PAGE 垂直板电泳，位于相应等位变异扩增片段大小范围之外的谱带需要甄别是非特异性扩增还是新增的稀有等位变异。采用单个个体扩增的产物，出现 3 种及 3 种以上的多带则为非特异性扩增；采用混合样检测的，某些位点出现 3 种以上的谱带或上下有弱带等情况出现时，则需要通过单个个体进行甄别。

8.4.1.3 采取混合样检测时，无论是毛细管电泳还是变性 PAGE 垂直板电泳，试验样品存在异质性时，宜采用单个个体独立检测，试样至少含有 70 个个体。异质性严重时，可终止真实性检测。

8.4.2 数据分析和读取

8.4.2.1 毛细管电泳

导出电泳原始数据文件，采用数据分析软件对数据进行甄别：

a) 设置参数：在数据分析软件中预先设置好 panel、分子量内标、panel 的相应引物的 Bin(等位变异片段大小范围区间)；
b) 导入原始数据文件：将电泳原始数据文件导入分析软件，选择 panel、分子量内标、Bin、质量控制参数等进行分析；
c) 甄别过滤处置数据：执行 8.4.1 的规定。

分析软件会对检测质量赋以颜色标志进行评分，绿色表示质量可靠无须干预，红色表示质量不过关或未落入 Bin 范围内，黄色表示有疑问需要查验原始图像进行确认。

数据比对采用 8.4.3.1、8.4.3.2 方式的，应分别通过同时进行试验的标准样品、参照样品(依据引物选择少量的对照)，校准不同电泳板间的数据偏差后再读取扩增片段大小。甄别后的特异峰落入 Bin 范围内，直接读取扩增片段大小；若其峰大多不在 Bin 范围内，可将其整体平移尽量使峰落入 Bin 设置范围内后读取数据。

8.4.2.2 变性 PAGE 垂直板电泳

对甄别后的特异谱带进行读取。扩增片段大小的读取，统一采用两段式数据记录方式。纯合位点数据记录为 X/X，非纯合位点数据记录为 X/Y(其中 X、Y 分别为该位点 2 个等位基因扩增片段)，小片段数据在前，大片段数据在后，缺失位点数据记录为 0/0。

8.4.3 数据比对

8.4.3.1 采用与标准样品比较的，对甄别后的特异谱带或特异峰(见 8.4.1)，按照在同一电泳板上的试验样品与标准样品逐个位点进行两两比较，确定其位点差异。

8.4.3.2 采用毛细管电泳与 SSR 指纹数据库比对的，按照数据导入模板的要求，将数据及其指纹截图上传到 SSR 指纹数据库，进行逐个位点在线比对，核实确定相互间的指纹数据的异同。

8.4.3.3 采用 PAGE 垂直板电泳与 SSR 指纹数据库比对的，按照数据导入模板的要求，将数据上传到 SSR 指纹数据库，进行逐个位点的两两比对，核实确定相互间的指纹数据的异同。

注：采用 PAGE 垂直板电泳与 SSR 指纹数据库比对较为困难，建议作为参考使用，比对前采取以下措施：

a) 读取扩增产物片段大小数据的，试验样品与参照样品(附录 B)同时在同一电泳板上电泳；
b) 电泳时间足够；
c) 试验样品存在扩增片段为一个基序差异的，按片段大小顺序重新电泳进行复核确定后读取。

8.4.4 数据记录

数据比对后，按照位点存在差异、相同、数据缺失、无法判定等情形，记录每个引物的位点状况。

9 鉴定意见

9.1 检验结果用试验样品和标准样品比较的位点差异数表示。根据检验结果进行鉴定意见判断，一般分为 3 类：排除属于同一品种、不确定是否为同一品种和不排除属于同一品种。对于有异议的样品，可以按照 GB/T 3543.5 的规定进行田间小区种植鉴定。

9.2 鉴定意见可参考以下原则：

a) 试验样品与标准样品或 SSR 指纹数据库某品种比较检测出差异位点数大于 2，排除两者为同一品种；
b) 试验样品与标准样品或 SSR 指纹数据库某品种比较检测出差异位点数为 1 或 2，不确定两者为同一品种；
c) 试验样品与标准样品或 SSR 指纹数据库某品种比较检测出差异位点数为 0，不排除两者属于同一品种。

10 结果报告

10.1 按照 GB/T 3543.1 的检验报告要求，对品种真实性验证或身份鉴定的检测结果进行填报。

10.2 对于真实性验证，选择下列方式进行填报：

通过______对引物，采用______电泳方法进行检测，与标准样品比较检测出差异位点数______个，差异位点的引物编号为______，鉴定意见为：__________。

10.3 对于品种身份鉴定，采用下列方式进行填报：

a) 通过______对引物，采用______电泳方法进行检测，经与 SSR 指纹数据库筛查，供检样品与______品种未检测出位点差异，鉴定意见为：__________。
b) 通过______对引物，采用______电泳方法进行检测，经与 SSR 指纹数据库筛查，检测到供检样品与______品种位点差异为 1 或 2，鉴定意见为：__________。

c) 通过______对引物，采用______电泳方法进行检测，经与 SSR 指纹数据库筛查，未检测到与供检样品位点一致品种，无法鉴定品种身份。

10.4 属于下列情形之一的，需在检验报告中注明：

a) 送验样品低于 6.4.1 规定数量；

b) 与试验样品比较的标准样品的来源；

c) 与 SSR 指纹数据库进行数据比对；

d) 试验品种异质性严重的位点（引物编号）清单；

e) 检测采用其他 SSR 引物的名称及序列。

附 录 A
(资料性)
溶液配制

A.1 DNA提取

A.1.1 0.5 mol/L EDTA溶液

称取186.1 g $Na_2EDTA \cdot 2H_2O$ 溶于800 mL水中,加固体NaOH调pH至8.0,加水定容至1 000 mL,121 ℃高压灭菌20 min。

A.1.2 1 mol/L Tris-HCl溶液

称取60.55 g Tris碱溶于适量水中,加HCl调pH至8.0,加水定容至500 mL,121 ℃高压灭菌20 min。

A.1.3 0.5 mol/L HCl溶液

浓盐酸(36%~38%)25 mL,加水定容至500 mL。

A.1.4 CTAB提取液

5 mol/L NaCl 280 mL、CTAB 20 g、1 mol/L Tris-HCl 100 mL、0.5 mol/L EDTA 40 mL,山梨醇5 g、PVP 10 g加水定容至1 000 mL,4 ℃储存。使用前加入10 mL β-巯基乙醇。

A.1.5 SDS提取液

1 mol/L Tris-HCl 50 mL、0.5 mol/L EDTA 20 mL、5 mol/L NaCl 140 mL和SDS 10 g混合、山梨醇5 g和PVP 10 g,加水定容至1 000 mL。使用前加入10 mL β-巯基乙醇。

A.1.6 1×TE缓冲液

1 mol/L Tris-HCl 5 mL和0.5 mol/L EDTA 1 mL,加HCl调pH至8.0,加水定容至500 mL,121 ℃高压灭菌20 min。

A.1.7 5 mol/L NaCl溶液

固体NaCl 146 g,加水定容至500 mL。

A.1.8 苯酚∶氯仿∶异戊醇混合液

体积比为25∶24∶1。

A.2 PCR扩增

A.2.1 dNTP

用超纯水分别配置dATP、dGTP、dCTP、dTTP终浓度为100 mmol/L的储存液,分别用0.05 ml/L的Tris碱调整pH至7.0。各取25 μL混合,用超纯水900 μL定容至终浓度2.5 mmol/L的工作液。

A.2.2 SSR引物

用超纯水分别配制正向引物、反向引物终浓度均为100 μmol/L的储存液。从100 μmol/L的储存液中分别吸取正向、反向引物各20 μL,再分别加入80 μL超纯水配制成20 μmol/L的工作液,−20 ℃储存。

A.3 电泳

A.3.1 40% PAGE胶

丙烯酰胺190 g和甲叉双丙烯酰胺10 g,加水定容至500 mL。

A.3.2 6×加样缓冲液

去离子甲酰胺49 mL、0.5 mol/L EDTA 1 mL、溴酚蓝0.125 g和二甲苯青0.125 g混合。

A.3.3 6% PAGE胶

尿素450 g、10×TBE缓冲液100 mL和40% PAGE胶150 mL,加水定容至1 000 mL。

A.3.4 亲和硅烷缓冲液

无水乙醇49.75 mL和冰醋酸250 μL。

A.3.5 亲和硅烷工作液

亲和硅烷缓冲液1 mL和亲和硅烷原液10 μL混合。

A.3.6 疏水硅烷工作液

95 mL三氯甲烷中加入5 mL疏水硅烷原液。

A.3.7 10%过硫酸铵溶液

0.1 g过硫酸铵溶于1 mL超纯水中。

A.3.8 10×TBE缓冲液

Tris碱108 g、硼酸55 g和0.5 mol/L EDTA 37 mL,加水定容至1 000 mL。

A.3.9 1×TBE缓冲液

10×TBE缓冲液100 mL,加水定容至1 000 mL。

A.4 银染

A.4.1 固定液

100 mL的无水乙醇和5 mL的乙酸,加水定容至1 000 mL。

A.4.2 染色液

2 g的硝酸银($AgNO_3$),加水定容至1 000 mL。

A.4.3 显影液

30 g的固体NaOH和5 mL甲醛,加水定容至1 000 mL。

附 录 B
（资料性）
等位变异扩增片段信息

表 B.1 列出了 60 对引物的信息，以及引物在已知棉花品种中扩增的片段长度范围、等位变异命名和参照样品名称。其中参照样品只是列举，考虑到在某一 SSR 位点多个品种存在相同的扩增片段，确认某一品种在该位点扩增片段大小与参照样品是相同的，该品种也可替代相应的参照样品。

表 B.1 已知品种主要等位变异扩增片段信息

引物信息		等位变异扩增片段		参照样品名称
编号	名称	范围，bp	等位变异命名	
PC01	CCRI001	304～313	304	新陆中 59 号
			307	石抗 126
			311	长金棉 11
			313	TM-1
PC02	CCRI002	281～290	281	新海 31 号
			286	邯 818
			288	五师 16-5
			290	中棉所 12 号
PC03	CCRI003	174～184	174	新海 31 号
			176	新陆中 59 号
			178	中棉所 12 号
			180	石抗 126
			182	鲁棉 696
			184	Greenlint
PC04	CCRI004	367～373	367	石抗 126
			373	中棉所 12 号
PC05	CCRI005	268～276	268	中棉所 12 号
			272	海 7124
			274	新海 31 号
			276	TM-1
PC06	CCRI006	329～358	329	新海 16 号
			341	TM-1
			348	中棉所 12 号
			358	15B05X
PC07	CCRI007	256～288	256	蜀杂棉 3 号
			258	新海 31 号
			260	中棉所 12 号
			262	银兴棉 5 号
			264	鲁棉 696
			266	鲁研棉 22
			270	鲁棉 1141
			274	Greenlint
			276	新海 16 号
			282	新海 16 号
			284	新陆中 31 号
			288	海 7124

表 B.1 （续）

引物信息		等位变异扩增片段		参照样品名称
编号	名称	范围,bp	等位变异命名	
PC08	CCRI008	143～161	143	Greenlint
			145	岱字棉 16 号
			147	新海 31 号
			151	桂都安县五仁乡白子
			153	中棉所 12 号
			155	TM-1
			157	鲁棉 1 号
			161	布 3363
PC09	CCRI009	208～216	208	新海 31 号
			213	TM-1
			216	中棉所 12 号
PC10	CCRI010	361～369	361	新海 31 号
			365	新陆中 59 号
			369	中棉所 12 号
PC11	CCRI011	386～397	386	新海 37 号
			389	新海 31 号
			392	中棉所 12 号
			397	鲁棉 696
PC12	CCRI012	293～311	293	新海 31 号
			297	鲁棉 1141
			303	15B05X
			305	邯 218
			307	中棉所 12 号
			309	鲁棉 696
			311	鄂杂棉 9 号 F1
PC13	CCRI013	209～219	209	新海 31 号
			211	海 7124
			213	湘丰棉 5 号
			215	石抗 126
			217	中棉所 12 号
			219	湘杂棉 21 号
PC14	CCRI014	340～355	340	新海 31 号
			343	中棉所 12 号
			346	金字棉
			352	TM-1
			355	布 3363
PC15	CCRI015	235～247	235	新陆中 59 号
			237	惠远 1401
			239	中棉所 12 号
			241	新海 31 号
			243	TM-1
			245	15B05X
			247	渝棉 1 号
PC16	CCRI016	188～196	188	辽棉 15 号
			190	中棉所 12 号
			192	TM-1
			194	邯 218
			196	冀合抗烟

表 B.1 （续）

引物信息		等位变异扩增片段		参照样品名称
编号	名称	范围,bp	等位变异命名	
PC17	CCRI017	184～196	184	15B05X
			186	新海 31 号
			188	新海 16 号
			190	中棉所 12 号
			192	石抗 126
			194	渝棉 1 号
			196	TM-1
PC18	CCRI018	236～246	236	豫棉 616
			238	中棉所 12 号
			240	海 7124
			242	TM-1
			244	金字棉
			246	辽棉 17 号
PC19	CCRI019	225～235	225	TM-1
			230	新海 31 号
			235	石抗 126
PC20	CCRI020	304～311	304	新海 31 号
			306	中棉所 12 号
			311	TM-1
PC21	CCRI021	187～203	187	鲁棉 696
			189	TM-1
			191	新海 31 号
			193	鲁棉 1141
			203	布 3363
PC22	CCRI022	218～228	218	中棉所 12 号
			221	惠远 1401
			223	TM-1
			228	海 7124
PC23	CCRI023	178～184	178	TM-1
			184	中棉所 12 号
PC24	CCRI024	199～205	199	TM-1
			201	新陆中 59 号
			205	新海 31 号
PC25	CCRI025	235～245	235	中棉所 12 号
			240	石抗 126
PC26	CCRI026	172～193	172	中棉所 12 号
			187	新陆中 59 号
			189	金字棉
			193	布 3363
PC27	CCRI027	334～340	334	石抗 126
			335	新海 31 号
			337	渝棉 1 号
			340	中棉所 12 号
PC28	CCRI028	244～262	244	新海 31 号
			256	中棉所 12 号
			258	TM-1
			262	徐棉 18 号

表 B.1 （续）

引物信息		等位变异扩增片段		参照样品名称
编号	名称	范围，bp	等位变异命名	
PC29	CCRI029	161～181	161	新海 31 号
			163	新海 16 号
			165	冀丰 4 号
			169	惠远 1401
			171	辽棉 17 号
			173	中棉所 9708
			175	TM-1
			177	中棉所 12 号
			179	新石选 14-4
			181	军海 1 号
PC30	CCRI030	213-224	213	新海 31 号
			216	3-79
			220	TM-1
			224	中棉所 12 号
PC31	CCRI031	220～223	220	中棉所 12 号
			223	TM-1
PC32	CCRI032	218～223	218	中棉所 12 号
			223	TM-1
PC33	CCRI033	335～344	335	中棉所 12 号
			344	鲁棉 696
PC34	CCRI034	303～307	303	新海 31 号
			307	中棉所 12 号
PC35	CCRI035	339～349	339	布 3363
			342	中棉所 12 号
			349	TM-1
PC36	CCRI036	257～280	257	新海 31 号
			259	M-8124-1159
			265	锦育 9 号
			268	惠远 1401
			271	中棉所 12 号
			274	新陆早 33 号
			277	新石选 14-4
			280	金字棉
PC37	CCRI037	286～305	286	3-79
			299	石抗 126
			305	中棉所 12 号
PC38	CCRI038	292～297	292	TM-1
			297	中棉所 12 号
PC39	CCRI039	249～255	249	惠远 1401
			255	中棉所 12 号
PC40	CCRI040	221～226	221	TM-1
			226	中棉所 12 号
PC41	CCRI041	293～307	293	M-8124-1159
			295	海 7124
			301	中棉所 12 号
			305	银山 4 号
			307	TM-1
PC42	CCRI042	166～172	166	石抗 126
			172	中棉所 12 号

表 B.1 （续）

引物信息		等位变异扩增片段		参照样品名称
编号	名称	范围，bp	等位变异命名	
PC43	CCRI043	301～333	301	新海 31 号
			315	海 7124
			319	惠远 1401
			321	布 3363
			323	中棉所 12 号
			325	海 7124
			333	M-8124-1159
PC44	CCRI044	381～384	381	新陆中 59 号
			384	中棉所 12 号
PC45	CCRI045	226～236	226	石抗 126
			232	中棉所 12 号
			236	布 3363
PC46	CCRI046	192～198	192	中棉所 12 号
			198	TM-1
PC47	CCRI047	215～219	215	鲁棉 696
			219	中棉所 12 号
PC48	CCRI048	313～328	313	新海 31 号
			324	中棉所 12 号
			328	湘杂棉 9 号
PC49	CCRI049	214～226	214	中棉所 12 号
			221	邯 818
			226	金字棉
PC50	CCRI050	331～361	331	中棉所 12 号
			337	新海 31 号
			343	海 7124
			355	新海 16 号
			361	Greenlint
PC51	CCRI051	312～319	312	中棉所 12 号
			315	布 3363
			319	TM-1
PC52	CCRI052	243～255	243	新海 31 号
			249	鲁棉 696
			255	中棉所 12 号
PC53	CCRI053	173～178	173	中棉所 12 号
			178	TM-1
PC54	CCRI054	238～252	238	海 7124
			240	中棉所 12 号
			244	新海 31 号
			246	新陆早 28 号
			248	新陆中 59 号
			250	鄂抗虫棉 1 号
			252	惠远 1401
PC55	CCRI055	259～270	259	新海 37
			262	新海 31 号
			267	中棉所 12 号
			270	惠远 1401
PC56	CCRI056	253～266	253	鲁棉 696
			266	中棉所 12 号

表 B.1（续）

引物信息		等位变异扩增片段		参照样品名称
编号	名称	范围,bp	等位变异命名	
PC57	CCRI057	298～304	298	中棉所 12 号
			304	TM-1
PC58	CCRI058	217～225	217	邯 6203
			219	新海 31 号
			223	中棉所 12 号
			225	湘丰棉 5 号
PC59	CCRI059	298～312	298	新海 31 号
			306	TM-1
			308	中棉所 12 号
			310	豫杂 0568
			312	银山 4 号
PC60	CCRI060	220～234	220	海 7124
			230	TM-1
			234	新石选 14-4

附 录 C
（资料性）
60对SSR引物四色荧光分组方案

60对SSR引物四色荧光分组方案见表C.1。

表C.1 60对SSR引物四色荧光分组方案

组别	荧光标记（红）	荧光标记（蓝）	荧光标记（绿）	荧光标记（黑）
1	CCRI005	CCRI030	CCRI004	CCRI025
	CCRI006	CCRI012	CCRI015	CCRI016
	CCRI024	—	CCRI003	—
2	CCRI010	CCRI011	CCRI014	CCRI007
	CCRI022	CCRI018	CCRI021	CCRI009
	CCRI029	CCRI023	—	—
3	CCRI020	CCRI002	CCRI008	CCRI001
	CCRI028	CCRI026	CCRI019	CCRI013
	CCRI017	CCRI027	—	—
4	CCRI036	CCRI039	CCRI043	CCRI031
	CCRI049	CCRI041	CCRI045	CCRI035
	CCRI059	CCRI042	—	—
5	CCRI051	CCRI032	CCRI038	CCRI057
	CCRI052	CCRI050	CCRI047	CCRI060
	CCRI053	CCRI055	—	—
6	CCRI048	CCRI034	CCRI037	CCRI033
	CCRI054	CCRI044	CCRI046	CCRI040
	—	CCRI058	—	CCRI056

附 录 D
（资料性）
参照样品名单

参照样品名单见表 D.1。

表 D.1 参照样品名单

序号	品种名称	序号	品种名称	序号	品种名称
1	TM-1	17	长金棉 11	33	湘杂棉 21 号
2	中棉所 12 号	18	五师 16-5	34	金字棉
3	石抗 126	19	15B05X	35	渝棉 1 号
4	新海 31 号	20	岱字棉 16 号	36	辽棉 15 号
5	鲁棉 696	21	桂都安县五仁乡白子	37	冀合抗烟
6	新陆中 59 号	22	鲁棉 1 号	38	徐棉 18 号
7	湘丰棉 5 号	23	Greenlint	39	辽棉 17 号
8	鲁棉 1141	24	海 7124	40	3-79
9	邯 218	25	新海 16 号	41	M-8124-1159
10	新海 37 号	26	蜀杂棉 3 号	42	锦育 9 号
11	惠远 1401	27	银兴棉 5 号	43	新陆早 33 号
12	豫棉 616	28	鲁研棉 22 号	44	湘杂棉 9 号
13	冀丰 4 号	29	新陆中 31 号	45	新陆早 28 号
14	新石选 14-4	30	布 3363	46	鄂抗虫棉 1 号
15	邯 818	31	银山 4 号	47	豫杂 0568
16	邯 6203	32	鄂杂棉 9 号	48	军海 1 号

ICS 67.080.10
CCS B 31

NY

中华人民共和国农业行业标准

NY/T 2667.18—2022

热带作物品种审定规范 第18部分：莲雾

Registration rules for variety of tropical crops—Part 18: Wax apple

2022-11-11 发布　　　　2023-03-01 实施

中华人民共和国农业农村部　发布

前　言

本文件按照 GB/T 1.1—2020《标准化工作导则　第 1 部分：标准化文件的结构和起草规则》的规定起草。

本文件是 NY/T 2667《热带作物品种审定规范》的第 18 部分。NY/T 2667 已经发布了以下部分：

——第 1 部分：橡胶树；
——第 2 部分：香蕉；
——第 3 部分：荔枝；
——第 4 部分：龙眼；
——第 5 部分：咖啡；
——第 6 部分：芒果；
——第 7 部分：澳洲坚果；
——第 8 部分：菠萝；
——第 9 部分：枇杷；
——第 10 部分：番木瓜；
——第 11 部分：胡椒；
——第 12 部分：椰子；
——第 13 部分：木菠萝；
——第 14 部分：剑麻；
——第 15 部分：槟榔；
——第 16 部分：橄榄；
——第 17 部分：毛叶枣；
——第 18 部分：莲雾；
——第 19 部分：草果。

请注意本文件的某些内容有可能涉及专利。本文件的发布机构不承担识别专利的责任。

本文件由农业农村部农垦局提出。

本文件由农业农村部热带作物及制品标准化技术委员会归口。

本文件起草单位：福建省农业科学院果树研究所、福建省农科院科技开发总公司、中国农垦经济发展中心。

本文件主要起草人：许家辉、魏秀清、许玲、章希娟、孙娟、郑红裕、李亮、池丽丽。

热带作物品种审定规范　第18部分:莲雾

1　范围

本文件规定了莲雾[*Syzygium samarangense*（Bl.）Merr. et Perry]品种审定要求、判定规则和审定程序。

本文件适用于莲雾品种的审定。

2　规范性引用文件

下列文件中的内容通过文中的规范性引用而构成本文件必不可少的条款。其中,注日期的引用文件,仅该日期对应的版本适用于本文件;不注日期的引用文件,其最新版本(包括所有的修改单)适用于本文件。

NY/T 2668.18　热带作物品种试验技术规程　第18部分:莲雾

NY/T 3810　热带作物种质资源描述规范　莲雾

3　审定要求

3.1　基本要求

3.1.1　品种来源明确,无知识产权纠纷。

3.1.2　品种命名依据农业植物命名规定。

3.1.3　品种具有特异性、稳定性和一致性。

3.1.4　经过品种的比较试验、区域性试验和生产性试验,申报材料齐全。

3.2　目标性状要求

3.2.1　以大果为育种目标的品种

果实单果重≥110 g;其他主要经济性状相当于或优于对照品种。

3.2.2　以高糖为育种目标的品种

果实可溶性固形物含量≥10%,且比对照品种增加1个百分点或以上;其他主要经济性状相当于或优于对照品种。

3.2.3　以其他特异性状为育种目标的品种

产量与对照品种差异不显著,但在裂果率、海绵状组织大小等特异性状≥1项指标优于对照品种;其他主要经济性状相当于或优于对照品种。

3.2.4　以抗性为育种目标的品种

抗寒性、抗病性、抗虫性等性状≥1项指标优于对照品种;其他主要经济性状相当于或优于对照品种。

4　判定规则

品种满足3.1中的全部要求,同时满足3.2中的要求≥1项,判定为符合品种审定要求。

5　审定程序

5.1　申请

申请品种审定的单位或个人提出书面申请。

5.2　现场鉴评

5.2.1　地点确定

根据申请书随机抽取1个～2个代表性的试验点作为现场鉴评地点。

5.2.2 鉴评内容及记录

现场鉴评项目和方法按照附录A的规定执行，现场鉴评记录按照附录B的规范执行。无法现场鉴评的测试项目指标，应提供有资质的检测机构出具的检测报告。

5.2.3 鉴评报告

专家组根据审定要求和5.2.2的鉴评结果，经现场质询、评价，出具现场鉴评报告。

5.3 初审

5.3.1 申请品种名称

依据农业植物品种命名规定进行审查。

5.3.2 申报材料

按NY/T 2668.18的规定，对品种比较试验、区域性试验、生产性试验报告等技术材料的完整性、真实性和科学性进行审查。

5.3.3 品种试验方案

按NY/T 2668.18的规定，对品种试验点、对照品种、试验设计、试验方法、试验年限进行审查。

5.3.4 品种试验结果

对申请品种的植物学特征、农艺性状、主要经济性状（包括果实品质、丰产性、稳产性、适应性、抗性等）和生产技术要点，以及结果的完整性、真实性和科学性进行审查。

5.3.5 初审意见

依据5.3.1、5.3.2、5.3.3、5.3.4的审查情况，结合现场鉴评结果，对品种进行综合评价，按第4章判定规则形成初审意见，并提出通过或不通过的建议。

5.4 终审

对申报材料、现场鉴评报告、初审结果进行综合审定，提出终审意见，并进行无记名投票表决，赞成票超过与会专家总数2/3以上，通过审定。

附 录 A
(规范性)
莲雾品种审定现场鉴评内容

A.1 观测项目

见表 A.1。

表 A.1 观测项目

内容	观测记载项目
基本情况	地点、经纬度、海拔、坡向、坡度、试验点面积、土壤类型、管理水平、繁殖方式、砧木品种、定植或高接年份、株行距、种植密度
主要植物学特征	树高、冠幅、干周
丰产性	单株产量、单位面积产量
品质性状	单果重、果皮颜色、果实形状、果肉颜色、果肉质地、空腔、海绵状组织大小、汁液、风味、香气、裂果率、无籽果比例、可溶性固形物含量
其他	抗寒性、抗病性、抗虫性等

A.2 鉴评方法

A.2.1 基本情况

A.2.1.1 试验地概况

调查试验地概况，主要包括地点、经纬度、海拔、坡向、坡度、试验点面积、土壤类型。

A.2.1.2 管理水平

考察试验地管理水平，分为精细、中等、粗放。

A.2.1.3 繁殖方式

调查试验树采用的繁殖方式，分为小苗嫁接、扦插、高空压条、高接换种、其他。繁殖方式为小苗嫁接或高接换种的，记录砧木品种。

A.2.1.4 定植或高接年份

调查试验树定植或高接的年份。

A.2.1.5 株行距

测量试验地试验树种植的株距和行距。结果以平均值表示，精确到 0.1 m。

A.2.1.6 种植密度

根据 A.2.1.5 数据计算种植密度，精确到株/亩。

A.2.2 主要植物学特征

A.2.2.1 树高

每小区选取生长正常的植株，测量植株高度。结果以平均值表示，精确到 0.1 m。

A.2.2.2 冠幅

用 A.2.2.1 的样本，测量植株树冠东西向、南北向的宽度。结果以平均值表示，精确到 0.1 m。

A.2.2.3 干周

用 A.2.2.1 的样本，测量植株主干离地 20 cm 处的周长。结果以平均值表示，精确到 0.1 cm。

A.2.3 丰产性

A.2.3.1 单株产量

按 NY/T 2668.18 的规定执行。

A.2.3.2 单位面积产量

按 NY/T 2668.18 的规定执行。

A.2.4 品质性状

按 NY/T 3810 的规定执行。对单果重、果皮颜色、果实形状、果肉颜色、果肉质地、空腔、海绵状组织大小、汁液、风味、香气、裂果率、无籽果比例、可溶性固形物含量等进行评价。

A.2.5 其他

根据试验地寒害、病害和虫害等的发生情况加以记载，或由有资质的专业机构进行检测并提供检测报告。

附 录 B
（规范性）
莲雾品种审定现场鉴评记录表

莲雾品种审定现场鉴评记录表见表 B.1。

表 B.1 莲雾品种审定现场鉴评记录表

日期： 年 月 日

基本情况	省 市(区、县) 镇(乡)							
	经度： 纬度： 海拔：							
	坡向、坡度： 面积，亩： 土壤类型：							
测试项目	申请品种				对照品种			
品种名称								
管理水平	1. 精细；2. 中等；3. 粗放				1. 精细；2. 中等；3. 粗放			
株行距，m								
种植密度，株/亩								
繁殖方式	1. 小苗嫁接(砧木品种：______)；2. 扦插；3. 高空压条；4. 高接换种(砧木品种：______)；5. 其他______				1. 小苗嫁接(砧木品种：______)；2. 扦插；3. 高空压条；4. 高接换种(砧木品种：______)；5. 其他______			
定植或高接年份								
树号	1	2	3	平均	1	2	3	平均
树高，m								
冠幅，m								
干周，cm								
单株产量，kg								
单位面积产量，kg								
单果重，g								
果皮颜色	1. 白色；2. 绿色；3. 底色绿色局部粉红色；4. 粉红色；5. 红色；6. 紫红色；7. 其他______				1. 白色；2. 绿色；3. 底色绿色局部粉红色；4. 粉红色；5. 红色；6. 紫红色；7. 其他______			
果实形状	1. 长钟形；2. 钟形；3. 梨形；4. 圆锥形；5. 近圆形；6. 扁圆形				1. 长钟形；2. 钟形；3. 梨形；4. 圆锥形；5. 近圆形；6. 扁圆形			
果肉颜色	1. 白色；2. 浅绿色；3. 其他______				1. 白色；2. 浅绿色；3. 其他______			
果肉质地	1. 绵软；2. 较绵软；3. 爽脆；4. 紧实				1. 绵软；2. 较绵软；3. 爽脆；4. 紧实			
空腔	1. 无；2. 有				1. 无；2. 有			
海绵状组织大小	1. 小；2. 中；3. 大				1. 小；2. 中；3. 大			
汁液	1. 少；2. 中；3. 多				1. 少；2. 中；3. 多			
风味	1. 酸；2. 酸甜；3. 淡甜；4. 清甜；5. 甜				1. 酸；2. 酸甜；3. 淡甜；4. 清甜；5. 甜			
香气	1. 无；2. 淡；3. 浓				1. 无；2. 淡；3. 浓			
裂果率，%								
无籽果比例，%								
可溶性固形物含量，%								
抗寒性								
抗病性								
抗虫性								
组长： 成员：								
注：1. 测量株数 3 株；2. 抽取方式：随机抽取；3. 根据测定单株产量和种植密度折算单位面积产量。								

参 考 文 献

[1] 农业农村部. 农业植物品种命名规定. 2022-01-21

ICS 65.020.01
CCS B 30

NY

中华人民共和国农业行业标准

NY/T 2667.19—2022

热带作物品种审定规范
第19部分：草果

Registration rules for varieties of tropical crops—
Part 19: Amomum tsaoko

2022-11-11 发布　　2023-03-01 实施

中华人民共和国农业农村部 发布

前　言

本文件按照 GB/T 1.1—2020《标准化工作导则　第 1 部分：标准化文件的结构和起草规则》的规定起草。

本文件是 NY/T 2667《热带作物品种审定规范》的第 19 部分。NY/T 2667 已经发布了以下部分：

——第 1 部分：橡胶树；
——第 2 部分：香蕉；
——第 3 部分：荔枝；
——第 4 部分：龙眼；
——第 5 部分：咖啡；
——第 6 部分：芒果；
——第 7 部分：澳洲坚果；
——第 8 部分：菠萝；
——第 9 部分：枇杷；
——第 10 部分：番木瓜；
——第 11 部分：胡椒；
——第 12 部分：椰子；
——第 13 部分：木菠萝；
——第 14 部分：剑麻；
——第 15 部分：槟榔；
——第 16 部分：橄榄；
——第 17 部分：毛叶枣；
——第 18 部分：莲雾；
——第 19 部分：草果。

请注意本文件的某些内容可能涉及专利。本文件的发布机构不承担识别专利的责任。

本文件由农业农村部农垦局提出。

本文件由农业农村部热带作物及制品标准化技术委员会归口。

本文件起草单位：中国热带农业科学院热带作物品种资源研究所、云南省农业科学院药用植物研究所、云南省高原特色农业产业研究院、云南省农业科学院热带亚热带经济作物研究所、怒江绿色香料产业研究院。

本文件主要起草人：于福来、杨绍兵、王祝年、张金渝、王清隆、黄梅、陈振夏、沈绍斌、范源洪、杨毅、余少洪、胡剑。

热带作物品种审定规范　第 19 部分:草果

1　范围

本文件规定了草果(*Amomum tsaoko* Crevost et Lemarie)品种审定要求、判定规则和审定程序。

本文件适用于草果品种审定。

2　规范性引用文件

下列文件中的内容通过文中的规范性引用而构成本文件必不可少的条款。其中,注日期的引用文件,仅该日期对应的版本适用于本文件;不注日期的引用文件,其最新版本(包括所有的修改单)适用于本文件。

NY/T 2668.19　热带作物品种试验技术规程　第 19 部分:草果

3　审定要求

3.1　基本要求

3.1.1　品种来源明确,无知识产权纠纷。

3.1.2　品种命名依据农业植物品种命名规定。

3.1.3　品种具有特异性、一致性和稳定性。

3.1.4　品种通过品种比较试验、区域性试验和生产性试验,材料齐全。

3.2　目标要求

3.2.1　基本指标

依据《中华人民共和国药典》2020 年版 一部规定,种子团挥发油含量必须≥1.4%(mL/g)。

3.2.2　专有品种指标

3.2.2.1　高产品种

产量与对照品种相比,增产≥10%,经统计分析差异显著。

3.2.2.2　优质品种

挥发油含量与对照品种相比,增加≥10%,经统计分析差异显著,产量与对照品种差异不显著。

3.2.2.3　特异品种

果实颜色、果实形状等特异性状≥1 项明显区别于对照品种,产量与对照品种差异不显著。

3.2.2.4　综合性状优良品种

产量、挥发油含量虽达不到 3.2.2.1、3.2.2.2 的指标要求,但两项指标同时优于对照品种。

4　判定规则

满足 3.1 和 3.2.1 中的全部要求,同时满足 3.2.2 中的要求≥1 项,判定为符合品种审定要求。

5　审定程序

5.1　申请

申请品种审定的单位或个人提出书面申请。

5.2　现场鉴评

5.2.1　地点确定

根据申请书随机抽取 1 个～2 个代表性的生产性试验点作为现场鉴评地点。

5.2.2 鉴评内容及记录

现场鉴评项目和方法内容按照附录A的规定执行，现场鉴评记录按照附录B的规定执行。不便现场鉴评的测试指标，需提供有资质的检测机构出具的检测报告。

5.2.3 综合评价

根据5.2.2测定结果，对产量、品质等进行综合评价。

5.3 初审

5.3.1 申请品种名称

依据农业植物品种命名规定进行审查。

5.3.2 申报材料

对品种比较试验、区域性试验、生产性试验报告等技术内容的真实性、完整性、科学性进行审查。

5.3.3 品种试验方案

试验地点选择、对照品种确定、试验设计与实施、采收与测产，按NY/T 2668.19的规定进行审查。

5.3.4 品种试验结果

对申请品种的植物学特征、农艺性状、主要经济性状(包括品质、丰产性等)和生产技术要点，以及结果的完整性、真实性、准确性等进行审查。

5.3.5 初审意见

依据5.3.1、5.3.2、5.3.3、5.3.4的审查情况，结合现场鉴评结果，对申请品种进行综合评价，提出初审意见。

5.4 终审

对申报材料、现场鉴评综合评价结果、初审结果进行综合评价，提出终审意见，并进行无记名投票表决，赞成票超过与会专家总数2/3以上，通过审定。

附 录 A
（规范性）
草果品种审定现场鉴评内容

A.1 观测项目

见表A.1。

表A.1 观测项目

内容	观测记载项目
基本情况	地点、经纬度、海拔、坡向、气候特点、土壤类型、土壤肥力状况、试验点面积、种苗类型、种植密度、种植时期、定植年限、管理水平等
主要植物学特征及农艺性状	株高、茎秆数、果穗数、果穗长、果穗宽、果穗重、单穗果实数、果实颜色、果实形状、果皮光滑度、果脐形态、鲜果长、鲜果宽、鲜果百粒重、干果长、干果宽、干果百粒重、坐果率、折干率、种子团占果实比重等
丰产性	单丛产量、亩产量
品质性状	挥发油含量
其他	病虫害等发生情况

A.2 观测方法

A.2.1 基本情况

A.2.1.1 试验地概况

主要包括地点、经纬度、海拔、坡向、气候特点、土壤类型、土壤肥力状况、试验点面积等。

A.2.1.2 种苗类型

分为实生苗、分株苗和组培苗。

A.2.1.3 定植时间

申请品种和对照品种的定植时间。

A.2.1.4 种植密度

测量试验小区试验植株种植的株距和行距，精确到0.1 m。根据测量的株行距计算种植密度，精确到1株/亩。

A.2.1.5 管理水平

根据试验地管理情况判断管理水平，包括精细、中等、粗放。

A.2.2 主要植物学特征及农艺性状

按照NY/T 2668.19的规定执行。对株高、茎秆数、果穗数、果穗长、果穗宽、果穗重、单穗果实数、果实颜色、果实形状、果皮光滑度、果脐形态、鲜果长、鲜果宽、鲜果百粒重、干果长、干果宽、干果百粒重、坐果率、折干率、种子团占果实比重等进行评价。

A.2.3 丰产性

A.2.3.1 单丛产量

按照NY/T 2668.19的规定执行。

A.2.3.2 亩产量

根据单丛草果产量和A.2.1.4结果计算亩产，精确到0.1 kg。

A.2.4 品质性状

按照 NY/T 2668.19 的规定执行，对草果的挥发油含量进行测定。

A.2.5 其他

可根据小区内发生的病害、虫害、寒害等具体情况加以记载。

附　录　B
（规范性）
草果品种审定现场鉴评记录表

草果品种现场鉴评记录表见表 B.1。

表 B.1　草果品种现场鉴评记录表

鉴评日期：__________ 年______月______日

基本情况：______________省___________市(区、县)___________镇(乡)___________村

经度：___________________　　纬度：___________________　　海拔：_________________

坡向：_________________　　　　　　　　　　　土壤类型：_________________

测试项目	申请品种							对照品种(系)						
品种名称														
管理水平	1. 精细；2. 中等；3. 粗放													
种苗类型	1. 实生苗；2. 分株苗；3. 组培苗							1. 实生苗；2. 分株苗；3. 组培苗						
试验点面积，亩														
种植密度，株/亩														
定植时期														
种植年限，年														
株　势	1. 强；2. 中；3. 弱							1. 强；2. 中；3. 弱						
果实形状	1. 马奶形；2. 纺锤形；3. 椭圆形；4. 卵形；5. 球形							1. 马奶形；2. 纺锤形；3. 椭圆形；4. 卵形；5. 球形						
果实颜色	1. 浅棕色；2. 棕黄色；3. 棕绿色；4. 红色；5. 深红色；6. 暗红色							1. 浅棕色；2. 棕黄色；3. 棕绿色；4. 红色；5. 深红色；6. 暗红色						
果皮光滑度														
果脐形态														
丛　号	1	2	3	4	5	…	平均	1	2	3	4	5	…	平均
株高，m														
茎秆数，个														
果穗数，个														
果穗长，cm														
果穗宽，cm														
果穗重，g														
单穗果实数，个														
鲜果长，cm														
鲜果宽，cm														
鲜果百粒重，g														
干果长，cm														
干果宽，cm														
干果百粒重，g														
坐果率，%														
折干率，%														
种子团占果实比重，%														
单丛产量，kg														
折亩产量，kg														
挥发油，%														
其　他														
专家组签名	组长：					成员：								

注 1：抽取方式：随机抽取。

注 2：根据测产单丛的均鲜果重及亩定植丛数计算亩产量。

参 考 文 献

［1］ 农业农村部．农业植物品种命名规定．2022-01-21

［2］ 国家药典委员会．中华人民共和国药典 2020 年版 一部[M]．北京:中国医药科技出版社,2020:250

ICS 67.080.10
CCS B 31

NY

中华人民共和国农业行业标准

NY/T 2668.18—2022

热带作物品种试验技术规程 第18部分：莲雾

Regulations for the variety tests of tropical crops—Part 18:Wax apple

2022-11-11 发布 2023-03-01 实施

中华人民共和国农业农村部 发布

前　言

本文件按照 GB/T 1.1—2020《标准化工作导则　第 1 部分:标准化文件的结构和起草规则》的规定起草。

本文件是 NY/T 2668《热带作物品种试验技术规程》的第 18 部分。NY/T 2668 已经发布了以下部分:

——第 1 部分:橡胶树;

——第 2 部分:香蕉;

——第 3 部分:荔枝;

——第 4 部分:龙眼;

——第 5 部分:咖啡;

——第 6 部分:芒果;

——第 7 部分:澳洲坚果;

——第 8 部分:菠萝;

——第 9 部分:枇杷;

——第 10 部分:番木瓜;

——第 11 部分:胡椒;

——第 12 部分:椰子;

——第 13 部分:木菠萝;

——第 14 部分:剑麻;

——第 15 部分:槟榔;

——第 16 部分:橄榄;

——第 17 部分:毛叶枣;

——第 18 部分:莲雾;

——第 19 部分:草果。

请注意本文件的某些内容有可能涉及专利。本文件的发布机构不承担识别专利的责任。

本文件由农业农村部农垦局提出。

本文件由农业农村部热带作物及制品标准化技术委员会归口。

本文件起草单位:福建省农业科学院果树研究所、福建省农科院科技开发总公司、中国农垦经济发展中心。

本文件主要起草人:魏秀清、许家辉、许玲、章希娟、孙娟、郑红裕、李亮、池丽丽。

热带作物品种试验技术规程　第18部分：莲雾

1　范围

本文件规定了莲雾[*Syzygium samarangense*（Bl.）Merr. et Perry]的品种比较试验、区域性试验和生产性试验的方法。

本文件适用于莲雾品种试验。

2　规范性引用文件

下列文件中的内容通过文中的规范性引用而构成本文件必不可少的条款。其中，注日期的引用文件，仅该日期对应的版本适用于本文件；不注日期的引用文件，其最新版本（包括所有的修改单）适用于本文件。

GB/T 8321（所有部分）　农药合理使用准则

NY/T 1276　农药安全使用规范　总则

NY/T 3327　莲雾　种苗

NY/T 3810　热带作物种质资源描述规范　莲雾

3　品种比较试验

3.1　试验点的选择

试验地点应能代表所属生态类型区的气候、土壤、栽培条件和生产水平；选择光照充足、土壤肥力一致、排灌方便或排灌设施齐全的地块。

3.2　对照品种确定

对照品种应是与申请品种成熟期接近，且是已登记或审（认）定的品种，或生产上公知公用的品种（系），或育种目标性状上表现最突出的现有品种（系）。对照品种和申请品种的繁殖方式应保持一致，苗木质量应符合 NY/T 3327 的要求。

3.3　试验设计与实施

采用完全随机设计或随机区组设计，重复数≥3 次。单个重复每个品种≥5 株，株距 4 m～6 m、行距 4 m～6 m。同类型申请品种、对照品种作为同一组别，安排在同一区组内。同一组别不同试验点的栽培措施应一致。同一试验的每一项田间操作应在同一时间段内完成。试验年限≥2 个生产周期。

3.4　采收与测产

当果实成熟度达到要求，及时采收。每个品种逐株测量产量，根据采收株数的平均单株产量乘以单位面积种植株数推算单位面积产量。

3.5　观测记载与鉴定评价

按照附录 A 的规定执行。

3.6　试验总结

对试验品种的质量性状进行描述，对数量性状如果实大小、产量等观测数据进行统计分析，并按照附录 B 撰写品种比较年度报告和总结报告。

4　品种区域性试验

4.1　试验点的选择

满足 3.1 要求。根据不同品种的适应性，在≥2 个省（自治区、直辖市）的不同生态区域设置≥3 个试验点。

4.2 试验品种确定

满足 3.2 的要求。根据试验需求可增加对照品种。

4.3 试验设计

采用随机区组排列，重复数≥3 次；小区内每个品种≥5 株。试验年限自正常开花结果起≥2 个生产周期。

4.4 试验实施

4.4.1 定植时间及苗木要求

在适宜时期定植。同一组别同一试验点的繁殖方式和种植时期应一致。苗木质量应符合 NY/T 3327 的要求。

4.4.2 种植密度

株距 4 m～6 m、行距 4 m～6 m。同一组别同一试验点的种植密度应一致。

4.4.3 田间管理

种植或高接后检查成活率，及时补苗或补接。果实发育期间不应使用各种植物生长调节剂。在进行田间操作时，同一组别同一试验点的各项管理措施应及时、一致。试验过程中应及时对试验植株、果实等进行防护。

4.4.4 病虫害防治

应及时对田间病虫害进行防治，使用农药应符合 GB/T 8321 和 NY/T 1276 的要求。若进行抗病、抗虫等目标性状的区域性试验，则不应对相应病害或虫害等进行防治。

4.4.5 采收与测产

当果实成熟度达到要求，应及时采收。同一试验点中，同一组别应在同一天完成。每个品种每个小区随机测产≥3 株，根据平均单株产量折算单位面积产量。

4.5 观测记载与鉴定评价

按照附录 A 的规定执行。主要品质指标由具有资质的专业机构进行检测。

4.6 试验总结

对试验数据进行统计分析及综合评价，对产量等进行方差分析和多重比较，并参照规范性附录 B 撰写区域性年度报告和试验报告。

5 品种生产性试验

5.1 试验点的选择

满足 4.1 的要求。

5.2 试验品种确定

满足 4.2 的要求。

5.3 试验设计

一个试验点的种植面积≥2 亩；采用随机排列，每个品种≥30 株，株距 4 m～6 m、行距 4 m～6 m。根据不同品种的适应性，在≥2 个省（自治区、直辖市）的不同生态区域设置≥3 个试验点。试验年限自正常开花结果起≥2 个生产周期。

5.4 试验实施

5.4.1 田间管理

按照 4.4.3 的规定执行。

5.4.2 采收与测产

按照 4.4.5 的规定执行。

5.5 观测记载与鉴定评价

按照 4.5 的规定执行。

5.6 试验总结

对试验数据进行统计分析及综合评价,对产量等进行方差分析和多重比较,并总结出生产技术要点。按照附录B的规定撰写品种生产性试验年度报告和总结报告。

附 录 A
(规范性)
莲雾品种试验观测项目与记载标准

A.1 基本情况

A.1.1 试验点概况

主要包括地理位置(经纬度)、海拔、坡度、坡向、面积、土壤类型等情况。

A.1.2 气象资料

主要包括年均温、年总积温、年降水量、日照时数、无霜期、极端最高气温、极端最低气温以及灾害天气等。

A.1.3 繁殖情况

主要包括嫁接、高压、扦插、高接换种等方式及时间等。

A.1.4 定植

A.1.4.1 定植时间:植株定植的日期。以“年月日”表示,记录格式为“YYYYMMDD”。

A.1.4.2 种植密度:测量小区内种植的株距和行距,计算种植密度,精确到株/亩。

A.1.5 田间管理情况

包括修剪、疏花疏果、除草、灌溉、施肥、病虫害防治等。

A.2 莲雾品种试验田间观测项目和记载标准

A.2.1 田间观测项目

见表 A.1。

表 A.1 田间观测项目

内容	记载项目
植物学特征	树形、冠幅、树高、干周、幼叶颜色、叶形、叶片长度、叶片宽度、叶形指数、花朵直径、花瓣形状、花柱长度、果实形状、果皮颜色、果肉颜色、果面棱起、萼片姿态、萼片颜色、萼孔状态、果实纵径、果实横径、果实侧径、萼洼横径、萼洼侧径、萼洼深度、种子数量、无籽果比例
农艺性状	抽梢期、成花性能、初花期、盛花期、谢花期、花期、果实成熟期、单果重
品质性状	海绵状组织大小、空腔、果肉质地、汁液、风味、香气、裂果率、可溶性固形物含量、可溶性糖含量
丰产性	单株产量、单位面积产量
其他	抗寒性、抗病性、抗虫性等

A.2.2 观测方法

A.2.2.1 植物学特征

A.2.2.1.1 冠幅

每小区选取生长正常的植株≥3 株,测量植株树冠东西向、南北向的宽度。取平均值,精确到 0.1 m。

A.2.2.1.2 树高

用 A.2.2.1.1 的样本,测量植株高度。取平均值,精确到 0.1 m。

A.2.2.1.3 干周

用 A.2.2.1.1 的样本,测量植株主干离地 20 cm 处的植株主干的周长,取平均值,精确到 0.1 cm。

A.2.2.1.4 其他植物学特征

按 NY/T 3810 的规定执行。

A.2.2.2 农艺性状

按 NY/T 3810 的规定执行。

A.2.2.3 品质性状

按 NY/T 3810 的规定执行。

A.2.2.4 丰产性

A.2.2.4.1 单株产量

果实成熟时，每小区随机选取生长正常的植株，采摘全树果实，称量果实总重量。精确到 0.1 kg。

A.2.2.4.2 单位面积产量

根据单株产量和种植密度折算单位面积产量，精确到 0.1 kg。

A.2.2.5 其他

根据小区内病害、虫害、寒害等的发生情况加以记载。

A.2.3 记载项目

A.2.3.1 莲雾品种比较试验田间观测记载项目

见表 A.2。

表 A.2 莲雾品种比较试验田间观测项目记载表

观测项目		申请品种	对照品种	备注
植物学特征	树形			
	冠幅，m			
	树高，m			
	干周，cm			
	幼叶颜色			
	叶形			
	叶片长度，cm			
	叶片宽度，cm			
	花朵直径，cm			
	花瓣形状			
	花柱长度，mm			
	果实形状			
	果皮颜色			
	果肉颜色			
	果面棱起			
	萼片姿态			
	萼片颜色			
	萼孔状态			
	果实纵径，cm			
	果实横径，cm			
	果实侧径，cm			
	萼洼横径，cm			
	萼洼侧径，cm			
	萼洼深度，cm			
	种子数量，粒			
	无籽果比例，%			
农艺性状	抽梢期(梢次)，YYYYMMDD			
	成花性能			
	初花期，YYYYMMDD			
	盛花期，YYYYMMDD			
	谢花期，YYYYMMDD			
	花期，d			
	果实成熟期，YYYYMMDD			
	单果重，g			

表 A.2 （续）

观测项目		申请品种	对照品种	备注
品质性状	海绵状组织大小			
	空腔			
	果肉质地			
	汁液			
	风味			
	香气			
	裂果率,%			
	可溶性固形物含量,%			
	可溶性糖含量,%			
丰产性	株产,kg			
	亩产,kg			
其他	抗寒性			
	抗病性			
	抗虫性			

A.2.3.2 莲雾品种区域性试验及生产性试验观测项目

见表 A.3。

表 A.3 莲雾品种区域性试验及生产性试验观测项目记载表

观测项目		申请品种	对照品种	备注
植物学特征	树形			
	冠幅,m			
	树高,m			
	干周,cm			
	果实形状			
	果皮颜色			
	果肉颜色			
	果面棱起			
	萼片姿态			
	萼片颜色			
	萼孔状态			
	果实纵径,cm			
	果实横径,cm			
	果实侧径,cm			
	萼洼横径,cm			
	萼洼侧径,cm			
	萼洼深度,cm			
	种子数量,粒			
	无籽果比例,%			
农艺性状	抽梢期(梢次),YYYYMMDD			
	成花性能			
	初花期,YYYYMMDD			
	盛花期,YYYYMMDD			
	谢花期,YYYYMMDD			
	花期,d			
	果实成熟期,YYYYMMDD			
	单果重,g			

表 A.3 （续）

观测项目		申请品种	对照品种	备注
品质性状	海绵状组织大小			
	空腔			
	果肉质地			
	汁液			
	风味			
	香气			
	裂果率，%			
	可溶性固形物含量，%			
	可溶性糖含量，%			
	总酸含量，%			
丰产性	单株产量，kg			
	单位面积产量，kg			
其他	抗寒性			
	抗病性			
	抗虫性			

附 录 B
（规范性）
莲雾品种试验年度报告
（ 年度）

B.1 概述

本附录给出了《莲雾品种比较试验年度报告》《莲雾品种区域性试验年度报告》《莲雾品种生产性试验年度报告》格式。

B.2 报告格式

B.2.1 封面

莲雾品种__________试验年度报告

（ 年度）

试验组别：____________________

试验地点：____________________

承担单位：____________________

试验负责人：____________________

试验执行人：____________________

通信地址：____________________

邮政编码：____________________

联系电话：____________________

电子信箱：____________________

B.2.2 气象和地理数据

纬度：________，经度：________，海拔：________ m，年降水量：________ mm，日照时数：________ h，年总积温：________℃，年均温：________℃，极端最低气温：________℃，极端最高气温：________℃，无霜期：________ d。

特殊气候及各种自然灾害对供试品种生长和产量的影响，以及补救措施：____。

B.2.3 试验地基本情况和栽培管理

B.2.3.1 基本情况

坡度：________，坡向：________，土壤类型：________。

B.2.3.2 田间设计

申请品种：________，对照品种：________，重复：________次，株距：________ m，行距：________ m，试验面积：________ m^2。

参试品种汇总表见表B.1。

表 B.1 参试品种汇总表

代号	品种名称	类型(组别)	亲本组合	选育单位	联系人与电话

B.2.3.3 栽培管理

定植或嫁接日期、方式：________________

施肥：________________

灌排水：________________

中耕除草：________________

修剪：________________

病虫草害防治：________________

其他特殊处理：________________

B.2.4 农艺性状

抽梢期：________，花期：________，果实成熟期：________。

B.2.5 植物学性状

植物学性状调查结果汇总表见表 B.2。

表 B.2 植物学性状调查结果汇总表

代号	品种名称	树形	冠幅,m	树高,m	干周,cm	单果重	
						平均,g	比增,%

B.2.6 产量性状

莲雾产量性状调查汇总表见表 B.3。

表 B.3 莲雾产量性状调查结果汇总表

代号	品种名称	重复	采收小区		单株产量 kg	单位面积产量 kg	比增,%	显著性测定	
			株距,m	行距,m				0.05	0.01
		Ⅰ							
		Ⅱ							
		Ⅲ							
		Ⅰ							
		Ⅱ							
		Ⅲ							

B.2.7 品质评价

莲雾品质评价结果汇总表见表 B.4。

表 B.4 莲雾品质评价结果汇总表

代号	品种名称	重复	果皮颜色	果肉颜色	海绵状组织大小	空腔	果肉质地	汁液	风味	香气	裂果率,%	评价等级
		Ⅰ										
		Ⅱ										
		Ⅲ										
		Ⅰ										
		Ⅱ										
		Ⅲ										
说明：品质评价至少请 5 名代表品尝评价，可采用 100 分制记录，终评划分 4 个等级：1)优、2)良、3)中、4)差。												

B.2.8 品质检测

莲雾品质检测结果汇总表见表B.5。

表B.5 莲雾品质检测结果汇总表

代号	品种名称	重复	可溶性固形物含量,%	可溶性糖含量,%
		Ⅰ		
		Ⅱ		
		Ⅲ		
		Ⅰ		
		Ⅱ		
		Ⅲ		

B.2.9 其他

莲雾抗性等性状调查结果汇总表见表B.6。

表B.6 莲雾抗性等性状调查结果汇总表

代号	品种名称	抗寒性	抗病性	抗虫性	

B.2.10 莲雾品种综合评价(包括品种特征特性、优缺点和推荐审定等)

表B.7 莲雾品种综合评价表

代号	品种名称	综合评价

B.2.11 本年度试验评述(包括试验进行情况、准确程度、存在问题等)

B.2.12 对下年度试验工作的意见和建议

B.2.13 附:________年度专家测产结果

ICS 65.020.01
CCS B 30

NY

中华人民共和国农业行业标准

NY/T 2668.19—2022

热带作物品种试验技术规程 第19部分：草果

**Regulations for variety tests of tropical crops—
Part 19: Amomum tsaoko**

2022-11-11 发布 2023-03-01 实施

中华人民共和国农业农村部 发布

前　言

本文件按照 GB/T 1.1—2020《标准化工作导则　第 1 部分：标准化文件的结构和起草规则》的规定起草。

本文件是 NY/T 2668《热带作物品种试验技术规程》的第 19 部分。NY/T 2668 已经发布了以下部分：

——第 1 部分：橡胶树；
——第 2 部分：香蕉；
——第 3 部分：荔枝；
——第 4 部分：龙眼；
——第 5 部分：咖啡；
——第 6 部分：芒果；
——第 7 部分：澳洲坚果；
——第 8 部分：菠萝；
——第 9 部分：枇杷；
——第 10 部分：番木瓜；
——第 11 部分：胡椒；
——第 12 部分：椰子；
——第 13 部分：木菠萝；
——第 14 部分：剑麻；
——第 15 部分：槟榔；
——第 16 部分：橄榄；
——第 17 部分：毛叶枣；
——第 18 部分：莲雾；
——第 19 部分：草果。

请注意本文件的某些内容可能涉及专利。本文件的发布机构不承担识别专利的责任。

本文件由农业农村部农垦局提出。

本文件由农业农村部热带作物及制品标准化技术委员会归口。

本文件起草单位：中国热带农业科学院热带作物品种资源研究所、云南省农业科学院药用植物研究所、云南省高原特色农业产业研究院、云南省农业科学院热带亚热带经济作物研究所、怒江绿色香料产业研究院。

本文件主要起草人：于福来、杨绍兵、王祝年、张金渝、王清隆、黄梅、陈振夏、沈绍斌、范源洪、杨毅、余少洪、胡剑。

热带作物品种试验技术规程　第19部分:草果

1　范围

本文件规定了草果(*Amomum tsaoko* Crevost et Lemarie)品种比较试验、品种区域试验和品种生产试验的技术要求。

本文件适用于草果品种试验。

2　规范性引用文件

下列文件中的内容通过文中的规范性引用而构成本文件必不可少的条款。其中,注日期的引用文件,仅该日期对应的版本适用于本文件;不注日期的引用文件,其最新版本(包括所有的修改单)适用于本文件。

GB/Z 38764—2020　精准扶贫　中药材草果产业项目运营管理规范

3　品种比较试验

3.1　试验地点选择

试验地点应能代表所属生态类型区的气候、土壤、栽培条件和生产水平,无病虫害发生区等。

3.2　对照品种确定

对照品种应是栽培类型相同、当地已登记或审(认)定的品种,或当地生产上公知公用的品种,或在育种目标性状上表现最突出的现有品种。

3.3　试验设计与实施

试验采用随机区组设计,重复≥3 次,每个小区每个品种(系)≥10 株。栽培与管理按照 GB/Z 38764—2020 附录 A 的规定执行。单株(丛)数据分别记载,试验年限应连续观测≥2 个生产周期;试验区内各项管理措施要求及时、一致;同一试验的每一项田间操作宜在同一天内完成。

3.4　采收与测产

当果实成熟度达到要求,及时采收,每个小区逐丛测产,统计单丛产量,并折算亩产量。采收和产地初加工方法按照 GB/Z 38764—2020 附录 A 的规定执行。

3.5　观察记录与鉴定评价

按附录 A 的规定执行。

3.6　试验总结

对试验品种(系)的质量性状进行描述,对产量等重要数量性状观测数据进行统计分析,撰写品种比较试验报告。

4　品种区域试验

4.1　试验地点选择

根据不同品种(系)的适应性,在≥2 个不同生态气候区域设置≥3 个试验点。试验点同时满足 3.1 的要求。

4.2　对照品种确定

满足 3.2 的要求,根据试验需要可增加对照品种。

4.3　试验设计

试验采用随机区组设计,重复≥3 次,每个小区每个品种(系)≥30 株。根据土壤肥力、生产条件、品种特性及栽培要求确定种植密度,同一组别不同试验点的种植密度应一致,按照 GB/Z 38764—2020 附录

A 的规定执行。试验年限应连续观测≥2 个生产周期。同一试验的每一项田间操作宜在同一天内完成。

4.4 试验实施

按照 GB/Z 38764—2020 附录 A 的规定执行。

4.5 采收与测产

当果实成熟度达到要求,应及时采收,每个小区随机选取正常植株≥10 丛,采收全部果实测产,统计单丛产量,并折算亩产量。采收和产地初加工方法按照 GB/Z 38764—2020 附录 A 的规定执行。

4.6 观察记录与鉴定评价

按附录 A 的规定执行。主要品质指标由具有资质的检测机构检测。

4.7 试验总结

对试验品种(系)的质量性状进行描述,对产量等重要数量性状观测数据进行统计分析,并按附录 B 撰写年度报告。

5 品种生产试验

5.1 试验地点选择

满足 4.1 的要求。

5.2 对照品种确定

满足 4.2 的要求。

5.3 试验设计

采用随机区组试验或对比试验,每个试验点≥3 个重复,每个参试品种每个重复面积≥1 亩。其他按 4.3 的规定执行。

5.4 试验实施

按 4.4 的规定执行。

5.5 采收与测产

按 4.5 的规定执行。

5.6 观察记录与鉴定评价

按 4.6 的规定执行。

5.7 试验总结

对试验品种(系)的质量性状进行描述,对产量等重要数量性状观测数据进行统计分析,并总结生产技术要点,撰写生产试验报告。

附 录 A
(规范性)
草果品种试验观测项目与记载标准

A.1 基本情况

A.1.1 试验地概貌

主要包括地理位置、经纬度、地形、海拔、坡度、坡向、遮阴物、土壤类型、定植时间等。

A.1.2 气象资料

主要包括年均温、年降水量、光照时数、年平均风速、风向、无霜期、极端最高温、极端最低温以及灾害天气情况等。

A.1.3 种苗情况

种苗类型、种苗来源等。

A.1.4 田间管理情况

常规管理,包括除草、灌溉、施肥、病虫害防治等。

A.2 草果品种试验田间观测与记载项目

A.2.1 田间观测项目

田间观测项目见表 A.1。

表 A.1 田间观测项目

内容	观测记载项目
基本情况	地点、经纬度、海拔、坡向、气候特点、土壤类型、土壤肥力状况、试验点面积、种苗类型、种植密度、管理水平等
主要植物学特征及农艺性状	株高、茎秆数;花序数、花序长、花序宽、单序小花数、唇瓣颜色、雄蕊附属物;果穗数、果穗长、果穗宽、果穗重、单穗果实数、果实颜色、果实形状;果皮光滑度、果脐形态;鲜果长、鲜果宽、鲜果百粒重;干果长、干果宽、干果百粒重;坐果率、折干率、种子团占果实比重
生物学特性	初花期、盛花期、末花期;果实发育期、果实成熟期
丰产性	单丛产量、亩产量
品质性状	挥发油含量
其他	病虫害发生情况等

A.2.2 鉴定方法

A.2.2.1 植物学特征及农艺性状

A.2.2.1.1 株高

选取 6 丛植株,每丛中选取最高单株,测量从地面到植株顶部的高度,计算平均值。单位为米(m),精确到 0.1 m。

A.2.2.1.2 茎秆数

样本同 A.2.2.1.1,统计每丛植株茎秆数量,计算平均值。单位为个,精确到 1 个。

A.2.2.1.3 花序数

在盛花期,选取 6 丛植株,统计每丛植株花序数量,计算平均值。单位为个,精确到 1 个。

A.2.2.1.4 花序长

在盛花期,选取具有该种质典型特征的 10 个新开放的花序,测量从花序基部到顶端的长度,计算平均值。单位为厘米(cm),精确到 0.1 cm。

A.2.2.1.5 花序宽

样本同 A.2.2.1.4,测量花序中间部位的宽度,计算平均值。单位为厘米(cm),精确到 0.1 cm。

A.2.2.1.6 单序小花数

样本同 A.2.2.1.4,统计每个花序小花数量,计算平均值。单位为个,精确到 1 个。

A.2.2.1.7 唇瓣色带

样本同 A.2.2.1.4,用标准色卡按最大相似原则确定唇瓣色带颜色。分为:a) 浅红色带;b) 红色带;c) 深红色带;d) 其他。

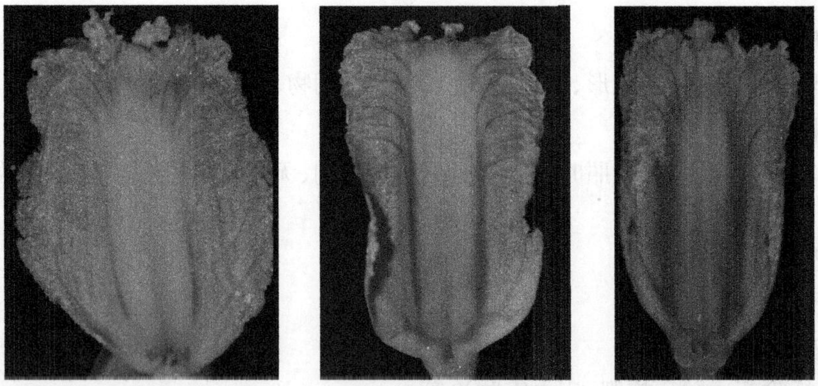

a) 浅红色带　b) 红色带　c) 深红色带

图 1 唇瓣颜色

A.2.2.1.8 雄蕊附属物

样本同 A.2.2.1.4,参考图 2 以最大相似原则确定雄蕊附属物形状。分为:a) 全缘;b) 浅裂;c) 深裂。

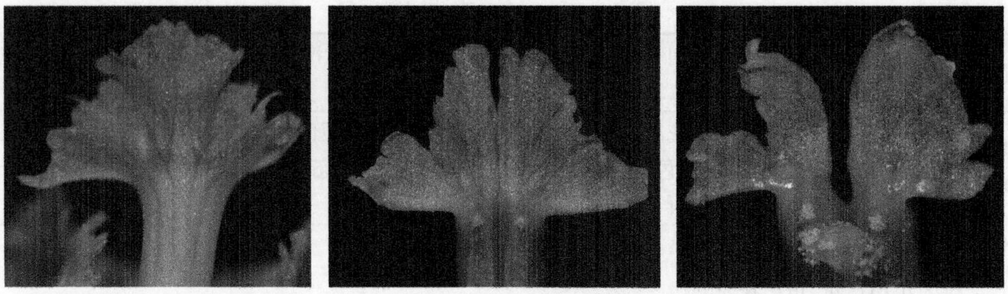

a) 全缘　b) 浅裂　c) 深裂

图 2 雄蕊附属物

A.2.2.1.9 果穗数

在果实成熟期,选取 6 丛植株,统计每丛植株单穗果实 5 粒以上的果穗数量,计算平均值。单位为个,精确到 1 个。

A.2.2.1.10 果穗长

在果实成熟期,选取具有该种质典型特征的 10 个果穗,测量从果穗基部到顶端的长度,计算平均值。单位为厘米(cm),精确到 0.1 cm。

A.2.2.1.11 果穗宽

样本同 A.2.2.1.10,测量果穗中间部位的宽度,计算平均值。单位为厘米(cm),精确到 0.1 cm。

A.2.2.1.12 果穗重

样本同 A.2.2.1.10,测量果穗鲜重,计算平均值。单位为克(g),精确到 1 g。

A.2.2.1.13 单穗果实数

样本同 A.2.2.1.10,统计每个果穗果实数量,计算平均值。单位为个,精确到 1 个。

A.2.2.1.14　果实颜色

样本同 A.2.2.1.10，选取具有该种质典型特征的 30 个果实，参考图 3 以最大相似原则确定果实颜色。分为：a)　浅棕色；b)　棕黄色；c)　棕绿色；d)　红色；e)　深红色；f)　暗红色。

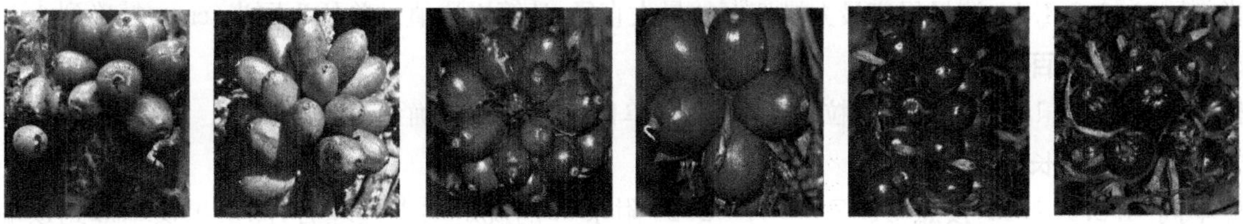

a）浅棕色　b）棕黄色　c）棕绿色　d）红色　e）深红色　f）暗红色

图 3　果实颜色

A.2.2.1.15　果实形状

样本同 A.2.2.1.14，参考图 4 以最大相似原则确定果实形状。分为：a)　马奶形；b)　纺锤形；c)　椭圆形；d)　卵形；e)　球形。

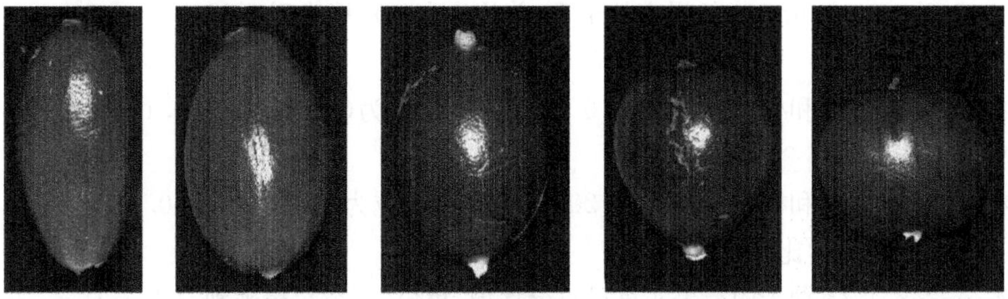

a）马奶形　b）纺锤形　c）椭圆形　d）卵形　e）球形

图 4　果实形状

A.2.2.1.16　果皮光滑度

样本同 A.2.2.1.14，参考图 5 以最大相似原则确定果皮光滑度。分为：a)　光滑；b)　有纵纹。

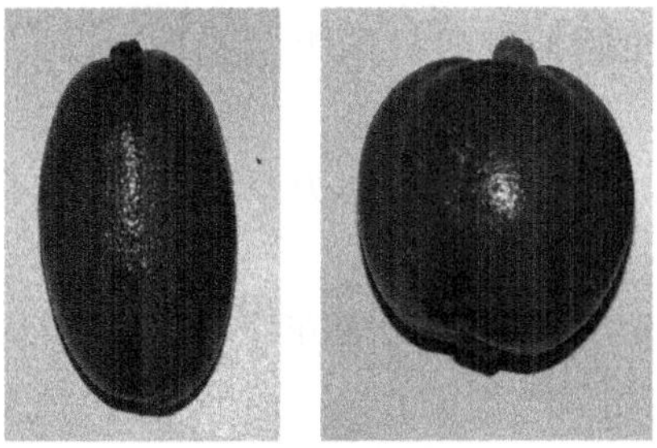

a）光滑　b）有纵纹

图 5　果皮光滑度

A.2.2.1.17　果脐形态

样本同 A.2.2.1.14，参考图 6 以最大相似原则确定果脐形态。分为：a)　凸出；b)　平齐；c)　凹陷。

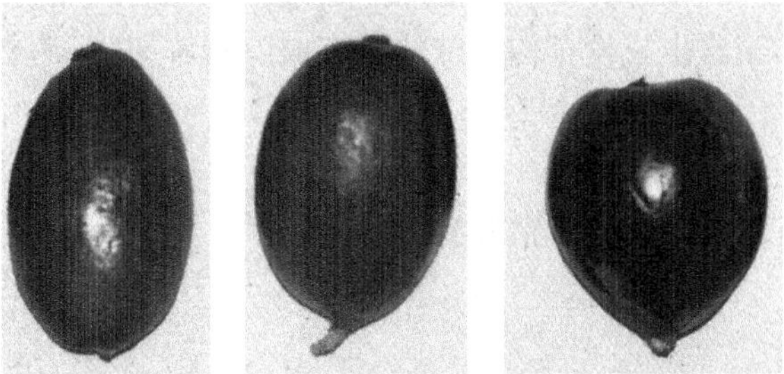

a）凸出　b）平齐　c）凹陷

图 6　果脐形态

A.2.2.1.18　鲜果长

样本同 A.2.2.1.14，测量果实基部到顶端的最大长度，计算平均值。单位为厘米(cm)，精确到 0.1 cm。

A.2.2.1.19　鲜果宽

样本同 A.2.2.1.14，测量果实最大横切面的最大直径，计算平均值。单位为厘米(cm)，精确到 0.1 cm。

A.2.2.1.20　鲜果百粒重

样本同 A.2.2.1.10，测量 100 粒果实的鲜重，单位为克(g)，精确到 1 g。

A.2.2.1.21　干果长

样本同 A.2.2.1.14，按照 GB/Z 38764—2020 附录 A 的规定烘干处理后，测量果实基部到顶端的最大长度，计算平均值。单位为厘米(cm)，精确到 0.1 cm。

A.2.2.1.22　干果宽

样本同 A.2.2.1.14，按照 GB/Z 38764—2020 附录 A 的规定烘干处理后，测量果实最大横切面的最大直径，计算平均值。单位为厘米(cm)，精确到 0.1 cm。

A.2.2.1.23　干果百粒重

样本同 A.2.2.1.10，测量 100 粒果实的干重，单位为克(g)，精确到 1 g。

A.2.2.1.24　坐果率

计算样本 A.2.2.1.13 和样本 A.2.2.1.6 百分比值，单位为(%)，精确到 0.1%。

A.2.2.1.25　折干率

计算样本 A.2.2.1.23 和样本 A.2.2.1.20 百分比值，单位为(%)，精确到 0.1%。

A.2.2.1.26　种子团占果实比重

计算样本 A.2.2.1.23 种子团与果实重量百分比值，单位为(%)，精确到 0.1%。

A.2.2.2　生物学特性

A.2.2.2.1　初花期

观察记录植株 5%以上花序开始抽出的日期为初花期。以“月日”表示，记录格式为“MMDD”。

A.2.2.2.2　盛花期

观察记录植株 50%以上花序开始抽出的日期为盛花期。以“月日”表示，记录格式为“MMDD”。

A.2.2.2.3　末花期

观察记录植株 90%以上花序开始抽出的日期为末花期。以“月日”表示，记录格式为“MMDD”。

A.2.2.2.4　果实发育期

在每丛植株上选取具有该种质典型特征的 10 个花序，观察记录从凋谢到果实成熟的时间，计算平均值。单位为天(d)，精确到 1 d。

A.2.2.2.5　果实成熟期

观察记录植株 10%的果穗成熟可采至 90%的果穗成熟可采的时间，作为果实成熟期。以“月日～月日”表示，记录格式为“MMDD～MMDD”。

A.2.2.3　丰产性

A.2.2.3.1　单丛产量

在采收期随机选取 10 丛正常生长发育的植株的所有成熟新鲜果穗，脱粒后称重，计算平均值。单位为 kg/丛，精确到 0.1 kg。

A.2.2.3.2　亩产量

根据单丛产量和种植密度计算亩产量，精确到 0.1 kg。

A.2.2.4　品质性状

A.2.2.4.1　产品风味

利用 A.2.2.3.1 获得的样本，按以下级别进行描述，以最多的选项为准。分为：

a)　一般(辛辣度一般，香气淡)；

b) 辛辣(辛辣度明显,有香气);

c) 芳香辛辣(辛辣度很明显,香气浓郁)。

A.2.2.4.2 **挥发油**

种子团挥发油含量测定方法见《中华人民共和国药典》2020年版 四部 挥发油测定法(通则2204),单位为%(mg/L)。

A.2.2.5 **其他**

根据其他具体情况加以记载。

A.2.3 **记载项目**

A.2.3.1 **草果品种比较试验田间观测记载项目**

见表A.2。

表A.2 草果品种比较试验田间观测项目记载项目表

观测项目		申请品种	对照品种	备注
植物学特征及农艺性状	株高,m			
	茎秆数,个			
	花序数,个			
	花序长,cm			
	花序宽,cm			
	单序小花数,个			
	花冠颜色			
	唇瓣颜色			
	果穗数,个			
	果穗长,cm			
	果穗宽,cm			
	果穗重,g			
	单穗果实数,个			
	果实颜色			
	果实形状			
	果皮光滑度			
	果脐形态			
	鲜果长,cm			
	鲜果宽,cm			
	鲜果百粒重,g			
	干果长,cm			
	干果宽,cm			
	干果百粒重,g			
	坐果率,%			
	折干率,%			
	种子团占果实比重,%			
生物学特性	初花期,MMDD			
	盛花期,MMDD			
	末花期,MMDD			
	果实发育期,d			
	果实成熟期,MMDD~MMDD			
丰产性	单丛产量,kg			
	亩产量,kg			
品质特性	产品风味			
	挥发油,%			
其他	抗逆性等			

A.2.3.2 草果品种区域试验及生产试验田间观测项目记录

见表 A.3。

表 A.3 草果区域试验及生产试验田间观测项目记载项目表

观测项目		申请品种	对照品种	备注
植物学特征及农艺性状	株高，m			
	茎秆数，个			
	果穗数，个			
	果穗长，cm			
	果穗宽，cm			
	果穗重，g			
	单穗果实数，个			
	果实颜色			
	果实形状			
	果皮光滑度			
	果脐形态			
	鲜果长，cm			
	鲜果宽，cm			
	鲜果百粒重，g			
	干果长，cm			
	干果宽，cm			
	干果百粒重，g			
	坐果率，%			
	折干率，%			
	种子团占果实比重，%			
生物学特性	初花期，MMDD			
	盛花期，MMDD			
	末花期，MMDD			
	果实发育期，d			
	果实成熟期，MMDD～MMDD			
丰产性	单丛产量，kg			
	亩产量，kg			
品质特性	产品风味			
	挥发油，%			
其他	抗逆性等			

附　录　B
(规范性)
草果品种比较/区域性/生产性试验年度报告

B.1　概述

本附录给出了《草果品种比较试验年度报告》《草果品种区域性试验年度报告》《草果品种生产性试验年度报告》格式。

B.2　报告格式

B.2.1　封面

草果品种________试验年度报告

(　　　年度)

试验组别:________________

试验地点:________________

承担单位:________________

试验负责人:________________

试验执行人:________________

通信地址:________________

邮政编码:________________

联系电话:________________

电子信箱:________________

B.2.2　地理与气象数据

纬度:________°________′____″,经度:________°________′____″,海拔:____ m;平均气温:________℃,最冷月平均气温:________℃,最低气温:________℃,最高气温:________℃,年降水量:________ mm。

特殊气候及各种自然灾害对供试品种生长和产量的影响,以及补救措施:________________________________

B.2.3　地理与气象数据

B.2.3.1　基本情况

坡度:________°,坡向:________,遮阴树种:________,土壤类型:________。

B.2.3.2　田间设计

参试品种:________个,对照品种:________个,重复:________次,行距:________ m,株距:________ m,种植密度:________株/亩,试验面积:________ m^2。

参试品种汇总表见表B.1。

表 B.1 参试品种汇总表

代号	品种名称	组别	亲本组合	选育单位	联系人和电话

B.2.3.3 栽培管理

种植日期和方法：________________

施肥：________________

排灌水：________________

植株管理：________________

病虫草害防治：________________

其他特殊处理：________________

B.2.4 物候期

见表 B.2。

表 B.2 草果物候期调查汇总表

调查项目	参试品种				对照品种			
	重复Ⅰ	重复Ⅱ	重复Ⅲ	平均	重复Ⅰ	重复Ⅱ	重复Ⅲ	平均
初花期，MMDD								
盛花期，MMDD								
末花期，MMDD								
果实发育期，d								
果实成熟期，MMDD～MMDD								

B.2.5 植物学特征及农艺性状

见表 B.3。

表 B.3 草果植物学特征及农艺性状调查汇总表

调查项目	参试品种				对照品种			
	重复Ⅰ	重复Ⅱ	重复Ⅲ	平均	重复Ⅰ	重复Ⅱ	重复Ⅲ	平均
株高，m								
茎秆数，个								
果穗数，个								
果穗长，cm								
果穗宽，cm								
果穗重，g								
单穗果实数，个								
果实颜色								
果实形状								
果皮光滑度								
果脐形态								
鲜果长，cm								
鲜果宽，cm								
鲜果百粒重，g								
干果长，cm								
干果宽，cm								
干果百粒重，g								
坐果率，%								
折干率，%								
种子团占果实比重，%								

B.2.6 产量性状

见表 B.4。

表 B.4 草果产量性状调查汇总表

代号	品种名称	重复	丛产 kg	折亩产 kg	比增 %	显著性检验
		Ⅰ				
		Ⅱ				
		Ⅲ				
		Ⅰ				
		Ⅱ				
		Ⅲ				

B.2.7 品质检测

见表 B.5。

表 B.5 草果品质检测结果汇总表

代号	品种名称	重复	挥发油 %
		Ⅰ	
		Ⅱ	
		Ⅲ	
		Ⅰ	
		Ⅱ	
		Ⅲ	

B.2.8 其他特征特性

B.2.9 品种综合评价(包括品种特征特性、优缺点和推荐审定等)

见表 B.6。

表 B.6 草果品种综合评价表

代号	品种名称	综合评价

B.2.10 本年度试验评述(包括试验进行情况、准确程度、存在问题等)

B.2.11 对下年度试验工作的意见和建议

B.2.12 附:__________年度专家测产结果

参 考 文 献

[1] 国家药典委员会. 中华人民共和国药典 2020 年版 四部[M]. 北京:中国医药科技出版社,2020:233

ICS 65.060.01
CCS B 90

NY

中华人民共和国农业行业标准

NY/T 4073—2022

结球甘蓝机械化生产技术规程

Technical code of practice for mechanized production of cabbage

2022-07-11 发布　　　　2022-10-01 实施

中华人民共和国农业农村部　发布

前　言

本文件按照 GB/T 1.1—2020《标准化工作导则　第 1 部分:标准化文件的结构和起草规则》的规定起草。

请注意本文件的某些内容可能涉及专利。本文件的发布机构不承担识别专利的责任。

本文件由农业农村部种植业管理司提出并归口。

本文件起草单位:江苏省农业科学院、北京市农业机械试验鉴定推广站、农业农村部南京农业机械化研究所、成都市农林科学院、武汉市农业科学院、江苏省苏农科技术转移中心有限公司、吉福瑞农业机械成都有限公司。

本文件主要起草人：唐玉新、赵景文、陈永生、孙聪、万勇、刘志凌、周锟、王士林、李治国、曹凯、高庆生、史志明、杜铮、陆岱鹏、管春松、李凯、吴翠南、徐陶。

结球甘蓝机械化生产技术规程

1 范围

本文件规定了结球甘蓝机械化生产中的术语和定义、基本要求、耕整地、播种育苗、移栽、田间管理、采收、田园清洁、生产记录等内容。

本文件适用于结球甘蓝机械化生产。青花菜、花椰菜等甘蓝类蔬菜可参考使用。

2 规范性引用文件

下列文件中的内容通过文中的规范性引用而构成本文件必不可少的条款。其中,注日期的引用文件,仅该日期对应的版本适用于本文件;不注日期的引用文件,其最新版本(包括所有的修改单)适用于本文件。

GB 10395.1　农林机械　安全　第1部分:总则

GB 10395.9　农林机械　安全　第9部分:播种机械

GB 13735　聚乙烯吹塑农用地面覆盖薄膜

JB/T 10291　旱地栽植机械

NY/T 496　肥料合理使用准则　通则

NY/T 650　喷雾机(器)　作业质量

NY/T 985　根茬粉碎还田机　作业质量

NY/T 986　铺膜机　作业质量

NY/T 1227　残地膜回收机　作业质量

NY/T 1276　农药安全使用规范　总则

NY/T 2118　蔬菜育苗基质

NY/T 2119　蔬菜穴盘育苗　通则

NY/T 2442　蔬菜集约化育苗场建设标准

NY/T 2623　高效灌溉施肥技术规范

NY/T 3486　蔬菜移栽机　作业质量

3 术语和定义

NY/T 3486 和 JB/T 10291 界定的以及下列术语和定义适用于本文件。

3.1

根冠比　root-top ratio

秧苗地下部分根系与地上部分茎叶干重的比值。

3.2

散坨率　substrate dispersion rate

供试基质钵苗或切块秧苗由 60 cm 高处释放,自由落体至符合机械移栽条件的地面,收集秧苗重量,该重量与原秧苗重量比小于 80%的植株为散坨株数,散坨率为散坨株数与供试总数的百分比。

3.3

起垄碎土率　rate of soil pulverization for ridging

在规定的单位体积耕层内,长边小于或等于 2 cm 的土块重量占总土壤重量的百分比。

3.4

垄面平整度　planeness of ridge surface

起垄作业后，垄顶面相对水平基准面的起伏程度。

3.5

垄体直线度　straightness of ridge

起垄作业后，垄体中心与基准线距离标准差的平均值。

3.6

破损数　number of broken cabbage

在收获过程中，采收的叶球被切割、切碎部分超过整体体积的 1/5，失去原有商品价值的叶球个数。

3.7

损伤数　number of damage cabbage

在收获过程中，采收的叶球完整，但由于机械挤压、碰撞等原因造成叶球受损，失去原有商品价值的叶球个数。

3.8

采净率　ratio of harvesting

通过机械收获作业后，采收获得的达标叶球个数占测区内总达标叶球个数的百分比。

3.9

破损率　percentage of broken

在收获作业后，机械采收的破损叶球个数占总达标叶球个数的百分比。

3.10

损伤率　percentage of damage

在收获作业后，机械采收的损伤叶球个数占总达标叶球个数的百分比。

4　基本要求

4.1　品种

4.1.1　选用适应性好、丰产优质、抗病性高、抗逆性强且适宜机械化作业的品种。

4.1.2　种子经国家相关部门登记，发芽率不低于 98%，宜选用经过消毒处理和健康检测的种子。

4.2　地块

4.2.1　宜选择地势平坦、设施完善、农电配套、土壤肥沃、抗灾能力强、排灌方便，且集中连片、具一定规模、适宜机械化作业的地块。

4.2.2　地块应留有适当的地头长度保证转弯作业空间。

4.3　机具

4.3.1　机具性能应满足当地生产农艺要求，机具应符合相关产品标准，安全要求应符合 GB 10395.1、GB 10395.9的要求，并适应当地生产工艺、环境条件和设施条件要求，机具处于完好状态。

4.3.2　在耕整地、移栽、田间管理、采收、田园清洁等机械化作业环节中，依据当地生产农艺要求及作业质量要求合理选型作业机具，并按照机具大小、作业速度、工作负荷等合理配套动力机械或自走式机具。

4.3.3　在耕整地、移栽、田间管理、采收等机械化生产环节中，应选行距、工作幅宽相匹配的机具。

4.4　人员

4.4.1　机具操作者应经过专业培训合格后持证上岗，严格按照机具使用说明书操作规程进行调整、作业和维护，操作者应严格遵守安全规则；作业人员应具备基本的作业和安全常识，熟悉相关农艺要求。

4.4.2　作业前应按照农艺要求和作业模式进行机具调试和试运行，作业质量达到规定的要求。

4.4.3　根据作业地块形状和大小、设施跨度，合理规划作业路线，提高作业直线度，减少空驶行程。

4.4.4　作业时，应保持匀速行驶，避免中途停机。操作者应随时观察机具作业状态，如有异常应停机检查并排除故障。

4.4.5　作业后，应按照使用说明书要求对机具进行全面检查、清洁和保养，并及时入库。

5 耕整地

5.1 深耕(松)

每隔2年或3年进行1次深耕或深松,耕深宜为25 cm～30 cm,对于土层较浅的地块,可逐年增加耕层深度。

5.2 灭茬

根茬粉碎还田应符合NY/T 985的要求。根茬及植株残体粉碎还田后,可按还田秸秆量的0.5%～1%增施氮肥或适量腐熟剂,如连茬进行甘蓝类蔬菜种植作业,可增施适宜的土壤消毒剂。底肥应进行深施,可采用先撒肥后耕翻或边耕边施肥的方式,肥料撒施应均匀,施肥量应符合当地农艺要求。

5.3 旋耕

旋耕耕深应不小于8 cm,旋耕作业应不重耕、漏耕,地表杂草、残茬覆盖率不高于15%,耕后地表平整、墒沟少,地头地边齐整。

5.4 起垄

采用起垄作业方式时,垄宽和垄高应与移栽机相适应,垄形平整,垄表面土壤细化度高且上实下松,垄沟回土、浮土少;20 m作业长度内,垄体直线度不大于10 cm;垄面平整度小于2 cm;土壤质地为沙土时碎土率大于85%,土壤质地为壤土和黏土时碎土率大于75%。作畦作业方式参照执行。

5.5 覆膜

地膜应符合GB 13735的要求,膜宽根据垄(畦)型合理选择。铺膜机作业质量应符合NY/T 986的要求。

6 播种育苗

6.1 播种

可采用精量育苗播种机或育苗播种流水线播种,播种应保证每穴1粒,单粒率不低于97%,空穴率不大于2%,播种深度0.5 cm～1 cm,覆土厚度0.5 cm～1 cm。

6.2 育苗

6.2.1 育苗设施应符合NY/T 2442的要求。

6.2.2 育苗基质应符合NY/T 2118的要求。

6.2.3 根据移栽环节机具的要求采用穴盘育苗,可采用72孔或128孔PVC穴盘,单穴盘重量大于100 g,育苗方法符合NY/T 2119的要求,基质块育苗可参照执行。

6.3 秧苗要求

6.3.1 秧苗外观要求子叶完整、叶色深绿、茎秆粗壮、株型紧凑、秧苗生长整齐、根系发达且盘根性好、无病虫害。

6.3.2 秧苗质量要求苗高6 cm～12 cm、真叶数4片～5片、苗冠直径3 cm～6 cm、根冠比0.11～0.30、散坨率小于5%。

7 移栽

7.1 定植密度

以当地栽种密度为基准确定机械化定植密度。根据收获机型选择合适的行距,宜采用垄(畦)面定植,窄行距不低于30 cm,宽行距不低于40 cm,株距根据品种特性确定。早熟品种宜60 000株/hm^2～90 000株/hm^2;中熟品种宜37 500株/hm^2～45 000株/hm^2;晚熟品种宜22 500株/hm^2～30 000株/hm^2。

7.2 机具要求

根据定植方式、定植密度、采收环节等要求选用合适的移栽机具,机具性能指标应符合JB/T 10291的要求。

7.3 作业质量

漏栽率、移栽合格率、移栽深度合格率、株距变异系数、膜面穴口开孔合格率等应符合 NY/T 3486 的要求。

8 田间管理

8.1 水肥

宜采用水肥一体化技术。可采用膜下滴灌、喷灌等高效灌溉技术和装备。施肥应符合 NY/T 496 的要求。施肥作业质量应符合 NY/T 2623 的要求。

8.2 植保

按照“预防为主、综合防治”的要求，优先采用农业防治、物理防治、生物防治，必要时可采用自走式高架喷杆喷雾机或农用航空施药机械进行机械施药防治病虫害。药剂防治严格按照 NY/T 1276 的规定执行。喷雾机(器)作业质量应符合 NY/T 650 的要求。

9 采收

9.1 采收时期

根据生长情况和市场需求，在叶球大小定型后，选择适宜时间进行采收。

9.2 机具要求

宜采用收获机或田间作业平台辅助收获。选择割台参数与定植行距相适应的收获机具。

9.3 作业质量

机械收获作业质量应符合采净率大于等于 95%、破损率小于等于 5%、损伤率小于等于 5%的要求。

10 田园清洁

将残留甘蓝植株及其他植物残体及时收集与处理；可结合土地深翻，作为绿肥还田。采用地膜覆盖种植地区，应在收获后适时采用残膜回收机械回收残地膜。残地膜回收机作业质量应符合 NY/T 1227 的要求。

11 生产记录

建立机械化生产管理档案，对耕整地、播种育苗、移栽、田间管理、采收及田园清洁等各环节所采取的主要措施进行详细记录，记录应保留 2 年以上。

ICS 65.060.01
CCS B 90

NY

中华人民共和国农业行业标准

NY/T 4074—2022

向日葵全程机械化生产技术规范

Technical specification for mechanized production of sunflower

2022-07-11 发布　　2022-10-01 实施

中华人民共和国农业农村部　发布

前　言

本文件按照GB/T 1.1—2020《标准化工作导则　第1部分:标准化文件的结构和起草规则》的规定起草。

请注意本文件的某些内容可能涉及专利。本文件的发布机构不承担识别专利的责任。

本文件由农业农村部种植业管理司提出并归口。

本文件起草单位:内蒙古自治区农牧业科学院、巴彦淖尔市农牧业科学研究所、内蒙古邦贝利装备制造有限公司、内蒙古农业大学。

本文件主要起草人:李素萍、菅志亮、郭树春、王志强、张晓蒙、聂惠、张勇、于海峰、孙瑞芬、张艳芳、张明宇、张立华、贾文斌、牟英男、梁晨、邵盈、刘昌星。

向日葵全程机械化生产技术规范

1 范围

本文件规定了向日葵全程机械化生产中的品种、耕整地、播种、田间管理、收获等环节的技术要求。

本文件适用于北方一季作区的向日葵全程机械化生产，其他地区向日葵机械化生产可参照执行。

2 规范性引用文件

下列文件中的内容通过文中的规范性引用而构成本文件必不可少的条款。其中，注日期的引用文件，仅该日期对应的版本适用于本文件；不注日期的引用文件，其最新版本（包括所有的修改单）适用于本文件。

GB 4407.2　经济作物种子　第2部分：油料类

GB/T 8321（所有部分）　农药合理使用准则

GB 10395.6　农林拖拉机和机械　安全技术要求　第6部分：植物保护机械

GB 10395.7　农林拖拉机和机械　安全技术要求　第7部分：联合收割机、饲料和棉花收获机

NY/T 496　肥料合理使用准则　通则

NY/T 503　单粒（精密）播种机作业质量

NY/T 1143　播种机质量评价技术规范

NY/T 1276　农药安全使用规范　总则

NY/T 3885　向日葵联合收获机　质量评价技术规范

NY/T 5010　无公害农产品　种植业产地环境条件

3 术语和定义

本文件没有需要界定的术语和定义。

4 品种

应选用农业农村部登记、适宜本区域机械化种植的品种。种子质量应符合 GB 4407.2 的要求，且籽粒饱满，大小均匀一致。宜选择包衣种子，播前晒种 2 d～3 d。

5 耕整地

选择地形平坦、土层深厚、有灌水条件、3 年以上轮作且不存在上茬作物除草剂残留、适合机械作业的地块，土地选择符合 NY/T 5010 的要求。根据当地种植模式、农艺要求、土壤条件和地表残茬及秸秆覆盖状况等因素，结合秋翻、适时旋耕，达到播种要求。

6 播种

6.1 播种期

5 cm 地温稳定在 10 ℃以上、土壤含水量 60%～70%时即可播种。具体时间根据当地无霜期、品种生育期及病虫害发生规律确定。

6.2 播种量及种植密度

每公顷播种食葵 5.25 kg～6.75 kg、油葵 4.5 kg～6.0 kg。每公顷食葵保苗 16 500 株～33 000 株、油葵 38 000 株～64 000 株。

6.3 播种深度

机械播种，镇压后播深 2 cm～4 cm，播深一致。

6.4 播种方法

宽窄行种植。食葵宽行距 80 cm～90 cm,窄行距 50 cm～70 cm,株距 40 cm～50 cm;油葵宽行距 60 cm～80 cm,窄行距 40 cm～60 cm,株距 25 cm～35 cm。

6.5 机具选择

应选用精量播种机播种,机具性能指标符合 NY/T 1143 的要求。

6.6 播种质量

应符合 NY/T 503 的要求,同时单粒率≥97%,空穴率<3%。

7 田间管理

7.1 中耕除草

可在 1 对～2 对真叶期进行 3 cm 左右浅中耕除草,3 对～4 对真叶时进行 6 cm～9 cm 中耕除草,6 对～7 对真叶期进行 9 cm～12 cm 中耕除草。行间杂草除净率≥75%,行间伤苗、埋苗率<5%,中耕施肥深度 5 cm～12 cm,各行耕深、排肥量一致,稳定性好,中耕除草以不伤害向日葵的主根为宜。作业后耕层内土壤疏松,碎土率>85%。

7.2 水肥管理

根据土壤墒情,在播种前、现蕾期、开花前期、开花后期灌溉 4 次。结合第二次、第三次机械中耕进行根际追肥,施肥符合 NY/T 496 的要求。

7.3 植保

7.3.1 农艺措施

选用抗(耐)病、虫、草害品种,并配套调整播期、轮作倒茬、深松深耕、中耕除草等措施进行综合防治。

7.3.2 物理防治

选用杀虫灯、性诱剂等防治向日葵螟、草地螟等虫害。

7.3.3 化学防治

使用化学药剂对向日葵黄萎病、向日葵螟和列当等主要病虫草害进行防治,农药使用应符合 GB/T 8321 和 NY/T 1276 的要求。根据喷药量、地块大小、种植规模,选择适宜施药机具。机具应符合 GB 10395.6 的要求。根据植保机具类型、作业速度、喷头孔径和作业压力,适度调整喷头角度,确定施药量和施药方法。

8 收获

8.1 收获时间

茎秆含水率 60%～70%、花盘含水率 65%～75%、籽粒含水率 15%～25%,即茎秆变黄、中上部叶片变淡黄、花盘背面呈黄褐色、舌状花干枯或脱落、籽粒坚硬时,适时收获。

8.2 收获方式

8.2.1 机械化联合收获

采用向日葵联合收获机一次性完成葵盘收割、脱粒、清选、运输、收集空葵盘等作业。

8.2.2 分段收获

在人工割盘、插盘晾晒后,采用自走式收获机完成捡拾葵盘、脱粒、清选、运输、收集空葵盘等作业。

8.3 机具选择

选用可完成割盘、脱粒、空葵盘收集等作业工序的收获机械,机具应符合 GB 10395.7 和 NY/T 3885 的要求。

8.4 作业质量

收获质量应符合 NY/T 3885 的要求,且籽粒划伤率≤4%。

ICS 67.080.20
CCS B 38

NY

中华人民共和国农业行业标准

NY/T 4075—2022

桑黄等级规格

Grades and specifications of phellinus

2022-07-11 发布　　2022-10-01 实施

中华人民共和国农业农村部　发布

前　言

本文件按照 GB/T 1.1—2020《标准化工作导则　第 1 部分：标准化文件的结构和起草规则》的规定起草。

请注意本文件的某些内容可能涉及专利。本文件的发布机构不承担识别专利的责任。

本文件由农业农村部种植业管理司提出并归口。

本文件起草单位：中国农业科学院农业资源与农业区划研究所、浙江千济方医药科技有限公司、中国农业科学院特产研究所。

本文件主要起草人：胡清秀、陈晓华、杜芳、邹亚杰、闫梅霞、张祺、郑仲桂。

桑黄等级规格

1 范围

本文件规定了段木或代料栽培桑黄的术语和定义、要求、包装标识和储运要求。

本文件适用于人工栽培桑黄(*Sanghuangporus vaninii*)子实体干品。

2 规范性引用文件

下列文件中的内容通过文中的规范性引用而构成本文件必不可少的条款。其中,注日期的引用文件,仅该日期的版本适用于本文件;不注日期的引用文件,其最新版本(包括所有的修改单)适用于本文件。

GB/T 191　包装储运图标标志

GB 4806.7　食品接触用塑料材料及制品

GB/T 6543　瓦楞纸箱

GB 7718　预包装食品标签通则

GB/T 12728　食用菌术语

国家质量监督检验检疫总局令 2005 年第 75 号　定量包装商品计量监督管理办法

3 术语和定义

GB/T 12728 界定的以及下列术语和定义适用于本文件。

3.1

段木桑黄　sanghuang collected from cut-log cultivation

采用柞木等树种的木段为基质栽培收获的桑黄子实体。

3.2

代料桑黄　sanghuang collected from substitute cultivation

采用阔叶树木屑、麦麸等混合原料为基质栽培收获的桑黄子实体。

3.3

异种菇　macrofungal fruiting body besides *Sanghuangporus vaninii*

除桑黄以外的大型真菌子实体。

3.4

均匀度　uniformity

同批次产品最重子实体与最轻子实体重量的差异程度或单朵重量的差异程度。

3.5

霉变菇　mouldy fruiting body

表面生霉,肉眼可见绿色、灰色、白色等杂色霉块的子实体。

3.6

残缺菇　disintegrated fruiting body

部分破损的子实体。

3.7

死菇　dead fruiting body

采收前已干枯,通体黑色或黑褐色的子实体。

3.8

附着物　attachment

附着在桑黄产品中的培养料残渣、杂草、沙粒、泥土等。

4 要求

4.1 等级

4.1.1 基本要求

根据对每个级别的规定和容许误差，桑黄产品应符合下列基本要求：

——无异种菇；

——外观具有该品种固有特征；

——清洁、无肉眼可见的其他杂质、异物；

——含水量不超过13%。

4.1.2 等级划分

在符合基本要求的前提下桑黄分为特级、一级、二级。

4.1.2.1 段木桑黄

段木栽培方式收获的桑黄产品等级划分见表1，参考图片见附录A中图A.1。

表1 段木桑黄等级划分

项目	特级	一级	二级
生长年限，年	≥3	≥3	≥3
形状	菇形端正，马蹄形、扇形或贝壳形，未经形状修整，年轮分明	菇形较端正，形状较一致，年轮分明	菇型不端正，但年轮较分明
颜色	正面为黑褐色、褐色至棕黄色；腹面为浅褐色；无异色斑	正面为黑褐色、褐色至棕黄色；腹面为浅褐色；无异色斑	正面为褐色至棕黄色；腹面为浅褐色；有少量异色斑
气味	桑黄特有的气味，无异味		
单朵重，g	≥60	40～60	≤40
均匀度，g	≤20	20～30	不限定
霉变菇，%	0	<5	<10
残缺菇、破碎菇，%	0	<2	<5
畸形菇，%	<5	<30	<50
死菇，%	0	0	≤2
虫蛀菇，%	0	0	<5
附着物，%	<0.3	<0.5	<1.0

4.1.2.2 代料桑黄

代料栽培方式收获的桑黄产品等级划分见表2，参考图片见附录图A.1。

表2 代料桑黄等级划分

项目	特级	一级	二级
生长年限，年	1	1	1
形状	菇形规整，面包形或马蹄形，未经形状修整	菇形较规整，形状较一致	菇形不规整
颜色	黄色；无异色斑	黄色；无异色斑	土黄色至黄色；有少量异色斑
气味	桑黄特有的气味，无异味		
单朵重，g	≥15	≥10	不限定
均匀度，g	≤10	≤15	不限定
霉变菇，%	0	0	<5
残缺菇、破碎菇，%	0	<2	<5
畸形菇，%	0	<5	不限定
死菇，%	0	0	<1
虫蛀菇，%	0	0	<5
附着物，%	<0.3	<0.5	<1.0

4.1.3 允许误差范围

等级的允许误差范围按其质量计：

a） 特级允许有3%的产品不符合该等级的要求，但同时应符合一级的要求；

b） 一级允许有5%的产品不符合该等级的要求，但同时应符合二级的要求；

c） 二级允许有8%的产品不符合该等级的要求，但符合基本要求。

4.2 规格

4.2.1 规格划分

本文件根据按菌盖横径和纵径来划分桑黄的规格，分3种规格，规格的划分应符合表3的要求，参考图片见附录图A.2。

表3 桑黄规格

类别	大(L)	中(M)	小(S)
段木桑黄子实体纵径×横径 mm	≥130×≥60	(90～130)×(45～60)	≤90×≤45
代料桑黄子实体纵径×横径 mm	≥85×≥60	(70～85)×(35～60)	≤70×≤60
注：长为纵径，短为横径。			

4.2.2 允许误差范围

规格的允许误差范围按其质量计：

a） 大号桑黄允许有5%的产品不符合该规格的要求，但同时应符合中号的要求；

b） 中号桑黄允许有5%的产品不符合该规格的要求，但同时应符合小号的要求。

5 包装

5.1 包装要求

同一包装箱内，应为同一等级同一规格的产品，包装内的产品可视部分应具有整个包装产品的代表性。

5.2 包装方式

桑黄使用塑料袋或纸箱包装。包装体积可根据客户需求制定。

5.3 包装材质

5.3.1 塑料袋材质应符合GB 4806.7的要求，纸箱材质应符合GB 6543的要求。

5.3.2 客户对包装有特殊要求时，按合同进行包装，但包装材质不得对桑黄的品质和环境保护有任何影响。

5.4 单位包装中净含量及其允许偏差

单位包装中净含量及允许偏差应符合国家质量监督检验检疫总局令2005年第75号的要求(见表4)。

表4 桑黄单位包装中净含量及其允许偏差

净含量，kg	允许负偏差，%
<1	3.0
1～10	1.5

5.5 判定规则

5.5.1 抽样方法

散装产品以同类货物重量(kg)为基数，从不同位置随机取样，取样3份～5份，段木桑黄每份0.3 kg～0.5 kg；代料栽培每份0.2 kg～0.5 kg。

包装产品以同类货物的小包装(盒、箱)为基数，按下列整批货物件数从不同位置随机取样：

——整批货物不超过100件，取2件；

——整批货物不超过 500 件，取 3 件；

——整批货物不超过 1 000 件，取 4 件；

——整批货物超过 1 000 件，每增加 500 件(不足 500 件者按 500 件计)增取 1 件。

5.5.2 等级评定

段木桑黄或代料桑黄满足 4.1.1 基本要求的全部条款后，分别按 4.1.2.1 和 4.1.2.2 要求进行质量分级，基本要求任一条款不满足，则判定为等外品。

5.5.3 规格评定

用游标卡尺量取每个桑黄的纵径和横径，统计平均值，按 4.2.1 进行规格划分。

5.5.4 限定范围

每批受检样品质量不符合等级、大小不符合规格要求的允许误差，按所检单位的平均值计算，其值不应超过规定的限度，且任何所检单位的允许误差值不应超过规定值的 1 倍。

6 包装标识

应符合 GB/T 191 和 GB 7718 的要求，内容包括产品名称、等级、规格、产品的标准编号、生产单位及详细地址、产地、净含量和采收、包装日期。标注内容要求字迹清晰、规范、完整。

7 储运要求

应在避光、常温、阴凉干燥处储存，防虫蛀、防鼠咬；严禁与有毒、有害、有异味的物品混放。

运输过程不得与有毒有害的物品混装，不得用被有毒或其他物质污染的运输工具运载；运输时要有遮篷，防止雨淋，避免挤压。

附 录 A
(规范性)
桑黄不同等级规格

A.1 段木桑黄和代料桑黄不同等级

段木桑黄和代料桑黄不同等级见图 A.1。

等级	特 级	一 级	二 级
段木桑黄	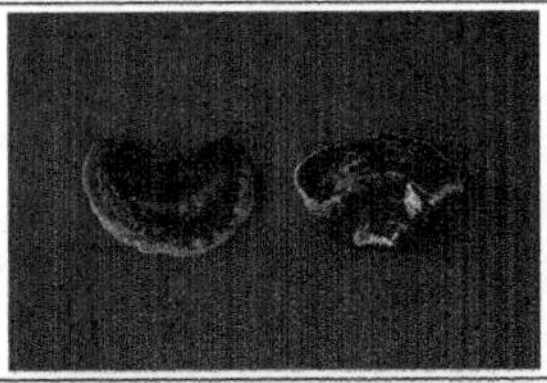	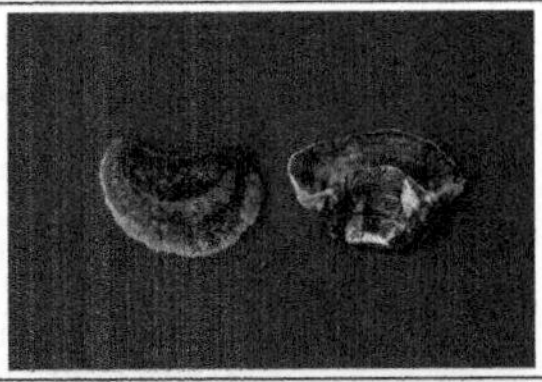	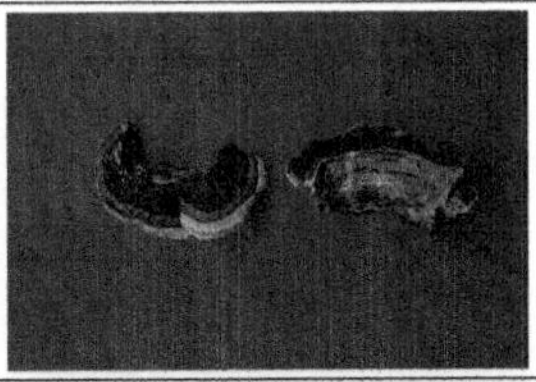
代料桑黄			

图 A.1 段木桑黄和代料桑黄不同等级

A.2 段木桑黄和代料桑黄不同规格

段木桑黄和代料桑黄不同规格见图 A.2。

规格	大(L)	中(M)	小(S)
段木桑黄	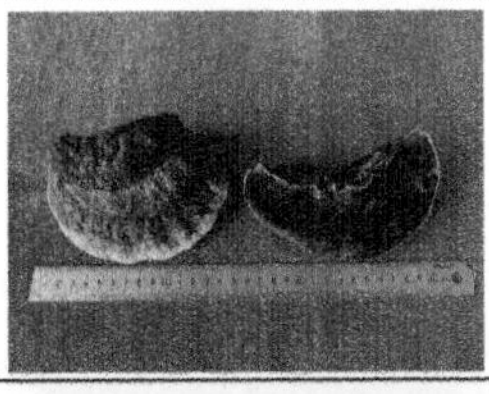	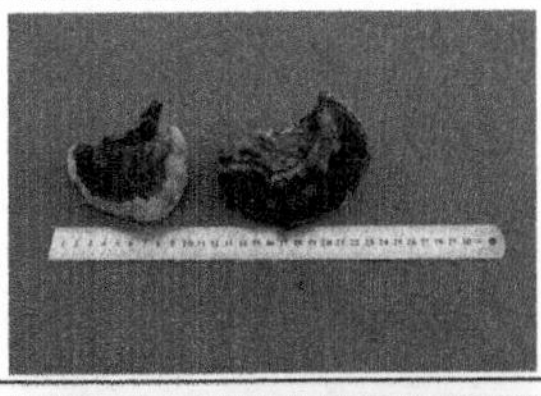	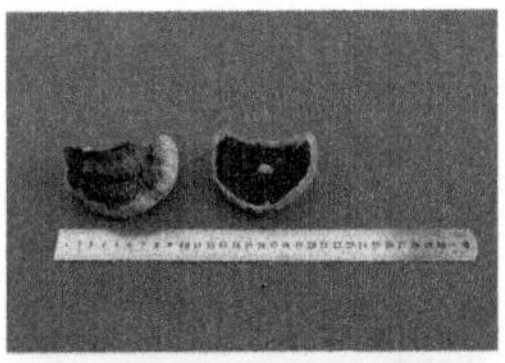
代料桑黄			

图 A.2 段木桑黄和代料桑黄不同规格

ICS 65.020.01
CCS B 10

NY

中华人民共和国农业行业标准

NY/T 4162.1—2022

稻田氮磷流失防控技术规范
第1部分：控水减排

Technical specification for nitrogen and phosphorus loss control of paddy field—
Part 1: Water level control and drainage reduction

2022-07-11 发布　　2022-10-01 实施

中华人民共和国农业农村部 发布

前　言

本文件按照GB/T 1.1—2020《标准化工作导则　第1部分：标准化文件的结构和起草规则》的规定起草。

NY/T 4162《稻田氮磷流失防控技术规范》分为以下部分：

——第1部分：控水减排；

——第2部分：控源增汇；

……

本文件为NY/T 4162的第1部分。

本文件由农业农村部科技教育司提出并归口。

本文件起草单位：中国农业科学院农业资源与农业区划研究所、北京师范大学、长江大学、湖北省农业科学院植保土肥研究所、江西省农业科学院土壤肥料与资源环境研究所、安徽农业大学、辽宁省农业科学院植物营养与环境资源研究所、中国科学院精密测量科学与技术创新研究院、云南省农业科学院农业环境资源研究所、上海交通大学、黑龙江省农业科学院土壤肥料与环境资源研究所、浙江省农业科学院环境资源与土壤肥料研究所、北京大学。

本文件主要起草人：刘宏斌、刘连华、欧阳威、朱建强、张富林、陈静蕊、范先鹏、马友华、翟丽梅、王娜、庄艳华、郝新、华玲玲、杜飞乐、潘君廷、牛世伟、徐昌旭、张亮、胡万里、李旭东、王玉峰、俞巧钢、王洪媛、周丰、吴启侠、杨书运。

稻田氮磷流失防控技术规范 第1部分:控水减排

1 范围

本文件规定了控水减排防控稻田氮磷流失的基本原则、田间工程要求、灌排技术要求。

本文件适用于通过调控田面水位减少稻田氮磷流失。

2 规范性引用文件

下列文件中的内容通过文中的规范性引用而构成本文件必不可少的条款。其中,注日期的引用文件,仅该日期对应的版本适用于本文件;不注日期的引用文件,其最新版本(包括所有的修改单)适用于本文件。

GB 50288 灌溉与排水工程设计标准

3 术语和定义

下列术语和定义适用于本文件。

3.1

控水减排 water level control and drainage reduction

在保障水稻正常生长的前提下,通过调控田面水位扩大稻田蓄水容量,减少高氮磷浓度田面水外排的技术措施。

3.2

风险期 critical period

稻田田面水中氮磷浓度高且易流失的时段。

4 基本原则

4.1 稳产减排

在保障产量的前提下,基于水稻需水特征及耐淹能力,充分发挥稻田的蓄水功能,减少氮磷流失。

4.2 重点管控

基于稻田田面水氮磷浓度及降水特征分析,重点调控风险期田面水位,节能降耗,提高管控效率。

4.3 因地制宜

根据当地劳动力资源、生产规模、经济条件和环境敏感性等,选用适宜的水位调控方法及配套设备。

5 田间工程要求

5.1 田

5.1.1 田面平整,田面高差应不超过±3 cm。

5.1.2 田埂应稳固,高度不宜低于 30 cm,顶宽宜为 30 cm~50 cm。

5.1.3 应具有独立的灌溉和排水系统,宜管灌沟排。

5.2 设备

5.2.1 田埂溢流口处宜安装可调控田面水位的排水装置。

5.2.2 排水装置宜选择手动或自动方式,自动方式应具备手动切换功能。

5.2.3 田面水位监测宜采用水位尺或水位自动监测设备。

6 灌排技术要求

6.1 风险期灌排技术要求

6.1.1 **风险期界定**

6.1.1.1 北方稻区风险期主要为整地泡田期。

6.1.1.2 南方稻区直播稻风险期主要为整地泡田期、播种至三叶期和追肥后2周内,移栽稻风险期主要为整地泡田期、返青期和追肥后2周内。

6.1.2 **灌水要求**

6.1.2.1 整地泡田期,应依据播种或移栽时适宜田面水位深度、土壤渗漏、蒸发、泡田天数、降水量等条件确定灌水深度,资料齐全地区按公式(1)计算,无统计资料地区见附录A。

$$H=h_0+(s+e)\times t-p \quad\cdots\cdots(1)$$

式中:

H ——泡田灌深的数值,单位为毫米(mm);

h_0 ——播种或移栽时适宜田面水深的数值,单位为毫米(mm);

s ——泡田期内稻田土壤日渗漏量的数值,单位为毫米每天(mm/d);

e ——泡田期内田面平均蒸发强度的数值,单位为毫米每天(mm/d);

t ——播种或移栽前的泡田天数的数值,单位为天(d);

p ——泡田期内预报降水量的数值,单位为毫米(mm)。

注:机插稻 h_0 为5 mm~10 mm,人工抛秧稻 h_0 为10 mm~20 mm,人工插秧稻 h_0 为20 mm~30 mm,直播稻 h_0 为0 mm。

6.1.2.2 直播稻播种至三叶期,应湿润灌溉,田面无水层。

6.1.2.3 返青期、蘖肥和穗肥后2周内,宜浅水灌溉,每次灌溉后田面水位上限见表1。

表1 灌溉后田面水位上限

单位为毫米

种植模式	返青期	蘖肥后2周内	穗肥后2周内
中稻	30	30	40
早稻	30	40	40
晚稻	40	40	40

6.1.2.4 预报有降水时,根据预报降水量减少灌溉量或推迟灌溉。

6.1.3 **排水要求**

6.1.3.1 泡田整地后,田面水不应主动外排。

6.1.3.2 直播稻播种至三叶期,遇降水应及时排除田面积水。

6.1.3.3 返青期、蘖肥和穗肥后2周内,当田面水位超过耐淹水深时,应在耐淹历时内排至允许蓄水深度。耐淹水深、耐淹历时和允许蓄水深度应根据当地或邻近地区有关试验资料分析确定;无试验资料时,可按表2选取。

表2 返青期、蘖肥后2周内和穗肥后2周内排水调控指标

种植模式	调控指标	返青期	蘖肥后2周内	穗肥后2周内
中稻	允许蓄水深度,mm	50	60	100~150
	耐淹水深,mm	60~80	120~160	200~250
	耐淹历时,d	1~3	3~5	4~6
早稻	允许蓄水深度,mm	40	70	90
	耐淹水深,mm	50~70	120~150	200~250
	耐淹历时,d	2~4	3~5	4~6

表 2（续）

种植模式	调控指标	返青期	蘖肥后 2 周内	穗肥后 2 周内
晚稻	允许蓄水深度,mm	50	70	90
	耐淹水深,mm	60～80	130～160	200～250
	耐淹历时,d	1～3	3～5	4～6

注 1:淹水深度较大时相应的耐淹历时较短(取较小值),淹水深度较小时则相应的耐淹历时较长(取较大值)。

注 2:中稻施穗肥后,强降水后出现高温天气时,从规避高温危害和控水减排的角度考虑,允许蓄水深度取较大值。

6.2 非风险期灌排技术要求

6.2.1 宜根据当地水资源条件选择适宜的节水灌溉模式。

6.2.2 宜在水稻耐淹能力范围内充分发挥稻田的蓄水功能,耐淹水深和耐淹历时应符合 GB 50288 中的规定。

附 录 A
（资料性）
泡田灌水深度推荐值

表 A.1 给出了泡田灌水深度推荐值。

表 A.1 泡田灌水深度推荐值

播栽方式	土壤类型	泡田灌水深度，mm
机插稻	黏土和黏壤土	50～80
	中壤土和沙壤土	80～140
	轻沙壤土	95～200
人工抛秧稻	黏土和黏壤土	55～90
	中壤土和沙壤土	85～150
	轻沙壤土	100～210
人工插秧稻	黏土和黏壤土	65～100
	中壤土和沙壤土	95～160
	轻沙壤土	110～220
直播稻	黏土和黏壤土	45～70
	中壤土和沙壤土	75～130
	轻沙壤土	90～190

ICS 65.020.01
CCS B 10

NY

中华人民共和国农业行业标准

NY/T 4162.2—2022

稻田氮磷流失防控技术规范 第2部分:控源增汇

Technical specification for nitrogen and phosphorus loss control of paddy field—Part 2:Optimal fertilization coupled with organic materials incorporation

2022-07-11 发布　　2022-10-01 实施

中华人民共和国农业农村部　发布

前　　言

本文件按照 GB/T 1.1—2020《标准化工作导则　第 1 部分：标准化文件的结构和起草规则》的规定起草。

NY/T 4162《稻田氮磷流失防控技术规范》分为以下部分：

——第 1 部分：控水减排；

——第 2 部分：控源增汇；

……

本文件为 NY/T 4162 的第 2 部分。

本文件由农业农村部科技教育司提出并归口。

本文件起草单位：中国农业科学院农业资源与农业区划研究所、云南省农业科学院农业环境资源研究所、湖北省农业科学院植保土肥研究所、辽宁省农业科学院植物营养与环境资源研究所、江西省农业科学院土壤肥料与资源环境研究所、上海交通大学、中国科学院地理科学与资源研究所。

本文件主要起草人：刘宏斌、孙巧玉、胡万里、张富林、王洪媛、翟丽梅、范先鹏、王娜、徐昌旭、牛世伟、陈静蕊、郭树芳、闫铁柱、潘君廷、杜飞乐、李旭东、付斌、张亦涛、廖晓勇、雷秋良、武淑霞、杜新忠、樊秉乾、张倩、杨波。

稻田氮磷流失防控技术规范　第2部分:控源增汇

1　范围

本文件规定了控源增汇防控稻田氮磷流失的基本原则、技术要求。

本文件适用于通过控制氮磷投入和提升土壤碳库协同防控稻田氮磷流失。

2　规范性引用文件

下列文件中的内容通过文中的规范性引用而构成本文件必不可少的条款。其中,注日期的引用文件,仅该日期对应的版本适用于本文件;不注日期的引用文件,其最新版本(包括所有的修改单)适用于本文件。

NY/T 3840　南方稻田绿肥种植与利用技术规范

3　术语和定义

下列术语和定义适用于本文件。

3.1

控源增汇　optimal fertilization coupled with organic materials incorporation

控制氮磷投入总量,利用有机物料提升土壤碳库,增强稻田氮磷持留能力,减少氮磷流失的措施。

4　基本原则

4.1　总量控制

兼顾水稻产量和周边水环境要求,确定氮磷适宜用量,不应超过氮磷施用量上限。

4.2　因地制宜

根据当地资源禀赋和生产条件选择技术措施,就地就近选材,经济适用。

4.3　协同共赢

利用秸秆、畜禽粪便等有机物料,减少氮磷化肥用量,协同实现土壤培肥、作物稳产和氮磷流失防控。

5　技术要求

5.1　采用测土配方施肥等科学施肥技术,化肥用量参考农业农村部门发布的科学施肥指导意见。

5.2　宜选择缓释肥料、控释肥料、稳定性肥料、专用肥等。基肥应深施;追肥宜以水带氮或浅水施肥。不应雨前施肥。

5.3　宜施用有机肥类有机物料,有机肥替代部分化肥,替代比例为20%~30%(以纯氮计)。

5.4　油菜、小麦、水稻等作物秸秆类有机物料宜全量粉碎翻埋还田,粉碎长度宜小于5 cm。土壤有机质含量小于20 g/kg,宜适当提高基肥氮用量。低温、干燥、冷凉地区宜适量添加秸秆腐熟剂。病害较严重地区,不宜直接还田;产地重金属污染突出地区,秸秆不宜还田。

5.5　南方冬闲田宜种植绿肥,绿肥种植应符合NY/T 3840的要求,绿肥宜与高留茬水稻秸秆联合还田;接茬豆科绿肥的水稻宜减施氮肥10%~20%。

ICS 65.020.01
CCS B 10

NY

中华人民共和国农业行业标准

NY/T 4163.1—2022

稻田氮磷流失综合防控技术指南 第1部分：北方单季稻

Technical guidelines for integrated prevention and control of nitrogen and phosphorus loss from paddy field—Part 1: Single-cropping rice of North China

2022-07-11 发布　　　　2022-10-01 实施

中华人民共和国农业农村部 发布

前　言

本文件按照 GB/T 1.1—2020《标准化工作导则　第 1 部分：标准化文件的结构和起草规则》的规定起草。

NY/T 4163《稻田氮磷流失综合防控技术指南》分为以下部分：

——第 1 部分：北方单季稻；

——第 2 部分：双季稻；

——第 3 部分：水旱轮作；

……

本文件为 NY/T 4163 的第 1 部分。

本文件由农业农村部科技教育司提出并归口。

本文件起草单位：中国农业科学院农业资源与农业区划研究所、辽宁省农业科学院植物营养与环境资源研究所、黑龙江省农业科学院土壤肥料与环境资源研究所、吉林省农业科学院、中国科学院地理科学与资源研究所、北京师范大学、中国科学院精密测量科学与技术创新研究院、宁夏农林科学院农业资源与环境研究所。

本文件主要起草人：刘宏斌、王娜、孙文涛、牛世伟、宫亮、王洪媛、翟丽梅、徐嘉翼、潘君廷、王玉峰、彭畅、孙巧玉、张亦涛、廖晓勇、刘连华、张亮、张学军。

稻田氮磷流失综合防控技术指南　第1部分：北方单季稻

1　范围

本文件规定了北方单季稻稻田氮磷流失综合防控的总则以及田间工程、秸秆还田、控肥、控水、拦蓄利用、生态净化等技术。

本文件适用于防控北方单季稻稻田氮磷流失。

2　规范性引用文件

下列文件中的内容通过文中的规范性引用而构成本文件必不可少的条款。其中，注日期的引用文件，仅该日期对应的版本适用于本文件；不注日期的引用文件，其最新版本（包括所有的修改单）适用于本文件。

GB 50288　灌溉与排水工程设计标准

NY/T 3823　田沟塘协同防控农田面源污染技术规范

NY/T 3826　农田径流排水生态净化技术规范

3　术语和定义

下列术语和定义适用于本文件。

3.1

顶凌作业　straw incorporation combined with fertilization during the thawing period

春季耕层土壤融化15 cm～20 cm，下层土壤尚未解冻时，将秸秆等有机物料与基肥一起翻埋入土的耕作方法。

3.2

侧深施肥　side-deep fertilization

水稻机插秧的同时，在秧苗侧3 cm～5 cm、深5 cm～10 cm处施肥的方法。

4　总则

以资源节约和循环利用为基础，以提升稻田生物多样性为重要抓手，规范田间工程建设，系统布局控源增汇、控水减排、拦蓄利用、生态净化等稻田氮磷流失高效防控技术措施，重点防控耕整泡田期氮磷流失，减轻对周边水环境的影响，实现稳粮增效、绿色发展。

5　田间工程

5.1　田面应平整，高差应不超过±3 cm。

5.2　田埂应稳固，高度不宜低于30 cm。排水口高度应可调。

5.3　稻田、沟/塘应水力连通，形成一体化调、蓄、灌、排的系统。

5.4　沟/塘联合有效调蓄容积宜能容纳汇水稻田30 mm以上的径流水量，沟/塘联合有效调蓄容积按照NY/T 3823计算。

5.5　宜在稻田排水口、沟与沟/塘交汇处等安装水位监测设备和水闸，在总排水口处安装水位监测设备、水闸和水泵。

6　秸秆还田

6.1　秸秆宜留高茬还田。上部秸秆结合机械收割粉碎，粉碎长度宜小于5 cm，均匀覆盖于地表。

6.2 冷寒地区宜顶凌作业，秸秆全量翻埋还田。若土壤有机质含量小于 20 g/kg，宜适当提高基肥施氮量。

7 控肥

7.1 采用测土配方施肥等科学施肥技术，化肥用量参考农业农村部门发布的科学施肥指导意见。

7.2 宜选择缓释肥料、控释肥料、稳定性肥料、专用肥等。有条件的地区可采用有机肥替代部分化肥，替代比例为 20%～30%（以 N 计）。

7.3 氮肥宜按基肥 40%～60%、追肥 40%～60%比例分配施用。采用侧深施肥时，宜适当提高氮肥基施比例。

7.4 基肥宜结合顶凌作业深施或插秧时侧深施。追肥宜以水带氮或浅水施用。不应雨前施肥。

8 控水

8.1 耕整泡田期，应控制泡田灌水深度，泡田水不应主动外排。其他时期，宜根据当地水资源条件选择适宜的节水灌溉模式，在水稻耐淹能力范围内充分发挥稻田蓄水功能，耐淹水深和耐淹历时应符合 GB 50288 中的规定。

8.2 泡田灌水深度宜按公式（1）计算，无统计资料地区可参照附录 A。

$$H = h_0 + (s + e) \times t - p \qquad (1)$$

式中：

H ——泡田灌水深度的数值，单位为毫米（mm）；

h_0 ——播种或移栽时适宜田面水深的数值，单位为毫米（mm）；

s ——泡田期内稻田土壤日渗漏量的数值，单位为毫米每天（mm/d）；

e ——泡田期内稻田平均蒸发强度的数值，单位为毫米每天（mm/d）；

t ——播种或移栽前的泡田天数的数值，单位为天（d）；

p ——泡田期内预报降水量的数值，单位为毫米（mm）。

注：机插稻 h_0 为 5 mm～10 mm，人工抛秧稻 h_0 为 10 mm～20 mm，人工插秧稻 h_0 为 20 mm～30 mm，直播稻 h_0 为 0 mm。

9 拦蓄利用

9.1 稻田排水时，宜将沟/塘闸门调至最高安全水位处进行蓄水。

9.2 应优先利用沟/塘存水进行灌溉，灌溉后沟/塘水位不应低于 10 cm。

10 生态净化

10.1 宽度大于 30 cm 的田埂，宜种植具有经济、显花、蜜源等功能的本土草本植物，如大豆、赤豆等。

10.2 利用生态沟/塘等净化稻田排水，生态沟/塘应符合 NY/T 3826 的相关规定。

附　录　A
（资料性）
泡田灌水深度推荐值

表 A.1 给出了泡田灌水深度推荐值。

表 A.1　泡田灌水深度推荐值

播栽方式	土壤类型	泡田灌水深度,mm
机插稻	黏土和黏壤土	50～80
	中壤土和沙壤土	80～140
	轻沙壤土	95～200
人工抛秧稻	黏土和黏壤土	55～90
	中壤土和沙壤土	85～150
	轻沙壤土	100～210
人工插秧稻	黏土和黏壤土	65～100
	中壤土和沙壤土	95～160
	轻沙壤土	110～220
直播稻	黏土和黏壤土	45～70
	中壤土和沙壤土	75～130
	轻沙壤土	90～190

ICS 65.020.01
CCS B 10

NY

中华人民共和国农业行业标准

NY/T 4163.2—2022

稻田氮磷流失综合防控技术指南 第2部分:双季稻

Technical guidelines for integrated prevention and control of nitrogen and phosphorus loss from paddy field—
Part 2: Double-cropping rice

2022-07-11 发布　　2022-10-01 实施

中华人民共和国农业农村部 发布

前　言

本文件按照 GB/T 1.1—2020《标准化工作导则　第 1 部分：标准化文件的结构和起草规则》的规定起草。

NY/T 4163《稻田氮磷流失综合防控技术指南》分为以下部分：

——第 1 部分：北方单季稻；

——第 2 部分：双季稻；

——第 3 部分：水旱轮作；

……

本文件为 NY/T 4163 的第 2 部分。

本文件由农业农村部科技教育司提出并归口。

本文件起草单位：中国农业科学院农业资源与农业区划研究所、湖北省农业科学院植保土肥研究所、江西省农业科学院土壤肥料与资源环境研究所、北京师范大学、中国科学院精密测量科学与技术创新研究院、长江大学、上海交通大学、广西壮族自治区农业生态与资源保护总站。

本文件主要起草人：刘宏斌、杜飞乐、张富林、徐昌旭、潘君廷、陈静蕊、翟丽梅、王洪媛、孙巧玉、刘连华、张亮、范先鹏、朱建强、李旭东、欧阳威、莫宗标、雷秋良、武淑霞、杜新忠。

稻田氮磷流失综合防控技术指南　第2部分：双季稻

1　范围

本文件规定了双季稻稻田氮磷流失综合防控的总则以及田间工程、绿肥种植、控肥、控水、拦蓄利用、生态净化等技术。

本文件适用于防控双季稻稻田氮磷流失。

2　规范性引用文件

下列文件中的内容通过文中的规范性引用而构成本文件必不可少的条款。其中，注日期的引用文件，仅该日期对应的版本适用于本文件；不注日期的引用文件，其最新版本（包括所有的修改单）适用于本文件。

NY/T 3823　田沟塘协同防控农田面源污染技术规范

NY/T 3826　农田径流排水生态净化技术规范

NY/T 3840　南方稻田绿肥种植与利用技术规范

3　术语和定义

本文件没有需要界定的术语和定义。

4　总则

以资源节约和循环利用为基础，以提升稻田生物多样性为重要抓手，规范田间工程建设，系统布局控源增汇、控水减排、拦蓄利用、生态净化等稻田氮磷流失高效防控技术措施，重点防控耕整泡田期、播种至三叶期（直播稻）、返青期（移栽稻）、追肥后2周内等风险期氮磷流失，减轻对周边水环境的影响，实现稳粮增效、绿色发展。

5　田间工程

5.1　田面应平整，高差应不超过±3 cm。

5.2　田埂应稳固，高度不宜低于30 cm。排水口高度应可调。

5.3　稻田、沟、塘应水力连通，形成一体化调、蓄、灌、排的系统。

5.4　沟、塘联合有效调蓄容积宜能容纳汇水稻田30 mm以上的径流水量，沟塘联合有效调蓄容积按照NY/T 3823计算。

5.5　宜在稻田排水口、沟与沟交汇处、沟与塘交汇处等安装水位监测设备和水闸，在总排水口处安装水位监测设备、水闸和水泵。

6　绿肥种植

6.1　宜于晚稻收获前7 d～15 d套播绿肥，优先选择豆科绿肥，种类见附录A。

6.2　宜将磷肥作种肥施用，优先选用钙镁磷肥，用量（以 P_2O_5 计）为30 kg/hm^2～45 kg/hm^2。

6.3　早稻播栽前10 d～15 d，宜将绿肥、晚稻秸秆与早稻基肥联合翻压还田，每吨豆科绿肥鲜草可替代1 kg～2 kg早稻氮肥（以N计）。

6.4　绿肥季其他管理措施应符合NY/T 3840的规定。

7　控肥

7.1　采用测土配方施肥等科学施肥技术，化肥用量参考农业农村部门发布的科学施肥指导意见。

7.2 宜选择缓释肥料、控释肥料、稳定性肥料、专用肥等。有条件的地区可采用有机肥替代部分化肥，替代比例为20%～30%(以N计)。

7.3 氮肥基施占比宜为50%～60%，其余可做追肥分次施用。选用缓控释肥料时，宜适当提高氮肥基施比例。

7.4 基肥宜结合秸秆还田深施或插秧时侧深施。追肥宜以水带氮或浅水施用。不应雨前施肥。

7.5 早稻秸秆宜粉碎后翻埋还田，粉碎长度宜小于5 cm。晚稻秸秆宜留高茬还田，高度宜为30 cm～40 cm。

8 控水

8.1 耕整泡田期，应控制泡田灌水深度，泡田水不应主动外排。泡田灌水深度宜按公式(1)计算，无统计资料地区可参照附录B。

$$H = h_0 + (s + e) \times t - p \quad (1)$$

式中：

H ——泡田灌水深度的数值，单位为毫米(mm)；

h_0 ——播种或移栽时适宜田面水深的数值，单位为毫米(mm)；

s ——泡田期内稻田土壤日渗漏量的数值，单位为毫米每天(mm/d)；

e ——泡田期内稻田平均蒸发强度的数值，单位为毫米每天(mm/d)；

t ——播种或移栽前的泡田天数的数值，单位为天(d)；

p ——泡田期内预报降水量的数值，单位为毫米(mm)。

注：机插稻h_0为5 mm～10 mm，人工抛秧稻h_0为10 mm～20 mm，人工插秧稻h_0为20 mm～30 mm，直播稻h_0为0 mm。

8.2 直播稻播种至三叶期，应湿润灌溉，田间无水层，降水后应及时排出田面积水。

8.3 移栽稻返青期、直播和移栽稻追肥后2周内，应浅水灌溉，灌溉后田面水位上限见附录C；若降水后田面水位超过耐淹水深，应在耐淹历时内排至允许蓄水深度。耐淹水深、耐淹历时和允许蓄水深度应根据当地或邻近地区有关试验资料分析确定；无试验资料时，可按附录C选取。

8.4 其他时期，宜根据当地水资源条件选择适宜的节水灌溉模式，在水稻耐淹能力范围内充分发挥稻田蓄水功能。

9 拦蓄利用

9.1 稻田排水时，宜将沟、塘闸门调至最高安全水位处进行蓄水。

9.2 若风险期内沟、塘已满或剩余库容不足，宜提前1 d～2 d排放一定量沟、塘存水，若外排后1周内再发生稻田排水，不宜再次提前外排。其他时期，可充分利用沟、塘接纳稻田排水，沟、塘蓄满后，可溢流外排。剩余库容和提前外排水量按照NY/T 3823计算。

9.3 应优先利用沟、塘存水进行灌溉，灌溉后沟、塘内水位不应低于10 cm。

10 生态净化

10.1 利用生态沟、生态塘等净化稻田排水。生态沟、生态塘应符合NY/T 3826的相关规定。

10.2 生态净化设施中宜采用净化能力强、景观效果好且较容易管理的本土物种和近自然群落进行生物配置。

附 录 A
(资料性)
冬季豆科绿肥种类

表 A.1 给出了冬季豆科绿肥种类。

表 A.1 冬季豆科绿肥种类

豆科绿肥	紫云英(*Astragulus sinicus* L.)、毛叶苕子(*Vicia villosa* Roth)、光叶苕子(*Vicia villosa var.* Roth)、蚕豆(*Vicia faba* L.)、箭筈豌豆(*Vicia sativa* L.)、蚕豆(*Vicia faba* L.)、山黧豆(*Lathyrus sativus* L.)、黄花苜蓿(*Medicago polymorpha* L.)等

附 录 B
（资料性）
泡田灌水深度推荐值

表 B.1 给出了泡田灌水深度推荐值。

表 B.1 泡田灌水深度推荐值

播栽方式	土壤类型	泡田灌水深度，mm
机插稻	黏土和黏壤土	50～80
	中壤土和沙壤土	80～140
	轻沙壤土	95～200
人工抛秧稻	黏土和黏壤土	55～90
	中壤土和沙壤土	85～150
	轻沙壤土	100～210
人工插秧稻	黏土和黏壤土	65～100
	中壤土和沙壤土	95～160
	轻沙壤土	110～220
直播稻	黏土和黏壤土	45～70
	中壤土和沙壤土	75～130
	轻沙壤土	90～190

附 录 C
（资料性）
早稻及晚稻灌排水控制指标

表 C.1 给出了早稻及晚稻灌排水控制指标。

表 C.1 早稻及晚稻灌排水控制指标

水稻类型	控制指标	返青期	分蘖肥后 2 周	穗肥后 2 周
早稻	灌溉后田面水位上限，mm	30	40	40
	允许蓄水深度，mm	40	70	90
	耐淹水深，mm	50～70	120～150	200～250
	耐淹历时，d	2～4	3～5	4～6
晚稻	灌溉后田面水位上限，mm	40	40	40
	允许蓄水深度，mm	50	70	90
	耐淹水深，mm	60～80	130～160	200～250
	耐淹历时，d	1～3	3～5	4～6
注 1：返青期仅适用于移栽水稻，分蘖肥及穗肥后 2 周内适用于移栽水稻和直播水稻。 注 2：耐淹水深较大时相应的耐淹历时较短（取较小值），耐淹水深较小时则相应的耐淹历时较长（取较大值）。				

ICS 65.020.01
CCS B 10

NY

中华人民共和国农业行业标准

NY/T 4163.3—2022

稻田氮磷流失综合防控技术指南
第3部分：水旱轮作

Technical guidelines for integrated prevention and control of nitrogen and phosphorus loss from paddy field—
Part 3: Paddy-upland rotation

2022-07-11 发布　　2022-10-01 实施

中华人民共和国农业农村部 发布

前　言

本文件按照 GB/T 1.1—2020《标准化工作导则　第 1 部分：标准化文件的结构和起草规则》的规定起草。

NY/T 4163《稻田氮磷流失综合防控技术指南》分为以下部分：

——第 1 部分：北方单季稻；

——第 2 部分：双季稻；

——第 3 部分：水旱轮作；

……

本文件为 NY/T 4163 的第 3 部分。

本文件由农业农村部科技教育司提出并归口。

本文件起草单位：中国农业科学院农业资源与农业区划研究所、湖北省农业科学院植保土肥研究所、江西省农业科学院土壤肥料与资源环境研究所、北京师范大学、云南省农业科学院农业环境资源研究所、上海交通大学、中国科学院精密测量科学与技术创新研究院、大理白族自治州农业科学推广研究院。

本文件主要起草人：刘宏斌、张富林、夏颖、王洪媛、张志毅、范先鹏、刘冬碧、孙巧玉、翟丽梅、熊桂云、陈静蕊、吴茂前、倪承凡、潘君廷、刘连华、胡万里、陈安强、李旭东、张亮、欧阳威、段艳涛、杨献清。

稻田氮磷流失综合防控技术指南　第3部分:水旱轮作

1　范围

本文件规定了水旱轮作稻田氮磷流失防控的总则以及田间工程、旱季作物秸秆管理、控肥、控水、拦蓄利用、生态净化等技术。

本文件适用于防控水旱轮作稻田氮磷流失。

2　规范性引用文件

下列文件中的内容通过文中的规范性引用而构成本文件必不可少的条款。其中,注日期的引用文件,仅该日期对应的版本适用于本文件;不注日期的引用文件,其最新版本(包括所有的修改单)适用于本文件。

NY/T 3441　蔬菜废弃物高温堆肥无害化处理技术规程

NY/T 3823　田沟塘协同防控农田面源污染技术规范

NY/T 3826　农田径流排水生态净化技术规范

3　术语和定义

本文件没有需要界定的术语和定义。

4　总则

以资源节约和循环利用为基础,以提升稻田生物多样性为重要抓手,规范田间工程建设,系统布局控源增汇、控水减排、拦蓄利用、生态净化等稻田氮磷流失高效防控技术措施,重点防控耕整泡田期、播种至三叶期(直播稻)、返青期(移栽稻)、分蘖肥后2周内等风险期氮磷流失,减轻对周边水环境的影响,实现稳粮增效、绿色发展。

5　田间工程

5.1　田面应平整,田面高差应不超过±3 cm。

5.2　田埂应稳固,高度不宜低于30 cm。排水口高度应可调。

5.3　稻田、沟、塘应水力连通,形成一体化调、蓄、灌、排的系统。

5.4　沟、塘联合有效调蓄容积宜能容纳汇水稻田30 mm以上的径流水量,沟塘联合有效调蓄容积按照NY/T 3823计算。

5.5　宜在稻田排水口、沟与沟交汇处、沟与塘交汇处等安装水位监测设备和水闸,在总排水口处安装水位监测设备、水闸和水泵。

6　旱季作物秸秆管理

6.1　小麦、油菜等作物秸秆宜在收获时粉碎,并均匀抛洒在田面,粉碎长度宜小于5 cm,留茬高度宜低于15 cm。蔬菜废弃物应无害化处理,无害化处理按照NY/T 3441的规定执行。

6.2　秸秆、无害化的蔬菜废弃物宜在水稻移栽前全量翻埋或旋耕还田。若土壤有机质含量小于20 g/kg,宜适当提高基肥施氮量。

7　控肥

7.1　采用测土配方施肥等科学施肥技术,化肥用量参考农业农村部门发布的科学施肥指导意见。

7.2 宜选择缓释肥料、控释肥料、稳定性肥料、专用肥等。有条件的地区可采用有机肥替代部分化肥，替代比例为20%～30%(以N计)。

7.3 氮肥宜按基蘖肥60%～70%、穗肥30%～40%的比例分配施用。选用缓控释肥料时，宜适当提高氮肥基施比例。磷肥宜适量移至前茬旱季作物施用。

7.4 基肥宜结合秸秆还田深施或插秧时侧深施。追肥宜以水带氮或浅水施用。不应雨前施肥。

8 控水

8.1 耕整泡田期，应控制泡田灌水深度，泡田水不应主动外排。泡田灌水深度宜按公式(1)计算，无统计资料地区可参照附录A。

$$H = h_0 + (s + e) \times t - p \quad\quad (1)$$

式中：

H ——泡田灌水深度的数值，单位为毫米(mm)；

h_0 ——播种或移栽时适宜田面水深的数值，单位为毫米(mm)；

s ——泡田期内稻田土壤日渗漏量的数值，单位为毫米每天(mm/d)；

e ——泡田期内稻田平均蒸发强度的数值，单位为毫米每天(mm/d)；

t ——播种或移栽前的泡田天数的数值，单位为天(d)；

p ——泡田期内预报降水量的数值，单位为毫米(mm)。

注：机插稻h_0为5 mm～10 mm，人工抛秧稻h_0为10 mm～20 mm，人工插秧稻h_0为20 mm～30 mm，直播稻h_0为0 mm。

8.2 直播稻播种至三叶期，应湿润灌溉，田间无水层，降水后应及时排除田面积水。

8.3 移栽稻返青期、直播和移栽稻分蘖肥后2周内，应浅水灌溉，灌溉后田面水位上限见附录B；若降水后田面水位超过耐淹水深，应在耐淹历时内排至允许蓄水深度。耐淹水深、耐淹历时和允许蓄水深度应根据当地或邻近地区有关试验资料分析确定；无试验资料时，可按附录B选取。

8.4 其他时期，宜根据当地水资源条件选择适宜的节水灌溉模式，在水稻耐淹能力范围内充分发挥稻田蓄水功能。

9 拦蓄利用

9.1 稻田排水时，宜将沟、塘闸门调至最高安全水位处进行蓄水。

9.2 若风险期沟、塘已满或剩余库容不足，宜提前1 d～2 d排放一定量沟、塘存水，腾出库容，拦蓄高浓度稻田排水。其他时期，可充分利用沟、塘接纳稻田排水，沟、塘蓄满后，直接溢流外排。沟、塘剩余库容和提前外排水量按NY/T 3823计算。

9.3 应优先利用沟、塘存水进行灌溉，灌溉后沟、塘内水位不应低于10 cm。

10 生态净化

10.1 利用生态沟、生态塘等净化稻田排水。生态沟、生态塘应符合NY/T 3826的相关规定。

10.2 生态净化设施中宜采用净化能力强、景观效果好且较容易管理的本土物种和近自然群落进行生物配置。

附 录 A
(资料性)
泡田灌水深度推荐值

表 A.1 给出了泡田灌水深度推荐值。

表 A.1 泡田灌水深度推荐值

播栽方式	土壤类型	泡田灌水深度,mm
机插稻	黏土和黏壤土	50～80
	中壤土和沙壤土	80～140
	轻沙壤土	95～200
人工抛秧稻	黏土和黏壤土	55～90
	中壤土和沙壤土	85～150
	轻沙壤土	100～210
人工插秧稻	黏土和黏壤土	65～100
	中壤土和沙壤土	95～160
	轻沙壤土	110～220
直播稻	黏土和黏壤土	45～70
	中壤土和沙壤土	75～130
	轻沙壤土	90～190

附 录 B
（资料性）
灌排水控制指标

表 B.1 给出了返青期、分蘖肥后 2 周内灌排水控制指标。

表 B.1 灌排水控制指标

控制指标	返青期	分蘖肥后 2 周内
灌溉后田面水位上限，mm	30	30
允许蓄水深度，mm	50	60
耐淹水深，mm	60～80	120～160
耐淹历时，d	1～3	3～5

注 1：返青期仅适用于移栽水稻，分蘖肥后 2 周内适用于移栽水稻和直播水稻。
注 2：耐淹水深较大时相应的耐淹历时较短（取较小值），耐淹水深较小时则相应的耐淹历时较长（取较大值）。

ICS 65.020.01
CCS B 04

NY

中华人民共和国农业行业标准

NY/T 4175—2022

稻田油菜免耕飞播生产技术规程

Technical code of practice for aircraft seeding rapeseed production in no tillage-paddy field

2022-11-11 发布　　2023-03-01 实施

中华人民共和国农业农村部　发布

前　言

本文件按照 GB/T 1.1—2020《标准化工作导则　第 1 部分：标准化文件的结构和起草规则》的规定起草。

请注意本文件的某些内容可能涉及专利。本文件的发布机构不承担识别专利的责任。

本文件由农业农村部种植业管理司提出并归口。

本文件起草单位：全国农业技术推广服务中心、华中农业大学、中国农业科学院油料作物研究所、湖北省油菜办公室、湖南省作物研究所、安徽省农业科学院作物研究所、江西省农业技术推广总站、四川省农业科学院作物研究所、武穴市农业技术推广中心、应城市农业技术推广中心。

本文件主要起草人：王积军、周广生、鲁剑巍、任涛、张哲、张洋洋、鲁明星、程应德、汤松、刘芳、陈爱武、马霓、李莓、侯树敏、孙明珠、李浩杰、杨志远、周志华、黄小毛、丛日环、廖世鹏、李小坤、陈玲英、王崇铭。

稻田油菜免耕飞播生产技术规程

1 范围

本文件规定了稻田油菜免耕飞播生产的术语和定义、飞播生产程序。

本文件适用于我国长江流域油菜-中稻、油菜-早稻-晚稻、油菜-水稻-再生稻等油稻轮作地区的油菜直播生产。

2 规范性引用文件

下列文件中的内容通过文中的规范性引用而构成本文件必不可少的条款。其中,注日期的引用文件,仅该日期对应的版本适用于本文件;不注日期的引用文件,其最新版本(包括所有的修改单)适用于本文件。

GB 4407.2 经济作物种子 第2部分:油料类

GB/T 8321.5 农药安全合理使用准则(五)

GB/T 8321.6 农药安全合理使用准则(六)

GB/T 11762 油菜籽

GB/T 15063 复合肥料

GB/T 23348 缓释肥料

NY 414 低芥酸低硫苷油菜种子

NY/T 500 秸秆还田机 作业质量

NY/T 794 油菜菌核病防治技术规程

NY/T 1087 油菜籽干燥与储藏技术规程

NY/T 3638 直播油菜生产技术规程

3 术语和定义

下列术语和定义适用于本文件。

3.1

飞播 aircraft seeding

在无人飞机上安装专用设备,于飞行中进行播种作业的方法。

3.2

免耕 no tillage

一种不翻动表土直接进行下茬作物播种的耕作方式。

4 飞播生产程序

4.1 前茬水稻收获与稻草还田

4.1.1 土壤墒情管理

水稻生长后期适当留墒,土壤含水量保持在25%～45%,收获时含水量30%左右为宜。

4.1.2 稻草还田

采用带秸秆粉碎抛洒装置的水稻联合收割机收获水稻。留茬高度40 cm～50 cm,秸秆粉碎长度以5 cm～10 cm为宜,均匀覆盖还田。秸秆还田作业质量符合NY/T 500的要求。

4.2 油菜飞播

4.2.1 品种选择

选择适合本区域的高产、优质、耐密抗倒伏、抗逆性强和生育期适宜的油菜登记品种。种子质量符合 GB 4407.2 和 NY 414 的要求。

4.2.2 播种时期

油菜适宜播种期为 9 月下旬至 11 月上旬。

4.2.3 飞播时间

在水稻收获前 3 d 内进行免耕飞播，如果上述期间的气候条件不适合飞播或田间存在明显积水不适合油菜播种时，可在水稻收获后进行。

4.2.4 播种量

水稻收获前飞播，10 月中旬及以前每 666.7 m^2播种量为 300 g～350 g，10 月下旬每 666.7 m^2播种量为 350 g～400 g，11 月上旬每 666.7 m^2播种量为 400 g～450 g。在水稻收获后飞播，各时期的播种量提高 10%～15%。

4.2.5 无人飞机作业要求

选择无雨、无风或微风天气进行作业，作业前做好各项调试。无人飞机飞行高度（距离地面）3 m～4 m，飞行速度 4 m/s～5 m/s。

4.3 施肥

4.3.1 肥料品种

基肥用油菜专用配方肥或油菜专用缓释肥，也可用单质肥料配合施用；追肥用尿素和（或）氯化钾。所用复合肥和缓释肥应分别符合 GB/T 15063 和 GB/T 23348 的要求。

4.3.2 施肥量

每 666.7 m^2施用氮肥（N）10 kg～13 kg、磷肥（P_2O_5）3 kg～5 kg、钾肥（K_2O）4 kg～5 kg、镁肥（MgO）1 kg～2 kg、硼肥（B）80 g～100 g。肥料品种类型按照 NY/T 3638 的规定执行。

4.3.3 施肥时期

基肥应在油菜飞播 7 d 内施用；6 叶～8 叶苗期和初薹期对弱苗另行追施氮肥。

4.3.4 施肥方法

基肥人工或机械均匀撒施；追肥选择在雨前或雨后进行，人工或机械撒施。

4.4 开沟

4.4.1 开沟时间

在水稻收获且肥料施用后尽快进行，宜在基肥施用后 5 d 内完成。

4.4.2 开沟方法

选用圆盘开沟机开沟，沟土均匀抛撒厢面。

4.4.3 开沟规格

厢宽 2 m～3 m，厢沟深 25 cm～30 cm、沟宽 25 cm 左右；腰沟深 30 cm 左右、宽 30 cm 左右；围沟深 30 cm～35 cm、宽 35 cm～45 cm，做到厢沟、腰沟、围沟"三沟"相通，逐级加深，确保灌排通畅。

4.5 灌溉

播种后遇干旱天气且土壤含水量低于 25%时，在开沟后灌一次渗沟水，采取沟灌渗厢的方式灌溉，水深不过厢面，厢面宜保持湿润 3 d 以上，确保一播全苗。

4.6 草害与病害防治

4.6.1 苗期除草

一般田块可不除草，杂草严重的田块采用化学除草剂进行选择性除草，按照 NY/T 3638 的规定进行，在油菜 4 叶～5 叶时，每 666.7 m^2用 50%草除灵 30 mL＋24%烯草酮 40 mL＋异丙酯草醚 45 mL 喷雾进行茎叶除草。可采用无人飞机、田间行走机械等方式防治。所用药剂应符合 GB/T 8321.5、GB/T 8321.6 的要求。

4.6.2 菌核病防治

初花期实施，按照 NY/T 794 的规定进行菌核病防治。发病严重区域采用植保无人飞机喷施 25%咪鲜胺乳油(每 667 m^2 50 g)，或 45%戊唑・咪鲜胺悬浮剂(每 667 m^2 20 g)，或 40%异菌・氟啶胺悬浮剂(每 667 m^2 50 mL)，或 38%醚菌・啶酰菌水分散粒剂(每 667 m^2 50 mL)，或 62%嘧环・咯菌腈水分散粒剂(每 667 m^2 25 g)等低毒高效药剂 2 次，间隔 7 d。所用药剂应符合 GB/T 8321.5、GB/T 8321.6 的要求。

4.7 收获与储藏

4.7.1 收获

机械收获，当全株 2/3 角果呈黄绿色，主轴基部角果呈枇杷色，种皮呈现品种固有色泽时，进行两段式收获；采用联合收割机收获时，推迟 5 d～7 d 进行。

人工收获，适宜收获期同两段式收获，做到轻割、轻放、轻捆、轻运。

4.7.2 储藏

当商品菜籽达到 GB/T 11762 规定时及时入库。储藏方法按 NY/T 1087 的规定执行。

ICS 65.020.20
CCS B 05

NY

中华人民共和国农业行业标准

NY/T 4176—2022

青稞栽培技术规程

Technical code of practice for hulless barley cultivation

2022-11-11 发布　　　　2023-03-01 实施

中华人民共和国农业农村部　发布

前　言

本文件按照 GB/T 1.1—2020《标准化工作导则　第 1 部分：标准化文件的结构和起草规则》的规定起草。

请注意本文件的某些内容可能涉及专利。本文件的发布机构不承担识别专利的责任。

本文件由农业农村部种植业管理司提出并归口。

本文件起草单位：青海省农业技术推广协会、青海省农业技术推广总站、青海大学农林科学院（青海省农林科学院）、迪庆藏族自治州农业科学研究院、甘南藏族自治州农业科学研究所、西藏自治区农牧科学院农业研究所。

本文件主要起草人：王维、史瑞琪、魏学庆、许永丽、姚有华、杨超、马兰波、和继泉、吴晓林、邓智婷、郭建炜、彭冬梅、赵增跃、扎西罗布、李白家、冯承彬、秦建芳。

青稞栽培技术规程

1 范围

本文件规定了青稞栽培的技术要求。

本文件适用于我国西藏、青海、甘肃、四川、云南等省份春青稞和冬青稞产区。

2 规范性引用文件

下列文件中的内容通过文中的规范性引用而构成本文件必不可少的条款。其中，注日期的引用文件，仅该日期对应的版本适用于本文件；不注日期的引用文件，其最新版本（包括所有的修改单）适用于本文件。

GB 4404.1 粮食作物种子 第1部分：禾谷类

GB/T 8321(所有部分) 农药合理使用准则

GB/T 15063 复合肥料

NY/T 393 绿色食品 农药使用准则

NY/T 525 有机肥料

NY/T 2683 农田主要地下害虫防治技术规程

3 术语和定义

本文件没有需要界定的术语和定义。

4 青稞生态区划分

4.1 西藏“一江两河”流域青稞区

主要包括西藏自治区日喀则、拉萨、山南、林芝等市的河谷灌溉农业区和高寒旱地农业区，分布在海拔3 500 m～4 300 m、年平均温度在3 ℃～7 ℃、年降水量在400 mm～600 mm的区域。本区域以种植春青稞为主。其中，在林芝、拉萨、山南局部种植冬青稞。

4.2 青海海西、海南台盆地青稞区

主要包括青海省海南藏族自治州高寒台地和海西蒙古族藏族自治州柴达木盆地及其他海拔相似产区，分布在海拔2 700 m～3 200 m、年平均温度在2 ℃～6 ℃、年降水量在200 mm～500 mm的区域。本区域全部种植春青稞。

4.3 青海海北-甘肃甘南-四川阿坝草原旱作青稞区

主要包括青海省海北藏族自治州、西宁市、海东市，甘肃省甘南藏族自治州的夏河、合作、碌曲、临潭、卓尼等县（市）及武威市天祝县，四川省阿坝藏族羌族自治州的阿坝、若尔盖、红原、松潘等县，分布在海拔2 600 m～3 700 m、年平均温度在－0.5 ℃～5 ℃、年降水量在300 mm～650 mm的区域。本区域全部种植春青稞。

4.4 藏东-川西-滇西北横断山群河谷林地青稞区

主要包括西藏自治区昌都市，四川省甘孜藏族自治州和阿坝藏族羌族自治州的马尔康、黑水、小金、金川、壤塘、九寨沟等县（市）以及凉山彝族自治州木里县，甘肃省甘南藏族自治州的舟曲、迭部等县，青海省玉树藏族自治州的玉树、囊谦、称多3县，云南省迪庆藏族自治州，分布在海拔1 800 m～3 800 m、年平均温度在2 ℃～7 ℃、年降水量在350 mm～600 mm的区域。本区域以种植春青稞为主。其中，在云南省迪庆藏族自治州的河谷地区和峡谷农林交错带局部种植冬青稞。

5 技术要求

5.1 选地

选择地势平坦、肥力中等以上的地块种植，提倡与其他作物合理轮作。

5.2 整地

春青稞：前作收割后，及时秋深翻（深度在 20 cm～30 cm）晒垡，有灌溉条件的地区可结合秋翻进行冬灌，并及时耙耱整平；春季播种前浅耕翻及镇压，达到土地平整。

冬青稞：播前灌水，适时深翻细耙，达到土壤细碎，耕层松软平整。

5.3 播种

5.3.1 品种选择

选择当地经过审定或登记的优良青稞品种。种子质量应符合 GB 4404.1 的要求。

5.3.2 种子处理

播种前将待播的种子晾晒 2 d～3 d。根据当地青稞病虫害情况，选择相应的高效低毒药剂进行种子包衣或拌种，防治种传病害和地下虫害。

5.3.3 播种时间

各生态区青稞播种时间见表 1。

表 1 播种时间

青稞生态区	类型	播种时间
西藏“一江两河”流域青稞区	春青稞	气温稳定通过 0 ℃以上，3 月下旬至 5 月上旬
	冬青稞	气温稳定通过 5 ℃以上，9 月中旬至 10 月下旬
青海海西、海南台盆地青稞区	春青稞	气温稳定通过 0 ℃以上，3 月下旬至 4 月下旬
青海海北-甘肃甘南-四川阿坝草原旱作青稞区	春青稞	气温稳定通过 0 ℃以上，3 月中旬至 5 月上旬
藏东-川西-滇西北横断山群河谷林地青稞区	春青稞	气温稳定通过 0 ℃以上，3 月上旬至 4 月上旬
	冬青稞	气温稳定通过 4 ℃以上，10 月中旬至 11 月上旬

5.3.4 播量

各生态区青稞播量见表 2。

表 2 播量

青稞生态区	播量
西藏“一江两河”流域青稞区	210 kg/hm^2～300 kg/hm^2（每 667 m^2 14 kg～20 kg）
青海海西、海南台盆地青稞区	300 kg/hm^2～330 kg/hm^2（每 667 m^2 20 kg～22 kg）
青海海北-甘肃甘南-四川阿坝草原旱作青稞区	255 kg/hm^2～300 kg/hm^2（每 667 m^2 17 kg～20 kg）
藏东-川西-滇西北横断山群河谷林地青稞区	210 kg/hm^2～240 kg/hm^2（每 667 m^2 14 kg～16 kg）

5.3.5 播种方式

机械条播，春青稞播深 4 cm～7 cm，冬青稞播深 3 cm～5 cm。

5.4 基肥

根据不同生态区地力条件和气候科学施用有机肥和化肥，有机肥和化肥施用应符合 NY/T 525 和 GB/T 15063 的要求。

5.4.1 施用量

因地制宜，施有机肥 15 t/hm^2～37.5 t/hm^2（每 667 m^2 1 000 kg～2 500 kg）、施用纯氮 90 kg/hm^2～150 kg/hm^2（每 667 m^2 6 kg～10 kg）、五氧化二磷 45 kg/hm^2～210 kg/hm^2（每 667 m^2 3 kg～14 kg）。在局部缺钾地区，施用氧化钾 15 kg/hm^2～30 kg/hm^2（每 667 m^2 1 kg～2 kg）。

5.4.2 施用方法和时间

播前整地时化肥和有机肥一并施入。

5.5 田间管理

5.5.1 病虫草害防治

采取农业防治、生物防治、物理防治及化学防治相结合的综合防治方法。

5.5.1.1 主要病害

主要病害有条纹病、网斑病、黄矮病等。网斑病采取播前药剂拌种，药剂使用符合 GB/T 8321 的要求。

5.5.1.2 主要虫害

主要虫害有蚜虫、地老虎、金针虫等，防治方法符合 NY/T 2683 的要求。

5.5.1.3 主要草害

主要草害有野燕麦、猪殃殃、藜等，采取人工拔除和药剂防治，药剂防治符合 GB/T 8321 和 NY/T 393 的要求。

5.5.2 灌溉

5.5.2.1 灌水时期

春青稞：在青稞 3 叶 1 心和拔节孕穗期进行灌水，后期根据苗情和土壤墒情，及时灌溉。

冬青稞：在越冬前、返青期和抽穗期各灌水 1 次。

5.5.2.2 灌水量

每次灌水量在 750 m^3/hm^2～900 m^3/hm^2。

5.5.3 追肥

春青稞：追施纯氮 30 kg/hm^2～75 kg/hm^2(每 667 m^2 2 kg～5 kg)，有灌溉条件的结合苗期灌水，旱地结合降水追施，提倡机械播肥。根据青稞长势情况，推荐施用叶面肥。

冬青稞：追施纯氮 45 kg/hm^2～60 kg/hm^2(每 667 m^2 3 kg～4 kg)，结合浇灌返青水进行追肥。中后期根据作物长势喷施叶面肥。

5.6 收获与储藏

5.6.1 收获

人工收获在蜡熟末期，机械收获在完熟期。

5.6.2 储藏

收获后及时晾晒，当籽粒含水量≤13%时清选打包，储藏于通风干燥处，规避不利因素，包括虫、鼠和有毒、有害物质等。

ICS 01.040.65
CCS B 04

NY

中华人民共和国农业行业标准

NY/T 4177—2022

旱作农业　术语与定义

Dryland farming—Vocabulary and definition

2022-11-11 发布　　2023-03-01 实施

中华人民共和国农业农村部　发布

前　言

本文件按照 GB/T 1.1—2020《标准化工作导则　第 1 部分：标准化文件的结构和起草规则》的规定起草。

本文件由农业农村部种植业管理司提出并归口。

本文件起草单位：全国农业技术推广服务中心、中国农业科学院农业环境与可持续发展研究所、西北农林科技大学、甘肃省耕地质量建设保护总站。

本文件主要起草人：吴勇、张赓、陈广锋、沈欣、周阳、何文清、赵西宁、龚道枝、刘少君、崔增团、赵建明、刘永忠、李昊儒、高丽丽。

旱作农业　术语与定义

1　范围

本文件规定了以种植业为主的旱作农业基本术语和定义。

本文件适用于旱作农业基本术语和定义的规范使用。

2　规范性引用文件

下列文件中的内容通过文中的规范性引用而构成本文件必不可少的条款。其中,注日期的引用文件,仅该日期对应的版本适用于本文件;不注日期的引用文件,其最新版本(包括所有的修改单)适用于本文件。

NY/T 2080—2011　旱作节水农业工程项目建设标准

NY/T 2190—2012　机械化保护性耕作　名词术语

NY/T 2625—2014　节水农业技术规范　总则

NY/T 2712—2015　节水农业示范区建设标准　总则

NY/T 2866—2015　旱作马铃薯全膜覆盖技术规范

NY/T 3554—2020　春玉米滴灌水肥一体化技术规程

3　术语和定义

下列术语和定义适用于本文件。

3.1

旱作农业　dryland farming

主要依靠和充分利用自然降水的农业,即综合运用生物、农艺、农机、田间工程及信息管理等技术措施,最大限度提高自然降水的保蓄率和利用效率的农业。

[来源:NY/T 2080—2011,2.1,有修改]

3.2

旱作农业区　dryland farming area

以旱作农业为主的农业生产区域,主要位于存在干旱胁迫而且无充分灌溉条件的干旱、半干旱和半湿润偏旱地区。

3.3

旱作农业技术　dryland farming technology

围绕集水、蓄水、保水等环节增强作物抗旱、耐旱能力,最大限度提高自然降水的保蓄率、利用效率和农业生产能力的各类技术和措施。

3.4

因水种植　water-based seeding

根据区域降水特点,合理安排、调整作物种植结构,优化作物复种指数,合理进行轮作换茬,使作物生产需水量、需水时间等与区域水资源条件和降水规律相匹配的种植模式。

[来源:NY/T 2625—2014,7.29,有修改]

3.5

深松　deep loosening

通过拖拉机牵引深松机具,疏松土壤,打破犁底层,改善耕层结构,增强土壤蓄水保墒和抗旱排涝能力的一项耕作技术。

［来源：NY/T 2190—2012，2.13，有修改］

3.6

深耕　deep tillage

进行土壤耕作25 cm以上，提高土壤蓄水保墒能力的耕作措施。

［来源：NY/T 2712—2015，3.11］

3.7

保护性耕作　conservation tillage

对农田实行免耕、少耕，用作物秸秆覆盖地表，减少无效蒸发，以达到蓄水保墒的技术。

［来源：NY/T 2080—2011，2.4，有修改］

3.8

少耕播种　minimum-tillage seeding

在能保留足量作物残茬覆盖耕作的前提下进行播种。

［来源：NY/T 2190—2012，2.10］

3.9

免耕播种　no-tillage seeding

作物收获后，在不对土壤进行任何耕作等扰动的茬地上直接播种的作业。

［来源：NY/T 2190—2012，2.12］

3.10

套作　intercropping

在前季作物生长后期的株、行或畦间播种或栽植后季作物的种植方式。

3.11

轮作　rotation

同一块耕地上按顺序在季节间和年度间轮换种植不同作物的种植方式。

3.12

粮草轮作　cereal-forage rotation

在同一块田地上按一定的季节顺序轮换种植粮食作物和牧草的复种方式。

3.13

坐水种　sowing with water

干旱缺水地区，在播种同时进行局部灌溉的一种方法。坐水种是一种耕作栽培模式，又称抗旱点种。即在埯中（播种的土坑）先注水后播种，使作物种子恰好坐落在灌溉水湿润过的土壤之上，然后覆土。

3.14

聚土保墒　soil-gathered for soil moisture conservation

干旱缺水地区，通过田间开小沟或小穴增加土壤蓄水能力的技术。

3.15

镇压保墒　compacting for soil moisture conservation

以重力作用于土壤，达到破碎土块、压紧耕层、平整地面并实现保墒提墒的技术。

3.16

等高种植　contour cropping

在坡耕地上沿等高线成行耕种，以拦截径流、增加降水土壤入渗并减少水土流失的种植方式。

3.17

坡改梯　transforming slope into terrace

在缓坡耕地通过修筑石埂、土埂或生物埂护坡保护水土，形成梯化水平梯田。

［来源：NY/T 2625—2014，7.3］

3.18

经济植物篱　alley cropping

通过在坡耕地坡面、土埂田坎等处，横坡带状种植一种或多种多年生、有一定经济效益的草本或木本植物，利用其根冠效应、篱笆效应、间套作效应等有效拦截径流、保持水土、增强坡耕地农业综合生产能力。

［来源：NY/T 2625—2014，7.21］

3.19

覆盖保墒　mulching for soil moisture conservation

通过田间覆盖地膜、秸秆、生草等，充分利用自然降水，实现减少水分蒸发、增加地壤温度等作用的技术措施。

［来源：NY/T 2866—2015，3.1，有修改］

3.20

全生物降解农用地膜覆盖　biodegradable mulching for soil moisture conservation

应用全生物降解农用地膜替代传统塑料地膜覆盖农田地面，实现集雨、保墒和增温等作用的技术措施。

3.21

农化抗旱抗逆　drought and stress resistance for agrochemical

通过叶面喷施、拌种、蘸根和土壤施用等方式应用各种抗旱抗逆制剂的技术，可增强作物抵御干旱和其他逆境（低温、寡照、冷害、霜冻、渍涝、雹灾、干热风等）的能力，达到减少损失或增产的目的。

［来源：NY/T 2625—2014，7.26］

3.22

保水剂应用　application of agro-forestry absorbent polymer

通过拌种、蘸根、拌土、拌肥等方法应用保水剂，充分吸附并保持水分，在干旱时慢释放水分给作物利用的技术。

［来源：NY/T 2625—2014，7.27］

3.23

蒸腾抑制剂应用　application of transpiration controlling preparation

通过叶面喷施蒸腾抑制剂，阻止或减缓作物叶面蒸腾作用，提高作物抵御干旱能力的技术。

［来源：NY/T 2625—2014，7.28］

3.24

沟垄集雨　ridge and over furrow water harvesting

通过田间起垄、沟垄相间、垄上覆膜实现集雨节水的技术。

3.25

全膜微垄沟播　full film micro ridge and furrow sowing

在田间等间距起微垄，全地面覆盖地膜，垄沟内播种的复合型栽培技术。

3.26

探墒沟播　detecting soil moisture and trench sowing

探测根层土壤墒情，开沟至墒情适宜的深度播种，并浅覆土、重镇压、无须灌底墒水的技术模式。

3.27

非充分灌溉　deficit irrigation

在对产量影响较大，并能产生较高经济价值的水分临界期供水，在非水分临界期少供水或不供水，整个生育期为非足额灌溉的方法。

［来源：NY/T 2625—2014，7.12］

3.28

膜下滴灌　drip irrigation under mulching film

地膜覆盖和滴灌相结合,滴灌管(带)置于膜下进行滴灌的技术。

[来源:NY/T 2712—2015,3.4,有修改]

3.29

浅埋滴灌　drip irrigation in subsurface

滴灌管(带)埋设于地表下 3 cm～7 cm,直接灌溉根区、减少水分蒸发的技术。

[来源:NY/T 3554—2020,3.3,有修改]

3.30

集雨补灌　water harvesting and supplemental irrigation

用塘、坝、堰、水窖、水池等集蓄的自然降水,在作物关键需水期进行补充灌溉的技术。

[来源:NY/T 2712—2015,3.12,有修改]

3.31

软体集雨补灌　soft membrane surface rainwater harvesting and supplemental irrigation

以设施棚面、窖面或专门铺设的集雨面收集雨水,蓄集于软体集雨窖池中,配套滴灌、注灌等设备进行灌溉或补充灌溉的技术措施。

3.32

测墒补灌　supplemental irrigation based on soil moisture monitoring

利用土壤墒情监测,根据土壤墒情状况及作物需水规律,科学合理确定灌溉时间和灌溉水量的技术。

[来源:NY/T 2712—2015,3.4,有修改]

3.33

灌溉施肥　fertigation

将肥料溶解在水中,借助管道灌溉系统,灌溉与施肥同时经行,适时适量地满足作物水分和养分需求,实现水和肥的一体化利用,使水和肥料以优化的组合状态供应给作物吸收利用的技术。

[来源:NY/T 2625—2014,7.16]

3.34

水肥一体化　integrated management of water and fertilizer

对农田水分和养分进行综合调控和水肥一体化管理,以肥调水、以水促肥,实现水肥耦合,全面提升农田水肥利用效率的技术。

[来源:NY/T 2625—2014,7.15,有修改]

3.35

抗旱节水品种　drought-tolerance or high water use efficiency variety

对干旱缺水环境适应性强,或水分利用效率高、在同等水分条件下能获得更高产量的品种。

[来源:NY/T 2625—2014,7.25]

ICS 65.020.01
CCS B 04

NY

中华人民共和国农业行业标准

NY/T 4178—2022

大豆开花期光温敏感性鉴定技术规程

Technical code of practice for identification of photo-thermal sensitivity in soybean flowering stage

2022-11-11 发布　　2023-03-01 实施

中华人民共和国农业农村部　发布

前　言

本文件按照 GB/T 1.1—2020《标准化工作导则　第 1 部分：标准化文件的结构和起草规则》的规定起草。

请注意本文件的某些内容可能涉及专利。本文件的发布机构不承担识别专利的责任。

本文件由农业农村部种植业管理司提出并归口。

本文件主要起草单位：中国农业科学院作物科学研究所。

本文件主要起草人：武婷婷、孙石、韩天富、吴存祥、蒋炳军。

大豆开花期光温敏感性鉴定技术规程

1 范围

本文件规定了大豆品种开花期光温敏感性鉴定方法及判定原则。

本文件适用于大豆品种、种质资源开花期光温敏感性的鉴定和评价。

2 规范性引用文件

下列文件中的内容通过文中的规范性引用而构成本文件必不可少的条款。其中，注日期的引用文件，仅该日期对应的版本适用于本文件；不注日期的引用文件，其最新版本(包括所有的修改单)适用于本文件。

NY/T 1299—2014　农作物品种试验技术规程　大豆

3 术语和定义

下列术语和定义适用于本文件。

3.1

开花期　flowering period

大豆从出苗至初花的日数，单位为天(d)。

3.2

周期敏感度　photoperiod sensitivity

大豆品种对日照长度变化的敏感程度，在同一温度条件下，长日照(16 h)与短日照(12 h)处理开花期日数差值占长日照条件下开花期日数的比例，以百分率表示。

3.3

温度敏感度　temperature sensitivity

大豆品种对温度变化的敏感程度，在同一光周期条件下，低温(春播)与高温(夏播)条件下开花期日数差值占低温条件下开花期日数的比例，以百分率表示。

3.4

光温综合敏感度　photo-thermal comprehensive sensitivity

大豆品种对光周期和温度综合作用的敏感程度，以长日低温与短日高温条件下开花期日数的差值占长日低温条件下开花期日数的比例，以百分率表示。

3.5

光温敏感性级别　grade of photo-thermal sensitivity

反映被鉴定材料光温敏感程度的等级描述。光温敏感性级别分为5级，分别为1级：极钝感(HI，Highly Insensitive)；2级：钝感(I，Insensitive)；3级：中等(MI，Moderately Insensitive)；4级：敏感(S，Sensitive)；5级：极敏感(HS，Highly Sensitive)。

4 开花期光温敏感性鉴定方法

4.1 鉴定设施

4.1.1 暗室

进行黑暗处理的房间，不透光。配有通风设备，保持室内外温度一致。设置轨道和平板车，方便运输植株进出暗室。

4.1.2 补光设施

置于室外，配置定时照明控制系统，高度可调，用于延长光照长度。植株顶端人工光源光量子通量密度为 30 μmol/(m^2 · s)～50 μmol/(m^2 · s)。

4.2 光温处理

4.2.1 光周期处理

短日处理光照长度为 12 h，日落前置于暗室，日出后根据设定时间推出，置于自然光照下。光照时间不足 12 h 时，延长光照至设定光照长度。19：00 至翌日 7：00 置于暗室，其余时间自然光照。

长日处理光照长度为 16 h，自然日照长度加晨暮光各 30 min 低于 16 h 时，置于室外，4：00 至日出前和日落前至 20：00 用白炽灯延长光照至设定光照长度；自然日照长度加晨暮光各 30 min 长于 16 h 时，结合遮光处理。

4.2.2 温度处理

分期播种：利用不同的播期作为不同的温度处理，不同生态区春播和夏播播种期见附录 A。

4.2.3 光温综合处理

利用人工控制光周期和分期播种创造不同的光温组合处理（春播短日照、春播长日照、夏播短日照、夏播长日照）。

4.2.4 光温处理时期

子叶出土后开始光周期处理，利用温度自动记录仪记录环境温度。

4.3 试验设计

设有长日（16 h）和短日（12 h）两种光周期处理、春播和夏播两种播期（温度）处理。采用随机区组试验设计，设 3 次重复。

4.4 种子准备与播种

精选成熟完整的待测品种种子 100 粒以上，盆栽种植。所用塑料花盆上口直径 22 cm，下口直径 13 cm，高 20 cm，每盆内装过筛耕层土 5 kg，混施磷酸氢二铵 10 g。每处理 3 盆，每盆播种 10 粒种子，均匀排布，单叶展开后选留生长一致，且分布较均匀的幼苗 5 株。

4.5 开花期光温敏感度调查

4.5.1 调查记载方法

对每盆内的 5 个植株进行挂牌标记，分株记载。按大豆生育时期记载标准应符合 NY/T 1299 的要求。记载播种期、出苗期（VE）、初花期（R1）。

4.5.2 开花期光周期敏感度计算

按公式（1）计算开花期光周期敏感度。

$$PS=(DTF_{LD}-DTF_{SD})/DTF_{LD}\times 100 \quad (1)$$

式中：

PS ——开花期光周期敏感度的数值，单位为百分号（%）；

DTF_{LD} ——长日条件下开花期的数值，单位为天（d）；

DTF_{SD} ——短日条件下开花期的数值，单位为天（d）。

计算结果保留 1 位小数。

4.5.3 开花期温度敏感度计算

按公式（2）计算开花期温度敏感度。

$$TS=(DTF_{LT}-DTF_{HT})/DTF_{LT}\times 100 \quad (2)$$

式中：

TS ——开花期温度敏感度的数值，单位为百分号（%）；

DTF_{LT} ——低温处理下开花期的数值，单位为天（d）；

DTF_{HT} ——高温处理下开花期的数值，单位为天（d）。

计算结果保留 1 位小数。

4.5.4 开花期光温综合敏感度计算

按公式(3)计算开花期光温综合敏感度。

$$PTCS=(DTF_{LD+LT}-DTF_{SD+HT})/DTF_{LD+LT}\times 100 \quad (3)$$

式中：

$PTCS$ ——开花期光温综合敏感度的数值，单位为百分号(%)；

DTF_{LD+LT} ——长日低温条件下开花期的数值，单位为天(d)；

DTF_{SD+HT} ——短日高温条件下开花期的数值，单位为天(d)。

计算结果保留1位小数。

5 开花期光温敏感性判定规则

5.1 开花期光周期敏感性判定分级

开花期光周期敏感性判定分级见表1。

表1 大豆开花期光周期敏感性判定分级

开花期光周期敏感性级别	开花期光周期敏感度（PS） %	开花期光周期敏感性
1	$PS\leqslant 20.0$	极钝感(HI)
2	$20.0<PS\leqslant 40.0$	钝感(I)
3	$40.0<PS\leqslant 60.0$	中等(MI)
4	$60.0<PS\leqslant 80.0$	敏感(S)
5	$80.0<PS$	极敏感(HS)

5.2 开花期温度敏感性判定分级

开花期温度敏感性判定分级见表2。

表2 大豆开花期温度敏感性判定分级

开花期温度敏感性级别	开花期温度敏感度（TS） %	开花期温度敏感性
1	$TS\leqslant 10.0$	极钝感(HI)
2	$10.0<TS\leqslant 20.0$	钝感(I)
3	$20.0<TS\leqslant 30.0$	中等(MI)
4	$30.0<TS\leqslant 40.0$	敏感(S)
5	$40.0<TS$	极敏感(HS)

5.3 开花期光温敏感性判定分级

开花期光温综合敏感性判定分级见表3。

表3 大豆开花期光温敏感性综合判定分级

开花期光温综合敏感性级别	开花期光温综合敏感度（$PTCS$） %	开花期光温综合敏感性
1	$PTCS\leqslant 20.0$	极钝感(HI)
2	$20.0<PTCS\leqslant 40.0$	钝感(I)
3	$40.0<PTCS\leqslant 60.0$	中等(MI)
4	$60.0<PTCS\leqslant 80.0$	敏感(S)
5	$80.0<PTCS$	极敏感(HS)

附 录 A
（规范性）
不同生态区大豆品种春播和夏播播种期

不同生态区大豆品种春播和夏播播种期见表 A.1。

表 A.1　不同生态区大豆品种春播和夏播播种期

生态区	春播播期	夏播播期
北方春大豆区	4 月下旬至 5 月上旬	—
黄淮海夏大豆区	4 月下旬至 5 月上旬	6 月中下旬
长江流域大豆区	3 月下旬至 4 月上旬	6 月下旬至 7 月上旬
热带亚热带大豆区	2 月下旬至 3 月上旬	6 月中旬至 7 月上旬

ICS 65.020.01
CCS B 21

NY

中华人民共和国农业行业标准

NY/T 4199—2022

甜瓜品种真实性鉴定 SSR分子标记法

Melon (*Cucumis melo* L.) variety genuineness identification—SSR-based methods

2022-11-11 发布

2023-03-01 实施

中华人民共和国农业农村部 发布

前　言

本文件按照 GB/T 1.1—2020《标准化工作导则　第 1 部分：标准化文件的结构和起草规则》的规定起草。

请注意本文件的某些内容有可能涉及专利。本文件的发布机构不承担识别专利的责任。

本文件由农业农村部种业管理司提出。

本文件由全国农作物种子标准化技术委员会(SAC/TC 37)归口。

本文件起草单位：北京市农林科学院蔬菜研究所、全国农业技术推广服务中心、东北农业大学、中国农业科学院蔬菜花卉研究所、新疆维吾尔自治区农业科学院哈密瓜研究中心、中国农业科学院郑州果树研究所、北京蔬菜学会。

本文件主要起草人：温常龙、任雪贞、张建、金石桥、许勇、晋芳、杨静静、刘丰泽、王怀松、高鹏、张学军、赵光伟、张海英、戴祖云。

甜瓜品种真实性鉴定　SSR 分子标记法

1　范围

本文件规定了利用简单重复序列(simple sequence repeat,SSR)分子标记法进行甜瓜(*Cucumis melo* L.)品种真实性检测的术语和定义,缩略语,原理,检测方案,仪器设备、试剂和溶液配制,检测程序,鉴定意见和结果报告。

本文件适用于甜瓜品种真实性验证和品种真实性身份鉴定。

2　规范性引用文件

下列文件中的内容通过文中的规范性引用而构成本文件必不可少的条款。其中,注日期的引用文件,仅该日期对应的版本适用于本文件;不注日期的引用文件,其最新版本(包括所有的修改单)适用于本文件。

GB/T 3543.1　农作物种子检验规程　总则

GB/T 3543.2　农作物种子检验规程　扦样

GB/T 3543.5　农作物种子检验规程　真实性和品种纯度鉴定

GB/T 6682　分析实验室用水规格和试验方法

3　术语和定义

下列术语和定义适用于本文件。

3.1

品种真实性验证　variety genuineness verification

通过与其对应品种名称的标准样品比较,检测证实送验样品与其标注的名称是否相符。

3.2

品种真实性身份鉴定　variety genuineness identification

经 SSR 分子标记检测并通过已知品种 SSR 指纹数据比对平台筛查,确定供检样品的真实品种名称。

3.3

标准样品　standard sample

国家指定机构保存的具有法定身份的代表品种特征特性的实物样品或 DNA 样品。

3.4

参照样品　reference sample

携带 SSR 位点上主要等位变异的品种,用于辅助确定试验样品的等位变异,校正仪器设备的系统误差。

3.5

引物组合　primer panel

具有不同荧光颜色或相同荧光颜色而扩增片段大小不同、能够组合在一起进行电泳的一组荧光标记引物。

4　缩略语

下列缩略语适用于本文件。

bp:碱基对(base pair)

CI:氯仿∶异戊醇(Chloroform∶3-Methyl-1-butanol)(V_1∶V_2=24∶1)

CTAB：十六烷基三甲基溴化铵（cetyltrimethylammonium bromide）
DNA：脱氧核糖核酸（deoxyribonucleic acid）
dNTPs：脱氧核糖核苷三磷酸（deoxy-ribonucleoside triphosphate）
EDTA：乙二胺四乙酸（ethylenediamine tetraacetic acid）
PAGE：聚丙烯酰胺凝胶电泳（polyacrylamide gel electrophoresis）
PCI：苯酚：氯仿：异戊醇（Phenol：Chloroform：3-Methyl-1-butanol）（V_1：V_2：V_3＝25：24：1）
PCR：聚合酶链式反应（polymerase chain reaction）
SDS：十二烷基硫酸钠（sodium dodecyl sulfate）
SSR：简单序列重复（simple sequence repeat）
TBE：三羟甲基氨基甲烷-硼酸盐-乙二胺四乙酸二钠（Tris-Borate-EDTA）
Tris：三羟甲基氨基甲烷[tris (hydroxymethyl) aminomethane]
Taq 酶：耐热 DNA 聚合酶（*Taq*-DNA polymerase）

5 原理

甜瓜不同品种的基因组存在着能够世代稳定遗传的简单重复序列（SSR）的重复次数差异。这种差异可以从抽取有代表性的试验样品中提取 DNA，用 SSR 引物进行扩增和电泳检测，从而利用扩增片段大小不同而区分品种。

依据 SSR 标记检测原理，采用 SSR 引物，通过与标准样品 SSR 指纹数据比对或筛查的方式，对品种真实性进行验证或身份鉴定。品种真实性验证依据 SSR 位点差异数目而判定，品种真实性身份鉴定依据被检 SSR 位点无差异原则进行筛查、鉴定。

6 检测方案

6.1 总则

对于真实性鉴定，引物、检测平台、样品状况不同，其检测结果的准确度、精确度可能有所不同。应依据“适于检测目的”的原则，统筹考虑检测规模和检测能力，选定适宜的引物、检测平台、样品状况，制订相应的检测方案。

在严格控制条件下，合成选择的引物，按照确定的检测平台对供检样品按 DNA 提取、PCR 扩增、电泳、数据分析的程序进行检测。

按规定要求填报检测结果，检测报告应注明检测方案所选择的影响检测结果的关键信息。

DNA 提取、PCR 扩增和电泳的技术条件要求，在适于检测目的和不影响检测质量的前提下，按照检测平台的要求允许对本文件的规定做适宜的调整。

6.2 检测平台

6.2.1 对于甜瓜品种真实性验证，可选择采用变性 PAGE 垂直板电泳或者毛细管电泳；对于真实性身份鉴定，宜采用毛细管电泳。如需要利用 SSR 指纹数据库，则需要利用参照品种确定试验样品的指纹后再进行真实性身份鉴定；或在同一电泳板上比较试验样品和标准样品，进行品种真实性验证。

6.2.2 对于供检样品数量较多的，可将组织研磨仪、DNA 自动提取、自动移液工作站、高通量 PCR 扩增仪、多引物组合的毛细管电泳进行组合，以提高检测的综合效率。

6.3 引物

6.3.1 遴选了 23 对 SSR 引物作为甜瓜品种真实性验证和身份鉴定的引物，具体见表 1，引物编号为 M01～M26，并据此构建了甜瓜品种的 SSR 指纹数据比对平台。

表 1 26 对 SSR 引物信息

编号	引物名称	染色体	退火温度，℃	引物序列（5′-3′）
M01	MeSSR030	Chr04	60	F：GTTGGTGGAATGGTTTGTAAATTGG
				R：CACTCCCACTGTTTCTTCATCATC

表 1 （续）

编号	引物名称	染色体	退火温度，℃	引物序列(5′-3′)
M02	MeSSR004	Chr01	60	F：TGGCTAACAAACACCCAAACACTC
				R：ATTACACTTAATCGTCATCTTAGACG
M03	MeSSR019	Chr02	60	F：ACGTGGCTTCTACCAAATCACATG
				R：GAAAGATCTGAAATCTGATGAGATAG
M04	MeSSR117	Chr12	60	F：TGCAACGGTAACAAATGAGTGAAAC
				R：GAACGATACAGACATCTAGTGGAG
M05	MeSSR833	Chr07	60	F：CGTCAACGGAATCGACAAACATG
				R：GGAGAAGCTGACCATTGTTGCAT
M06	MeSSR040	Chr04	60	F：CTCATAAGAGTATTTGAGAGATCATTG
				R：GTGAAGTTCATGTTCATGAGTTCATAC
M07	MeSSR119	Chr05	60	F：TCCACTCGATACTTCTGATTCCTTC
				R：GATTGAAGGAGCTGGAATTATGCTC
M08	MeSSR912	Chr12	60	F：CAAAGTTTTGCTTGCTGTTCTTGAC
				R：GTAGTACTTCCCATAGTGTCTTTCA
M09	MeZQSSR2	Chr02	60	F：AGCAGATAGACCCTGTTTGACATTA
				R：ATTTCTTTCCCTCATCCTACATTCC
M10	Me-CM26	Chr07	60	F：TCAACAGATTTCCCTCATTTCTCCT
				R：GAGAAACCAGCAGTAGAAGAACAAG
M11	MeSSR873	Chr01	60	F：CTGAGTAGTGCTGTGTTCATGTTTC
				R：CAAGGAGAAATCTAAACCTTGCAAC
M12	MeSSR069	Chr12	60	F：CTGTCTGCTATTCTCCACTTGG
				R：TGTATGCCACGTAGCGAAAC
M13	MeSSR945	Chr05	60	F：GTTCAGTAACTCTACGAAGTGGTAG
				R：GAATTCCTTCCTTGAAGATGCAAGG
M14	MeZQSSR11	Chr11	60	F：CGACATCGGCAAGAAAGCTAAAG
				R：GAGCTATGGAATCATGAGACAGAG
M15	MeSSR025	Chr03	60	F：AGAGAAGAAAAATGTCGGGATCTGA
				R：GAATTTATGTTGAACCCATGAGGCA
M16	MeSSR020	Chr03	60	F：ATCCAATTGCACGTCATTGACTATC
				R：GGTGAGTTGAGCTAATCCATTGTTT
M17	MeSSR0692	Chr07	60	F：TTCTTGTGGTATCCCTACATATCCT
				R：GAAATCGTGTGTGTTTATCCATGTC
M18	MeSSR074	Chr08	60	F：CTCCGTTTTGGTTTTCGGTTTAAAG
				R：CAACATCTCGGTTGGGACTACG
M19	MeSSR016	Chr02	60	F：CACACGGCGACACCTGATTGG
				R：GGAGAAGAACCTTGAGAGAGAAATG
M20	MeZQSSR1	Chr06	60	F：CTCTCTCAATATGTTCGCAATTGGT
				R：AAATGGTTGGATTTGTAGAGTGCAG
M21	MeZQSSR10	Chr10	60	F：ACCTGCATTGACAACAAAAATGAAG
				R：GACCGATTAATTGCGGGAGTATTTT
M22	MeSSR1587	Chr09	60	F：GATCACATGTATGTGTAAGGATAGC
				R：TGTCCCAACATGGGATTCCATAC
M23	MeSSR099	Chr10	60	F：CGCTTGATGATTAAACTATGTTCAACA
				R：TATTGATCGCCATGAAAATGAAGCA
M24	MeSSR083	Chr08	60	F：GTCATTGGCATCTCAATGGGATG
				R：GTAACTTGTAGAGGTGGGATATTC
M25	Me-MU9175	Chr06	60	F：CGACTGTGTCTTGTGGAGGATT
				R：TCCCTCTCAGATTCTGATGAGAG
M26	MeSSR986	Chr09	60	F：GATCTCCTGATTCCAGTACCCTT
				R：GTGATCCCTACATGCGTGTTCTT

注：SSR 位点的物理位置和 motif 序列利用的参考基因组甜瓜 DHL92 V3.6.1 比对确定。

6.3.2 品种真实性验证允许采用序贯方式，可以先采用引物 M01～M10 进行检测，若检测到可以排除两者为同一品种的差异位点数时，可终止检测。若采用前 10 对引物未达到可以判定不符结果的差异位点数的，则继续完成引物 M11～M26 的检测。也可直接采用表 1 的 26 对 SSR 引物进行检测。

6.3.3 品种真实性身份鉴定是在已具备已知品种 SSR 指纹数据的前提下，通过构建供检样品的指纹，利用 SSR 指纹数据进行筛查确定至具体品种。检测时可直接采用表 1 的 26 对 SSR 引物进行检测，直至与 SSR 指纹数据比较确定到具体品种为止。

6.4 样品

6.4.1 送验样品可为种子、幼苗、叶片等组织或器官，需要扦样的样品数量应符合 GB/T 3543.2 的要求。

6.4.2 送验样品如为种子，重量应不低于 50 g 或数量不少于 500 粒；如为幼苗、叶片、果实等组织或器官，样品应至少来自 30 个随机个体的混合样或至少 10 个随机个体的单样。

6.5 检测条件

真实性鉴定应在有利于检测正确实施的控制条件下进行，包括但不限于下列条件：

a) 种子检验人员具备熟悉所使用检测技术的知识和技能；

b) 所有仪器与使用的技术相适应，并已经过定期维护、验证和校准；

c) 使用适当等级的试剂和灭菌处理的耗材；

d) 使用校准检测结果评定的适宜参照样品。

7 仪器设备、试剂和溶液配制

7.1 仪器设备

7.1.1 DNA 提取

7.1.1.1 DNA 提取仪器设备。

7.1.1.2 高速冷冻离心机：转速≥12 000 r/min。

7.1.1.3 微量移液工作站或微量移液器。

7.1.1.4 水浴锅或干式恒温金属浴：20 ℃～65 ℃。

7.1.1.5 紫外分光光度计：波长定点扫描 230 nm、260 nm 和 280 nm。

7.1.1.6 组织研磨仪。

7.1.1.7 分析天平：感量为 0.01 g。

7.1.1.8 pH 计。

7.1.1.9 涡旋混合器。

7.1.1.10 高压灭菌锅。

7.1.2 PCR 扩增

7.1.2.1 PCR 扩增仪。

7.1.2.2 移液器等。

7.1.3 电泳

7.1.3.1 变性 PAGE 垂直板电泳

7.1.3.1.1 高压电泳仪。

7.1.3.1.2 垂直板电泳槽及其配套的制胶附件。

7.1.3.1.3 胶片观察灯。

7.1.3.1.4 水平摇床。

7.1.3.1.5 凝胶成像系统或数码相机。

7.1.3.1.6 移液器等。

7.1.3.2 **毛细管电泳**

7.1.3.2.1 基因分析仪。

7.1.4 **其他器具**

7.1.4.1 微量移液器。

7.1.4.2 电子天平(1/10 000)。

7.1.4.3 高压灭菌锅。

7.1.4.4 加热磁力搅拌器。

7.1.4.5 冰箱。

7.1.4.6 染色盒。

7.1.4.7 制冰机。

7.1.4.8 超纯水仪等。

7.2 **试剂**

除非另有说明,在分析中仅使用确认为分析纯的试剂和符合 GB/T 6682 规定的一级水。

7.2.1 **DNA 提取**

7.2.1.1 液氮(N_2)。

7.2.1.2 十六烷基三甲基溴化铵(cetyl triethylammonium bromide, CTAB)[$C_{16}H_{33}(CH_3)_3NBr$,CAS 号:57-09-0]。

7.2.1.3 SDS($C_{12}H_{25}NaSO_4$, CAS 号:151-21-3)。

7.2.1.4 氯化钠(NaCl,CAS 号:7647-14-5)。

7.2.1.5 乙二胺四乙酸二钠(ethylenediamine-tetraacetic acid,EDTA)($C_{10}H_{14}N_2Na_2O_8$,CAS 号:139-33-3)。

7.2.1.6 三羟甲基氨基甲烷(trishydroxymethylaminomethane, Tris)[$NH_2C(CH_2OH)_3$,CAS 号:77-86-1]。

7.2.1.7 β-巯基乙醇(β-mercaptoethanol)(C_2H_6OS, CAS 号:60-24-2)。

7.2.1.8 氯仿($CHCl_3$,CAS 号:67-66-3)。

7.2.1.9 异戊醇($C_5H_{12}O$,CAS 号:123-51-3)。

7.2.1.10 乙醇(CH_3CH_2OH,CAS 号:64-17-5)。

7.2.1.11 盐酸(HCl,CAS 号:7647-01-0)。

7.2.1.12 氢氧化钠(NaOH,CAS 号:1310-73-2)。

7.2.1.13 异丙醇(C_3H_8O,CAS 号:67-63-0)。

7.2.1.14 醋酸钠($C_2H_3NaO_2$,CAS 号:127-09-3)。

7.2.1.15 醋酸钾($C_2H_3KO_2$, CAS 号:127-08-2)。

7.2.1.16 RNase A(CAS 号:9001-99-4)。

7.2.2 **PCR 扩增**

7.2.2.1 dNTPs。

7.2.2.2 10×PCR Buffer(含 $MgCl_2$)。

7.2.2.3 *Taq* 酶。

7.2.2.4 ddH_2O 或者 2×*Taq* Mix 反应混合液。

7.2.3 **电泳**

7.2.3.1 **变性 PAGE 垂直板**

7.2.3.1.1 丙烯酰胺(acrylamide)(C_3H_5NO,CAS 号:79-06-1)。

7.2.3.1.2 N,N′-亚甲基双丙烯酰胺(N,N′-Methylenebisacrylamide)($C_7H_{10}N_2O_2$,CAS号:110-26-9)。

7.2.3.1.3 尿素(Urea)(CH_4N_2O,CAS号 57-13-6)。

7.2.3.1.4 去离子甲酰胺(Formamide deionized)(CH_3NO, CAS号:75-12-7)。

7.2.3.1.5 乙二胺四乙酸(ethylenediamine-tetraacetic acid,EDTA)($C_{10}H_{14}N_2Na_2O_8$,CAS号:139-33-3)。

7.2.3.1.6 溴酚蓝(bromophenol blue)($C_{19}H_{10}Br_4O_5S$,CAS号:115-39-9)。

7.2.3.1.7 二甲苯青(Xylene cyanole)($C_{25}H_{27}N_2NaO_7S_2$,CAS号:4463-44-9)。

7.2.3.1.8 三羟甲基氨基甲烷(Tris base)($C_4H_{11}NO_3$,CAS号:77-86-1)。

7.2.3.1.9 硼酸(Orthoboric acid)(BH_3O_3,CAS号:10043-35-3)。

7.2.3.1.10 无水乙醇(Ethanol)(C_2H_6O,CAS号:64-17-5)。

7.2.3.1.11 亲和硅烷(binding silane)。

7.2.3.1.12 剥离硅烷(repel silane)。

7.2.3.1.13 过硫酸铵(Ammonium persulfate,APS)($H_8N_2O_8S_2$,CAS号:7727-54-0)。

7.2.3.1.14 冰醋酸(Acetic acid)($C_2H_4O_2$,CAS号:64-19-7)。

7.2.3.1.15 四甲基乙二胺(tetramethylethylenediamine, TEMED)($C_6H_{16}N_2$,CAS号:110-18-9)。

7.2.3.1.16 去离子水(Deionized water)。

7.2.3.1.17 硝酸银(Silver nitrate)($AgNO_3$,CAS号:7761-88-8)。

7.2.3.1.18 氢氧化钠(Sodium hydroxide)(NaOH,CAS号:1310-73-2)。

7.2.3.1.19 乙二胺四乙酸二钠(Ethylenediaminetetraacetic acid disodium salt)($EDTA\text{-}Na_2 \cdot 2H_2O$)($C_{10}H_{14}N_2Na_2O_8$,CAS号:139-33-3)。

7.2.3.1.20 甲醛(Formaldehyde)(CH_2O,CAS号:50-00-0)。

7.2.3.1.21 DNA分子量标准。

7.2.3.2 毛细管电泳

与使用的遗传分析仪型号相匹配的分离胶、分子量内标、去离子甲酰胺、电泳缓冲液等。

7.3 溶液配制

DNA提取、PCR扩增、电泳、银染的溶液按照附录A规定的要求进行配制,所用试剂均为分析纯。

试剂配制所用水应符合GB/T 6682规定的一级水的要求,其中银染溶液的配制可以使用符合三级要求的水。

8 检测程序

8.1 引物合成

根据品种真实性验证或身份鉴定的要求,选定表1的引物。选用变性PAGE垂直板电泳,只需合成普通引物。选用荧光毛细管电泳,需要在上游SSR引物的5′端标记与毛细管电泳仪发射和吸收波长相匹配的荧光染料。具体引物分组信息可参考附录C。

8.2 DNA提取

8.2.1 总则

DNA提取方法应保证提取的DNA数量与质量符合PCR扩增的要求,DNA无降解,溶液的紫外光吸光度OD_{260}/OD_{280}宜介于1.8~2.0,OD_{260}/OD_{230}宜介于1.5~2.0。DNA提取可选8.2.2或8.2.3所列的任何一种方法,其他达到PCR扩增质量要求的DNA提取方法均适用。

8.2.2 CTAB法

选取试验样品(胚根、胚轴、幼嫩叶片等组织或器官)300 mg~400 mg,加入液氮迅速研磨成粉末后,转入2.0 mL的离心管中。在离心管中加入65 ℃预热的CTAB提取液800 μL,充分混匀,65 ℃水浴30 min,其间多次轻缓颠倒混匀。待样品冷却至室温后,每管加入等体积的三氯甲烷/异戊醇(24∶1)混合液，充分混合后静置 10 min，12 000 r/ min 离心 10 min。吸取上清液转移至新的离心管中，加入等体积的氯仿，充分混合后静置 10 min，12 000 r/ min 离心 10 min。离心后再次吸取上清液移至新的离心管中，加入 0.7 倍体积预冷的异丙醇，轻轻颠倒混匀，−20 ℃冰箱放置 30 min，12 000 r/ min 离心 5 min。弃上清液，75%乙醇溶液洗涤 2 遍，自然干燥或在超净工作台上吹干。将干燥的 DNA 加入 100 μL 超纯水充分溶解，检测浓度并稀释至 50 ng/μL～100 ng/μL，置于 4 ℃备用或−20 ℃保存。

注：种子需发芽后取胚根或新鲜叶片进行 DNA 提取。

8.2.3 试剂盒法

选用适宜 SSR 标记法的商业试剂盒，并经验证合格后使用。DNA 提取方法，按照试剂盒提供的使用说明进行操作。

8.3 PCR 扩增

8.3.1 反应体系

PCR 扩增反应体系的总体积和组分的终浓度根据表 2 进行配制。可依据试验条件的不同进行适当调整。

表 2 PCR 扩增反应体系

反应组分	原浓度	终浓度	推荐反应体积(20 μL)
10×PCR Buffer(含 Mg^{2+})	10×	1×	2
dNTPs	10 mmol/L	0.4 mmol/mL	0.8
Taq 酶	5 U/μL	0.05 U/μL	0.2
上游引物	10 μmol/L	1 μmol/L	1
下游引物	10 μmol/L	1 μmol/L	1
模板 DNA	50 ng/μL	5 ng/μL	2
ddH_2O	—	—	13
注：使用 2×*Taq* Mix 混合液进行 PCR 扩增，可直接在反应体系中加入相应的引物和模板 DNA，加入量参照表 2，用 ddH_2O 补齐至反应总体积 20 μL。			

8.3.2 反应程序

反应程序中各反应参数可根据 PCR 扩增仪型号、酶、引物等的不同做适当调整。通常采用下列反应程序：

a) 预变性：98 ℃，3 min，1 个循环；

b) 扩增：98 ℃变性 10 s，60 ℃退火 10 s，72 ℃延伸 15 s，35 个循环；

c) 终延伸：72 ℃，5 min；

d) 扩增产物置于 4 ℃保存。

8.4 扩增产物分离

8.4.1 变性 PAGE 垂直板电泳

8.4.1.1 制胶

蘸少量洗涤剂和清水仔细反复将玻璃板刷洗，再用蒸馏水冲洗干净，竖置晾干。将玻璃板水平放置，用 95%乙醇纵向横向各擦拭板面 3 次。干燥后建议使用亲和硅烷工作液均匀涂满无凹槽的玻璃板表面，剥离硅烷工作液均匀涂在有凹槽的玻璃板表面。

玻璃板干燥后，将 0.4 mm 厚的塑料隔条放在无凹槽的玻璃板两侧，盖上凹槽短玻璃板，用夹子在两侧夹好固定，用水平仪检测是否水平。量取 80 mL 6%变性聚丙烯酰胺凝胶溶液，加入 180 μL 10% 过硫酸铵和 60 μL TEMED，轻轻混匀后，沿着灌胶口轻轻灌入，防止气泡出现。胶灌满玻璃胶室，在凹槽处将鲨鱼齿梳子的平端插入胶液 5 mm～6 mm。室温下胶聚合 1 h～1.5 h 后，轻轻拔出梳子，用清水洗干净备用。

注：为保证检测结果的准确性，建议玻璃板的规格为 45 cm×35 cm。

8.4.1.2 **变性**

将 PCR 扩增产物加入 10 μL 上样缓冲液(A.3.1)离心混匀。95 ℃变性 5 min 后,取出迅速放置于冰上,冷却 10 min 待用。

8.4.1.3 **电泳**

8.4.1.3.1 将聚合好的胶板安装于电泳槽上,在电泳正极槽(下槽)加入 600 mL 的 1×TBE 缓冲液,负极槽(上槽)加入 600 mL 的 1×TBE 缓冲液,拔出样品梳,在 1 800 V 恒压预电泳 20 min~30 min,用注射器或吸管清除加样槽孔内的气泡和杂质,将样品梳插入胶中 1 mm~2 mm。每一个加样孔加入 5 μL~8 μL变性样品,在 1 800 V 恒压下电泳。

8.4.1.3.2 电泳的适宜时间参考二甲苯青指示带移动的位置和扩增产物预期片段大小范围(见附录 C)加以确定。扩增产物片段大小在(100±30)bp、(150±30)bp、(200±30)bp、(250±30)bp 范围的,电泳参考时间分别为 1.5 h、2.0 h、2.5 h、3.5 h。电泳结束后关闭电源,取下玻璃板并轻轻撬开,凝胶附着在无凹槽的玻璃板上。

8.4.1.4 **银染**

将粘有凝胶的长玻璃板胶面向上浸入"固定/染色液"中,轻摇染色槽,使"固定/染色液"均匀覆盖胶板,置于摇床上染色 5 min~10 min。将胶板移入水中漂洗 30 s~60 s。再移入显影液中,轻摇显影槽,使显影液均匀覆盖胶板,待带形清晰,将胶板移入去离子水中漂洗 5 min,晾干胶板,放在胶片观察灯上观察记录结果,用数码相机或凝胶成像系统拍照保存。

注:固定液/染色液、双蒸水和显影液的用量,可依据胶板数量和大小调整,以没过胶面为准。

8.4.2 **荧光毛细管电泳**

8.4.2.1 按照预先确定的组合引物,等体积取同一组合引物的不同荧光标记的扩增产物,充分混匀,稀释 2 倍。吸取稀释后的混合液 1 μL,加入遗传分析仪专用 96 孔上样板上。每孔再分别加入 0.1 μL 分子量内标和 8.9 μL 去离子甲酰胺,95 ℃变性 5 min,取出立即置于冰上,冷却 10 min 以上,离心 10 s 后备用。

注:本方法是以 ABI 3730 荧光毛细管检测平台为参考,如使用其他平台请根据设备做相应调整。

8.4.2.2 打开遗传分析仪,检查仪器工作状态和试剂状态。

8.4.2.3 将装有扩增产物的 96 孔上样板放置于样品架基座上,将装有电极缓冲液的 buffer 板放置于 buffer 板架基座上,打开数据收集软件,按照遗传分析仪的使用手册进行操作。遗传分析仪将自动运行参数,并保存电泳原始数据。

8.5 数据分析

8.5.1 总则

8.5.1.1 电泳结果需要通过规定程序进行数据分析以降低误读率。在引物等位变异片段大小范围内(见附录 C),对于毛细管电泳,特异峰呈现为稳定的单峰型、双峰型或连续峰型;对于变性 PAGE 垂直板电泳,特异谱带呈现稳定的单谱带、双谱带或连续谱带。

8.5.1.2 对于毛细管电泳,由于不同引物扩增产物表现不同、引物不对称扩增、试验条件干扰等因素影响,可能出现不同状况的峰型,按照以峰高为主、兼顾峰型的原则依据下列规则进行甄别、过滤处置:

a) 对于连带(pull-up)峰,即因某一位置某一颜色荧光的峰值较高而引起同一位置其他颜色荧光峰值升高的,应预先将其干扰消除后再进行分析;
b) 对于(*n*+1)峰,即对于同一位置出现 2 个相距 1 bp 左右的峰,应视为单峰;
c) 对于高低峰,应通过设定一定阈值不予采集低于阈值的峰;
d) 对于有 2 个以上特异峰,应考虑是由非纯合 SSR 位点或混入杂株所致;
e) 对于连续多峰,即峰高递增或峰高接近的相差一个重复序列的连续多个峰,应视为单峰,取其最右边的峰,峰高值为连续多个峰的叠加值。

注:当存在非纯合 SSR 位点时,将会有 2 个特异峰,此时需要采集 2 个峰值。

8.5.1.3 对于变性 PAGE 垂直板电泳,位于相应等位变异扩增片段大小范围之外的谱带需要甄别是非特异性扩增还是新增的稀有等位变异。采用单个个体扩增的产物,出现 3 种及 3 种以上的多带则为非特异性扩增；采用混合样检测的，某些位点出现 3 种以上的谱带或上下有弱带等情况出现时，则需要通过单个个体进行甄别。

8.5.1.4 采取混合样检测的，无论是毛细管电泳还是变性 PAGE 垂直板电泳，试验样品存在异质性时，宜采用单个个体独立检测，试样至少含有 30 个个体。异质性严重时，可终止真实性检测。

8.5.2 数据分析和读取

8.5.2.1 变性 PAGE 垂直板电泳

对甄别后的特异谱带进行扩增片段大小的读取，统一采用两段式数据记录方式。纯合位点数据记录为 X/X，非纯合位点数据记录为 X/Y（其中 X、Y 分别为该位点 2 个等位基因扩增片段大小），小片段数据在前，大片段数据在后。缺失位点数据记录为 0/0。

8.5.2.2 毛细管电泳

导出电泳原始数据文件，采用数据分析软件对数据进行甄别。

a) 设置参数：在数据分析软件中预先设置好 panel、分子量内标、panel 的相应引物的 Bin（等位变异片段大小范围区间）；

b) 导入原始数据文件：将电泳原始数据文件导入分析软件，选择 panel、分子量内标、Bin、质量控制参数等进行分析；

c) 甄别过滤处置数据：执行 8.5.1 的规定。

分析软件会对检测质量赋以颜色标志进行评分，绿色表示质量可靠无须干预，红色表示质量不过关或未落入 Bin 范围内，黄色表示有疑问需要查验原始图像进行确认。

数据比对采用 8.5.3.1、8.5.3.2 方式的，应分别通过同时进行试验的标准样品、参照样品（依据引物选择少量的对照），校准不同电泳板间的数据偏差后再读取扩增片段大小。甄别后的特异峰落入 Bin 范围内，直接读取扩增片段大小；若其峰大多不在 Bin 范围内，可将其整体平移尽量使峰落入 Bin 设置范围内后读取数据。

8.5.3 数据比对

8.5.3.1 采用与标准样品比较的，对甄别后的特异谱带或特异峰（见 8.5.1），按照在同一电泳板上的试验样品与标准样品逐个位点进行两两比较，确定其位点差异。

8.5.3.2 采用毛细管电泳与 SSR 指纹数据库比对的，按照数据导入模板的要求，将数据及其指纹截图上传到 SSR 指纹数据库，进行逐个位点在线比对，核实确定相互间的指纹数据的异同。

8.5.3.3 采用 PAGE 垂直板电泳与 SSR 指纹数据库比对的，按照数据导入模板的要求，将数据上传到 SSR 指纹数据库，进行逐个位点的两两比对，核实确定相互间的指纹数据的异同。

注：采用 PAGE 垂直板电泳与 SSR 指纹数据库比对较为困难，建议作为参考使用，比对前采取以下措施：

a) 读取扩增产物片段大小数据的，试验样品与参照样品同时在同一电泳板上电泳；

b) 电泳时间足够；

c) 试验样品存在扩增片段为一个基序差异的，按片段大小顺序重新电泳进行复核确定后读取。

8.5.4 数据记录

数据比对后，按照位点存在差异、相同、数据缺失、无法判定等情形，记录每个引物的位点状况。

9 鉴定意见

9.1 检验结果用试验样品和标准样品比较的位点差异数表示。根据检验结果进行鉴定意见判断，一般分为 3 类：排除属于同一品种、不确定是否为同一品种和不排除属于同一品种。对于有异议的样品，可以按照 GB/T 3543.5 的规定进行田间小区种植鉴定。

9.2 鉴定意见可参考以下原则：

a) 试验样品与标准样品或 SSR 指纹数据平台某品种比较检测出差异位点数大于 2，排除两者为同一品种；

b) 试验样品与标准样品或 SSR 指纹数据平台某品种比较检测出差异位点数为 1 或 2，不确定两者为同一品种；

c) 试验样品与标准样品或 SSR 指纹数据平台某品种比较检测出差异位点数为 0，不排除两者属于同一品种。

10 结果报告

10.1 按照 GB/T 3543.1 的检验报告要求，对品种真实性验证或身份鉴定的检测结果进行填报。

10.2 对于品种真实性验证，采用下列方式进行填报：

通过____对引物，采用____电泳方法进行检测，与标准样品比较检测出差异位点数____个，差异位点的引物编号为____，鉴定意见为：__________。

10.3 对于品种真实性身份鉴定，采用下列方式进行填报：

a) 通过____对引物，采用____电泳方法进行检测，经与 SSR 指纹数据筛查，供检样品与____品种未检测出位点差异，鉴定意见为：__________。

b) 通过____对引物，采用____电泳方法进行检测，经与 SSR 指纹数据筛查，检测到供检样品与____品种位点差异为 1 或 2，鉴定意见为：__________。

c) 通过____对引物，采用____电泳方法进行检测，经与 SSR 指纹数据筛查，未检测到与供检样品位点一致品种，无法鉴定品种身份。

10.4 属于下列情形之一的，应在检验报告中注明：

a) 送验样品低于 6.4.1 规定数量；

b) 与试验样品比较的标准样品的来源；

c) 与 SSR 指纹数据库进行数据比对；

d) 试验品种异质性严重的位点(引物编号)清单；

e) 检测采用其他 SSR 引物的名称及序列。

附 录 A
（资料性）
溶液配制

A.1 DNA 提取

A.1.1 1 mol/L Tris-HCl(pH 8.0)

称取 121.1 g Tris 溶于 800 mL 水中，加入 HCl 调节 pH 至 8.0，加水定容至 1 000 mL，高温高压灭菌后，室温保存。

A.1.2 0.5 mol/L EDTA 溶液(pH 8.0)

称取 186.1 g EDTA-Na_2 · $2H_2O$ 溶于 800 mL 水中，加入固体 NaOH 调节 pH 至 8.0，加水定容至 1 000 mL，高温高压灭菌后，室温保存。

A.1.3 5 mol/L NaCl 溶液

称取 146 g 固体 NaCl 溶于适量水中，充分搅拌溶解后，加水定容至 500 mL。

A.1.4 CTAB 提取液

称取 2 g CTAB 和 8.181 6 g 氯化钠溶于适量水中，加入 1 mol/L Tris-HCl 10 mL、0.5 mol/L EDTA 溶液 4 mL，定容至 100 mL，4 ℃储存。DNA 提取前，按照每 100 mL CTAB 溶液加入 2 mL β-巯基乙醇在 65 ℃水浴锅中预热。

A.2 PCR 扩增

A.2.1 dNTP

用超纯水分别配置 dATP、dGTP、dCTP、dTTP 终浓度为 100 mmol/L 的储存液，分别用 0.05 ml/L 的 Tris 碱调整 pH 至 7.0。各取 80 μL 混合，用超纯水 480 μL 定容至终浓度 10 mmol/L 的工作液。

A.2.2 SSR 引物

用超纯水分别配制上游引物、下游引物终浓度均为 100 μmol/L 的储存液。从 100 μmol/L 的储存液中分别吸取上、下游引物各 10 μL，再分别加入 90 μL 超纯水配制成 10 μmol/L 的工作液，−20 ℃储存。

A.3 电泳

A.3.1 6×上样缓冲液

去离子甲酰胺 98 mL、0.5 mol/L EDTA-Na_2 · $2H_2O$ 溶液 2 mL、0.25 g 溴酚蓝和 0.25 g 二甲苯青混合摇匀，4 ℃备用。

A.3.2 0.5 mol/L EDTA 溶液

称取 18.61 g 二水合乙二胺四乙酸二钠(EDTA-Na_2 · $2H_2O$)溶于水中，NaOH 调 pH 至 8.0，加水定容至 100 mL，高温高压灭菌后，室温保存。

A.3.3 10×TBE 缓冲液

称取 108 g 三羟甲基氨基甲烷碱、55 g 硼酸溶于水中，加入 0.5 mol/L EDTA-Na_2 · $2H_2O$ 溶液 40 mL，加水定容至 1 000 mL，于常温避光干燥处保存备用。

A.3.4 1×TBE 缓冲液

量取 100 mL 的 10×TBE 缓冲液，加水定容至 1 000 mL，于常温避光干燥处保存备用。

A.3.5 6%变性 PAGE 胶

称取 420 g 尿素、57 g 丙烯酰胺、3 g 甲叉丙烯酰胺溶于水中，加入 10×TBE 缓冲液 50 mL，加水定容至1 000 mL,用普通滤纸过滤2次,于常温避光干燥处保存备用。

A.3.6 亲和硅烷工作液

量取93 mL的75%乙醇、5 mL的冰醋酸和2 mL的亲和硅烷原液,混匀,于常温避光干燥处保存备用。

A.3.7 剥离硅烷工作液

量取25 mL的二甲基二氯硅烷、75 mL的三氯甲烷混匀,于常温避光干燥处保存备用。

A.3.8 10%过硫酸铵溶液

称取0.1 g过硫酸铵溶于1 mL水中,4 ℃储存备用。

A.4 银染

A.4.1 固定液

量取200 mL无水乙醇、10 mL冰醋酸,加蒸馏水定容至2 000 mL。

A.4.2 染色液

称取1 g硝酸银,加水定容至500 mL。

A.4.3 显色液

称取15 g氢氧化钠溶于1 000 mL水中,使用前加入5 mL甲醛溶液。

附 录 B
（资料性）
标记荧光的引物分组信息

标记荧光的引物分组信息见表 B.1。

表 B.1 标记荧光的引物分组信息

组别	引物编号	引物名称	推荐荧光基团
1	M01	MeSSR030	FAM
	M02	MeSSR004	FAM
	M03	MeSSR019	HEX
	M04	MeSSR117	HEX
	M05	MeSSR833	TAMRA
	M06	MeSSR040	ROX
	M07	MeSSR119	ROX
2	M08	MeSSR912	FAM
	M09	MeZQSSR2	FAM
	M10	Me-CM26	HEX
	M11	MeSSR873	TAMRA
	M12	MeSSR069	ROX
	M13	MeSSR945	ROX
3	M14	MeZQSSR11	FAM
	M15	MeSSR025	FAM
	M16	MeSSR020	HEX
	M17	MeSSR0692	HEX
	M18	MeSSR074	TAMRA
	M19	MeSSR016	ROX
	M20	MeZQSSR1	ROX
4	M21	MeZQSSR10	FAM
	M22	MeSSR1587	HEX
	M23	MeSSR099	HEX
	M24	MeSSR083	TAMRA
	M25	Me-MU9175	ROX
	M26	MeSSR986	ROX
注 1：每个组别内的引物可组合在一起电泳。 注 2：荧光标记在此仅为示例，在数据库比对时如采用其他基团标记，需用参照样品进行数据校正。			

附 录 C
（资料性）
甜瓜品种主要等位变异扩增片段信息

甜瓜品种主要等位变异扩增片段信息见表C.1。

表 C.1 甜瓜品种主要等位变异扩增片段信息

单位为碱基对

引物序号	引物名称	等位变异范围	等位变异							
M01	MeSSR030	105～115	105	109	112	114	116	118		
M02	MeSSR004	156～169	156	166	169					
M03	MeSSR019	219～235	219	226	229	232	235			
M04	MeSSR117	278～300	278	283	286	289	292	295	299	
M05	MeSSR833	182～191	182	185	188	191				
M06	MeSSR040	136～146	136	140	143	146				
M07	MeSSR119	266～295	266	268	274	278	280	283	289	295
M08	MeSSR912	158～169	158	160	166	169				
M09	MeZQSSR2	281～296	281	290	293	296				
M10	Me-CM26	212～227	212	215	218	221	224	227		
M11	MeSSR873	165～189	165	177	180	186	189			
M12	MeSSR069	115～121	115	119	121					
M13	MeSSR945	231～247	231	237	240	243				
M14	MeZQSSR11	222～234	222	234						
M15	MeSSR025	275～296	275	281	290	296				
M16	MeSSR020	167～176	167	170	173	176				
M17	MeSSR0692	235～266	235	251	256	261	266			
M18	MeSSR074	173～197	173	177	183	189	191	194	197	
M19	MeSSR016	157～170	157	162	167	170				
M20	MeZQSSR1	247～270	247	250	256	264	266	267	270	
M21	MeZQSSR10	175～179	175	177	179					
M22	MeSSR1587	184～193	184	189	193					
M23	MeSSR099	237～255	237	240	246	249	255			
M24	MeSSR083	262～278	262	266	278					
M25	Me-MU9175	162～198	162	168	174	184	186	189	193	198
M26	MeSSR986	318～329	318	323	326	329				

注：表C.1列出26对引物在已知甜瓜品种中的等位变异扩增片段范围和主要等位变异信息。受不同荧光染料影响，扩增片段大小可能会发生变化。

附　录　D
（资料性）
参照样品及其等位变异信息

参照样品及其等位变异信息见表D.1。

表D.1　参照样品及其等位变异信息

单位为碱基对

引物编号	品种名称	
	京玉5号	欣源早蜜
M01	114/114	114/114
M02	156/156	156/156
M03	226/235	226/226
M04	289/295	289/295
M05	185/185	185/185
M06	136/136	136/136
M07	266/274	266/266
M08	158/160	160/160
M09	293/293	293/296
M10	212/224	212/212
M11	186/186	186/186
M12	121/121	119/121
M13	240/243	240/240
M14	234/234	222/234
M15	281/290	281/281
M16	170/173	173/173
M17	235/261	235/251
M18	173/177	173/194
M19	157/162	157/162
M20	247/270	247/270
M21	177/179	179/179
M22	184/193	189/193
M23	237/237	237/237
M24	262/266	266/266
M25	162/186	186/198
M26	318/323	323/323

ICS 65.020.01
CCS B 21

NY

中华人民共和国农业行业标准

NY/T 4200—2022

黄瓜品种真实性鉴定 SSR分子标记法

Cucumber(*Cucumis sativus* L.)variety genuineness identification—SSR-based me thods

2022-11-11 发布 2023-03-01 实施

中华人民共和国农业农村部 发布

前　言

本文件按照 GB/T 1.1—2020《标准化工作导则　第 1 部分：标准化文件的结构和起草规则》的规定起草。

请注意本文件的某些内容可能涉及专利。本文件的发布机构不承担识别专利的责任。

本文件由农业农村部种业管理司提出。

本文件由全国农作物种子标准化技术委员会(SAC/TC 37)归口。

本文件起草单位：北京市农林科学院蔬菜研究所、中国农业科学院蔬菜花卉研究所、全国农业技术推广服务中心、天津科润农业科技股份有限公司黄瓜研究所、扬州大学、上海交通大学、南京农业大学、全国蔬菜质量标准中心、北京蔬菜学会。

本文件主要起草人：温常龙、张力科、苗晗、金石桥、晋芳、张圣平、顾兴芳、张建、杨静静、陈学好、蔡润、陈劲枫、杜胜利、许学文、毛爱军、夏海波。

黄瓜品种真实性鉴定　SSR 分子标记法

1　范围

本文件规定了利用简单重复序列(simple sequence repeat,SSR)分子标记法进行黄瓜(*Cucumis sativus* L.)品种真实性检测的术语和定义,缩略语,原理,检测方案,仪器设备、试剂和溶液配制,检测程序,鉴定意见和结果报告。

本文件适用于黄瓜品种真实性验证和品种真实性身份鉴定。

2　规范性引用文件

下列文件中的内容通过文中的规范性引用而构成本文件必不可少的条款。其中,注日期的引用文件,仅该日期对应的版本适用于本文件;不注日期的引用文件,其最新版本(包括所有的修改单)适用于本文件。

GB/T 3543.1　农作物种子检验规程　总则

GB/T 3543.2　农作物种子检验规程　扦样

GB/T 3543.5　农作物种子检验规程　真实性和品种纯度鉴定

GB/T 6682　分析实验室用水规格和试验方法

3　术语和定义

下列术语和定义适用于本文件。

3.1

品种真实性验证　variety genuineness verification

通过与其对应品种名称的标准样品比较,检测证实送验样品与其标注的名称是否相符。

3.2

品种真实性身份鉴定　variety genuineness identification

经 SSR 分子标记检测并通过已知品种 SSR 指纹数据比对平台筛查,确定供检样品的真实品种名称。

3.3

标准样品　standard sample

国家指定机构保存的具有法定身份的代表品种特征特性的实物样品或 DNA 样品。

3.4

参照样品　reference sample

携带 SSR 位点上主要等位变异的品种,用于辅助确定试验样品的等位变异,校正仪器设备的系统误差。

3.5

引物组合　primer panel

具有不同荧光颜色或相同荧光颜色而扩增片段大小不同、能够组合在一起进行电泳的一组荧光标记引物。

4　缩略语

下列缩略语适用于本文件。

bp:碱基对(base pair)

CI:氯仿∶异戊醇(Chloroform∶3-Methyl-1-butanol)(V_1∶V_2=24∶1)

CTAB：十六烷基三甲基溴化铵(cetyltrimethylammonium bromide)
DNA：脱氧核糖核酸(deoxyribonucleic acid)
dNTPs：脱氧核糖核苷三磷酸(deoxy-ribonucleoside triphosphate)
EDTA：乙二胺四乙酸(ethylenediamine tetraacetic acid)
PAGE：聚丙烯酰胺凝胶电泳(polyacrylamide gel electrophoresis)
PCI：苯酚∶氯仿∶异戊醇(Phenol∶Chloroform∶3-Methyl-1-butanol)($V_1:V_2:V_3=25:24:1$)
PCR：聚合酶链式反应(polymerase chain reaction)
SDS：十二烷基硫酸钠(sodium dodecyl sulfate)
SSR：简单序列重复(simple sequence repeat)
TBE：三羟甲基氨基甲烷-硼酸盐-乙二胺四乙酸二钠(Tris-Borate-EDTA)
Tris：三羟甲基氨基甲烷[tris (hydroxymethyl) aminomethane]
Taq 酶：耐热 DNA 聚合酶(*Taq*-DNA polymerase)

5 原理

黄瓜不同品种的基因组存在着能够世代稳定遗传的简单重复序列(SSR)的重复次数差异。这种差异可以从抽取有代表性的试验样品中提取 DNA，用 SSR 引物进行扩增和电泳检测，从而利用扩增片段大小不同而区分品种。

依据 SSR 标记检测原理，采用 SSR 引物，通过与标准样品 SSR 指纹数据比对或筛查的方式，对品种真实性进行验证或身份鉴定。品种真实性验证依据 SSR 位点差异数目而判定，品种真实性身份鉴定依据被检 SSR 位点无差异原则进行筛查、鉴定。

6 检测方案

6.1 总则

对于真实性鉴定，引物、检测平台、样品状况不同，其检测结果的准确度、精确度可能有所不同。应依据“适于检测目的”的原则，统筹考虑检测规模和检测能力，选定适宜的引物、检测平台、样品状况，制订相应的检测方案。

在严格控制条件下，合成选择的引物，按照确定的检测平台对供检样品按 DNA 提取、PCR 扩增、电泳、数据分析的程序进行检测。

按规定要求填报检测结果，检测报告应注明检测方案所选择的影响检测结果的关键信息。

DNA 提取、PCR 扩增和电泳的技术条件要求，在适于检测目的和不影响检测质量的前提下，按照检测平台的要求允许对本文件的规定做适宜的调整。

6.2 检测平台

6.2.1 对于黄瓜品种真实性验证，可选择采用变性 PAGE 垂直板电泳或者毛细管电泳；对于真实性身份鉴定，宜采用毛细管电泳。如需要利用 SSR 指纹数据库，则需要利用参照品种确定试验样品的指纹后再进行真实性身份鉴定；或在同一电泳板上比较试验样品和标准样品，进行品种真实性验证。

6.2.2 对于供检样品数量较多的，可将组织研磨仪、DNA 自动提取、自动移液工作站、高通量 PCR 扩增仪、多引物组合的毛细管电泳进行组合，以提高检测的综合效率。

6.3 引物

6.3.1 遴选了 25 对 SSR 引物作为黄瓜品种真实性验证和身份鉴定的引物，具体见表 1，引物编号为 C01～C25，并据此构建了黄瓜品种的 SSR 指纹数据比对平台。

表 1 25 对 SSR 引物信息

编号	引物名称	染色体	退火温度，℃	引物序列(5′-3′)
C01	CuSSr002	Chr1	60	F：GAGAACTTATTAATTTGAGAAAAGGAGGA
				R：TTTGGTTTAAATGAATCTAATTTTGTCATGT

表 1 （续）

编号	引物名称	染色体	退火温度,℃	引物序列(5′-3′)
C02	CuSSR126	Chr7	60	F:CATGTCTTTGTGACACAAAGAACCA
				R:GAAGGTTGGAAAGGAATAATGGTGA
C03	CuSSR052	Chr4	60	F:GTTCATTACCTTCAGACTCAAGAAC
				R:CGATAGGTCTATCATATCCTGAGG
C04	CuSSR17022	Chr5	60	F:AATCAAATGTGGGTGGTGGTGC
				R:CTCAACAAGTTCGGTCCCATAC
C05	CuSSR103	Chr1	60	F:TTGATTTTGTTTTTGTTGGGCACTC
				R:CAAATTACGAGCTAGCTGTCCAC
C06	CuSSR100	Chr7	60	F:GAGGATTGAATCAAATTGAGGTTCG
				R:CTTACGGAAGCGAAGGACTAGAA
C07	CuSSR025	Chr2	60	F:TTGTTCTCAATTTTGGGTCGTTGAA
				R:CGTCGTCATCGAGAGAAGTTATTCA
C08	CuSSR10	Chr3	60	F:AAGAGTCTAATACTTTGAGGGTCATG
				R:AACTACTCATCTAGCTAGGTATCACT
C09	CuSSR095	Chr7	60	F:GATGTCTTCCATTCCGTTCGATAAC
				R:CGAAACCTAGAAACCCTAATGTCC
C10	CuSSR004	Chr3	60	F:GAAAGAGAGAGTTTAATAACCGGCG
				R:AGTAAATTGATTTCCATGGGCGAAG
C11	ZqCuSSR4	Chr4	60	F:CTTCACCCAATTCAGTCTATGCAAG
				R:CTGAGGTCTCCTGATGGAGGC
C12	CuSSR113	Chr7	60	F:CAGAAGCAAAAGGGAAGAACATTGA
				R:GGACTTAGCTTAAAGCCTTGAACC
C13	CuSSR1253	Chr2	60	F:TACAAACACAATGTCGGGGA
				R:TGATTACTGCGCTGGATTTG
C14	CuSSR109	Chr2	60	F:GTTGCCTTTCTCATAGGTAAACTAC
				R:CAAGCACACTTGGGCAATATTGC
C15	CuSSR121	Chr3	60	F:TCTTTCTTCCATCATCACATCACGA
				R:GACCCAAACCAACTCGAAAATATCAA
C16	CuSSR20b	Chr5	60	F:GGTCAATGAGCTTAGCTTTCTCAAT
				R:CCAAGAGGTTTCCAACGATTGAC
C17	CuSSR118	Chr6	60	F:CGAGAGATGTCATACTTGTTAGTTTG
				R:GAGAGAATATATGTTGGGGAGAGTA
C18	CuSSR32b	Chr7	60	F:ATTGCAGTTATTAAGATGGATGTGATG
				R:CATTATCCCATACTCTTAGCCAATC
C19	CuSSR12	Chr6	60	F:ATCACACCGATGACAGTTAATGGTA
				R:ACTGCATTGGATATCACTGATGTTG
C20	CuSSR080	Chr6	60	F:GAGACAAAAGCTCATAGTACAAGAG
				R:CAAACCACGAACTCTAATAAGGAAG
C21	CuSSR064	Chr5	60	F:GCCGCTGTTTTTGTCCTCTATAAAT
				R:GAAAGCAATTGAAACGATGAATGTGG
C22	CuSSR4649	Chr4	60	F:TTTGAAATTGATGACATCCCA
				R:ACATGGAGGAAGACAGGCAC
C23	CuSSR106	Chr4	60	F:CACAAGCTTCAGAGGTCCAAAACA
				R:TCAAGCAGTTTGGTGGAATAGTAGA
C24	CuSSR14b	Chr3	60	F:TTGGAAAAGTCGCCAAACTT
				R:TCCATGTCTGCTTTTGATTCC
C25	CuSSR101	Chr5	60	F:TTGCTTTGTTGCTGCATATCTGTAA
				R:AATCATATAACCCCGTTTCTCCCC
注：SSR 位点的物理位置和 motif 序列利用的参考基因组黄瓜 9930 (Chinese Long) v2 比对确定。				

6.3.2 品种真实性验证允许采用序贯方式，可以先采用引物 C01～C10 进行检测，若检测到可以排除两

者为同一品种的差异位点数时，可终止检测。若采用前10对引物未达到可以判定不符结果的差异位点数的，则继续完成引物C11～C25的检测。也可直接采用表1的25对SSR引物进行检测。

6.3.3 品种真实性身份鉴定是在已具备已知品种SSR指纹数据的前提下，通过构建供检样品的指纹，利用SSR指纹数据进行筛查确定至具体品种。检测时可直接采用表1的25对SSR引物进行检测，直至与SSR指纹数据比较确定到具体品种为止。

6.4 样品

6.4.1 送验样品可为种子、幼苗、叶片等组织或器官，需要扦样的样品数量应符合GB/T 3543.2的要求。

6.4.2 送验样品如为种子，重量应不低于50 g或数量不少于500粒；如为幼苗、叶片、果实等组织或器官，样品应至少来自30个随机个体的混合样或至少10个随机个体的单样。

6.5 检测条件

真实性鉴定应在有利于检测正确实施的控制条件下进行，包括但不限于下列条件：

a) 种子检验人员具备熟悉所使用检测技术的知识和技能；
b) 所有仪器与使用的技术相适应，并已经过定期维护、验证和校准；
c) 使用适当等级的试剂和灭菌处理的耗材；
d) 使用校准检测结果评定的适宜参照样品。

7 仪器设备、试剂和溶液配制

7.1 仪器设备

7.1.1 DNA提取

7.1.1.1 DNA提取仪器设备。

7.1.1.2 高速冷冻离心机：转速≥12 000 r/min。

7.1.1.3 微量移液工作站或微量移液器。

7.1.1.4 水浴锅或干式恒温金属浴：20 ℃～65 ℃。

7.1.1.5 紫外分光光度计：波长定点扫描230 nm、260 nm和280 nm。

7.1.1.6 组织研磨仪。

7.1.1.7 分析天平：感量为0.01 g。

7.1.1.8 pH计。

7.1.1.9 涡旋混合器。

7.1.1.10 高压灭菌锅。

7.1.2 PCR扩增

7.1.2.1 PCR扩增仪。

7.1.2.2 移液器等。

7.1.3 电泳

7.1.3.1 变性PAGE垂直板电泳

7.1.3.1.1 高压电泳仪。

7.1.3.1.2 垂直板电泳槽及其配套的制胶附件。

7.1.3.1.3 胶片观察灯。

7.1.3.1.4 水平摇床。

7.1.3.1.5 凝胶成像系统或数码相机。

7.1.3.1.6 移液器等。

7.1.3.2 毛细管电泳

7.1.3.2.1 基因分析仪。

7.1.4 **其他器具**

7.1.4.1 微量移液器。

7.1.4.2 电子天平(1/10 000)。

7.1.4.3 高压灭菌锅。

7.1.4.4 加热磁力搅拌器。

7.1.4.5 冰箱。

7.1.4.6 染色盒。

7.1.4.7 制冰机。

7.1.4.8 超纯水仪等。

7.2 **试剂**

除非另有说明,在分析中仅使用确认为分析纯的试剂和符合 GB/T 6682 规定的一级水。

7.2.1 **DNA 提取**

7.2.1.1 液氮(N_2)。

7.2.1.2 十六烷基三甲基溴化铵(cetyl triethylammonium bromide, CTAB)[$C_{16}H_{33}(CH_3)_3NBr$,CAS 号:57-09-0]。

7.2.1.3 SDS($C_{12}H_{25}NaSO_4$, CAS 号:151-21-3)。

7.2.1.4 氯化钠(NaCl,CAS 号:7647-14-5)。

7.2.1.5 乙二胺四乙酸二钠(ethylenediamine-tetraacetic acid,EDTA)($C_{10}H_{14}N_2Na_2O_8$,CAS 号:139-33-3)。

7.2.1.6 三羟甲基氨基甲烷(trishydroxymethylaminomethane, Tris)[$NH_2C(CH_2OH)_3$,CAS 号:77-86-1]。

7.2.1.7 β-巯基乙醇(β-mercaptoethanol)(C_2H_6OS, CAS 号:60-24-2)。

7.2.1.8 氯仿($CHCl_3$,CAS 号:67-66-3)。

7.2.1.9 异戊醇($C_5H_{12}O$,CAS 号:123-51-3)。

7.2.1.10 乙醇(CH_3CH_2OH,CAS 号:64-17-5)。

7.2.1.11 盐酸(HCl,CAS 号:7647-01-0)。

7.2.1.12 氢氧化钠(NaOH,CAS 号:1310-73-2)。

7.2.1.13 异丙醇(C_3H_8O,CAS 号:67-63-0)。

7.2.1.14 醋酸钠($C_2H_3NaO_2$,CAS 号:127-09-3)。

7.2.1.15 醋酸钾($C_2H_3KO_2$, CAS 号:127-08-2)。

7.2.1.16 RNase A(CAS 号:9001-99-4)。

7.2.2 **PCR 扩增**

7.2.2.1 dNTPs。

7.2.2.2 10×PCR Buffer(含 $MgCl_2$)。

7.2.2.3 *Taq* 酶。

7.2.2.4 ddH_2O 或者 2×*Taq* Mix 反应混合液。

7.2.3 **电泳**

7.2.3.1 **变性 PAGE 垂直板**

7.2.3.1.1 丙烯酰胺(acrylamide)(C_3H_5NO,CAS 号:79-06-1)。

7.2.3.1.2 N,N-亚甲基双丙烯酰胺(N,N′-Methylenebisacrylamide)($C_7H_{10}N_2O_2$,CAS 号:110-26-9)。

7.2.3.1.3 尿素(Urea)(CH_4N_2O,CAS 号:57-13-6)。

7.2.3.1.4 去离子甲酰胺(Formamide deionized)(CH_3NO, CAS号:75-12-7)。

7.2.3.1.5 乙二胺四乙酸(ethylenediamine-tetraacetic acid,EDTA)($C_{10}H_{14}N_2Na_2O_8$,CAS号:139-33-3)。

7.2.3.1.6 溴酚蓝(bromophenol blue)($C_{19}H_{10}Br_4O_5S$,CAS号:115-39-9)。

7.2.3.1.7 二甲苯青(Xylene cyanole)($C_{25}H_{27}N_2NaO_7S_2$,CAS号:4463-44-9)。

7.2.3.1.8 三羟甲基氨基甲烷(Tris base)($C_4H_{11}NO_3$,CAS号:77-86-1)。

7.2.3.1.9 硼酸(Orthoboric acid)(BH_3O_3,CAS号:10043-35-3)。

7.2.3.1.10 无水乙醇(Ethanol)(C_2H_6O,CAS号:64-17-5)。

7.2.3.1.11 亲和硅烷(binding silane)。

7.2.3.1.12 剥离硅烷(repel silane)。

7.2.3.1.13 过硫酸铵(Ammonium persulfate,APS)($H_8N_2O_8S_2$,CAS号:7727-54-0)。

7.2.3.1.14 冰醋酸(Acetic acid)($C_2H_4O_2$,CAS号:64-19-7)。

7.2.3.1.15 四甲基乙二胺(tetramethylethylenediamine, TEMED)($C_6H_{16}N_2$,CAS号:110-18-9)。

7.2.3.1.16 去离子水(Deionized water)。

7.2.3.1.17 硝酸银(Silver nitrate)($AgNO_3$,CAS号:7761-88-8)。

7.2.3.1.18 氢氧化钠(Sodium hydroxide)(NaOH,CAS号:1310-73-2)。

7.2.3.1.19 乙二胺四乙酸二钠(Ethylenediaminetetraacetic acid disodium salt)($EDTA\text{-}Na_2 \cdot 2H_2O$)($C_{10}H_{14}N_2Na_2O_8$,CAS号:139-33-3)。

7.2.3.1.20 甲醛(Formaldehyde)(CH_2O,CAS号:50-00-0)。

7.2.3.1.21 DNA分子量标准。

7.2.3.2 毛细管电泳

与使用的遗传分析仪型号相匹配的分离胶、分子量内标、去离子甲酰胺、电泳缓冲液等。

7.3 溶液配制

DNA提取、PCR扩增、电泳、银染的溶液按照附录A规定的要求进行配制,所用试剂均为分析纯。

试剂配制所用水应符合GB/T 6682规定的一级水的要求,其中银染溶液的配制可以使用符合三级要求的水。

8 检测程序

8.1 引物合成

根据品种真实性验证或身份鉴定的要求,选定表1的引物。选用变性PAGE垂直板电泳,只需合成普通引物。选用荧光毛细管电泳,需要在上游SSR引物的5′端标记与毛细管电泳仪发射和吸收波长相匹配的荧光染料。具体引物分组信息可参考附录C。

8.2 DNA提取

8.2.1 总则

DNA提取方法应保证提取的DNA数量与质量符合PCR扩增的要求,DNA无降解,溶液的紫外光吸光度OD_{260}/OD_{280}宜介于1.8~2.0,OD_{260}/OD_{230}宜介于1.5~2.0。DNA提取可选8.2.2或8.2.3所列的任何一种方法,其他达到PCR扩增质量要求的DNA提取方法均适用。

8.2.2 CTAB法

选取试验样品(胚根、胚轴、幼嫩叶片等组织或器官)300 mg~400 mg,加入液氮迅速研磨成粉末后,转入2.0 mL的离心管中。在离心管中加入65 ℃预热的CTAB提取液800 μL,充分混匀,65 ℃水浴30 min,其间多次轻缓颠倒混匀。待样品冷却至室温后,每管加入等体积的三氯甲烷/异戊醇(24:1)混合液,充分混合后静置10 min,12 000 r/min离心10 min。吸取上清液转移至新的离心管中,加入等体积的氯仿,充分混合后静置10 min,12 000 r/min离心10 min。离心后再次吸取上清液移至新的离心管中,加入0.7倍体积预冷的异丙醇，轻轻颠倒混匀，−20 ℃冰箱放置30 min，12 000 r/min离心5 min。弃上清液，75%乙醇溶液洗涤2遍，自然干燥或在超净工作台上吹干。将干燥的DNA加入100 μL超纯水充分溶解，检测浓度并稀释至50 ng/μL～100 ng/μL，置于4 ℃备用或−20 ℃保存。

注：种子需发芽后取胚根或新鲜叶片进行DNA提取。

8.2.3 试剂盒法

选用适宜SSR标记法的商业试剂盒，并经验证合格后使用。DNA提取方法，按照试剂盒提供的使用说明进行操作。

8.3 PCR扩增

8.3.1 反应体系

PCR扩增反应体系的总体积和组分的终浓度根据表2进行配制。可依据试验条件的不同作适当调整。

表2 PCR扩增反应体系

反应组分	原浓度	终浓度	推荐反应体积(20 μL)
10×PCR Buffer(含 Mg^{2+})	10×	1×	2
dNTPs	10 mmol/L	0.4 mmol/mL	0.8
Taq 酶	5 U/μL	0.05 U/μL	0.2
上游引物	10 μmol/L	1 μmol/L	1
下游引物	10 μmol/L	1 μmol/L	1
模板DNA	50 ng/μL	5 ng/μL	2
ddH_2O	—	—	13
注：使用2×*Taq* Mix混合液进行PCR扩增，可直接在反应体系中加入相应的引物和模板DNA，加入量参照表2，用 ddH_2O 补齐至反应总体积20 μL。			

8.3.2 反应程序

反应程序中各反应参数可根据PCR扩增仪型号、酶、引物等的不同做适当调整。通常采用下列反应程序：

a) 预变性：98 ℃，3 min，1个循环；

b) 扩增：98 ℃变性10 s，60 ℃退火10 s，72 ℃延伸15 s，35个循环；

c) 终延伸：72 ℃，5 min；

d) 扩增产物置于4 ℃保存。

8.4 扩增产物分离

8.4.1 变性PAGE垂直板电泳

8.4.1.1 制胶

蘸少量洗涤剂和清水仔细反复将玻璃板刷洗，再用蒸馏水冲洗干净，竖置晾干。将玻璃板水平放置，用95%乙醇纵向横向各擦拭板面3次。干燥后建议使用亲和硅烷工作液均匀涂满无凹槽的玻璃板表面，剥离硅烷工作液均匀涂在有凹槽的玻璃板表面。

玻璃板干燥后，将0.4 mm厚的塑料隔条放在无凹槽的玻璃板两侧，盖上凹槽短玻璃板，用夹子在两侧夹好固定，用水平仪检测是否水平。量取80 mL 6%变性聚丙烯酰胺凝胶溶液，加入180 μL 10%过硫酸铵和60 μL TEMED，轻轻混匀后，沿着灌胶口轻轻灌入，防止气泡出现。胶灌满玻璃胶室，在凹槽处将鲨鱼齿梳子的平端插入胶液5 mm～6 mm。室温下胶聚合1 h～1.5 h后，轻轻拔出梳子，用清水洗干净备用。

注：为保证检测结果的准确性，建议玻璃板的规格为45 cm×35 cm。

8.4.1.2 变性

将PCR扩增产物加入10 μL上样缓冲液(A.3.1)离心混匀。95℃变性5 min后，取出迅速放置于冰上，冷却10 min待用。

8.4.1.3 **电泳**

8.4.1.3.1 将聚合好的胶板安装于电泳槽上，在电泳正极槽(下槽)加入 600 mL 的 1×TBE 缓冲液，负极槽(上槽)加入 600 mL 的 1×TBE 缓冲液，拔出样品梳，在 1 800 V 恒压预电泳 20 min～30 min，用注射器或吸管清除加样槽孔内的气泡和杂质，将样品梳插入胶中 1 mm～2 mm。每一个加样孔加入 5 μL～8 μL变性样品，在 1 800 V 恒压下电泳。

8.4.1.3.2 电泳的适宜时间参考二甲苯青指示带移动的位置和扩增产物预期片段大小范围(见附录 C)加以确定。扩增产物片段大小在(100±30)bp、(150±30)bp、(200±30)bp、(250±30)bp 范围的，电泳参考时间分别为 1.5 h、2.0 h、2.5 h、3.5 h。电泳结束后关闭电源，取下玻璃板并轻轻撬开，凝胶附着在无凹槽的玻璃板上。

8.4.1.4 银染

将粘有凝胶的长玻璃板胶面向上浸入“固定/染色液”中，轻摇染色槽，使“固定/染色液”均匀覆盖胶板，置于摇床上染色 5 min～10 min。将胶板移入水中漂洗 30 s～60 s。再移入显影液中，轻摇显影槽，使显影液均匀覆盖胶板，待带型清晰，将胶板移入去离子水中漂洗 5 min，晾干胶板，放在胶片观察灯上观察记录结果，用数码相机或凝胶成像系统拍照保存。

注：固定液/染色液、双蒸水和显影液的用量，可依据胶板数量和大小调整，以没过胶面为准。

8.4.2 **荧光毛细管电泳**

8.4.2.1 按照预先确定的组合引物，等体积取同一组合引物的不同荧光标记的扩增产物，充分混匀，稀释 2 倍。吸取稀释后的混合液 1 μL，加入遗传分析仪专用 96 孔上样板上。每孔再分别加入 0.1 μL 分子量内标和 8.9 μL 去离子甲酰胺，95 ℃变性 5 min，取出立即置于冰上，冷却 10 min 以上，离心 10 s 后备用。

注：本方法是以 ABI 3730 荧光毛细管检测平台为参考，如使用其他平台请根据设备做相应调整。

8.4.2.2 打开遗传分析仪，检查仪器工作状态和试剂状态。

8.4.2.3 将装有扩增产物的 96 孔上样板放置于样品架基座上，将装有电极缓冲液的 buffer 板放置于 buffer 板架基座上，打开数据收集软件，按照遗传分析仪的使用手册进行操作。遗传分析仪将自动运行参数，并保存电泳原始数据。

8.5 数据分析

8.5.1 总则

8.5.1.1 电泳结果需要通过规定程序进行数据分析以降低误读率。在引物等位变异片段大小范围内(见附录 C)，对于毛细管电泳，特异峰呈现为稳定的单峰型、双峰型或连续峰型；对于变性 PAGE 垂直板电泳，特异谱带呈现稳定的单谱带、双谱带或连续谱带。

8.5.1.2 对于毛细管电泳，由于不同引物扩增产物表现不同、引物不对称扩增、试验条件干扰等因素影响，可能出现不同状况的峰型，按照以峰高为主、兼顾峰型的原则依据下列规则进行甄别、过滤处置：

a) 对于连带(pull-up)峰，即因某一位置某一颜色荧光的峰值较高而引起同一位置其他颜色荧光峰值升高的，应预先将其干扰消除后再进行分析；
b) 对于(n+1)峰，即对于同一位置出现 2 个相距 1 bp 左右的峰，应视为单峰；
c) 对于高低峰，应通过设定一定阈值不予采集低于阈值的峰；
d) 对于有 2 个以上特异峰，应考虑是由非纯合 SSR 位点或混入杂株所致；
e) 对于连续多峰，即峰高递增或峰高接近的相差一个重复序列的连续多个峰，应视为单峰，取其最右边的峰，峰高值为连续多个峰的叠加值。

注：当存在非纯合 SSR 位点时，将会有 2 个特异峰，此时需要采集 2 个峰值。

8.5.1.3 对于变性 PAGE 垂直板电泳，位于相应等位变异扩增片段大小范围之外的谱带需要甄别是非特异性扩增还是新增的稀有等位变异。采用单个个体扩增的产物，出现 3 种及 3 种以上的多带则为非特异性扩增；采用混合样检测的，某些位点出现 3 种以上的谱带或上下有弱带等情况出现时，则需要通过单个个体进行甄别。

8.5.1.4 采取混合样检测的,无论是毛细管电泳还是变性 PAGE 垂直板电泳,试验样品存在异质性时,宜采用单个个体独立检测,试样至少含有 30 个个体。异质性严重时,可终止真实性检测。

8.5.2 数据分析和读取

8.5.2.1 变性 PAGE 垂直板电泳

对甄别后的特异谱带进行扩增片段大小的读取,统一采用两段式数据记录方式。纯合位点数据记录为 X/X,非纯合位点数据记录为 X/Y(其中 X、Y 分别为该位点 2 个等位基因扩增片段大小),小片段数据在前,大片段数据在后。缺失位点数据记录为 0/0。

8.5.2.2 毛细管电泳

导出电泳原始数据文件,采用数据分析软件对数据进行甄别。

a) 设置参数:在数据分析软件中预先设置好 panel、分子量内标、panel 的相应引物的 Bin(等位变异片段大小范围区间);

b) 导入原始数据文件:将电泳原始数据文件导入分析软件,选择 panel、分子量内标、Bin、质量控制参数等进行分析;

c) 甄别过滤处置数据:执行 8.5.1 的规定。

分析软件会对检测质量赋以颜色标志进行评分,绿色表示质量可靠无需干预,红色表示质量不过关或未落入 Bin 范围内,黄色表示有疑问需要查验原始图像进行确认。

数据比对采用 8.5.3.1、8.5.3.2 方式的,应分别通过同时进行试验的标准样品、参照样品(依据引物选择少量的对照),校准不同电泳板间的数据偏差后再读取扩增片段大小。甄别后的特异峰落入 Bin 范围内,直接读取扩增片段大小;若其峰大多不在 Bin 范围内,可将其整体平移尽量使峰落入 Bin 设置范围内后读取数据。

8.5.3 数据比对

8.5.3.1 采用与标准样品比较的,对甄别后的特异谱带或特异峰(见 8.5.1),按照在同一电泳板上的试验样品与标准样品逐个位点进行两两比较,确定其位点差异。

8.5.3.2 采用毛细管电泳与 SSR 指纹数据库比对的,按照数据导入模板的要求,将数据及其指纹截图上传到 SSR 指纹数据库,进行逐个位点在线比对,核实确定相互间的指纹数据的异同。

8.5.3.3 采用 PAGE 垂直板电泳与 SSR 指纹数据库比对的,按照数据导入模板的要求,将数据上传到 SSR 指纹数据库,进行逐个位点的两两比对,核实确定相互间的指纹数据的异同。

注:采用 PAGE 垂直板电泳与 SSR 指纹数据库比对较为困难,建议作为参考使用,比对前采取以下措施:

a) 读取扩增产物片段大小数据的,试验样品与参照样品同时在同一电泳板上电泳;

b) 电泳时间足够;

c) 试验样品存在扩增片段为一个基序差异的,按片段大小顺序重新电泳进行复核确定后读取。

8.5.4 数据记录

数据比对后,按照位点存在差异、相同、数据缺失、无法判定等情形,记录每个引物的位点状况。

9 鉴定意见

9.1 检验结果用试验样品和标准样品比较的位点差异数表示。根据检验结果进行鉴定意见判断,一般分为 3 类:排除属于同一品种、不确定是否为同一品种和不排除属于同一品种。对于有异议的样品,可以按 GB/T 3543.5 的规定进行田间小区种植鉴定。

9.2 鉴定意见可参考以下原则:

a) 试验样品与标准样品或 SSR 指纹数据平台某品种比较检测出差异位点数大于 2,排除两者为同一品种;

b) 试验样品与标准样品或 SSR 指纹数据平台某品种比较检测出差异位点数为 1 或 2,不确定两者为同一品种;

c) 试验样品与标准样品或 SSR 指纹数据平台某品种比较检测出差异位点数为 0,不排除两者属于同一品种。

10 结果报告

10.1 按照 GB/T 3543.1 的检验报告要求，对品种真实性验证或身份鉴定的检测结果进行填报。

10.2 对于品种真实性验证，采用下列方式进行填报：

通过____对引物，采用____电泳方法进行检测，与标准样品比较检测出差异位点数____个，差异位点的引物编号为____，鉴定意见为：__________。

10.3 对于品种真实性身份鉴定，采用下列方式进行填报：

a) 通过____对引物，采用____电泳方法进行检测，经与 SSR 指纹数据筛查，供检样品与____品种未检测出位点差异，鉴定意见为：________。

b) 通过____对引物，采用____电泳方法进行检测，经与 SSR 指纹数据筛查，检测到供检样品与品种位点差异为 1 或 2，鉴定意见为：________。

c) 通过____对引物，采用____电泳方法进行检测，经与 SSR 指纹数据筛查，未检测到与供检样品位点一致品种，无法鉴定品种身份。

10.4 属于下列情形之一的，应在检验报告中注明：

a) 送验样品低于 6.4.1 规定数量；

b) 与试验样品比较的标准样品的来源；

c) 与 SSR 指纹数据库进行数据比对；

d) 试验品种异质性严重的位点(引物编号)清单；

e) 检测采用其他 SSR 引物的名称及序列。

附　录　A
（资料性）
溶液配制

A.1　DNA 提取

A.1.1　1 mol/L Tris-HCl(pH 8.0)

称取 121.1 g Tris 溶于 800 mL 水中，加入 HCl 调节 pH 至 8.0，加水定容至 1 000 mL，高温高压灭菌后，室温保存。

A.1.2　0.5 mol/L EDTA 溶液(pH 8.0)

称取 186.1 g $EDTA\text{-}Na_2 \cdot 2H_2O$ 溶于 800 mL 水中，加入固体 NaOH 调节 pH 至 8.0，加水定容至 1 000 mL，高温高压灭菌后，室温保存。

A.1.3　5 mol/L NaCl 溶液

称取 146 g 固体 NaCl 溶于适量水中，充分搅拌溶解后，加水定容至 500 mL。

A.1.4　CTAB 提取液

称取 2 g CTAB 和 8.181 6 g 氯化钠溶于适量水中，加入 1 mol/L Tris-HCl 10 mL、0.5 mol/L EDTA 溶液 4 mL，定容至 100 mL，4 ℃储存。DNA 提取前，按照每 100 mL CTAB 溶液加入 2 mL β-巯基乙醇在 65 ℃水浴锅中预热。

A.2　PCR 扩增

A.2.1　dNTP

用超纯水分别配置 dATP、dGTP、dCTP、dTTP 终浓度为 100 mmol/L 的储存液，分别用 0.05 ml/L 的 Tris 碱调整 pH 至 7.0。各取 80 μL 混合，用超纯水 480 μL 定容至终浓度 10 mmol/L 的工作液。

A.2.2　SSR 引物

用超纯水分别配制上游引物、下游引物终浓度均为 100 μmol/L 的储存液。从 100 μmol/L 的储存液中分别吸取上、下游引物各 10 μL，再分别加入 90 μL 超纯水配制成 10 μmol/L 的工作液，−20 ℃储存。

A.3　电泳

A.3.1　6×上样缓冲液

去离子甲酰胺 98 mL、0.5 mol/L $EDTA\text{-}Na_2 \cdot 2H_2O$ 溶液 2 mL、0.25 g 溴酚蓝和 0.25 g 二甲苯青混合摇匀，4 ℃备用。

A.3.2　0.5 mol/L EDTA 溶液

称取 18.61 g 二水合乙二胺四乙酸二钠($EDTA\text{-}Na_2 \cdot 2H_2O$)溶于水中，NaOH 调 pH 至 8.0，加水定容至 100 mL，高温高压灭菌后，室温保存。

A.3.3　10×TBE 缓冲液

称取 108 g 三羟甲基氨基甲烷碱、55 g 硼酸溶于水中，加入 0.5 mol/L $EDTA\text{-}Na_2 \cdot 2H_2O$ 溶液 40 mL，加水定容至 1 000 mL，于常温避光干燥处保存备用。

A.3.4　1×TBE 缓冲液

量取 100 mL 的 10×TBE 缓冲液，加水定容至 1 000 mL，于常温避光干燥处保存备用。

A.3.5　6%变性 PAGE 胶

称取 420 g 尿素、57 g 丙烯酰胺、3 g 甲叉丙烯酰胺溶于水中，加入 10×TBE 缓冲液 50 mL，加水定容至 1 000 mL，用普通滤纸过滤 2 次，于常温避光干燥处保存备用。

A.3.6 亲和硅烷工作液

量取 93 mL 的 75％乙醇、5 mL 的冰醋酸和 2 mL 的亲和硅烷原液，混匀，于常温避光干燥处保存备用。

A.3.7 剥离硅烷工作液

量取 25 mL 的二甲基二氯硅烷、75 mL 的三氯甲烷混匀，于常温避光干燥处保存备用。

A.3.8 10％过硫酸铵溶液

称取 0.1 g 过硫酸铵溶于 1 mL 水中，4 ℃储存备用。

A.4 银染

A.4.1 固定液

量取 200 mL 无水乙醇、10 mL 冰醋酸，加蒸馏水定容至 2 000 mL。

A.4.2 染色液

称取 1 g 硝酸银，加水水定容至 500 mL。

A.4.3 显色液

称取 15 g 氢氧化钠溶于 1 000 mL 水中，使用前加入 5 mL 甲醛溶液。

附 录 B
(资料性)
标记荧光的引物分组信息

标记荧光的引物分组信息见表 B.1。

表 B.1 标记荧光的引物分组信息

组别	引物编号	引物名称	推荐荧光基团
1	C01	CuSSR002	FAM
	C02	CuSSR126	FAM
	C03	CuSSR052	HEX
	C04	CuSSR17022	HEX
	C05	CuSSR103	TAMRA
	C06	CuSSR100	TAMRA
	C07	CuSSR025	ROX
	C08	CuSSR10	ROX
	C09	CuSSR095	ROX
2	C10	CuSSR004	FAM
	C11	ZqCuSSR4	FAM
	C12	CuSSR113	HEX
	C13	CuSSR1253	HEX
	C14	CuSSR109	TAMRA
	C15	CuSSR121	TAMRA
	C16	CuSSR20b	ROX
	C17	CuSSR118	ROX
3	C18	CuSSR32b	FAM
	C19	CuSSR12	FAM
	C20	CuSSR080	HEX
	C21	CuSSR064	HEX
	C22	CuSSR4649	TAMRA
	C23	CuSSR106	TAMRA
	C24	CuSSR14b	ROX
	C25	CuSSR101	ROX

注 1:每个组别内的引物可组合在一起电泳。

注 2:荧光标记在此仅为示例,在数据库比对时如采用其他基团标记,需用参照样品进行数据校正。

附　录　C
（资料性）
黄瓜品种主要等位变异扩增片段信息

黄瓜品种主要等位变异扩增片段信息见表C.1。

表C.1　黄瓜品种主要等位变异扩增片段信息

单位为碱基对

引物编号	引物名称	等位变异范围	等位变异							
C01	CuSSR002	138～165	138	147	155	162	165			
C02	CuSSR126	230～242	230	242						
C03	CuSSR052	140～145	140	145						
C04	CuSSR17022	187～189	187	189						
C05	CuSSR103	108～123	108	110	115	117	119	121	123	
C06	CuSSR100	235～244	235	244						
C07	CuSSR025	95～104	95	99	104					
C08	CuSSR10	174～180	174	177	180					
C09	CuSSR095	269～287	269	284	287					
C10	CuSSR004	157～166	157	160	163	166				
C11	ZqCuSSR4	198～214	198	206	212	214				
C12	CuSSR113	110～119	110	115	119					
C13	CuSSR1253	223～232	223	232						
C14	CuSSR109	182～205	182	188	200	205				
C15	CuSSR121	275～316	275	280	298	304	310	316		
C16	CuSSR20b	139～148	139	144	148					
C17	CuSSR118	262～269	262	269						
C18	CuSSR32b	211～223	211	219	223					
C19	CuSSR12	287～296	287	289	295	296				
C20	CuSSR080	110～117	110	117						
C21	CuSSR064	153～173	153	159	166	173				
C22	CuSSR4649	184～195	184	186	189	192	195			
C23	CuSSR106	267～312	267	276	312					
C24	CuSSR14b	154～185	154	159	166	170	172	174	180	185
C25	CuSSR101	245～252	245	247	252					

注：表C.1列出的25对引物在已知黄瓜品种中扩增片段长度范围和主要等位变异扩增片段大小，等位变异扩增的片段大小受标记荧光染料的影响，标记染料不同片段大小会发生变化。

附　录　D
（资料性）
参照样品及其等位变异信息

参照样品及其等位变异信息见表 D.1。

表 D.1　参照样品及其等位变异信息

单位为碱基对

引物编号	品种名称	
	京研 118	京研迷你白
C01	147/147	138/155
C02	242/242	230/242
C03	145/145	140/140
C04	187/187	187/189
C05	119/122	119/119
C06	235/235	244/244
C07	99/99	95/99
C08	174/177	174/177
C09	284/284	269/284
C10	160/166	160/166
C11	214/214	214/214
C12	119/119	119/119
C13	232/232	223/232
C14	182/182	200/200
C15	304/316	275/280
C16	144/144	139/139
C17	262/269	262/262
C18	211/211	223/223
C19	289/289	289/296
C20	117/117	110/117
C21	159/166	159/159
C22	189/192	192/192
C23	267/312	276/312
C24	180/180	154/174
C25	247/247	247/247

ICS 65.020.01
CCS B 05

NY

中华人民共和国农业行业标准

NY/T 4201—2022

梨品种鉴定　SSR分子标记法

Identification of pear varieties—SSR-based methods

2022-11-11 发布　　　　2023-03-01 实施

中华人民共和国农业农村部　发布

前　言

本文件按照 GB/T 1.1—2020《标准化工作导则　第 1 部分：标准化文件的结构和起草规则》的规定起草。

请注意本文件的某些内容可能涉及专利。本文件的发布机构不承担识别专利的责任。

本文件由农业农村部种业管理司提出。

本文件由全国植物新品种测试标准化技术委员会(SAC/TC 277)归口。

本文件起草单位：中国农业科学院果树研究所。

本文件主要起草人：王斐、姜淑苓、欧春青、张艳杰、马力、杨冠宇、李佳纯。

梨品种鉴定 SSR 分子标记法

1 范围

本文件规定了利用简单重复序列（simple sequence repeats，SSR）分子标记进行梨（*Pyrus* L.）品种鉴定的试验方法、数据采集及判定方法。

本文件适用于基于 SSR 分子标记的梨品种 DNA 分子数据采集和品种鉴定。

2 规范性引用文件

下列文件中的内容通过文中的规范性引用而构成本文件必不可少的条款。其中，注日期的引用文件，仅该日期对应的版本适用于本文件；不注日期的引用文件，其最新版本（包括所有的修改单）适用于本文件。

GB/T 19557.1 植物新品种特异性、一致性和稳定性测试指南 总则

GB/T 19557.30 植物品种特异性、一致性和稳定性测试指南 梨

GB/T 6682 分析实验室用水规格和试验方法

NY/T 2594 植物品种鉴定 DNA 分子标记法 总则

3 术语和定义

NY/T 2594 界定的术语和定义适用于本文件。

3.1

核心位点 core locus

品种鉴定时优先选用的一组 SSR 位点，具有多态性高、重复性好、分布均匀的特点。

3.2

参照品种 reference variety

代表核心位点主要等位变异的一组样品。用于辅助确定待测样品在某个位点上等位变异扩增片段的大小，矫正仪器设备的系统误差。

4 原理

SSR 广泛分布于梨基因组中，不同品种间每个 SSR 位点重复单位的数量可能不同。针对重复序列两侧序列高度保守的特点，设计一对特异引物，利用聚合酶链式反应（Polymerase Chain Reaction，PCR）技术对重复序列进行扩增。在电泳过程中，由于 SSR 位点重复单位的数量不同引起的不同长度的 PCR 扩增片段，在电场作用下得到分离，经硝酸银染色或者荧光染料标记加以区分。因此，根据 SSR 位点的多态性，利用 PCR 扩增和电泳技术可以鉴定梨品种。

5 仪器设备及试剂

仪器设备及试剂见附录 A。

6 溶液配制

溶液配制方法见附录 B。

7 位点

位点相关信息见附录 C。

8 参照品种

参照品种名单见附录 D。

9 操作程序

9.1 样品准备

样品为梨的叶片、枝条或其他等效物，每份样品检测不少于 5 个单株，混合分析。必要时，对单株进行单独分析。

9.2 DNA 提取

称取 0.2 g 幼嫩叶片，放入研钵中，加入液氮迅速研磨至粉末状，立即装入 2.0 mL 离心管中，加入 500 μL 于 65 ℃ 预热的 DNA 提取液和 0.4%的 β-巯基乙醇，摇匀，在 65 ℃水浴 30 min～45 min，其间轻摇颠倒 2 次～3 次；取出离心管，自然冷却至室温，加入等体积的酚/氯仿/异戊醇(25：24：1，*V*：*V*：*V*)，颠倒混匀，12 000 *g* 离心 10 min；将上清液转移至新的离心管中，加入等体积的氯仿/异戊醇(24：1，*V*：*V*)，颠倒混匀，12 000 *g* 离心 10 min；取上清液，加入 2 倍体积的无水乙醇(于－20 ℃预冷)和 1/10 体积的 3 mol/L 醋酸钠，颠倒混匀，于－20 ℃放置 30 min；挑出沉淀，放入新离心管中，并用 70%乙醇洗 2 次，倒掉乙醇，在超净工作台上风干；加入 400 μL TE 溶液，待沉淀完全溶解后，加入 2 μL RNase A (10 mg/mL)，37 ℃水浴 30 min；加入等体积的酚/氯仿/异戊醇(25：24：1，*V*：*V*：*V*)，颠倒混匀，12 000 *g* 离心 10 min；将上清液转移至新的离心管中，加入等体积的氯仿/异戊醇(24：1，*V*：*V*)，颠倒混匀，12 000 *g* 离心 10 min；取上清液，加入 2 倍体积的无水乙醇(于－20 ℃预冷)和 1/10 体积的 3 mol/L 醋酸钠，颠倒混匀，于－20 ℃放置 30 min；挑出沉淀，放入新离心管中，并用 70% 乙醇洗 2 次，倒掉乙醇，在超净工作台上风干；加入 50 μL TE 溶液，溶解 DNA，检测 DNA 的浓度和纯度。于－20 ℃保存备用。

注：其他所获 DNA 质量能够满足 PCR 扩增需要的 DNA 提取方法都适用于本文件。

9.3 PCR 扩增

9.3.1 反应体系

25 μL 的反应体系含每种 dNTP 0.2 mmol/L，正向引物和反向引物各 0.5 μmol/L，*Taq* DNA 聚合酶 1.0 U，10×PCR 缓冲液(含 Mg^{2+})2.5 μL，样品 DNA 50 ng。

利用毛细管电泳荧光检测时使用荧光标记引物。引物的荧光染料种类见附录 C。

注：反应体系的体积可以根据具体情况进行调整。

9.3.2 反应程序

94 ℃预变性 5 min；94 ℃变性 30 s，按附录 C 推荐的引物退火温度退火 30 s，72 ℃延伸 30 s，共 35 个循环；72 ℃延伸 10 min，4 ℃保存。

9.4 PCR 产物检测

9.4.1 变性聚丙烯酰胺凝胶电泳检测

9.4.1.1 玻璃板处理

将玻璃板清洗干净，用去离子水冲洗后晾干。用无水乙醇擦洗 2 遍，吸水纸擦干。在长板上涂上 0.5 mL亲和硅烷工作液，带凹槽的短板上涂 0.5 mL 剥离硅烷工作液。操作过程中防止两块玻璃板互相污染。待玻璃板彻底干燥后，将塑料隔条整齐放在平板两侧，盖上凹板，用夹子固定后，用水平仪调平。

9.4.1.2 灌胶

取 100 mL 6.0%变性聚丙烯酰胺凝胶溶液(根据不同型号的电泳槽确定胶的用量和合适的灌胶方式)，分别加入 50 μL TEMED 和 500 μL 10%的过硫酸铵溶液，轻轻混匀后灌胶。待胶液充满玻璃板夹层，将 0.4 mm 厚鲨鱼齿梳子平齐端向里轻轻插入胶液约 0.4 cm。灌胶过程中防止出现气泡。使胶液聚合至少 1 h 以上。胶聚合后，清理胶板表面溢出的胶液，轻轻拔出梳子，用水清洗干净备用。

9.4.1.3 预电泳

将胶板与电泳槽装配好，在电泳槽中加入 1×TBE 缓冲液(具体用量视电泳槽型号而定)。80 W 恒功率预电泳 30 min。

9.4.1.4 PCR 扩增产物变性处理

在 PCR 产物中加入 10 μL 上样缓冲液，混匀后，在 PCR 仪上 95 ℃变性 5 min，取出，迅速置于碎冰上。

9.4.1.5 电泳

清除凝胶顶端的气泡和聚丙烯酰胺碎片。将梳齿端插入凝胶 1 mm～2 mm。每一个点样孔点入 5 μL扩增产物。除待测样品外，还应同时加入参照品种的扩增产物。在 60 W～80 W 恒功率下电泳，使凝胶温度保持在 50 ℃左右。电泳 1.5 h～2.5 h(电泳时间取决于扩增片段的大小范围)。电泳结束后，小心分开两块玻璃板。

注：具体功率大小根据电泳槽的规格型号和实验室室温设定。

9.4.1.6 银染

a) 固定：将附着凝胶的长玻璃板浸入固定液中，在摇床上轻轻晃动 20 min；
b) 漂洗：取出胶板，用蒸馏水漂洗 2 次，每次漂洗 30 s；
c) 染色：将胶板放入染色液中，在摇床上轻轻晃动染色 20 min；
d) 漂洗：取出胶板，用蒸馏水快速漂洗，时间不超过 10 s；
e) 显影：将胶板放入显影液中，轻轻晃动至出现清晰带纹；
f) 定影：将胶板放入固定液中定影 5 min；
g) 漂洗：在蒸馏水中漂洗 1 min。

9.4.2 毛细管电泳检测

9.4.2.1 样品制备

分别取等体积的稀释 10 倍后的不同荧光标记扩增产物溶液混合，从混合液中吸取 1 μL 加入 DNA 分析仪专用 96 孔上样板中。各孔分别加入 0.1 μL 分子量内标和 8.9 μL 去离子甲酰胺。将样品在 PCR 仪上 95 ℃变性 5 min，取出，迅速置于碎冰上，冷却 10 min。瞬时离心 10 s 后上机电泳。

注：不同荧光标记的扩增产物的最适稀释倍数最好通过预实验确定。

9.4.2.2 上机检测

打开 DNA 分析仪，检查仪器工作状态。更换缓冲液，灌胶。将装有样品的深孔板置放于样品架基座上。打开数据收集软件。按照仪器操作程序，创建电泳板，输入电泳板名称，选择适合的程序和电泳板类型，输入样品编号或名称。启动运行程序，DNA 分析仪自动收集记录毛细管电泳数据。

10 数据采集

10.1 等位变异命名

样品每个 SSR 位点的等位变异采用扩增片段大小的形式命名。

10.2 变性聚丙烯酰胺凝胶电泳检测

将待测样品某一位点扩增片段的带型和迁移位置与对应的参照品种进行比较，根据参照品种的迁移位置和扩增片段大小，确定待测样品该位点的等位变异大小。

10.3 毛细管电泳检测

使用毛细管电泳检测设备的片段分析软件，读出待测品种与对应参照品种的等位变异数据。比较参照品种的等位变异大小数据与附录 C 中参照品种的相应数据，两者之间的差值为系统误差。从待测样品的等位变异数据中去除该系统误差，获得的数据即为待测样品在该位点上的等位变异大小。

10.4 结果记录

纯合位点的等位变异数据记录为 X/X，其中 X 为该位点等位变异的大小；杂合位点的等位变异数据记录为 X/Y，其中 X、Y 分别为该位点上 2 个不同的等位变异，小片段数据在前，大片段数据在后；无效等位变异的大小记录为 0/0。

示例 1：一个品种的一个 SSR 位点为纯合位点，等位变异大小为 120 bp，则该品种在该位点上的等位变异数据记录为 120/120。

示例 2:一个品种的一个 SSR 位点为杂合位点,2 个等位变异大小分别为 120 bp 和 126 bp,则该品种在该位点上的等位变异数据记录为 120/126。

11 结果判定

11.1 判定方法

当品种间差异位点数≥2 时,判定为不同品种;当样品间差异位点数<2 时,判定为疑同品种。

注:必要时,可按照 GB/T 19557.1 和 GB/T 19557.30 的规定进行田间测试,确定品种间在形态上是否存在明显差异。

11.2 结果表述

待测样品________与对照样品________(或数据库中________已知品种)利用________分子标记类型,采用________检测平台,采用________位点组合进行检测,结果显示:检测位点数为________,差异位点数为________,判定为________(相同或疑同)。

附　录　A
（规范性）
仪器设备及试剂

A.1　主要仪器设备

A.1.1　高压灭菌锅。
A.1.2　台式高速离心机。
A.1.3　PCR 扩增仪。
A.1.4　高压电泳仪。
A.1.5　电泳槽及配套的制胶附件。
A.1.6　紫外分光光度计。
A.1.7　水浴锅。
A.1.8　制冰机。
A.1.9　微量移液器。
A.1.10　凝胶成像系统。
A.1.11　酸度计。
A.1.12　电子天平(精确到 0.01 g)。
A.1.13　DNA 分析仪。
A.1.14　水平摇床。
A.1.15　冰箱。

A.2　主要试剂

A.2.1　乙二胺四乙酸二钠(EDTA)。
A.2.2　三羟甲基氨基甲烷(Tris)。
A.2.3　氯化钠。
A.2.4　浓盐酸。
A.2.5　氢氧化钠。
A.2.6　β-巯基乙醇。
A.2.7　去离子甲酰胺。
A.2.8　溴酚蓝。
A.2.9　RNase A。
A.2.10　二甲苯青。
A.2.11　酚。
A.2.12　氯仿。
A.2.13　异戊醇。
A.2.14　醋酸钠。
A.2.15　甲叉双丙烯酰胺。
A.2.16　丙烯酰胺。

A. 2. 17　硼酸。

A. 2. 18　尿素。

A. 2. 19　亲和硅烷。

A. 2. 20　三氯甲烷。

A. 2. 21　二甲基二氯硅烷。

A. 2. 22　无水乙醇。

A. 2. 23　四甲基乙二胺(TEMED)。

A. 2. 24　过硫酸铵(APS)。

A. 2. 25　冰醋酸。

A. 2. 26　硝酸银。

A. 2. 27　甲醛。

A. 2. 28　十六烷基三甲基溴化铵(CTAB)。

A. 2. 29　聚乙烯吡咯烷酮(PVP)。

A. 2. 30　4 种脱氧核糖核苷酸(dNTPs)。

A. 2. 31　*Taq* DNA 聚合酶。

A. 2. 32　琼脂糖。

A. 2. 33　SSR 引物。

A. 2. 34　去离子水。

A. 2. 35　LIZ500 分子量内标。

A. 2. 36　DNA 分析仪用丙烯酰胺胶液。

A. 2. 37　DNA 分析仪用光谱校准基质，包括 6-FAM、NED、VIC 和 PET 4 种荧光标记的 DNA 片段。

A. 2. 38　DNA 分析仪用电泳缓冲液。

附　录　B
（规范性）
溶液配制

B.1　DNA 提取溶液的配制

B.1.1　1 mol/L 氢氧化钠（NaOH）溶液

称取 40.0 g 氢氧化钠，溶于 800 mL 去离子水中，冷却至室温，定容至 1 000 mL。

B.1.2　0.5 mol/L 盐酸（HCl）溶液

量取 25 mL 浓盐酸（36%～38%）置于容量瓶中，加水定容至 500 mL。

B.1.3　0.5 mol/L 乙二胺四乙酸二钠盐（EDTA）（pH 8.0）溶液

称取 186.1 g 乙二胺四乙酸二钠盐，加入 800 mL 去离子水，再加入 20.0 g 氢氧化钠，搅拌。待乙二胺四乙酸二钠盐完全溶解后，冷却至室温。再用氢氧化钠溶液（B.1.1）准确调 pH 至 8.0，定容至 1 000 mL。在 103.4 kPa（121 ℃）条件下灭菌 20 min。

B.1.4　1 mol/L 三羟甲基氨基甲烷盐酸（Tris-HCl）（pH 8.0）溶液

称取 60.55 g 三羟甲基氨基甲烷（Tris 碱），溶于 400 mL 去离子水中，用 0.5 mol/L 盐酸溶液（B.1.2）调 pH 至 8.0，定容至 500 mL，在 103.4 kPa（121 ℃）条件下灭菌 20 min。

B.1.5　DNA 提取液

分别称取 20.0 g 十六烷基三甲基溴化铵（CTAB）和 81.82 g NaCl，放入烧杯中，分别加入 40 mL 乙二胺四乙酸二钠盐溶液（B.1.3）、100 mL 1 mol/L 的三羟甲基氨基甲烷盐酸溶液（B.1.4）和 10.0 g 聚乙烯吡咯烷酮（PVP），再加入 800 mL 去离子水，65 ℃水浴中加热溶解，冷却后定容至 1 000 mL。在 103.4 kPa（121 ℃）条件下灭菌 20 min。于 4 ℃保存。

B.1.6　3 mol/L 醋酸钠（NaAc）溶液

称取 40.8 g NaAc · $3H_2O$，溶于 50 mL 去离子水中，完全溶解后，用冰醋酸调 pH 至 5.2，定容至 100 mL，在 103.4 kPa（121 ℃）条件下灭菌 20 min。于 4 ℃保存。

B.1.7　TE 缓冲液

分别量取 5 mL 三羟甲基氨基甲烷盐酸溶液（B.1.4）和 1 mL 乙二胺四乙酸二钠溶液（B.1.3），定容至 500 mL，在 103.4 kPa（121 ℃）条件下灭菌 20 min。于 4 ℃保存。

B.2　PCR 扩增溶液的配制

B.2.1　SSR 引物溶液

用超纯水分别配置正向引物和反向引物浓度为 10 μmol/L 的工作液。

B.2.2　6×加样缓冲液

称取溴酚蓝 0.125 g、二甲苯青 0.125 g，分别加入 49 mL 去离子甲酰胺和 1 mL 乙二胺四乙酸二钠盐溶液（B.1.3），混匀备用。

B.3　变性聚丙烯酰胺凝胶电泳溶液的配制

B.3.1　40%（W/V）丙烯酰胺溶液

分别称取 190 g 丙烯酰胺和 10 g 甲叉双丙烯酰胺，用去离子水定容至 500 mL。

B.3.2　6.0%（W/V）变性聚丙烯酰胺凝胶溶液

称取 420 g 尿素，用去离子水溶解，加入 100 mL 10×TBE 缓冲液（B.3.7）和 150 mL 40%丙烯酰胺溶液(B.3.1),定容至1 000 mL。

B.3.3 亲和硅烷缓冲液

分别量取49.75 mL无水乙醇和250 μL冰醋酸,用去离子水定容至50 mL。

B.3.4 亲和硅烷工作液

分别量取1 mL亲和硅烷缓冲液(B.3.3)和5 μL亲和硅烷,混匀。

B.3.5 剥离硅烷工作液

分别量取98 mL三氯甲烷溶液和2 mL二甲基二氯硅烷溶液,混匀。

B.3.6 10%(*W/V*)过硫酸铵溶液

称取1.0 g过硫酸铵,溶于10 mL去离子水中,混匀。于4 ℃保存。

B.3.7 10×TBE缓冲液

分别称取108 g三羟甲基氨基甲烷和55 g硼酸,溶于800 mL去离子水中,加入37 mL乙二胺四乙酸二钠盐溶液(B.1.3),定容至1 000 mL。

B.3.8 1×TBE缓冲液

量取500 mL 10×TBE缓冲液(B.3.7),加去离子水定容至5 000 mL。

B.4 银染溶液的配制

B.4.1 固定液

量取100 mL冰醋酸,加去离子水定容至1 000 mL。

B.4.2 染色液

称取1 g硝酸银,加去离子水溶解,定容至1 000 mL。

B.4.3 显影液

称取10 g氢氧化钠和2 mL甲醛,加入1 000 mL蒸馏水中,混匀。

注:试剂配制用水需符合GB/T 6682的要求。

附 录 C
（规范性）
核心位点相关信息

核心位点相关信息见表 C.1。

表 C.1 核心位点相关信息

位点	引物序列(5′-3′)	5′端标记荧光	退火温度 ℃	等位变异 bp	参照品种	参照品种基因型数据 bp
CH02b10	F:CAAGGAAATCATCAAAGATTCAAG R:CAAGTGGCTTCGGATAGTTG	NED	58	116	花盖	116/118
				118	中矮1号	118/118
				122	华酥	116/122
				132	华金	118/132
				140	新苹梨	132/140
CH02d10b	F:GTAACCTTTGTTGCGCGTG R:GTTTCTTGCCTTGAGTTTCTCAGCATTG	6-FAM	58	155	早酥	155/155
				159	早金香	159/159
				161	红香酥	161/177
				175	玉冠	155/175
				177	红香酥	161/177
				183	华金	183/183
				187	花盖	177/187
				195	红南果	195/197
				197	红南果	195/197
NH009b	F: CCGAGCACTACCATTGA R: CGTCTGTTTACCGCTTCT	6-FAM	58	138	花盖	138/156
				140	库尔勒香梨	140/140
				142	红酥脆	142/160
				144	中矮红梨	144/144
				148	京白	148/156
				150	早金香	150/152
				152	早金香	150/152
				156	黄冠	156/160
				160	黄冠	156/160
				162	早酥	162/162
NH203a	F:TCGATACTCCACAAGACTGCTC R:GTTTCTTCCACCTCCAAGCTCAAGTTTC	6-FAM	58	153	华酥	153/163
				155	中矮红梨	155/155
				159	中梨1号	159/159
				161	红南果	151/161
				163	华酥	153/163
				169	黄冠	159/169
NH013a	F:GGTTTGAAGAGGAATGAGGAG R:CATTGACTTTAGGGCACATTTC	6-FAM	58	164	早金香	164/198
				198	花盖	198/198
				204	京白	204/210
				208	中梨1号	208/220
				210	京白	204/210
				220	中梨1号	208/220
				224	黄冠	204/224

表 C.1 （续）

位点	引物序列(5′-3′)	5′端标记荧光	退火温度 ℃	等位变异 bp	参照品种	参照品种基因型数据 bp
TsuENH002	F:CAGCAGGAAACACAGAAAAACAG R:GTTTCTTATATCGAGCAATCAAGGAAG-CAG	PET	58	125	花盖	125/133
				127	玉露香	127/131
				129	初夏绿	129/129
				131	玉露香	127/131
				133	玉冠	133/133
				139	中矮1号	133/139
NH209a	F:ATTGTAGTGTATTAGGGTTCAGTA R:GTTTCTTGTTTTAGTACCATCTTAGT-TCATTC	NED	60	107	早冠	107/107
				117	玉露香	117/127
				119	初夏绿	119/125
				123	早酥	123/143
				125	初夏绿	119/125
				127	玉露香	117/127
				143	早酥	123/143
NB104a	F:TCGGAGAGGAAGAGTTGGAGGA R:AGGTCCGTCCCAGTTTCTTTC	6-FAM	60	153	早酥	153/153
				161	早冠	161/167
				165	红南果	165/171
				167	黄冠	167/167
				169	红巴梨	169/169
				171	中矮红梨	171/171
				173	早金酥	153/173
TsuENH076	F:CATTAATACGCTGCTGTTTCTGC R:GTTTCTTACTTGAATTGGGGTAGGGAT-TGT	VIC	58	188	八月酥	188/198
				192	红香酥	192/198
				194	早金香	194/194
				198	锦丰	198/198
				200	七月酥	194/200
				204	新苹梨	198/204
NH031a	F:AATTAGAGCGAGAGAGTTTAGATGG R:CTTGGCTGACACCGTGGTAGACTTTC	NED	58	139	早金香	139/157
				143	红巴梨	139/143
				151	花盖	151/151
				157	早酥	157/157
NH035a	F:GCGACGACGATCTATATGAA R:AGTTGAGTCATGCGATAAGTGT	PET	58	150	早白蜜	150/156
				152	锦丰	152/152
				156	黄冠	156/156
				160	中矮1号	152/160
				162	中矮红梨	156/162
CH02e02	F:CTCATCAGTCTCACTGACTGTGTG R:GTTTCTTAGGGTCAGGGTCAGTCAGG	NED	60	105	玉冠	105/105
				111	玉露香	111/117
				113	库尔勒香梨	111/113
				117	早酥	117/117
TsuENH046	F:GGTCATCACCCACTTAAAAACCA R:GTTTCTTGTGCCCTGAAGTAATTGAGATGG	PET	58	150	华酥	150/156
				156	美人酥	156/156
				164	早金香	156/164
KA4b	F:AAAGGTCTCTCTCACTGTCT R:CCTCAGCCCAACTCAAAGCC	NED	58	93	玉晶	93/93
				95	早金酥	95/95
				105	八月酥	105/105
TsuENH089	F:TTCACTGCCCTTTTTACGTATGC R:GTTTCTTCCCCGACAATCTGTAGAGAATCA	VIC	58	152	金冠酥	152/164
				158	红南果	158/170
				164	早酥	164/170
				170	早酥	164/170

附　录　D
（资料性）
参照品种名单

参照品种名单见表D.1。

表D.1　参照品种名单

品种代码	参照品种	品种代码	参照品种
1	库尔勒香梨	15	七月酥
2	早酥	16	中矮1号
3	华酥	17	玉冠
4	华金	18	初夏绿
5	早金香	19	早金酥
6	中矮红梨	20	美人酥
7	玉露香	21	红酥脆
8	黄冠	22	八月酥
9	红香酥	23	早冠
10	京白	24	早白蜜
11	花盖	25	红南果
12	锦丰	26	新苹梨
13	玉晶	27	红巴梨
14	中梨1号	28	金冠酥

ICS 65.020.01
CCS B 05

NY

中华人民共和国农业行业标准

NY/T 4202—2022

菜豆品种鉴定　SSR分子标记法

Identification of french bean varieties—SSR-based methods

2022-11-11 发布　　　　2023-03-01 实施

中华人民共和国农业农村部　发布

前　言

本文件按照 GB/T 1.1—2020《标准化工作导则　第 1 部分：标准化文件的结构和起草规则》的规定起草。

请注意本文件的某些内容可能涉及专利。本文件的发布机构不承担识别专利的责任。

本文件由农业农村部种业管理司提出。

本文件由全国植物新品种测试标准化技术委员会(SAC/TC 277)归口。

本文件起草单位：农业农村部科技发展中心、湖南农业大学、中国农业科学院作物科学研究所、中国农业科学院蔬菜花卉研究所。

本文件主要起草人：韩瑞玺、武晶、陈琼、杨礼胜、马莹雪、王兰芬、杨坤、唐浩、王述民、张凯淅、李媛媛、冯艳芳、刘明月。

菜豆品种鉴定　SSR 分子标记法

1　范围

本文件规定了利用简单重复序列(simple sequence repeats,SSR)标记进行菜豆(*Phaseolus vulgaris* L.)品种鉴定的操作程序、结果统计和结果判定。

本文件适用于菜豆品种 SSR 指纹数据采集和品种鉴定。

2　规范性引用文件

下列文件中的内容通过文中的规范性引用而构成本文件必不可少的条款。其中,注日期的引用文件,仅该日期对应的版本适用于本文件;不注日期的引用文件,其最新版本(包括所有的修改单)适用于本文件。

GB/T 3543.2　农作物种子检验规程　扦样

GB/T 6682　分析实验室用水规格和试验方法

NY/T 2427　植物品种特异性、一致性和稳定性测试指南　菜豆

NY/T 2594　植物品种鉴定　DNA 分子标记法　总则

3　术语和定义

NY/T 2594 规定的术语和定义适用于本文件。

4　原理

不同菜豆基因组中 SSR 的重复次数存在差异,这种差异可通过 PCR 扩增及电泳方法进行检测,进而区分不同的菜豆品种。

5　主要仪器设备及试剂

主要仪器设备及试剂见附录 A。

6　溶液配制

溶液配制见附录 B。

7　引物相关信息

核心引物名单及序列见附录 C,核心引物相关信息见附录 D,核心引物分组见附录 E。

8　参照品种

参照品种相关信息见附录 F。

9　操作程序

9.1　样品准备

送验样品可为种子、幼苗、叶片等组织或器官,需要扦样时样品数量应符合 GB/T 3543.2 的要求。每份样品取不少于 15 个个体的叶片或其他等效物,混合分析,必要时进行单个个体检测。

9.2　DNA 提取

CTAB 提取法:取幼苗或叶片 200 mg～300 mg,置于 2.0 mL 离心管,加液氮充分研磨;每管加入 600 μL 65 ℃预热的 CTAB 提取液充分混合,65 ℃恒温水浴 45 min～60 min,每间隔 10 min 颠倒混匀 1

次；每管加入等体积的氯仿-异戊醇（24∶1，$V:V$），轻缓混匀后，静置10 min；12 000 g离心15 min后，吸取上清液至新的离心管，再加入等体积预冷的异丙醇，颠倒离心管数次，在－20 ℃放置30 min；4 ℃，12 000 g离心10 min，弃上清液；用70％乙醇洗涤DNA沉淀2次，风干，加入100 μL无菌水或TE缓冲液。检测DNA浓度和质量，－20 ℃保存。

注：以上为推荐的DNA提取方法，所获DNA质量能够满足PCR扩增要求的其他DNA提取方法均适用。

9.3 PCR扩增

9.3.1 反应体系

各组分终浓度如下：每种dNTP 0.20 mmol/L，正向、反向引物各0.25 μmol/L，*Taq* DNA聚合酶0.05 U/μL，1×PCR缓冲液（含Mg^{2+} 2.5 mmol/L），DNA 2.5 ng/μL，其余以超纯水补足至所需体积。

利用毛细管电泳进行荧光检测时需使用荧光标记的引物，荧光标记位于上游引物5′端，详见附录D。

注：反应体系的体积可根据具体情况进行调整。可采用PCR试剂盒代替*Taq*DNA聚合酶、dNTP、Mg^{2+}。

9.3.2 反应程序

95 ℃预变性5 min；95 ℃变性40 s，54 ℃退火45 s，72 ℃延伸40 s，共35个循环；72 ℃延伸10 min，产物4 ℃保存。

9.4 PCR产物检测

9.4.1 变性聚丙烯酰胺凝胶垂直板电泳（PAGE）

9.4.1.1 制胶

蘸洗涤剂用清水将玻璃板清洗干净，再用双蒸水、75％乙醇分别擦洗2遍。玻璃板干燥后，将1 mL亲和硅烷工作液均匀涂在长玻璃板上，将1 mL疏水硅烷工作液均匀涂在带凹槽的短玻璃板上，玻璃板干燥后，将0.4 mm厚的塑料隔条整齐放在长玻璃板两侧，盖上凹槽短玻璃板，用夹子固定，用水平仪检查是否水平。取80 mL 6％ PAGE胶溶液，加入60 μL TEMED和180 μL 10％的过硫酸铵（过硫酸铵的用量与室温成反比，需根据室温调整用量），轻轻摇匀（勿产生大量气泡），将胶灌满玻璃胶室，在凹槽处将鲨鱼齿梳的平齐端向里轻轻插入胶液5 mm～6 mm。胶液聚合1.5 h后，清理胶板表面溢出的胶液，轻轻拔出梳子，用水清洗干净备用。

9.4.1.2 预电泳

将聚合好的胶板安装于电泳槽上，在电泳正极槽（下槽）加入600 mL的1×TBE缓冲液，负极槽（上槽）加入600 mL的1×TBE缓冲液，1 800 V恒压预电泳10 min～20 min。

9.4.1.3 变性

在20 μL PCR产物中加入4 μL 6×加样缓冲液，混匀。在PCR仪上95 ℃变性5 min，取出迅速置于冰上，冷却10 min以上。

9.4.1.4 电泳

用移液器清除凝胶顶端气泡和杂质。将样品梳插入凝胶1 mm～2 mm。每一个加样孔点入3 μL～5 μL样品，在胶板一侧点入DNA Marker。1 800 V恒压电泳，电泳时间参考二甲苯青指示带移动的位置和扩增产物预期片段大小范围（见附录D）。二甲苯青指示带在6％PAG胶电泳的移动位置与230 bp扩增产物泳动的位置大致相当。扩增产物片段大小在（100±30）bp、（150±30）bp、（200±30）bp、（250±30）bp范围的电泳参考时间分别为1.5 h、2.0 h、2.5 h、3.5 h。电泳结束后关闭电源，取下玻璃板并轻轻撬开，凝胶附着在长玻璃板上。

9.4.1.5 银染

将粘有凝胶的长玻璃板胶面向上浸入“固定/染色液”中，轻摇染色槽，使“固定/染色液”均匀覆盖胶板，置于摇床上染色5 min～10 min。将胶板移入水中漂洗30 s～60 s。再移入显影液中，轻摇显影槽，使显影液均匀覆盖胶板，待带型清晰，将胶板移入去离子水中漂洗5 min，晾干胶板，放在胶片观察灯上观察记录结果，用数码相机或凝胶成像系统拍照保存。

9.4.2 毛细管电泳

9.4.2.1 样品准备

根据预先确定的引物分组(见附录 E),取等体积的同一组合中各引物的扩增产物,混匀稀释,从混合液中吸取 1 μL 加入 DNA 分析仪专用 96 孔板中。板中各孔分别加入 0.1 μL 分子量内标和 8.9 μL 去离子甲酰胺。将样品 95 ℃变性 5 min,取出后立即置于冰上,冷却 10 min 以上。瞬时离心 10 s 后放置于 DNA 分析仪上。

注:荧光标记的扩增产物的稀释倍数通过荧光毛细管电泳预实验确定。

9.4.2.2 等位变异检测

打开 DNA 分析仪,检查仪器工作状态和试剂状态,将装有样品的 96 孔上样板放置于样品架基座上,打开数据收集软件,按照仪器使用手册,编辑样品表,执行运行程序,DNA 分析仪将自动运行,并保存电泳原始数据。

10 结果统计

10.1 等位变异命名

每个 SSR 位点的等位变异以扩增片段大小为依据进行命名。

10.2 变性聚丙烯酰胺凝胶垂直板电泳

根据参照品种的迁移位置,确定待测样品该位点的等位变异命名。

10.3 毛细管电泳荧光检测

使用毛细管电泳检测设备的片段分析软件,读出待测品种与对应参照品种的等位变异数据。比较参照品种的等位变异大小数据与表 D.1 中参照品种相应的数据,两者之间的差值为系统误差。可通过左右整体位移调整,使参照品种数据读取与已知结果相一致,以校正不同电泳板的系统误差。

10.4 结果记录

纯合位点的等位变异大小数据记为 X/X,其中 X 为该位点等位变异的大小;杂合位点的等位变异大小数据记录为 X/Y,其中 X、Y 分别为该位点上的 2 个等位变异的大小,小片段数据在前,大片段数据在后。缺失位点的等位变异大小数据记录为 0/0。

示例 1:样品在某个位点上仅出现一个等位变异,大小为 160 bp,则该位点的等位变异数据记录为 160/160。

示例 2:样品在某个位点上有两个等位变异,分别为 160 bp、165 bp,则该位点的等位变异数据记录为 160/165。

11 结果判定

11.1 判定原则

当样品间差异位点数≥2,判定为“不同”;当样品间差异位点数<2,判定为 “疑同”。

11.2 结果表述

待测样品________与对照样品________(或数据库中________已知品种)采用________检测平台,检测位点数为________,差异位点数为________,判定为________。

注:差异位点小于 2 个位点时,可按照 NY/T 2427 的规定进行田间鉴定。

附 录 A
（规范性）
主要仪器设备及试剂

A.1 主要仪器设备

A.1.1 PCR扩增仪。

A.1.2 高压电泳仪：最高电压不低于2 000 V，具有恒电压、恒电流和恒功率功能。

A.1.3 垂直电泳槽及配套的制胶附件。

A.1.4 水平电泳槽及配套的制胶附件。

A.1.5 离心机。

A.1.6 水平摇床。

A.1.7 胶片观察灯。

A.1.8 电子天平：感量为0.01 g。

A.1.9 微量移液器：规格分别为10 μL、20 μL、100 μL、200 μL、1 000 μL，连续可调。

A.1.10 磁力搅拌器。

A.1.11 核酸浓度测定仪或超微量紫外分光光度计。

A.1.12 微波炉。

A.1.13 高压灭菌锅。

A.1.14 酸度计。

A.1.15 水浴锅。

A.1.16 低温冰箱。

A.1.17 制冰机。

A.1.18 凝胶成像系统或紫外透射仪。

A.1.19 DNA分析仪：基于毛细管电泳，有片段分析功能和数据分析软件，最低区分力1 bp。

A.1.20 其他相关仪器和设备。

A.2 主要试剂

除非另有说明，在分析中均使用分析纯试剂。

A.2.1 十六烷基三甲基溴化铵(CTAB，CAS号：57-09-0)。

A.2.2 聚乙烯吡咯烷酮(PVP，CAS号：9003-39-8)。

A.2.3 三氯甲烷(CAS号：67-66-3)。

A.2.4 异戊醇(CAS号：123-51-3)。

A.2.5 异丙醇(CAS号：67-63-0)。

A.2.6 乙二胺四乙酸二钠(EDTA，CAS号：139-33-3)。

A.2.7 三羟甲基氨基甲烷(Tris，CAS号：77-86-1)。

A.2.8 浓盐酸(CAS号：7647-01-0)。

A.2.9 氢氧化钠(CAS号：1310-73-2)。

A.2.10 10×PCR缓冲液：含Mg^{2+} 25 mmol/L。

A.2.11 4种脱氧核糖核苷酸：dATP、dTTP、dGTP、dCTP。

A.2.12 氯化钠(CAS号：7647-14-5)。

A.2.13 *Taq* DNA聚合酶(CAS号：9012-90-2)。

A.2.14 琼脂糖(CAS号：9012-36-6)。

A.2.15 DNA Marker：DNA片段分布范围在50 bp～500 bp。

A.2.16 核酸染色剂。

A.2.17 甲酰胺(CAS号：75-12-7)。

A.2.18 溴酚蓝(CAS号：115-39-9)。

A.2.19 二甲苯青(CAS号：2650-17-1)。

A.2.20 甲叉双丙烯酰胺(CAS号：110-26-9)。

A.2.21 丙烯酰胺(CAS号：79-06-1)。

A.2.22 硼酸(CAS号：10043-35-3)。

A.2.23 尿素(CAS号：57-13-6)。

A.2.24 亲和硅烷。

A.2.25 剥离硅烷。

A.2.26 无水乙醇(CAS号：64-17-5)。

A.2.27 四甲基乙二胺(TEMED，CAS号：110-18-9)。

A.2.28 过硫酸铵(APS，CAS号：7727-54-0)。

A.2.29 冰醋酸(CAS号：64-19-7)。

A.2.30 硝酸银(CAS号：7761-88-8)。

A.2.31 甲醛(CAS号：50-00-0)。

A.2.32 DNA分析仪用丙烯酰胺胶液。

A.2.33 DNA分析仪用分子量内标。

A.2.34 DNA分析仪用电泳缓冲液。

A.2.35 DNA分析仪用光谱校准基质，包括6-FAM、TAMRA、HEX和ROX 4种荧光标记。

附 录 B
（规范性）
溶液配制

试剂配制用水需符合 GB/T 6682 的要求。

B.1 DNA 提取溶液的配制

B.1.1 0.5 mol/L 乙二胺四乙酸二钠(EDTA)溶液

称取 186.1 g EDTA，溶于 800 mL 水中，再加入 20 g 氢氧化钠，搅拌。待 EDTA 完全溶解后，冷却至室温。再用氢氧化钠溶液(1 mol/L)调 pH 至 8.0，定容至 1 L，在 103.4 kPa(121 ℃)条件下灭菌 20 min。

B.1.2 0.5 mol/L 盐酸(HCl)溶液

量取 25 mL 浓盐酸(36%～38%)，加水定容至 500 mL。

B.1.3 1 mol/L 氢氧化钠(NaOH)溶液

称取 40.0 g 氢氧化钠，先溶于 800 mL 去离子水中，再加水定容至 1 L。

B.1.4 1 mol/L 三羟甲基氨基甲烷盐酸(Tris-HCl)(pH 8.0)溶液

称取 60.55 g Tris 碱溶于约 400 mL 水中，加盐酸溶液(0.5 mol/L)调整 pH 至 8.0，加水定容至 500 mL，在 103.4 kPa(121 ℃)条件下灭菌 20 min。

B.1.5 2%(*W/V*)十六烷基三甲基溴化铵(CTAB)溶液

分别称取 20 g 十六烷基三甲基溴化铵、81.7 g 氯化钠和 20 g 聚乙烯吡咯烷酮溶于约 700 mL 水中，加入 100 mL Tris-HCl 溶液(1 mol/L，pH 8.0)溶液和 40 mL EDTA 溶液(0.5 mol/L，pH 8.0)，加水定容至 1 L，在 103.4 kPa(121 ℃)条件下灭菌 20 min。

B.1.6 氯仿：异戊醇(24：1)

按 24：1 的体积比配制混合液。

B.1.7 TE 缓冲液

分别量取 5 mL Tris-HCl 溶液(1 mol/L，pH 8.0)和 1 mL EDTA 溶液(0.5 mol/L，pH 8.0)，定容至 500 mL，在 103.4 kPa(121 ℃)条件下灭菌 20 min，于 4 ℃保存。

B.2 PCR 扩增试剂的配制

PCR 扩增溶液的配制使用超纯水。

B.2.1 dNTP 溶液

用超纯水分别配制 dATP、dTTP、dCTP、dGTP 4 种脱氧核糖核苷酸终浓度为 100 mmol/L 的储存液。4 种储存液各取 20 μL 混合，加超纯水 720 μL 定容配制成每种脱氧核糖核苷酸终浓度为 2.5 mmol/L 的工作液，在 103.4 kPa(121 ℃)条件下灭菌 20 min。

注：也可使用满足试验要求的商品 dNTP 溶液。

B.2.2 SSR 引物溶液

开盖前瞬时离心 10 s，按照说明书用超纯水分别配制正向引物和反向引物终浓度为 100 μmol/L 的储存液，取 10 μL 储存液，加超纯水 90 μL 定容至终浓度 10 μmol/L 的工作液。

B.3 变性聚丙烯酰胺凝胶垂直板电泳试剂的配制

B.3.1 40%(*W/V*)丙烯酰胺溶液

分别称取 190 g 丙烯酰胺和 10 g 甲叉双丙烯酰胺溶于约 400 mL 水中，加水定容至 500 mL，置于棕色瓶中，于 4 ℃储存。

B.3.2 6.0%（W/V）变性聚丙烯酰胺胶溶液

称取 420.0 g 尿素，用去离子水溶解，分别加入 100 mL 10×TBE 缓冲液和 150 mL 40%丙烯酰胺溶液，定容至 1 L。

B.3.3 亲和硅烷缓冲液

分别量取 49.75 mL 无水乙醇和 250 μL 冰醋酸，混匀。

B.3.4 亲和硅烷工作液

分别量取 1 mL 亲和硅烷缓冲液和 5 μL 亲和硅烷原液，混匀。

B.3.5 剥离硅烷工作液

分别量取 98 mL 氯仿溶液和 2 mL 二甲基二氯硅烷溶液，混匀。

B.3.6 10%（W/V）过硫酸铵溶液

称取 1.0 g 过硫酸铵溶于 10 mL 去离子水中，混匀，于 4 ℃保存（不超过 5 d）。

B.3.7 10×TBE 缓冲液

称取三羟甲基氨基甲烷（Tris）108 g、硼酸 55 g，溶于 800 mL 水中，加入 37 mL EDTA 溶液（0.5 mol/L，pH 8.0），定容至 1 L。

B.3.8 1×TBE 缓冲液

量取 50 mL 10×TBE 缓冲液，加水定容至 500 mL，混匀。

B.3.9 6×加样缓冲液

分别称取 0.125 g 溴酚蓝和 0.125 g 二甲苯青，加入 49 mL 去离子甲酰胺和 1 mL EDTA 溶液（0.5 mol/L，pH 8.0），搅拌溶解。

B.4 银染溶液的配制

银染溶液的配制使用双蒸水。

B.4.1 固定液

量取 100 mL 冰醋酸，加水定容至 1 L。

B.4.2 染色液

称取 1 g 硝酸银，加水定容至 1 L。

B.4.3 显影液

称取 10 g 氢氧化钠溶于 1 L 水中，用前加 2 mL 甲醛。

附 录 C
（规范性）
核心引物名单及序列

核心引物名单及序列见C.1。

表C.1 核心引物名单及序列

引物编号	引物名称	染色体位置	上游引物序列(5′-3′)	下游引物序列(5′-3′)
F01	CBS2	Chr1	CCAATTTGTTGTTGTTGTTG	CAGTTTTCTGCCAATGAAGT
F02	CBS11	Chr1	CCATTTAAGAGGAGTGTTCG	TACCAGAGGAAAAGCATACG
F03	CBS28	Chr1	ACCCGGTCTCTTACTTTCTC	CAGCACCTCTAACTCCACTC
F04	CBS41	Chr2	ACGTTCCAAAAGTCACAAAC	AATTAGTCGATGCGTGATCT
F05	CBS42	Chr2	TTGGTAACATACACAATGCAC	AACACATGGAAAAAGGCTAA
F06	CBS58	Chr2	AAGGGATGGAAAATCAATCT	CAGAAAAGAAATGAATCCCA
F07	CBS83	Chr3	TGGGTATTGGTTGAAGTTCT	CATCTGCTGTCACACATTTC
F08	CBS91	Chr3	AGTGGAGGAGTTACCCATCT	TTCGGTATCCAATTATTGCT
F09	CBS106	Chr3	CCCACTCCTTCTAATTGACA	TAGAGGCTCAGTCTTAACGC
F10	CBS131	Chr4	GATTTGAAAATGGCGTAAAT	TAATGGCCATCATTCTCTTC
F11	CBS138	Chr4	TTCAAAGCATCAATCTCCTT	TTGCATTCTCCATTCTTCTT
F12	CBS149	Chr4	TGGCTCATGATATTTTGACA	TCCATGAGAGCATAGTGTTG
F13	CBS162	Chr5	TCTGCTTCTTCGCTATCTTC	AACGCAAAGTTCATTCATTT
F14	CBS178	Chr5	GCTGCATCATCCTCTTAAAT	GTAGTCTTTGGCTGTTGGAG
F15	CBS187	Chr5	GAAGCAGGAGGTAGGAGAAT	AATGGATTGTCTTGTGAAGG
F16	CBS206	Chr6	ATTATTACTAGCGGGGGAAT	GCAAATGCACAATAATGGTA
F17	CBS219	Chr6	GAAGTGAAGCTCAGAAATGG	GGAATATTAGTGGTGACGGA
F18	CBS221	Chr6	ATTACTCGGGGATTTTAAGG	GATTATGGGTCAGCTGATGT
F19	CBS242	Chr7	CTGAGAGACTCCAACTCCAG	GAGGAGAGAAAGGTTGGAAT
F20	CBS250	Chr7	TGAATTGGAATTGATTAGTGG	GCTAAGACACGTGCTAAGAGA
F21	CBS267	Chr7	TTCCGTTAATTCTCAAGGTC	GCACAAGATTTGTAACATTCC
F22	CBS286	Chr8	ATTTAATTCCCCCAAGAAAG	ATGTTTGCCATTTTGACTCT
F23	CBS287	Chr8	GTTTCGTGCATTCTTCTTCT	AGAAACCGTTAACGTGAAAA
F24	CBS302	Chr8	TCTCTTATCACAAATTGTCACC	AAGGTATTGTGCCATTCATC
F25	CBS323	Chr9	CTTAGGTTCTTGGTCGTTTG	AATTGGAGAAGAAGATGCAA
F26	CBS343	Chr9	GATGATCAATGCCAAGAAAT	GTGATTTGCATTTTGTGATG
F27	CBS345	Chr9	GAGTTGCACTCTCGCATAAT	GGTCACCCCATAGCTTATTT
F28	CBS364	Chr10	GCTGAAAGATGAAAGTTTGC	AACCTTGGAACACTCTTGAA
F29	CBS374	Chr10	TGCGGATTATTTTAAAGAGC	AGAGCAAAATCCAACAAAGA
F30	CBS383	Chr10	TCTCTTCTCTCTCCGATCAA	AGATTTGGATTCGTTTCGTA
F31	CBS402	Chr11	AGAAATGCATGACTCTCCAC	GCTATGTCAAAACTTCCCAG
F32	P11S3	Chr11	GTTTAAATCAATGTGCCGAC	AGCTTGTATCAAGGAATCCA
F33	P11S164	Chr11	CAATTTACACGATCTTTTGACA	TTTAGGCTACACGATAAATGA

附 录 D
(规范性)
核心引物相关信息

核心引物相关信息见表 D.1。

表 D.1 核心引物相关信息

引物编号	引物名称	荧光标记	等位变异范围,bp	主要等位变异,bp	参照品种
F01	CBS2	6-FAM	183～201	183	皋研豆 1 号
				189	龙芸豆 5 号
				192	黑芸豆
				195	中杂芸 15
				201	龙芸豆 13 号
F02	CBS11	TAMRA	186～220	186	中杂芸 15
				192	皋研豆 1 号
				198	龙芸豆 5 号
				204	日本白
				206	哈莱豆 15 号
				220	张芸一号
F03	CBS28	HEX	247～259	247	龙芸豆 9 号
				250	张芸一号
				256	中杂芸 15
				259	皋研豆 1 号
F04	CBS41	6-FAM	280～320	280	龙 23-001NR
				284	中杂芸 15
				286	紫豆角
				296	品芸 1 号
				298	龙芸豆 14
				300	龙 270709
				302	龙芸豆 6 号
				304	苏 16-46
				306	龙芸豆 5 号
				310	红发女孩
				312	张芸一号
				314	芸资 2 号
				316	毕芸 1 号
				320	新芸 4 号
F05	CBS42	HEX	176～245	176	皋研豆 1 号
				194	哈莱豆 15 号
				197	张芸一号
				200	芸资 2 号
				203	中杂芸 15
				221	龙芸豆 9 号
				233	351
				236	日本白
				242	龙 23-001NR
				245	龙芸豆 5 号

表 D.1 （续）

引物编号	引物名称	荧光标记	等位变异范围,bp	主要等位变异,bp	参照品种
F06	CBS58	HEX	233～290	233	瑞丰
				245	中杂芸 15
				266	日本白
				269	品芸优资 4338
				272	品芸优资 G0470
				278	龙芸豆 5 号
				287	张芸一号
				290	龙芸豆 15
F07	CBS83	6-FAM	195～248	195	奶花芸豆
				201	龙芸豆 16
				207	毕芸 1 号
				227	坝上红芸豆
				233	日本白
				236	白羊角
				239	中杂芸 15
				242	龙芸豆 14
				245	351
				248	龙 23-001NR
F08	CBS91	HEX	159～213	159	细白羊角豆
				180	旱绿地豆
				183	白花架豆
				186	中杂芸 15
				189	皋研豆 1 号
				198	黄金架油豆
				201	龙 270709
				204	龙芸豆 9 号
				210	张芸一号
				213	龙芸豆 15
F09	CBS106	HEX	151～205	151	中杂芸 15
				157	张芸一号
				193	龙芸豆 5 号
				196	品芸 1 号
				199	L046
				202	白花架豆
				205	351
F10	CBS131	TAMRA	269～311	269	毕芸 1 号
				272	张芸一号
				293	龙 270709
				296	苏 16-46
				299	中杂芸 15
				302	旱绿地豆
				305	351
				308	品芸 1 号
				311	龙芸豆 15
F11	CBS138	ROX	242～252	242	龙 270709
				244	龙芸豆 5 号
				246	毕芸 1 号
				250	龙芸豆 15
				252	皋研豆 1 号

表 D.1 (续)

引物编号	引物名称	荧光标记	等位变异范围,bp	主要等位变异,bp	参照品种
F12	CBS149	HEX	220～232	220	龙芸豆 5 号
				223	新芸 4 号
				226	龙芸豆 9 号
				229	中杂芸 15
				232	芸资 2 号
F13	CBS162	ROX	162～270	162	中杂芸 15
				210	日本白
				216	龙芸豆 5 号
				222	张芸一号
				232	哈菜豆 17 号
				244	毕芸 1 号
				270	白花架豆
F18	CBS221	ROX	179～199	179	奶花芸豆
				187	中杂芸 15
				199	张芸一号
F19	CBS242	HEX	188～209	188	毕芸 1 号
				200	张芸一号
				206	龙芸豆 5 号
				209	中杂芸 15
F20	CBS250	6-FAM	233～290	233	龙芸豆 15
				239	细白羊角豆
				245	瑞丰
				248	皋研豆 1 号
				251	龙芸豆 5 号
				254	张芸一号
				257	紫角豆
				260	哈菜豆 15 号
				269	中杂芸 15
				275	花生豆
				281	龙芸豆 9 号
				284	毕芸 1 号
				287	新芸 4 号
				290	龙芸豆 6 号
F21	CBS267	HEX	227～245	227	细白羊角豆
				233	中杂芸 15
				239	龙芸豆 5 号
				242	皋研豆 1 号
				245	龙 23-001NR
F22	CBS286	6-FAM	194～233	194	中杂芸 15
				212	龙芸豆 16
				221	芸资 2 号
				224	皋研豆 1 号
				227	细白羊角豆
				230	毕芸 1 号
				233	龙芸豆 6 号

表 D.1 （续）

引物编号	引物名称	荧光标记	等位变异范围，bp	主要等位变异，bp	参照品种
F23	CBS287	ROX	248～292	248	龙芸豆 5 号
				264	皋研豆 1 号
				268	日本白
				274	芸资 2 号
				276	CG-BB-18
				280	张芸一号
				282	中杂芸 15
				286	奶花芸豆
				290	龙芸豆 13 号
				292	龙芸豆 15
F24	CBS302	ROX	270～303	270	哈菜豆 15 号
				279	中杂芸 15
				282	品芸优资 4338
				285	龙芸豆 5 号
				291	哈菜豆 17 号
				294	CG-BB-18
				303	龙芸豆 15
F25	CBS323	ROX	211～226	211	龙芸豆 5 号
				214	日本白
				220	中杂芸 15
				223	龙 270709
				226	皋研豆 1 号
F26	CBS343	HEX	220～271	220	旱绿地豆
				232	中杂芸 15
				247	品芸 1 号
				256	瑞丰
				265	皋研豆 1 号
				268	日本白
				271	连农无筋 2 号
F27	CBS345	ROX	216～258	216	龙芸豆 15
				218	龙芸豆 5 号
				234	毕芸 1 号
				236	中杂芸 15
				248	奶花芸豆
				258	哈菜豆 15 号
F28	CBS364	6-FAM	223～247	223	龙芸豆 5 号
				232	中杂芸 15
				235	龙 270280
				238	张芸一号
				247	芸资 2 号
F29	CBS374	ROX	242～269	242	中杂芸 15
				248	品芸 1 号
				251	龙芸豆 5 号
				257	毕芸 1 号
				260	张芸一号
				263	品芸优资 4338
				266	龙芸豆 6 号
				269	品芸红芸豆
F30	CBS383	TAMRA	203～209	203	中杂芸 15
				206	龙芸豆 5 号
				209	旱绿地豆

表 D.1 （续）

引物编号	引物名称	荧光标记	等位变异范围，bp	主要等位变异，bp	参照品种
F31	CBS402	TAMRA	223～232	223	张芸一号
				226	中杂芸 15
				229	龙芸豆 5 号
				232	黑芸豆
F32	P11S3	6-FAM	170～174	170	皋研豆 1 号
				172	龙芸豆 5 号
				174	中杂芸 15
F33	P11S164	6-FAM	162～186	162	L046
				165	龙芸豆 5 号
				166	龙 23-001NR
				178	龙芸豆 9 号
				180	张芸一号
				182	龙芸豆 13 号
				184	毕芸 1 号
				186	品芸优资 4422

注 1：采用其他荧光标记类型时，需要用参照品种校正数据。

注 2：对于附录 D 中未包括的等位变异，应按本文件方法，确定其大小和相应参照品种。

附　录　E
（资料性）
核心引物分组

核心引物分组见表 E.1。

表 E.1　核心引物分组

<table>
<tr><th>分组</th><th>FAM 标记引物</th><th>TAMRA 标记引物</th><th>ROX 标记引物</th><th>HEX 标记引物</th></tr>
<tr><td rowspan="2">1</td><td rowspan="2">F33
P11S164
（162～186）</td><td rowspan="2"></td><td>F25
CBS323
（211～226）</td><td rowspan="2">F09
CBS106
（151～205）</td></tr>
<tr><td>F29
CBS374
（242～269）</td></tr>
<tr><td>2</td><td>F04
CBS41
（280～320）</td><td>F19
CBS242
（188～209）</td><td>F15
CBS187
（257～275）</td><td>F12
CBS149
（220～232）</td></tr>
<tr><td>3</td><td>F01
CBS2
（183～201）</td><td>F10
CBS131
（269～311）</td><td>F27
CBS345
（216～258）</td><td>F16
CBS206
（190～283）</td></tr>
<tr><td rowspan="2">4</td><td rowspan="2">F32
P11S3
（170～174）</td><td rowspan="2">F31
CBS402
（223～232）</td><td>F14
CBS178
（180～225）</td><td rowspan="2">F03
CBS28
（247～259）</td></tr>
<tr><td>F24
CBS302
（270～303）</td></tr>
<tr><td rowspan="2">5</td><td rowspan="2">F22
CBS286
（194～233）</td><td rowspan="2">F17
CBS219
（245～272）</td><td rowspan="2"></td><td>F08
CBS91
（159～213）</td></tr>
<tr><td>F21
CBS267
（227～245）</td></tr>
<tr><td>6</td><td>F28
CBS364
（223～247）</td><td>F30
CBS383
（203～209）</td><td>F13
CBS162
（162～270）</td><td>F26
CBS343
（220～271）</td></tr>
<tr><td>7</td><td>F07
CBS83
（195～248）</td><td>F02
CBS11
（186～220）</td><td>F23
CBS287
（248～292）</td><td>F06
CBS58
（233～290）</td></tr>
<tr><td rowspan="2">8</td><td rowspan="2">F20
CBS250
（233～290）</td><td rowspan="2"></td><td>F18
CBS221
（179～199）</td><td rowspan="2">F05
CBS42
（176～245）</td></tr>
<tr><td>F11
CBS138
（242～252）</td></tr>
<tr><td colspan="5">注：根据变异范围和荧光标记将 33 对引物分成 8 组，每个组内引物的扩增产物可以组合在一起电泳（括号内是各引物的等位变异范围）。</td></tr>
</table>

附 录 F
（资料性）
参照品种相关信息

参照品种相关信息见表 F.1。

表 F.1 参照品种相关信息

编号	品种名称	品种来源	保藏编号	编号	品种名称	品种来源	保藏编号
1	皋研豆 1 号	国家作物种质库	XIN24135	24	旱绿地豆	国家作物种质库	F4936
2	黑芸豆	国家作物种质库	XIN37175	25	L046	国家作物种质库	F5863
3	中杂芸 15	国家作物种质库	XIN10542	26	品芸优资 4422	国家作物种质库	F4422
4	日本白	国家作物种质库	XIN31714	27	龙芸豆 13 号	国家作物种质库	F6537
5	龙芸豆 5 号	国家作物种质库	XIN19196	28	紫花腰子豆	国家作物种质库	F0982
6	龙芸豆 6 号	国家作物种质库	XIN31716	29	花生豆	国家作物种质库	F0837
7	龙芸豆 9 号	国家作物种质库	XIN31715	30	龙 270280	国家作物种质库	F5246
8	龙芸豆 14	国家作物种质库	XIN31717	31	品芸红芸豆	国家作物种质库	F4313
9	龙芸豆 15	国家作物种质库	XIN31713	32	紫冠	哈尔滨市农业科学院	
10	龙芸豆 16	国家作物种质库	XIN31711	33	哈菜豆 15 号	哈尔滨市农业科学院	
11	瑞丰	国家作物种质库	XIN32189	34	哈菜豆 17 号	哈尔滨市农业科学院	
12	连农无筋 2 号	国家作物种质库	XIN31918	35	苏 16-46	江苏省农业科学院	
13	奶花芸豆	国家作物种质库	F5647	36	红发女孩	国家作物种质库	
14	张芸一号	国家作物种质库	F5112	37	新芸 4 号	国家作物种质库	
15	龙 23-001NR	国家作物种质库	F5241	38	351	国家作物种质库	
16	细白羊角豆	国家作物种质库	F0647	39	白羊角	国家作物种质库	
17	品芸 1 号	国家作物种质库	F3347	40	白花架豆	国家作物种质库	
18	龙 270709	国家作物种质库	F5249	41	黄金架油豆	国家作物种质库	
19	芸资 2 号	国家作物种质库	F5648	42	GY20-3-1	国家作物种质库	
20	毕芸 1 号	国家作物种质库	F5761	43	黑挤豆	国家作物种质库	
21	品芸优资 G0470	国家作物种质库	F2129	44	紫豆角	国家作物种质库	
22	品芸优资 4338	国家作物种质库	F4338	45	CG-BB-18	国家作物种质库	
23	坝上红芸豆	国家作物种质库	F5113				

注：多个品种在某一 SSR 位点上可能具有相同的等位变异。在确认这些品种该位点等位变异与参照品种相同后，这些品种也可以代替附录 F 中的参照品种使用。

ICS 65.060.30
CCS B 05

NY

中华人民共和国农业行业标准

NY/T 4203—2022

塑料育苗穴盘

Plastic plug tray for seedling production

2022-11-11 发布　　　　2023-03-01 实施

中华人民共和国农业农村部　发布

前　　言

本文件按照 GB/T 1.1—2020《标准化工作导则　第 1 部分:标准化文件的结构和起草规则》的规定起草。

请注意本文件的某些内容可能涉及专利。本文件的发布机构不承担识别专利的责任。

本文件由农业农村部种业管理司提出。

本文件由全国农作物种子标准化技术委员会(SAC/TC 37)归口。

本文件起草单位:中国农业科学院蔬菜花卉研究所、全国农业技术推广服务中心、台州隆基塑业有限公司、山东伟丽种苗有限公司、浙江博仁工贸有限公司。

本文件主要起草人:尚庆茂、王娟娟、董春娟、尤匡标、张伟丽、尤匡永。

塑料育苗穴盘

1 范围

本文件规定了塑料育苗穴盘分类和型号、质量要求、检验规则、标志、包装、使用说明书、运输与储存。

本文件适用于以聚苯乙烯(PS)、聚氯乙烯(PVC)、聚对苯二甲酸乙二醇酯(PET)等材料为原料,采用制片、热成型等加工工艺制成的,用于园艺作物育苗的多孔连体半硬质育苗穴盘,水稻、烟草等育苗可参照执行。

2 规范性引用文件

下列文件中的内容通过文中的规范性引用而构成本文件必不可少的条款。其中,注日期的引用文件,仅该日期对应的版本适用于本文件;不注日期的引用文件,其最新版本(包括所有的修改单)适用于本文件。

GB/T 191 包装储运图示标志

GB/T 2828.1 计数抽样检验程序 第1部分:按接收质量限(AQL)检索的逐批抽样检验计划

GB/T 6543 运输包装用单瓦楞纸箱和双瓦楞纸箱

3 术语和定义

下列术语和定义适用于本文件。

3.1

塑料育苗穴盘 plastic plug tray for seedling production

塑料经压延、拉伸、制片和热成型工艺制成的多孔连体式育苗容器。

3.2

孔穴 cell

育苗穴盘上用于填装育苗基质、播种、幼苗根系生长,横截面为圆形、方形或多边形的锥形穴。

3.3

孔穴数 number of cell

单张穴盘具有的孔穴总数,单位是孔。

3.4

通气孔 air hole

育苗穴盘上表面各孔穴连接处、供空气上下流通的圆形孔。

3.5

导根线 root guiding line

育苗穴盘孔穴内壁,用于引导根系向下生长的长条形凸起。

3.6

排水孔 drain hole

育苗穴盘各孔穴底部中央,具有排水、吸水、通气功能的圆形孔。

4 分类和型号

4.1 分类

按单张盘上孔穴数,塑料育苗穴盘分为21孔、32孔、50孔、72孔、98孔、105孔、128孔、200孔、288孔等。

4.2 型号

塑料育苗穴盘型号标识示意图见图 1。

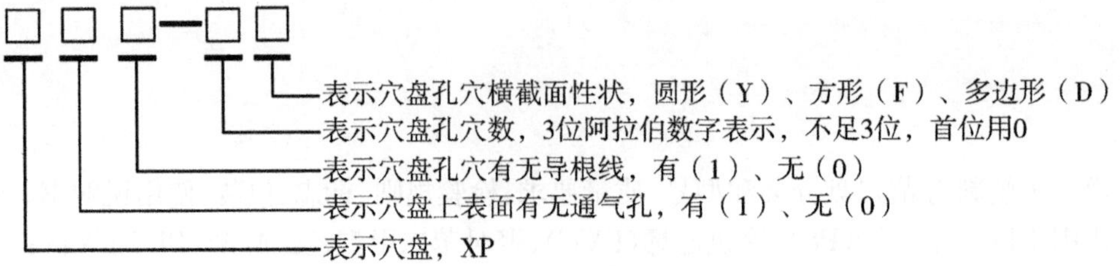

图 1　塑料育苗穴盘型号标识示意图

型号示例：XP11-105Y，代表上表面带通气孔、孔穴内壁有导根线、105 孔圆孔穴盘。

5　质量要求

5.1　外观

外形工整，无扭曲和变形；颜色一致，无杂色、花斑；表面和边缘光滑平整，无麻点，无破损，无毛刺；孔穴壁完整，无残缺和毛孔。

5.2　尺寸

育苗穴盘外形长×宽为 540 mm×280 mm，长和宽允许误差±2 mm。单孔穴深度、上开口和底部长度和宽度、底部排水孔直径应符合表 1 的要求。孔穴深度、上开口和底部长度、宽度允许误差±1 mm，排水孔直径允许误差±1 mm，相邻孔穴排水孔间距允许误差±2 mm。

表 1　塑料育苗穴盘孔穴尺寸

穴盘规格 孔	孔穴深度 mm	孔穴上开口（长×宽） mm×mm	孔穴底部（长×宽） mm×mm	排水孔直径 mm
21	≥60	62×62	30×30	10
32	≥58	53×53	27×27	10
50	≥50	50×50	22×22	8
72	≥45	40×40	20×20	8
98	≥45	36×36	12×12	7
105	≥40	36×35	14×14	7
128	≥40	29×29	14×14	6
200	≥37	24×24	10×10	6
288	≥37	19×19	8×8	6
注：圆形、多边形孔穴上开口、底部长宽尺寸为直径（mm），方形孔穴上开口、底部长宽尺寸为边长（mm）。				

5.3　质量

不同厚度片材制成穴盘质量允许误差应小于穴盘标定质量的±3%，见表 2。

表 2　育苗穴盘片材厚度与质量

片材厚度 mm	穴盘质量 g/张		
	PS	PVC	PET
0.6	94.00	120.00	122.00
0.7	110.00	141.00	144.00
0.8	124.00	159.00	162.00
0.9	140.00	180.00	183.00
1.0	155.00	199.00	202.00
1.2	180.00	231.00	235.00
1.5	225.00	289.00	294.00

5.4 机械强度

经 6.1.4 测试,穴盘无塌陷变形。

5.5 环境适应性

经 6.1.5 测试,穴盘不软化、不变形、不破损。

6 检验规则

6.1 检验方法

6.1.1 外观

采用目测和手触摸法。

6.1.2 尺寸

采用卷尺和卡尺测量,精度不低于 1 mm。

6.1.3 质量

采用称重法,采用等级Ⅲ电子秤(1/10 000≤精密度<1/1 000)测量。

6.1.4 机械强度

采用压力试验机测试。取完整穴盘,从长度方向(540 mm)正中央横向整齐切取 1/2,置两块钢板之间,钢板长×宽×厚为 35 mm×35 mm×3 mm,以 50 mm/min 的速度垂直向下施加 150 N 压力,穴盘无塌陷变形,表示合格。

6.1.5 环境适应性试验

6.1.5.1 耐强光照射试验

将穴盘水平置于高压钠灯照射下,穴盘上表面辐射强度达到 100 000 lx,设定环境温度(35±2) ℃、空气相对湿度(55±5)%,持续照射 5 h,穴盘无脱色变色,无软化变形,无脆裂,表示合格。

6.1.5.2 耐高温试验

将穴盘平置电热恒温鼓风干燥箱隔板上,设定温度(45±2) ℃,持续 2 h,无软化变形,表示合格。

6.1.5.3 耐低温试验

将穴盘平置低温冰箱,设定温度(−20±2) ℃,持续 2 h,无脆裂现象,表示合格。

6.2 检验

6.2.1 出厂检验

出厂检验由生产厂家自定项目,5.1 和 5.2 应列为必检项。

抽样检查合格后,填写产品合格证方可允许出厂,产品合格证应标明产品所执行的标准编号。

6.2.2 型式检验

6.2.2.1 有下列情况之一者,应进行产品型式检验:

a) 新产品试制、定型鉴定或老产品转厂生产;
b) 生产设备、材料、工艺发生较大调整;
c) 正常生产一年以上;
d) 停产半年以上,重新恢复生产;
e) 型式检验与出厂检验结果出现显著差异;
f) 国家市场监督管理机构提出要求时。

6.2.2.2 型式检验应从出厂检验合格的产品中随机抽取 50 张进行检验。检验项目包括本文件全部质量要求,各项均合格,型式检验方为合格。

6.2.3 第三方检验

6.2.3.1 第三方检验项目根据产品质量状况由质检部门决定。

6.2.3.2 抽样检验规则执行 GB/T 2828.1 的规定。

7 标志、包装、使用说明书

7.1 标志

7.1.1 育苗穴盘上应有产品型号、质量(g)和回收标志。

7.1.2 标志应清晰、耐久,且位于易于阅读和观察的位置。

7.2 包装

7.2.1 包装箱内应有装箱单、产品检验合格证和使用说明书。

7.2.2 包装箱外表面应印有向上方向包装储运的标志,包装箱储运图示标志应符合 GB/T 191 的规定。同时,包装箱上应标明下列内容:

a) 产品名称;
b) 生产厂家名称;
c) 商标;
d) 产品型号;
e) 生产日期;
f) 装箱张数;
g) 包装箱尺寸,长×宽×高(mm×mm×mm);
h) 产品执行标准编号;
i) 生产厂家地址。

7.2.3 包装采用瓦楞纸箱,箱体质量应符合 GB/T 6543 的要求。

8 运输与储存

8.1 运输

采用厢式货车等运输,包装箱应向上方向装卸,不应抛投、翻滚、重压,禁止与腐蚀性、有毒、有害物品混运。

8.2 储存

应储放在清洁、卫生、防雨、避免阳光直射的相对封闭的场所,禁止接触腐蚀性、有毒、有害物品。

ICS 65.020.01
CCS B 04

NY

中华人民共和国农业行业标准

NY/T 4204—2022

机械化种植水稻品种筛选方法

Screening methods of rice varieties for mechanized planting

2022-11-11 发布　　　　2023-03-01 实施

中华人民共和国农业农村部　发布

前　　言

本文件按照 GB/T 1.1—2020《标准化工作导则　第 1 部分：标准化文件的结构和起草规则》的规定起草。

请注意本文件的某些内容可能涉及专利。本文件的发布机构不承担识别专利责任。

本文件由农业农村部种业管理司提出。

本文件由全国农作物种子标准化技术委员会(SAC/TC 37)归口。

本文件起草单位：中国水稻研究所、江西省农业科学院土壤肥料与资源环境研究所、湖南省水稻研究所、扬州大学、江西省农业技术推广总站。

本文件主要起草人：徐春梅、陈松、章秀福、褚光、王丹英、邵彩虹、刘洋、郭保卫、孙明珠。

机械化种植水稻品种筛选方法

1 范围

本文件规定了机械化种植水稻品种筛选方法的术语和定义、筛选指标、品种生态适应性试验实施和生态适应性生产验证。

本文件适用于机械化种植水稻品种筛选。

2 规范性引用文件

下列文件中的内容通过文中的规范性引用而构成本文件必不可少的条款。其中,注日期的引用文件,仅该日期对应的版本适用于本文件;不注日期的引用文件,其最新版本(包括所有的修改单)适用于本文件。

GB 4404.1 粮食作物种子 第1部分:禾谷类

GB/T 8321(所有部分) 农药合理使用准则

NY/T 496 肥料合理使用准则 通则

NY/T 1300 农作物品种区域试验技术规范 水稻

NY/T 2192 水稻机插秧作业技术规范

NY/T 5010 无公害农产品 种植业产地环境条件

3 术语和定义

下列术语和定义适用于本文件。

3.1

机械化种植 mechanized planting

用机械代替手工工具种植的过程。

3.2

机械化种植水稻品种 rice varieties for mechanized planting

适宜机械化种植的水稻品种。其特征表现为生育期相对较短、分蘖早生快发、穗数足且均衡整齐、日产量和日干物质积累量较高。

3.3

日产量 daily yield

单位面积上日均所生产的稻谷产量。即:日产量[kg/(hm^2 · d)]=单位面积稻谷产量(kg/hm^2)/生育期(d)。

3.4

日干物质积累量 daily dry matter accumulation

单位面积上日均所生产的干物质积累量。即:日干物质积累量[kg/(hm^2 · d)]=单位面积干物质积累量(kg/hm^2)/生育期(d)。

3.5

群体构建指数 index of pre-canopy closure to whole growth period (effective temperature)

水稻从直播出苗或移栽次日到冠层光能截获率峰值所需的有效积温(≥10 ℃)占本田期有效积温的比例。即:群体构建指数(%)=本田期水稻冠层光能截获率峰值前的有效积温(℃)/本田期有效积温(℃)×100。

4 筛选指标

以生育期、群体构建指数、日干物质积累量以及日产量作为筛选指标(表1～表4),并将筛选出的品种进行生产验证。

表1 北方单季稻机械化种植水稻品种筛选指标

指标	东北机直播	东北机插	西北机直播	西北机插
生育期	较当地人工移栽品种短8 d～12 d	较当地人工移栽品种短8 d～10 d	较当地人工移栽品种短11 d～13 d	较当地人工移栽品种短6 d～8 d
群体构建指数,%	33～38	28～33	30～35	25～30
日干物质积累量,kg/(hm^2·d)	≥115	≥115	≥115	≥115
日产量,kg/(hm^2·d)	≥60	≥60	≥60	≥60

表2 南方单季稻机械化种植水稻品种筛选指标

指标	籼稻直播	籼稻机插	粳稻直播	粳稻机插
生育期,d	130～150	135～155	135～155	140～160
群体构建指数,%	23～28	20～25	30～35	25～30
日干物质积累量,kg/(hm^2·d)	≥120	≥120	≥120	≥120
日产量,kg/(hm^2·d)	≥60	≥60	≥60	≥60

表3 华南双季稻机械化种植水稻品种筛选指标

指标	早稻直播	早稻机插	晚稻直播	晚稻机插
生育期,d	110～120	115～125	110～120	115～125
群体构建指数,%	27～32	20～25	25～30	25～30
日干物质积累量,kg/(hm^2·d)	≥110	≥110	≥115	≥115
日产量,kg/(hm^2·d)	≥55	≥55	≥60	≥60

表4 长江中下游双季稻机械化种植水稻品种筛选指标

指标	早稻直播	早稻机插	晚稻直播	晚稻机插
生育期,d	98～108	105～115	105～115	115～125
群体构建指数,%	20～25	20～25	27～32	25～30
日干物质积累量,kg/(hm^2·d)	≥140	≥140	≥120	≥120
日产量,kg/(hm^2·d)	≥70	≥70	≥65	≥65

5 品种生态适应性试验实施

5.1 试验设计

5.1.1 设计原则

试验设计按照NY/T 1300的规定进行。每个生态区设当地主栽对照品种1个。生态适应性试验采用完全随机区组,3次重复,小区面积大于30 m^2,同一试验点小区面积应一致,一组试验在同一田块进行。

5.1.2 区组排列方向

区组排列方向应与试验田肥力梯度方向一致。

5.1.3 小区形状与方位

小区形状方正,长边与试验田肥力梯度方向平行。

5.1.4 保护行设置

试验田四周均应设置保护行,保护行不少于 4 行,种植对应小区品种。

5.2 试验田选择

试验田应选择能代表当地水稻土壤条件、肥力水平中等、排灌通畅且适宜机械化种植的田块;环境质量符合 NY/T 5010 的要求。

5.3 品种来源

试验品种为已审定品种,包括近年来当地的主栽品种、新选育品种或从相近生态区引进的品种,同批参试品种应安排在同一田块。

5.4 品种类型及季节搭配

根据当地水稻种植制度开展相应品种类型的机械化种植水稻品种筛选试验,包括单季稻(一季稻)和双季稻。

所选品种均需考虑生育期和茬口的问题,单季稻(一季稻)生育期 130 d～160 d。双季稻品种除考虑当季生育特征外,还需兼顾早、晚季间的生育期匹配。长江中下游稻区双季早、晚稻的全生育期之和:机直播要求在 225 d 以内,机插秧要求在 240 d 以内;华南稻区双季早、晚稻的全生育期之和:机直播期要求在 240 d以内,机插秧要求在 260 d 以内。

5.5 种子质量与抗性

选用通过审定的高产、优质、抗逆性好的品种。种子质量符合 GB 4404.1 的要求。

北方单季稻应选择苗期和生育后期抗寒性好,抗倒伏力强,抗稻瘟病的品种;南方单季稻应选择耐高温、耐旱性好,抗倒伏力强,对稻瘟病、白叶枯病有较强抗性的品种;双季稻区早稻品种应选择生育期短、早期耐低温品种;晚稻需要选择后期耐冷性较强、穗粒兼顾或穗数型的品种。

5.6 播种期确定

根据各地气候条件、种植制度(茬口)、品种生育特性等综合确定。

5.7 田间试验操作方法

5.7.1 机插

5.7.1.1 种子处理

播前对种子进行晒种、消毒和浸种处理。

5.7.1.2 基质育秧

按照 NY/T 2192,使用专用育秧基质育秧。播种量见表 5。

表 5 机插稻播种量(干种子)

品种类型		播种量,g/盘	秧盘尺寸,cm
常规稻	早稻	100～130	25×58
	晚稻	80～110	25×58
	单季稻(南方稻区)	80～110	30×58
	单季稻(北方稻区)	100～130	30×58
杂交稻	早稻	80～100	25×58
	晚稻	70～90	25×58
	单季稻(南方稻区)	70～90	30×58
	单季稻(北方稻区)	90～110	30×58

5.7.1.3 田间平整

田面高低差不超过 3 cm,待泥浆沉实后插秧,泥脚深度不超过 30 cm,水层深度 1 cm～2 cm,待泥浆沉实后插秧。

5.7.1.4 机插秧龄和密度

机插稻的秧龄为 3.5 叶～4.5 叶,密度见表 6。

表 6 机插稻栽插密度

品种类型		机插密度	
		cm	本
常规稻	早稻	25×13	4～5
	晚稻	25×13	3～4
	单季稻(南方稻区)	30×(12～15)	3～4
	单季稻(西北稻区)	30×(12～15)	4～5
杂交稻	早稻	25×13	3～4
	晚稻	25×13	2～3
	单季稻(南方稻区)	30×(17～20)	2～3
	单季稻(北方稻区)	30×(12～15)	2～3

5.7.1.5 肥水管理

肥料使用应符合 NY/T 496 的要求。按照氮、磷、钾平衡施肥原则，定时定量、合理配方、精确施用。磷肥全部作基肥一次性施用，钾肥按照基肥∶穗肥比例为 5∶5 进行。

水稻施氮量(纯氮)、施氮比例见表 7。施肥时期为，基肥：播种前；分蘖肥：插秧后 25 d；穗肥：幼穗分化期。

表 7 机插稻氮肥施用量和施氮比例

品种类型	施氮量，kg/hm^2	施氮比例
双季早稻	120～150	基肥∶蘖肥∶穗肥＝5∶3∶2
双季晚稻	165～195	
单季稻(南方稻区)	150～270	基肥∶蘖肥∶穗肥＝4∶3∶3
单季稻(东北稻区)	120～225	基肥∶蘖肥∶穗肥＝4∶3∶3
单季稻(西北稻区)	225～255	基肥∶蘖肥∶穗肥＝5∶3∶2

采用好氧灌溉(间歇灌溉)技术。以湿润为主、干湿交替，严格控制高苗峰，提高分蘖成穗率。

浅水栽插，栽后 5 d～7 d 自然落干或排干，晾晒 3 d 左右，保持湿润；茎蘖数达到预期穗数的 80%～85%及时排水、搁田；孕穗—抽穗期保持水层；灌浆结实期干湿交替，成熟前 7 d 左右断水。

5.7.2 机直播

5.7.2.1 种子准备

播前对种子进行晒种、脱芒、消毒和浸种处理。

5.7.2.2 机械穴播

播种密度见表 8。

表 8 机播稻播种密度

品种类型		播种密度	
		cm	粒
常规稻	早稻	25×12	4～6
	晚稻	25×14	3～5
	单季稻(南方稻区)	(25～30)×18	5～7
	单季稻(北方稻区)	(20～25)×14	6～10
杂交稻	早稻	25×14	3～4
	晚稻	25×16	3～4
	单季稻(南方稻区)	(25～30)×20	2～3
	单季稻(北方稻区)	(20～25)×14	2～4

5.7.2.3 肥水管理

各类型直播稻施氮量(纯氮)和施氮比例见表 9。施肥时期为，基肥：播种前；分蘖肥：出苗后 30 d；穗肥：幼穗分化期。

表 9　机播稻氮肥施用量和施氮比例

品种类型	施氮量，kg/hm²	施氮比例
双季早稻	90～120	基肥：蘖肥：穗肥＝5：3：2
双季晚稻	120～150	
单季稻(南方稻区)	150～240	基肥：蘖肥：穗肥＝5：3：2
单季稻(东北稻区)	90～180	
单季稻(西北稻区)	180～225	

采用好氧灌溉(间隙灌溉)技术。以湿润为主、干湿交替，严格控制高苗峰，提高分蘖成穗率。

旱直播采用旱整地、旱播种覆盖，播种完成后，灌 20 cm 左右深水泡田，自然落干后待出苗，或利用秋冬灌溉的底墒水出苗；水直播采用水整、水平整地，土壤沉实、无积水后湿润播种出苗。秧苗在 3 叶期前一般在保持田间湿润情况下不建立水层，后期水分管理同机插。

5.8　病虫草害防治

按当地大田生产习惯对病、虫、草害进行防治，应及时采取有效的防护措施防治鼠、鸟、畜、禽等对试验的危害。农药使用应符合 GB/T 8321 的要求。

5.9　观察记载

机械化种植水稻品种筛选试验记载项目与标准应符合附录 A 的要求，品种筛选结果记载见附录 B，原始资料应保存备考验证。试验观察记载、数据分析按照 NY/T 1300 的规定执行。

6　生态适应性生产验证

在不同生态区选择代表当地水稻土壤条件、集中连片的稻田开展机械化种植水稻品种的生产验证一年，最终确定适宜于不同稻作生态区的机械化种植水稻品种。

附 录 A
(规范性)
机械化种植水稻品种筛选试验记载项目与标准

A.1 生育期

A.1.1 播种期:实际播种日期,以月/天(m/d)表示。

A.1.2 出苗期:1 叶 1 心期,以月/天(m/d)表示。

A.1.3 移栽期:实际机插日期,以月/天(m/d)表示。

A.1.4 齐穗期:80%稻穗露出剑叶鞘的日期,以月/天(m/d)表示。

A.1.5 成熟期:籼稻 85%以上、粳稻 95%以上的籽粒黄熟的日期,以月/天(m/d)表示。

A.2 主要农艺性状

A.2.1 干物质:于拔节期、齐穗期和成熟期取样,先考查各品种的平均每穴茎蘖数(穗数),按平均每穴茎蘖数取代表性植株 6 穴,3 次重复。所有样品经 105 ℃杀青 30 min,80 ℃烘干至恒重称重。

A.2.2 有效穗数:成熟期每个品种每个重复数 20 穴记载有效穗数。

A.2.3 考种:收获前 1 d~2 d,在同一个重复小区的第三行中,每个品种根据平均每穴有效穗数取植株 6 穴,作为室内考查穗部性状的样本。

每穗总粒数:6 穴的总粒数/6 穴的总穗数,保留 1 位小数。

每穗实粒数:6 穴充实度 2/3 以上的谷粒数/6 穴的总穗数,保留 1 位小数。

千粒重:在考种烘干至标准含水量的实粒中,取 25 g 数粒数,先做 2 次重复,若 2 次差值大于 20 粒,则需做第三次重复。留取两次差值小于 20 粒的数值计算平均粒数,以此换算为千粒重,保留 1 位小数。即:千粒重(g)=25/平均粒数×1000。

A.2.4 产量测定:分品种取 3 个重复,每个重复 100 穴单收、晒干、扬净、称重后,测定含水量,并按籼稻 13.5%、粳稻 14.5%的标准含水量折算产量,以 kg 表示,保留 2 位小数。按品种折算每公顷产量,以 kg/hm^2 表示,保留 1 位小数。

A.2.5 水稻冠层光能截获率(LIR):于晴朗天气,在每个小区选取长势相近的区域测定太阳入射值[冠层上方 10 cm~20 cm 处,photosynthetically active radiation(PAR1 值)]和太阳透射冠层值[冠层内部,土层以上 10 cm~20 cm 处的 photosynthetically active radiation(PAR2 值)]。由公式 LIR =(PAR1-PAR2)/PAR1 计算植株冠层光能截获率。根据田间株行距,分别测定不同走向(纵向和横向),每个方向各测定 3 次重复,取平均值。

附 录 B
（资料性）
机械化种植水稻品种筛选记载表

机械化种植水稻品种筛选记载表见表 B.1～表 B.8。

表 B.1 机械化种植水稻品种筛选生育期原始数据记载表

小区编号	品种名称	种植方式	播种期，m/d	出苗期，m/d	移栽期，m/d	齐穗期，m/d	成熟期，m/d

鉴定人：　　　　　　　　　　　　复核人：

年　　月　　日　　　　　　　　　　年　　月　　日

表 B.2 机械化种植水稻品种筛选拔节期干物质原始数据记载表

小区编号	品种名称	种植方式	拔节期					
			重复Ⅰ		重复Ⅱ		重复Ⅲ	
			茎蘖数	干重,g	茎蘖数	干重,g	茎蘖数	干重,g

鉴定人:　　　　　　　　　　　　　　　　　　　　复核人:

年　　月　　日　　　　　　　　　　　　　　　　　年　　月　　日

表 B.3　机械化种植水稻品种筛选齐穗期干物质原始数据记载表

小区编号	品种名称	种植方式	齐穗期					
			重复Ⅰ		重复Ⅱ		重复Ⅲ	
			穗数	干重,g	穗数	干重,g	穗数	干重,g

鉴定人：　　　　　　　　　　　　　　　　　　　　复核人：

年　　月　　日　　　　　　　　　　　　　　　　　年　　月　　日

表 B.4　机械化种植水稻品种筛选成熟期干物质原始数据记载表

小区编号	品种名称	种植方式	成熟期					
			重复Ⅰ		重复Ⅱ		重复Ⅲ	
			穗数	干重，g	穗数	干重，g	穗数	干重，g

鉴定人：　　　　　　　　　　　　　　　　　　　　　　复核人：

年　　月　　日　　　　　　　　　　　　　　　　　　　年　　月　　日

表 B.5　机械化种植水稻品种筛选产量原始数据记载表

小区编号	品种名称	种植方式	重复Ⅰ		重复Ⅱ		重复Ⅲ	
			产量,g	含水量,%	产量,g	含水量,%	产量,g	含水量,%

鉴定人：　　　　　　　　　　　　　　　　　　　　　　　　复核人：

年　　月　　日　　　　　　　　　　　　　　　　　　　　　年　　月　　日

表 B.6 机械化种植水稻品种筛选有效穗数原始数据记载表

单位为穗每穴

小区编号	品种名称	种植方式	重复	1	2	3	4	5	6	7	8	9	10	11	12	13	14	15	16	17	18	19	20
			Ⅰ																				
			Ⅱ																				
			Ⅲ																				
			Ⅰ																				
			Ⅱ																				
			Ⅲ																				
			Ⅰ																				
			Ⅱ																				
			Ⅲ																				
			Ⅰ																				
			Ⅱ																				
			Ⅲ																				
			Ⅰ																				
			Ⅱ																				
			Ⅲ																				
			Ⅰ																				
			Ⅱ																				
			Ⅲ																				
			Ⅰ																				
			Ⅱ																				
			Ⅲ																				
			Ⅰ																				
			Ⅱ																				
			Ⅲ																				

鉴定人：　　　　　　　　　　　　　　　　复核人：

年　　月　　日　　　　　　　　　　　　　年　　月　　日

表 B.7 机械化种植水稻品种筛选光能截获率原始数据记载表

小区编号	品种名称	种植方式	重复	日期,m/d													
					/	/	/	/	/	/	/	/	/	/	/	/	/
			Ⅰ	PAR1													
				PAR2													
			Ⅱ	PAR1													
				PAR2													
			Ⅲ	PAR1													
				PAR2													
			Ⅰ	PAR1													
				PAR2													
			Ⅱ	PAR1													
				PAR2													
			Ⅲ	PAR1													
				PAR2													
			Ⅰ	PAR1													
				PAR2													
			Ⅱ	PAR1													
				PAR2													
			Ⅲ	PAR1													
				PAR2													
			Ⅰ	PAR1													
				PAR2													
			Ⅱ	PAR1													
				PAR2													
			Ⅲ	PAR1													
				PAR2													

鉴定人: 复核人:

年 月 日 年 月 日

表 B.8 机械化种植水稻品种筛选考种原始数据记载表

品种名称	种植方式	重复	项目	1	2	3	4	5	6
		Ⅰ	每穗总粒数						
			每穗实粒数						
			结实率,%						
			千粒重,g						
		Ⅱ	每穗总粒数						
			每穗实粒数						
			结实率,%						
			千粒重,g						
		Ⅲ	每穗总粒数						
			每穗实粒数						
			结实率,%						
			千粒重,g						
		Ⅰ	每穗总粒数						
			每穗实粒数						
			结实率,%						
			千粒重,g						
		Ⅱ	每穗总粒数						
			每穗实粒数						
			结实率,%						
			千粒重,g						
		Ⅲ	每穗总粒数						
			每穗实粒数						
			结实率,%						
			千粒重,g						

鉴定人: 复核人:

年 月 日 年 月 日

ICS 65.020.01
CCS B 04

NY

中华人民共和国农业行业标准

NY/T 4206—2022

茭白种质资源收集、保存与评价技术规程

Technical code of practice for water bamboo germplasm resources collection, preservation and evaluation

2022-11-11 发布　　　　2023-03-01 实施

中华人民共和国农业农村部　发布

前　言

本文件按照 GB/T 1.1—2020《标准化工作导则　第1部分：标准化文件的结构和起草规则》的规定起草。

请注意本文件的某些内容可能涉及专利。本文件的发布机构不承担识别专利的责任。

本文件由农业农村部种业管理司提出。

本文件由全国农作物种子标准化技术委员会(SAC/TC 37)归口。

本文件起草单位：金华市农业科学研究院、武汉市农业科学院、浙江省特色水生蔬菜育种与栽培重点实验室、金华市农学会、浙江省农业技术推广中心、桐乡市农业技术推广中心、温宿县农业检验检测中心。

本文件主要起草人：张尚法、郑寨生、钟兰、杨新琴、周小军、杨梦飞、李怡鹏、孙亚林、马常念、王凌云、曹春信、吾建祥、刘正位、陈银根、施德云、韩叶青、夏秋。

茭白种质资源收集、保存与评价技术规程

1 范围

本文件规定了茭白[*Zizania latifolia* (Griseb.) Turcz. ex Stapf.]种质资源收集、保存与评价的术语和定义，种质资源收集、保存与评价的技术要求和方法。

本文件适用于茭白种质资源的收集、保存与评价。

2 规范性引用文件

下列文件中的内容通过文中的规范性引用而构成本文件必不可少的条款。其中，注日期的引用文件，仅该日期对应的版本适用于本文件；不注日期的引用文件，其最新版本（包括所有的修改单）适用于本文件。

GB/T 2260 中华人民共和国行政区划代码

GB/T 2659 世界各国和地区名称代码

NY/T 2337—2013 熟黄(红)麻木质素测定 硫酸法

NY/T 2723—2015 茭白生产技术规程

NY/T 2941 茭白种质资源描述规范

3 术语和定义

下列术语和定义适用于本文件。

3.1

茭白 water bamboo

禾本科(Gramineae)菰属(*Zizania*)植物中的一个种，多年生水生草本植物，学名 *Zizania latifolia* (Griseb.) Turcz. ex Stapf.。茭白植株被菰黑粉菌(*Ustilago esculenta* P. Hen)寄生后，菰黑粉菌自身分泌并刺激茭白植株分泌生长激素，刺激茭白茎尖组织充实的数节膨大形成变态器官(肉质茎)。肉质茎为茭白的主要食用器官。

3.2

茭白种质资源 water bamboo germplasm resources

茭白野生资源、地方品种、育成品种、品系、遗传材料和其他。

3.3

单季茭白 single-cropping water bamboo

正常情况下，只在秋季形成膨大肉质茎的茭白品种类型。

3.4

双季茭白 double-cropping water bamboo

在秋季和翌年春夏季均能形成膨大肉质茎的茭白品种类型。

3.5

野生茭白 wild water bamboo

除栽培种外的所有茭白种群。其中，能形成膨大肉质茎的植株称为野生茭笋；植株开花结籽、不能形成膨大肉质茎的植株称为野生茭草。

3.6

非正常茭白 abnormal water bamboo

正常栽培条件下，不能形成肉质茎的雄茭植株或肉质茎内充满冬孢子堆的灰茭植株。

3.7

正常茭白　normal water bamboo

肉质茎内无明显冬孢子堆，具有食用价值的茭白植株。

3.8

茭白种质资源基本信息　basic information of water bamboo germplasm resources

茭白种质资源基本情况描述信息，包括全国统一编号、种质名称、学名、原产地、种质类型等。

3.9

保存池　planting bed

种质资源保存圃中，每份种质资源保存所需的最小单位，面积 6 m^2。池底水泥硬化或铺设0.3 mm～0.5 mm 土工膜，填土深度应不少于 25 cm。

3.10

保存圃种植小区　conservation nursery

由一个或若干个排灌方便的保存池组成。

3.11

品质特性　quality characteristics

茭白种质资源的商品品质、感官品质和营养品质性状。商品品质性状主要包括壳茭饱满度、壳茭颜色、净茭长度、净茭粗度、净茭表皮光滑度、净茭皮色、冬孢子堆；感官品质性状主要包括肉质茎致密度、风味；营养品质性状主要包括干物质、粗纤维、木质素、可溶性糖、维生素 C、粗蛋白、氨基酸。

3.12

抗病虫性　disease and pest resistance

茭白种质资源对各种生物胁迫的适应或抵抗能力，包括茭白对锈病、胡麻叶斑病、纹枯病、二化螟的抗性。

4　考察收集

4.1　准备工作

4.1.1　资料收集

收集国内外有关茭白种质资源的特点、分布及栽培情况。

4.1.2　确定考察地点

宜优先考察以下 5 类地区：

a）茭白主要栽培及分布中心；

b）茭白最大多样性中心；

c）尚未进行考察的地区；

d）茭白种质资源损失威胁最大的地区；

e）具有珍稀、濒危茭白种质资源的地区。

4.1.3　确定考察时间

根据茭白产品器官成熟期确定，其中双季茭白 4 月—7 月或 9 月—12 月；单季茭白 8 月—10 月；野生茭草 8 月—11 月。

4.1.4　组建考察队

考察队宜由茭白育种、栽培、植物保护等专业技术人员组成，明确考察目的和任务，开展考察方法、采集技术、注意事项技术培训。必要时，可邀请考察地科技或行政管理人员参加。

4.1.5　物资准备

a）样本采集和测量记录的用品，包括照相机、全球定位仪、海拔高度测量仪、钢卷尺、塑料标签、铅笔、原始记录卡、镰刀、小铁铲、水田袜、塑料袋、牛皮纸袋；

b）生活用品，包括必要的生活用品和常用药品；

c） 其他用品，包括身份证、日记本、种质资源相关资料。

4.2 生境信息

调查记载考察地茭白种质资源情况，包括地理位置，水、土壤、气候信息，栽培与分布情况。

4.3 采集样本

4.3.1 地点选择

栽培品种田间取样，野生种质资源自然生境取样。

4.3.2 采集

a） 选育品种，应选择具有该品种主要特征特性的正常茭白植株，不包括非正常茭白植株；

b） 地方品种，根据植株高度、叶鞘和叶颈颜色、肉质茎形状的不同特征，找出混合群体中有差异的个体，在同一地点收集典型形态和所有的极端形态，不包括非正常茭白植株；

c） 野生茭笋种质资源，根据植株高度、叶鞘和叶颈颜色、肉质茎形状的不同特征，找出混合群体中有差异的个体，在同一地点收集典型形态和所有的极端形态，不包括非正常茭白植株；

d） 野生茭草，根据植株高度、叶鞘和叶颈颜色、成熟期、花药颜色、外稃颜色、成熟种子的形状和颜色的不同特征，找出混合群体中有差异的个体；

e） 采集正常茭白的种质资源，从肉质茎基部至土壤下部 2 cm 处截取直立茎，每份种质资源采集直立茎 3 条～5 条，带有根系，装入塑料袋保湿保存；

f） 采集野茭草种质资源，应从土壤下 10 cm 处割断，采集带有根系的长度为 20 cm～30 cm 的直立茎 3 条～5 条，装入塑料袋保湿保存；采集成熟饱满的种子 50 粒～100 粒，装入牛皮纸袋保存；

g） 样本、采集点拍照和录像，重点拍摄采集样本的典型特征、采集点茭白种质资源群体及周边生态环境。

4.4 样本获得

4.4.1 获得途径

a） 相关单位或个人送交茭白种质资源；

b） 野外收集茭白种质资源；

c） 国外引进茭白种质资源。

4.4.2 种质资源形式

包括直立茎、种子。

4.4.3 接收种质资源时应获取的基本信息

包括茭白种质资源名称，原产地，地理信息，原保存圃编号，采集号或引种号，提供者，种质资源类型、数量和状态。

4.4.4 样本挂牌

采集和接收的样本，应及时挂上标签，并在标签上用铅笔填写采集号、采集时间、地点、种质资源名称。采集号包括 4 位年份＋2 位省份代码＋4 位顺序号。国别或省份代码，按照 GB/T 2260、GB/T 2659 的规定执行。

4.5 命名

4.5.1 选育品种

对已有法定名称的品种，引用法定名称。

4.5.2 地方品种和野生资源

a） 有名称的种质资源，宜直接引用地方品种名称；

b） 无名称的种质资源，宜采用“地名(县)＋某一特征＋作物名称”命名；

c） 野生资源，宜采用“群居地地名(乡、村、湖等)＋野生茭笋/野生茭草”命名；

d） 同一地区有 2 份及以上种质资源，宜在种质资源名称后加“-1”“-2”等区分。

4.6 填写原始记录卡

按照附录 A 的规定执行。

4.7 样本临时保管

4.7.1 直立茎

带根采集，装入塑料袋内保存，湿度≥70%、温度 5 ℃～20 ℃。

4.7.2 种子

采集成熟的种子，宜放入牛皮纸袋遮光保湿保存，湿度 70%～90%、温度 5 ℃～20 ℃。

4.7.3 特殊处理

考察时间过长或种质资源数量过多，宜用泡沫箱保湿包装后快递寄送到种质资源接收单位。

4.8 样本初步整理

4.8.1 核对采集号

考察收集后，初步整理采集的种质资源样本，核对每份样本采集号与茭白种质资源考察收集原始记录卡是否一致，列出清单。

4.8.2 整理信息与数据

整理茭白种质资源考察收集原始记录卡中各种信息和资料，统计各项数据。

5 保存

5.1 隔离检疫

按照《中华人民共和国进口植物检疫对象名单》和国内各种检疫对象名单，应对接收的茭白种质资源进行严格的隔离检疫，发现有检疫对象应立即销毁。经检疫合格或从国内非疫区收集的茭白种质资源，可直接进入种质资源保存圃，进行种植观察。

5.2 种植观察

按照 NY/T 2941 的规定执行。种植观察茭白种质资源的植物学特征、生物学特性、产量性状、品质性状与抗性，剔除与保存圃内重复或没有保存价值的种质资源。

5.3 编目

按照 NY/T 2491 的规定，符合入圃保存的茭白种质资源，由国家种质武汉水生蔬菜种植资源圃赋予每一份种质资源一个"全国统一编号"，由"V11B"加 4 位顺序号组成。

5.4 入圃保存

5.4.1 圃位号编制

每份种质资源所需种植池面积 6 m^2。入圃保存的每份茭白种质资源，按保存圃总体布局，确定圃位号，并标注于保存圃平面图上。

5.4.2 种植分布

入圃保存的每份茭白种质资源，宜以品种类型为基础，分为单季茭白、双季茭白、野生茭草 3 个种植区。每个小区，宜根据采收期，分为早熟、中熟、晚熟种植小区，并绘制种质资源种植分布图。

5.4.3 种植田块选择

茭白种质资源种植环境，按照 NY/T 2723—2015 的规定执行。土壤有机质含量 2%～3%，pH 5～7，种植田块地势平整，水源丰富，排灌方便。

5.4.4 定植前田块准备

按茭白大田常规管理。

5.4.5 定植密度

行距 1 m，穴距 0.5 m，每个保存池定植 8 穴茭白。单季茭白，每穴宜定植同一节位萌发的种苗 3 株，双季茭白和野生茭草，每丛定植 1 株。

5.4.6 种植与挂牌

a) 单季茭白和野生茭草种质资源，宜在室外气温回升到 12 ℃以上时定植；

b) 双季茭白种质资源宜于 6 月下旬至 7 月中旬定植；

c） 每份种质资源应挂牌，标注种质资源名称、圃位号；

d） 整个生长周期应露天种植。

5.5 管理与监测

5.5.1 种植后管理

a） 种质资源种植后，发现长势弱、缺株死苗情况，应及时更新或补种。同时，每份种质资源应在备用种植池定植 2 穴备用。

b） 定植后肥水及病虫草害管理，按当地茭白大田常规管理。

c） 每隔 3 年，宜取未发生严重病害、长势健壮的水稻土更换保存池土壤。

5.5.2 种植后监测

应定期监测每份茭白种质资源的存活株数、植株生长势、病害、虫害、水分、自然灾害。

5.6 繁殖

5.6.1 繁殖田准备

繁殖田按当地茭白种苗繁殖常规技术整理、作畦。

5.6.2 种墩选择

采收进度达到 30%左右选择种墩，做好记号。入选种墩应符合优良品种或种质资源的主要特征特性，剔除同墩其他分蘖已经产生非正常茭白变异的种墩。

5.6.3 直立茎采集

茭白采收 5 d～7 d 后，从土壤以下 0 cm～2 cm 处割断直立茎。

5.6.4 直立茎排管

a） 直立茎平铺前，畦沟水位比畦面低 3 cm～5 cm；

b） 剥除叶鞘，直立茎平铺至畦面，腋芽分布两侧，直立茎首尾相接、间距 5 cm～10 cm；

c） 直立茎上表面与畦面齐平，5 d 内畦面湿润但不积水。

5.6.5 种苗田间管理

a） 腋芽长度达到 3 cm～5 cm 时，灌水，畦面保持 1 cm～2 cm 浅水。

b） 苗高 10 cm 以上，宜覆盖 1 cm～2 cm 细土，畦面湿润但不积水。

c） 冬季气温下降到－5 ℃前，覆盖土壤厚度 3 cm～5cm；冬季气温下降到－10 ℃，覆盖土壤厚度 5 cm～10 cm；冬季气温低于 20 ℃的区域，应在地上部分枯黄后，在结冰前灌溉 100 cm 深水或者覆盖 20 cm 细土。

d） 单季茭白和野生茭草，春季日平均气温回升到 12 ℃以上分株定植。

e） 双季茭白，6 月底至 7 月中旬割叶、分株定植。

f） 繁殖田肥水及病虫草害管理，按当地茭白种苗常规繁殖技术管理。

5.7 分发

5.7.1 分发原则

单位和个人申请分发种质资源时，按照《农作物种质资源管理办法》等国家法律法规的相关规定执行。

5.7.2 分发数量

每份茭白种质资源，一般每次提供种苗 3 株～5 株。

5.7.3 分发程序

凡国内申请者获取茭白种质资源的用途符合《农作物种质资源管理办法》规定，均可通过网站查询茭白种质资源供种分发目录，向保存该茭白种质资源的保存圃提出利用申请，填写和提交种质资源利用申请书。保存圃在收到申请书后应及时向利用者提供种质资源（需扩繁的种质资源，供种时间由双方商定）；无法提供种质资源时应及时做出答复。向境外提供种质资源，应严格按照《农作物种质资源管理办法》的规定执行，任何单位和个人索取茭白种质资源向境外提供，应持有农业农村部审批文件。

6 评价

6.1 样本筛选原则

6.1.1 地域性，凡是有茭白种植的省份均有种质资源入选。

6.1.2 同一地区相同或相近性状的种质资源只选择1份。

6.1.3 非正常茭白种质资源，暂不评价。

6.2 评价内容与方法

6.2.1 评价内容

茭白种质资源的植物学特征、生物学特性、产量性状、品质性状与抗性。

6.2.2 评价方法

a) 表1所列项目的评价方法见附录B，按照NY/T 2941的规定执行。

表1 茭白种质资源评价项目

性状	评价项目
植物学特征	株型、株高、地上茎长度、叶鞘长度、叶鞘颜色、叶片长度、叶片宽度、叶颈颜色、外稃长、芒长、花药颜色、外稃颜色、总花序长、花序主分枝数、种子形状、种子颜色、种子长度、种子直径
生物学特性	萌芽期、定植期、分蘖始期、孕茭期、初花期、盛花期、种子成熟期、采收始期、采收末期、休眠期
产量性状	总分蘖数、有效分蘖数、游茭数量、壳茭质量、肉质茎质量、种子千粒重
品质性状	壳茭饱满度、壳茭颜色、壳茭形状、壳茭颜色、肉质茎形状、肉质茎长度、肉质茎粗度、肉质茎表皮光滑度、肉质茎皮色、冬孢子堆；肉质茎质地；干物质含量、粗纤维含量、可溶性糖含量、维生素C含量、粗蛋白含量、氨基酸含量
抗病虫性	胡麻叶斑病、锈病、纹枯病、二化螟抗性

b) 双季茭白秋季肉质茎耐冷性评价。秋季气温下降到5℃，根据肉质茎水渍状冷害情况，分为：

1) 强：肉质茎表皮光滑，顶部无水渍状伤害；
2) 中：肉质茎表皮严重皱缩，仅顶部1节有水渍状伤害；
3) 弱：肉质茎表皮严重皱缩，顶部2节有水渍状伤害。

c) 木质素含量评价，按照NY/T 2337—2013的规定执行。

6.2.3 数据汇总

a) 每份种质资源的原始数据，应及时汇总，录入评价结果汇总表中，每份种质资源占一横格；
b) 复核原始记载表；
c) 有异议的数据应查明原因，必要时列入下年度或下批次复评；
d) 多年评价数据取正常年份平均值，剔除不正常年份的数据；
e) 评价数据录入茭白种质资源数据采集表，每份种质资源应建立纸质和电子档案。

6.2.4 数据统计分析

a) 统计分析评价数据，发掘优异种质资源，为进一步研究和利用提供科学依据；
b) 形成种质资源评价报告。

附 录 A
（规范性）
茭白种质资源考察收集原始记录卡

茭白种质资源考察收集原始记录卡见表 A.1。

表 A.1 茭白种质资源考察收集原始记录卡

<table>
<tr><td colspan="6">共性信息</td></tr>
<tr><td>采集号</td><td colspan="2"></td><td colspan="2">采集日期</td><td></td></tr>
<tr><td>作物名称</td><td colspan="2"></td><td colspan="2">种质名称</td><td></td></tr>
<tr><td>种质类型</td><td colspan="5">1. 野生资源 2. 地方品种 3. 育成品种 4. 品系 5. 遗传材料 6. 其他</td></tr>
<tr><td>品种类型</td><td colspan="5">1. 单季茭白 2. 双季茭白 3. 野生茭草</td></tr>
<tr><td>种质来源</td><td colspan="5">1. 当地 2. 外地（ ） 3. 外国（ ）</td></tr>
<tr><td>采集场所</td><td colspan="5">1. 农田 2. 池塘 3. 湖区 4. 旷野 5. 科研单位 6. 田边 7. 其他</td></tr>
<tr><td>栽培者</td><td colspan="2"></td><td colspan="2">照片编号</td><td></td></tr>
<tr><td>采集种茎数量</td><td colspan="2">个</td><td colspan="2">采集种子数量</td><td>粒</td></tr>
<tr><td>采集地点</td><td colspan="5">省 市 县 乡 村 组</td></tr>
<tr><td>采集地</td><td colspan="5">纬度 ° ′，经度 ° ′，海拔 m</td></tr>
<tr><td>土壤类型</td><td colspan="5">1. 沙土 2. 壤土 3. 黏土 4. 淤泥 5. 有机质丰富</td></tr>
<tr><td>土壤 pH</td><td></td><td>年均气温</td><td></td><td>年降水量</td><td></td></tr>
<tr><td>年平均日照</td><td></td><td>最低气温</td><td></td><td>最高气温</td><td></td></tr>
<tr><td>采集者</td><td colspan="2"></td><td colspan="2">采集单位</td><td></td></tr>
<tr><td colspan="6">特定信息</td></tr>
<tr><td>种质分布</td><td colspan="2">1. 广泛 2. 稀少 3. 其他</td><td colspan="2">种质群落</td><td>1. 群生 2. 散生</td></tr>
<tr><td>栽培方式</td><td colspan="5">1. 农田 2. 池塘 3. 湖区 4. 湿地 5. 其他</td></tr>
<tr><td>栽培实践</td><td colspan="5">1. 萌芽期_________ 2. 定植期_________ 3. 采收期_________ 4. 其他_________</td></tr>
<tr><td>地 形</td><td colspan="5">1. 沼泽地 2. 平原 3. 丘陵 4. 山区 5. 其他</td></tr>
<tr><td>地 势</td><td colspan="5">1. 平地 2. 山顶 3. 斜坡 4. 低洼 5. 其他</td></tr>
<tr><td>水 位</td><td colspan="5">1. 深水 2. 浅水 3. 其他</td></tr>
<tr><td colspan="6">主要特征特性</td></tr>
<tr><td>植物学特征</td><td colspan="5">株型、株高、地上茎长度、叶鞘长度、叶鞘颜色、叶片长度、叶片宽度、叶颈颜色、外稃长、芒长、花药颜色、外稃颜色、总花序长、花序主分枝数、种子形状、种子颜色、种子长度、种子直径</td></tr>
<tr><td>生物学特性</td><td colspan="5">萌芽期、定植期、分蘖始期、孕茭期、初花期、盛花期、种子成熟期、采收始期、采收末期、休眠期</td></tr>
<tr><td>产量性状</td><td colspan="5">总分蘖数、有效分蘖数、壳茭形状、壳茭颜色、壳茭质量、肉质茎形状、肉质茎质量、种子千粒重</td></tr>
<tr><td>品质性状</td><td colspan="5">壳茭饱满度、壳茭颜色、肉质茎长度、肉质茎粗度、肉质茎表皮光滑度、肉质茎皮色、冬孢子堆、肉质茎质地</td></tr>
<tr><td>抗病虫性</td><td colspan="5">胡麻叶斑病、锈病、纹枯病、二化螟抗性</td></tr>
<tr><td>抗逆性</td><td colspan="5">耐旱性、耐寒性、耐高温性</td></tr>
</table>

附 录 B
（资料性）
茭白种质资源评价方法

B.1 株型

茭白成熟植株的茎叶着生状态，分为直立型、开张型、匍匐型。

B.2 株高

自然状态下，茭白成熟植株的根颈至叶片最高点之间的垂直距离，见图 B.1，单位为厘米（cm）。

B.3 直立茎长度

单个茭白株丛中最长的地上茎长度（不包括膨大的肉质茎部分），单位为厘米（cm）。

B.4 叶片长度

茭白分蘖自上而下第 4 片叶的长度，见图 B.1，单位为厘米（cm）。

B.5 叶片宽度

茭白分蘖自上而下第 4 片叶的最大宽度，见图 B.1，单位为厘米（cm）。

B.6 叶鞘长度

茭白分蘖自上而下第 4 片叶的叶鞘长度，见图 B.1，单位为厘米（cm）。

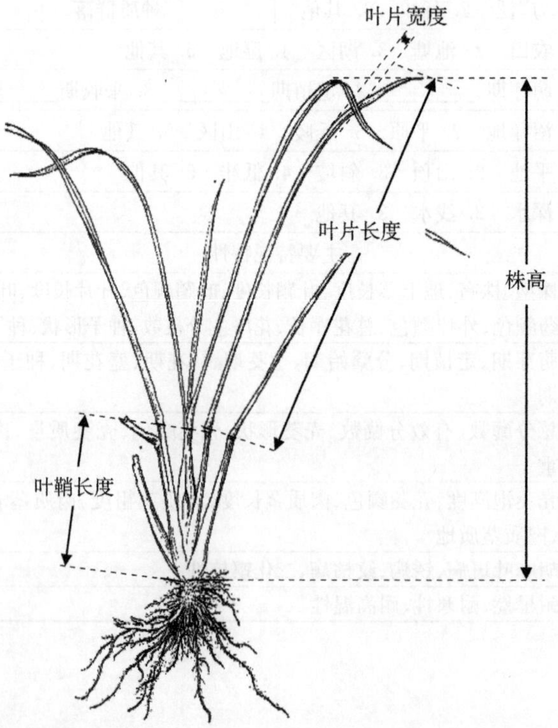

图 B.1 茭白株高、叶片长度、叶片宽度、叶鞘长度

B.7 叶鞘颜色

成熟期茭白植株叶鞘的颜色，分为绿色、浅红色。

B.8 叶颈颜色

成熟期茭白植株叶颈的颜色，分为绿白色、浅红色、红色。

B.9 壳茭颜色

壳茭的颜色，分为绿色、浅红色。

B.10 净茭形状

茭白肉质茎形状，见图 B.2，分为纺锤形、竹笋形、蜡台形、长条形。

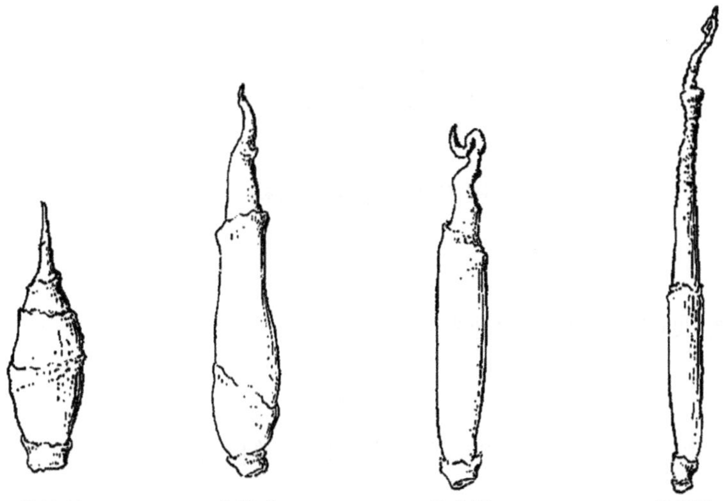

图 B.2 净茭形状

B.11 净茭长度

茭白肉质茎长度，见图 B.3，单位为厘米(cm)。

B.12 净茭粗度

茭白肉质茎最大直径的数值，见图 B.3，单位为厘米(cm)。

B.13 花药颜色

菰雄花开放当天的花药颜色，分为黄色、浅红色。

B.14 外稃颜色

菰抽穗当天的外稃颜色，分为绿色、浅红色、红色。

B.15 总花梗长

菰盛花期的总花梗长，单位为厘米(cm)。

B.16 花序长

菰盛花期的花序长，单位为厘米(cm)。

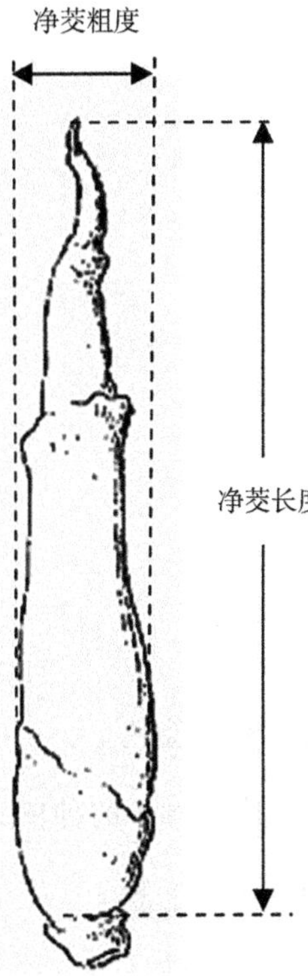

图 B.3 净茭长度和粗度

B.17 花序主分枝数

从菰穗轴上直接抽生的分枝数，见图B.4，单位为个/花序。

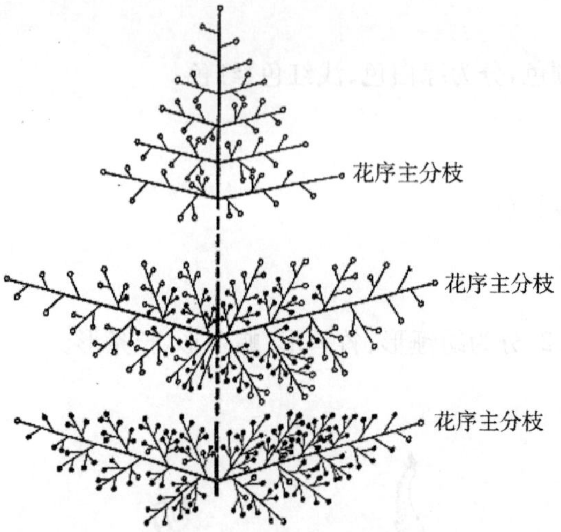

图B.4 菰花序结构

B.18 外稃长

菰雌花外稃的长度，见图B.5，单位为毫米（mm）。

B.19 芒长

菰雌花外稃的脉所延长形成的针状物的长度，见图B.5，单位为毫米（mm）。

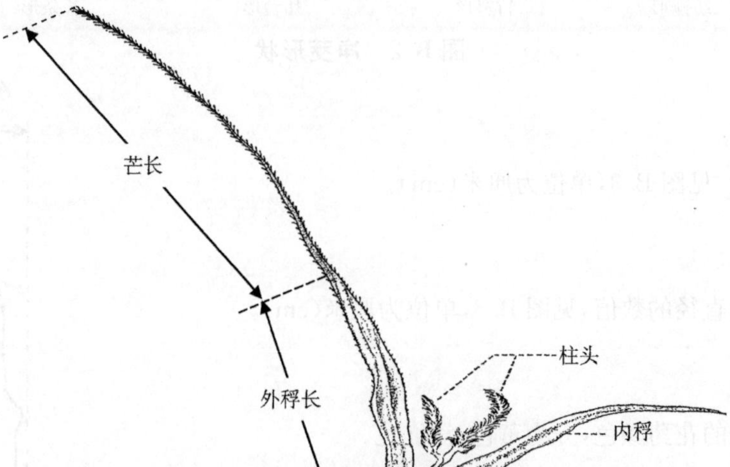

图B.5 菰雌花基本结构

B.20 种皮颜色

菰成熟种子的种皮颜色，分为浅褐色、深褐色。

B.21 种子形状

菰成熟种子的形状，分为长椭圆形、椭圆形。

B.22 种子长度

菰成熟种子的长度，单位为毫米（mm）。

B.23 种子直径

菰成熟种子的最大直径，单位为毫米（mm）。

B.24 种子千粒重

1 000 粒新鲜成熟菰种子的质量，单位为克（g）。

B.25 萌芽期

30%越冬茭白种墩萌芽的日期，用"年月日"表示，格式为"YYYYMMDD"。

B.26 定植期

茭白苗定植的日期，用"年月日"表示，格式为"YYYYMMDD"。

B.27 分蘖始期

30%茭墩发生分蘖的日期，用"年月日"表示，格式为"YYYYMMDD"。

B.28 采收始期

10%茭墩第一个茭白开始采收的日期，用"年月日"表示，格式为"YYYYMMDD"。

B.29 采收末期

10%茭墩最后一批茭白采收的日期，用"年月日"表示，格式为"YYYYMMDD"。

B.30 冬季休眠期

50%以上茭墩叶片开始枯黄的日期，用"年月日"表示，格式为"YYYYMMDD"。

B.31 单个壳茭质量

茭白采收盛期，单个茭白壳茭的质量，单位为克（g）。

B.32 单个净茭质量

茭白采收盛期，单个茭白净茭的质量，单位为克（g）。

B.33 壳茭产量

单位面积壳茭的产量，单位为千克每公顷（kg/hm^2）。

B.34 有效分蘖数

单个茭墩上能形成茭白的分蘖个数，单位为个/墩。

B.35 分蘖总数

单个茭墩上形成的分蘖总个数，单位为个/株。

B.36 单株游茭数

单个茭墩产生的游茭丛数，见图 B.6，单位为丛。

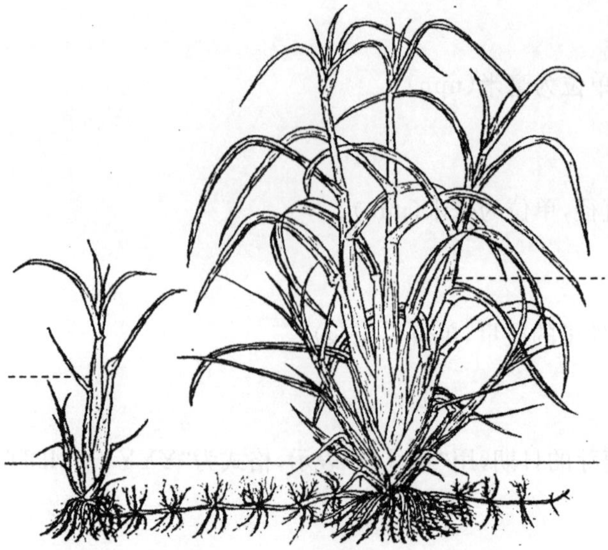

图 B.6　茭白游茭

B.37　净茭皮色

肉质茎表皮颜色，分为白色、黄白色、浅绿色、绿色。

B.38　净茭表皮光滑度

肉质茎表皮光滑程度，见图 B.7，分为光滑、微皱、皱。

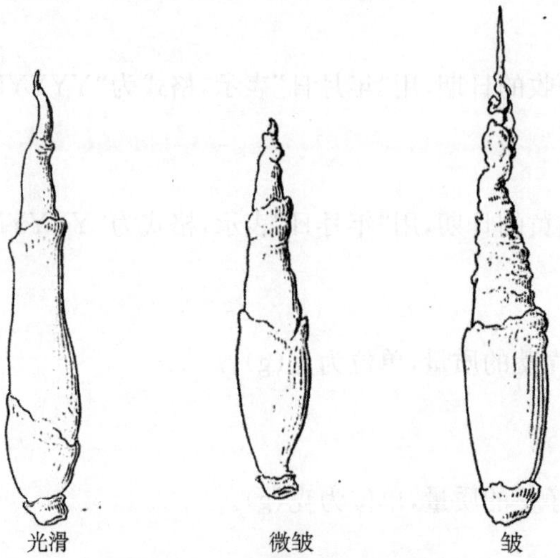

图 B.7　净茭表皮光滑度

B.39　肉质茎质地

茭白肉质茎质地，分为致密、较致密、疏松。

B.40　冬孢子堆

适期采收的茭白肉质茎中冬孢子堆形成状况，分为无、菌丝团、冬孢子堆。

B.41　干物质含量

新鲜茭白肉质茎的干物质含量，用百分号(%)表示。

B.42 可溶性糖含量

新鲜茭白肉质茎的可溶性糖含量,用百分号(%)表示。

B.43 维生素C含量

新鲜茭白肉质茎的维生素C含量,单位为毫克每百克(mg/100 g)。

B.44 粗蛋白质含量

新鲜茭白肉质茎的粗蛋白质含量,用百分号(%)表示。

B.45 粗纤维含量

新鲜茭白肉质茎的粗纤维含量,用百分号(%)表示。

B.46 锈病抗性

茭白植株对锈病(*Uromyces coronatus* Miyable et Nishida)的抗性强弱,分为5级,1(高抗)、2(抗)、3(中抗)、4(感)、5(高感)。

B.47 胡麻叶斑病抗性

茭白植株对胡麻叶斑病(*Bipolaris zizaniae*)的抗性强弱,分为5级,1(高抗)、2(抗)、3(中抗)、4(感)、5(高感)。

ICS 65.020.20
CCS B 05

NY

中华人民共和国农业行业标准

NY/T 4207—2022

植物品种特异性、一致性和稳定性测试指南　黄花蒿

Guidelines for the conduct of tests for distinctness, uniformity and stability—Sweet wormwood(*Artemisia annua* L.)

2022-11-11 发布　　2023-03-01 实施

中华人民共和国农业农村部　发布

前言

本文件按照 GB/T 1.1—2020《标准化工作导则　第1部分：标准化文件的结构和起草规则》的规定起草。

本文件由农业农村部种业管理司提出。

本文件由全国植物新品种测试标准化技术委员会(SAC/TC 277)归口。

本文件起草单位：中国中医科学院中药资源中心、湖北中医药大学、华南农业大学、云南省农业科学院药用植物研究所、农业农村部科技发展中心。

本文件主要起草人：黄璐琦、刘大会、杨美权、苗玉焕、刘平、邵爱娟、饶得花、徐振江、左智天、金航、雷咪、徐荣、林淑芳、范正华、杨丽英。

植物品种特异性、一致性和稳定性测试指南　黄花蒿

1　范围

本文件规定了黄花蒿品种特异性、一致性和稳定性测试的技术要求和结果判定的一般原则。

本文件适用于黄花蒿(*Artemisia annua* L.)品种特异性、一致性和稳定性的测试。

2　规范性引用文件

下列文件中的内容通过文中的规范性引用而构成本文件必不可少的条款。其中,注日期的引用文件,仅该日期对应的版本适用于本文件;不注日期的引用文件,其最新版本(包括所有的修改单)适用于本文件。

GB/T 19557.1　植物新品种特异性、一致性和稳定性测试指南　总则

3　术语和定义

GB/T 19557.1 界定的以及下列术语和定义适用于本文件。

3.1

群体测量　single measurement of a group of plants or parts of plants

对一批植株或植株的某器官或部位进行测量,获得一个群体记录。

3.2

个体测量　measurement of a number of individual plants or parts of plants

对一批植株或植株的某器官或部位进行逐个测量,获得一组个体记录。

3.3

群体目测　visual assessment by a single observation of a group of plants or parts of plants

对一批植株或植株的某器官或部位进行目测,获得一个群体记录。

3.4

个体目测　visual assessment by observation of individual plants or parts of plants

对一批植株或植株的某器官或部位进行逐个目测,获得一组个体记录。

4　符号

下列符号适用于本文件:

MG:群体测量。

MS:个体测量。

VG:群体目测。

VS:个体目测。

QL:质量性状。

QN:数量性状。

PQ:假质量性状。

(a)~(f):标注内容在附录 B 的 B.2 中进行了详细解释。

(+):标注内容在附录 B 的 B.3 中进行了详细解释。

5　繁殖材料的要求

5.1　繁殖材料以种子形式提供。

5.2 提交的种子数量不少于 20 g。

5.3 提交的种子应外观健康，活力强，无病虫侵害、无损伤。种子的具体质量要求如下：发芽率≥90%，净度≥70%，含水量≤11%。

5.4 提交的种子应不进行任何影响品种性状表达的处理(如种子包衣处理)。如果已处理，应提供处理的详细说明。

5.5 提交的种子应符合中国植物检疫的有关规定。

6 测试方法

6.1 测试周期

测试周期至少为 2 个独立生长周期。黄花蒿的 1 个生长周期是指从种子萌芽开始，经过营养生长，抽薹和开花结实的生长过程。该测试一次种植可用于 2 个独立的生长周期，分别在 2 个单独的生长周期进行测试。

6.2 测试地点

测试通常在一个地点进行。如果某些性状在该地点不能充分表达，可在其他符合条件的地点对其进行观测。

6.3 田间试验

6.3.1 试验设计

待测品种与近似品种相邻种植。采用育苗移栽方式种植。采用起垄单行种植，垄宽 70 cm，垄高 20 cm～25 cm，垄沟宽 30 cm，每个小区不少于 50 株，株距 60 cm，行距 100 cm，设 3 个重复。测试地点的土层应深厚、疏松，肥力中等，且田间排灌设施良好。

6.3.2 田间管理

可按当地大田生产管理方式进行。不能喷施矮壮素等植物生长调节剂和打顶。各小区田间管理应严格一致，同一管理措施应在一天内完成。

6.4 性状观测

6.4.1 观测时期

性状观测应按照附录 A 中的表 A.1 和表 A.2 列出的生育阶段进行。附录 B 对这些生育阶段进行了解释。

6.4.2 观测方法

性状观测应按照附录 A 中的表 A.1 和表 A.2 规定的观测方法(VG、VS、MG、MS)进行。

6.4.3 观测数量

除非另有说明，个体观测性状(VS、MS)植株每个小区取样数量不少于 20 株，在观测植株的器官或部位时，每个植株取样数量应为 1 个。群体观测性状(VG、MG)应观测整个小区或规定大小的混合样本。

6.5 附加测试

必要时，可选用表 A.2 中的性状或本文件未列出的性状进行附加测试。

7 特异性、一致性和稳定性的判定

7.1 总体原则

特异性、一致性和稳定性的判定按照 GB/T 19557.1 确定的原则进行。

7.2 特异性的判定

待测品种应明显区别于所有已知品种。在测试中，当待测品种至少在一个性状上与最为近似品种具有明显且可重现的差异时，即可判定待测品种具备特异性。

7.3 一致性的判定

对于种子繁殖的常规种，一致性判定时采用 10%的群体标准和至少 95%的接受概率。当样本大小为

150 株群体时，最多可以允许有 21 个异型株。

7.4 稳定性的判定

如果一个品种具备一致性，则可认为该品种具备稳定性。一般不对稳定性进行测试。

必要时，可以种植该品种的下一批繁殖材料，与以前提供的繁殖材料相比，若性状表达无明显变化，则可判定该品种具备稳定性。

8 性状表

8.1 概述

根据测试需要，将性状分为基本性状、选测性状，基本性状是测试中必须使用的性状，选测性状是在必测性状不能区别申请品种和近似品种时仍需要测量的性状。附录 A 中表 A.1 列出了黄花蒿基本性状，表 A.2 列出了黄花蒿选测性状。

性状表列出了性状名称、观测时期和方法、表达状态及相应的标准品种和代码等内容。

8.2 表达类型

根据性状表达方式，将性状分为质量性状、数量性状和假质量性状 3 种类型。

8.3 表达状态和相应代码

每个性状划分为一系列表达状态，以便于定义性状和规范描述；每个表达状态赋予一个相应的数字代码，以便于数据记录、处理和品种描述的建立与交流。

8.4 标准品种

性状表列出了部分性状有关表达状态相应的标准品种，以助于确定相关性状的不同表达状态和校正年份、地点引起的差异。

8.5 分组性状

本文件中，品种分组性状如下：

a） 植株：高度（表 A.1 中性状 3）；

b） 主茎：颜色（表 A.1 中性状 6）；

c） 现蕾期（表 A.1 中性状 25）。

9 技术问卷

申请人应按附录 C 格式填写黄花蒿技术问卷。

附 录 A
(规范性)
黄花蒿性状

A.1 黄花蒿基本性状

见表A.1。

表A.1 黄花蒿基本性状

序号	性状	观测时期和方法	表达状态	标准品种	代码
1	种子:颜色 PQ	00 VG	灰白色		1
			黄褐色		2
			褐色		3
2	植株:分枝形态 PQ (+)	33 VS	直立	渝青1号	1
			半直立	桂蒿3号	2
			开展	鄂青蒿1号	3
3	植株:高度 QN (+)	50 MS	极矮		1
			极矮到矮		2
			矮	鄂青蒿1号	3
			矮到中		4
			中	桂蒿2号	5
			中到高		6
			高	渝青1号	7
			高到极高		8
			极高		9
4	植株:冠幅 QN (+)	50 VG	小	渝青1号	1
			中	桂蒿2号	2
			大	桂蒿3号	3
5	植株:节间距 QN (a) (+)	50 MS	极短		1
			极短到短		2
			短	桂蒿1号	3
			短到中		4
			中		5
			中到长		6
			长		7
			长到极长		8
			极长		9
6	主茎:颜色 PQ (b) (+)	33 VS	黄绿色	鄂青蒿1号	1
			绿色		2
			紫绿色	元阳种源	3
			绿紫色	桂蒿3号	4
			紫色	渝青1号	5
7	主茎:表皮光泽度 QN (b)	33 VS	弱	鄂青蒿1号	1
			中	元阳种源	2
			强	渝青1号	3

表 A.1（续）

序号	性状	观测时期和方法	表达状态	标准品种	代码
8	主茎:粗度 QN (c) (+)	50 MS	极细		1
			极细到细		2
			细		3
			细到中		4
			中		5
			中到粗		6
			粗		7
			粗到极粗		8
			极粗		9
9	主茎表皮纵棱线:突显程度 QN (b) (+)	33 VS	弱		1
			中		2
			强		3
10	一级分枝:数量 QN (+)	50 MS	极少		1
			极少到少		2
			少		3
			少到中		4
			中		5
			中到多		6
			多		7
			多到极多		8
			极多		9
11	一级分枝:长度 QN (d) (+)	50 MS	极短		1
			极短到短		2
			短		3
			短到中		4
			中		5
			中到长		6
			长		7
			长到极长		8
			极长		9
12	一级分枝:粗度 QN (d) (+)	50 MS	细		1
			中		2
			粗		3
13	一级分枝:与主茎夹角 QN (+)	50 VS	小	渝青 1 号	1
			中	元阳种源	2
			大	桂蒿 3 号	3
14	一级分枝:着生处花青苷显色 QL (+)	33 VG	无		1
			有		9
15	复叶:形状 PQ (f) (+)	33 VS	三角形		1
			卵形		2
			菱形		3
16	复叶:绿色程度 QN (f) (+)	33 VG	浅	桂蒿 2 号	1
			中	桂蒿 1 号	2
			深	桂蒿 3 号	3

表 A.1（续）

序号	性状	观测时期和方法	表达状态	标准品种	代码
17	复叶:长度 QN (f) (+)	33 MS	极短		1
			极短到短		2
			短	桂蒿1号	3
			短到中		4
			中	元阳种源	5
			中到长		6
			长	桂蒿2号	7
			长到极长		8
			极长		9
18	复叶:宽度 QN (f) (+)	33 MS	极窄		1
			极窄到窄		2
			窄	桂蒿1号	3
			窄到中		4
			中	元阳种源	5
			中到宽		6
			宽	桂蒿2号	7
			宽到极宽		8
			极宽		9
19	复叶羽片:着生密度 QN (f) (+)	33 VS	疏		1
			中	鄂青蒿1号	2
			密		3
20	复叶叶轴:绿色程度 QN (f)	33 VG	浅	鄂青蒿1号	1
			中	桂蒿1号	2
			深	桂蒿3号	3
21	复叶叶轴:花青苷显色 QL (f) (+)	33 VG	无	鄂青蒿1号	1
			有	元阳种源	9
22	复叶羽片:数量 QN (g) (+)	33 MS	少		1
			中	元阳种源	2
			多		3
23	复叶羽片:长度 QN (g) (+)	33 MS	短		1
			中	元阳种源	2
			长		3
24	羽片顶生裂片:先端部形状 QN (+)	33 VS	锐形		1
			钝形		2
			椭圆形		3
25	现蕾期 QN (+)	50 MG	极早		1
			早	桂蒿1号	2
			中	鄂青蒿1号	3
			晚	桂蒿3号	4
			极晚	元阳种源	5

A.2 黄花蒿选测性状

见表A.2。

表 A.2 黄花蒿选测性状

序号	性状	观测时期和方法	表达状态	标准品种	代码
26	二级分枝:数量 QN (e) (+)	50 MS	少		1
			中	渝青1号	2
			多	桂蒿1号	3
27	假托叶:长度 QN (f) (+)	33 MS	短		1
			中	元阳种源	2
			长		3
28	假托叶:宽度 QN (f) (+)	33 MS	窄		1
			中	元阳种源	2
			宽		3
29	叶和蕾:干重 QN (+)	50 MG	极少		1
			极少到少		2
			少		3
			少到中		4
			中	桂蒿3号	5
			中到高		6
			高		7
			高到极高		8
			极高	元阳种源	9

附 录 B
（规范性）
黄花蒿性状的解释

B.1 黄花蒿生育阶段

见表B.1。

表B.1 黄花蒿生育阶段

编号	名称	描述
00	种子储藏	干种子
10	发芽期	幼苗发芽生长
20	幼苗期	形成莲座苗
21		幼苗4叶龄～10叶龄
30	主茎伸长和分枝期	植株主茎伸长
31		第1个一级分枝出现
33		第40个一级分枝出现
50	现蕾期	全小区50%植株开始现蕾

B.2 涉及多个性状的解释

(a) 对节间距观测，选取植株基部的第5节～第10节总长，除以5。

(b) 对主茎的观察，选取主茎中部部位观察。

(c) 对主茎粗度观测，选取植株基部距地面10 cm处主茎粗。

(d) 对一级分枝的观测，选取植株基部的第5个～第8个一级分枝。

(e) 对二级分枝的观测，选取植株基部第5个～第8个一级分枝上的二级分枝。

(f) 对成熟复片和假托叶观测，选取植株主茎上第10个～第15个一级分枝节位的复叶和假托叶。

(g) 对成熟复叶羽片的观测，选取上述植株复叶第2对小叶轴上最长的羽片。

B.3 涉及单个性状的解释

性状分级和图中代码见表A.1和表A.2。

性状2 植株：分枝形态，在植株主茎伸长和分枝期进行，见图B.1。

性状3 植株：高度，见图B.2。

高度≤150 cm，视为极矮(1)；150 cm<高度≤175 cm，视为极矮到矮(2)；175 cm<高度≤200 cm，视为矮(3)；200 cm<高度≤225 cm，视为矮到中(4)；225 cm<高度≤250 cm，视为中(5)；250 cm<高度≤275 cm，视为中到高(6)；275 cm<高度≤300 cm，视为高(7)；300 cm<高度≤325 cm，视为高到极高(8)；高度>325 cm，视为极高(9)。

性状4 植株：冠幅，见图B.2。

冠幅≤70 cm，视为小(1)；70 cm<冠幅<100 cm，视为中(2)；冠幅≥100 cm，视为大(3)。

性状5 植株：节间距。

节间距≤3.20 cm，视为极短(1)；3.20 cm<节间距≤3.40 cm，视为极短到短(2)；3.40 cm<节间距≤3.60 cm，视为短(3)；3.60 cm<节间距≤3.80 cm，视为短到中(4)；3.80 cm<节间距≤4.00 cm，视为中(5)；4.0 cm<节间距≤4.2 cm，视为中到长(6)；4.20 cm<节间距≤4.40 cm，视为长(7)；4.40 cm<节间距≤4.60 cm，视为长到极长(8)；节间距>4.60 cm，视为极长(9)。

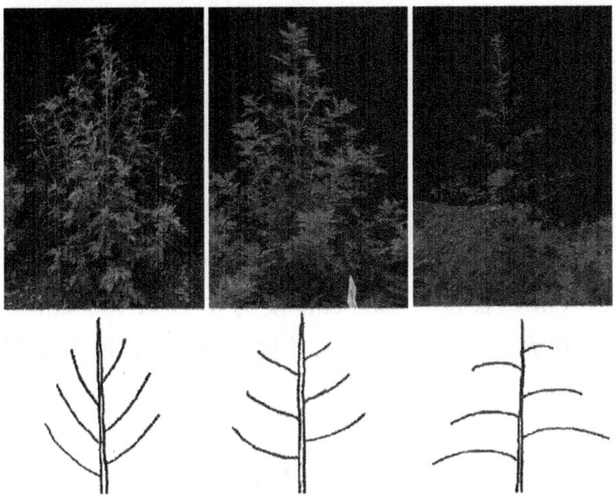

图 B.1　植株:分枝形态

图 B.2　植株:高度和冠幅

性状 6　主茎:颜色,见图 B.3。

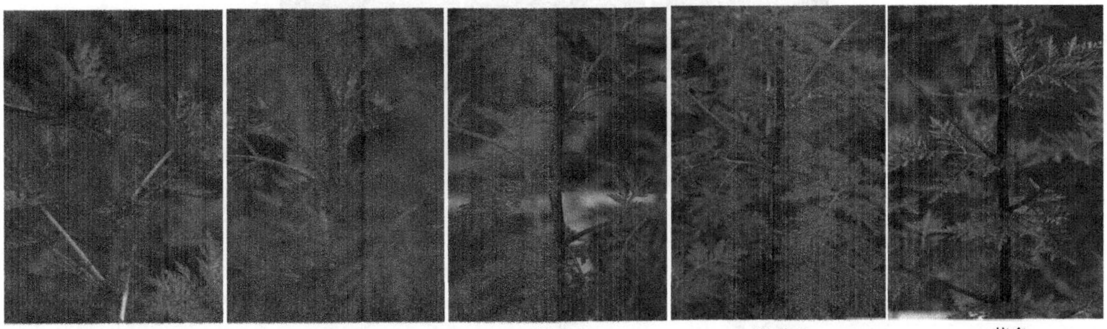

图 B.3　主茎:颜色

性状 8　主茎:粗度。

茎粗≤1.40 cm,视为极细(1);1.40 cm<茎粗≤1.70 cm,视为极细到细(2);1.70 cm<茎粗≤2.00 cm,视为细(3);2.00 cm<茎粗≤2.30 cm,视为细到中(4);2.30 cm<茎粗≤2.60 cm,视为中(5);2.60 cm<茎粗≤2.90 cm,视为中到粗(6);2.90 cm<茎粗≤3.20 cm,视为粗(7);3.20 cm<茎粗≤3.50 cm,视为粗到极粗(8);茎粗>3.50 cm,视为极粗(9)。

性状 9　主茎表皮纵棱线:突显程度,见图 B.4。

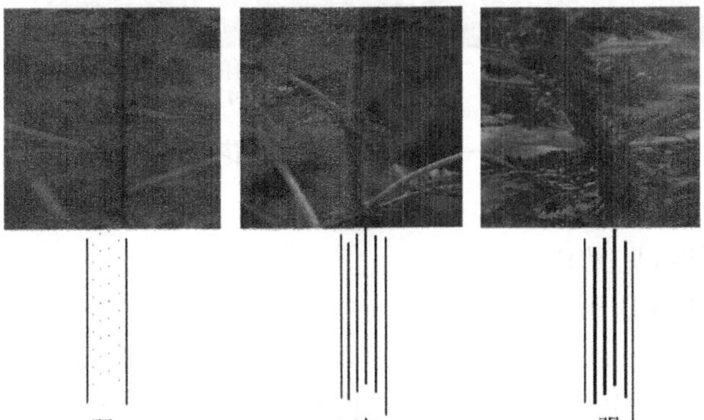

图 B.4　主茎表皮纵棱线:突显程度

性状 10　一级分枝:数量。

数量≤30 个,视为极少(1);30 个<数量≤40 个,视为极少到少(2);40 个<数量≤50 个,视为少(3);50 个<数量≤60 个,视为少到中(4);60 个<数量≤70 个,视为中(5);70 个<数量≤80 个,视为中到多(6);80 个<数量≤90 个,视为多(7);90 个<数量≤100 个,视为多到极多(8);数量>100 个,视为极多(9)。

性状 11　一级分枝:长度。

长度≤30 cm,视为极短(1);30 cm<长度≤60 cm,视为极短到短(2);60 cm<长度≤90 cm,视为短(3);90 cm<长度≤120 cm,视为短到中(4);120 cm<长度≤150 cm,视为中(5);150 cm<长度≤180 cm,视为中到长(6);180 cm<长度≤210 cm,视为长(7);210 cm<长度≤240 cm,视为长到极长(8);长度>240 cm,视为极长(9)。

性状 12　一级分枝:粗度。

测量一级分枝基部直径,基部枝粗度≤0.40 cm,视为细(1);0.40 cm<基部枝粗度<0.60 cm,视为中(2);基部枝粗度≥0.60 cm,视为粗(3)。

性状 13　一级分枝:与主茎夹角,见图 B.5。

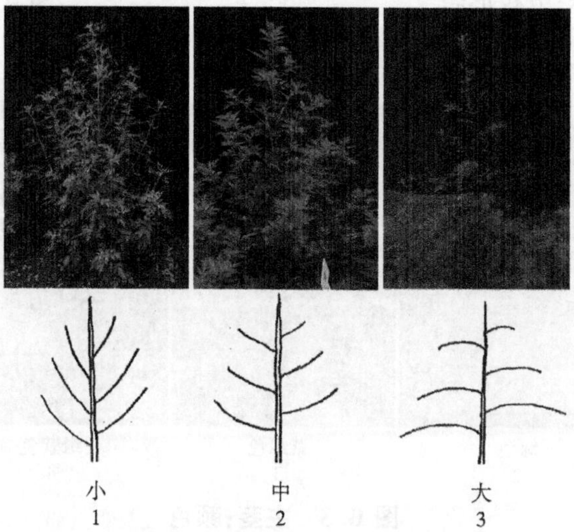

图 B.5　一级分枝:与主茎夹角

性状 14　一级分枝:着生处花青苷显色,见图 B.6。

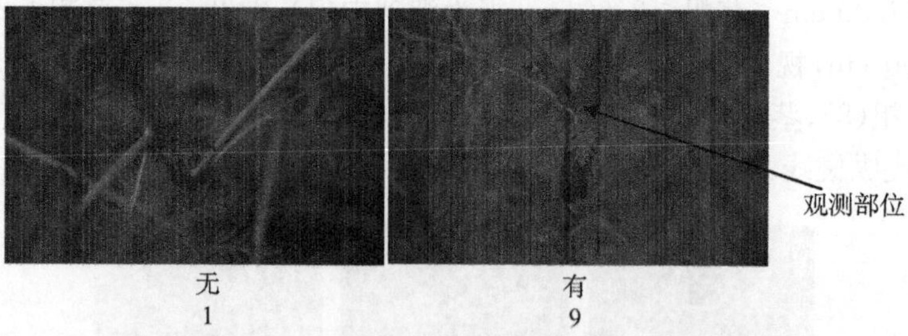

图 B.6　一级分枝:着生处花青苷显色

性状 15　复叶:形状,见图 B.7。

性状 16　复叶:绿色程度,见图 B.8。

性状 17　复叶:长度,见图 B.9。

复叶长度包含叶柄,长度≤5.00 cm,视为极短(1);5.00 cm<长度≤6.00 cm,视为极短到短(2);6.00 cm<长度≤7.00 cm,视为短(3);7.00 cm<长度≤8.00 cm,视为短到中(4);8.00 cm<长度≤9.00 cm,视为中(5);9.00 cm<长度≤10.00 cm,视为中到长(6);10.00 cm<长度≤11.00 cm,视为长(7);11.00 cm<长度≤12.00 cm,视为长到极长(8);长度>12.00 cm,视为极长(9)。

性状 18　复叶:宽度,见图 B.9。

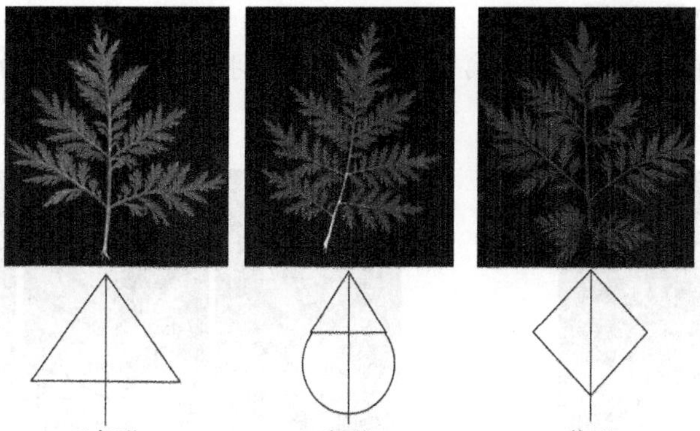

三角形 1　　卵形 2　　菱形 3

图 B.7　复叶:形状

浅 1　　中 2　　深 3

图 B.8　复叶:绿色程度

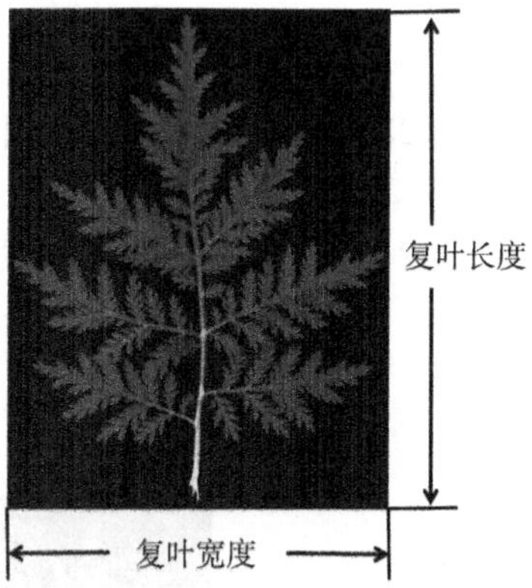

图 B.9　复叶:长度和宽度

宽度≤4.00 cm,视为极窄(1);4.00 cm<宽度≤5.00 cm,视为极窄到窄(2);5.00 cm<宽度≤6.00 cm,视为窄(3);6.00 cm<宽度≤7.00 cm,视为窄到中(4);7.00 cm<宽度≤8.00 cm,视为中(5);8.00 cm<宽度≤9.00 cm,视为中到宽(6);9.00 cm<宽度≤10.00 cm,视为宽(7);10.00 cm<宽度≤11.00 cm,视为宽到极宽(8);宽度>11.00 cm,视为极宽(9)。

性状 19　复叶羽片:着生密度,见图 B.10。

疏 1　　中 2　　密 3

图 B.10　复叶羽片:着生密度

性状 21　复叶叶轴:花青苷显色,见图 B.11。

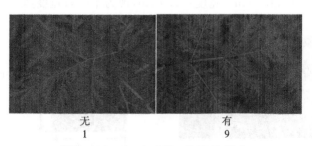

无 1　　有 9

图 B.11　复叶叶轴:花青苷显色

性状 22　复叶羽片:数量,见图 B.12。

测量复叶第 2 对小叶轴上羽片。复叶第 2 对小叶轴上羽片数量≤7,视为少(1);7<数量<10,视为中(2);数量≥10,视为多(3)。

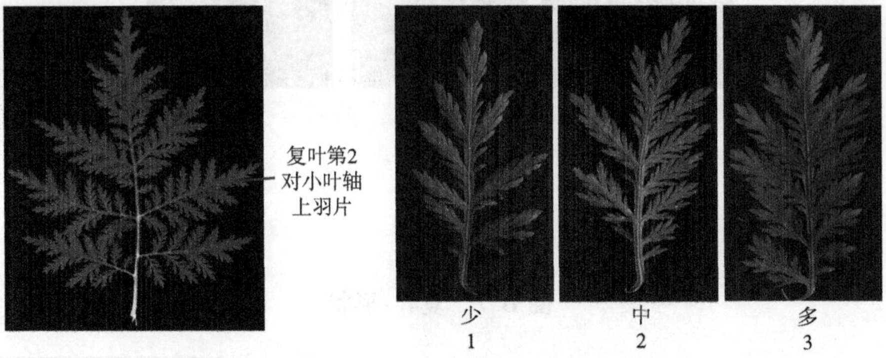

图 B.12　复叶羽片:数量

性状 23　复叶羽片:长度,见图 B.13。

长度≤1.5 cm,视为短(1);1.5 cm<长度<2.5 cm,视为中(2);长度≥2.5 cm,视为长(3)。

性状 24　羽片顶生裂片:先端部形状,见图 B.14。

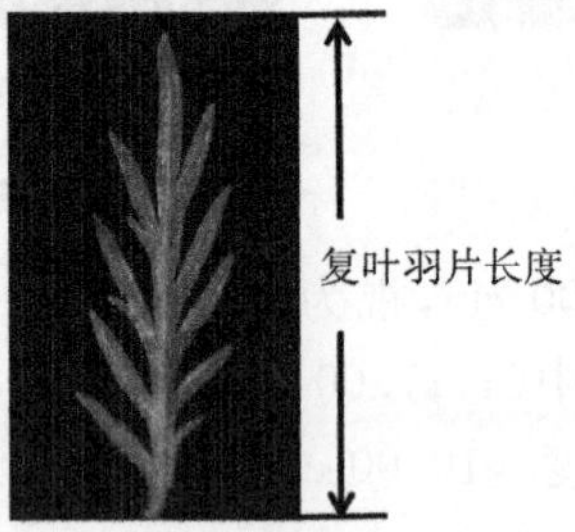

图 B.13　复叶羽片:长度

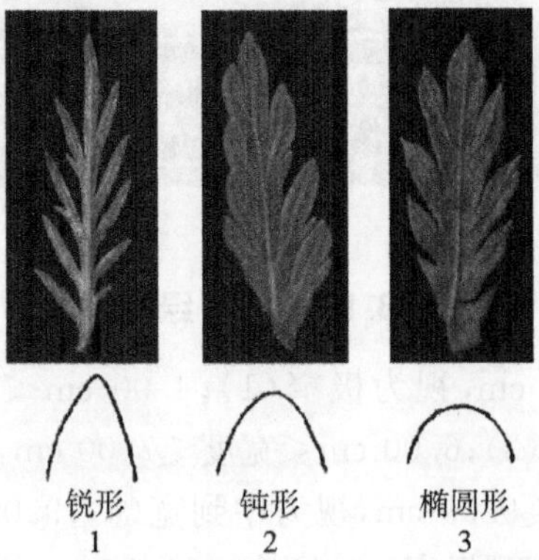

图 B.14　羽片顶生裂片:先端部形状

性状 25　现蕾期。

全小区 50%植株开始现蕾定为现蕾期。现蕾期≤140 d,视为极早(1);140 d<现蕾期≤150 d,视为早(2);150 d<现蕾期≤160 d,视为中(3);160 d<现蕾期≤170 d,视为晚(4);现蕾期>170 d,视为极晚(5)。

性状 26　二级分枝:数量。

数量≤25 个,视为少(3);25 个<数量<40 个,视为中(5);数量≥40 个,视为多(7)。

性状 27　假托叶:长度,见图 B.15。

长度≤1.5 cm,视为短(1);1.5 cm<长度<2.5 cm,视为中(2);长度≥2.5 cm,视为长(3)。

性状 28　假托叶:宽度,见图 B.15。

宽度≤1.0 cm,视为窄(1);1.0 cm<宽度<2.0 cm,视为中(2);宽度≥2.0 cm,视为宽(3)。

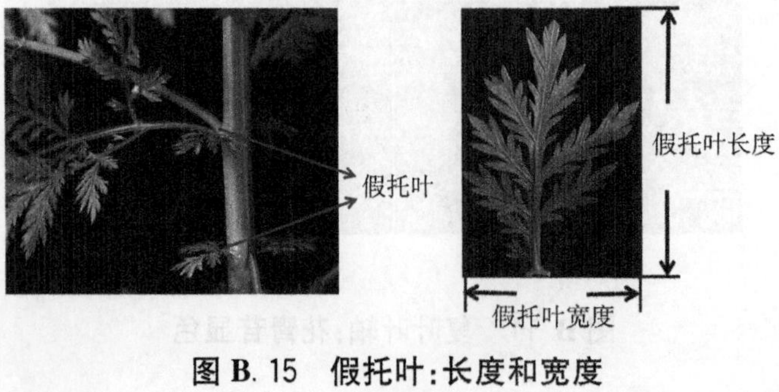

图 B.15　假托叶:长度和宽度

性状 29　叶和蕾：干重，现蕾期植株采收后，将单株叶片和花蕾全部脱下来晾干，称量干重。

干重≤40.0 g，视为极少(1)；40.0 g<干重≤60.0 g，视为极少到少(2)；60.0 g<干重≤80.0 g，视为少(3)；80.0 g<干重≤100.0 g，视为少到中(4)；100.0 g<干重≤120.0 g，视为中(5)；120.0 g<干重≤140.0 g，视为中到高(6)；140.0 g<干重≤160.0 g，视为高(7)；160.0 g<干重≤180.0 g，视为高到极高(8)；干重>180.0 g，视为极高(9)。

附 录 C
（规范性）
黄花蒿技术问卷

申请号：
申请日：
（由审批机关填写）

（申请人或代理机构签章）

C.1 品种暂定名称

C.2 申请测试人信息

姓名：
地址：
电话号码： 传真号码： 手机号码：
邮箱地址：
育种者姓名（如果与申请测试人不同）：

C.3 植物学分类

拉丁名：
中文名：

C.4 品种来源（在相符的类型[ ]中打√）

C.4.1 育种方式

C.4.1.1 杂交 [ ]
C.4.1.2 发现并改良 [ ]
C.4.1.3 突变 [ ]
C.4.1.4 其他 [ ]

C.4.2 繁育方法

C.4.2.1 种子育苗 [ ]
C.4.2.2 扦插 [ ]
C.4.2.3 组培 [ ]
C.4.2.4 其他 [ ]

C.5 待测品种的具有代表性彩色照片

（品种照片粘贴处）
（如果照片较多，可另附页提供）

C.6　品种的选育背景、育种过程和育种方法，包括系谱、培育过程和所使用的亲本或其他繁殖材料来源与名称的详细说明

C.7　适于生长的区域或环境以及栽培技术的说明

C.8　其他有助于辨别待测品种的信息

（如品种用途、生长特征、产量和品质等，请提供详细资料）

C.9　品种种植或测试是否需要特殊条件（在相符的[　]中打√）

是[　]　　　　　否[　]

（如果回答是，请提供详细资料）

C.10　品种繁殖材料保存是否需要特殊条件（在相符的[　]中打√）

是[　]　　　　　否[　]

（如果回答是，请提供详细资料）

C.11　待测品种需要指出的性状

在相符的代码后[　]中打√，若有测量值，请填写在表 C.1 中。

表 C.1 待测品种需要指出的性状

序号	性状	表达状态	代码	测量值
1	植株:高度(性状 3)	极矮	1[ ]	
		极矮到矮	2[ ]	
		矮	3[ ]	
		矮到中	4[ ]	
		中	5[ ]	
		中到高	6[ ]	
		高	7[ ]	
		高到极高	8[ ]	
		极高	9[ ]	
2	植株:冠幅(性状 4)	小	1[ ]	
		中	2[ ]	
		大	3[ ]	
3	主茎:颜色(性状 6)	黄绿色	1[ ]	
		绿色	2[ ]	
		紫绿色	3[ ]	
		绿紫色	4[ ]	
		紫色	5[ ]	
4	主茎:粗度(性状 8)	极细	1[ ]	
		极细到细	2[ ]	
		细	3[ ]	
		细到中	4[ ]	
		中	5[ ]	
		中到粗	6[ ]	
		粗	7[ ]	
		粗到极粗	8[ ]	
		极粗	9[ ]	
5	一级分枝:数量(性状 10)	极少	1[ ]	
		极少到少	2[ ]	
		少	3[ ]	
		少到中	4[ ]	
		中	5[ ]	
		中到多	6[ ]	
		多	7[ ]	
		多到极多	8[ ]	
		极多	9[ ]	
6	一级分枝:与主茎夹角(性状 13)	小	1[ ]	
		中	2[ ]	
		大	3[ ]	
7	复叶:绿色程度(性状 16)	浅	1[ ]	
		中	2[ ]	
		深	3[ ]	
8	复叶羽片:着生密度(性状 19)	疏	1[ ]	
		中	2[ ]	
		密	3[ ]	
9	现蕾期(性状 25)	极早	1[ ]	
		早	2[ ]	
		中	3[ ]	
		晚	4[ ]	
		极晚	5[ ]	

C.12 待测品种与近似品种的明显差异性状

在自己认知范围内，请申请测试人在表C.2中列出待测品种与其最为近似品种的明显差异。

表C.2 待测品种与近似品种的明显差异性状

近似品种名称	性状名称	近似品种表达状态	待测品种表达状态
注：可提供有助于待测品种特异性测试的信息。			

申请人员承诺：技术问卷填写信息真实！

签名：

ICS 65.020.20
CCS B 05

NY

中华人民共和国农业行业标准

NY/T 4208—2022

植物品种特异性、一致性和稳定性测试指南　蟹爪兰属

Guidelines for the conduct of tests for distinctness, uniformity and stability—Christmas cactus[*Schlumbergera* Lem.(including *Zygocactus* K.Schum.)]

(UPOV:TG/101/3,Guidelines for the conduct of tests for distinctness,uniformity and stability—Christmas cactus, NEQ)

2022-11-11 发布　　　　2023-03-01 实施

中华人民共和国农业农村部　发布

前　言

本文件按照 GB/T 1.1—2020《标准化工作导则　第 1 部分:标准化文件的结构和起草规则》的规定起草。

本文件使用重新起草法修改采用了国际植物新品种保护联盟(UPOV)指南“TG/101/3,Guidelines for the conduct of tests for distinctness, uniformity and stability—Christmas cactus”。

本文件对应于 UPOV 指南 TG/101/3,本文件与 TG/101/3 的一致性程度为非等效。

本文件与 UPOV 指南 TG/101/3 相比存在技术性差异,主要差异如下:

a) 增加了“内轮花被片:先端形状”“花:对称性”“内轮花被片:边缘类型”“花:花筒长度”“雄蕊:花药颜色”5 个性状;

b) 调整了“叶状茎:绿色程度”“植株:生长习性”“ * 叶状茎:边缘缺刻的类型”“ * 花:内轮花被片姿态”等性状的名称、表达状态或代码。

本文件由农业农村部种业管理司提出。

本文件由全国植物新品种测试标准化技术委员会(SAC/TC 277)归口。

本文件起草单位:宁波市农业科学研究院、上海市农业科学院、上海国森生物科技有限公司、福建省农业科学院作物研究所、杭州茗阳园艺科技有限公司、巴彦淖尔市农牧业科学研究院、山西省农业科学院玉米研究所、农业农村部科技发展中心。

本文件主要起草人:赵天荣、徐志豪、任锡亮、褚云霞、章毅颖、赵必赞、王洁、沈岚、钟海丰、王凯、王明达、胡豪、单飞彪、陈宇华、焦雄飞、温雯、刘春晖、李正鹏。

植物品种特异性、一致性和稳定性测试指南　蟹爪兰属

1　范围

本文件规定了蟹爪兰属和仙人指属品种(含属间杂交种)特异性、一致性和稳定性测试的技术要求和结果判定的一般原则。

本文件适用于蟹爪兰属[*Schlumbergera* Lem. (including *Zygocactus* K. Schum.)]品种特异性、一致性和稳定性测试。

2　规范性引用文件

下列文件中的内容通过文中的规范性引用而构成本文件必不可少的条款。其中,注日期的引用文件,仅该日期对应的版本适用于本文件;不注日期的引用文件,其最新版本(包括所有的修改单)适用于本文件。

GB/T 19557.1　植物新品种特异性、一致性和稳定性测试指南　总则

3　术语和定义

GB/T 19557.1 界定的以及下列术语和定义适用于本文件。

3.1

群体测量　single measurement of a group of plants or parts of plants

对一批植株或植株的某器官或部位进行测量,获得一个群体记录。

3.2

个体测量　measurement of a number of individual plants or parts of plants

对一批植株或植株的某器官或部位进行逐个测量,获得一组个体记录。

3.3

群体目测　visual assessment by a single observation of a group of plants or parts of plants

对一批植株或植株的某器官或部位进行目测,获得一个群体记录。

4　符号

下列符号适用于本文件:

MG:群体测量。

MS:个体测量。

VG:群体目测。

QL:质量性状。

QN:数量性状。

PQ:假质量性状。

*:UPOV 用于统一品种描述所需要的重要性状,除非受环境条件限制性状的表达状态无法测试,所有 UPOV 成员都应使用这些性状。

(a)~(c):标注内容在附录 B 中的 B.2 中进行了详细解释。

(+):标注内容在附录 B 中的 B.3 中进行了详细解释。

_:本文件中下划线是特别提示测试性状的适用范围。

5　繁殖材料的要求

5.1　繁殖材料以种苗的形式提供。

5.2 提交的种苗数量至少为 40 株。

5.3 提交的繁殖材料应为生根苗。外观健康，根系完整，茎节饱满，生长旺盛，不少于 2 个～3 个茎节，苗龄不超过 12 个月，未现蕾，无病虫侵害。

5.4 一般不进行任何影响品种性状正常表达的处理。如果已处理，应提供处理的详细说明。

5.5 提交的繁殖材料应符合中国植物检疫的有关规定。

6 测试方法

6.1 测试周期

测试周期至少为 1 个完整的生长周期。

6.2 测试地点

测试通常在一个地点进行。如果某些性状在该地点不能充分表达，可在其他符合条件的地点对其进行观测。测试应在能够确保此品种正常生长的条件下进行(夏季最高温度 30 ℃以下，冬季最低温度 5 ℃以上，通风透光良好，具有遮阳网)。

6.3 田间试验

6.3.1 试验设计

每小区至少 18 株，设 2 个重复。必要时，待测品种和近似品种相邻种植或摆放。

6.3.2 栽培管理

可按照当地栽培管理方式进行。

6.4 性状观测

6.4.1 观测时期

性状观测应按照附录 A 中表 A.1 和表 A.2 列出的生育阶段进行。附录 B 对这些生育阶段进行了解释。

6.4.2 观测方法

性状观测应按照附录 A 中表 A.1 和 A.2 规定的观测方法(VG、MG、MS)进行。用比色卡测量颜色时应在中午无阳光直射的室内进行。所有观测应把植株测试部分置于白色背景上进行。

6.4.3 观测数量

除非另有说明，个体观测性状(MS)植株取样数量不少于 10 个，在观测植株的器官或部位时，每个植株取样数量应为 1 个。群体观测性状(VG、MG)应观测整个小区。

6.5 附加测试

必要时，可选用表 A.2 的性状或本文件未列出的性状进行附加测试。

7 特异性、一致性和稳定性的判定

7.1 总体原则

特异性、一致性和稳定性的判定按照 GB/T 19557.1 确定的原则进行。

7.2 特异性的判定

待测品种应明显区别于所有已知品种。在测试中，当待测品种至少在一个性状上与最为近似的品种具有明显且可重现的差异时，即可判定待测品种具备特异性。

7.3 一致性的判定

一致性判定时，采用 1%的群体标准和至少 95%的接受概率。当样本大小为 36 株～40 株时，最多可允许有 2 个异型株。

7.4 稳定性的判定

如果一个品种具备一致性，则可认为该品种具备稳定性。一般不对稳定性进行测试。

必要时，可以种植该品种的下一批种苗，与以前提供的种苗相比，若性状表达无明显变化，则可判定该品种具备稳定性。

8 性状表

8.1 概述

根据测试需要，将性状分为基本性状、选测性状，基本性状是测试中必须使用的性状，附录 A 表 A.1 列出了蟹爪兰属基本性状，表 A.2 列出了蟹爪兰属选测性状。

性状表列出了性状名称、观测时期和方法、表达状态及相应的标准品种和代码等内容。

8.2 表达类型

根据性状表达方式，将性状分为质量性状、假质量性状和数量性状 3 种类型。

8.3 表达状态和相应代码

每个性状划分为一系列表达状态，为便于定义性状和规范描述，每个表达状态赋予一个相应的数字代码，以便于数据记录、处理和品种描述的建立与交流。

8.4 标准品种

性状表中列出了部分性状有关表达状态可参考的标准品种，以助于确定相关性状的不同表达状态和校正年份、地点引起的差异。

8.5 性状表的解释

附录 B 对性状表中的观测时期、部分性状观测方法进行了补充解释。

8.6 分组性状

本文件中，品种分组性状如下：

a) 植株：生长习性(表 A.1 中性状 1)；

b) * 叶状茎：边缘缺刻的类型(表 A.1 中性状 6)；

c) * 花：内轮花被片姿态(表 A.1 中性状 15)；

d) * 内轮花被片：边缘区颜色(表 A.1 中性状 24)。

9 技术问卷

申请人应按附录 C 格式填写蟹爪兰属技术问卷。

附 录 A
（规范性）
蟹爪兰属性状

A.1 蟹爪兰属基本性状

见表A.1。

表A.1 蟹爪兰属基本性状

序号	性状	观测时期和方法	表达状态	标准品种	代码
1	植株:生长习性 QN (+)	2～4 VG	直立		1
			半直立	超级肯尼亚	2
			水平	爱莎贝拉	3
			下垂		4
			完全下垂		5
2	*植株:第三级叶状茎的数目 QN (+)	5 MS	极少		1
			极少到少		2
			少	超级肯尼亚	3
			少到中		4
			中	艾玛	5
			中到多		6
			多		7
			多到极多		8
			极多		9
3	*叶状茎:长度 QN (a) (+)	5 MS	极短		1
			极短到短		2
			短	英雄	3
			短到中	艾玛	4
			中	超级肯尼亚	5
			中到长		6
			长		7
			长到极长		8
			极长		9
4	*叶状茎:宽度 QN (a) (+)	5 MS	极窄		1
			极窄到窄		2
			窄		3
			窄到中	超级肯尼亚	4
			中	艾玛	5
			中到宽	艾达	6
			宽		7
			宽到极宽		8
			极宽		9
5	叶状茎:绿色程度 QN (a) (+)	5 VG	极浅		1
			浅		2
			中	凯西利亚	3
			深		4
			极深	艾玛	5

表 A.1（续）

序号	性状	观测时期和方法	表达状态	标准品种	代码
6	*叶状茎:边缘缺刻类型 PQ (a) (+)	5 VG	锐锯齿	艾玛	1
			钝锯齿	英雄	2
			密钝锯齿		3
7	*叶状茎:边缘缺刻深度 QN (a) (+)	5 VG	极浅		1
			浅	英雄	2
			中	超级肯尼亚	3
			深		4
			极深	艾玛	5
8	叶状茎:横切面弯曲程度 QN (a) (+)	5 VG	极弱		1
			弱	艾玛	2
			中	超级肯尼亚	3
			强		4
			极强		5
9	*花蕾:尖端颜色 PQ (b)	3 VG	绿色	超级肯尼亚	1
			黄色		2
			橙色		3
			粉色	ELIZA	4
			红色	奥里瓦	5
			紫色	英雄	6
			其他		7
10	花蕾:尖端颜色深浅 QN (b)	3 VG	浅	超级肯尼亚	1
			中	ELIZA	2
			深	艾玛	3
11	*花蕾:尖端形状 PQ (b) (+)	4 VG	锐尖	超级肯尼亚	1
			尖	凯西利亚	2
			钝圆	爱莎贝拉	3
12	*花:宽度 QN (c) (+)	5 MS	极窄		1
			极窄到窄		2
			窄		3
			窄到中	超级肯尼亚	4
			中	艾玛	5
			中到宽	英雄	6
			宽		7
			宽到极宽		8
			极宽		9
13	*花:长度 QN (c) (+)	5 MS	极短		1
			极短到短		2
			短	凯西利亚	3
			短到中	艾玛	4
			中		5
			中到长		6
			长	超级肯尼亚	7
			长到极长		8
			极长		9
14	花:花筒长度 QN (c) (+)	5 MS	极短		1
			短		2
			中	艾玛	3
			长	超级肯尼亚	4
			极长		5

表 A.1（续）

序号	性状	观测时期和方法	表达状态	标准品种	代码
15	＊花:内轮花被片姿态 QN (c) (+)	5 VG	扁平		1
			反折	超级肯尼亚	2
			反卷		3
16	花:对称性 QN (c) (+)	5 VG	辐射对称		1
			中间型		2
			两侧对称	凯西利亚	3
17	＊内轮花被片:宽度 QN (c) (+)	5 MS	极窄		1
			窄		2
			中	超级肯尼亚	3
			宽	艾玛	4
			极宽		5
18	＊内轮花被片:基部浅色区大小 QN (c) (+)	5 VG	无或极小		1
			小	艾玛	2
			中	爱密丽	3
			大	卡罗林	4
			极大		5
19	＊内轮花被片:基部浅色区颜色 PQ (c) (+)	5 VG	白色	超级肯尼亚	1
			黄色		2
			橙色		3
			粉色		4
			红色		5
			紫色		6
			其他		7
20	＊内轮花被片:中间区 QL (c) (+)	5 VG	无		1
			有	艾玛	9
21	＊<u>仅适用于有中间区的品种</u>:内轮花被片:中间区颜色 PQ (c)	5 VG	白色		1
			黄色		2
			粉色	艾玛	3
			红色		4
			紫色		5
22	＊<u>仅适用于有中间区的品种</u>:内轮花被片:中间区边界 QL (c) (+)	5 VG	模糊	艾玛	1
			清晰		2
23	＊内轮花被片:边缘区大小 QN (c) (+)	5 VG	无或极小		1
			小		2
			中	英雄	3
			大	艾玛	4
			极大	凯西利亚	5
24	＊内轮花被片:边缘区颜色 PQ (c) (+)	5 VG	RHS 比色卡 (标注参考值)		
25	内轮花被片:边缘类型 PQ (c) (+)	5 VG	全缘	超级肯尼亚	1
			缺刻		2

表 A.1（续）

序号	性状	观测时期和方法	表达状态	标准品种	代码
26	内轮花被片:先端形状 PQ (c) (+)	5 VG	锐尖		1
			尖	超级肯尼亚	2
			钝尖	奥里瓦	3
			圆		4
27	雄蕊:花筒以上部分长度 QN (c) (+)	5 MS	极短		1
			短		2
			中	艾玛	3
			长	杰明	4
			极长		5
28	雄蕊:花药颜色 PQ (c) (+)	5 VG	白色	超级肯尼亚	1
			黄色		2
			粉色		3
			红色		4
			紫色	艾玛	5
29	雌蕊:花筒以上部分长度 QN (c) (+)	5 MS	极短		1
			短		2
			中	超级肯尼亚	3
			长	奥里瓦	4
			极长		5
30	花托:颜色 PQ (c) (+)	5 VG	绿色	莎伦	1
			泛红绿色	超级肯尼亚	2
			泛绿红色		3
			红色		4
			泛红紫色	艾玛	5
31	花筒:开口部彩色环 QL (c) (+)	5 VG	无		1
			有		9
32	始花期 QN	4 MG	极早		1
			极早到早		2
			早		3
			早到中		4
			中	艾玛	5
			中到晚	奥里瓦	6
			晚		7
			晚到极晚		8
			极晚		9

A.2 蟹爪兰属选测性状

见表 A.2。

表 A.2 蟹爪兰属选测性状

序号	性状	观测时期和方法	表达状态	标准品种	代码
33	叶状茎:边缘起伏 QN (a) (+)	5 VG	弱	艾玛	1
			中	莎伦	2
			强	超级肯尼亚	3

表 A.2（续）

序号	性状	观测时期和方法	表达状态	标准品种	代码
34	花筒:开口部形状 PQ (c) (+)	5 VG	椭圆形	超级肯尼亚	1
			阔椭圆形		2
			近圆形	莎伦	3
35	*仅适用于花筒开口部有彩色环的品种:花筒:彩色环宽度 QN (c)	5 VG	窄		1
			中	艾玛	2
			宽		3
36	柱头:颜色 PQ (c) (+)	5 VG	白色	莎伦	1
			黄色		2
			粉色		3
			红色		4
			棕色		5
			紫色	超级肯尼亚	6
37	雄蕊:花丝颜色 PQ (c) (+)	5 VG	白色	超级肯尼亚	1
			黄色		2
			粉色		3
			红色		4
			紫色	艾玛	5
38	开花持续时间 QN	6 MG	极短		1
			极短到短		2
			短	超级肯尼亚	3
			短到中		4
			中	艾玛	5
			中到长		6
			长		7
			长到极长		8
			极长		9

附 录 B
（规范性）
蟹爪兰属性状的解释

B.1 蟹爪兰属年生长发育阶段

见表 B.1。

表 B.1 蟹爪兰属年生长发育阶段

编号	名称	描述
1	营养生长期	植株茎节旺盛生长的时期
2	现蕾期	10%的植株开始出现花蕾至 100%的植株出现花蕾
3	透色期	植株上花蕾破绽露色
4	始花期	10%的植株开始开花
5	盛花期	50%的植株整株 50%的花朵开放
6	末花期	90%的植株最后一朵花开放

B.2 涉及多个性状的解释

见图 B.1。

(a) 所有叶状茎的性状应观察无病虫害、发育健全的第二级叶状茎。

(b) 所有花蕾的性状应观察生长健壮、发育健全的花蕾。

(c) 所有花的性状应观察发育健全、具有典型形态、当天完全开放的花。花冠的观察选择完全展开花冠。花被片的观察应选择内轮花被片部分，内轮花被片颜色、内轮花被片中间区的颜色、内轮花被片边缘区的颜色均观测花被片上表面。

图 B.1 蟹爪兰：叶状茎、花蕾、花

B.3 涉及单个性状的解释

性状分级和图中代码见表 A.1 和表 A.2。

性状 1 植株：生长习性，见图 B.2。

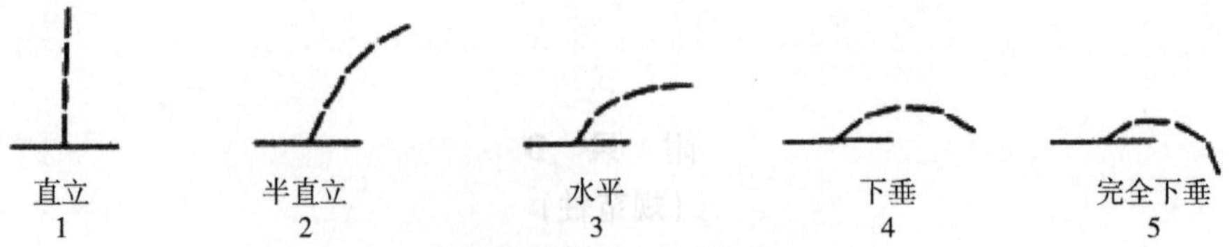

图 B.2　植株:生长习性

性状 2　＊植株:第三级叶状茎的数目,见图 B.3。

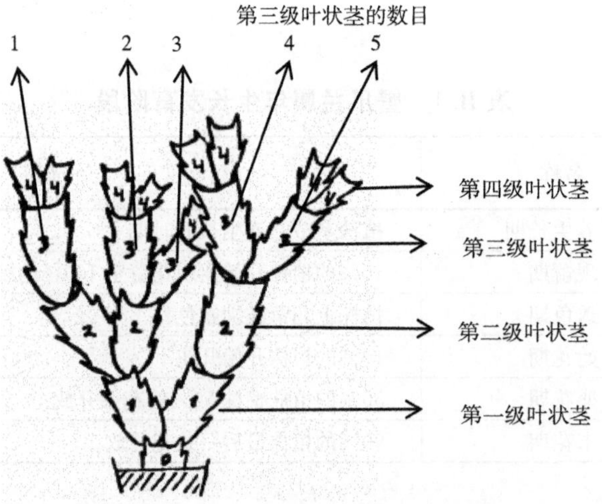

图 B.3　＊植株:第三级叶状茎的数目

性状 3　＊叶状茎:长度,见图 B.4。
性状 4　＊叶状茎:宽度,见图 B.4。

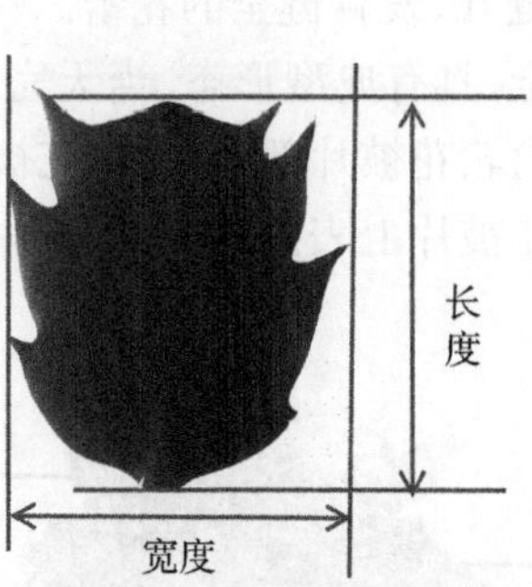

图 B.4　叶状茎:长度和叶状茎:宽度

性状 5　叶状茎:绿色程度,见图 B.5。

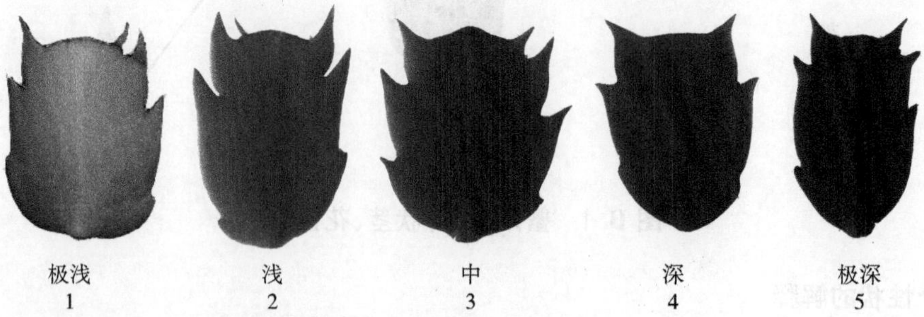

图 B.5　叶状茎:绿色程度

性状 6　＊叶状茎:边缘缺刻类型,见图 B.6。

图 B.6 ＊叶状茎:边缘缺刻类型

性状 7 ＊叶状茎:边缘缺刻深度,见图 B.7。

图 B.7 ＊叶状茎:边缘缺刻深度

性状 8 叶状茎:横切面弯曲程度,见图 B.8。植株第二级标准叶状茎中部横切面弯曲程度。

图 B.8 叶状茎:横切面弯曲程度

性状 11 ＊花蕾:尖端形状,见图 B.9。观察开花前最大的花蕾。

性状 12 ＊花:宽度,见图 B.10。花朵完全打开时花冠最大处直径。

图 B.9 ＊花蕾:尖端形状

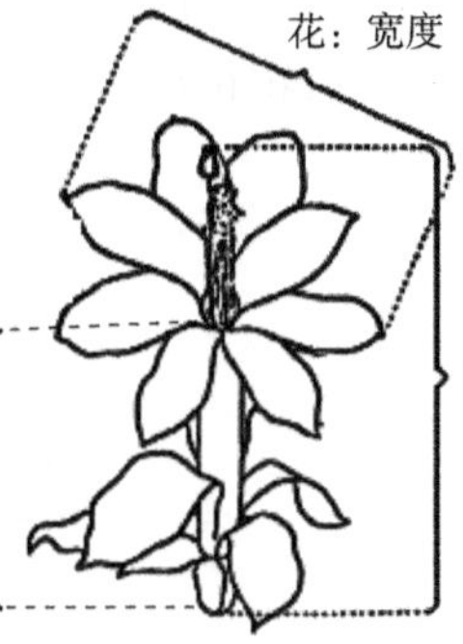

图 B.10 ＊花:宽度、花:长度和花:花筒长度

性状 13 ＊花:长度,见图 B.10。从花朵花托底部到雌蕊最顶端的垂直距离。

性状 14 花:花筒长度,见图 B.10。从花朵花托底部到花筒开口部的垂直距离。

性状 15 ＊花:内轮花被片姿态,见图 B.11。

性状 16 花:对称性,见图 B.12。

性状 17 ＊内轮花被片:宽度,见图 B.13。

性状 18 ＊内轮花被片:基部浅色区大小,见图 B.14。

性状 19 ＊内轮花被片:基部浅色区颜色,见图 B.14。

性状 20 ＊内轮花被片:中间区,见图 B.14。

图 B.11　* 花:内轮花被片姿态

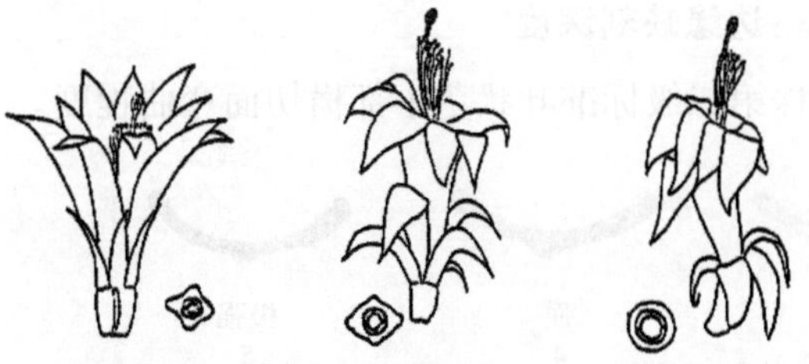

图 B.12　花:对称性

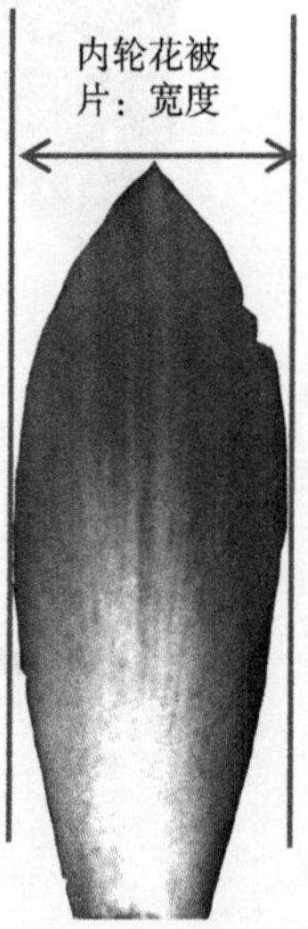

图 B.13　* 内轮花被片:宽度

性状 22　* 仅适用于有中间区的品种:内轮花被片:中间区边界,见图 B.14。

性状 23　* 内轮花被片:边缘区大小,见图 B.14、图 B.15。

性状 24　* 内轮花被片:边缘区颜色,见图 B.14。

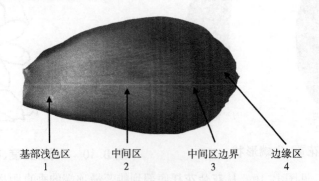

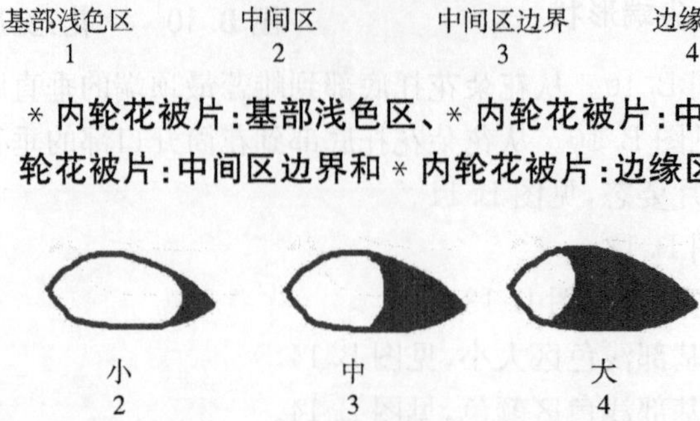

图 B.14　* 内轮花被片:基部浅色区、* 内轮花被片:中间区、* 内轮花被片:中间区边界和 * 内轮花被片:边缘区

图 B.15　* 内轮花被片:边缘区大小

性状 25　内轮花被片:边缘类型,见图 B.16。

性状 26　内轮花被片:先端形状,见图 B.17。

图 B.16　内轮花被片:边缘类型

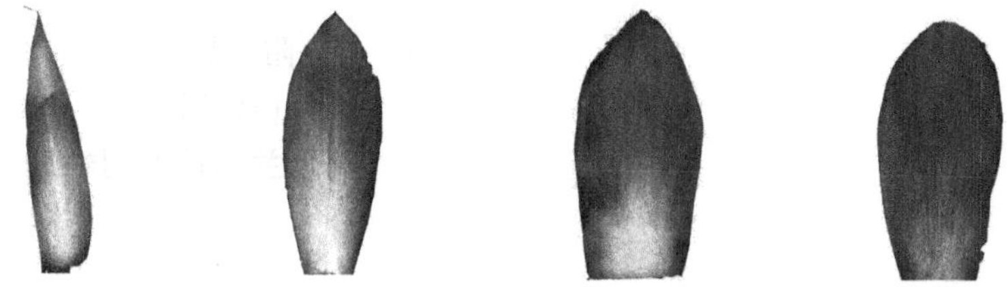

图 B.17　内轮花被片:先端形状

性状 27　雄蕊:花筒以上部分长度,见图 B.18。

性状 28　雄蕊:花药颜色,见图 B.18。观测散粉前花药主色。

性状 29　雌蕊:花筒以上部分长度,见图 B.18。

性状 30　花托:颜色,见图 B.18。

性状 31　花筒:开口部彩色环,见图 B.19。

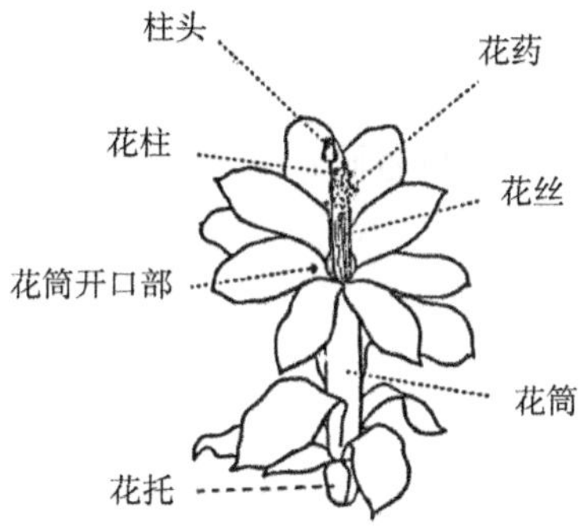

图 B.18　蟹爪兰属单个花的各部分构成

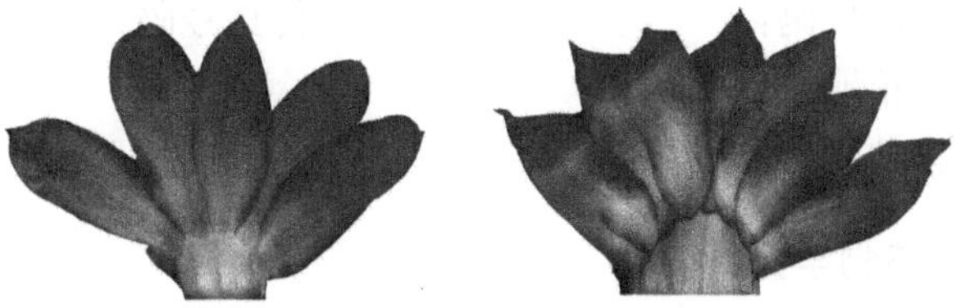

图 B.19　花筒:开口部彩色环

性状 33　叶状茎:边缘起伏,见图 B.20。

图 B.20　叶状茎:边缘起伏

性状 34　花筒:开口部形状,见图 B.21。

图 B.21　花筒:开口部形状

性状 36　柱头:颜色,见图 B.18。

性状 37　雄蕊:花丝颜色,见图 B.18。观测露出花筒的花丝颜色。

附 录 C
（规范性）
蟹爪兰属技术问卷

申请号：
申请日：
（由审批机关填写）

（申请人或代理机构签章）

C.1 品种暂定名称

C.2 申请测试人信息

姓名：
地址：
电话号码：　　　　　　　　传真号码：　　　　　　　　手机号码：
邮箱地址：
育种者姓名（如果与申请测试人不同）：

C.3 植物学分类

拉丁名：
中文名：

C.4 品种来源（在相符的类型[ ]中打√）

杂交[ ]
突变[ ]
发现[ ]
其他[ ]

C.5 待测品种的具有代表性彩色照片

（品种照片粘贴处）
（如果照片较多，可另附页提供）

C.6 品种的选育背景、育种过程和育种方法，包括系谱、培育过程和所使用的亲本或其他繁殖材料来源与名称的详细说明

C.7 适于生长的区域或环境以及栽培技术的说明

C.8 其他有助于辨别待测品种的信息

（如花期长短、品质和抗性，请提供详细资料）

C.9 品种种植或测试是否需要特殊条件（在相符的[ ]中打√）

是[ ]　　否[ ]

（如果回答是，请提供详细资料）

C.10 品种繁殖材料保存是否需要特殊条件（在相符的[ ]中打√）

是[ ]　　否[ ]

（如果回答是，请提供详细资料）

C.11 待测品种需要指出的性状

在合适的代码后[ ]中打√，若有测量值，请填写在表C.1中。

表C.1 待测品种需要指出的性状

序号	性状	表达状态	代码	测量值
1	植株：生长习性（性状1）	直立	1[ ]	
		半直立	2[ ]	
		水平	3[ ]	
		下垂	4[ ]	
		完全下垂	5[ ]	
2	*叶状茎：长度（性状3）	极短	1[ ]	
		极短到短	2[ ]	
		短	3[ ]	
		短到中	4[ ]	
		中	5[ ]	
		中到长	6[ ]	
		长	7[ ]	
		长到极长	8[ ]	
		极长	9[ ]	
3	*叶状茎：边缘缺刻的类型（性状6）	锐锯齿	1[ ]	
		钝锯齿	2[ ]	
		密钝锯齿	3[ ]	

表 C.1（续）

序号	性状	表达状态	代码	测量值
4	*花:宽度(性状 12)	极窄	1[ ]	
		极窄到窄	2[ ]	
		窄	3[ ]	
		窄到中	4[ ]	
		中	5[ ]	
		中到宽	6[ ]	
		宽	7[ ]	
		宽到极宽	8[ ]	
		极宽	9[ ]	
5	*花:长度(性状 13)	极短	1[ ]	
		极短到短	2[ ]	
		短	3[ ]	
		短到中	4[ ]	
		中	5[ ]	
		中到长	6[ ]	
		长	7[ ]	
		长到极长	8[ ]	
		极长	9[ ]	
6	*花:内轮花被片姿态(性状 15)	扁平	1[ ]	
		反折	2[ ]	
		反卷	3[ ]	
7	*内轮花被片:基部浅色区大小(性状 18)	无或极小	1[ ]	
		小	2[ ]	
		中	3[ ]	
		大	4[ ]	
		极大	5[ ]	
8	*内轮花被片:边缘区颜色(性状 24)	白色	1[ ]	
		黄色	2[ ]	
		粉色	3[ ]	
		橙色	4[ ]	
		红色	5[ ]	
		紫色	6[ ]	
		其他	7[ ]	
9	始花期(性状 32)	极早	1[ ]	
		极早到早	2[ ]	
		早	3[ ]	
		早到中	4[ ]	
		中	5[ ]	
		中到晚	6[ ]	
		晚	7[ ]	
		晚到极晚	8[ ]	
		极晚	9[ ]	

C.12 待测品种与近似品种的明显差异性状

在自己认知范围内，请申请测试人在表 C.2 中列出待测品种与其最为近似品种的明显差异。

表 C.2　待测品种与近似品种的明显差异性状

近似品种名称	性状名称	近似品种表达状态	待测品种表达状态
注:可提供有助于待测品种特异性测试的信息。			

申请人员承诺:技术问卷所填写的信息真实!

签名:

参 考 文 献

［1］ UPOV：TG/101/3，Guidelines for the conduct of test for distinctness，uniformity and stability christmas cactus

［2］ CPVO：TP/101/1，Protocol for distinctness，uniformity and stability tests *Schumbergera* Lem

［3］ 赵天荣，蔡建岗，2014．主成分和聚类分析在蟹爪兰资源评价及育种中的应用[J]．浙江农业学报，26（2）：319-324

ICS 65.020.20
CCS B 05

NY

中华人民共和国农业行业标准

NY/T 4209—2022

植物品种特异性、一致性和稳定性测试指南　忍冬

Guidelines for the conduct of tests for distinctness, uniformity and stability—Japanese honeysuckle(*Lonicera japonica* Thunb.)

2022-11-11 发布　　2023-03-01 实施

中华人民共和国农业农村部　发布

前　　言

本文件按照 GB/T 1.1—2020《标准化工作导则　第 1 部分：标准化文件的结构和起草规则》的规则起草。

本文件由农业农村部种业管理司提出。

本文件由全国植物新品种测试标准化技术委员会(SAC/TC 277)归口。

本文件起草单位：山东省农业科学院作物研究所、农业农村部科技发展中心、河北省农林科学院经济作物研究所。

本文件主要起草人：张晗、孙加梅、李汝玉、韩瑞玺、郑永胜、王穆穆、王晖、王东建、段丽丽、李华、程惠敏、耿慧晶、王玮、温春秀、安聪聪、王丽媛。

植物品种特异性、一致性和稳定性测试指南　忍冬

1　范围

本文件规定了忍冬(金银花)(*Lonicera japonica* Thunb.)品种特异性、一致性和稳定性测试的技术要求和结果判定的一般原则。

本文件适用于忍冬品种特异性、一致性和稳定性的测试。

2　规范性引用文件

下列文件中的内容通过文中的规范性引用而构成本文件必不可少的条款。其中,注日期的引用文件,仅该日期对应的版本适用于本文件;不注日期的引用文件,其最新版本(包括所有的修改单)适用于本文件。

GB/T 19557.1　植物新品种特异性、一致性和稳定性测试指南　总则

3　术语和定义

GB/T 19557.1 界定的以及下列术语和定义适用于本文件。

3.1

群体测量　single measurement of a group of plants or parts of plants

对一批植株或植株的某器官或部位进行测量,获得一个群体记录。

3.2

个体测量　measurement of a number of individual plants or parts of plants

对一批植株或植株的某器官或部位进行逐个测量,获得一组个体记录。

3.3

群体目测　visual assessment by a single observation of a group of plants or parts of plants

对一批植株或植株的某器官或部位进行目测,获得一个群体记录。

4　符号

下列符号适用于本文件:

MG:群体测量。

MS:个体测量。

VG:群体目测。

QL:质量性状。

QN:数量性状。

PQ:假质量性状。

(a)~(e):标注内容在附录 B 的 B.1 中进行了详细解释。

(+):标注内容在附录 B 的 B.2 中进行了详细解释。

5　繁殖材料的要求

5.1　繁殖材料以种苗形式提供。

5.2　提交的种苗数量至少 25 株。

5.3　提交的种苗应外观健康,活力高,无病虫侵害。提交的种苗应为 2 年生苗。

5.4　提交的种苗一般不进行任何影响品种性状正常表达的处理。如果已处理,应提供处理的详细说明。

5.5 提交的种苗应符合中国植物检疫的有关规定。

6 测试方法

6.1 测试周期

测试周期至少为1个独立的生长周期。1个独立的生长周期是指从萌芽、开花、结果、休眠，到下1个萌芽开始的整个生长过程。

6.2 测试地点

测试通常在一个地点进行。如果某些性状在该地点不能充分表达，可在其他符合条件的地点对其进行观测。

6.3 田间试验

6.3.1 试验设计

待测品种和近似品种相邻种植。

采用当地适宜的株行距，每小区不少于12株，共设2个重复。

6.3.2 田间管理

按当地田间生产管理方式进行。各小区田间管理应该严格一致，同一管理措施应当日完成。

6.4 性状观测

6.4.1 观测时期

定植后第二年进行观测，性状观测应按照附录A中的表A.1和表A.2列出的生育阶段进行。附录B对这些生育阶段进行了解释。

6.4.2 观测方法

性状观测应按照附录A中的表A.1和表A.2规定的观测方法(VG、MG、MS)进行。

6.4.3 观测数量

除非另有说明，个体观测性状(MS)取样数量为10个，在观测植株的器官或部位时，每个植株取样数量应为1个。群体观测性状(VG、MG)应观测整个小区或规定大小的混合样本。

6.5 附加测试

必要时，可选用表A.2中的性状或本文件未列出的性状进行附加测试。

7 特异性、一致性和稳定性的判定

7.1 总体原则

特异性、一致性和稳定性的判定按照GB/T 19557.1确定的原则进行。

7.2 特异性的判定

待测品种应明显区别于所有已知品种。在测试中，当待测品种至少在一个性状上与最为近似的品种具有明显且可重现的差异时，即可判定待测品种具备特异性。

7.3 一致性的判定

一致性判定时，采用1%的总体标准和至少95%的接受概率。当样本大小为6株～35株时，允许有1株异型株。

7.4 稳定性的判定

如果一个品种具备一致性，则可认为该品种具备稳定性。一般不对稳定性进行测试。

必要时，可以种植该品种的下一批种苗，与以前提供的繁殖材料相比，若性状表达无明显变化，则可判定该品种具备稳定性。

8 性状表

8.1 概述

根据测试需要，将性状分为基本性状、选测性状，基本性状是测试中必须使用的性状。附录A中表A.1列出了忍冬基本性状，表A.2列出了忍冬选测性状。

性状表列出了性状名称、观测时期和方法、表达状态及相应的标准品种和代码等内容。

8.2 表达类型

根据性状表达方式，将性状分为质量性状、数量性状和假质量性状3种类型。

8.3 表达状态和相应代码

每个性状划分为一系列表达状态，为便于定义性状和规范描述；每个表达状态赋予一个相应的数字代码，以便于数据记录、处理和品种描述的建立与交流。

8.4 标准品种

性状表中列出了部分性状有关表达状态可参考的标准品种，以助于确定相关性状的不同表达状态和校正年份、地点引起的差异。

8.5 分组性状

本文件中，品种分组性状如下：

a) 幼叶：花青苷显色强度（表A.1中性状1）；

b) 花蕾：长度（表A.1中性状16）；

c) 花冠筒：外表面颜色（表A.1中性状18）；

d) 开花期（表A.1中性状27）。

9 技术问卷

申请人应按附录C格式填写忍冬技术问卷。

附 录 A
(规范性)
忍 冬 性 状

A.1 忍冬基本性状

见表A.1。

表A.1 忍冬基本性状

序号	性状	观测时期和方法	表达状态	标准品种	代码
1	幼叶:花青苷显色强度 QN (+)	10 VG	无或极弱	北花一号	1
			弱	九丰一号	2
			中	九绿一号	3
			强	九绿二号	4
			极强	红银花	5
2	植株:生长习性 QN (+)	20 VG	直立		1
			半直立	巨鹿一号	2
			下弯	北花一号	3
3	枝条:皮孔 QL (b)	35 VG	无	九丰一号	1
			有	北花一号	9
4	枝条:茸毛密度 QN (b)	35 VG	无或极疏	大麻叶	1
			疏		2
			中	北花一号	3
			密		4
			极密	野生忍冬	5
5	枝条:颜色 PQ (b)	35 VG	黄绿色		1
			绿色	北花一号	2
			浅紫绿色		3
			中等紫色	紫茎子	4
			深紫色	红银花	5
6	叶片:长度 QN (c)	31~40 MS	极短		1
			短		2
			中	北花一号	3
			长		4
			极长	九丰一号	5
7	叶片:宽度 QN (c)	31~40 MS	极窄		1
			窄		2
			中	北花一号	3
			宽		4
			极宽	九丰一号	5
8	叶片:长宽比 QN (c)	31~35 MG	小	JF-NO.2忍冬	1
			小到中		2
			中	北花一号	3
			中到大		4
			大	红银花	5

表 A.1（续）

序号	性状	观测时期和方法	表达状态	标准品种	代码
9	叶片:形状 PQ (c)	31～40 VG	卵圆形	北花一号	1
			椭圆形		2
			近圆形		3
			倒卵圆形		4
10	叶片:先端形状 PQ (c) (+)	31～40 VG	锐尖	红银花	1
			钝尖	鸡爪花	2
			钝圆		3
11	叶片:基部形状 PQ (c) (+)	31～40 VG	阔楔形	JF-NO. 2 忍冬	1
			截形	小针花	2
			心形	北花一号	3
			近圆形		4
12	叶片:下表面茸毛密度 QN (c)	31～40 VG	极疏	小针花	1
			疏		2
			中	北花一号	3
			密		4
			极密		5
13	叶片:上表面绿色程度 QN (c)	31～40 VG	浅		1
			中	北花一号	2
			深		3
14	叶片:花青苷显色 QL (c)	31～40 VG	无	北花一号	1
			有	红银花	9
15	花蕾:持续时间 QN (a) (+)	35 VG	短		1
			中	九绿一号	2
			长	北花一号	3
16	花蕾:长度 QN (a)	35 VG	极短	小针花	1
			短		2
			中	九绿一号	3
			长		4
			极长	九丰一号	5
17	植株:着花密度 QN (b)	35 VG	疏		1
			中	巨鹿一号	2
			密	北花一号	3
18	花冠筒:外表面颜色 PQ (d)	35 VG	金黄色	北花一号	1
			紫红色	红银花	2
			其他		3
19	花冠筒:茸毛密度 QN (d) (+)	35 VG	疏		1
			中	北花一号	2
			密		3
20	花:花柱相对于花丝的长度 QN (d) (+)	35 VG	短于	野生金银花	1
			相当	长针子	2
			长于	小针花	3
21	萼片:大小 QN (d)	35 VG	小	小针花	1
			中	北花一号	2
			大	九丰一号	3

表 A.1（续）

序号	性状	观测时期和方法	表达状态	标准品种	代码
22	萼片:颜色 PQ (d)	35 VG	绿色	北花一号	1
			浅紫色	九绿一号	2
			中等紫色	红银花	3
23	果实:大小 QN (e)	49 VG	小		1
			中	北花一号	2
			大	九丰一号	3
24	果实:纵切面形状 PQ (e) (+)	49 VG	椭圆形		1
			阔椭圆形		2
			近圆形	北花一号	3
25	果实:蜡粉 QN (e)	49 VG	少		1
			中	北花一号	2
			多	九丰一号	3
26	萌芽期 QN (+)	10 MG	早		1
			中	北花一号	2
			晚	九丰一号	3
27	开花期 QN (+)	31 MG	极早		1
			早	九绿一号	2
			中	九丰一号	3
			晚	北花一号	4
			极晚		5
28	果实成熟期 QN	40 MG	极早		1
			早		2
			中	北花一号	3
			晚		4
			极晚	九丰一号	5

A.2　忍冬选测性状

见表 A.2。

表 A.2　忍冬选测性状

序号	性状	观测时期和方法	表达状态	标准品种	代码
29	染色体:倍性 QL (+)	20 VG	二倍体	北花一号	2
			四倍体	九丰一号	4
30	花蕾:绿原酸含量 QN (+)	35 MG	极低		1
			低		2
			中		3
			高		4
			极高		5
31	花蕾:木犀草苷含量 QN (+)	35 MG	低		1
			中		2
			高		3
32	植株:落叶性 QN (+)	49 VG	弱	北花一号	1
			中	九绿二号	2
			强		3

附　录　B
（规范性）
忍冬性状的解释

B.1　忍冬生育阶段

见表 B.1。

表 B.1　忍冬生育阶段

代码	名称	描述
10	萌芽期	50%的植株开始萌芽
20	营养生长期	叶片展开到现蕾
31	开花期	50%植株至少开出1朵花
35	盛花期	50%的花序小花开放
39	末花期	75%的花序小花开放时
40	果实成熟期	50%植株果实成熟
49	果实完熟期	95%果实成熟

B.2　涉及多个性状的解释

(a)　涉及花蕾的性状，应在开花前，对正常发育的一年生枝条中部花蕾进行观测。

(b)　涉及枝条的性状，应在盛花期，对典型的一年生枝条中上部进行观测。

(c)　涉及叶片的性状，应在盛花期，对一年生枝条中上部典型叶进行观测。

(d)　涉及花、萼片的性状，应在盛花期，观测第一茬的花，对一年生枝条中上部典型花、萼片进行观测。

(e)　涉及果实的性状，对正常发育的成熟果实进行观测。

B.3　涉及单个性状的解释

性状 1　幼叶：花青苷显色强度，见图 B.1。

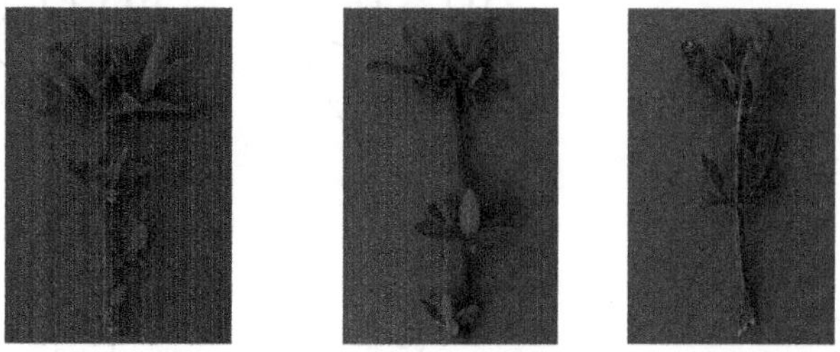

图 B.1　幼叶：花青苷显色强度

性状 2　植株：生长习性，见图 B.2。在花蕾呈现前观测。

性状 10　叶片：先端形状，见图 B.3。

性状 11　叶片：基部形状，见图 B.4。

性状 15　花蕾：持续时间，观测正常发育的一年生枝条中部花蕾持续的时间。

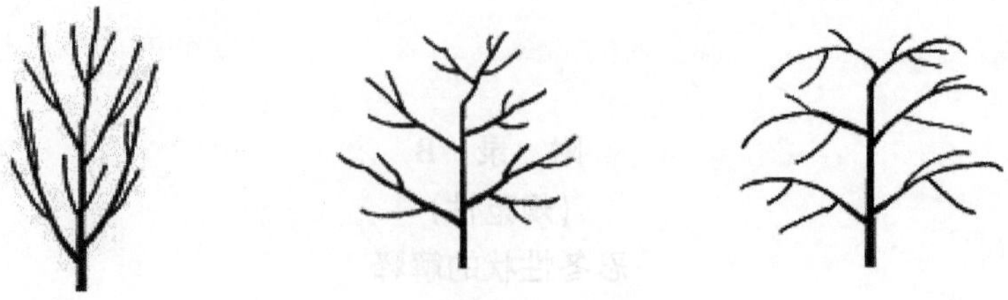

图 B.2 植株:生长习性

图 B.3 叶片:先端形状

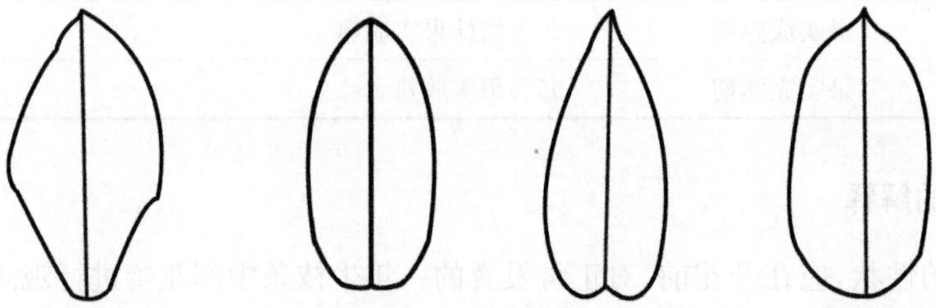

图 B.4 叶片:基部形状

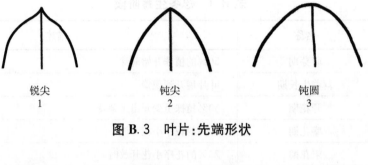

性状 19 花冠筒:茸毛密度,应观测花冠筒下部茸毛,见图 B.5。

性状 20 花:花柱相对于花丝的长度,见图 B.6。

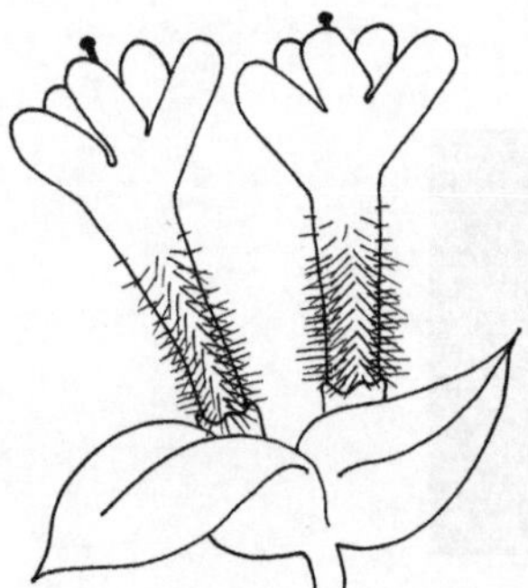

图 B.5 花冠筒:茸毛密度

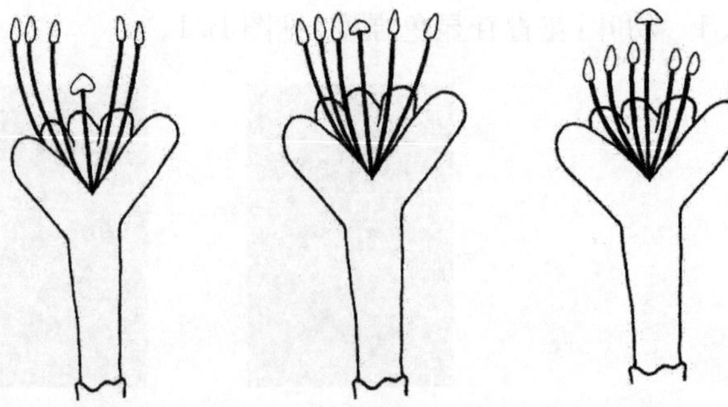

图 B.6 花:花柱相对于花丝的长度

性状 24 果实:纵切面形状,见图 B.7。

性状 26 萌芽期,50%的植株萌芽的日期。

性状 27 开花期,50%的植株开放第一朵花的日期。

性状 29 染色体:倍性。

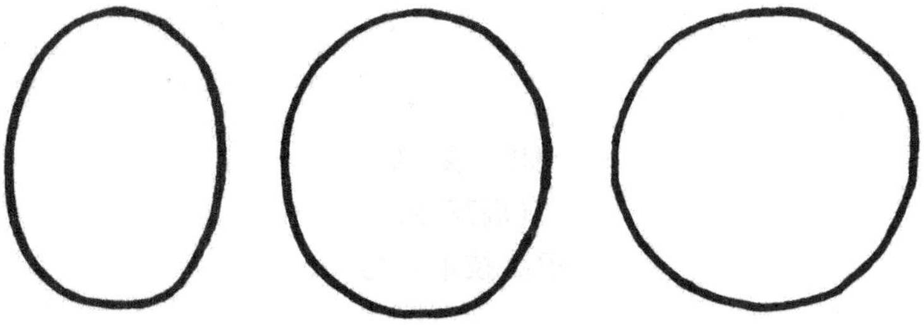

图 B.7 果实:纵切面形状

预处理:剪取幼嫩茎尖,将其浸泡在蒸馏水中,置于 4 ℃冰箱中冷冻 24 h。

固定:处理过的幼嫩茎尖用蒸馏水冲洗 2 次后,转移到 70%酒精和冰醋酸(3∶1)的固定液中,在 4 ℃～15 ℃固定20 h～24 h,再用 70%酒精冲洗 2 次转入 70%酒精中保存。

解离:把幼嫩茎尖用蒸馏水冲洗 2 次,放入先在 60 ℃水浴中预热的 1 mol/L 盐酸中,60 ℃恒温处理 10 min～15 min,当根尖透明呈黄色时取出;然后把根尖置于 2.5%果胶酶和 2.5%纤维素酶等量混合液(pH 5～5.5)中,在室温 18 ℃～28 ℃条件下处理 2 h～3 h;再将根尖置 5 mol/L 盐酸中处理 5 min～10 min。

后低渗:把幼嫩茎尖放在蒸馏水中冲洗 2 次～3 次(约 10 min),保存在 70%酒精中备用。染色与压片取一根尖在吸水纸上吸去多余的溶液,然后放在干净的载玻片中央,用刀片把分生组织切下,将其切成薄片。滴 1 滴醋酸洋红染色液,盖上盖玻片,一手固定盖玻片,另一手用镊子尖或解剖针柄轻敲盖玻片,使材料溃散均匀,继续轻敲,使材料呈云雾状。

镜检:压好的片子先在低倍镜下镜检,再用高倍镜镜检,检查、记录有丝分裂中期的染色体的数目。

性状 30 花蕾:绿原酸含量,参照《中华人民共和国药典》高效液相色谱法(通则 0512)方法进行测定。

性状 31 花蕾:木犀草苷含量,参照《中华人民共和国药典》高效液相色谱法(通则 0512)方法进行测定。

性状 32 植株:落叶性,果实完熟期时观测脱落的叶片数占总叶片数的百分数。

附 录 C
（规范性）
忍冬技术问卷

申请号： 申请日： （由审批机关填写）

（申请人或代理机构签章）

C.1 品种暂定名称

C.2 申请测试的人员信息

姓名：
地址：
电话号码： 传真号码： 手机号码：
邮箱地址：
育种者姓名（如果与申请测试人不同）：

C.3 植物学分类

拉丁名：
中文名：

C.4 品种类型

C.4.1 品种来源

杂交 [ ]
突变 [ ]
发现并改良 [ ]
其他 [ ]

C.4.2 品种繁殖方式

扦插 [ ]
其他 [ ]

C.4.3 品种用途

观赏 [ ]
药用 [ ]
果用 [ ]
其他 [ ]

C.5 待测品种的具有代表性彩色照片

（品种照片粘贴处）
（如果照片较多,可另附页提供）

C.6 品种的选育背景、育种过程和育种方法,包括系谱、培育过程和所使用的亲本或其他繁殖材料来源与名称的详细说明

C.7 适于生长的区域或环境以及栽培技术的说明

C.8 其他有助于辨别申请品种的信息

（如品种用途、品质抗性,请提供详细资料）

C.9 品种种植或测试是否需要特殊条件(在相符的[ ] 中打√)

是[ ]　　　　　否[ ]
（如果回答是,请提供详细资料）

C.10 品种繁殖材料保存是否需要特殊条件(在相符的[ ] 中打√)

是[ ]　　　　　否[ ]
（如果回答是,请提供详细资料）

C.11 待测品种需要指出的性状

在合适的代码后[ ]中打√,若有测量值,请填写在表C.1中。

表C.1 待测品种需要指出的性状

序号	性状	表达状态	代码	测量值
1	幼叶:花青苷显色强度(性状1)	无或极弱	1[ ]	
		弱	2[ ]	
		中	3[ ]	
		强	4[ ]	
		极强	5[ ]	
2	植株:生长习性(性状2)	直立	1[ ]	
		半直立	2[ ]	
		下弯	3[ ]	
3	枝条:颜色(性状5)	黄绿色	1[ ]	
		绿色	2[ ]	
		浅紫绿色	3[ ]	
		中等紫色	4[ ]	
		深紫色	5[ ]	

表 C.1（续）

序号	性状	表达状态	代码	测量值
4	叶片：先端形状（性状 10）	锐尖	1[　]	
		钝尖	2[　]	
		钝圆	3[　]	
5	叶片：基部形状（性状 11）	阔楔形	1[　]	
		截形	2[　]	
		心形	3[　]	
		近圆形	4[　]	
6	花蕾：长度（性状 16）	极短	1[　]	
		短	2[　]	
		中	3[　]	
		长	4[　]	
		极长	5[　]	
7	花冠筒：外表面颜色（性状 18）	金黄色	1[　]	
		紫红色	2[　]	
		其他	3[　]	
8	花冠筒：茸毛密度（性状 19）	疏	1[　]	
		中	2[　]	
		密	3[　]	
9	花：花柱相对于花丝的相对长度（性状 20）	短于	1[　]	
		相当	2[　]	
		长于	3[　]	
10	开花期（性状 27）	极早	1[　]	
		早	2[　]	
		中	3[　]	
		晚	4[　]	
		极晚	5[　]	

C.12　待测品种与近似品种的明显差异性状

在自己认知范围内，请申请测试人在表 C.2 中列出待测品种与其最为近似的品种的明显差异。

表 C.2　待测品种与近似品种的明显差异性状

近似品种名称	性状名称	近似品种表达状态	待测品种表达状态
近似品种 1	××	××	××
	……	……	……
近似品种 2[可选择]	××	××	××
	……	……	……
注：可提供其他有利于特异性测试的信息。			

申请人员承诺：技术问卷所填写的信息真实！

签名：__________

ICS 65.020.20
CCS B 05

NY

中华人民共和国农业行业标准

NY/T 4210—2022

植物品种特异性、一致性和稳定性测试指南　梨砧木

Guidelines for the conduct of tests for distinctness, uniformity and stability—Pear rootstocks

(*Pyrus* L.)

(UPOV: TG/169/3+Corr., Guidelines for the conduct of tests for distinctness, uniformity and stability—Pyrus rootstocks, NEQ)

2022-11-11 发布　　2023-03-01 实施

中华人民共和国农业农村部　发布

前　言

本文件按照GB/T 1.1—2020《标准化工作导则　第1部分：标准化文件的结构和起草规则》的规定起草。

本文件使用重新起草法修改采用了国际植物新品种保护联盟（UPOV）指南“TG/169/3＋Corr.，Guidelines for the conduct of tests for distinctness，uniformity and stability—Pyrus rootstocks”。

本文件对应于UPOV指南TG/169/3＋Corr.，与TG/169/3＋Corr.的一致性程度为非等效。

本文件与UPOV指南TG/169/3＋Corr.相比存在技术性差异，主要差异如下：

a）删除了“树：枝条数量”“叶片：顶部形状（不包括叶尖）”“叶片：叶尖长度”“托叶：长度”；

b）调整了“＊树：姿态”“＊一年生枝：皮孔形状”“一年生枝：向阳面主要颜色”“叶片：基部形状”等性状的表达状态及代码；

c）增加了“叶片：尖端形状”“叶片：茸毛”。

本文件由农业农村部种业管理司提出。

本文件由全国植物新品种测试标准化技术委员会（SAC/TC 277）归口。

本文件起草单位：中国农业科学院果树研究所、河南省三门峡市园艺工作总站。

本文件主要起草人：姜淑苓、王斐、欧春青、张艳杰、马力、李佳纯、杨冠宇、高艳华。

植物品种特异性、一致性和稳定性测试指南　梨砧木

1　范围

本文件规定了梨属砧木品种特异性、一致性和稳定性测试的技术要求和结果判定的一般原则。

本文件适用于梨属(*Pyrus* L.)砧木品种特异性、一致性和稳定性的测试。

2　规范性引用文件

下列文件中的内容通过文中的规范性引用而构成本文件必不可少的条款。其中,注日期的引用文件,仅该日期对应的版本适用于本文件;不注日期的引用文件,其最新版本(包括所有的修改单)适用于本文件。

GB/T 19557.1　植物新品种特异性、一致性和稳定性测试指南　总则

GB/T 19557.30　植物品种特异性、一致性和稳定性测试指南　梨

3　术语和定义

GB/T 19557.1 界定的以及下列术语和定义适用于本文件。

3.1

群体测量　single measurement of a group of plants or parts of plants

对一批植株或植株的某器官或部位进行测量,获得一个群体记录。

3.2

个体测量　measurement of a number of individual plants or parts of plants

对一批植株或植株的某器官或部位进行逐个测量,获得一组个体记录。

3.3

群体目测　visual assessment by a single observation of a group of plants or parts of plants

对一批植株或植株的某器官或部位进行目测,获得一个群体记录。

4　符号

下列符号适用于本文件:

MG:群体测量。

MS:个体测量。

VG:群体目测。

QL:质量性状。

QN:数量性状。

PQ:假质量性状。

*:UPOV 用于统一品种描述所需要的重要性状,除非受环境条件限制性状的表达状态无法测试,所有 UPOV 成员都应使用这些性状。

(a)~(d):标注内容在附录 B 的 B.2 中进行了详细解释。

(+):标注内容在附录 B 的 B.3 中进行了详细解释。

_:本文件中下划线是特别提示测试性状的适用范围。

5　繁殖材料的要求

5.1　繁殖材料以自根苗、嫁接苗或接穗的形式提供。

5.2 申请者在休眠期提交至少 15 株苗木,或在适宜的嫁接期提交足够繁殖 15 株树的接穗。

5.3 繁殖材料要求健壮、活力好、无病虫害。

5.4 提交的繁殖材料一般不进行任何影响品种性状正常表达的处理。如果已处理,应提供处理的详细说明。

5.5 提交的繁殖材料应符合中国植物检疫的有关规定。

6 测试方法

6.1 测试周期

测试周期通常为 2 个独立的生长周期。

1 个生长周期是指从开始萌芽,叶片生长、新梢成熟、落叶,进入休眠直到休眠期结束的整个生长过程。

6.2 测试地点

测试通常在同一个地点进行。如果某些性状在该地点不能充分表达,可在其他符合条件的地点对其进行观测。

6.3 田间试验

6.3.1 试验设计

待测品种与近似品种相邻种植,应用的砧木需一致。通过杂交育成的品种,每个试验需栽植或嫁接至少 5 株树;通过突变育成的品种,每个试验需栽植或嫁接至少 10 株树。

6.3.2 田间管理

按照当地梨生产园的管理方式进行。

6.4 性状观测

6.4.1 观测时期

性状观测应按照附录 A 中表 A.1 列出的生育阶段进行。附录 B 中表 B.1 对这些生育阶段进行了解释。

6.4.2 观测方法

性状观测应按照附录 A 中表 A.1 规定的观测方法(VG、MG、MS)进行。

6.4.3 观测数量

除非另有说明,个体观测性状(MS)对通过杂交育成的品种的取样数量不少于 5 株,对通过突变育成的品种的取样数量不少于 10 株。在观测植株的器官或部位时,每个植株取样数量至少为 4 个。群体观测性状(VG、MG)需观测整个小区或规定大小的混合样本。

6.5 附加测试

必要时,可按照 GB/T 19557.30 进行测试。

7 特异性、一致性和稳定性的判定

7.1 总体原则

特异性、一致性和稳定性的判定按照 GB/T 19557.1 确定的原则进行。

7.2 特异性的判定

待测品种应明显区别于所有已知品种。在测试中,当待测品种至少在一个性状上与最为近似的品种具有明显且可重现的差异时,即可判定待测品种具备特异性。

7.3 一致性的判定

对通过杂交育成的品种,一致性判定时,采用 1%的群体标准和至少 95%的接受概率,当样本大小为 5 株时,不允许有异型株。

对通过突变育成的品种,一致性判定时,采用 2%的群体标准和至少 95%的接受概率,当样本大小为

10 株时，最多允许有 1 株异型株。

7.4 稳定性的判定

如果一个品种具备一致性，则可认为该品种具备稳定性。一般不对稳定性进行测试。

必要时，可以种植该品种的下一批无性繁殖材料，与以前提供的繁殖材料相比，若性状表达无明显变化，则可判定该品种具备稳定性。

8 性状表

8.1 概述

梨砧木基本性状见附 A 中的表 A.1，性状表列出了性状名称、观测时期和方法、表达状态及相应的标准品种和代码等内容。

8.2 表达类型

根据性状表达方式，将性状分为质量性状、假质量性状和数量性状 3 种类型。

8.3 表达状态和相应代码

每个性状划分为一系列表达状态，以便于定义性状和规范描述；每个表达状态赋予一个相应的数字代码，以便于数据记录、处理和品种描述的建立与交流。

8.4 标准品种

性状表中列出了部分性状有关表达状态可参考的标准品种，以助于确定相关性状的不同表达状态和校正环境因素引起的差异。

8.5 分组性状

本文件中，品种分组性状如下：

a) ＊树：姿态（表 A.1 中性状 3）；

b) ＊一年生枝：形状（表 A.1 中性状 5）；

c) 一年生枝：长度（表 A.1 中性状 6）；

d) ＊萌芽期（表 A.1 中性状 37）。

9 技术问卷

申请人应按附录 C 格式填写梨砧木技术问卷。

附　录　A
（规范性）
梨砧木性状

梨砧木基本性状见表 A.1。

表 A.1　梨砧木基本性状

序号	性状	观测时期和方法	表达状态	标准品种	代码
1	＊树:树势 QN	00 VG	极弱		1
			弱	中矮 2 号	2
			中	中矮 1 号	3
			强		4
			极强		5
2	＊树:成枝力 QN	00 VG	极弱		1
			弱	中矮 2 号	2
			中		3
			强	中矮 1 号	4
			极强		5
3	＊树:姿态 QN (＋)	00 VG	抱合		1
			直立	中矮 3 号	2
			半直立	中矮 1 号	3
			开张		4
			下垂		5
4	枝条:针刺数量 QN	00 VG	无或极少	中矮 1 号	1
			少		2
			中		3
			多		4
			极多		5
5	＊一年生枝:形状 QN (a) (＋)	00 VG	直	中矮 1 号	1
			波浪形		2
			"之"字形		3
6	一年生枝:长度 QN (a)	00 MS	极短	中矮 4 号	1
			极短到短		2
			短	中矮 1 号	3
			短到中		4
			中	中矮 3 号	5
			中到长		6
			长		7
			长到极长		8
			极长		9
7	一年生枝:表皮光泽度 QN (a)	00 VG	弱	中矮 2 号	1
			中	中矮 3 号	2
			强		3
8	一年生枝:节间长度 QN (a) (＋)	00 MS	极短		1
			极短到短	中矮 4 号	2
			短	中矮 1 号	3
			短到中		4
			中		5

表 A.1（续）

序号	性状	观测时期和方法	表达状态	标准品种	代码
8	一年生枝：节间长度 QN (a) (+)	00 MS	中到长		6
			长		7
			长到极长		8
			极长		9
9	*一年生枝：皮孔数量 QN (a) (b)	00 VG	少		1
			中		2
			多	中矮1号	3
10	*一年生枝：皮孔大小 QN (a) (b)	00 VG	小	中矮1号	1
			中	中矮2号	2
			大		3
11	*一年生枝：皮孔形状 PQ (a) (b)	00 VG	窄椭圆形		1
			中等椭圆形	中矮2号	2
			阔椭圆形		3
			圆形	中矮1号	4
12	一年生枝：向阳面主要颜色 PQ (a)	00 VG	绿黄色		1
			灰褐色		2
			褐色		3
			黄褐色	中矮3号	4
			红褐色		5
			紫褐色	中矮2号	6
			暗褐色	中矮1号	7
13	一年生枝：叶芽大小 QN (a) (b)	00 VG	极小		1
			小	中矮2号	2
			中	中矮1号	3
			大		4
			极大		5
14	一年生枝：叶芽顶端形状 PQ (a) (b)	00 VG	锐尖	中矮1号	1
			钝尖	中矮3号	2
			圆		3
15	一年生枝：叶芽相对于枝的姿态 QN (a) (b) (+)	00 VG	贴生	中矮4号	1
			斜生	中矮1号	2
			离生	中矮3号	3
16	一年生枝：芽托大小 QN (a) (b) (+)	00 VG	小		1
			中	中矮1号	2
			大		3
17	新梢：花青苷显色强度 QN (c)	20 VG	无或极弱		1
			弱	中矮4号	2
			中	中矮3号	3
			强		4
			极强		5

表 A.1（续）

序号	性状	观测时期和方法	表达状态	标准品种	代码
18	新梢：茸毛密度 QN (c)	20 VG	无或极疏		1
			疏		2
			中	中矮3号	3
			密	中矮1号	4
			极密		5
19	叶片：相对于枝的姿态 QN (d) (+)	21 VG	向上	中矮2号	1
			水平		2
			向下	中矮3号	3
20	*叶片：长度 QN (d)	21 MS	极短		1
			极短到短		2
			短		3
			短到中		4
			中	中矮1号	5
			中到长		6
			长		7
			长到极长		8
			极长		9
21	*叶片：宽度 QN (d)	21 MS	极窄		1
			极窄到窄		2
			窄	中矮1号	3
			窄到中		4
			中		5
			中到宽		6
			宽		7
			宽到极宽		8
			极宽		9
22	*叶片：长宽比 QN (d)	21 MS	极小		1
			极小到小		2
			小		3
			小到中		4
			中		5
			中到大		6
			大	中矮4号	7
			大到极大		8
			极大		9
23	*叶片：横截面形状 QN (d) (+)	21 VG	凹	中矮1号	1
			平		2
			凸		3
24	叶片：纵向轴弯曲程度 QN (d)	21 VG	无或极弱		1
			弱	中矮1号	2
			中		3
			强		4
			极强		5
25	叶片：基部形状 PQ (d) (+)	21 VG	楔形	中矮3号	1
			阔楔形		2
			圆形	中矮1号	3
			截形		4
			心形		5

表 A.1（续）

序号	性状	观测时期和方法	表达状态	标准品种	代码
26	叶片:尖端形状 PQ (d) (+)	21 VG	长尾尖	中矮 4 号	1
			渐尖		2
			急尖		3
			钝尖		4
27	*叶片:边缘缺刻 PQ (d) (+)	21 VG	全缘		1
			圆齿状		2
			尖齿状		3
			锯齿状	中矮 1 号	4
28	叶片:上表面光泽度 QN (d)	21 VG	无或极弱		1
			弱		2
			中	中矮 1 号	3
			强		4
			极强		5
29	*叶片:上表面主叶脉相对于叶片颜色 QN (d)	21 VG	较浅	中矮 4 号	1
			相近		2
			较深		3
30	叶片:下表面主叶脉花青苷显色强度 QN (d)	21 VG	无或极弱	中矮 4 号	1
			弱		2
			中		3
			强	中矮 5 号	4
			极强		5
31	*叶柄:长度 QN (d)	21 MS	极短		1
			极短到短		2
			短		3
			短到中		4
			中		5
			中到长		6
			长	中矮 4 号	7
			长到极长		8
			极长		9
32	叶:叶片长度 / 叶柄长度 QN (d)	21 MS	极小		1
			极小到小		2
			小	中矮 4 号	3
			小到中		4
			中		5
			中到大		6
			大		7
			大到极大		8
			极大		9
33	叶柄:与枝的角度 QN (d)	21 VG	极小		1
			小	中矮 1 号	2
			中		3
			大		4
			极大		5
34	叶:托叶 QL (d)	21 VG	无	中矮 1 号	1
			有		9

表 A.1（续）

序号	性状	观测时期和方法	表达状态	标准品种	代码
35	仅适用于有托叶的品种：叶柄：托叶至叶柄基部的距离 QN (d)	21 VG /MS	无或极短		1
			短		2
			中		3
			长		4
			极长		5
36	叶片：茸毛 QL (d)	21 VG	无	中矮 1 号	1
			有		9
37	*萌芽期 QN	10 MG	早		1
			中	中矮 1 号	2
			晚		3

附 录 B
(规范性)
梨砧木性状的解释

B.1 梨砧木生育阶段

梨砧木生育阶段见表B.1。

表B.1 梨砧木生育阶段

代码	名称	描述
00	休眠期	落叶后至叶芽萌动前
10	萌芽期	全树25%的叶芽萌动时
20	春梢生长期	全树75%春梢旺盛生长时
21	春梢停长期	全树75%春梢停止生长时
22	秋梢生长期	全树75%秋梢旺盛生长时
23	秋梢停长期	全树75%秋梢停止生长时
30	落叶期	全树75%叶片正常脱落时

B.2 涉及多个性状的解释

(a) 对一年生枝的观测应在休眠期进行,观测树冠中部外围发育正常的一年生枝。

(b) 对皮孔、叶芽、芽托性状的观测应在一年生枝条中部1/3进行。

(c) 对新梢的观测应在春梢旺盛生长时进行,观测新梢上部1/3部位。

(d) 对叶、叶柄的观测应在春梢停止生长后进行,观测树冠中部外围发育正常的枝条中部1/3的成熟叶片。

B.3 涉及单个性状的解释

性状分级和图中代码见表A.1。

性状3 *树:姿态,见图B.1。

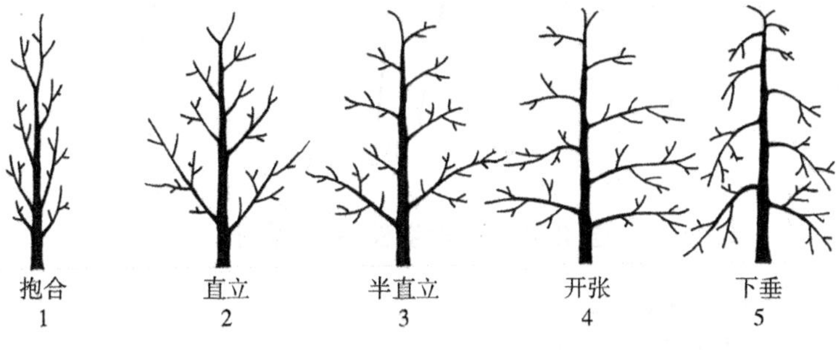

图B.1 *树:姿态

性状5 *一年生枝:形状,见图B.2。

性状8 一年生枝:节间长度。测量一年生枝中部5个连续的节间。

性状15 一年生枝:叶芽相对于枝的姿态,见图B.3。

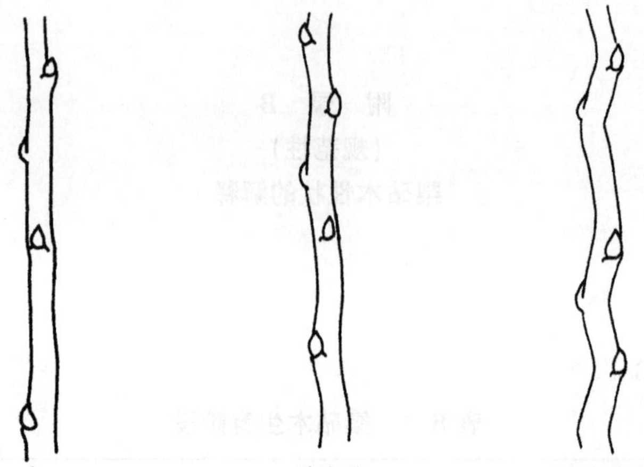

图 B.2 * 一年生枝:形状

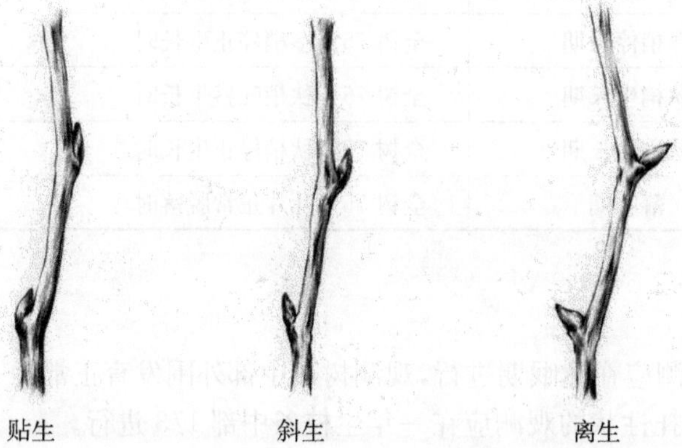

图 B.3 一年生枝:叶芽相对于枝的姿态

性状 16 一年生枝:芽托大小,见图 B.4。

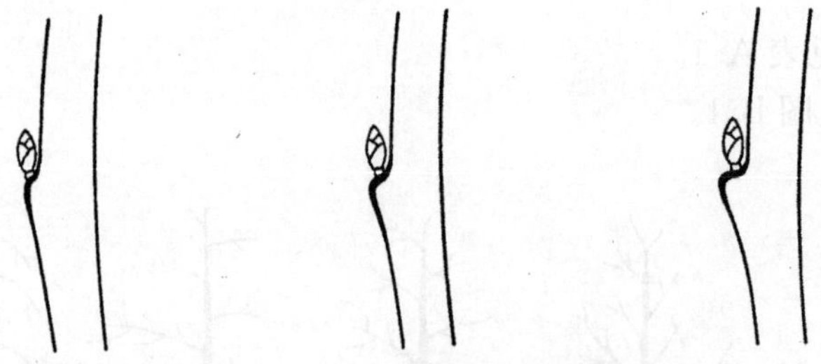

图 B.4 一年生枝:芽托大小

性状 19 叶片:相对于枝的姿态,见图 B.5。

性状 23 *叶片:横截面形状,见图 B.6。

性状 25 叶片:基部形状,见图 B.7。

性状 26 叶片:尖端形状,见图 B.8。

性状 27 *叶片:边缘缺刻,见图 B.9。观测部位为叶片上半部边缘。

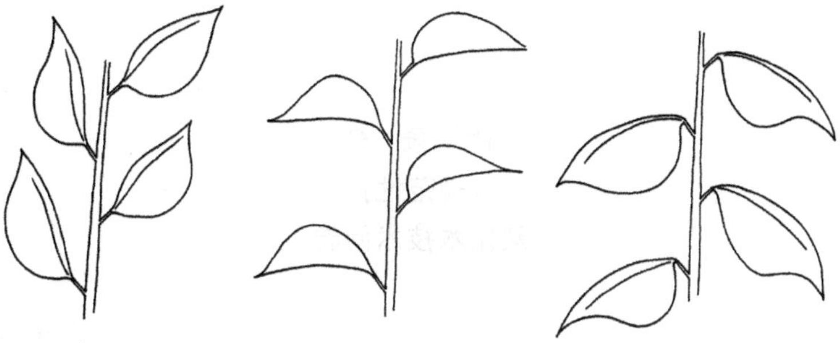

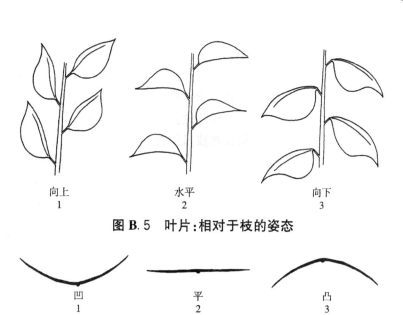

图 B.5　叶片:相对于枝的姿态

图 B.6　*叶片:横截面形状

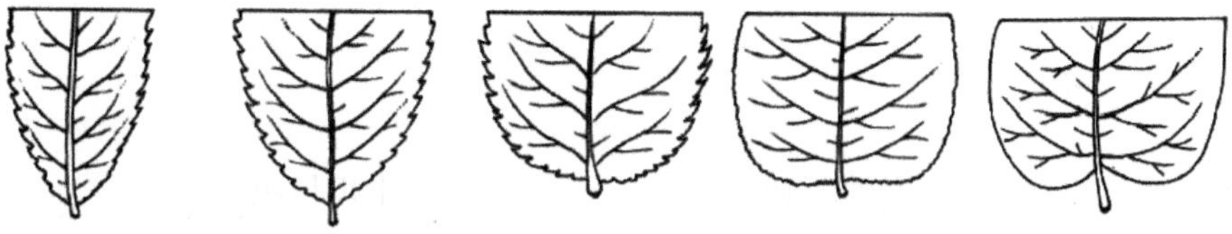

图 B.7　叶片:基部形状

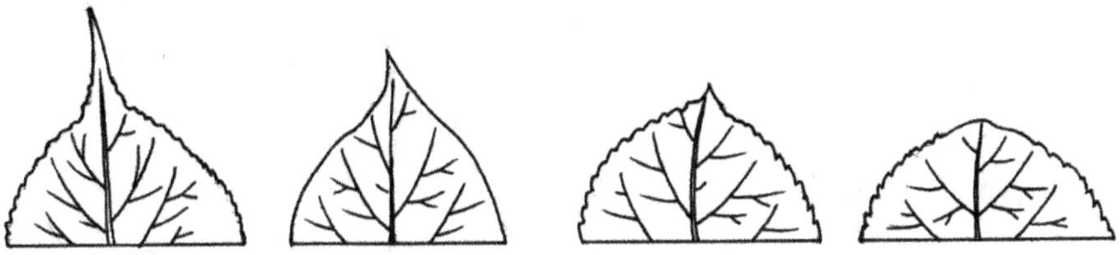

图 B.8　叶片:尖端形状

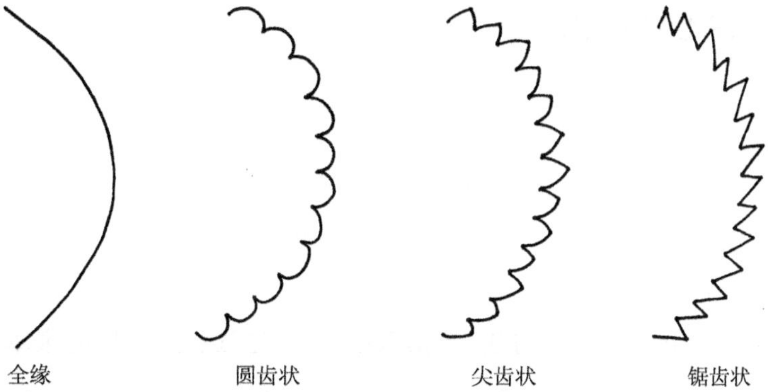

图 B.9　*叶片:边缘缺刻

附　录　C
（规范性）
梨砧木技术问卷

申请号：
申请日：
（由审批机关填写）

（申请人或代理机构签章）

C.1　品种暂定名称

C.2　申请人信息：

姓名：
地址：
电话号码：　　　　　　传真号码：　　　　　　手机号码：
邮箱地址：
育种者姓名（如果与申请测试人不同）：

C.3　植物学分类

拉丁名：
中文名：

C.4　品种来源（在相符的[　]中打√）

杂交　[　]
突变　[　]
其他　[　]

C.5　待测品种的具有代表性彩色照片

（品种照片粘贴处）
（如果照片较多，可另附页提供）

C.6　品种的选育背景、育种过程和育种方法，包括系谱、培育过程和所使用的亲本或其他繁殖材料来源与名称的详细说明

C.7 适于生长的区域或环境以及栽培技术的说明

C.8 其他有助于辨别申请品种的信息

（如品种用途、生长特征、抗性等，请提供详细资料）

C.9 品种种植或测试是否需要特殊条件（在相符的[ ]中打√）

是[ ]　　否[ ]

（如果回答是，请提供详细资料）

C.10 品种繁殖材料保存是否需要特殊条件（在相符的[ ]中打√）

是[ ]　　否[ ]

（如果回答是，请提供详细资料）

C.11 待测品种需要指出的性状

在相符的代码后[ ]中打√，若有测量值，请填写在表C.1中。

表C.1 待测品种需要指出的性状

序号	性状	表达状态	代码	测量值
1	*树：姿态（性状3）	抱合	1[ ]	
		直立	2[ ]	
		半直立	3[ ]	
		开张	4[ ]	
		下垂	5[ ]	
2	枝条：针刺数量（性状4）	无或极少	1[ ]	
		少	2[ ]	
		中	3[ ]	
		多	4[ ]	
		极多	5[ ]	
3	*一年生枝：形状（性状5）	直	1[ ]	
		波浪形	2[ ]	
		“之”字形	3[ ]	

表 C.1（续）

序号	性状	表达状态	代码	测量值
4	一年生枝：长度（性状 6）	极短	1[ ]	
		极短到短	2[ ]	
		短	3[ ]	
		短到中	4[ ]	
		中	5[ ]	
		中到长	6[ ]	
		长	7[ ]	
		长到极长	8[ ]	
		极长	9[ ]	
5	一年生枝：节间长度（性状 8）	极短	1[ ]	
		极短到短	2[ ]	
		短	3[ ]	
		短到中	4[ ]	
		中	5[ ]	
		中到长	6[ ]	
		长	7[ ]	
		长到极长	8[ ]	
		极长	9[ ]	
6	一年生枝：叶芽相对于枝的姿态（性状 15）	贴生	1[ ]	
		斜生	2[ ]	
		离生	3[ ]	
7	新梢：花青苷显色强度（性状 17）	无或极弱	1[ ]	
		弱	2[ ]	
		中	3[ ]	
		强	4[ ]	
		极强	5[ ]	
8	*叶片：横截面形状（性状 23）	凹	1[ ]	
		平	2[ ]	
		凸	3[ ]	
9	*萌芽期（性状 37）	早	1[ ]	
		中	2[ ]	
		晚	3[ ]	

C.12 待测品种与近似品种的明显差异性状

在自己认知范围内，请申请测试人在表 C.2 中列出测试品种与其最为近似品种的明显差异。

表 C.2 待测品种与近似品种的明显差异性状

近似品种名称	性状名称	近似品种表达状态	待测品种表达状态
注：可提供其他有助于待测品种特异性测试的信息。			

申请人员承诺：技术问卷所填写的信息真实！

签名：

ICS 65.020.20
CCS B 05

NY

中华人民共和国农业行业标准

NY/T 4211—2022

植物品种特异性、一致性和稳定性测试指南　量天尺属

Guidelines for the conduct of tests for distinctness, uniformity and stability—Dragon fruit

[*Hylocereus* (Berger) Britt. et Rose]

(UPOV:TG/271/1, Guidelines for the conduct of tests for distinctness, uniformity and stability—Dragon fruit, NEQ)

2022-11-11 发布　　2023-03-01 实施

中华人民共和国农业农村部　发布

前　言

本文件按照 GB/T 1.1—2020《标准化工作导则　第 1 部分：标准化文件的结构和起草规则》的规定起草。

本文件使用重新起草法修改采用了国际植物新品种保护联盟（UPOV）指南“TG/271/1，Guidelines for the conduct of tests for distinctness，uniformity and stability—Dragon fruit”。

本文件对应于 UPOV 指南 TG/271/1，与 TG/271/1 的一致性程度为非等效。

本文件与 UPOV 指南 TG/271/1 相比存在技术性差异，主要差异如下：

a） 删除了“枝蔓：长”“花：萼筒长”和“花：花被长”等性状。

b） 调整了“花：花蕾颜色”“花：萼片颜色”“花：萼片色彩模式”“花：柱头裂条颜色”“＊果实：长宽比”“＊果实：中上部萼片颜色”“＊果实：果皮颜色”和“＊果实：果肉颜色”等性状的表达状态或代码。

c） 增加了“幼枝蔓：刺毛”“枝蔓：棱边木栓化程度”“枝蔓：披覆白色粉状物及其分布情形”“枝蔓：刺座着生位置”“刺：类型”“刺：刺座刺毛”“枝蔓：棱边厚度”“枝蔓：颜色”“枝蔓：扭曲”“花：长度”“花：柱头开展程度”“花：柱头裂条分叉”“花：自花结实能力”“果实：生长发育期”“果实：果皮带刺情况”“果实：单果重”“果实：硬度”“果实：可食率”和“种子：大小”等性状。

本文件由农业农村部种业管理司提出。

本文件由全国植物新品种测试标准化技术委员会（SAC/TC 277）归口。

本文件起草单位：华南农业大学、农业农村部科技发展中心、广东省农业科学院果树研究所。

本文件主要起草人：秦永华、胡桂兵、杨旭红、饶得花、孙清明、吴鹏阳、张志珂、孙璐阳、谢芳芳、汪燕。

植物品种特异性、一致性和稳定性测试指南　量天尺属

1　范围

本文件规定了量天尺属火龙果品种特异性、一致性和稳定性测试的技术要求和结果判定的一般原则。

本文件适用于量天尺属[*Hylocereus* (Berger) Britt. et Rose]的火龙果品种特异性、一致性和稳定性测试。

2　规范性引用文件

下列文件中的内容通过文中的规范性引用而构成本文件必不可少的条款。其中，注日期的引用文件，仅该日期对应的版本适用于本文件；不注日期的引用文件，其最新版本（包括所有的修改单）适用于本文件。

GB/T 19557.1　植物新品种特异性、一致性和稳定性测试指南　总则

3　术语和定义

GB/T 19557.1 界定的以及下列术语和定义适用于本文件。

3.1

群体测量　single measurement of a group of plants or parts of plants

对一批植株或植株的某器官或部位进行测量，获得一个群体记录。

3.2

个体测量　measurement of a number of individual plants or parts of plants

对一批植株或植株的某器官或部位进行逐个测量，获得一组个体记录。

3.3

群体目测　visual assessment by a single observation of a group of plants or parts of plants

对一批植株或植株的某器官或部位进行目测，获得一个群体记录。

4　符号

下列符号适用于本文件：

MG：群体测量。

MS：个体测量。

VG：群体目测。

QL：质量性状。

QN：数量性状。

PQ：假质量性状。

*：UPOV 用于统一品种描述所需要的重要性状，除非受环境条件限制性状的表达状态无法测试，所有 UPOV 成员都应使用这些性状。

(a)～(f)：标注内容在附录 B 的 B.2 中进行了详细解释。

(+)：标注内容在附录 B 的 B.3 中进行了详细解释。

_：本文件中下划线是特别提示测试性状的适用范围。

5　繁殖材料的要求

5.1　繁殖材料以种苗或枝蔓的形式提供。

5.2 提交种苗或枝蔓≥20株。

5.3 提交的繁殖材料应外观健康，活力强，无病虫侵害、无损伤。种苗质量要求：对于嫁接苗，要求根系生长正常，长势旺盛，砧木≥30 cm，接穗萌芽≥10 cm，嫁接口愈合良好；对于扦插苗，要求根系生长正常，长势旺盛，高≥30 cm；对于枝蔓，要求健壮饱满，一年生，长≥30 cm。

5.4 提交的繁殖材料应不进行任何影响品种性状表达的处理。如果已处理，应提供处理的详细说明。

5.5 提交的繁殖材料应符合中国植物检疫的有关规定。

6 测试方法

6.1 测试周期

测试周期至少为2个独立的生长周期。生长周期为从开始活跃的营养生长、萌芽、枝蔓生长老熟、开花、果实发育至果实收获的整个阶段。该测试一次种植可用于2个独立的生长周期，分别在2个单独相同的生长周期进行测试。

6.2 测试地点

测试通常在一个地点进行。如果某些性状在该地点不能充分表达，可在其他符合条件的地点对其进行观测。

6.3 田间试验

6.3.1 试验设计

待测品种和近似品种相邻种植。每小区不少于10株，2次重复。采用单排式栽培，株距0.5 m，行距2.5 m。

6.3.2 田间管理

按当地大田生产管理方式进行。

6.4 性状观测

6.4.1 观测时期

性状观测应按照附录A中表A.1和表A.2列出的生育阶段进行。附录B对这些生育阶段进行了解释。

6.4.2 观测方法

性状观测应按照附录A中表A.1和表A.2规定的观测方法(VG、MG、MS)进行。

6.4.3 观测数量

除非另有说明，个体观测性状(MS)植株取样数量不少于5株。在观测植株的器官或部位时，每个植株取样数量应为1个。群体观测性状(VG、MG)应观测整个小区或规定大小的混合样本。

6.5 附加测试

必要时，可选用表A.2中的性状或本文件未列出的性状进行附加测试。

7 特异性、一致性和稳定性的判定

7.1 总体原则

特异性、一致性和稳定性的判定按照GB/T 19557.1确定的原则进行。

7.2 特异性的判定

待测品种应明显区别于所有已知品种。在测试中，当待测品种至少在一个性状上与最为近似的品种具有明显且可重现的差异时，即可判定待测品种具备特异性。

7.3 一致性的判定

一致性判定时，采用1%的群体标准和至少95%的接受概率。当样本大小为10株～30株时，允许有1株异型株。

7.4 稳定性的判定

如果一个品种具备一致性，则可认为该品种具备稳定性。一般不对稳定性进行测试。

必要时，可以种植该品种的下一批无性繁殖材料，与以前提供的繁殖材料相比，若性状表达无明显变化，则可判定该品种具备稳定性。

8 性状表

8.1 概述

根据测试需要，将性状分为基本性状、选测性状，基本性状是测试中必须使用的性状。附录A中表A.1列出了量天尺属基本性状，表A.2列出了量天尺属选测性状。

性状表列出了性状名称、观测时期和方法、表达状态及相应的标准品种和代码等内容。

8.2 表达类型

根据性状表达方式，将性状分为质量性状、假质量性状和数量性状3种类型。

8.3 表达状态和相应代码

每个性状划分为一系列表达状态，为便于定义性状和规范描述，每个表达状态赋予一个相应的数字代码，以便于数据记录、处理和品种描述的建立与交流。

8.4 标准品种

性状表中列出了部分性状有关表达状态相应的标准品种，以助于确定相关性状的不同表达状态和校正年份、地点引起的差异。

8.5 分组性状

本文件中，品种分组性状如下：

a) *幼枝蔓：红色程度(表A.1中性状1)；

b) *枝蔓：棱边缘状态(表A.1中性状3)；

c) *枝蔓：刺座间的距离(表A.1中性状5)；

d) *果实：纵经(表A.1中性状19)；

e) *果实：中上部萼片颜色(表A.1中性状24)；

f) *果实：果皮颜色(表A.1中性状27)；

g) *果实：果肉颜色(表A.1中性状30)。

9 技术问卷

申请人应按附录C格式填写量天尺属技术问卷。

附 录 A
(规范性)
量天尺属性状

A.1 量天尺属基本性状

见表 A.1。

表 A.1 量天尺属基本性状

序号	性状	观测时期和方法	表达状态	标准品种	代码
1	*幼枝蔓:红色程度 PQ (+)	00 VG	无或弱	无刺黄龙	1
			中	金都1号	2
			强	宽枝蔓水晶	3
2	幼枝蔓:刺毛 QL (+)	00 VG	无	大红	1
			有	红绣球	9
3	*枝蔓:棱边缘状态 PQ (a) (+)	09 VG	凹		1
			平	红冠1号	2
			凸	莞华红	3
4	*枝蔓:齿高 QN (a) (+)	09 VG/MS	低	桂红龙1号	1
			中	大红	2
			高	无刺红龙	3
5	*枝蔓:刺座间的距离 QN (a) (+)	09 VG/MS	短	莞华红粉	1
			中	双色1号	2
			长	红宝石	3
6	枝蔓:棱边木栓化程度 PQ (a) (+)	09 VG	无木栓化	莞华红	1
			刺座下半部木栓化	双色1号	2
			刺座周围木栓化	光明2号	3
			完全木栓化	以色列黄龙	4
7	枝蔓:披覆白色粉状物及其分布情形 PQ (a) (+)	09 VG	无白色粉状物	大红	1
			不规则分布	尊龙	2
			片状分布	莞华红	3
			均匀分布	红冠2号	4
8	枝蔓:刺座着生位置 PQ (a) (+)	09 VG	缺刻底部	红宝石	1
			缺刻边缘	莞华红	2
			棱边凸起处	双色1号	3
9	刺:类型 PQ (b) (+)	09 VG	针状刺	桂红龙1号	1
			锥状刺	桂红龙2号	2
			钩状刺		3
10	刺:数量 QN (b) (+)	09 VG/MS	无或少	无刺红龙	1
			中	大红	2
			多	巨红1号	3

表 A.1（续）

序号	性状	观测时期和方法	表达状态	标准品种	代码
11	刺:长度 QN (b) (+)	09 VG/MS	无或短	无刺红龙	1
			中	红宝石	2
			长	巨龙	3
12	花:花蕾形状 PQ (c) (+)	10 VG	卵圆形		1
			椭圆形	桂红龙 2 号	2
			圆形	红冠 1 号	3
			扁圆形	双色 1 号	4
13	花:花蕾颜色 PQ (c)	10 VG	黄绿色		1
			绿色	以色列黄龙	2
			红色	红花青龙	3
			紫红色		4
14	花:花蕾尖端形状 QL (c) (+)	14 VG	尖	红冠 1 号	1
			圆	双色 1 号	2
15	* 花:苞片红色程度 PQ (c) (+)	18 VG	无或弱	莞华白	1
			中	大红	2
			强	红花青龙	3
16	花:长度 QN (c) (+)	18 MS	短	红花青龙	1
			中	大红	2
			长	燕窝果	3
17	花:花药相对于柱头的位置 QN (d) (+)	19 VG	低	红花青龙	1
			平	大红	2
			高	红宝石	3
18	花:花瓣主要颜色 PQ (d)	19 VG	白色	越南白肉	1
			乳白色	大红	2
			黄色		3
			黄绿色		4
			粉红色		5
			红色	红花青龙	6
			双色		7
19	* 果实:纵径 QN (e) (+)	30 VG/MS	短	光明 2 号	1
			中	双色 1 号	2
			长	富贵红	3
20	* 果实:横径 QN (e) (+)	30 VG/MS	窄	长龙	1
			中		2
			宽	蜜玄龙	3
21	* 果实:长宽比 QN (e)	30 VG/MS	＜0.9		1
			0.9～1.1	宽枝蔓水晶	2
			＞1.1	大红	3
22	果实:萼片数量 QN (e)	30 VG/MS	少	红花青龙	1
			中	红冠 2 号	2
			多	宽枝蔓水晶	3

表 A.1（续）

序号	性状	观测时期和方法	表达状态	标准品种	代码
23	果实：萼片相对于果皮的方向 PQ (e) (+)	30 VG	直立	红冠1号	1
			开张	莞华红	2
			反卷	双色2号	3
24	*果实：中上部萼片颜色 PQ (e) (+)	30 VG	绿色	红花青龙	1
			黄绿色	无刺红龙	2
			黄色		3
			红色	宽枝蔓水晶	4
			暗紫红色	大红	5
25	果实：萼片基部宽度 QN (e) (+)	30 VG/MS	窄	巨龙	1
			中	金都1号	2
			宽	软枝大红	3
26	果实：果皮带刺情况 QN (e)	30 VG	全果无刺	大红	1
			基部有刺	白水晶	2
			全果有刺	燕窝果	3
27	*果实：果皮颜色 PQ (e) (+)	30 VG	绿色	红花青龙	1
			黄色	燕窝果	2
			粉红色		3
			红色	大红	4
			紫红色	红绣球	5
28	果实：单果重 QN (e)	30 MS	极轻		1
			轻	红花青龙	2
			中	窄枝蔓水晶	3
			重	蜜玄龙	4
			极重		5
29	*果实：果皮厚 QN (e) (+)	30 VG/MS	薄	红冠2号	1
			中	大红	2
			厚	红花青龙	3
30	*果实：果肉颜色 PQ (e) (+)	30 VG	白色	莞华白	1
			粉红色	粉红1号	2
			红色	大红	3
			紫红色		4
			浅灰色	白水晶	5
			双色	双色1号	6
31	果实：果脐部空腔 QN (e)	30 VG/MS	无或浅	粉红1号	1
			中	红宝石	2
			深	莞华红	3

A.2 量天尺属选测性状

见表A.2。

表 A.2 量天尺属选测性状

序号	性状	观测时期和方法	表达状态	标准品种	代码
32	枝蔓：宽度 QN (a) (+)	09 VG/MS	窄	白水晶	1
			中	红冠1号	2
			宽		3

表 A.2（续）

序号	性状	观测时期和方法	表达状态	标准品种	代码
33	枝蔓：棱边厚度 QN (a) (+)	09 VG/MS	薄	红花青龙	1
			中	桂红龙1号	2
			厚	莞华红	3
34	枝蔓：扭曲 QL (a)	09 VG	无	莞华红	1
			有	粤红3号	9
35	枝蔓：蜡质程度 QN (a)	09 VG	弱	红花青龙	1
			中	大红	2
			强	红冠2号	3
36	枝蔓：表面质地 PQ (a)	09 VG	光滑	莞华白	1
			中	宽枝蔓水晶	2
			粗糙		3
37	枝蔓：颜色 PQ (a)	09 VG	黄绿色	红花青龙	1
			绿色	金都1号	2
			黄色		3
			绿色带紫红色	双色1号	4
38	刺：刺座刺毛 QL (b) (+)	09 VG	无	大红	1
			有	双色1号	9
39	刺：刺座灰色程度 PQ (b)	09 VG	浅	莞华红	1
			中	红冠1号	2
			深		3
40	刺：颜色 PQ (b) (+)	09 VG	棕色	红冠1号	1
			深棕色		2
			灰色	莞华红	3
41	花：萼片色彩模式 PQ (c)	19 VG	色彩一致	红宝石	1
			边缘杂色	双色1号	2
			彩色条纹		3
42	花：萼片颜色 PQ (c)	19 VG	绿色	红宝石	1
			红绿色		2
			红色	红花青龙	3
43	花：萼筒宽 QN (d) (+)	18 VG/MS	窄	燕窝果	1
			中	双色1号	2
			宽	桂龙2号	3
44	花：柱头开展程度 QN (d)	19 MS	弱	窄枝蔓水晶	1
			中		2
			强	红冠2号	3
45	花：柱头裂条数量 QN (d)	19 VG/MS	少	燕窝果	1
			中	宽枝蔓水晶	2
			多	红冠2号	3
46	花：柱头裂条颜色 PQ (d)	19 VG	淡黄色	长龙	1
			黄色	红冠2号	2
			黄绿色	大红	3

表 A.2（续）

序号	性状	观测时期和方法	表达状态	标准品种	代码
47	花:柱头裂条分叉 QL (d) (+)	19 VG	无	红冠2号	1
			有	红花青龙	9
48	花:花柱长 QN (d)	19 VG/MS	极短		1
			短	红花青龙	2
			中	光明2号	3
			长	燕窝果	4
			极长		5
49	花:自花结实能力 QN (e)	30 VG	低	红花青龙	1
			中		2
			高	大红	3
50	果实:生长发育期 QN (e)	MG	短	红花青龙	1
			中		2
			长	燕窝果	3
51	果实:顶端鳞片长度 QN (e)	30 VG/MS	短		1
			中	红花青龙	2
			长	双色1号	3
52	果实:甜度 QN (e) (+)	30 MS	低	以色列黄龙	1
			中	大红	2
			高	燕窝果	3
53	果实:硬度 QN (e)	30 MS	软	宽枝蔓水晶	1
			中		2
			硬	双色1号	3
54	果实:可食率 QN (f)	30 MS	低	红花青龙	1
			中		2
			高	红冠1号	3
55	种子:大小 QN (f)	30 MS	小	红冠1号	1
			中	红花青龙	2
			大	燕窝果	3

附 录 B
(规范性)
量天尺属性状的解释

B.1 量天尺属生育阶段

见表B.1。

表B.1 量天尺属生育阶段

编号	名称	描述
00	营养生长期	幼枝蔓萌发3 d～5 d
09		春天萌发的一年生枝蔓老熟至现蕾
10	开花期	花蕾萌发后3 d～5 d的幼蕾期
14		花蕾萌发后6 d～8 d的中蕾期
18		开花当天下午
19		开花当天晚上
30	果实成熟期	果实完全成熟采摘

B.2 涉及多个性状的解释

(a) 对枝蔓的观测,选一年生枝蔓老熟至刚显蕾下垂枝蔓的中间部位。
(b) 对刺座和刺的观察,选取一年生枝蔓老熟至刚显蕾下垂枝蔓的中间部位。
(c) 对花蕾的观察,选取下垂枝蔓中上部花芽萌发至开放前的花。
(d) 对花的观察,观测完全开放的花。
(e) 对果实的观察,完全成熟(夏季转色后3 d～5 d)的5个果实。
(f) 对种子大小的观察,选取完全成熟果实的饱满种子,以千粒重表示。

B.3 涉及单个性状的解释

性状分级和图中代码见表A.1和表A.2。

性状1 *幼枝蔓:红色程度,见图B.1。

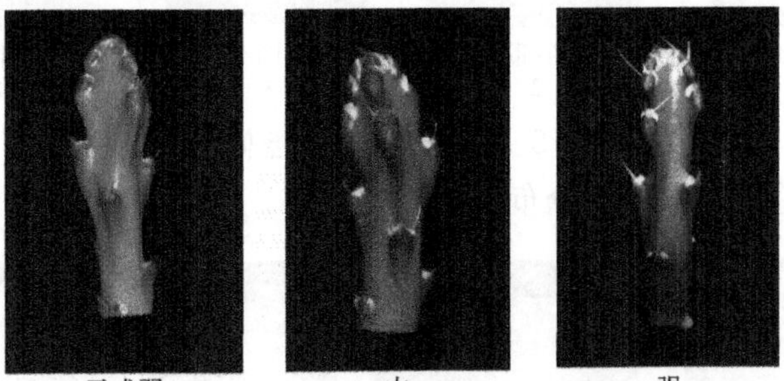

无或弱 1　　中 2　　强 3

图B.1 *幼枝蔓:红色程度

性状2 幼枝蔓:刺毛,见图B.2。

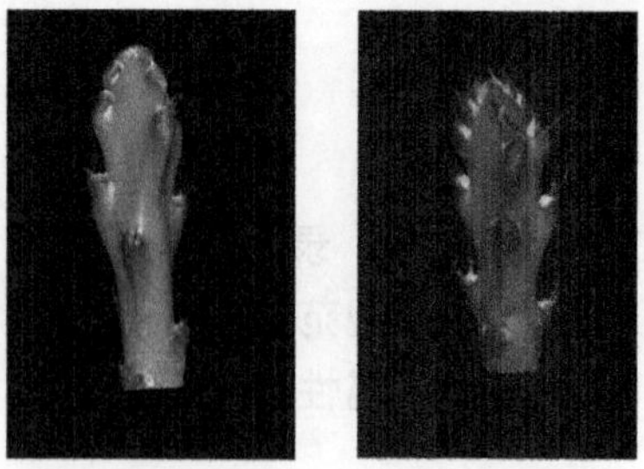

无　　　　有
1　　　　9

图 B.2　幼枝蔓：刺毛

性状 3　＊枝蔓：棱边缘状态，见图 B.3。

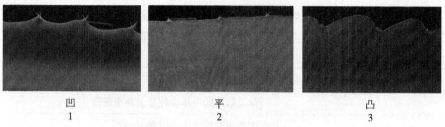

凹　　　　平　　　　凸
1　　　　2　　　　3

图 B.3　＊枝蔓：棱边缘状态

性状 4　＊枝蔓：齿高，见图 B.4。

性状 5　＊枝蔓：刺座间的距离，见图 B.4。连续测量一年生枝蔓老熟至刚显蕾下垂枝蔓中部相邻 5 个刺座间的距离，取平均值。

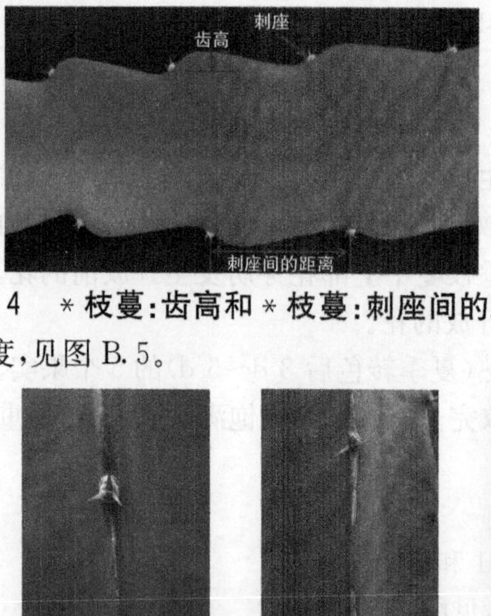

图 B.4　＊枝蔓：齿高和＊枝蔓：刺座间的距离

性状 6　枝蔓：棱边木栓化程度，见图 B.5。

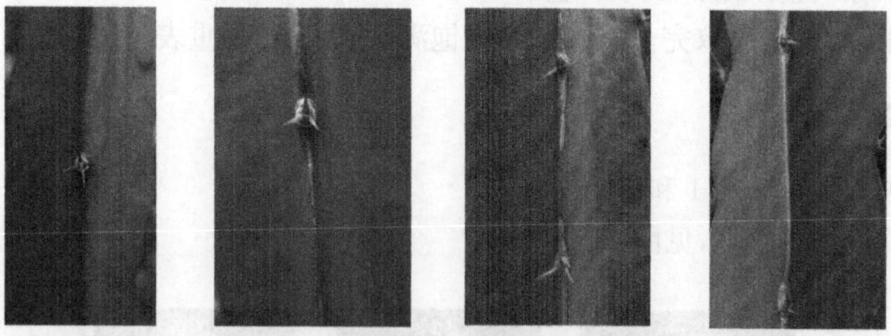

无木栓化　　刺座下半部木栓化　　刺座周围木栓化　　完全木栓化
1　　　　2　　　　3　　　　4

图 B.5　枝蔓：棱边木栓化程度

性状 7　枝蔓：披覆白色粉状物及其分布情形，见图 B.6。

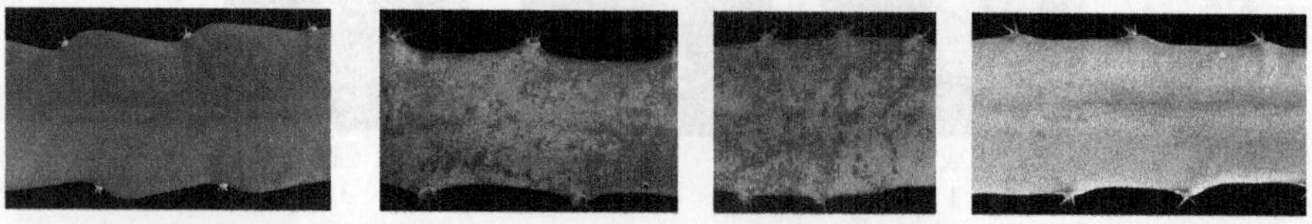

无白色粉状物　　不规则分布　　片状分布　　均匀分布
1　　　　2　　　　3　　　　4

图 B.6　枝蔓：披覆白色粉状物及分布情形

性状 8　枝蔓:刺座着生位置,见图 B.7。

图 B.7　枝蔓:刺座着生位置

性状 9　刺:类型,见图 B.8。

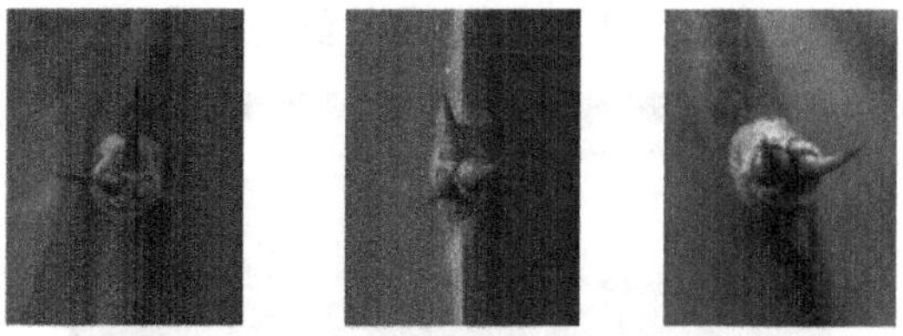

图 B.8　刺:类型

性状 10　刺:数量。连续测量一年生枝蔓老熟至刚显蕾下垂枝蔓中部相邻的 5 个刺座,取平均值。

性状 11　刺:长度。连续测量一年生枝蔓老熟至刚显蕾下垂枝蔓中部相邻 5 个刺座刺的长度,取平均值。

性状 12　花:花蕾形状,见图 B.9。

图 B.9　花:花蕾形状

性状 14　花:花蕾尖端形状,见图 B.10。

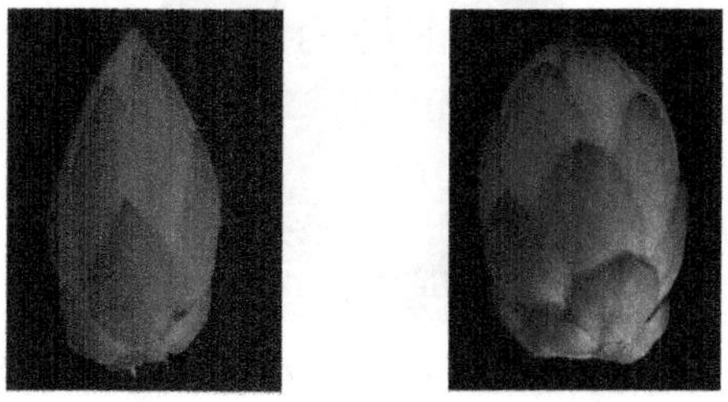

图 B.10　花:花蕾尖端形状

性状 15　*花:苞片红色程度,见图 B.11。观测苞片的边缘和斑线部分。

性状 16　花:长度,见图 B.12。

性状 17　花:花药相对于柱头的位置,见图 B.13。

性状 19　*果实:纵径,见图 B.14。

性状 20　*果实:横径,见图 B.14。

性状 23　果实:萼片相对于果皮的方向,见图 B.15。

性状 24　*果实:中上部萼片颜色。中上部萼片的颜色有多种,以所占面积最大的颜色为准。

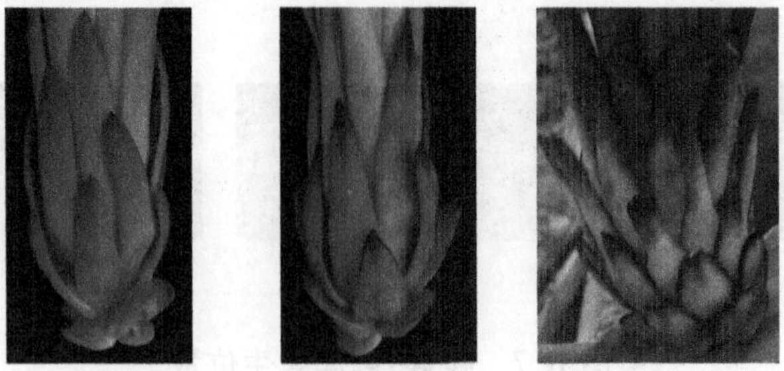

无或弱 1　　中 2　　强 3

图 B.11　*花:苞片红色程度

图 B.12　花:长度

低 1　　平 2　　高 3

图 B.13　花:花药相对于柱头的位置

图 B.14　*果实:纵径、*果实:横径、果实:萼片基部宽度

直立 1　　开张 2　　反卷 3

图 B.15　果实:萼片相对于果皮方向

性状 25　果实:萼片基部宽度,见图 B. 14。测量成熟果实阳面中间部位萼片的基部宽度。

性状 27　*果实:果皮颜色。量天尺属的火龙果果实向阳面和背阴面的颜色不一致,在观察果皮颜色时统一观测果实向阳面颜色。

性状 29　*果实:果皮厚,见图 B. 16。将成熟果实沿正中部横切,用游标卡尺测定横切面中间部位的果皮厚度,测量部位选择果实中部 2 个鳞片中间的位置。

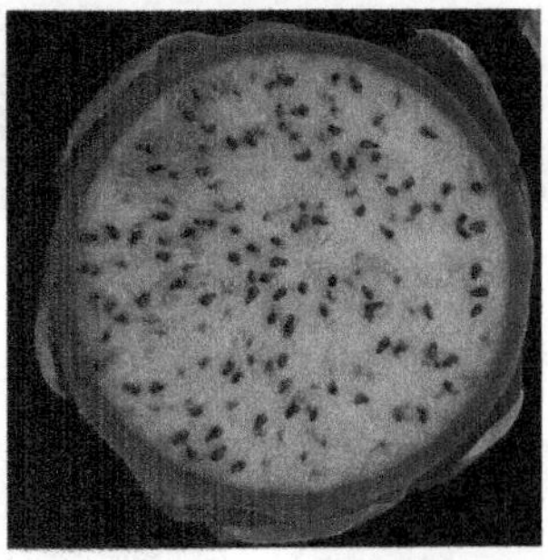

图 B. 16　*果实:果皮厚

性状 30　*果实:果肉颜色,见图 B. 17。

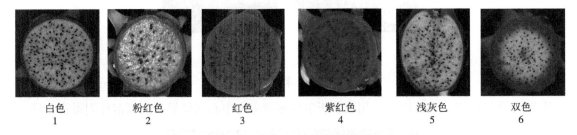

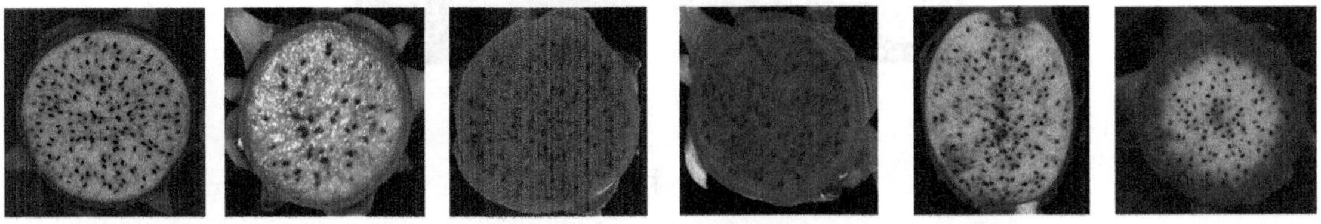

图 B. 17　*果实:果肉颜色

性状 32　枝蔓:宽度,见图 B. 18。选取一年生成熟枝蔓的中间部位测量,枝蔓 3 棱的选择最平整的一面测定,枝蔓 4 棱的测定相邻 2 个棱之间的宽度。

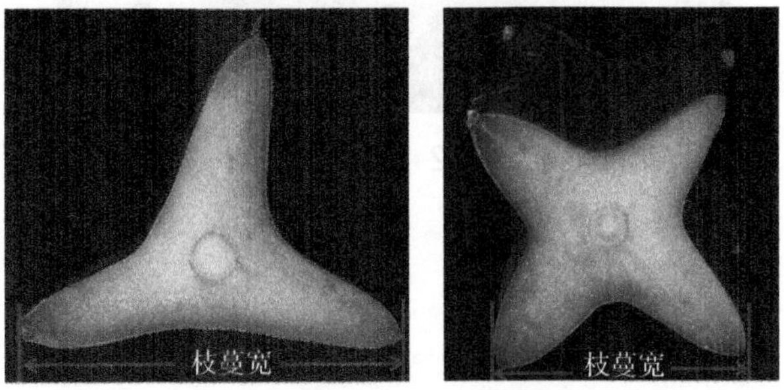

图 B. 18　枝蔓:宽度

性状 33　枝蔓:棱边厚度。选取一年生成熟枝蔓的中间部位测量,用游标卡尺测量距离棱边缘 1 cm 处的厚度。

性状 38　刺:刺座刺毛,见图 B. 19。

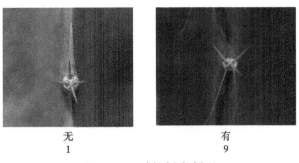

图 B. 19　刺:刺座刺毛

性状 40　刺:颜色选取一年生成熟枝蔓的中间部位观测。刺的颜色可能有多种,以表面积最大的颜色为准。

性状 43　花:萼筒宽,见图 B.20。

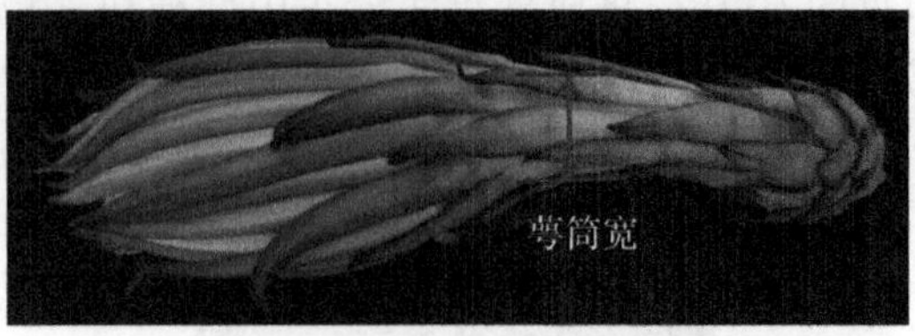

图 B.20　花:萼筒宽

性状 47　花:柱头裂条分叉,见图 B.21。

无
1

有
9

图 B.21　花:柱头裂条分叉

性状 52　果实:甜度,见图 B.22。用数字折射仪测量果肉中心部位果汁的可溶性固形物含量。

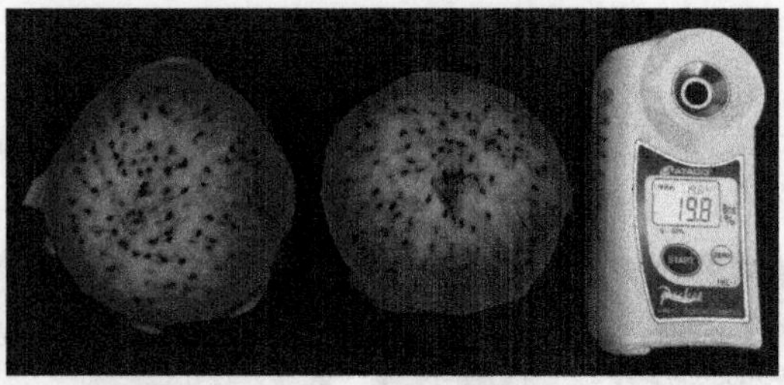

图 B.22　果实:甜度

附　录　C
(规范性)
量天尺属技术问卷

申请号： 申请日： (由审批机关填写)

(申请人或代理机构签章)

C.1　品种暂定名称

C.2　申请测试人信息

姓名：
地址：
电话号码：　　　　　　传真号码：　　　　　　手机号码：
邮箱地址：
育种者姓名(如果与申请测试人不同)：

C.3　植物学分类

拉丁学名：
中文名称：

C.4　品种来源(在相符的类型[　]中打√)

C.4.1　育种方式

C.4.1.1　杂交　[　]
C.4.1.2　突变　[　]
C.4.1.3　发现并改良　[　]
C.4.1.4　其他　[　]

C.4.2　繁育方法

C.4.2.1　嫁接繁殖　[　]
C.4.2.2　扦插　[　]
C.4.2.3　组织培养法　[　]
C.4.2.4　其他　[　]

C.5　待测品种具有代表性的彩色照片

(品种照片粘贴处)
(如果照片较多,可另附页提供)

C.6 品种的选育背景、育种过程和育种方法，包括系谱、培育过程和所使用的亲本或其他繁殖材料来源与名称的详细说明

C.7 适于生长的区域或环境以及栽培技术的说明

C.8 其他有助于辨别待测品种的信息

（如品种用途、生长特征、产量和品质等，请提供详细资料）

C.9 品种种植或测试是否需要特殊条件（在相符的类型[ ]中打√）

是[ ]　　　　否[ ]

（如果回答是，请提供详细资料）

C.10 品种繁殖材料保存是否需要特殊条件（在相符的类型[ ]中打√）

是[ ]　　　　否[ ]

（如果回答是，请提供详细资料）

C.11 待测品种需要指出的性状

在相符的代码后[ ]中打√，若有测量值，请填写在表 C.1 中。

表 C.1 待测品种需要指出的性状

序号	性状	表达状态	代码	测量值
1	* 幼枝蔓：红色程度（性状 1）	无或弱	1[ ]	
		中	2[ ]	
		强	3[ ]	
2	* 枝蔓：刺座间的距离（性状 5）	短	1[ ]	
		中	2[ ]	
		长	3[ ]	
3	枝蔓：棱边木栓化程度（性状 6）	无木栓化	1[ ]	
		刺座下半部木栓化	2[ ]	
		刺座周围木栓化	3[ ]	
		完全木栓化	4[ ]	

表 C.1（续）

序号	性状	表达状态	代码	测量值
4	枝蔓:披覆白色粉状物及其分布情形(性状 7)	无白色粉状物	1[ ]	
		不规则分布	2[ ]	
		片状分布	3[ ]	
		均匀分布	4[ ]	
5	*花:苞片红色程度(性状 15)	无或弱	1[ ]	
		中	2[ ]	
		强	3[ ]	
6	花:长度(性状 16)	短	1[ ]	
		中	2[ ]	
		长	3[ ]	
7	花:花药相对于柱头的位置(性状 17)	低	1[ ]	
		平	2[ ]	
		高	3[ ]	
8	花:花瓣主要颜色(性状 18)	白色	1[ ]	
		乳白色	2[ ]	
		黄色	3[ ]	
		黄绿色	4[ ]	
		粉红色	5[ ]	
		红色	6[ ]	
		双色	7[ ]	
9	*果实:长宽比(性状 21)	<0.9	1[ ]	
		0.9～1.1	2[ ]	
		>1.1	3[ ]	
10	*果实:中上部萼片颜色(性状 24)	绿色	1[ ]	
		黄绿色	2[ ]	
		黄色	3[ ]	
		红色	4[ ]	
		暗紫红色	5[ ]	
11	*果实:果皮颜色(性状 27)	绿色	1[ ]	
		黄色	2[ ]	
		粉红色	3[ ]	
		红色	4[ ]	
		紫红色	5[ ]	
12	果实:单果重(性状 28)	极轻	1[ ]	
		轻	2[ ]	
		中	3[ ]	
		重	4[ ]	
		极重	5[ ]	
13	*果实:果皮厚(性状 29)	薄	1[ ]	
		中	2[ ]	
		厚	3[ ]	
14	*果实:果肉颜色(性状 30)	白色	1[ ]	
		粉红色	2[ ]	
		红色	3[ ]	
		紫红色	4[ ]	
		浅灰色	5[ ]	
		双色	6[ ]	
15	果实:果脐部空腔(性状 31)	无或浅	1[ ]	
		中	2[ ]	
		深	3[ ]	

C.12　待测品种与近似品种的明显差异性状

在自己知识范围内，请申请测试人在表 C.2 中列出待测品种与其最为近似品种的明显差异。

表 C.2　待测品种与近似品种的明显差异性状

近似品种名称	性状名称	近似品种表达状态	待测品种表达状态
注：可提供其他有助于特异性测试的信息。			

申请人员承诺：技术问卷所填写的信息真实！

签名：__________

ICS 65.020.20
CCS B 05

NY

中华人民共和国农业行业标准

NY/T 4212—2022

植物品种特异性、一致性和稳定性测试指南　番石榴

Guidenlines for the conduct of tests for distinctness, uniformity and stability—Guava(*Psidium guajava* L., *Psidium littorale* Raddi, *Psidium guajava* L. ×*Psidium littorale* Raddi)

(UPOV:TG/110/3,Guidelines for the conduct of tests for distinctness, uniformity and stability—Guava,NEQ)

2022-11-11 发布　　2023-03-01 实施

中华人民共和国农业农村部　发布

前　言

本文件按照 GB/T 1.1—2020《标准化工作导则　第 1 部分：标准化文件的结构和起草规则》的规定起草。

本文件使用重新起草法修改采用了国际植物新品种保护联盟（UPOV）指南“TG/110/3，Guidelines for the conduct of tests for distinctness，uniformity and stability—Guava”。

本文件对应于 UPOV 指南 TG/110/3，与 TG/110/3 的一致性程度为非等效。

本文件与 UPOV 指南 TG/110/3 相比存在技术性差异，主要差异如下：

a）适用范围扩大，增加了草莓番石榴（*Psidium littorale* Raddi）及其种间杂交种（*Psidium guajava* L. ×*Psidium littorale* Raddi）；

b）删除了“成熟枝条：直径”“成熟叶：下表面茸毛”“叶片：长度/宽度比值”“花：发育完全的花瓣数量”和“果实：果洼四周脊状圈”等性状；

c）调整了“＊嫩枝：颜色”“＊叶片形状”“叶片：中脉弯曲”“叶片：颜色”“叶片：下表面中脉颜色”“＊果实：表皮颜色”等性状的表达状态及代码；

d）增加了“叶片：质地”“叶片：基部对称性”“花：花瓣姿态”“花：花瓣形状”“花：柱头相对于雄蕊的位置”和“果实：萼片宿存性”等性状。

本文件由农业农村部种业管理司提出。

本文件由全国植物新品种测试标准化技术委员会（SAC/TC 277）归口。

本文件起草单位：中国热带农业科学院热带作物品种资源研究所［农业农村部植物新品种测试（儋州）分中心］、中国热带农业科学院南亚热带作物研究所、农业农村部科技发展中心（农业农村部植物新品种测试中心）。

本文件主要起草人：高玲、徐丽、刘迪发、应东山、赵志常、郑斌、杨旭红、张如莲、李祥恩、符小琴、姚碧娇、陈媚、赵家桔。

植物品种特异性、一致性和稳定性测试指南　番石榴

1　范围

本文件规定了番石榴、草莓番石榴及其种间杂交种品种特异性、一致性和稳定性测试的技术要求和结果判定的一般原则。

本文件适用于番石榴(*Psidium guajava* L.)、草莓番石榴(*P. littorale* Raddi)及其种间杂交种(*P. guajava* L.× *P. littorale* Raddi)品种特异性、一致性和稳定性的测试。

2　规范性引用文件

下列文件中的内容通过文中的规范性引用而构成本文件必不可少的条款。其中，注日期的引用文件，仅该日期对应的版本适用于本文件；不注日期的引用文件，其最新版本(包括所有的修改单)适用于本文件。

GB/T 19557.1　植物新品种特异性、一致性和稳定性测试指南　总则

3　术语和定义

GB/T 19557.1界定的以及下列术语和定义适用于本文件。

3.1

群体测量　**single measurement of a group of plants or parts of plants**

对一批植株或植株的某器官或部位进行测量，获得一个群体记录。

3.2

个体测量　**measurement of a number of individual plants or parts of plants**

对一批植株或植株的某器官或部位进行逐个测量，获得一组个体记录。

3.3

群体目测　**visual assessment by a single observation of a group of plants or parts of plants**

对一批植株或植株的某器官或部位进行目测，获得一个群体记录。

4　符号

下列符号适用于本文件：

MG：群体测量。

MS：个体测量。

VG：群体目测。

QL：质量性状。

QN：数量性状。

PQ：假质量性状。

*：UPOV用于统一品种描述所需要的重要性状，除非受环境条件限制性状的表达状态无法测试，所有UPOV成员都应使用这些性状。

(a)～(d)：标注内容在附录B的B.2中进行了详细解释。

(+)：标注内容在附录B的B.3中进行了详细解释。

_：本文件中下划线是特别提示测试性状的适用范围。

5　繁殖材料的要求

5.1　繁殖材料以扦插苗、高空压条苗或嫁接苗的形式提供。

5.2 提交的种苗数量不少于15株。

5.3 提交的繁殖材料应外观健康,活力强,无病虫侵害、无损伤。种苗质量要求:苗龄≥6个月,苗高≥60 cm,苗直径≥2.0 cm,且≤3.0 cm;对于嫁接苗,新抽枝条的高度≥30 cm,新抽枝条直径≥1.5 cm,无畸形叶片。

5.4 提交的繁殖材料应不进行任何影响品种性状正常表达的处理。如果已处理,应提供处理的详细说明。

5.5 提交的繁殖材料应符合中国植物检疫的有关规定。

6 测试方法

6.1 测试周期

测试周期至少为2个独立的生长周期。生长周期为从开始活跃的营养生长、花、经过活跃的营养生长、开花、果实发育至果实收获的整个阶段。该测试一次种植可用于2个独立的生长周期,分别在2个单独的生长周期进行测试。

6.2 测试地点

测试通常在一个地点进行。如果某些性状在该地点不能充分表达,可在其他符合条件的地点对其进行观测。

6.3 田间试验

6.3.1 试验设计

待测品种与近似品种相邻种植。小区的总样本数不少于10株,株距3 m～4 m,行距4 m～5 m。

6.3.2 田间管理

可按当地大田生产管理方式进行。

6.4 性状观测

6.4.1 观测时期

性状观测应按照附录A中的表A.1和表A.2列出的生育阶段进行。附录B对这些生育阶段进行了解释。

6.4.2 观测方法

性状观测应按照附录A中的表A.1和表A.2规定的观测方法(VG、MG、MS)进行。

6.4.3 观测数量

除非另有说明,个体观测性状(MS)植株取样数量不少于5株,在观测植株的器官或部位时,每个植株取样数量应为2个。群体观测性状(VG、MG)应观测整个小区或规定大小的混合样本。

6.5 附加测试

必要时,可选用表A.2中的性状或本文件未列出的性状进行附加测试。

7 特异性、一致性和稳定性的判定

7.1 总体原则

特异性、一致性和稳定性的判定按照GB/T 19557.1确定的原则进行。

7.2 特异性的判定

待测品种应明显区别于所有已知品种。在测试中,当待测品种至少在一个性状上与最为近似的品种具有明显且可重现的差异时,即可判定待测品种具备特异性。

7.3 一致性的判定

一致性判定时,采用1%的群体标准和至少95%的接受概率。当样本大小为5株时,不允许有异型株;当样本大小为10株时,允许有1株异型株。

7.4 稳定性的判定

如果一个品种具备一致性，则可认为该品种具备稳定性。一般不对稳定性进行测试。

必要时，可以种植该品种的下一批繁殖材料，与以前提供的繁殖材料相比，若性状表达无明显变化，则可判定该品种具备稳定性。

8 性状表

8.1 概述

根据测试需要，将性状分为基本性状、选测性状，基本性状是测试中必须使用的性状。附录A中表A.1列出了番石榴基本性状，表A.2列出了番石榴选测性状。

性状表列出了性状名称、观测时期和方法、表达状态及相应的标准品种和代码等内容。

8.2 表达类型

根据性状表达方式，将性状分为质量性状、假质量性状和数量性状3种类型。

8.3 表达状态和相应代码

每个性状划分为一系列表达状态，为便于定义性状和规范描述，每个表达状态赋予一个相应的数字代码，以便于数据记录、处理和品种描述的建立与交流。

8.4 标准品种

性状表中列出了部分性状有关表达状态相应的标准品种，以助于确定相关性状的不同表达状态和校正年份、地点引起的差异。

8.5 分组性状

本文件中，品种分组性状如下：

a) *植株：分枝姿态(表A.1中性状1)；

b) 嫩叶：花青苷显色(表A.1中性状3)；

c) 叶片：质地(表A.1中性状10)；

d) 花：花瓣形状(表A.1中性状25)；

e) *果实：纵径(表A.1中性状26)；

f) *果实：果肉颜色(表A.1中性状38)；

g) 果实：生长发育期(表A.1中性状49)。

9 技术问卷

申请人应按附录C格式填写番石榴技术问卷。

附 录 A
（规范性）
番石榴性状

A.1 番石榴基本性状

见表 A.1。

表 A.1 番石榴基本性状

序号	性状	观测时期和方法	表达状态	标准品种	代码
1	*植株:分枝姿态 QN (+)	17 VG	直立		1
			直立到半直立		2
			半直立	红心芭乐	3
			半直立至开张		4
			开张		5
			开张到下垂		6
			下垂		7
2	*嫩枝:颜色 PQ (a) (+)	20 VG	绿色		1
			红绿色		2
			浅红色		3
			中等红色		4
			深红色		5
3	嫩叶:花青苷显色 QL (a) (+)	20 VG	无		1
			有		9
4	嫩叶:花青苷显色强度 QN (a) (+)	20 VG	无或极弱		1
			极弱到弱		2
			弱		3
			弱到中		4
			中	广州红番石榴	5
			中到强		6
			强	本地红番石榴	7
			强到极强		8
			极强		9
5	嫩叶:下表面茸毛 QN (a) (+)	20 VG	无或疏		1
			疏到中		2
			中	珍珠番石榴	3
			中到密		4
			密		5
6	叶片:长度 QN (b)	23 MS	极短		1
			极短到短		2
			短	本地红番石榴	3
			短到中		4
			中	珍珠番石榴	5
			中到长		6
			长		7
			长到极长		8
			极长		9

表 A.1（续）

序号	性状	观测时期和方法	表达状态	标准品种	代码
7	叶片:宽度 QN (b)	23 MS	窄		1
			窄到中		2
			中	珍珠番石榴	3
			中到宽		4
			宽		5
8	*叶片形状 PQ (b) (+)	23 VG	卵圆形		1
			近圆形		2
			中等椭圆形		3
			长椭圆形		4
			披针形		5
			倒阔卵圆形		6
			倒长卵圆形		7
9	叶片:横截面弯曲 QN (b) (+)	23 VG	无或弱		1
			弱到中		2
			中		3
			中到强		4
			强		5
10	叶片:质地 QL (b)	23 VG	纸质		1
			革质		2
11	叶片:扭曲 QL (b) (+)	23 VG	无		1
			有		9
12	叶片:中脉弯曲 QN (b) (+)	23 VG	无或弱		1
			弱到中		2
			中		3
			中到强		4
			强		5
13	叶片:斑纹 QL (b) (+)	23 VG	无		1
			有		9
14	叶片:颜色 PQ (b) (+)	23 VG	浅绿色		1
			中等绿色		2
			深绿色		3
			褐绿色		4
			深红色		5
15	叶片:下表面中脉颜色 PQ (b) (+)	23 VG	黄白色		1
			黄绿色		2
			浅绿色		3
			紫红色		4
16	叶片:上表面光滑程度 QN (b) (+)	23 VG	光滑	草莓番石榴	1
			中等	红宝石芭乐	2
			粗糙	本地红番石榴	3
17	叶片:边缘波状程度 QN (b) (+)	23 VG	无或弱		1
			弱到中		2
			中		3
			中到强		4
			强		5

表 A.1（续）

序号	性状	观测时期和方法	表达状态	标准品种	代码
18	叶片:基部对称性 QL (b) (+)	23 VG	对称		1
			非对称		2
19	叶片:基部形状 PQ (b) (+)	23 VG	楔形		1
			圆形		2
			心形		3
20	叶片:先端形状 PQ (b) (+)	23 VG	渐尖		1
			具细尖		2
			锐尖		3
			钝尖		4
			钝圆		5
			心形		6
21	花序:有效小花数量 QN (c) (+)	23 VG	1个		1
			2个～3个		2
			3个以上		3
22	花:大小 QN (c) (+)	23 VG	小		1
			中	珍珠番石榴	2
			大		3
23	花:花瓣姿态 QN (c) (+)	23 VG	向上		1
			平展		2
			向下		3
24	花:雄蕊瓣化 QL (c) (+)	23 VG	无		1
			有		9
25	花:花瓣形状 PQ (c) (+)	23 VG	近圆形		1
			中等椭圆形		2
			长椭圆形		3
26	*果实:纵径 QN (d)	25 MS	极短		1
			极短到短		2
			短	本地红番石榴	3
			短到中		4
			中	珍珠番石榴	5
			中到长		6
			长		7
			长到极长		8
			极长		9
27	*果实:横径 QN (d)	25 MS	极窄		1
			极窄到窄		2
			窄	本地红肉番石榴	3
			窄到中		4
			中	珍珠番石榴	5
			中到宽		6
			宽	泰国番石榴	7
			宽到极宽		8
			极宽		9

表 A.1（续）

序号	性状	观测时期和方法	表达状态	标准品种	代码
28	*果实:纵径/横径比值 QN (d)	25 MS	极小		1
			小	泰国番石榴	2
			中	水晶无核番石榴	3
			大	迷你番石榴	4
			极大		5
29	果实:基部侧视形状 PQ (d) (+)	25 VG	阔圆形		1
			圆形		2
			截形		3
			尖		4
			颈状		5
30	*果实:表面质地 PQ (d)	25 VG	光滑	本地红肉番石榴	1
			粗糙	珍珠番石榴	2
			凹凸不平	泰国番石榴	3
31	*果实:表皮颜色 PQ (d) (+)	25 VG	白绿色		1
			浅黄绿色	水晶无核番石榴	2
			中等绿色	珍珠番石榴	3
			深绿色	泰国番石榴	4
			浅黄色		5
			黄色	软糯白心芭乐	6
			粉红色	广州红番石榴	7
			深红色	本地红番石榴	8
32	果实:纵向果棱 QL (d) (+)	25 VG	无		1
			有		9
33	果实:纵向果沟 QL (d) (+)	25 VG	无		1
			有		9
34	果实:萼片宿存性 QL (d) (+)	25 VG	无		1
			有		9
35	果实:萼片大小 QN (d)	25 VG	小		1
			中	水晶无核番石榴	2
			大		3
36	*果实:果洼相对于果实大小 QN (d)	25 VG	小		1
			中	珍珠番石榴	2
			大		3
37	*果实:果肉颜色的均匀性 QL (d) (+)	25 VG	均匀		1
			不均匀		2
38	*果实:果肉颜色 PQ (d) (+)	25 VG	乳白色		1
			黄绿色		2
			橙粉色		3
			浅粉色		4
			中等粉色		5
			深粉色		6
			深红色		7

表 A.1（续）

序号	性状	观测时期和方法	表达状态	标准品种	代码
39	＊果实:果肉褐变性 QL (d) (+)	25 VG	无	珍珠番石榴	1
			有	本地红番石榴	9
40	＊果实:外层果肉石化 QL (d)	25 VG	无		1
			有		9
41	＊果实:外层果肉相对于果心直径的厚度 QN (d) (+)	25 VG	极薄		1
			极薄到薄		2
			薄	本地红番石榴	3
			薄到中		4
			中	红心芭乐 1 号	5
			中到厚		6
			厚	水晶无核番石榴	7
			厚道极厚		8
			极厚	红心无核番石榴	9
42	＊果肉:质地 QL (d)	25 VG	软质		1
			硬质		2
43	＊仅适用于软质品种:果肉:松软度 QN (d)	25 VG	弱		1
			中	珍珠番石榴	2
			强		3
44	＊果实:含汁量 QN (d)	25 VG	少		1
			中	珍珠番石榴	2
			多		3
45	＊果实:甜度 QN (d)	25 MG	低		1
			中	珍珠番石榴	2
			高		3
46	果实:酸度 QN (d)	25 MG	低		1
			中		2
			高		3
47	果实:香味 QL (d)	25 VG	无		1
			有		9
48	＊果实:种子数量 QN (d)	25 VG/MS	无或极少	红心无核番石榴	1
			极少到少		2
			少	水晶无核番石榴	3
			少到中		4
			中	红心芭乐 1 号	5
			中到多		6
			多		7
			多到极多		8
			极多		9
49	果实:生长发育期 QN (d) (+)	25 MG	极短		1
			极短到短		2
			短	本地红番石榴	3
			短到中		4
			中	珍珠番石榴	5
			中到长		6
			长		7
			长到极长		8
			极长		9

A.2 番石榴选测性状

见表 A.2。

表 A.2 番石榴选测性状

序号	性状	观测时期和方法	表达状态	标准品种	代码
50	叶片:侧脉间距 QN (b) (+)	23 VG	小		1
			中		2
			大		3
51	花:花瓣颜色 PQ (c)	23 VG	白色		1
			黄白色		2
			粉色		3
52	花:柱头相对于雄蕊的位置 QN (c) (+)	23 VG	低于		1
			等于		2
			高于		3
53	花:雄蕊瓣化的数量 QN (c)	23 VG	少	本地红番石榴	1
			中	泰国番石榴	2
			多	水晶无核番石榴	3
54	果实:纵向果棱明显程度 QN (d)	25 VG	无或弱	珍珠番石榴	1
			中		2
			强	泰国番石榴	3
55	*果实:果颈有无 QN (d)	25 VG	无		1
			有		9
56	果实:果柄长度 QN (d)	25 VG/MS	短		1
			中	珍珠番石榴	2
			长		3
57	果实:维生素 C 含量	25 MG	低		1
			中	珍珠番石榴	2
			高		3
58	果实:耐储性 QN (d)	25 VG	弱	本地红番石榴	1
			中	珍珠番石榴	2
			强		3
59	种子:大小 QN (d)	25 VG	小		1
			中	珍珠番石榴	2
			大		3

附 录 B
（规范性）
番石榴性状的解释

B.1 番石榴生育阶段

见表B.1。

表B.1 番石榴生育阶段

代码	名称	描述
00	幼苗期	嫁接或压条至出圃规格苗
10	幼树生长期	从种苗定植后至初次开花（定植后1年～3年）
13		春梢生长期
15		秋梢生长期
17		生长停长期
20	结果树生长期	春梢生长期
23		盛花期（植株50%花朵开放）
25		果实成熟期（果实末端0.2 cm～0.5 cm处略见转色）
27		秋梢生长期
29		生长停长期

B.2 涉及多个性状的解释

(a) 对嫩枝、嫩叶的观察应在旺盛生长期进行，观测树冠上部外层的叶和枝，选取顶端第1对完全展开叶（3 cm～5 cm长），嫩枝为距离顶端的第2个节间。

(b) 对成熟叶片的观察，选取盛花期树冠上部外层的生长稳定的叶片。

(c) 对花序及花的观察，应在盛花期间，选取树冠中上部外层的充分展开的花序，观测完全盛开的小花。

(d) 对果实的观察，在果实成熟期，选取正常发育的成熟果实。

B.3 涉及单个性状的解释

性状分级和图中代码见表A.1和表A.2。

性状1 ＊植株：分枝姿态，在植株修剪前的生长停长期进行，见图B.1。

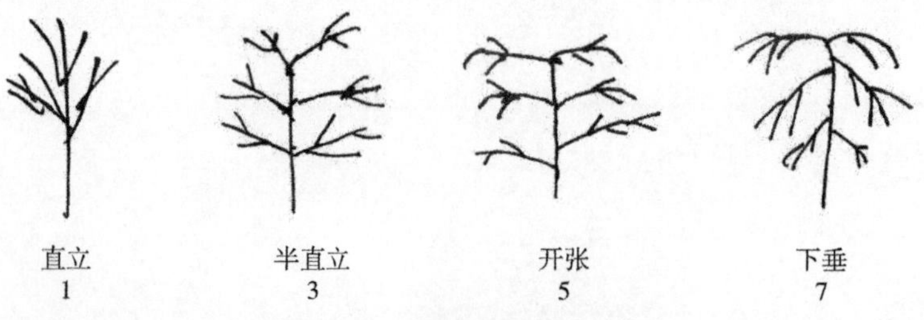

图B.1 ＊植株：分枝姿态

性状 2　*嫩枝:颜色,见图 B.2。

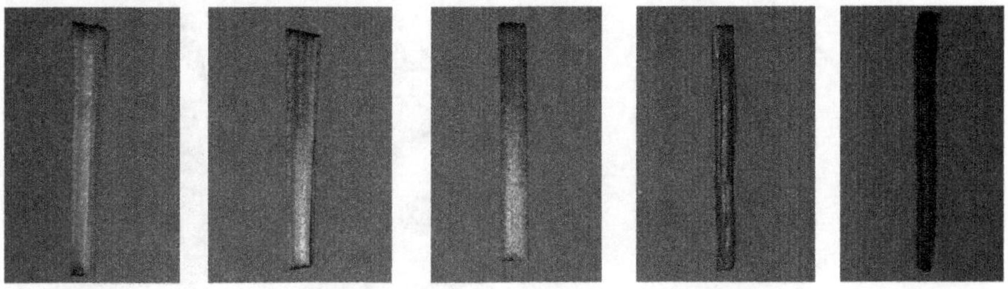

绿色　红绿色　浅红色　中等红色　深红色
1　2　3　4　5

图 B.2　*嫩枝:颜色

性状 3　嫩叶:花青苷显色,见图 B.3。

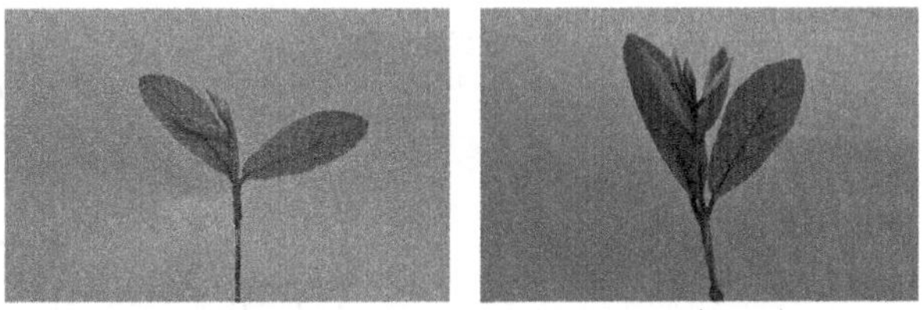

无　有
1　9

图 B.3　嫩叶:花青苷显色

性状 4　嫩叶:花青苷显色强度,见图 B.4。

无或极弱　弱　中
1　3　5

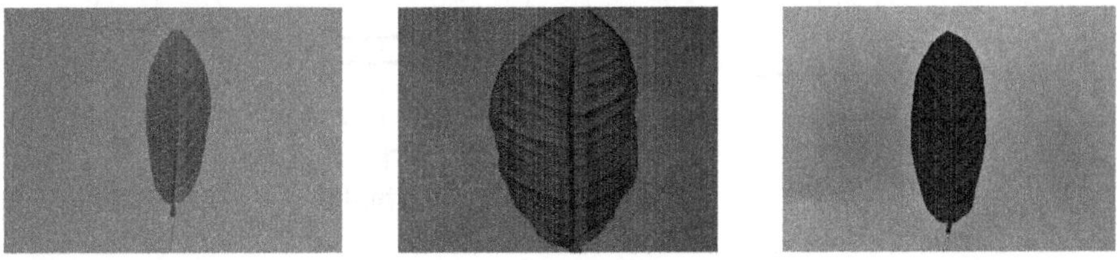

强　强到极强　极强
7　8　9

图 B.4　嫩叶:花青苷显色强度

性状 5　嫩叶:下表面茸毛,见图 B.5。

无或疏　中
1　3

中到密　　密
4　　5

图 B.5　嫩叶:下表面茸毛

性状 8　＊叶片形状,见图 B.6。

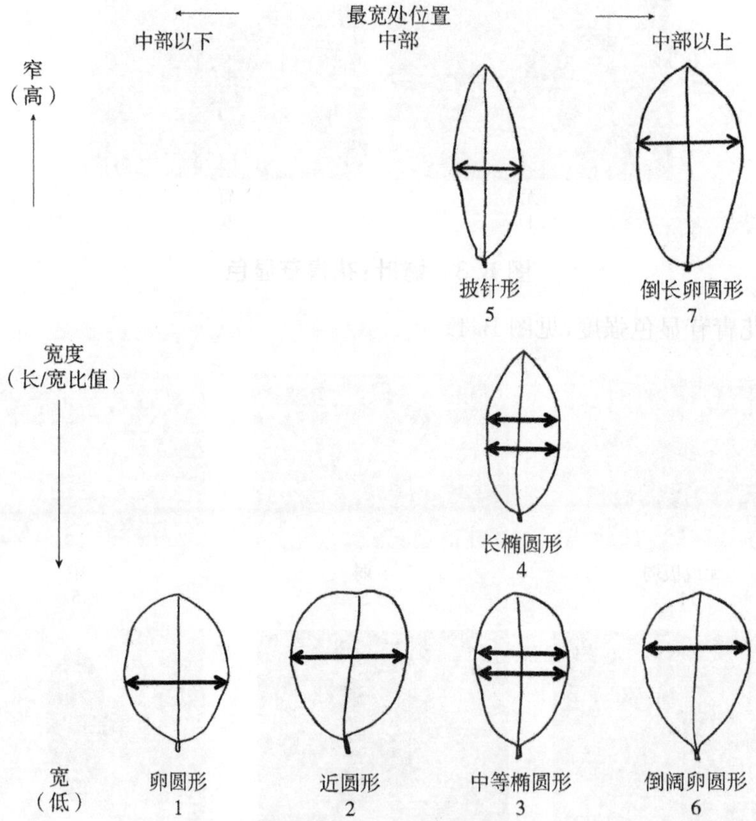

图 B.6　＊叶片形状

性状 9　叶片:横截面弯曲,见图 B.7。

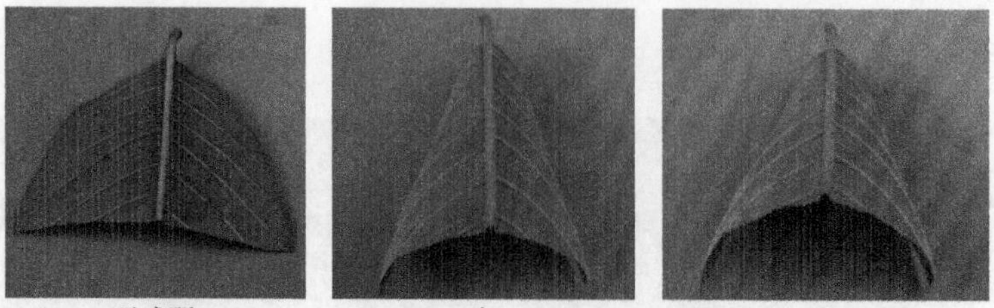

无或弱　　中　　强
1　　3　　5

图 B.7　叶片:横截面弯曲

性状 11　叶片:扭曲,见图 B.8。

性状 12　叶片:中脉弯曲,见图 B.9。

图 B.8　叶片:扭曲

图 B.9　叶片:中脉弯曲

性状 13　叶片:斑纹,见图 B.10。

图 B.10　叶片:斑纹

性状 14　叶片:颜色,见图 B.11。观测叶片上表面除叶脉外的主色。

图 B.11　叶片:颜色

性状 15　叶片:下表面中脉颜色,见图 B.12。

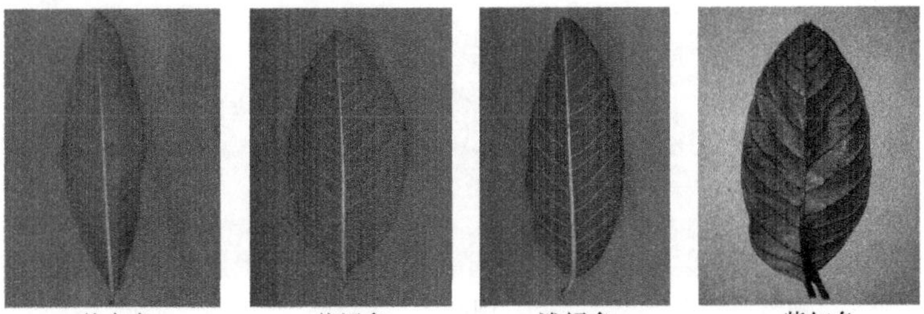

图 B.12　叶片:下表面中脉颜色

性状 16　叶片:上表面光滑程度,见图 B.13。

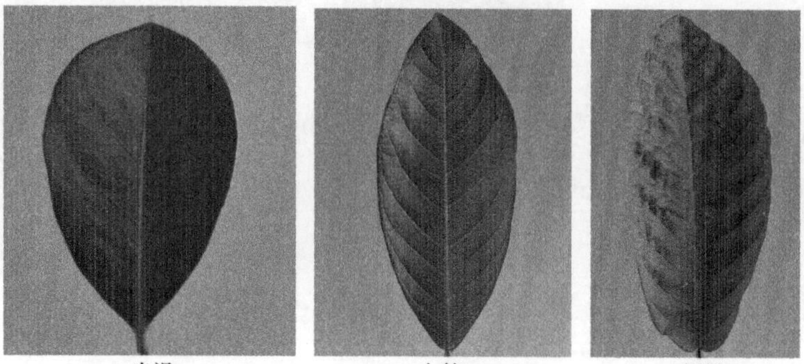

光滑 1　　中等 2　　粗糙 3

图 B.13　叶片:上表面光滑程度

性状 17　叶片:边缘波状程度,见图 B.14。

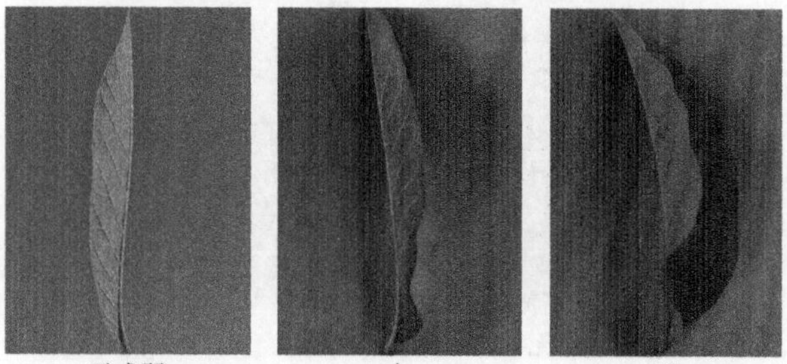

无或弱 1　　中 3　　强 5

图 B.14　叶片:边缘波状程度

性状 18　叶片:基部对称性,见图 B.15。

对称 1　　非对称 2

图 B.15　叶片:基部对称性

性状 19　叶片:基部形状,见图 B.16。

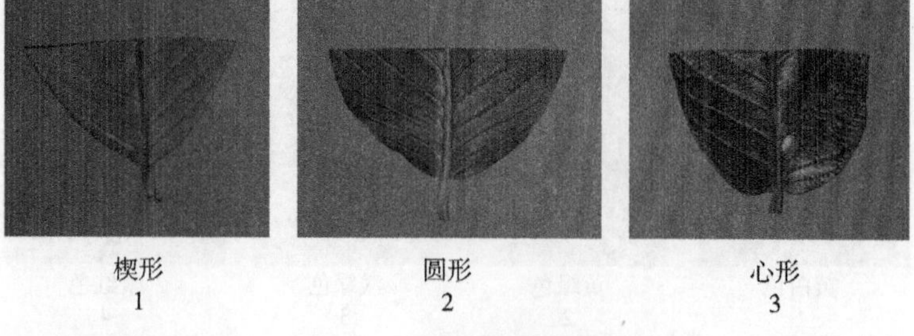

楔形 1　　圆形 2　　心形 3

图 B.16　叶片:基部形状

性状 20　叶片:先端形状,见图 B.17。

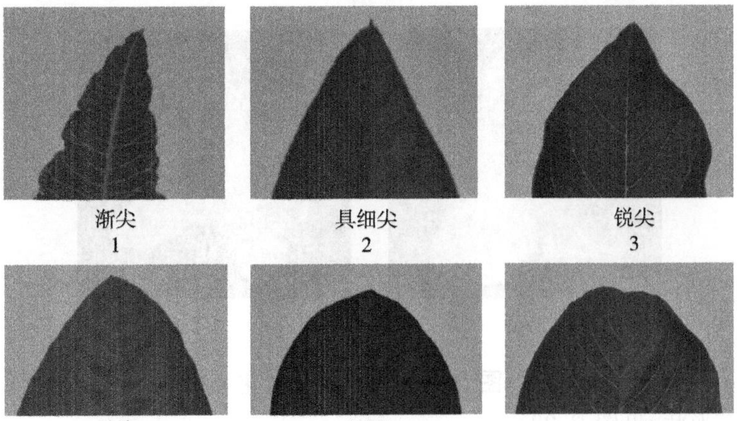

渐尖 1　具细尖 2　锐尖 3

钝尖 4　钝圆 5　心形 6

图 B. 17　叶片:先端形状

性状 21　花序:有效小花数量,见图 B. 18。

1个 1　2个~3个 2

图 B. 18　花序:有效小花数量

性状 22　花:大小,见图 B. 19。

小 1　中 2　大 3

图 B. 19　花:大小

性状 23　花:花瓣姿态,见图 B. 20。

向上 1　平展 2　向下 3

图 B. 20　花:花瓣姿态

性状 24　花:雄蕊瓣化,见图 B.21。

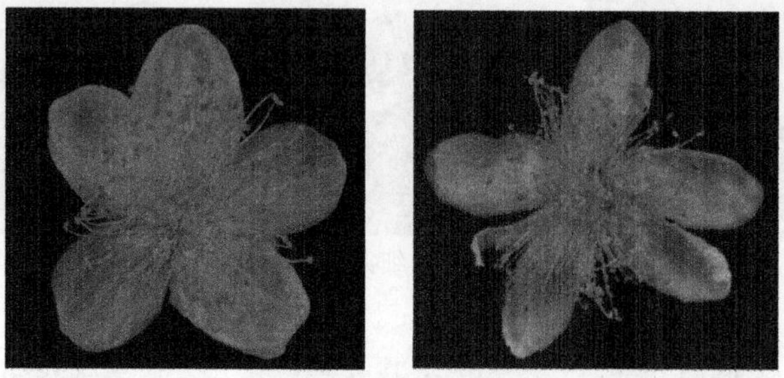

图 B.21　花:雄蕊瓣化

性状 25　花:花瓣形状,见图 B.22。

图 B.22　花:花瓣形状

性状 29　果实:基部侧视形状,见图 B.23。

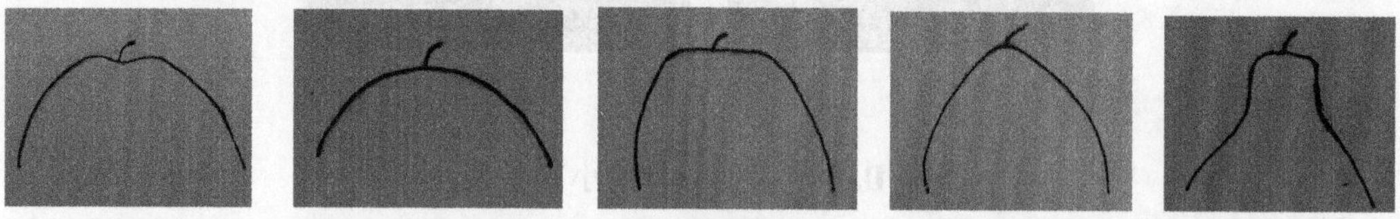

图 B.23　果实:基部侧视形状

性状 31　*果实:表皮颜色,见图 B.24。

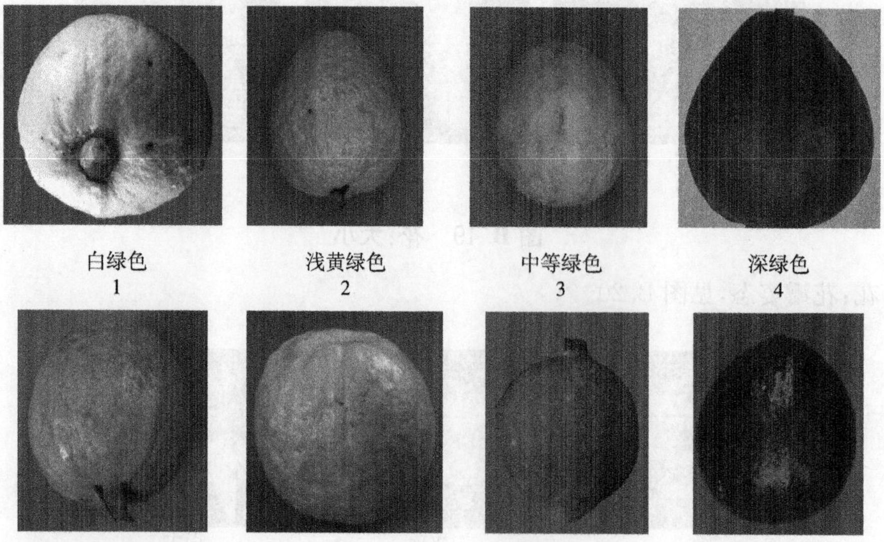

图 B.24　*果实:表皮颜色

性状 32　果实:纵向果棱,见图 B.25。

性状 33　果实:纵向果沟,见图 B.26。

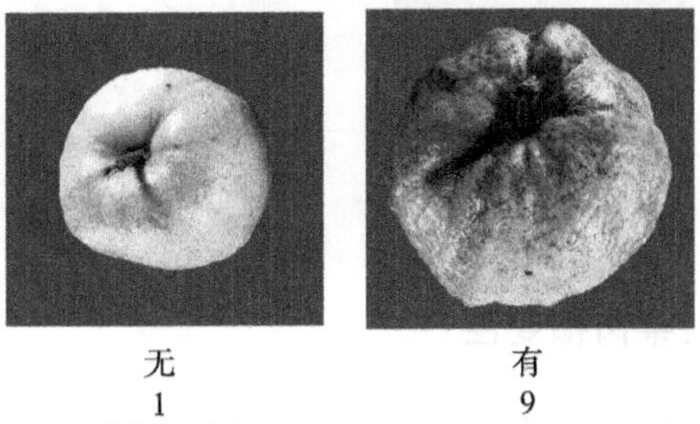

图 B.25　果实:纵向果棱

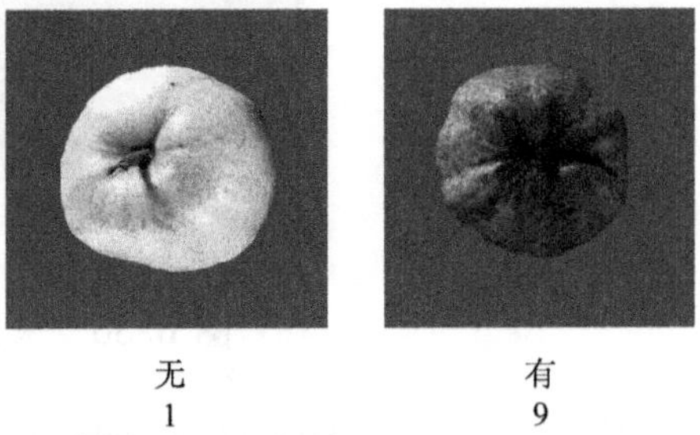

图 B.26　果实:纵向果沟

性状 34　果实:萼片宿存性,见图 B.27。

性状 37　＊果实:果肉颜色的均匀性,见图 B.28。

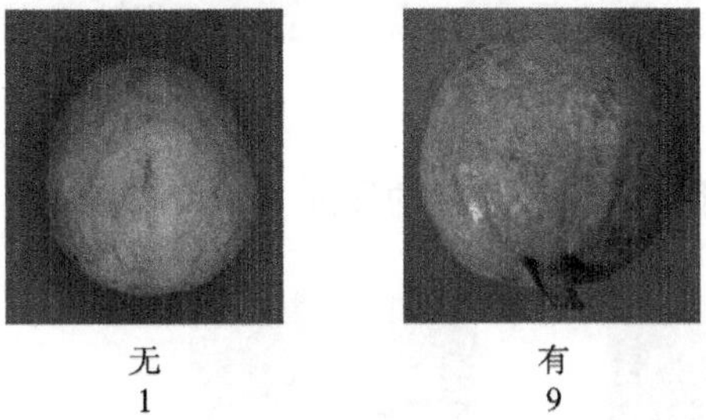

图 B.27　果实:萼片宿存性

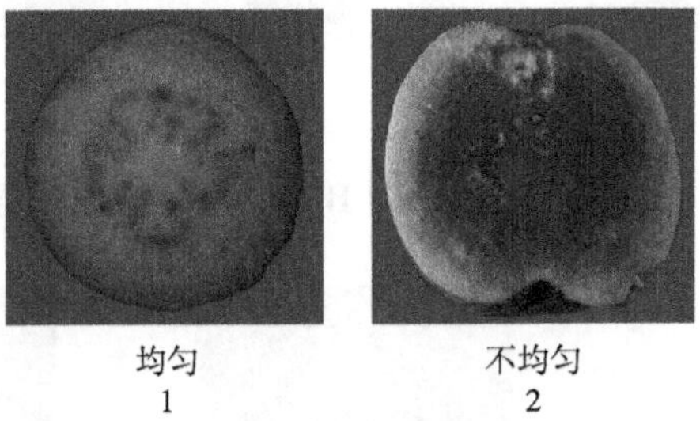

图 B.28　＊果实:果肉颜色的均匀性

性状 38　＊果实:果肉颜色,见图 B.29。观测部位不包括石化部分,观测其主色。

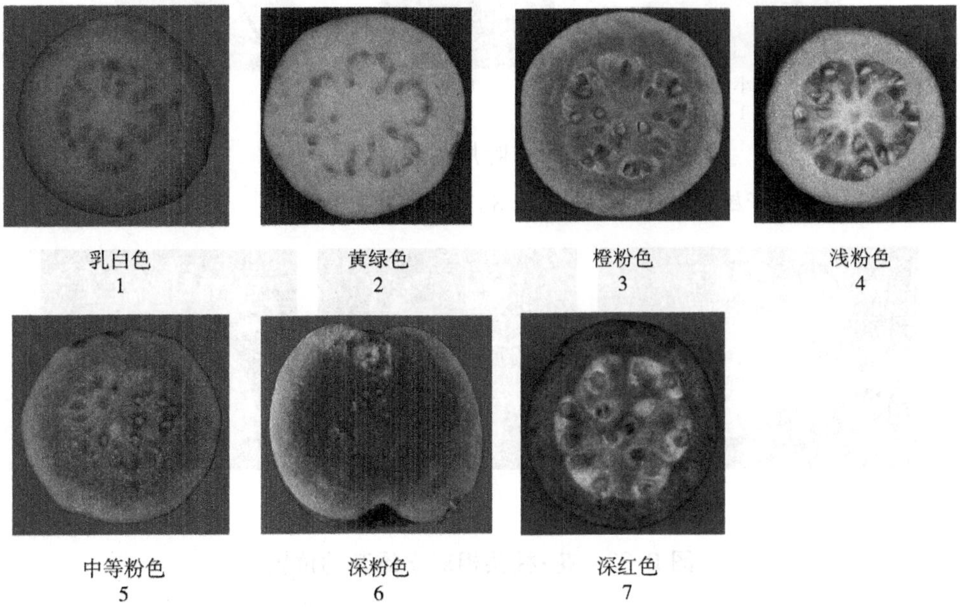

图 B.29　＊果实:果肉颜色

性状 39　＊果实:果肉褐变性,见图 B.30。

性状 41　＊果实:外层果肉相对于果心直径的厚度,见图 B.31。外层果肉宽度与 1/2 果心宽度相比(图中:a/b),进行判定。

性状 49　果实:生长发育期。观测果实坐果后至商品采收的时间。

性状 50　叶片:侧脉间距,见图 B.32。

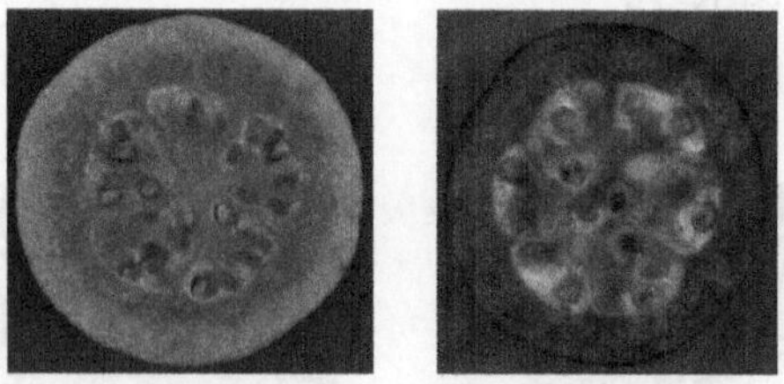

无　　　　有
1　　　　9

图 B.30　＊果实:果肉褐变性

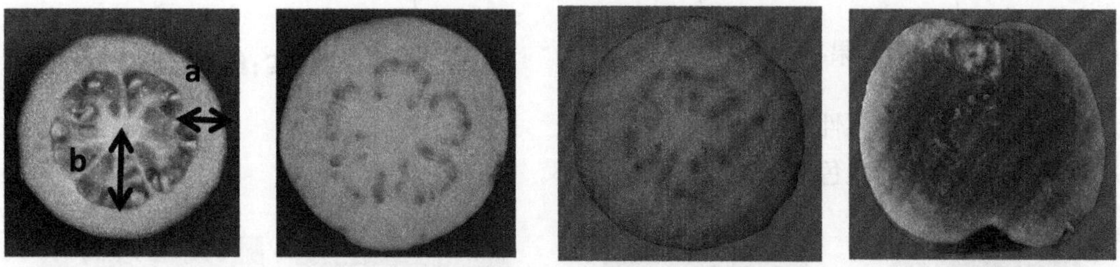

薄　　　　薄到中　　　　中　　　　极厚
3　　　　4　　　　5　　　　9

图 B.31　＊果实:外层果肉相对于果心直径的厚度

小　　　　中　　　　大
1　　　　2　　　　3

图 B.32　叶片:侧脉间距

性状 52　花:柱头相对于雄蕊的位置,见图 B.33。

低于　　　　等于　　　　高于
1　　　　2　　　　3

图 B.33　花:柱头相对于雄蕊的位置

附 录 C
（规范性）
番石榴技术问卷

申请号：
申请日：
（由审批机关填写）

（申请人或代理机构签章）

C.1 品种暂定名称

C.2 申请测试人信息

姓名：
地址：
电话号码： 传真号码： 手机号码：
邮箱地址：
育种者姓名（如果与申请测试人不同）：

C.3 植物学分类

拉丁名：
中文名：

C.4 品种类型与繁殖方式（在相符的类型[ ]中打√）

C.4.1 育种方式

C.4.1.1 杂交 [ ]
C.4.1.2 发现并改良 [ ]
C.4.1.3 突变 [ ]
C.4.1.4 其他 [ ]

C.4.2 繁育方法

C.4.2.1 嫁接繁殖 [ ]
C.4.2.2 高空压条 [ ]
C.4.2.3 扦插 [ ]
C.4.2.4 其他 [ ]

C.5 待测品种的具有代表性彩色照片

（品种照片粘贴处）
（如果照片较多，可另附页提供）

C.6 品种的选育背景、育种过程和育种方法，包括系谱、培育过程和所使用的亲本或其他繁殖材料来源与名称的详细说明

C.7 适于生长的区域或环境以及栽培技术的说明

C.8 其他有助于辨别待测品种的信息

（如品种用途、生长特征、产量和品质等，请提供详细资料）

C.9 品种种植或测试是否需要特殊条件（在相符的[ ]中打√）

是[ ]　　否[ ]

（如果回答是，请提供详细资料）

C.10 品种繁殖材料保存是否需要特殊条件（在相符的[ ]中打√）

是[ ]　　否[ ]

（如果回答是，请提供详细资料）

C.11 待测品种需要指出的性状

在相符的代码后[ ]中打√，若有测量值，请填写在表C.1中。

表C.1 待测品种需要指出的性状

序号	性状	表达状态	代码	测量值
1	*植株：分枝姿态（性状1）	直立	1[ ]	
		直立到半直立	2[ ]	
		半直立	3[ ]	
		半直立至开张	4[ ]	
		开张	5[ ]	
		开张到下垂	6[ ]	
		下垂	7[ ]	
2	*嫩枝：颜色（性状2）	绿色	1[ ]	
		红绿色	2[ ]	
		浅红色	3[ ]	
		中等红色	4[ ]	
		深红色	5[ ]	
3	嫩叶：花青苷显色（性状3）	无	1[ ]	
		有	9[ ]	
4	*叶片形状（性状8）	卵圆形	1[ ]	
		近圆形	2[ ]	
		中等椭圆形	3[ ]	
		长椭圆形	4[ ]	
		披针形	5[ ]	
		倒阔卵圆形	6[ ]	
		倒长卵圆形	7[ ]	

表 C.1（续）

序号	性状	表达状态	代码	测量值
5	叶片:质地(性状 10)	纸质	1[ ]	
		革质	2[ ]	
6	叶片:扭曲(性状 11)	无	1[ ]	
		有	9[ ]	
7	花:花瓣形状(性状 25)	近圆形	1[ ]	
		中等椭圆形	2[ ]	
		长椭圆形	3[ ]	
8	*果实:纵径(性状 26)	极短	1[ ]	
		极短到短	2[ ]	
		短	3[ ]	
		短到中	4[ ]	
		中	5[ ]	
		中到长	6[ ]	
		长	7[ ]	
		长到极长	8[ ]	
		极长	9[ ]	
9	*果实:表面质地(性状 30)	光滑	1[ ]	
		粗糙	2[ ]	
		凹凸不平	3[ ]	
10	*果实:表皮颜色(性状 31)	白绿色	1[ ]	
		浅黄绿色	2[ ]	
		中等绿色	3[ ]	
		深绿色	4[ ]	
		浅黄色	5[ ]	
		黄色	6[ ]	
		粉红色	7[ ]	
		深红色	8[ ]	
11	*果实:果肉颜色(性状 38)	乳白色	1[ ]	
		黄绿色	2[ ]	
		橙粉色	3[ ]	
		浅粉色	4[ ]	
		中等粉色	5[ ]	
		深粉色	6[ ]	
		深红色	7[ ]	
12	果实:生长发育期(性状 49)	极短	1[ ]	
		极短到短	2[ ]	
		短	3[ ]	
		短到中	4[ ]	
		中	5[ ]	
		中到长	6[ ]	
		长	7[ ]	
		长到极长	8[ ]	
		极长	9[ ]	

C.12 待测品种与近似品种的明显差异性状

在自己认知范围内，请申请测试人在表 C.2 中列出待测品种与其最为近似品种的明显差异。

表 C.2 待测品种与近似品种的明显差异性状

近似品种名称	性状名称	近似品种表达状态	待测品种表达状态
注:可提供有助于待测品种特异性测试的信息。			

申请人员承诺:技术问卷填写信息真实!

签名:

ICS 65.020.20
CCS B 05

NY

中华人民共和国农业行业标准

NY/T 4213—2022

植物品种特异性、一致性和稳定性测试指南 重齿当归

Guidelines for the conduct of tests for distinctness, uniformity and stability—*Angelica biserrata*
[*Angelica biserrata* (Shan et Yuan) Yuan et Shan]

2022-11-11 发布　　　　2023-03-01 实施

中华人民共和国农业农村部 发布

前 言

本文件按照 GB/T 1.1—2020《标准化工作导则 第1部分：标准化文件的结构和起草规则》的规定起草。

本文件由农业农村部种业管理司提出。

本文件由全国植物新品种测试标准化技术委员会(SAC/TC 277)归口。

本文件起草单位：重庆市农业科学院生物技术研究所、湖北省农业科学院中药材研究所、华南农业大学、农业农村部科技发展中心(农业农村部植物新品种测试中心)。

本文件主要起草人：王红娟、郭晓亮、江院、蒋晓英、王晨宇、官玲、白文钦、徐振江、林清。

植物品种特异性、一致性和稳定性测试指南　重齿当归

1　范围

本文件规定了重齿当归品种特异性、一致性和稳定性测试的技术要求和结果判定的一般原则。

本文件适用于重齿当归品种[*Angelica biserrata* (Shan et Yuan) Yuan et Shan]特异性、一致性和稳定性的测试。

2　规范性引用文件

下列文件中的内容通过文中的规范性引用而构成本文件必不可少的条款。其中,注日期的引用文件,仅该日期对应的版本适用于本文件;不注日期的引用文件,其最新版本(包括所有的修改单)适用于本文件。

GB/T 3543.7—1995　农作物种子检验规程　其他项目检验

GB/T 19557.1　植物新品种特异性、一致性和稳定性测试指南　总则

3　术语和定义

GB/T 19557.1 界定的以及下列术语和定义适用于本文件。

3.1

群体测量　single measurement of a group of plants or parts of plants

对一批植株或植株的某器官或部位进行测量,获得一个群体记录。

3.2

个体测量　measurement of a number of individual plants or parts of plants

对一批植株或植株的某器官或部位进行逐个测量,获得一组个体记录。

3.3

群体目测　visual assessment by a single observation of a group of plants or parts of plants

对一批植株或植株的某器官或部位进行目测,获得一个群体记录。

4　符号

下列符号适用于本文件:

MG:群体测量。

MS:个体测量。

VG:群体目测。

QL:质量性状。

QN:数量性状。

PQ:假质量性状。

(a)~(c):标注内容在附录的 B.2 中进行了详细解释。

(+):标注内容在附录 B 的 B.3 中进行了详细解释。

5　繁殖材料的要求

5.1　繁殖材料以种子或一年生种苗形式提供。

5.2　提交的种子数量不少于 50 g,种苗数量不少于 100 株。

5.3　提交的繁殖材料应外观健康,活力强,无病虫侵害,无损伤。种子质量要求:净度≥98%,发芽率≥

30%,含水量≤13%。对于种苗,主根直径为 1.2 cm~2 cm,未萌芽。

5.4 提交的繁殖材料一般不进行任何影响品种性状正常表达的处理。如果已处理,应提供处理的详细说明。

5.5 提交的繁殖材料应符合中国植物检疫的有关规定。

6 测试方法

6.1 测试周期

测试周期至少为 2 个独立的生长周期。重齿当归从种子萌发经开花、结实到植株枯萎为一个完整的生长周期,一般需 3 年时间,从种植一年生种苗开始需 2 年时间。提交的种苗一般应该于春季种植,完成 2 个独立生长周期的测试需要两次种植。

6.2 测试地点

测试通常在同一个地点进行。如果某些性状在该地点不能正常表达,可在其他符合条件的地点对其进行观测。

6.3 田间试验

6.3.1 试验设计

待测品种与近似品种相邻种植。单株定植,每个小区不少于 40 株,株距 50 cm,行距 60 cm,共设 2 个重复。必要时,栽培地海拔 1 200 m~1 800 m。

6.3.2 田间管理

可按当地大田生产管理方式进行。

6.4 性状观测

6.4.1 观测时期

性状观测应按照附录 A 中表 A.1 和表 A.2 列出的生育阶段进行。附录 B 对这些生育阶段进行了解释。

6.4.2 观测方法

性状观测应按照附录 A 中表 A.1 和表 A.2 规定的观测方法(VG、MG、MS)进行。

6.4.3 观测数量

除非另有说明,个体观测性状(MS)植株取样数量不少于 20 株,在观测植株的器官或部位时,每个植株取样数量应为 1 个。群体观测性状(VG、MG)应观测整个小区或规定大小的混合样本。

6.5 附加测试

必要时,可选用表 A.2 中的性状或本文件未列出的性状进行附加测试。

7 特异性、一致性和稳定性的判定

7.1 总体原则

特异性、一致性和稳定性的判定按照 GB/T 19557.1 确定的原则进行。

7.2 特异性的判定

待测品种应明显区别于所有已知品种。在测试中,当待测品种至少在一个性状上与最为近似的品种具有明显且可重现的差异时,即可判定待测品种具备特异性。

7.3 一致性的判定

一致性判定时,待测品种的一致性水平不低于同类型品种的一致性水平。

7.4 稳定性的判定

如果一个品种具备一致性,则可认为该品种具备稳定性。一般不对稳定性进行测试。

必要时,可以种植该品种的下一代种子或另一批种苗,与以前提供的种子或种苗相比,若性状表达无明显变化,则可判定该品种具备稳定性。

8 性状表

8.1 概述

根据测试需要，将性状分为基本性状、选测性状，基本性状是测试中必须使用的性状。附录A的表A.1列出了重齿当归基本性状，表A.2列出了重齿当归选测性状。

性状表列出了性状名称、观测时期和方法、表达状态及相应的标准品种和代码等内容。

8.2 表达类型

根据性状表达方式，将性状分为质量性状、假质量性状和数量性状3种类型。

8.3 表达状态和相应代码

每个性状划分为一系列表达状态，以便于定义性状和规范描述。每个表达状态赋予一个相应的数字代码，以便于数据记录、处理和品种描述的建立与交流。

8.4 标准品种

性状表中列出了部分性状有关表达状态相应的标准品种，以助于确定相关性状的不同表达状态和校正年份、地点引起的差异。

8.5 分组性状

本文件中，品种分组性状如下：

a) 顶小叶：边缘锯齿类型（表A.1中性状9）；
b) 叶柄：茸毛密度（表A.1中性状12）；
c) 开花期（表A.1中性状17）；
d) 花药：花青苷显色强度（表A.1中性状19）；
e) 果实：侧翅宽度（表A.1中性状21）。

9 技术问卷

申请人应按附录C格式填写重齿当归技术问卷。

附 录 A
（规范性）
重齿当归性状

A.1 重齿当归基本性状

见表 A.1。

表 A.1 重齿当归基本性状

序号	性状	观测时期和方法	表达状态	标准品种	代码
1	植株：高度（初期） QN （+）	15 MS	极矮		1
			极矮到矮		2
			矮	巴东独活牛庄1号	3
			矮到中		4
			中	巴东独活野花坪1号	5
			中到高		6
			高	车家村1号	7
			高到极高		8
			极高		9
2	植株：高度（后期） QN （+）	26 MS	极矮		1
			极矮到矮		2
			矮		3
			矮到中		4
			中	巴东独活野花坪1号	5
			中到高		6
			高		7
			高到极高		8
			极高		9
3	复叶：绿色程度 QN	15 VG	浅	楠木河1号	1
			中		2
			深	车家村1号	3
4	复叶：长度 QN （a） （+）	15 MS	极短		1
			极短到短		2
			短	巴东独活野花坪1号	3
			短到中		4
			中		5
			中到长		6
			长	车家村1号	7
			长到极长		8
			极长		9
5	复叶：叶柄长度 QN （a） （+）	15 MS	极短		1
			极短到短		2
			短	巴东独活野花坪1号	3
			短到中		4
			中		5
			中到长		6
			长	车家村1号	7
			长到极长		8
			极长		9

表 A.1（续）

序号	性状	观测时期和方法	表达状态	标准品种	代码
6	顶小叶:长度 QN (a) (+)	15 MS	极短		1
			极短到短		2
			短	巴东独活野花坪 1 号	3
			短到中		4
			中	巫溪 1 号	5
			中到长		6
			长	车家村 1 号	7
			长到极长		8
			极长		9
7	顶小叶:宽度 QN (a) (+)	15 MS	极窄		1
			极窄到窄		2
			窄	巴东独活野花坪 1 号	3
			窄到中		4
			中	宣汉 1 号	5
			中到宽		6
			宽	车家村 1 号	7
			宽到极宽		8
			极宽		9
8	顶小叶:先端形状 QN (a) (+)	15 VG	渐尖		1
			急尖		2
9	顶小叶:边缘锯齿类型 QL (a) (+)	15 VG	锯齿		1
			重锯齿		2
10	叶柄:花青苷显色强度 QN (a) (+)	15 VG	无或极弱		1
			弱		2
			中	巴东独活野花坪 2 号	3
			强		4
			极强		5
11	叶柄:小叶着生处花青苷显色强度 QN (a) (+)	15 VG	无或极弱		1
			弱	楠木河 1 号	2
			中		3
			强	楠木河 2 号	4
			极强		5
12	叶柄:茸毛密度 QN (a) (+)	15 VG	无或极疏		1
			疏	巫溪 1 号	2
			密	巴东独活牛庄 1 号	3
13	茎:花青苷显色强度 QN (b) (+)	22～25 VG	无或极弱		1
			极弱到弱	巴东-牛庄 1 号	2
			弱		3
			弱到中		4
			中		5
			中到强		6
			强	巴东独活野花坪 3 号	7
			强到极强		8
			极强		9

表 A.1（续）

序号	性状	观测时期和方法	表达状态	标准品种	代码
14	茎:粗度 QN (b) (+)	25～26 MS	极细		1
			极细到细		2
			细	巫溪1号	3
			细到中		4
			中	巴东独活野花坪1号	5
			中到粗		6
			粗	车家村1号	7
			粗到极粗		8
			极粗		9
15	茎生叶:叶柄长度 QN (b) (+)	22～25 MS	极短		1
			极短到短		2
			短	宣汉1号	3
			短到中		4
			中	巴东独活野花坪1号	5
			中到长		6
			长	车家村1号	7
			长到极长		8
			极长		9
16	叶鞘:茸毛密度 QN (+)	22～25 VG	无或极疏		1
			疏	巴东独活野花坪3号	2
			密		3
17	开花期 QN (+)	23 MG	极早		1
			早	车家村1号	2
			中	巴东独活野花坪1号	3
			晚	巴东-牛庄1号	4
			极晚		5
18	花冠:颜色 PQ (+)	23～24 VG	白色	巴东独活野花坪3号	1
			绿白色		2
19	花药:花青苷显色强度 QN (c) (+)	23～24 VG	无或极弱	巴东-牛庄1号	1
			弱		2
			中		3
			强	巴东独活野花坪3号	4
			极强		5
20	果实:花青苷显色强度 QN (+)	26 VG	无或极弱	巴东-牛庄1号	1
			极弱到弱		2
			弱		3
			弱到中		4
			中		5
			中到强		6
			强	楠木河1号	7
			强到极强		8
			极强		9
21	果实:侧翅宽度 QN (+)	26 VG	极窄	巴东-牛庄2号	1
			窄		2
			宽	巴东-牛庄1号	3
22	种子:千粒重 QN (+)	28 MG	轻		1
			中	车家村1号	2
			重		3

A.2　重齿当归选测性状

见表 A.2。

表 A.2　重齿当归选测性状

序号	性状	观测时期和方法	表达状态	标准品种	代码
23	复伞形花序:花序数量 QN (+)	23～24 MS/VG	极少		1
			极少到少		2
			少		3
			少到中		4
			中	巴东独活野花坪 3 号	5
			中到多		6
			多	巴东-牛庄 1 号	7
			多到极多		8
			极多		9
24	复伞形花序:花梗长度 QN (+)	23～24 MS/VG	短		1
			中		2
			长		3
25	复伞形花序:伞幅 QN (+)	23～24 MS/VG	窄		1
			中		2
			宽		3
26	根:侧根数量 QN (+)	19 MS/VG	少		1
			中		2
			多		3

附 录 B
（规范性）
重齿当归性状的解释

B.1 重齿当归生育阶段

见表B.1。

表B.1 重齿当归生育阶段

代码	名称	描述
00	种苗期	干种子
09		种苗期，一年生苗地上部分枯萎
10	药材生长期	种苗移栽后萌发
15		大田盛期，植株基生叶生物量达到顶峰
19		药材采收期，植株地上部分枯萎
20	生殖生长期	未采挖药材的植株开始萌发
22		始花期，10%的植株至少有一朵花开放
23		开花期，50%的植株至少有一朵花开放
24		盛花期，50%的植株顶生花序至少有1/2花开放
25		开花末期
26		盛果期，10%的植株上开始出现成熟果实
27		种子成熟期，植株上50%的果实成熟
28		果实干燥

B.2 涉及多个性状的解释

（a） 观测第3片成熟基生叶。

（b） 观测植株中部1/3处的主茎及成熟叶。

（c） 观测当天绽放、充分发育的小花。

B.3 涉及单个性状的解释

性状分级和图中代码见表A.1和表A.2。

性状1 植株：高度（初期），测量大田盛期植株从地面到植株最高处的距离。

性状2 植株：高度（后期），测量果实成熟期植株从地面到植株最高处的距离。

性状4 复叶：长度，见图B.1。

性状5 复叶：叶柄长度，见图B.1。

性状6 顶小叶：长度，见图B.2。

性状7 顶小叶：宽度，见图B.2。

性状8 顶小叶：先端形状，见图B.3。

性状9 顶小叶：边缘锯齿类型，见图B.4。

性状10 叶柄：花青苷显色强度，观测复叶的一级和二级叶柄，见图B.5。

性状11 叶柄：小叶着生处花青苷显色强度，见图B.6。

图 B.1　复叶：长度、复叶：叶柄长度

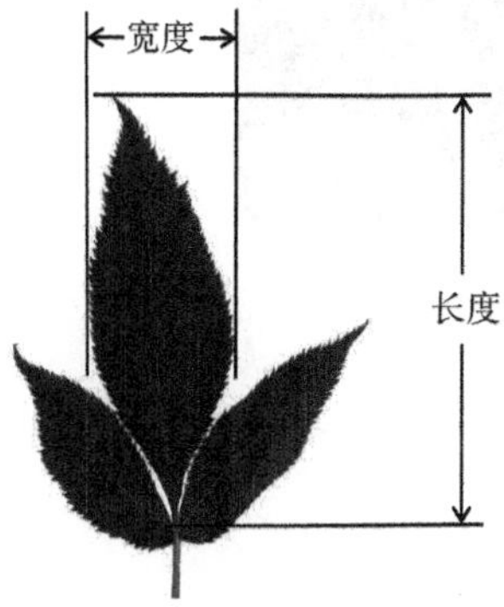

图 B.2　顶小叶：长度、顶小叶：宽度

图 B.3　顶小叶：先端形状

图 B.4　顶小叶：边缘锯齿类型

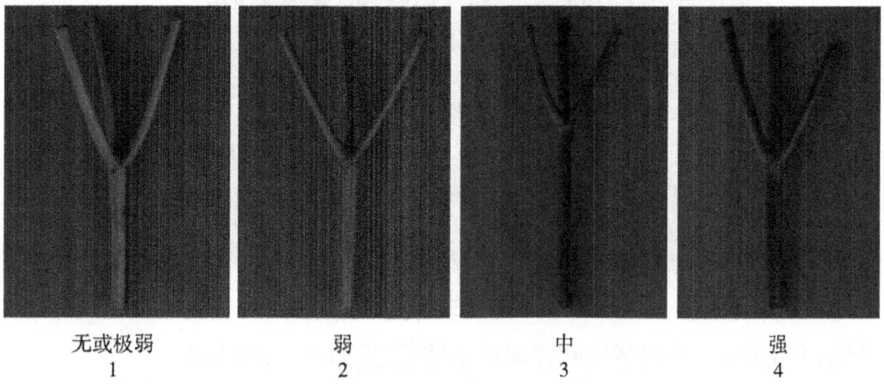

图 B.5　叶柄：花青苷显色强度

性状 12　叶柄:茸毛密度,见图 B.7。

图 B.6　叶柄:小叶着生处花青苷显色强度

图 B.7　叶柄:茸毛密度

性状 13　茎:花青苷显色强度,见图 B.8。

图 B.8　茎:花青苷显色强度

性状 14　茎:粗度,测量距地面约 20 cm 处茎的直径。

性状 15　茎生叶:叶柄长度,见图 B.9。

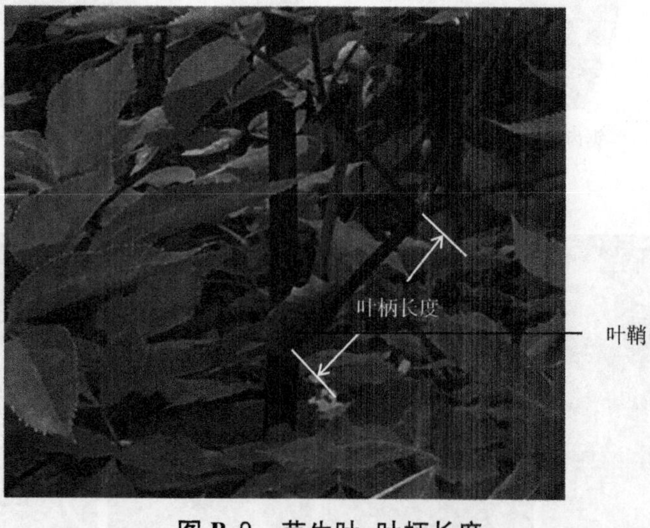

图 B.9　茎生叶:叶柄长度

性状 16　叶鞘:茸毛密度,观测茎生叶背面被毛情况,见图 B.9、图 B.10。

性状 17　开花期,小区内 50%的植株上至少有一朵花完全开放的记为开花期。

性状 18　花冠:颜色,见图 B.11。

疏
2

图 B.10 叶鞘:茸毛密度

白色
1

绿白色
2

图 B.11 花冠:颜色

性状 19 花药:花青苷显色强度,观测未散粉的花药。见图 B.12。

无或极弱
1

中
3

强
4

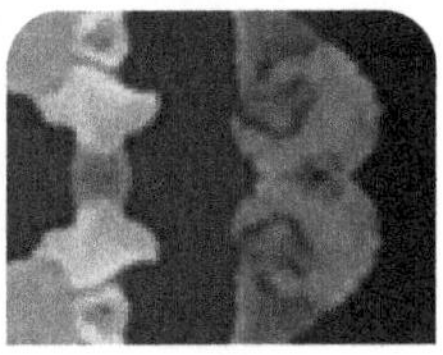

极强
5

图 B.12 花药:花青苷显色强度

性状 20 果实:花青苷显色强度,见图 B.13。

无或极弱
1

弱
3

弱到中
4

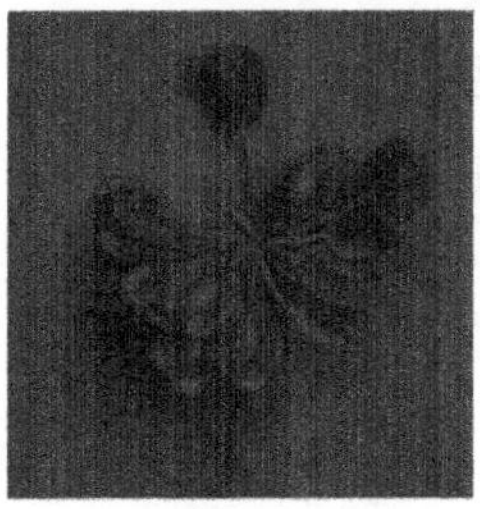

中
5

中到强
6

强
7

图 B.13 果实:花青苷显色强度

性状 21 果实:侧翅宽度,见图 B.14。

极窄
1

窄
2

宽
3

图 B.14 果实:侧翅宽度

性状 22　种子：千粒重，取复伞形花序一级侧枝顶生花序的成熟种子，自然干燥后采用 GB/T 3543.7—1995 规定的方法进行测定。

性状 23　复伞形花序：花序数量，见图 B.15。观测顶生花序中部 1/3 着生的复伞形花序，计数复伞形花序中花序的数量。

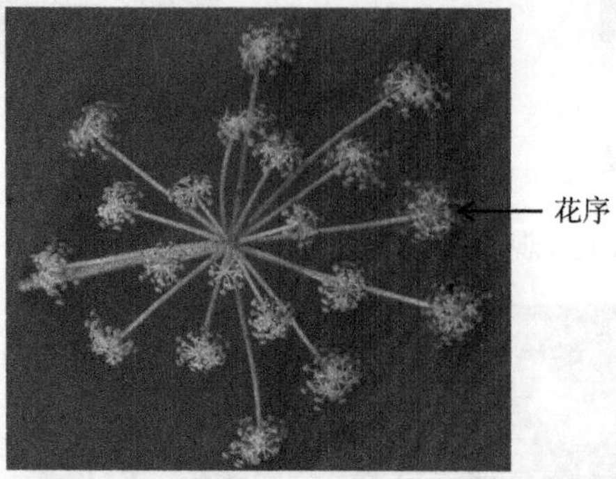

图 B.15　复伞形花序：花序数量

性状 24　复伞形花序：花序梗长度，测量或目测顶生花序的花序梗长度，见图 B.16。

性状 25　复伞形花序：伞幅，测量或者目测顶生花序的伞幅大小，见图 B.16。

图 B.16　复伞形花序：花梗长度

性状 26　根：侧根数量，计数或目测直径大于 1 cm 的一级侧根数量。

附　录　C
（规范性）
重齿当归技术问卷

申请号： 申请日： （由审批机关填写）

（申请人或代理机构签章）

C.1　品种暂定名称

C.2　申请测试人信息

姓名：
地址：
电话号码：　　　　　　　　传真号码：　　　　　　　　手机号码：
邮箱地址：
育种者姓名(如果与申请测试人不同)：

C.3　植物学名称

拉丁名：
中文名：

C.4　品种培育方式（在相符的类型[　]中打√）

C.4.1　发现并改良　　　　[　]
C.4.2　系统选育　　　　[　]
C.4.3　突变　　　　[　]
C.4.4　其他　　　　[　]

C.5　待测品种的具有代表性彩色照片

（品种照片粘贴处）
（如果照片较多,可另附页提供）

C.6　品种的选育背景、育种过程和育种方法,包括系谱、培育过程和所使用的亲本或其他繁殖材料来源与名称的详细说明

C.7 适宜生长的区域或环境以及栽培技术的说明

C.8 其他有助于辨别待测品种的信息

（如品种用途、品质和抗性，请提供详细资料）

C.9 品种种植或测试是否需要特殊条件（在相符的[ ]中打√）

是[ ]　　　　　　　否[ ]

（如果回答是，请提供详细资料）

C.10 品种繁殖材料保存是否需要特殊条件（在相符的[ ]中打√）

是[ ]　　　　　　　否[ ]

（如果回答是，请提供详细资料）

C.11 待测品种需要指出的性状

在相符的代码后[ ]中打√，若有测量值，请填写在表C.1中。

表C.1 待测品种需要指出的性状

序号	性状	表达状态	代码	测量值
1	植株：高度（后期）（性状2）	极矮	1[ ]	
		极矮到矮	2[ ]	
		矮	3[ ]	
		矮到中	4[ ]	
		中	5[ ]	
		中到高	6[ ]	
		高	7[ ]	
		高到极高	8[ ]	
		极高	9[ ]	
2	顶小叶：边缘锯齿类型（性状9）	锯齿	1[ ]	
		重锯齿	9[ ]	
3	叶柄：花青苷显色强度（性状10）	无或极弱	1[ ]	
		弱	2[ ]	
		中	3[ ]	
		强	4[ ]	
		极强	5[ ]	
4	叶柄：茸毛密度（性状12）	无或极疏	1[ ]	
		疏	2[ ]	
		密	3[ ]	

表 C.1（续）

序号	性状	表达状态	代码	测量值
5	茎:花青苷显色强度(性状 13)	无或极弱	1[ ]	
		极弱到弱	2[ ]	
		弱	3[ ]	
		弱到中	4[ ]	
		中	5[ ]	
		中到强	6[ ]	
		强	7[ ]	
		强到极强	8[ ]	
		极强	9[ ]	
6	开花期(性状 17)	极早	1[ ]	
		早	2[ ]	
		中	3[ ]	
		晚	4[ ]	
		极晚	5[ ]	
7	花冠:颜色(性状 18)	白色	1[ ]	
		绿白色	2[ ]	
8	花药:花青苷显色强度(性状 19)	无或极弱	1[ ]	
		弱	2[ ]	
		中	3[ ]	
		强	4[ ]	
		极强	5[ ]	
9	果实:花青苷显色强度(性状 20)	无或极弱	1[ ]	
		极弱到弱	2[ ]	
		弱	3[ ]	
		弱到中	4[ ]	
		中	5[ ]	
		中到强	6[ ]	
		强	7[ ]	
		强到极强	8[ ]	
		极强	9[ ]	
10	果实:侧翅宽度(性状 21)	极窄	1[ ]	
		窄	2[ ]	
		宽	3[ ]	

C.12 待测品种与近似品种的明显差异性状

在自己知识范围内,请申请测试人在表 C.2 中列出待测品种与其最近似品种的明显差异。

表 C.2 待测品种与近似品种的明显差异性状

近似品种名称	性状名称	近似品种表达状态	待测品种表达状态
注:可提供有助于待测品种特异性测试的信息。			

申请人员承诺:技术问卷填写信息真实!

签名:

ICS 65.020.20
CCS B 05

NY

中华人民共和国农业行业标准

NY/T 4214—2022

植物品种特异性、一致性和稳定性测试指南 广东万年青属

Guidelines for the conduct of tests for distinctness, uniformity and stability—Chinese evergreen

(*Aglaonema* Schott)

(UPOV:TG/323/1,Guidelines for the conduct of tests for distinctness, uniformity and stability—Aglaonema,NEQ)

2022-11-11 发布 2023-03-01 实施

中华人民共和国农业农村部 发布

前　言

本文件按照GB/T 1.1—2020《标准化工作导则　第1部分：标准化文件的结构和起草规则》的规定起草。

本文件使用重新起草法修改采用了国际植物新品种保护联盟（UPOV）指南“TG/323/1，Guidelines for the conduct of tests for distinctness，uniformity and stability—Aglaonema”。

本文件对应于UPOV指南TG/323/1，与TG/323/1的一致性程度为非等效。

本文件与UPOV指南TG/323/1相比存在技术性差异，主要差异如下：

a）增加了“主茎：直径”“佛焰苞：肉穗花序相对于佛焰苞的位置”“佛焰苞：长度”“佛焰苞：宽度”“佛焰苞：长宽比”“佛焰苞：外侧主色”“仅适用于佛焰苞外侧面有次色品种：佛焰苞：外侧次色”“佛焰苞：开口程度”等性状；

b）调整了“叶片：先端形状”的表达状态及代码；

c）删除了“叶鞘：肩部形状”。

本文件由农业农村部种业管理司提出。

本文件由全国植物新品种测试标准化技术委员会（SAC/TC 277）归口。

本文件起草单位：华南农业大学、福建省农业科学院作物研究所[农业农村部植物新品种测试（福州）分中心]、上海市农业科学院[农业农村部植物新品种测试（上海）分中心]、农业农村部科技发展中心、岳阳市农业科学研究院[农业农村部植物新品种测试（岳阳）分中心]。

本文件主要起草人：钟海丰、章毅颖、廖飞雄、钟淮钦、张凯淅、刘琪龙、赵洪、黄敏玲、刘中华、褚云霞、陈剑锋、钟声远、陈宇华、张荟、邓姗、林兵、邱思鑫、徐振江、饶得花。

植物品种特异性、一致性和稳定性测试指南
广东万年青属

1 范围

本文件规定了广东万年青属品种特异性、一致性和稳定性测试的技术要求和结果判定的一般原则。

本文件适用于广东万年青属(又称粗肋草属)(*Aglaonema* Schott)品种特异性、一致性和稳定性的测试。

2 规范性引用文件

下列文件中的内容通过文中的规范性引用而构成本文件必不可少的条款。其中,注日期的引用文件,仅该日期对应的版本适用于本文件;不注日期的引用文件,其最新版本(包括所有的修改单)适用于本文件。

GB/T 19557.1 植物新品种特异性、一致性和稳定性测试指南 总则

3 术语和定义

GB/T 19557.1 界定的以及下列术语和定义适用于本文件。

3.1

群体测量 single measurement of a group of plants or parts of plants

对一批植株或植株的某器官或部位进行测量,获得一个群体记录。

3.2

个体测量 measurement of a number of individual plants or parts of plants

对一批植株或植株的某器官或部位进行逐个测量,获得一组个体记录。

3.3

群体目测 visual assessment by a single observation of a group of plants or parts of plants

对一批植株或植株的某器官或部位进行目测,获得一个群体记录。

4 符号

下列符号适用于本文件:

MG:群体测量。

MS:个体测量。

VG:群体目测。

QN:数量性状。

PQ:假质量性状。

*:UPOV 用于统一品种描述所需要的重要性状,除非受环境条件限制性状的表达状态无法测试,所有 UPOV 成员都应使用这些性状。

(a)~(d):标注内容在附录 B 的 B.2 中进行了详细解释。

(+):标注内容在附录 B 的 B.3 中进行了详细解释。

_:本文件中下划线是特别提示测试性状的适用范围。

5 繁殖材料的要求

5.1 繁殖材料以种苗形式提供。

5.2 提交的种苗数量至少 15 株幼苗。

5.3 提交的种苗应外观健康,活力高,无病虫侵害。种苗质量具体要求:幼苗移栽后 2 个月以上,且未开过花,在生长周期内能充分表达商品性状。

5.4 提交的种苗一般不进行任何影响品种性状正常表达的处理。

5.5 提交的繁殖材料应符合中国植物检疫的有关规定。

6 测试方法

6.1 测试周期

测试周期通常为 1 个独立的生长周期,即幼苗定植后生长至植株初次佛焰苞展开、2/3 肉穗花序成熟的 1 个完整周期。

6.2 测试地点

测试通常在同一个地点进行。如果某些性状在该地点不能充分表达,可在其他符合条件的地点对其进行观测。

6.3 田间试验

6.3.1 试验设计

设施内盆栽,盆径 12 cm,每盆种植 1 株,不少于 12 盆;待测品种和近似品种相邻种植。

6.3.2 田间管理

按当地设施栽培管理方式进行。

6.4 性状观测

6.4.1 观测时期

性状观测应按照附录 A 中表 A.1 和 A.2 列出的生育阶段进行。附录 B 表 B.1 对这些生育阶段进行了解释。

6.4.2 观测方法

性状观测应按照附录 A 中表 A.1 和表 A.2 规定的观测方法(VG、MG、MS)进行。部分性状观测方法见 B.2 和 B.3。

6.4.3 观测数量

除非另有说明,个体观测性状(MS)植株取样数量不少于 10 个,在观测植株的器官或部位时,每个植株取样数量应为 1 个。群体观测性状(VG、MG)应观测整个小区或规定大小的混合样本。

6.5 附加测试

必要时,可选用表 A.2 的性状或本文件未列出的性状进行附加测试。

7 特异性、一致性和稳定性的判定

7.1 总体原则

特异性、一致性和稳定性的判定按照 GB/T 19557.1 确定的原则进行。

7.2 特异性的判定

待测品种应明显区别于所有已知品种。在测试中,当待测品种至少在一个性状上与最为近似的品种具有明显且可重现的差异时,即可判定待测品种具备特异性。

7.3 一致性的判定

对于测试品种,一致性判定时,采用 1% 的群体标准和至少 95% 的接受概率。当样本大小为 6 株~35 株时,最多可以允许有 1 个异型株。

7.4 稳定性的判定

如果一个品种具备一致性,则可认为该品种具备稳定性。一般不对稳定性进行测试。

必要时,可以种植该品种的下一代或另一批无性繁殖材料,与以前提供的繁殖材料相比,若性状表达无明显变化，则可判定该品种具备稳定性。

8 性状表

8.1 概述

根据测试需要，将性状分为基本性状、选测性状，基本性状是测试中必须使用的性状。附录A表A.1列出了广东万年青属基本性状，附录A表A.2列出了广东万年青属选测性状。

性状表列出了性状名称、观测时期和方法、表达状态及相应的标准品种和代码等内容。

8.2 表达类型

根据性状表达方式，将性状分为质量性状、假质量性状和数量性状3种类型。

8.3 表达状态和相应代码

每个性状划分为一系列表达状态，为便于定义性状和规范描述，每个表达状态赋予一个相应的数字代码，以便于数据记录、处理和品种描述的建立与交流。

8.4 标准品种

性状表中列出了部分性状有关表达状态相应的标准品种，以助于确定相关性状的不同表达状态和校正年份、地点引起的差异。

8.5 分组性状

本文件中，品种分组性状如下：

a) *叶鞘：外侧主色（表A.1中性状5）。
 组1：白色。
 组2：绿色。
 组3：粉红色。

b) *叶片：长度（表A.1中性状9）。

c) *叶片：宽度（表A.1中性状10）。

d) 叶片：上表面主色。
 组1：白色。
 组2：绿色。
 组3：灰绿色。
 组4：黄色。
 组5：红色。
 组6：紫红色。

e) 叶片：上表面次色。
 组1：白色。
 组2：绿色。
 组3：灰绿色。
 组4：黄色。
 组5：红色。
 组6：紫红色。

注：叶片上表面主色对应表A.1中性状15、性状20、性状25、性状30中颜色面积最大的性状，叶片上表面次色对应表A.1中性状15、性状20、性状25、性状30中颜色面积次大的性状。

9 技术问卷

申请人应按附录C格式填写广东万年青属技术问卷。

附 录 A
（规范性）
广东万年青属性状

A.1 广东万年青属基本性状

见表A.1。

表A.1 广东万年青属基本性状

序号	性状	观测时期和方法	表达状态	标准品种	代码
1	植株:高度 QN (+)	20 MS/VG	极矮		1
			极矮到矮		2
			矮		3
			矮到中		4
			中	柠檬	5
			中到高		6
			高		7
			高到极高		8
			极高		9
2	植株:分蘖数 QN (+)	20 MS/VG	无或少		1
			中		2
			多		3
3	主茎:直径 QN	20 MS	极细		1
			细		2
			中	红宝石	3
			粗		4
			极粗		5
4	*叶鞘:长度 QN (a) (+)	20 MS/VG	无或极短		1
			极短到短		2
			短	灿烂	3
			短到中		4
			中	红峡谷	5
			中到长		6
			长		7
			长到极长		8
			极长		9
5	*叶鞘:外侧主色 PQ (a) (b)	20 VG	白色	RHS比色卡号	1
			绿色	RHS比色卡号	2
			粉红色	RHS比色卡号	3
6	叶柄:长度 QN (a) (+)	20 MS/VG	极短		1
			极短到短		2
			短	柠檬	3
			短到中		4
			中	绿翡翠	5
			中到长		6
			长		7
			长到极长		8
			极长		9

表 A.1（续）

序号	性状	观测时期和方法	表达状态	标准品种	代码
7	叶柄:主色 PQ (a) (b)	20 VG	白色	RHS 比色卡号	1
			绿色	RHS 比色卡号	2
			粉红色	RHS 比色卡号	3
8	* 仅适用于叶柄有次色的品种:叶柄:次色 PQ (a) (b)	20 VG	白色	RHS 比色卡号	1
			绿色	RHS 比色卡号	2
			粉红色	RHS 比色卡号	3
9	* 叶片:长度 QN (a) (+)	20 MS/VG	极短		1
			极短到短		2
			短		3
			短到中		4
			中	蜘蛛侠	5
			中到长		6
			长	黑美人	7
			长到极长		8
			极长		9
10	* 叶片:宽度 QN (a) (+)	20 MS/VG	极窄		1
			极窄到窄		2
			窄		3
			窄到中		4
			中	灿烂	5
			中到宽		6
			宽	白象	7
			宽到极宽		8
			极宽		9
11	叶片:长宽比 QN (a) (+)	20 MG/VG	极小		1
			极小到小		2
			小	红天使	3
			小到中		4
			中	绿翡翠	5
			中到大		6
			大	银皇后	7
			大到极大		8
			极大		9
12	* 叶片:最宽处位置 QN (a) (+)	20 VG	近基部		1
			中部		2
			近顶部		3
13	叶片:先端形状 PQ (a) (+)	20 VG	长尾尖		1
			尾尖		2
			渐尖		3
			锐尖		4
			钝尖		5
14	* 叶片:基部形状 PQ (a) (+)	20 VG	窄楔形		1
			楔形		2
			钝圆形		3
			截形		4
			心形		5

表 A.1（续）

序号	性状	观测时期和方法	表达状态	标准品种	代码
15	＊叶片:颜色 1 PQ (a) (c)	20 VG	RHS 比色卡号		
16	＊叶片:颜色 1 的分布 PQ (a) (c) (+)	20 VG	单色		1
			沿中脉		2
			在边缘		3
			在中脉和边缘之间		4
			沿侧脉		5
			在侧脉之间		6
			遍及全叶		7
			沿中脉和在边缘		8
			沿中脉和侧脉		9
			沿中脉和遍及全叶		10
			沿侧脉和在侧脉之间		11
			在边缘和遍及全叶		12
			沿中脉、侧脉和遍及全叶		13
			沿中脉、侧脉和在侧脉之间		14
			沿中脉、侧脉和在边缘		15
17	＊叶片:颜色 1 图案 PQ (a) (c) (+)	20 VG	斑		1
			中央条斑		2
			条纹		3
			镶边		4
			纯色		5
			斑和中央条斑		6
			斑和条纹		7
			斑和镶边		8
			中央条斑和条纹		9
			中央条斑和镶边		10
18	＊叶片:颜色 1 斑的大小 QN (a) (c) (+)	20 VG	小		1
			中		2
			大		3
19	＊叶片:颜色 1 总面积大小 QN (a) (c) (+)	20 VG	极小		1
			极小到小		2
			小		3
			小到中		4
			中		5
			中到大		6
			大		7
			大到极大		8
			极大		9
20	＊叶片:颜色 2 PQ (a) (c)	20 VG	RHS 比色卡号		

表 A.1（续）

序号	性状	观测时期和方法	表达状态	标准品种	代码
21	*叶片:颜色 2 的分布 PQ (a) (c) (+)	20 VG	单色		1
			沿中脉		2
			在边缘		3
			在中脉和边缘之间		4
			沿侧脉		5
			在侧脉之间		6
			遍及全叶		7
			沿中脉和在边缘		8
			沿中脉和侧脉		9
			沿中脉和遍及全叶		10
			沿侧脉和在侧脉之间		11
			在边缘和遍及全叶		12
			沿中脉、侧脉和遍及全叶		13
			沿中脉、侧脉和在侧脉之间		14
			沿中脉、侧脉和在边缘		15
22	*叶片:颜色 2 图案 PQ (a) (c) (+)	20 VG	斑		1
			中央条斑		2
			条纹		3
			镶边		4
			纯色		5
			斑和中央条斑		6
			斑和条纹		7
			斑和镶边		8
			中央条斑和条纹		9
			中央条斑和镶边		10
23	*叶片:颜色 2 斑的大小 QN (a) (c) (+)	20 VG	小		1
			中		2
			大		3
24	*叶片:颜色 2 总面积大小 QN (a) (c) (+)	20 VG	极小		1
			极小到小		2
			小		3
			小到中		4
			中		5
			中到大		6
			大		7
			大到极大		8
			极大		9
25	*叶片:颜色 3 PQ (a) (c)	20 VG	RHS 比色卡号		
26	*叶片:颜色 3 的分布 PQ (a) (c) (+)	20 VG	单色		1
			沿中脉		2
			在边缘		3
			在中脉和边缘之间		4
			沿侧脉		5
			在侧脉之间		6
			遍及全叶		7
			沿中脉和在边缘		8

表 A.1（续）

序号	性状	观测时期和方法	表达状态	标准品种	代码
26	＊叶片:颜色 3 的分布 PQ (a) (c) (+)	20 VG	沿中脉和侧脉		9
			沿中脉和遍及全叶		10
			沿侧脉和在侧脉之间		11
			在边缘和遍及全叶		12
			沿中脉、侧脉和遍及全叶		13
			沿中脉、侧脉和在侧脉之间		14
			沿中脉、侧脉和在边缘		15
27	＊叶片:颜色 3 图案 PQ (a) (c) (+)	20 VG	斑		1
			中央条斑		2
			条纹		3
			镶边		4
			纯色		5
			斑和中央条斑		6
			斑和条纹		7
			斑和镶边		8
			中央条斑和条纹		9
			中央条斑和镶边		10
28	＊叶片:颜色 3 斑的大小 QN (a) (c) (+)	20 VG	小		1
			中		2
			大		3
29	＊叶片:颜色 3 总面积大小 QN (a) (c) (+)	20 VG	极小		1
			极小到小		2
			小		3
			小到中		4
			中		5
			中到大		6
			大		7
			大到极大		8
			极大		9
30	＊叶片:颜色 4 PQ (a) (c)	20 VG	RHS 比色卡号		
31	＊叶片:颜色 4 的分布 PQ (a) (c) (+)	20 VG	单色		1
			沿中脉		2
			在边缘		3
			在中脉和边缘之间		4
			沿侧脉		5
			在侧脉之间		6
			遍及全叶		7
			沿中脉和在边缘		8
			沿中脉和侧脉		9
			沿中脉和遍及全叶		10
			沿侧脉和在侧脉之间		11
			在边缘和遍及全叶		12
			沿中脉、侧脉和遍及全叶		13
			沿中脉、侧脉和在侧脉之间		14
			沿中脉、侧脉和在边缘		15

表 A.1（续）

序号	性状	观测时期和方法	表达状态	标准品种	代码
32	*叶片:颜色 4 图案 PQ (a) (c) (+)	20 VG	斑		1
			中央条斑		2
			条纹		3
			镶边		4
			纯色		5
			斑和中央条斑		6
			斑和条纹		7
			斑和镶边		8
			中央条斑和条纹		9
			中央条斑和镶边		10
33	*叶片:颜色 4 斑的大小 QN (a) (c) (+)	20 VG	小		1
			中		2
			大		3
34	*叶片:颜色 4 总面积大小 QN (a) (c) (+)	20 VG	极小		1
			极小到小		2
			小		3
			小到中		4
			中		5
			中到大		6
			大		7
			大到极大		8
			极大		9
35	*叶片:下表面颜色 1 PQ (a) (c)	20 VG	RHS 比色卡号		
36	*叶片:下表面颜色 1 的分布 PQ (a) (c) (+)	20 VG	单色		1
			沿中脉		2
			在边缘		3
			在中脉和边缘之间		4
			沿侧脉		5
			在侧脉之间		6
			遍及全叶		7
			沿中脉和在边缘		8
			沿中脉和侧脉		9
			沿中脉和遍及全叶		10
			沿侧脉和在侧脉之间		11
			在边缘和遍及全叶		12
			沿中脉、侧脉和遍及全叶		13
			沿中脉、侧脉和在侧脉之间		14
			沿中脉、侧脉和在边缘		15
37	*叶片:下表面颜色 1 图案 PQ (a) (c) (+)	20 VG	斑		1
			中央条斑		2
			条纹		3
			镶边		4
			纯色		5
			斑和中央条斑		6
			斑和条纹		7
			斑和镶边		8
			中央条斑和条纹		9
			中央条斑和镶边		10

表 A.1（续）

序号	性状	观测时期和方法	表达状态	标准品种	代码
38	＊叶片：下表面颜色 1 斑的大小 QN (a) (c) (+)	20 VG	小		1
			中		2
			大		3
39	＊叶片：下表面颜色 1 总面积的大小 QN (a) (c) (+)	20 VG	极小		1
			极小到小		2
			小		3
			小到中		4
			中		5
			中到大		6
			大		7
			大到极大		8
			极大		9
40	＊叶片：下表面颜色 2 PQ (a) (c)	20 VG	RHS 比色卡号		
41	＊叶片：下表面颜色 2 的分布 PQ (a) (c) (+)	20 VG	单色		1
			沿中脉		2
			在边缘		3
			在中脉和边缘之间		4
			沿侧脉		5
			在侧脉之间		6
			遍及全叶		7
			沿中脉和在边缘		8
			沿中脉和侧脉		9
			沿中脉和遍及全叶		10
			沿侧脉和在侧脉之间		11
			在边缘和遍及全叶		12
			沿中脉、侧脉和遍及全叶		13
			沿中脉、侧脉和在侧脉之间		14
			沿中脉、侧脉和在边缘		15
42	＊叶片：下表面颜色 2 图案 PQ (a) (c) (+)	20 VG	斑		1
			中央条斑		2
			条纹		3
			镶边		4
			纯色		5
			斑和中央条斑		6
			斑和条纹		7
			斑和镶边		8
			中央条斑和条纹		9
			中央条斑和镶边		10
43	＊叶片：下表面颜色 2 斑的大小 QN (a) (c) (+)	20 VG	小		1
			中		2
			大		3

表 A.1（续）

序号	性状	观测时期和方法	表达状态	标准品种	代码
44	＊叶片：下表面颜色 2 总面积的大小 QN (a) (c) (+)	20 VG	极小		1
			极小到小		2
			小		3
			小到中		4
			中		5
			中到大		6
			大		7
			大到极大		8
			极大		9
45	＊叶片：下表面颜色 3 PQ (a) (c)	20 VG	RHS 比色卡号		
46	＊叶片：下表面颜色 3 的分布 PQ (a) (c) (+)	20 VG	单色		1
			沿中脉		2
			在边缘		3
			在中脉和边缘之间		4
			沿侧脉		5
			在侧脉之间		6
			遍及全叶		7
			沿中脉和在边缘		8
			沿中脉和侧脉		9
			沿中脉和遍及全叶		10
			沿侧脉和在侧脉之间		11
			在边缘和遍及全叶		12
			沿中脉、侧脉和遍及全叶		13
			沿中脉、侧脉和在侧脉之间		14
			沿中脉、侧脉和在边缘		15
47	＊叶片：下表面颜色 3 图案 PQ (a) (c) (+)	20 VG	斑		1
			中央条斑		2
			条纹		3
			镶边		4
			纯色		5
			斑和中央条斑		6
			斑和条纹		7
			斑和镶边		8
			中央条斑和条纹		9
			中央条斑和镶边		10
48	＊叶片：下表面颜色 3 斑的大小 QN (a) (c) (+)	20 VG	小		1
			中		2
			大		3
49	＊叶片：下表面颜色 3 总面积的大小 QN (a) (c) (+)	20 VG	极小		1
			极小到小		2
			小		3
			小到中		4
			中		5
			中到大		6
			大		7
			大到极大		8
			极大		9

表 A.1（续）

序号	性状	观测时期和方法	表达状态	标准品种	代码
50	*叶片:光泽度 QN (a)	20 VG	无或弱	柠檬	1
			中	绿翡翠	2
			强	红宝石	3
51	*叶片:泡状程度 QN (a) (+)	20 VG	无或弱		1
			中		2
			强		3
52	*叶片:边缘波状程度 QN (a)	20 VG	无或极弱		1
			弱		2
			中	绿翡翠	3
			强	黑美人	4
			极强		5
53	*叶片:横截面形状 QN (a) (+)	20 VG	平		1
			略凹		2
			中度凹		3
54	*叶片:侧脉数量 QN (a) (+)	20 VG	少		1
			中		2
			多		3
55	*叶片:中脉相对叶平面位置 QN (a) (+)	20 VG	凸		1
			平		2
			凹		3

A.2 广东万年青属选测性状

见表 A.2。

表 A.2 广东万年青属选测性状

序号	性状	观测时期和方法	表达状态	标准品种	代码
56	佛焰苞:肉穗花序相对于佛焰苞的位置 QN (d) (+)	30 VG	低于		1
			等高		2
			高于		3
57	佛焰苞:长度 QN (d) (+)	30 MS/VG	极短		1
			极短到短		2
			短		3
			短到中		4
			中	女王	5
			中到长		6
			长		7
			长到极长		8
			极长		9
58	佛焰苞:宽度 QN (d) (+)	30 MS/VG	极窄		1
			极窄到窄		2
			窄	银皇后	3
			窄到中		4
			中	红宝石	5
			中到宽		6
			宽		7
			宽到极宽		8
			极宽		9

表 A.2（续）

序号	性状	观测时期和方法	表达状态	标准品种	代码
59	佛焰苞:长宽比 (d) QN	30 MG/VG	极小		1
			极小到小		2
			小	红龙	3
			小到中		4
			中	女王	5
			中到大		6
			大	万年红	7
			大到极大		8
			极大		9
60	佛焰苞:外侧主色 PQ (b) (d) (+)	30 VG	白色		1
			浅绿色		2
			中等绿色		3
			深绿色		4
			粉红色		5
			其他		6
61	仅适用于佛焰苞外侧面有次色品种: 佛焰苞:外侧次色 PQ (b) (d)	30 VG	白色		1
			浅绿色		2
			中等绿色		3
			深绿色		4
			粉红色		5
			其他		6
62	佛焰苞:开口程度 QN (+) (d)	30 VG	无或极弱		1
			弱		2
			中		3
			强		4
			极强		5

附 录 B
（规范性）
广东万年青属性状的解释

B.1 广东万年青属生育阶段

见表 B.1。

表 B.1 广东万年青属生育阶段

编号	名称	描述
10	幼苗期	移栽后至商品性状完全表达之前
20	成苗期	植株商品性状能充分表达
30	开花期	20%以上植株佛焰苞展开

B.2 涉及多个性状的解释

(a) 对叶片的观测应在植株中部 1/3 处完全生长的叶片上进行；

(b) 主色即区域面积最大的颜色(若区域面积相当，则颜色深的为主色)；

(c) 颜色 1、颜色 2 等标识与 RHS 比色卡中顺序相对应，即颜色 1 对应 RHS 比色卡中数字低的颜色；

(d) 佛焰苞性状的观测应在雄蕊开始散粉时进行。

B.3 涉及单个性状的解释

性状分级和图中代码见表 A.1 和表 A.2。

性状 1 植株：高度，测量盆土表面至植株最顶端的高度(不含佛焰苞)。

性状 2 植株：分蘖数，见图 B.1。

图 B.1 植株：分蘖数

性状 4 *叶鞘：长度，见图 B.2。

性状 6 叶柄：长度，见图 B.2。

性状 9 *叶片：长度，见图 B.3。

性状 10 *叶片：宽度，见图 B.3。

性状 11 叶片：长宽比，见图 B.4。

性状 12 *叶片：最宽处位置，图 B.5。

性状 13 叶片：先端形状，见图 B.6。

性状 14 *叶片：基部形状，见图 B.7。

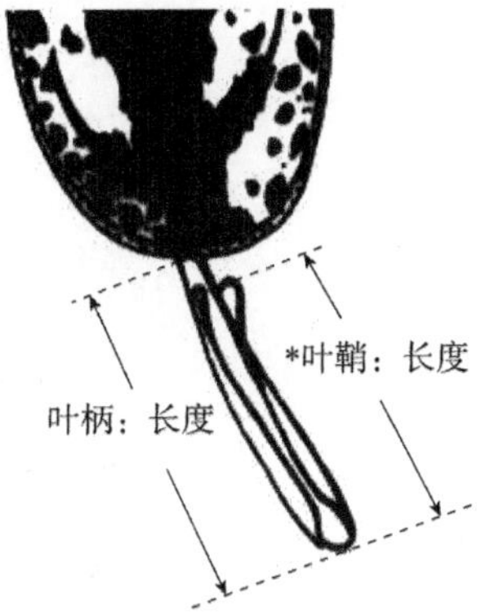

图 B.2　＊叶鞘:长度;叶柄:长度

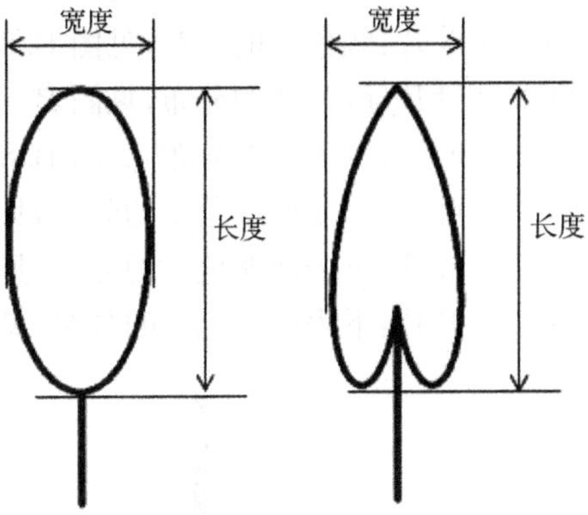

图 B.3　＊叶片:长度;＊叶片:宽度

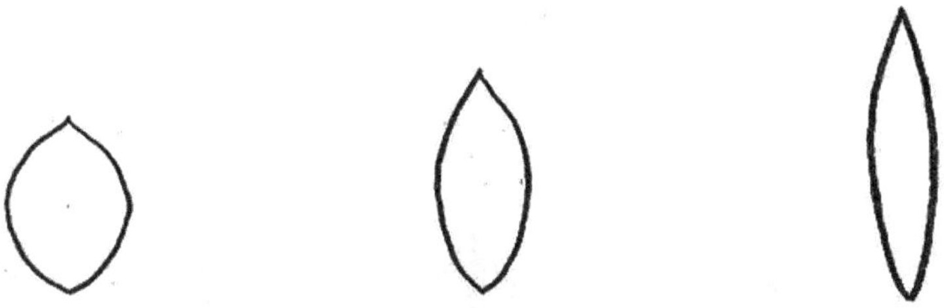

小　　中　　大
3　　5　　7

图 B.4　叶片:长宽比

近基部　　中部　　近顶部
1　　2　　3

图 B.5　＊叶片:最宽处位置

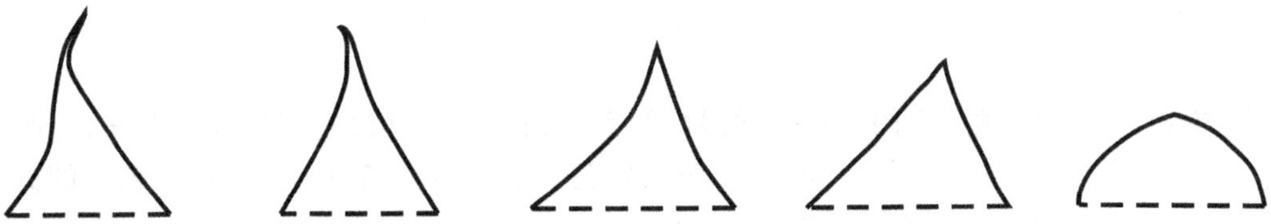

长尾尖　　尾尖　　渐尖　　锐尖　　钝尖
1　　2　　3　　4　　5

图 B.6　叶片:先端形状

窄楔形　　楔形　　钝圆形　　截形　　心形
1　　2　　3　　4　　5

图 B.7　＊叶片:基部形状

性状 16　＊叶片:颜色 1 的分布,见图 B.8。
性状 21　＊叶片:颜色 2 的分布,见图 B.8。
性状 26　＊叶片:颜色 3 的分布,见图 B.8。
性状 31　＊叶片:颜色 4 的分布,见图 B.8。
性状 36　＊叶片:下表面颜色 1 的分布,见图 B.8。
性状 41　＊叶片:下表面颜色 2 的分布,见图 B.8。
性状 46　＊叶片:下表面颜色 3 的分布,见图 B.8。

图 B.8　＊叶片:颜色 1 的分布;＊叶片:颜色 2 的分布;＊叶片:颜色 3 的分布;＊叶片:颜色 4 的分布;＊叶片:下表面颜色 1 的分布;＊叶片:下表面颜色 2 的分布;＊叶片:下表面颜色 3 的分布

性状 17　＊叶片:颜色 1 图案,见图 B.9。
性状 22　＊叶片:颜色 2 图案,见图 B.9。
性状 27　＊叶片:颜色 3 图案,见图 B.9。
性状 32　＊叶片:颜色 4 图案,见图 B.9。
性状 37　＊叶片:下表面颜色 1 图案,见图 B.9。
性状 42　＊叶片:下表面颜色 2 图案,见图 B.9。
性状 47　＊叶片:下表面颜色 3 图案,见图 B.9。
性状 18　＊叶片:颜色 1 斑的大小,见图 B.10。
性状 23　＊叶片:颜色 2 斑的大小,见图 B.10。
性状 28　＊叶片:颜色 3 斑的大小,见图 B.10。

图 B.9　＊叶片:颜色 1 图案;＊叶片:颜色 2 图案;＊叶片:颜色 3 图案;＊叶片:颜色 4 图案;＊叶片:下表面颜色 1 图案;＊叶片:下表面颜色 2 图案;＊叶片:下表面颜色 3 图案

性状 33　＊叶片:颜色 4 斑的大小,见图 B.10。

性状 38　＊叶片:下表面颜色 1 斑的大小,见图 B.10。

性状 43　＊叶片:下表面颜色 2 斑的大小,见图 B.10。

性状 48　＊叶片:下表面颜色 3 斑的大小,见图 B.10。

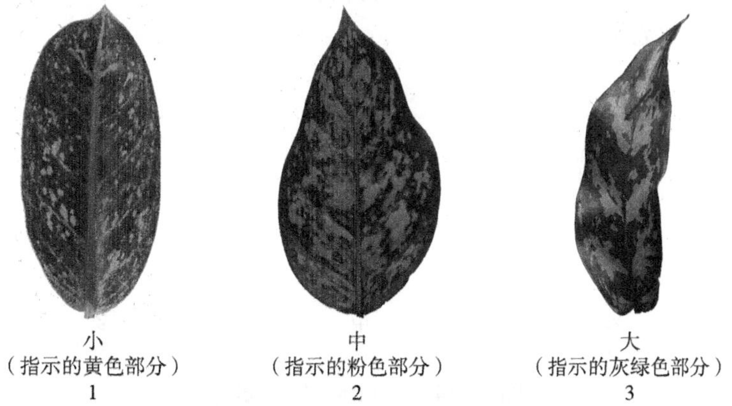

图 B.10　＊叶片:颜色 1 斑的大小;＊叶片:颜色 2 斑的大小;＊叶片:颜色 3 斑的大小;＊叶片:颜色 4 斑的大小;＊叶片:下表面颜色 1 斑的大小;＊叶片:下表面颜色 2 斑的大小;＊叶片:下表面颜色 3 斑的大小

性状 19　＊叶片:颜色 1 总面积的大小,见图 B.11。

性状 24　＊叶片:颜色 2 总面积的大小,见图 B.11。

性状 29　＊叶片:颜色 3 总面积的大小,见图 B.11。

性状 34　* 叶片:颜色 4 总面积的大小,见图 B. 11。

性状 39　* 叶片:下表面颜色 1 总面积的大小,见图 B. 11。

性状 44　* 叶片:下表面颜色 2 总面积的大小,见图 B. 11。

性状 49　* 叶片:下表面颜色 3 总面积的大小,见图 B. 11。

小（绿色部分）3　　中（绿色部分）5　　大（绿色部分）7

图 B. 11　* 叶片:颜色 1 总面积的大小; * 叶片:颜色 2 总面积的大小; * 叶片:颜色 3 总面积的大小; * 叶片:颜色 4 总面积的大小; * 叶片:下表面颜色 1 总面积的大小; * 叶片:下表面颜色 2 总面积的大小; * 叶片:下表面颜色 3 总面积的大小

性状 51　* 叶片:泡状程度,见图 B. 12。

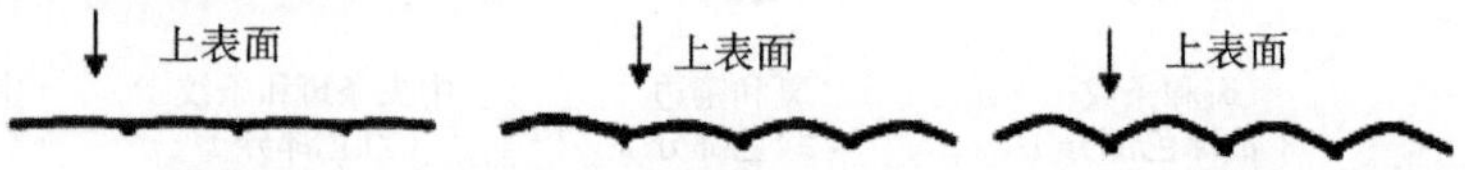

无或弱 1　　中 2　　强 3

图 B. 12　* 叶片:泡状程度

性状 53　* 叶片:横截面形状,见图 B. 13。

平 1　　略凹 2　　中度凹 3

图 B. 13　* 叶片:横截面形状

性状 54　* 叶片:侧脉数量,见图 B. 14。

少 1　　中 2　　多 3

图 B. 14　* 叶片:侧脉数量

性状 55　* 叶片:中脉相对叶平面位置,见图 B. 15。

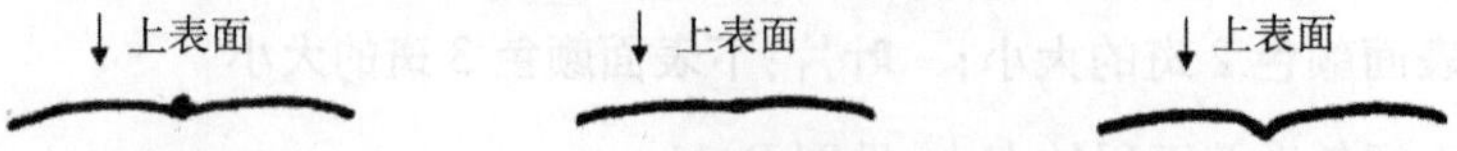

凸 1　　平 2　　凹 3

图 B. 15　* 叶片:中脉相对叶平面位置

性状 56　佛焰苞:肉穗花序相对于佛焰苞的位置,见图 B.16。

图 B.16　佛焰苞:肉穗花序相对于佛焰苞的位置

性状 57　佛焰苞:长度,见图 B.17。

性状 58　佛焰苞:宽度,见图 B.17。

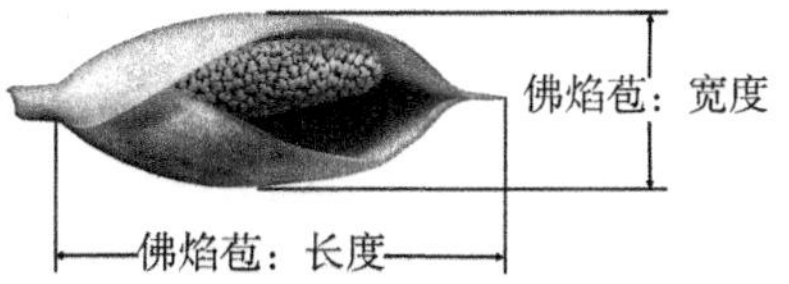

图 B.17　佛焰苞:长度;佛焰苞:宽度

性状 60　佛焰苞:外侧主色,见图 B.18。

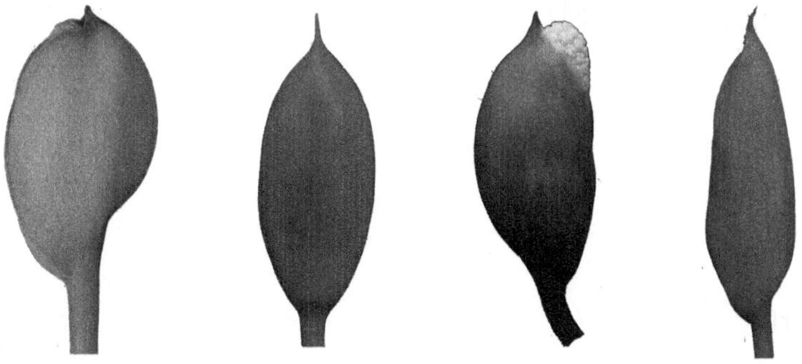

图 B.18　佛焰苞:外侧主色

性状 62　佛焰苞:开口程度,见图 B.19。

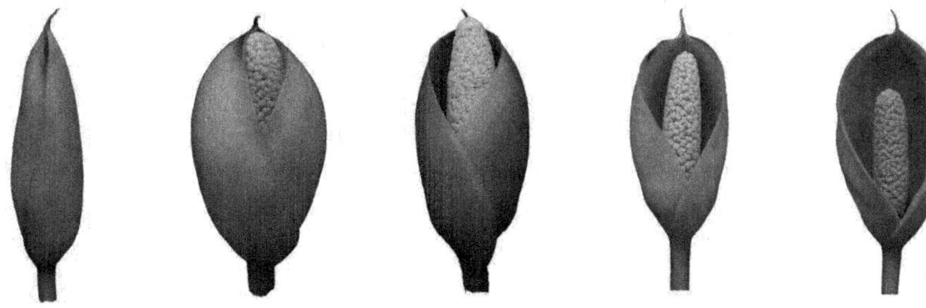

图 B.19　佛焰苞:开口程度

附　录　C
（规范性）
广东万年青属技术问卷

申请号： 申请日： （由审批机关填写）

（申请人或代理机构签章）

C.1　品种暂定名称

C.2　申请测试人信息

姓名：
地址：
电话号码：　　　　　　　　传真号码：　　　　　　　　手机号码：
邮箱地址：
育种者姓名（如果与申请测试人不同）：

C.3　植物学分类

[　　　　]种 [　　　　]亚种 [　　　　]变种[　　　　]杂种
拉丁名：
中文名：

C.4　品种来源（在相符的 [　] 中打√）

C.4.1　杂交种　　　　　　　　　　[　]
C.4.1.1　亲本杂交　　　　[　]（请指出亲本）
C.4.1.2　部分已知杂交　[　]（请指出已知亲本）
C.4.1.3　未知杂交　　　　[　]
C.4.2　突变种　　　　　　　　　　[　]（请指出亲本）
C.4.3　发现并改良　　　　　　　[　]（请指出何时、何地、如何发现、如何改良）
C.4.4　其他　　　　　　　　　　　[　]（请提供细节）

C.5　品种类型（按繁殖方法分，在相符的 [　] 中打√）

C.5.1　无性繁殖　　　　　　　　　　[　]
C.5.1.1　分株　　　　[　]
C.5.1.2　离体培养　[　]
C.5.1.3　扦插　　　　[　]
C.5.1.4　其他　　　　[　]（指出具体方法）
C.5.2　其他　　　　　　　　　　　　[　]（请提供细节）

C.6　待测品种的具有代表性彩色照片

（品种照片粘贴处）
（如果照片较多，可另附页提供）

C.7　品种的选育背景、育种过程和育种方法，包括系谱、培育过程和所使用的亲本或其他繁殖材料来源与名称的详细说明

C.8　适于生长的区域或环境以及栽培技术的说明

C.9　其他有助于辨别待测品种的信息

（如品种用途、品质和抗性，请提供详细资料）

C.10　品种种植或测试是否需要特殊条件（在相符的[　]中打√）

是[　]　　　　否[　]
（如果回答是，请提供详细资料）

C.11　品种繁殖材料保存是否需要特殊条件（在相符的[　]中打√）

是[　]　　　　否[　]
（如果回答是，请提供详细资料）

C.12　待测品种需要指出的性状

在合适的代码后[　]中打√，若有测量值，请填写在表C.1中。

表C.1　待测品种需要指出的性状

序号	性状	表达状态	代码	测量值
1	植株：高度（性状1）	极矮	1[　]	
		极矮到矮	2[　]	
		矮	3[　]	
		矮到中	4[　]	
		中	5[　]	
		中到高	6[　]	
		高	7[　]	
		高到极高	8[　]	
		极高	9[　]	
2	*叶鞘：外侧主色（性状5）	白色	1[　]	RHS比色卡号
		绿色	2[　]	RHS比色卡号
		粉红色	3[　]	RHS比色卡号

表 C.1（续）

序号	性状	表达状态	代码	测量值
3	*叶片:长度(性状 9)	极短	1[ ]	
		极短到短	2[ ]	
		短	3[ ]	
		短到中	4[ ]	
		中	5[ ]	
		中到长	6[ ]	
		长	7[ ]	
		长到极长	8[ ]	
		极长	9[ ]	
4	*叶片:宽度(性状 10)	极窄	1[ ]	
		极窄到窄	2[ ]	
		窄	3[ ]	
		窄到中	4[ ]	
		中	5[ ]	
		中到宽	6[ ]	
		宽	7[ ]	
		宽到极宽	8[ ]	
		极宽	9[ ]	
5	叶片:长宽比(性状 11)	极小	1[ ]	
		极小到小	2[ ]	
		小	3[ ]	
		小到中	4[ ]	
		中	5[ ]	
		中到大	6[ ]	
		大	7[ ]	
		大到极大	8[ ]	
		极大	9[ ]	
6	*叶片:最宽处位置(形状 12)	近基部	1[ ]	
		中部	2[ ]	
		近顶部	3[ ]	
7	*叶片:基部形状(性状 14)	窄楔形	1[ ]	
		楔形	2[ ]	
		钝圆形	3[ ]	
		截形	4[ ]	
		心形	5[ ]	
8	叶片:上表面主色	白色	1[ ]	
		绿色	2[ ]	
		灰绿色	3[ ]	
		黄色	4[ ]	
		红色	5[ ]	
		紫红色	6[ ]	
9	叶片:上表面次色	白色	1[ ]	
		绿色	2[ ]	
		灰绿色	3[ ]	
		黄色	4[ ]	
		红色	5[ ]	
		紫红色	6[ ]	

C.13 待测品种与近似品种的明显差异性状表

在自己认知范围内，请申请测试人在表 C.2 中列出待测品种与其最为近似品种的明显差异。

表 C.2 待测品种与近似品种的明显差异性状

近似品种名称	性状名称	近似品种表达状态	待测品种表达状态
近似品种 1	××	××	××
	……	……	……
近似品种 2(可选择)			
注:可提供其他有利于特异性测试的信息。			

申请人员承诺:技术问卷所填写的信息真实!

签名:

ICS 65.020.20
CCS B 05

NY

中华人民共和国农业行业标准

NY/T 4215—2022

植物品种特异性、一致性和稳定性测试指南　麦冬

Guidenlines for the conduct of tests for distinctness, uniformity and stability—*Ophiopogon japonicus*
[*Ophiopogon japonicus*(L.f.) Ker-Gawl.]

2022-11-11 发布　　　　2023-03-01 实施

中华人民共和国农业农村部　发布

前　　言

本文件按照 GB/T 1.1—2020《标准化工作导则　第 1 部分：标准化文件的结构和起草规则》的规定起草。

本文件由农业农村部种业管理司提出。

本文件由全国植物新品种测试标准化技术委员会(SAC/TC 277)归口。

本文件起草单位：襄阳市农业科学院、农业农村部科技发展中心、绵阳市农业科学研究院、浙江省中药研究所有限公司。

本文件主要起草人：赵翠荣、邓超、卢阳、冯鹏、王涛、凌冬、王志安、孙强、周志豪、张凯淅、赵丹、张倩、沈晓霞。

植物品种特异性、一致性和稳定性测试指南 麦冬

1 范围

本文件规定了麦冬[*Ophiopogon japonicus*（L. f.）Ker-Gawl.]品种特异性、一致性和稳定性测试的技术要求和结果判定的一般原则。

本文件适用于麦冬品种特异性、一致性和稳定性的测试。

2 规范性引用文件

下列文件中的内容通过文中的规范性引用而构成本文件必不可少的条款。其中，注日期的引用文件，仅该日期对应的版本适用于本文件；不注日期的引用文件，其最新版本（包括所有的修改单）适用于本文件。

GB/T 19557.1 植物新品种特异性、一致性和稳定性测试指南 总则

中华人民共和国药典

3 术语和定义

GB/T 19557.1界定的以及下列术语和定义适用于本文件。

3.1

群体测量 single measurement of a group of plants or parts of plants

对一批植株或植株的某器官或部位进行测量，获得一个群体记录。

3.2

个体测量 measurement of a number of individual plants or parts of plants

对一批植株或植株的某器官或部位进行逐个测量，获得一组个体记录。

3.3

群体目测 visual assessment by a single observation of a group of plants or parts of plants

对一批植株或植株的某器官或部位进行目测，获得一个群体记录。

3.4

个体目测 visual assessment by observation of individual plants or parts of plants

对一批植株或植株的某器官或部位进行逐个目测，获得一组个体记录。

4 符号

下列符号适用于本文件：

MG：群体测量。

MS：个体测量。

VG：群体目测。

QL：质量性状。

QN：数量性状。

PQ：假质量性状。

(a)～(b)：标注内容在附录B的B.2中进行了详细解释。

(+)：标注内容在附录B的B.3中进行了详细解释。

5 繁殖材料的要求

5.1 繁殖材料以种苗形式提供。

5.2 提交的种苗数量至少 60 盆，每盆苗为 1 丛、至少 4 个分蘖。

5.3 提交的繁殖材料种苗，应没抽生过花葶、外观健康、活力高、无病虫侵害、叶片完整、根系完整，并对根部进行保湿处理。

5.4 提交的繁殖材料应不进行任何影响品种性状正常表达的处理。如果已处理，应提供处理的详细说明。

5.5 提交的繁殖材料应符合中国植物检疫的有关规定。

6 测试方法

6.1 测试周期

测试周期至少为 1 个。通常选取栽植的第二年开展测试。

6.2 测试地点

测试通常在一个地点进行。如果某些性状在该地点不能充分表达，可在其他符合条件的地点对其进行观测。

6.3 田间试验

6.3.1 试验设计

测试用地前茬作物应为非麦冬、沿阶草和山麦冬属作物。必要时近似品种和待测品种相邻种植。

繁殖材料以单盆苗秋季穴栽方式种植，株距 25 cm～30 cm，行距 30 cm～40 cm，每小区不少于 25 穴，共设 2 次重复。

6.3.2 田间管理

可按当地大田常规生产管理方式进行。各小区田间管理应严格一致，同一管理措施应在 1 d 内完成。

6.4 性状观测

6.4.1 观测时期

观测时期是指每个性状最适观察的生育阶段。性状观测应按照附录 A 中表 A.1 和表 A.2 列出的生育阶段进行。附录 B 表 B.1 对这些生育阶段进行了解释。

6.4.2 观测方法

性状观测应按照附录 A 中表 A.1 和表 A.2 规定的观测方法（MG、MS、VG、VS）进行。部分性状观测方法见附录 B 的 B.2 和 B.3。

6.4.3 观测数量

除非另有说明，个体观测性状（VS、MS）植株取样数量不少于 20 株，在观测植株的器官或部位时，每个植株取样数量应为 1 个。群体观测性状（VG、MG）应观测整个小区或规定大小的混合样本。

6.5 附加测试

必要时，可选用表 A.2 中的性状或本文件未列出的性状，按照相关要求进行附加测试。

7 特异性、一致性和稳定性的判定

7.1 总体原则

特异性、一致性和稳定性的判定按照 GB/T 19557.1 确定的原则进行。

7.2 特异性的判定

待测品种应明显区别于所有已知品种。在测试中，当待测品种至少在一个性状上与最为近似的品种具有明显且可重现的差异时，即可判定待测品种具备特异性。

7.3 一致性的判定

对于无性繁殖的种类，一致性判定时采用 1% 的群体标准和至少 95% 的接受概率。当样本大小为 6 个～35 个群体时，最多允许 1 个异型株；当样本大小为 36 个～60 个群体时，最多允许 2 个异型株。

对于其他类型品种，一致性判定时，品种的变异程度不能显著超过同类型品种。

7.4 稳定性的判定

如果一个品种具备一致性，则可认为该品种具备稳定性。一般不对稳定性进行测试。

必要时，可以种植该品种的下一批繁殖材料，与以前提供的繁殖材料相比，若性状表达无明显变化，则可判定该品种具备稳定性。

8 性状表

8.1 概述

根据测试需要，将性状分为基本性状、选测性状，基本性状是测试中必须使用的性状。附录A的表A.1列出了麦冬基本性状，表A.2列出了麦冬选测性状。

性状表列出了性状名称、观测时期和方法、表达状态及相应的标准品种和代码等内容。

8.2 表达类型

根据性状表达方式，将性状分为质量性状、假质量性状和数量性状3种类型。

8.3 表达状态和相应代码

8.3.1 每个性状划分为一系列表达状态，以便于定义性状和规范描述；每个表达状态赋予一个相应的数字代码，以便于数据记录、处理和品种描述的建立与交流。

8.3.2 对于质量性状和假质量性状，所有的表达状态都应当在测试指南中列出；对于数量性状，所有的表达状态也都应当在测试指南中列出，偶数代码的表达状态可描述为"前一个表达状态到后一个表达状态"的形式。

8.4 标准品种

性状表中列出了部分性状有关表达状态相应的标准品种，以助于确定相关性状的不同表达状态和校正年份、地点引起的差异。

8.5 性状表的解释

附录B对性状表中的观测时期、部分性状的观测方法进行了补充解释。

8.6 分组性状

本文件中，品种分组性状如下：

a) 植株：姿态(表A.1中性状2)；

b) 叶片：长度(表A.1中性状7)；

c) 花被片：张开姿态(表A.1中性状17)。

9 技术问卷

申请人应按附录C格式填写麦冬技术问卷。

附 录 A
（规范性）
麦 冬 性 状

A.1 麦冬基本性状

见表A.1。

表A.1 麦冬基本性状

序号	性 状	观测时期和方法	表达状态	标准品种	代码
1	抽葶期 QN	20 MG	极早		1
			极早到早		2
			早	浙麦冬1号	3
			早到中		4
			中	川麦冬1号	5
			中到晚		6
			晚	玉龙草	7
			晚到极晚		8
			极晚		9
2	植株：姿态 PQ （+）	20～30 VG	直立	川麦冬1号	1
			半直立	浙麦冬1号	2
			平展	玉龙草	3
3	株幅 QN	30 VG/MS	窄	黑龙麦冬	1
			中		2
			宽	浙麦冬1号	3
4	叶片：条纹 QL	30 VG	无	川麦冬1号	1
			有	白纹麦冬	9
5	叶片：形状 PQ	30 VG	窄线型	MD51	1
			长条形	MD23	2
			短条型	玉龙草	3
6	叶片：颜色 PQ （+）	30 VG	浅黄色	银雾麦冬	1
			浅绿色	川麦冬1号	2
			中等绿色	MD23	3
			深绿色	黑龙麦冬	4
			其他		5
7	叶片：长度 QN （+）	30 MS	极短	玉龙草	1
			极短到短		2
			短	MD83	3
			短到中		4
			中	MD23	5
			中到长		6
			长	川麦冬1号	7
8	叶片：宽度 QN （+）	30 MS/VG	窄	MD51	1
			中	川麦冬1号	2
			宽	MD23	3

表 A.1（续）

序号	性状	观测时期和方法	表达状态	标准品种	代码
9	叶丛:高度 QN (+)	30 VG/MS	极矮	玉龙草	1
			矮		2
			中	浙麦冬1号	3
			高	川麦冬1号	4
			极高		5
10	花序:姿态 QN(+)	30 VG	直立或半直立	MD52	1
			近水平	MD23	2
11	花序:苞片数 QN (a) (+)	30 VG/MS	极少		1
			少	玉龙草	2
			中		3
			多	MD52	4
			极多		5
12	花序:苞片腋内小花数 QN (+)	30 MS/VG	少		1
			中	浙麦冬1号	2
			多	MD52	3
13	花序:长度 QN (a) (+)	30 MS/VG	极短		1
			短	玉龙草	2
			中		3
			长	浙麦冬1号	4
			极长		5
14	花葶:长度 QN (a) (+)	30 MS/VG	极短		1
			短	玉龙草	2
			中		3
			长	浙麦冬1号	4
			极长		5
15	花序梗:花青苷显色强度 QN (+)	30 VG	无或极弱	MD52	1
			弱	玉龙草	2
			中	MD23	3
			强	MD51	4
16	花:长度 QN (a) (+)	30 VG/MS	短	MD51	1
			中	MD23	2
			长	MD52	3
17	花被片:张开姿态 PQ (+)	30 VG	不张开或微张开	MD51	1
			明显张开	MD52	2
			张开且反卷	浙麦冬1号	3
18	种子:形状 PQ (+)	50 VG	卵圆形	MD23	1
			近圆形	浙麦冬1号	2
19	种皮:蓝色程度 QN (+)	50 VG	浅	MD52	1
			中		2
			深	MD23	3
20	植株:分蘖数 QN	60 MS	少	黑龙麦冬	1
			中	玉龙草	2
			多	川麦冬1号	3
21	地下茎:数量 QN (a)	60 VG/MS	无或极少	黑龙麦冬	1
			少		2
			中	浙麦冬1号	3
			多		4

表 A.1（续）

序号	性状	观测时期和方法	表达状态	标准品种	代码
22	须根：数量 QN	60 VG	少	黑龙麦冬	1
			中		2
			多		3
23	块根：形状 PQ （+）	60 VG	纺锤形	川麦冬1号	1
			椭圆形	MD52	2
24	块根：粒重 QN （+）	60 （MG）	小		1
			中	川麦冬1号	2
			大		3

A.2 麦冬选测性状

见表 A.2。

表 A.2 麦冬选测性状

序号	性状	观测时期和方法	表达状态	标准品种	代码
25	块根：长度 QN	60 VG/MS	极短	—	1
			短	—	2
			中	—	3
			长	—	4
			极长	—	5
26	块根：直径 QN	60 VG/MS	极细	—	1
			细	—	2
			中	—	3
			粗	—	4
			极粗	—	5
27	块根：麦冬总皂苷含量 QN （+）	60 MG	极低	—	1
			极低到低	—	2
			低	—	3
			中	—	4
			高	—	5
			高到极高	—	6
			极高	—	7

附 录 B
(规范性)
麦冬性状的解释

B.1 麦冬生育阶段

见表 B.1。

表 B.1 麦冬生育阶段

代码	名称	描述
10	抽葶前	苗栽植后至抽葶前
20	抽葶期	小区 50%以上植株至少抽生 1 支花葶,并有花蕾着生时
30	花期	抽生的花葶中 50%以上的葶至少 1 朵小花展时(有些种类开花时,花被片不明显张开,需要密切观察)
40	结实期	小区 20%以上植株花葶有果或至少有 1 支花葶的小花凋落 50%时
50	成熟期	全部植株种皮的绿色全部消退,转变为种皮固有颜色的时期
60	采收期	块根膨大完成以后,采收地下块根期间

B.2 涉及多个性状的解释

(a) 花序各部位图、地下茎图及观测方法见图 B.1、图 B.2、图 B.3。

(b) 观察关节、花药、花丝、花柱、子房时,最好借助手持放大镜。

图 B.1 花序各部位 1

图 B.2 花序各部位 2

图 B.3 地下茎

B.3 涉及单个性状的解释

性状分级和图中代码见表 A.1 和表 A.2。

性状 2 植株:姿态,目测叶丛中央第 4、第 5 片叶先端形态及其与垂直方向的夹角,先端不下弯过半、夹角<30°为直立;先端下弯过半、夹角 30°~60°为半直立;夹角>60°为平展。见图 B.4。

性状 6 叶片:颜色,观测叶片上表面颜色。见图 B.5。

性状 7 叶片:长度,测量叶丛从内往外第 4、第 5 片发育正常叶片的长度。

性状 8 叶片:宽度,测量叶丛从内往外第 4、第 5 片发育正常叶片的最宽处。

性状 9 叶丛:高度,指地面至叶丛最高处的垂直高度。

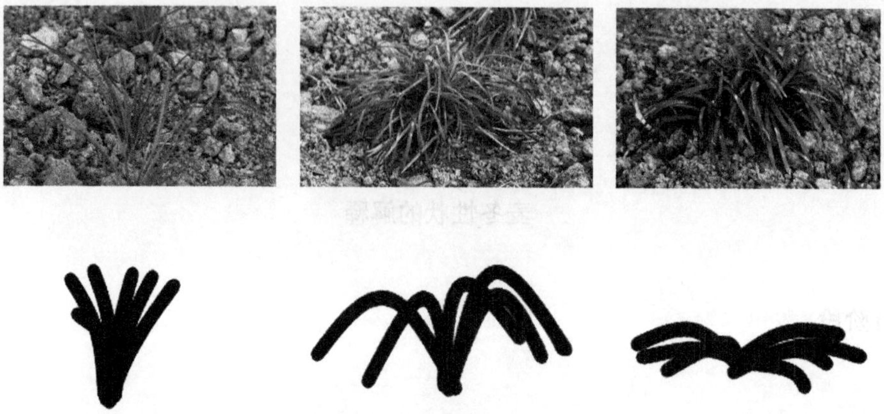

直立　　　　半直立　　　　平展
1　　　　　　2　　　　　　3

图 B.4　植株:姿态

浅黄色　　浅绿色　　中等绿色　　深绿色
1　　　　2　　　　3　　　　　4

图 B.5　叶片:颜色

性状 10　花序:姿态,观测花序着花部位主轴与垂直方向的夹角。见图 B.6。

直立或半直立　　　　近水平
1　　　　　　　　　2

图 B.6　花序:姿态

性状 11　花序:苞片数,花序上着生的苞片数,无论是否可见都计数。

性状 12　花序:苞片腋内小花数,数花序下部倒数第 3 苞片腋内,腋生小花的数量。

性状 13　花序:长度,测量发育正常的花葶着花部位花轴的长度。见图 B.2。

性状 14　花葶:长度,测量正常的花葶自地面抽出到花序顶端长度。

性状 15　花序梗:花青苷显色强度,目测花序梗近地第 1 苞片附近花序梗花青苷显色程度。见图 B.7。

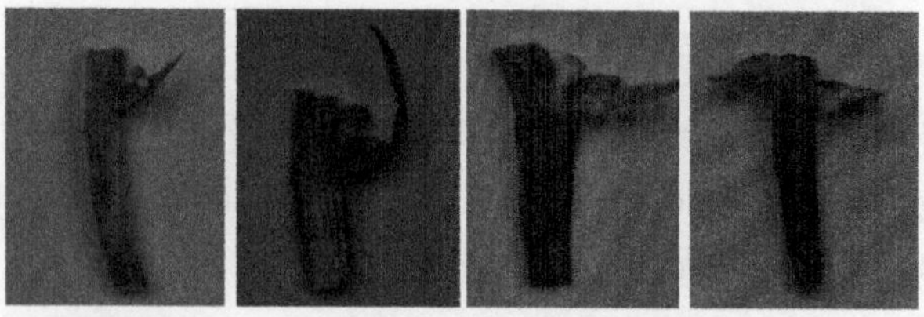

无或极弱　　弱　　中　　强
1　　　　　2　　　3　　4

图 B.7　花序梗:花青苷显色强度

性状 16　花：长度，包括花柄的长度。

性状 17　花被片：张开姿态，花被片开放时的状态。见图 B.8。

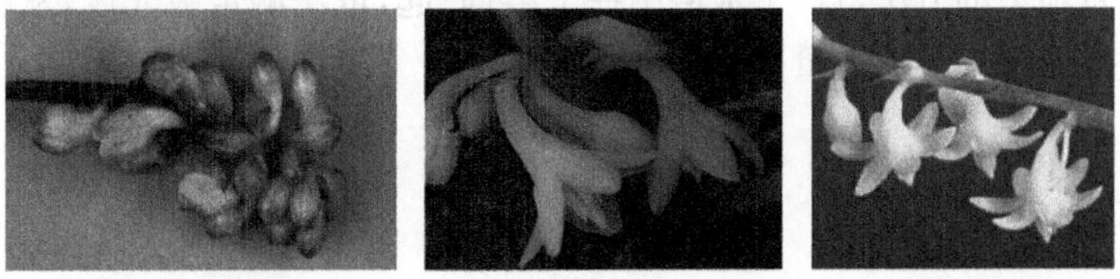

不张开或微张开　1　　明显张开　2　　张开且反卷　3

图 B.8　花被片：张开姿态

性状 18　种子：形状，种子成熟后观测。见图 B.9。

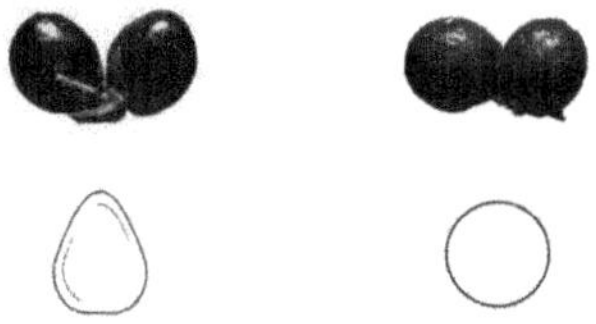

卵圆形　1　　近圆形　2

图 B.9　种子：形状

性状 19　种皮：蓝色程度，种子成熟后，蓝色程度。见图 B.10。

浅　1　　深　3

图 B.10　种皮：蓝色程度

性状 23　块根：形状，在采收期观察刚采收的新鲜块根的长宽比，长宽比明显大于 1.5、呈细长条形，为纺锤形；长宽比近等于 1，为椭圆形。见图 B.11。

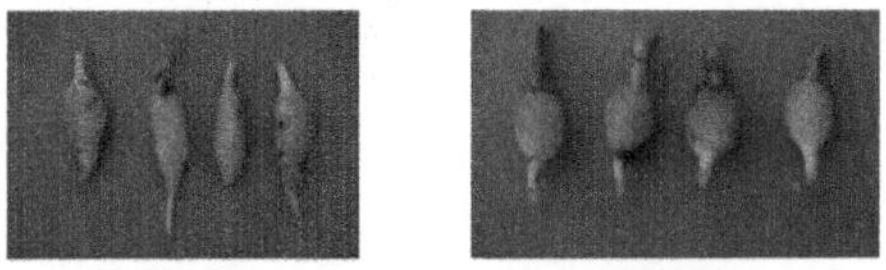

纺锤形　1　　椭圆形　2

图 B.11　块根：形状

性状 24　块根：粒重，取典型株的最大的新鲜块根洗净沥干水分后称重（每株只取 1 个），求平均值。

性状 27　块根：麦冬总皂苷含量，以鲁斯可皂苷元（$C_{27}H_{42}O_4$）计总皂苷含量，按照《中华人民共和国药典》规定方法测定。

a）对照品溶液的制备。取鲁斯可皂苷元对照品适量，精密称定，加甲醇制成每 1 mL 含 50 μg 鲁斯可皂苷元的溶液，即得。

b）标准曲线的制备。精密量取对照品溶液 0.5 mL、1 mL、2 mL、3 mL、4 mL、5 mL、6 mL，分别置具塞试管中，于水浴中挥干溶剂，精密加入高氯酸 10 mL，摇匀，置热水中保温 15 min，取出，冰水冷却，以相应的试剂为空白，按照紫外-可见分光光度法（通则 0401），在 397 nm 波长处测定吸光度，以吸光度为纵坐标、浓度为横坐标，绘制标准曲线。

c）测定法。取本品细粉约 3 g，精密称定，置具塞锥形瓶中，精密加入甲醇 50 mL，称定重量，加热回流 2 h，放冷，再称定重量，用甲醇补足减失的重量，摇匀，滤过，精密量取续滤液 25 mL，回收溶剂至干，残渣加水 10 mL 使溶解，用水饱和正丁醇振摇提取 5 次，每次 10 mL，合并正丁醇液，用氨试液洗涤 2 次，每次 5 mL，弃去氨液，正丁醇液蒸干。残渣用 80%甲醇溶解，转移至 50 mL 量瓶中，加 80%甲醇至刻度，摇匀。精密量取供试品溶液 2 mL～5 mL，置 10 mL 具塞试管中，照标准曲线的制备项下的方法，自"于水浴中挥干溶剂"起，依法测定吸光度，从标准曲线上读出供试品溶液中鲁斯可皂苷元的重量，计算，即得。

附　录　C
（规范性）
麦冬技术问卷

申请号：
申请日：
（由审批机关填写）

（申请人或代理机构签章）

C.1　品种暂定名称

C.2　申请测试人信息

姓名：
地址：
电话号码：　　　　　　　　　　传真号码：　　　　　　　　　　手机号码：
邮箱地址：
育种者姓名(如果与申请测试人不同)：

C.3　植物学分类

拉丁名：
中文名：

C.4　品种类型与繁殖方式(在相符的类型[　　]中打√)

按繁殖方式分
种子[　　]　　　　无性繁殖[　　]　　　　其他[　　]

C.5　待测品种的具有代表性彩色照片

（品种照片粘贴处）
（如果照片较多，可另附页提供）

C.6　品种的选育背景、育种过程和育种方法，包括系谱、培育过程和所使用的亲本或其他繁殖材料来源与名称的详细说明

C.7 适于生长的区域或环境以及栽培技术的说明

C.8 其他有助于辨别待测品种的信息

（如品种用途、生长特征、产量和品质等，请提供详细资料）

C.9 品种种植或测试是否需要特殊条件（在相符的[ ]中打√）

是[ ]　　　　否[ ]

（如果回答是，请提供详细资料）

C.10 品种繁殖材料保存是否需要特殊条件（在相符的[ ]中打√）

是[ ]　　　　否[ ]

（如果回答是，请提供详细资料）

C.11 待测品种需要指出的性状

在相符的代码后[ ]中打√，若有测量值，请填写在表C.1中。

表C.1 待测品种需要指出的性状

序号	性状	表达状态	代码	测量值
1	抽薹期（性状1）	极早	1[ ]	
		极早到早	2[ ]	
		早	3[ ]	
		早到中	4[ ]	
		中	5[ ]	
		中到晚	6[ ]	
		晚	7[ ]	
		晚到极晚	8[ ]	
		极晚	9[ ]	
2	植株：姿态（性状2）	直立	1[ ]	
		半直立	2[ ]	
		平展	3[ ]	
3	叶片：条纹（性状4）	无	1[ ]	
		有	9[ ]	
4	叶片：长度（性状7）	极短	1[ ]	
		极短到短	2[ ]	
		短	3[ ]	
		短到中	4[ ]	
		中	5[ ]	
		中到长	6[ ]	
		长	7[ ]	
5	花序：姿态（性状10）	直立或半直立	1[ ]	
		近水平	2[ ]	
6	花序：苞片数（性状11）	极少	1[ ]	
		少	2[ ]	
		中	3[ ]	
		多	4[ ]	
		极多	5[ ]	

表 C.1（续）

序号	性状	表达状态	代码	测量值
7	花被片：张开姿态（性状 17）	不张开或微张开	1[ ]	
		明显张开	2[ ]	
		张开且反卷	3[ ]	
8	种皮：蓝色程度（性状 19）	浅	1[ ]	
		中	2[ ]	
		深	3[ ]	
9	植株：分蘖数（性状 20）	少	1[ ]	
		中	2[ ]	
		多	3[ ]	
10	地下茎：数量（性状 21）	无或极少	1[ ]	
		少	2[ ]	
		中	3[ ]	
		多	4[ ]	

C.12 待测品种与近似品种的明显差异性状

在自己认知范围内，请申请测试人在表 C.2 中列出待测品种与其最为近似品种的明显差异。

表 C.2 待测品种与近似品种的明显差异性状

近似品种名称	性状名称	近似品种表达状态	待测品种表达状态
注：可提供有助于待测品种特异性测试的信息。			

申请人承诺：技术问卷填写信息真实！

签名：

ICS 65.020.20
CCS B 05

NY

中华人民共和国农业行业标准

NY/T 4216—2022

植物品种特异性、一致性和稳定性测试指南　拟石莲属

Guidelines for the conduct of tests for distinctness, uniformity and stability—Echeveria

(*Echeveria* DC.)

2022-11-11 发布　　2023-03-01 实施

中华人民共和国农业农村部　发布

前　　言

本文件按照 GB/T 1.1—2020《标准化工作导则　第 1 部分：标准化文件的结构和起草规则》的规定起草。

本文件由农业农村部种业管理司提出。

本文件由全国植物新品种测试标准化技术委员会(SAC/TC 277)归口。

本文件起草单位：中国热带农业科学院热带作物品种资源研究所[农业农村部植物新品种测试(儋州)分中心]、农业农村部科技发展中心、海南大学。

本文件主要起草人：徐丽、高玲、杨旭红、刘迪发、杨福孙、陈娟、姚碧娇、李祥恩、符小琴。

植物品种特异性、一致性和稳定性测试指南　拟石莲属

1　范围

本文件规定了拟石莲属（*Echeveria* DC.）以及拟石莲属与厚叶草属（*Pachyphytum* Link. Klotzsch&Otto）、景天属（*Sedum* L.）杂交品种的品种特异性、一致性和稳定性测试的技术要求和结果判定的一般原则。

本文件适用于拟石莲属品种以及拟石莲属与厚叶草属、景天属杂交品种的品种特异性、一致性和稳定性测试和结果判定。

2　规范性引用文件

下列文件中的内容通过文中的规范性引用而构成本文件必不可少的条款。其中，注日期的引用文件，仅该日期对应的版本适用于本文件；不注日期的引用文件，其最新版本（包括所有的修改单）适用于本文件。

GB/T 19557.1　植物新品种特异性、一致性和稳定性测试指南　总则

3　术语和定义

GB/T 19557.1 界定的以及下列术语和定义适用于本文件。

3.1

个体测量　measurement of a number of individual plants or parts of plants

对一批植株或植株的某器官或部位进行逐个测量，获得一组个体记录。

3.2

群体目测　visual assessment by a single observation of a group of plants or parts of plants

对一批植株或植株的某器官或部位进行目测，获得一个群体记录。

4　符号

下列符号适用于本文件：

MS：个体测量。

VG：群体目测。

QL：质量性状。

QN：数量性状。

PQ：假质量性状。

（a）～（c）：标注内容在附录 B 的 B.2 中进行了详细解释。

（+）：标注内容在附录 B 的 B.3 中进行了详细解释。

_：本文件中下划线是特别提示测试性状的适用范围。

5　繁殖材料的要求

5.1　繁殖材料以种苗形式提供，提供的种苗数量至少为 30 株。提供的繁殖材料应外观健康，无病虫侵害，叶片至少 8 片。

5.2　提交的繁殖材料一般不进行任何影响品种性状表达的处理。如果已处理，应提供处理的详细说明。

5.3　提供的繁殖材料应符合中国植物检疫的相关规定。

6 测试方法

6.1 测试周期

测试周期至少为1个生长周期。

6.2 测试地点

测试通常在一个地点进行。如果某些性状在该地点不能充分表达,可在其他符合条件的地点对其进行观测。

6.3 田间试验

6.3.1 试验设计

设施内基质栽培,沿叶片基部切除种苗下部,盆栽定植,每盆1株,每个小区12株,设2个重复。必要时近似品种与待测品种相邻种植。

6.3.2 田间管理

按当地生产管理方式进行。

6.4 性状观测

6.4.1 观测时期

性状观测应按照附录A中表A.1和表A.2列出的生育阶段进行。附录B对这些生育阶段进行了解释。

6.4.2 观测方法

性状观测应按照附录A中表A.1和表A.2规定的观测方法进行。部分性状观测方法见附录B中的B.2和B.3。

6.4.3 观测数量

除非另有说明,个体测量性状(MS)植株取样数量不少于10株,在观测植株的器官或部位时,每个植株取样数量应为1个。群体观测性状(VG)应为整个小区。

6.5 附加测试

必要时,可选用表A.2中的性状或本文件未列出的性状进行附加测试。

7 特异性、一致性和稳定性的判定

7.1 总体原则

特异性、一致性和稳定性的判定按照GB/T 19557.1确定的原则进行。

7.2 特异性的判定

待测品种应明显区别于所有已知品种。在测试中,当待测品种至少在一个性状上与最为近似的品种具有明显且可重现的差异时,即可判定待测品种具备特异性。

7.3 一致性的判定

一致性判定时,采用1%的总体标准和至少95%的接受概率。当样本数量为20株~30株时,允许有1株异型株。

7.4 稳定性的判定

如果一个品种具备一致性,则可认为该品种具备稳定性。一般不对稳定性进行测试。

必要时,可以种植该品种再繁殖的下一代种苗或该品种的另一批种苗,与以前提供的种苗相比,若性状表达无明显变化,则可判定该品种具备稳定性。

8 性状表

8.1 概述

根据测试需要,将性状分为基本性状、选测性状,基本性状是测试中必须使用的性状,选测性状是测试中可以选择使用的性状。表 A.1 列出了拟石莲花属基本性状,表 A.2 列出了选测性状。

性状表列出了性状名称、观测时期和方法、表达状态及相应的标准品种和代码等内容。

8.2 表达类型

根据性状表达方式,将性状分为质量性状、假质量性状和数量性状 3 种类型。

8.3 表达状态和相应代码

每个性状划分为一系列表达状态,以便于定义性状和规范描述;每个表达状态赋予一个相应的数字代码,以便于数据记录、处理和品种描述的建立与交流。

8.4 标准品种

性状表中列出了部分性状有关表达状态可参考的标准品种,以助于确定相关性状的不同表达状态和校正环境因素引起的差异。

8.5 性状表的解释

附录 B 对性状表中的观测时期、部分性状观测方法进行了补充解释。

8.6 分组性状

本文件中,品种分组性状如下:

a) 植株:宽度(表 A.1 中性状 2);

b) 植株:分枝数(表 A.1 中性状 3);

c) 叶:形状(表 A.1 中性状 9);

d) 叶:叶艺(表 A.1 中性状 14);

e) 叶:斑纹类型(表 A.1 中性状 17)。

9 技术问卷

申请人应按附录 C 格式填写拟石莲花属技术问卷。

附 录 A
(规范性)
拟石莲花属性状

A.1 拟石莲花属基本性状

见表 A.1。

表 A.1 拟石莲花属基本性状

序号	性状	观测时期和方法	表达状态	标准品种	代码
1	植株:高度 QN (a) (+)	21 MS	矮	子持白莲	1
			矮到中		2
			中	卡罗拉	3
			中到高		4
			高	大瑞蝶	5
2	植株:宽度 QN (a) (+)	21 MS	极窄		1
			极窄到窄		2
			窄	静夜	3
			窄到中		4
			中	吉娃娃	5
			中到宽		6
			宽	沙维娜	7
			宽到极宽		8
			极宽		9
3	植株:分枝数 QN (a) (+)	21 VG	无或极少		1
			少		2
			中	姬莲	3
			多	子持白莲	4
			极多		5
4	叶:数量 QN (a) (+)	21 VG	少	大瑞蝶	1
			少到中		2
			中	剑司诺娃	3
			中到多		4
			多		5
5	叶:长度 QN (a) (+)	21 MS	极短		1
			极短到短		2
			短	静夜	3
			短到中		4
			中	花月夜	5
			中到长		6
			长	冬云	7
			长到极长		8
			极长		9

表 A.1（续）

序号	性状	观测时期和方法	表达状态	标准品种	代码
6	叶:宽度 QN (a) (+)	21 MS	极窄		1
			极窄到窄		2
			窄	魔爪	3
			窄到中		4
			中	花月夜	5
			中到宽		6
			宽	沙维娜	7
			宽到极宽		8
			极宽		9
7	叶:基部宽度 QN (a) (+)	21 MS	窄	子持白莲	1
			窄到中		2
			中	鲁氏石莲	3
			中到宽		4
			宽	广寒宫	5
8	叶:厚度 QN (a) (+)	21 VG	薄	沙维娜	1
			薄到中		2
			中	吉娃娃	3
			中到厚		4
			厚	冬云	5
9	叶:形状 PQ (a) (+)	21 VG	卵形		1
			披针形		2
			椭圆形		3
			近圆形		4
			倒卵形		5
			匙形		6
			菱形		7
10	叶:先端形状 PQ (a) (+)	21 VG	锐角		1
			钝角		2
			钝圆		3
			平截		4
			微凹		5
11	叶:突尖长度 QN (a) (+)	21 VG	无	冰玉	1
			短	紫珍珠	2
			中	吉娃娃	3
			长	魔爪	4
12	叶:横截面形状 PQ (a) (+)	21 VG	凹形		1
			近半圆形		2
			椭圆形		3
			拱形		4
13	叶:反卷 QL (a) (+)	21 VG	无	吉娃娃	1
			有	特玉莲	9
14	叶:叶艺 QL (a) (+)	21 VG	无		1
			有		9

表 A.1（续）

序号	性状	观测时期和方法	表达状态	标准品种	代码
15	仅适用于有叶艺品种：叶：叶艺颜色 PQ (a)	21 VG	白色		1
			黄白色		2
			黄绿色		3
			浅绿色		4
			粉红色		5
			红色		6
16	仅适用于有叶艺品种：叶：叶艺位置 PQ (a) (+)	21 VG	叶上部		1
			沿叶两侧	玉蝶锦	2
			叶中间		3
			其他		4
17	叶：斑纹类型 QL (a) (+)	21 VG	无		1
			斑点状	大和锦	2
			条状	红司	3
			片状		4
18	叶：蜡粉 QN (a)	21 VG	无或极少	冬云	1
			少	花月夜	2
			中	皮氏石莲	3
			多	雪莲	4
			极多		5
19	仅适用于有毛品种：叶：毛密度 QN (a) (+)	21 VG	无或极疏		1
			疏	小蓝衣	2
			中	毛莲	3
			密	锦司晃	4
			极密		5
20	仅适用于有毛品种：叶：毛长度 QN (a) (+)	21 VG	极短	毛莲	1
			短	锦晃星	2
			中	锦司晃	3
			长	青渚莲	4
21	叶：上表面底色 PQ (a) (+)	21 VG	HRS 比色卡		
22	叶：覆色颜色 QN (a)	21 VG	HRS 比色卡		
23	叶：上表面覆色分布 PQ (a) (+)	21 VG	叶尖	静夜	1
			叶缘		2
			叶上部		3
			叶中上部		4
			近全叶		5
24	叶：边缘波状程度 PQ (a) (+)	21 VG	无或极弱	花月夜	1
			弱	大瑞蝶	2
			中	沙维娜	3
			强	高砂之翁	4
			极强		5
25	叶：表面疣凸 QL (a) (+)	21 VG	无	静夜	1
			有	雨滴	9

表 A.1（续）

序号	性状	观测时期和方法	表达状态	标准品种	代码
26	仅适用于叶表面具有疣凸的品种：叶：疣凸大小 QN (a) (+)	21 VG	小	龙骨红司	1
			中	雨滴	2
			大	宝塔	3

A.2 拟石莲花属选测性状

见表A.2。

表 A.2 拟石莲花属选测性状

序号	性状	观测时期和方法	表达状态	标准品种	代码
27	叶：下表面覆色分布 PQ (a)	21 VG	叶尖	静夜	1
			叶缘		2
			叶上部		3
			叶中上部		4
			近全叶		5
28	花序：花数量 QN (b)	35 VG	极少		1
			少	静夜	2
			中	花月夜	3
			多	沙维娜	4
			极多		5
29	花序：长度 QN (b)	35 MS	极短	静夜	1
			极短到短		2
			短	青渚莲	3
			短到中		4
			中	花月夜	5
			中到长		6
			长	沙维娜	7
			长到极长		8
			极长		9
30	花序：苞片的数量 QN (b)	35 VG/MS	极少		1
			少	蒂比	2
			中		3
			多	小蓝衣	4
			极多	绿爪	5
31	花：开张程度 PQ (c) (+)	35 VG	弱		1
			中		2
			强		3
32	花瓣：外侧主色 PQ (c) (+)	35 VG	白色		1
			浅黄色		2
			中等黄色	花月夜	3
			橙黄色		4
			橙色		5
			橙红色		6
			浅粉红色		7
			中等粉红色		8
			深粉红色		9
			玫红色		10
			红色	黑王子	11
			绿色		12

表 A.2（续）

序号	性状	观测时期和方法	表达状态	标准品种	代码
33	花瓣:外侧次色有无 PQ (c) (+)	35 VG	无		1
			有		9
34	花瓣:先端反卷程度 QN (c) (+)	35 VG	无或极弱		1
			弱		2
			中		3
			强		4
			极强		5
35	萼片:类型 QL (c) (+)	35 VG	等长		1
			不等长		2
36	萼片:相对于花瓣长度 QN (c) (+)	35 VG	极短		1
			短		2
			中		3
			长		4
			极长		5
37	萼片:姿态 PQ (c) (+)	35 VG	直立		1
			半直立		2
			平展		3
			下弯		4

附 录 B
（规范性）
拟石莲花属性状的解释

B.1 拟石莲花属生育阶段

见表 B.1。

表 B.1 拟石莲花属生育主要阶段

生育阶段代码	名称	描述
21	营养生长期	从种苗定植后到开始抽花
31	初花期	小区内 20%植株至少开 1 朵花
35	盛花期	小区 50 植株花枝上 50%的花开放

B.2 涉及多个性状的解释

（a） 对于植株和叶的观测，应在营养生长末期进行。

（b） 对于花枝的观测，应在盛花期，发育正常的花枝，同一植株同时期有多个花枝的，观测最长花枝。

（c） 对于花的观测，应选择在盛花期，观测生长发育正常的花。

B.3 涉及单个性状的解释

性状分级和图中代码表见表 A.1 和表 A.2。

性状 1 植株：高度，测量地面至叶最顶端高度，有分枝品种测量最大分枝植株高度，见图 B.1。

性状 2 植株：宽度，有分枝品种测量最大分枝植株宽度，见图 B.1。

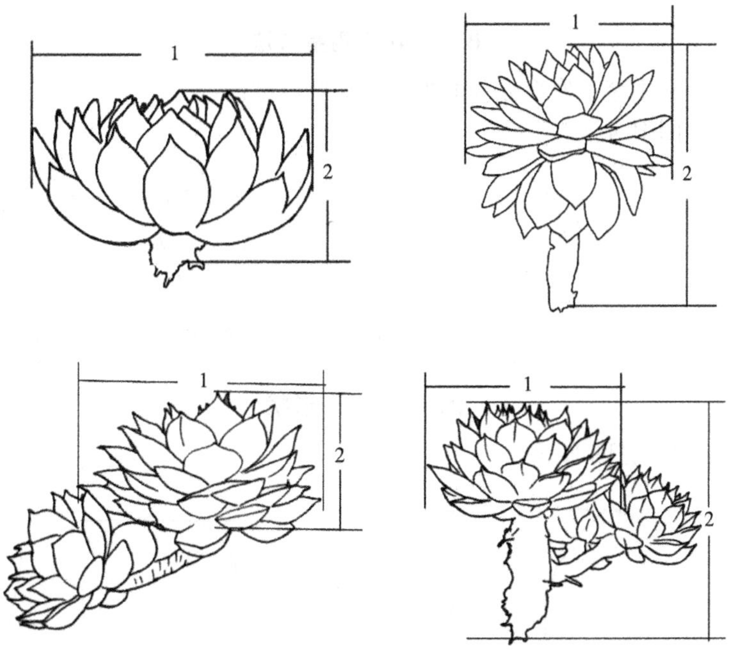

标引序号说明：

1——植株：宽度；

2——植株：高度。

图 B.1 植株：高度；植株：宽度

性状 3　植株:分枝数,观测一级分枝的数量。

性状 4　叶:数量,有分枝品种观测最大分枝的叶数量,见图 B.2。

性状 5　叶:长度,测量主茎上发育充分的外轮最长叶长度,见图 B.3。

图 B.2　叶:数量

性状 6　叶:宽度,测量主茎上发育充分的外轮最长叶宽度,见图 B.3。

性状 7　叶:基部宽度,测量主茎上发育充分的外轮最长叶基部宽度,见图 B.3。

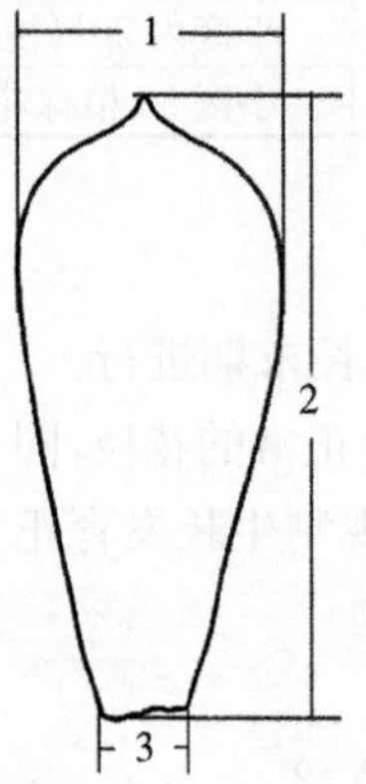

标引序号说明:

1——叶:宽度;

2——叶:长度;

3——叶:基部宽度。

B.3　叶片测量方法

性状 8　叶:厚度,测量主茎上发育充分的外轮最长叶厚度。

性状 9　叶:形状,见图 B.4。

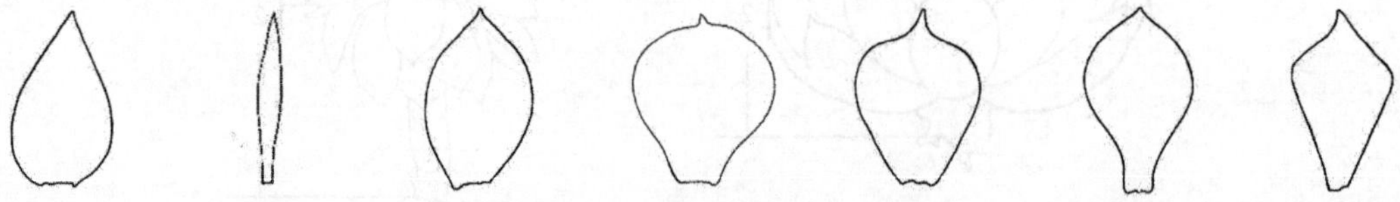

图 B.4　叶:形状

性状 10　叶:先端形状,见图 B.5。

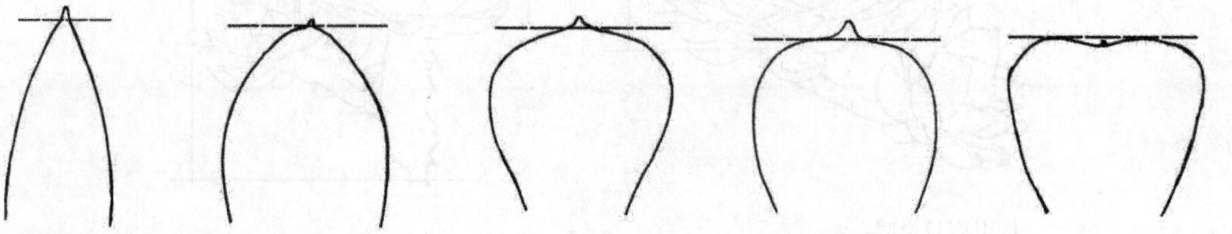

图 B.5　叶:先端形状

性状 11　叶:突尖长度,见图 B.6。

图 B.6　叶:突尖长度

性状 12　叶:横截面形状,观测叶片上部 1/3 处,正面朝上,见图 B.7。

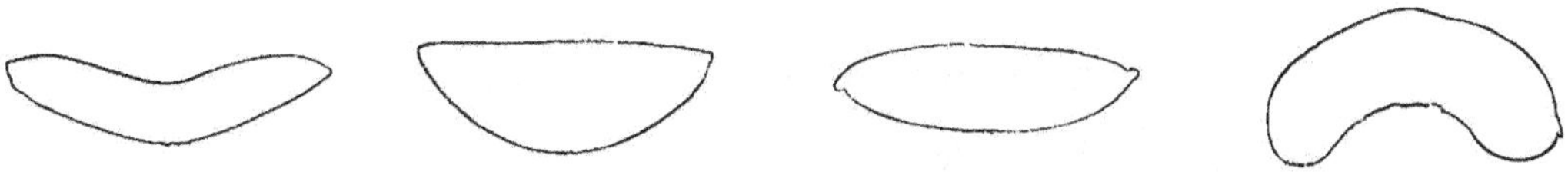

图 B.7　叶:横截面形状

性状 13　叶:反卷,见图 B.8。

性状 14　叶:叶艺,见图 B.9。叶艺:植株叶片表面或叶背发生色素变化(叶绿素缺失),形成的叶艺品种。

图 B.8　叶:反卷

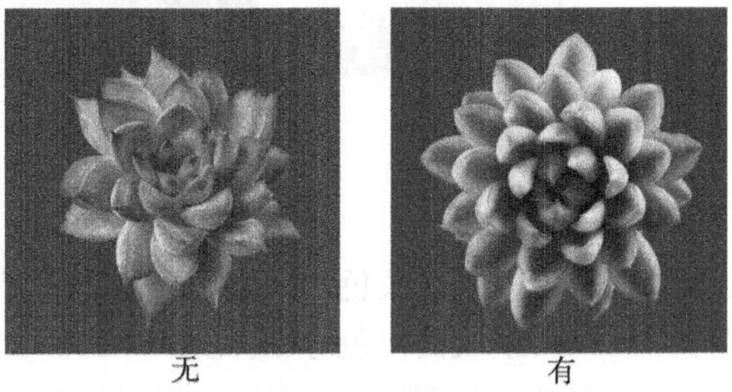

图 B.9　叶:叶艺

性状 16　仅适用于有叶艺品种:叶:叶艺位置,见图 B.10。

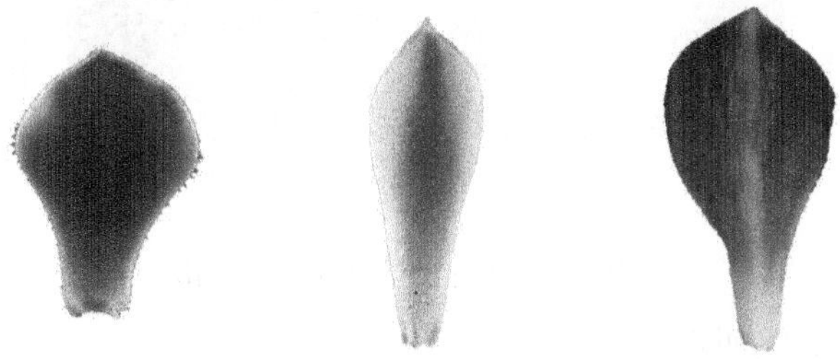

图 B.10　仅适用于有叶艺品种:叶:叶艺位置

性状 17　叶:斑纹类型,见图 B.11。

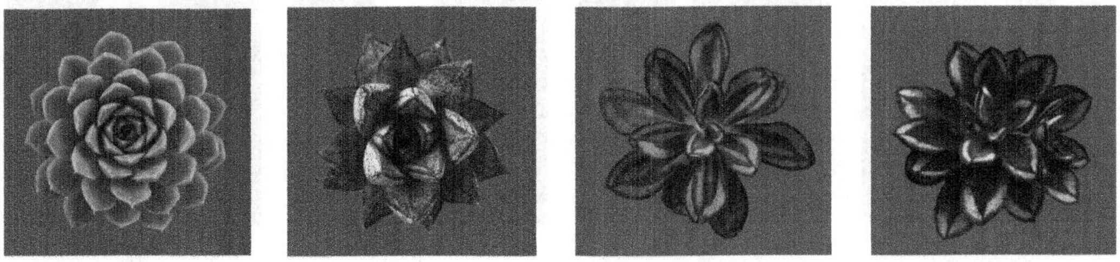

图 B.11　叶:斑纹类型

性状 19　仅适用于有毛品种:叶:毛密度,见图 B. 12。

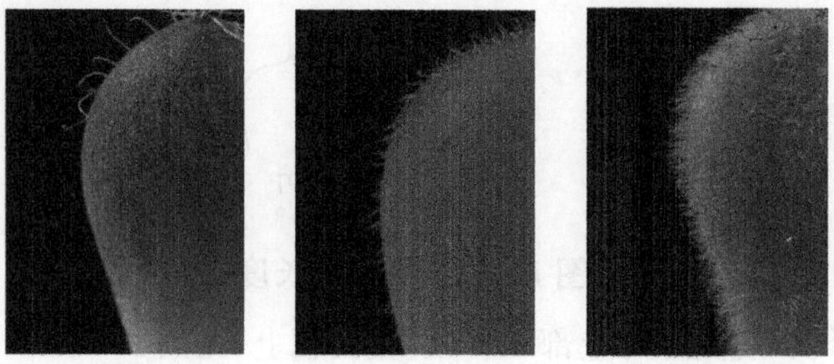

疏　　中　　密
2　　3　　4

图 B. 12　仅适用于有毛品种:叶:毛密度

性状 20　仅适用于有毛品种:叶:毛长度,见图 B. 13。

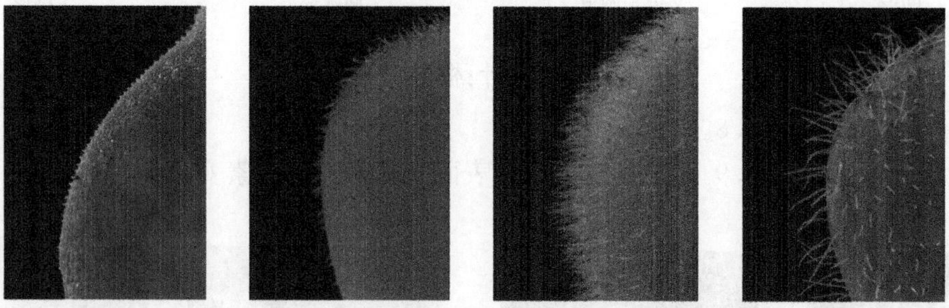

极短　　短　　中　　长
1　　2　　3　　4

图 B. 13　仅适用于有毛品种:叶:毛长度

性状 21　叶:上表面底色,有蜡粉品种,去除蜡粉后观测。

性状 23　叶:上表面覆色分布,见图 B. 14。

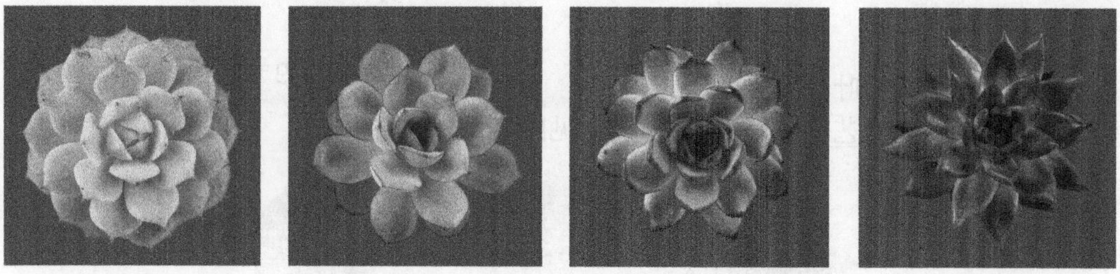

叶尖　　叶缘　　叶上部　　近全叶
1　　2　　3　　5

图 B. 14　叶:上表面覆色分布

性状 24　叶:边缘波状程度,见图 B. 15。

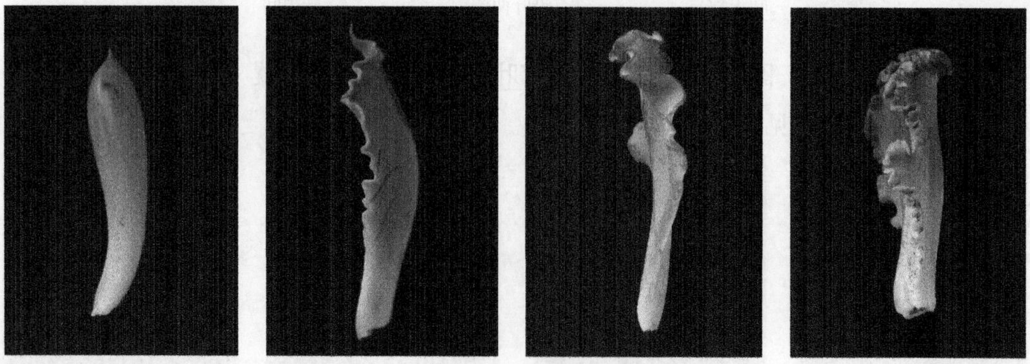

无或极弱　　弱　　中　　强
1　　2　　3　　4

图 B. 15　叶:边缘波状程度

性状 25　叶:表面疣凸,见图 B.16。

无
1

有
9

图 B.16　叶:表面疣凸

性状 26　仅适用于叶表面具有疣凸的品种:叶:疣凸大小,见图 B.17。

小　　中　　大
1　　2　　3

图 B.17　仅适用于叶表面具有疣凸的品种:叶:疣凸大小

性状 31　花:开张程度,见图 B.18。

弱　　中　　强
1　　2　　3

图 B.18　花:开张程度

性状 32　花瓣:外侧主色,见图 B.19。

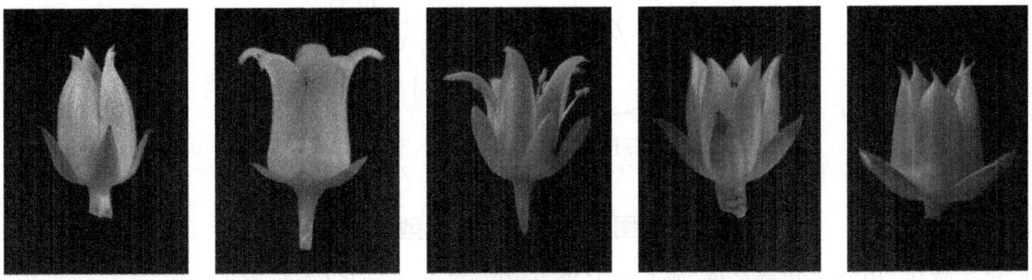

浅黄色 2　中等黄色 3　橙黄色 4　橙色 5　橙红色 6

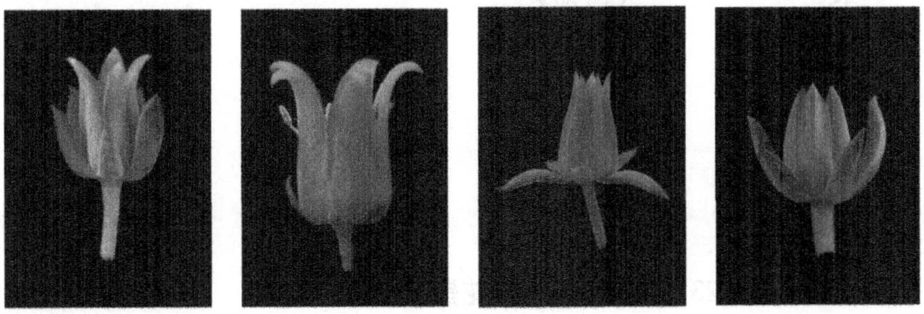

浅粉红色 7　中等粉红色 8　深粉红色 9　玫红色 10

图 B.19　花瓣:外侧主色

性状 33　花瓣:外侧次色有无,见图 B. 20。

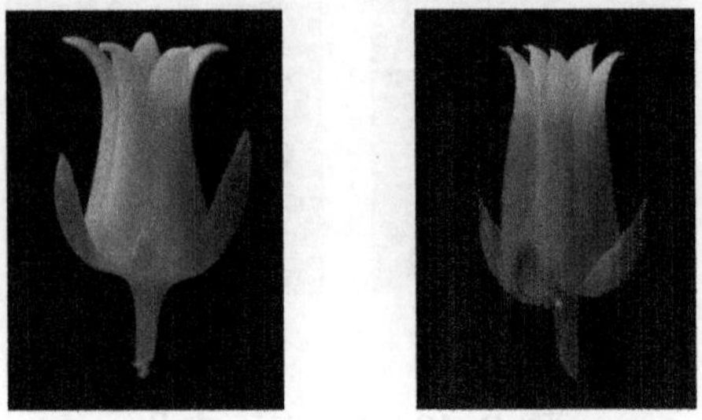

图 B. 20　花瓣:外侧次色有无

性状 34　花瓣:先端反卷程度,见图 B. 21。

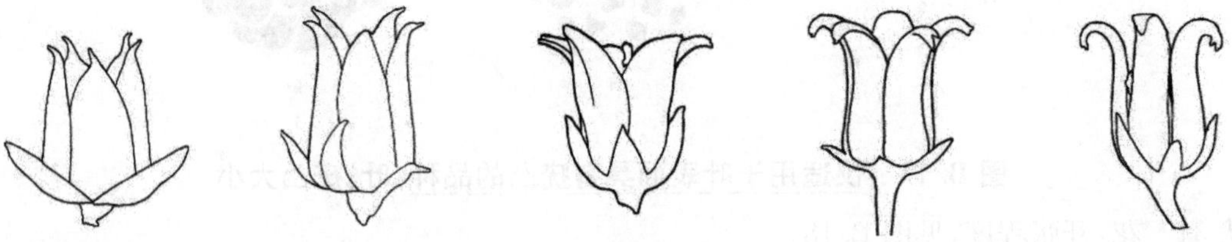

图 B. 21　花瓣:先端反卷程度

性状 35　萼片:类型,见图 B. 22。萼片类型,指花的 5 片萼片长度是否相等。

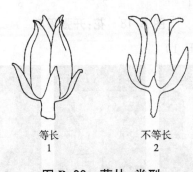

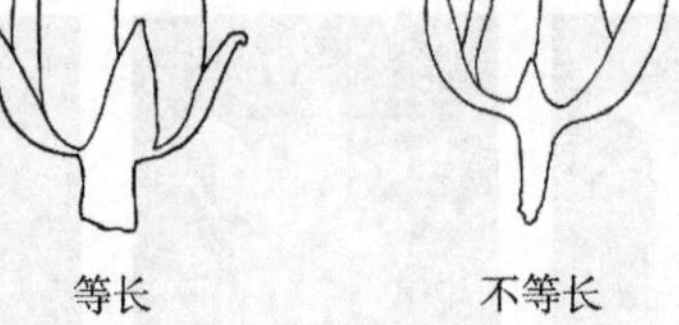

图 B. 22　萼片:类型

性状 36　萼片:相对于花瓣长度,观测最长萼片相对于花瓣的长度,见图 B. 23。

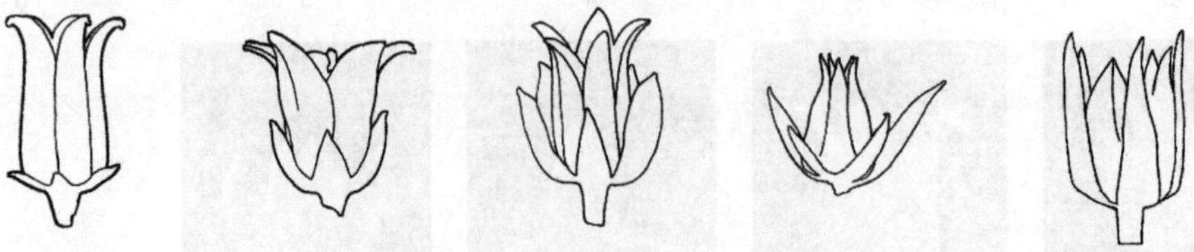

图 B. 23　萼片:相对于花瓣长度

性状 37　萼片:姿态,见图 B. 24。

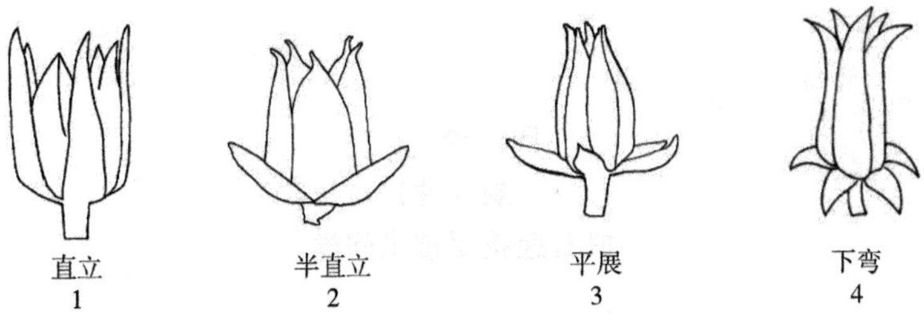

图 B.24　萼片:姿态

附　录　C
（规范性）
拟石莲花属技术问卷

申请号：
申请日：
（由审批机关填写）

（申请人或代理机构签章）

C.1　品种暂定名称

C.2　申请测试人信息

姓名：
地址：
电话号码：　　　　　传真号码：　　　　　　　手机号码：
邮箱地址：
育种者姓名（如果与申请测试人不同）：

C.3　植物学分类

拉丁名：
中文名：

C.4　品种类型（在相符的类型[　]中打√）

C.4.1　品种来源

选育[　]（请列出亲本）
突变[　]（请列出母本）
发现[　]（请指出何时何地发现）
其他[　]

C.4.2　品种类型

小型种　[　]
中型种　[　]
大型种　[　]

C.4.3　繁殖方式

扦插　　　　[　]
组织培养　　[　]
其他　　　　[　]（请指出具体方式）

C.5　待测品种的具有代表性彩色照片

(品种照片粘贴处)
(如果照片较多,可另附页提供)

C.6　品种的选育背景、育种过程和育种方法,包括系谱、培育过程和所使用的亲本或其他繁殖材料来源与名称的详细说明

C.7　适于生长的区域或环境以及栽培技术的说明

C.8　其他有助于辨别待测品种的信息

(如品种用途、品质和抗性,请提供详细资料)

C.9　品种种植或测试是否需要特殊条件(在相符的[　]中打√)

是[　]　　　　　否[　]
(如果回答是,请提供详细资料)

C.10　品种繁殖材料保存是否需要特殊条件(在相符的[　]中打√)

是[　]　　　　　否[　]
(如果回答是,请提供详细资料)

C.11　待测品种需要指出的性状

在相符的代码后[　]中打√,若有测量值,请填写在表C.1中。

表C.1　待测品种需要指出的性状

序号	性状	表达状态	代码	测量值
1	植株:宽度(性状2)	极窄	1[　]	
		极窄到窄	2[　]	
		窄	3[　]	
		窄到中	4[　]	
		中	5[　]	
		中到宽	6[　]	
		宽	7[　]	
		宽到极宽	8[　]	
		极宽	9[　]	

表 C.1（续）

序号	性状	表达状态	代码	测量值
2	植株:分枝数(性状 3)	无或极少	1[ ]	
		少	2[ ]	
		中	3[ ]	
		多	4[ ]	
		极多	5[ ]	
3	叶:数量(性状 4)	少	1[ ]	
		少到中	2[ ]	
		中	3[ ]	
		中到多	4[ ]	
		多	5[ ]	
4	叶:长度(性状 5)	极短	1[ ]	
		极短到短	2[ ]	
		短	3[ ]	
		短到中	4[ ]	
		中	5[ ]	
		中到长	6[ ]	
		长	7[ ]	
		长到极长	8[ ]	
		极长	9[ ]	
5	叶:宽度(性状 6)	极窄	1[ ]	
		极窄到窄	2[ ]	
		窄	3[ ]	
		窄到中	4[ ]	
		中	5[ ]	
		中到宽	6[ ]	
		宽	7[ ]	
		宽到极宽	8[ ]	
		极宽	9[ ]	
6	叶:厚度(性状 8)	薄	1[ ]	
		薄到中	2[ ]	
		中	3[ ]	
		中到厚	4[ ]	
		厚	5[ ]	
7	叶:形状(性状 9)	卵形	1[ ]	
		披针形	2[ ]	
		椭圆形	3[ ]	
		近圆形	4[ ]	
		倒卵形	5[ ]	
		匙形	6[ ]	
		菱形	7[ ]	
8	叶:叶艺(性状 14)	无	1[ ]	
		有	9[ ]	
9	叶:斑纹类型(性状 17)	无	1[ ]	
		斑点状	2[ ]	
		条状	3[ ]	
		片状	4[ ]	
10	叶:蜡粉(性状 18)	无或极少	1[ ]	
		少	2[ ]	
		中	3[ ]	
		多	4[ ]	
		极多	5[ ]	

表 C.1（续）

序号	性状	表达状态	代码	测量值
11	叶:上表面底色(性状 21)	黄色	1[ ]	
		橙色	2[ ]	
		黄绿色	3[ ]	
		绿色	4[ ]	
		蓝绿色	5[ ]	
		红色	6[ ]	
		紫红色	7[ ]	
		棕色	8[ ]	
		紫黑色	9[ ]	
12	叶:上表面覆色分布(性状 23)	叶尖	1[ ]	
		叶缘	2[ ]	
		叶上部	3[ ]	
		叶中上部	4[ ]	
		近全叶	5[ ]	
13	叶:边缘波状程度(性状 24)	无或极弱	1[ ]	
		弱	2[ ]	
		中	3[ ]	
		强	4[ ]	
		极强	5[ ]	
14	叶:表面疣凸(性状 25)	无	1[ ]	
		有	9[ ]	

C.12 待测品种与近似品种的明显差异性状

在自己认知范围内，请申请测试人在表 C.2 中列出待测品种与其最为近似品种的明显差异。

表 C.2 待测品种与近似品种的明显差异性状

近似品种名称	性状名称	近似品种表达状态	待测品种表达状态
注：可提供有助于待测品种特异性测试的信息。			

申请人员承诺：技术问卷所填写的信息真实！

签名：

附 录 D
（资料性）
标准品种中文名与拉丁名对照

标准品种中文名与拉丁名对照见表 D.1。

表 D.1 标准品种中文名与拉丁名对照

中文名	拉丁名
冰玉	*E.* 'Ice green'
毛莲	*E.* 'Kircheriana'
玉蝶锦	*E.* 'Lenore Dean'
宝塔	*E.* 'Pagoda'
紫珍珠	*E.* 'Perle von Nurnberg'
雨滴	*E.* 'Rain drops'
高砂之翁	*E.* 'Takasago No Okina'
蒂比	*E.* 'Tippy'
冬云	*E. agavoides* Lemaire
广寒宫	*E. cante* Glass & Mendoza-Garcia
吉娃娃	*E. chihuahuaensis* von Poellnitz
卡罗拉	*E. colorata* f. *colorata*
原始绿爪	*E. cuspidata* var. *zaragozae* Kimnach
静夜	*E. derenbergii* J. A. Purpus
大瑞蝶	*E. gigantea* Rose & Purpus
雪莲	*E. laui* Moran & Meyran
姬莲	*E. minima* Meyran
红司	*E. nodulosa* (Baker) Otto
皮氏石莲	*E. peacockii* Croucher
子持白莲	*E. prolifica* Moran & Meyran
花月夜	*E. pulidonis* Walther
锦晃星	*E. pulvinata* Rose
大和锦	*E. purpusorum* Berger
鲁氏石莲	*E. runyonii* ROSE ex Walther
特玉莲	*E. runyonii* 'Topsy Turvy' Myron Kimnach
青渚莲	*E. setosa* var. *minor* Moran
小蓝衣	*E. setosa* var. *deminuta* Meyran
锦司晃	*E. setosa* var. *setosa* Rose & Purpus
沙维娜	*E. shaviana* Walther
剑司诺娃	*E. strictiflora* Gray
魔爪	*E. unguiculata* Kimnach

ICS 65.020.20
CCS B 05

NY

中华人民共和国农业行业标准

NY/T 4217—2022

植物品种特异性、一致性和稳定性测试指南 蝉花

Guidelines for the conduct of tests for distinctness, uniformity and stability—Cicada flower

(*Cordyceps chanhua* Z.Z. Li, Hywel–Jones, F.G. Luan, Z.A. Chen, J.F. Dong)

2022-11-11 发布　　　　2023-03-01 实施

中华人民共和国农业农村部 发布

前　　言

本文件依据 GB/T 1.1—2020《标准化工作导则　第 1 部分：标准化文件的结构和起草规则》的规定起草。

本文件由农业农村部种业管理司提出。

本文件由全国植物新品种测试标准化技术委员会(SAC/TC 277)归口。

本文件起草单位：浙江泛亚生物医药股份有限公司、华南农业大学、上海市农业科学院、农业农村部科技发展中心。

本文件主要起草人：闫文娟、纪伟、张凯淅、刘洪、孙长胜、李传华、李春如、谭悠久、李增智、樊美珍、徐振江、崔俏俏、于士军。

植物品种特异性、一致性和稳定性测试指南　蝉花

1　范围

本文件规定了蝉花品种特异性、一致性和稳定性测试的技术要求和结果判定的一般原则。

本文件适用于蝉花(*Cordyceps chanhua* Z. Z. Li, Hywel-Jones, F. G. Luan, Z. A. Chen, J. F. Dong)品种特异性、一致性和稳定性的测试。

2　规范性引用文件

下列文件中的内容通过文中的规范性引用而构成本文件必不可少的条款。其中,注日期的引用文件,仅该日期对应的版本适用于本文件;不注日期的引用文件,其最新版本(包括所有的修改单)适用于本文件。

GB 5009.4　食品安全国家标准　食品中灰分的测定

GB/T 12728　食用菌术语

GB/T 19557.1　植物新品种特异性、一致性和稳定性测试指南　总则

GB/T 25221　粮油检验　粮食中麦角甾醇的测定　正相高效液相色谱法

NY/T 1676　食用菌中粗多糖含量的测定

NY/T 2116　虫草制品中腺苷的测定　高效液相色谱法

NY/T 2279　食用菌中岩藻糖、阿糖醇、海藻糖、甘露醇、甘露糖、葡萄糖、半乳糖、核糖的测定　离子色谱法

3　术语和定义

GB/T 12728 和 GB/T 19557.1 界定的以及下列术语和定义适用于本文件。

3.1

群体测量　single measurement of a group of individuals or parts of individuals

对一批个体或个体的某特定部位进行测量,获得一个群体记录。

3.2

个体测量　measurement of a number of individuals or parts of individuals

对一批个体或个体某部位进行逐个测量,获得一组个体记录。

3.3

群体目测　visual assessment by a single observation of a group of individuals or parts of individuals

对一批个体或个体某部位进行目测,获得一个群体记录。

4　符号

下列符号适用于本文件:

MG:群体测量。

MS:个体测量。

VG:群体目测。

QL:质量性状。

QN:数量性状。

PQ:假质量性状。

(a):标注内容在附录 B 的 B.2 中进行了详细解释。

(+):标注内容在附录 B 的 B.3 中进行了详细解释。

5 繁殖材料的要求

5.1 繁殖材料以母种形式提供。

5.2 提交的母种至少 3 支试管。

5.3 提交的繁殖材料应外观健康，无杂菌污染。繁殖材料的具体质量要求如下：母种试管规格（长度×外口径）：（180～200）mm×（18～20）mm，使用 PDA 培养基，（25±1）℃培养，菌龄 10 d～14 d。

5.4 提交的繁殖材料不应进行任何影响品种性状正常表达的处理。如果已处理，应提供处理的详细说明。

5.5 提交的繁殖材料应符合中国植物检疫的有关规定。

6 测试方法

6.1 测试周期

测试周期至少为 2 个独立的生长周期。生长周期为从开始发菌、菌丝转色、原基形成、子实体生长至子实体收获的整个阶段。

6.2 测试地点

测试通常在一个地点进行。如果某些性状在该地点不能充分表达，可在其他符合条件的地点对其进行观测。

6.3 栽培试验

6.3.1 试验设计

袋装栽培或瓶装栽培以层架平放方式摆放，总样本数不少于 60 袋或瓶，分设 2 次重复。必要时，待测品种与近似品种相邻摆放。

6.3.2 栽培管理

可按当地栽培生产管理方式进行。

6.4 性状观测

6.4.1 观测时期

性状观测应按照附录 A 中的表 A.1 和表 A.2 列出的生育阶段进行。附录 B 对这些生育阶段进行了解释。

6.4.2 观测方法

性状观测应按照附录 A 中的表 A.1 和表 A.2 规定的观测方法（VG、MG、MS）进行。

6.4.3 观测数量

除非另有说明，个体观测性状（MS）取样数量不少于 10 个，在观测个体某个特定部位时，每个个体取样数量应为 2 个。群体观测性状（VG、MG）应观测整个小区或规定大小的混合样本。

6.5 附加测试

必要时，可选用表 A.2 中的性状或本文件未列出的性状进行附加测试。

7 特异性、一致性和稳定性的判定

7.1 总体原则

特异性、一致性和稳定性的判定按照 GB/T 19557.1 确定的原则进行。

7.2 特异性的判定

待测品种应明显区别于所有已知品种。在测试中，当待测品种至少在一个性状上与最为近似品种具有明显且可重现的差异时，即可判定待测品种具备特异性。

7.3 一致性的判定

一致性判定时，采用 1％的群体标准和至少 95％的接受概率。当样本大小为 60 个时，最多可以允许有2个异型株。

7.4 稳定性的判定

如果一个品种具备一致性,则可认为该品种具备稳定性。一般不对稳定性进行测试。

必要时,可以栽培该品种的下一批繁殖材料,与以前提供的繁殖材料相比,若性状表达无明显变化,则可判定该品种具备稳定性。

8 性状表

8.1 概述

根据测试需要,将性状分为基本性状、选测性状,基本性状是测试中必须使用的性状。附录A中表A.1列出了蝉花基本性状,表A.2列出了选测性状。

性状表列出了性状名称、观测时期和方法、表达状态及相应的标准品种和代码等内容。

8.2 表达类型

根据性状表达方式,将性状分为质量性状、假质量性状和数量性状3种类型。

8.3 表达状态和相应代码

每个性状划分为一系列表达状态,为便于定义性状和规范描述,每个表达状态赋予一个相应的数字代码,以便于数据记录、处理和品种描述的建立与交流。

8.4 标准品种

性状表中列出了部分性状有关表达状态相应的标准品种,以助于确定相关性状的不同表达状态和校正年份、地点引起的差异。

8.5 分组性状

本文件中,品种分组性状如下:

a) 子实体:形状(表A.1中性状9);

b) 子实体:颜色(表A.1中性状10);

c) 子实体:孢子(表A.1中性状11)。

9 技术问卷

申请人应按附录C格式填写蝉花技术问卷。

附 录 A
（规范性）
蝉 花 性 状

A.1 蝉花基本性状

见表A.1。

表A.1 蝉花基本性状

序号	性状	观测时期和方法	表达状态	标准品种	代码
1	菌丝:10 ℃生长速度 QN (+)	00 MS	慢	BAIC1236	1
			中	泛亚蝉花1号	2
			快		3
2	菌丝:20 ℃生长速度 QN (+)	00 MS	极慢	BAIC1236	1
			慢		2
			中	泛亚蝉花1号	3
			快		4
			极快		5
3	菌丝:25 ℃生长速度 QN (+)	00 MS	极慢		1
			慢	BAIC1236	2
			中		3
			快	泛亚蝉花1号	4
			极快		5
4	菌丝:30 ℃生长速度 QN (+)	00 MS	极慢		1
			慢	泛亚蝉花1号	2
			中		3
			快		4
			极快		5
5	菌丝体:拮抗 QL (+)	00 VG	无		1
			有		9
6	菌落:孢子 QL (+)	00 VG	无	泛亚蝉花1号	1
			有	BAIC1236	9
7	菌丝(液体发酵):色素 QN (+)	01 VG	浅	BAIC1236	1
			中		2
			深	泛亚蝉花1号	3
8	子实体:原基形成时间 QN (a) (+)	10 MG	早	BAIC0814	1
			中		2
			晚	泛亚蝉花1号	3
9	子实体:形状 PQ (a) (+)	22 VG	无分叉	泛亚蝉花1号	1
			顶端分叉	BAIC0046	2
			中下部分叉	BAIC0814	3
			帚状分叉		4
10	子实体:颜色 QN (a) (+)	22 VG	浅黄	BAIC0046	1
			黄		2
			深黄	泛亚蝉花1号	3

表 A.1（续）

序号	性状	观测时期和方法	表达状态	标准品种	代码
11	子实体:孢子 QL (a) (+)	22 VG	无	泛亚蝉花 1 号	1
			有		9
12	子实体:长度 QN (a) (+)	22 MS	极短	BAIC0814	1
			短		2
			中	BAIC0061	3
			长		4
			极长	泛亚蝉花 1 号	5
13	子实体:直径 QN (+)	22 MS	小	BAIC0061	1
			中	泛亚蝉花 1 号	2
			大	BAIC0814	3
14	子实体:采收时间 QN (a) (+)	22 MG	早		1
			中	泛亚蝉花 1 号	2
			晚	BAIC1236	3
15	子实体:重量 QN (a) (+)	23 MG	极低	BAIC1236	1
			低		2
			中	BAIC0061	3
			高		4
			极高	泛亚蝉花 1 号	5

A.2　蝉花选测性状

见表 A.2。

表 A.2　蝉花选测性状

序号	性状	观测时期和方法	表达状态	标准品种	代码
16	菌种:退化 QN (+)	00 MG	极快	BAIC1236	1
			快		2
			中	BAIC0046	3
			慢		4
			极慢	泛亚蝉花 1 号	5
17	子实体:光照度 50 lx 生长速度 QN (a) (+)	22 MG	慢	泛亚蝉花 1 号	1
			中	BAIC0061	2
			快	BAIC1236	3
18	子实体:光照度 100 lx 生长速度 QN (a) (+)	22 MG	慢	BAIC0201	1
			中	泛亚蝉花 1 号	2
			快	BAIC0061	3
19	子实体:光照度 200 lx 生长速度 QN (a) (+)	22 MG	慢	BAIC0061	1
			中	BAIC1236	2
			快	泛亚蝉花 1 号	3
20	虫草酸含量 QN (+)	23 MG	低	BAIC1236	1
			中	泛亚蝉花 1 号	2
			高	BAIC0814	3
21	腺苷含量 QN (+)	23 MG	低	BAIC1128	1
			中	BAIC0078	2
			高	泛亚蝉花 1 号	3

表 A.2（续）

序号	性状	观测时期和方法	表达状态	标准品种	代码
22	蝉花粗多糖含量 QN （+）	23 MG	低	BAIC0814	1
			中	BAIC1128	2
			高	泛亚蝉花 1 号	3
23	灰分含量 QN （+）	23 MG	低	BAIC0814	1
			中	泛亚蝉花 1 号	2
			高	BAIC0201	3
24	麦角甾醇含量 QN （+）	23 MG	低	BAIC0046	1
			中	泛亚蝉花 1 号	2
			高	BAIC1236	3
25	N^6-(2-羟乙基)腺苷(HEA)含量 QN （+）	23 MG	低	BAIC1128	1
			中	泛亚蝉花 1 号	2
			高	BAIC0078	3

附　录　B
（规范性）
蝉花性状的解释

B.1　蝉花生育阶段

见表 B.1。

表 B.1　蝉花生育阶段

编号	名称	描述
00	菌落阶段	母种接种于平板，避光培养 10 d～15 d
01	菌丝阶段	液体种培养 2 d
02		液体种接种于小麦培养基，发菌结束
03		菌丝体开始转色
10	原基阶段	原基出现及原基形成
22	子实体阶段	子实体到达瓶颈或袋子顶端 80%～90%
23		子实体采后干燥水分含量小于 9%

B.2　涉及多个性状的解释

菌丝体和子实体性状解释涉及的培养基为小麦培养基。

(a)　观测七到八分熟的第一潮子实体。

蝉花菌丝体和子实体各阶段见图 B.1。

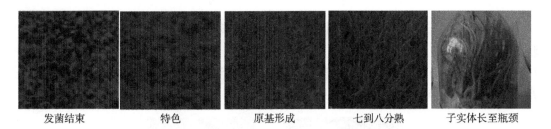

发菌结束　　特色　　原基形成　　七到八分熟　　子实体长至瓶颈

图 B.1　蝉花菌丝体和子实体生长阶段

B.3　涉及单个性状的解释

性状分级和图中代码见表 A.1 和 A.2。

性状 1　菌丝：10 ℃生长速度。

性状 2　菌丝：20 ℃生长速度。

性状 3　菌丝：25 ℃生长速度。

性状 4　菌丝：30 ℃生长速度。

菌丝不同温度生长速度测量：用打孔器定量（3 mm），将待测品种接种于直径 90 mm 的培养皿中，PDA 培养基，在上述各设定温度下，避光培养 10 d，采用“十”字划线法划终止线，测量菌落直径。

菌丝生长速度按公式(B.1)计算。

$$X = \frac{(A_1 + A_2)/2 - 3}{7} \quad \cdots\cdots (B.1)$$

式中：

X ——菌丝生长速度的数值,单位为毫米每天(mm/d);

A_1——图 B.2 中“十”字划线中菌落直径水平线段长度的数值,单位为毫米(mm);

A_2——图 B.2 中“十”字划线中菌落直径竖直线段长度的数值,单位为毫米(mm)。

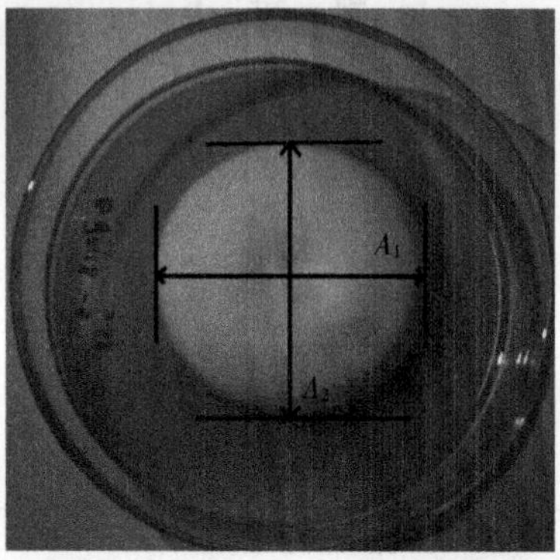

图 B.2 菌丝:生长速度测量

性状 5 菌丝体:拮抗,见图 B.3。

采用平板对峙培养法,用打孔器定量(3 mm),将待测品种接种于直径 90 mm 的培养皿中,PDA 培养基,培养温度(25±1) ℃,避光培养,10 d 后观察菌丝体拮抗情况,见图 B.3。

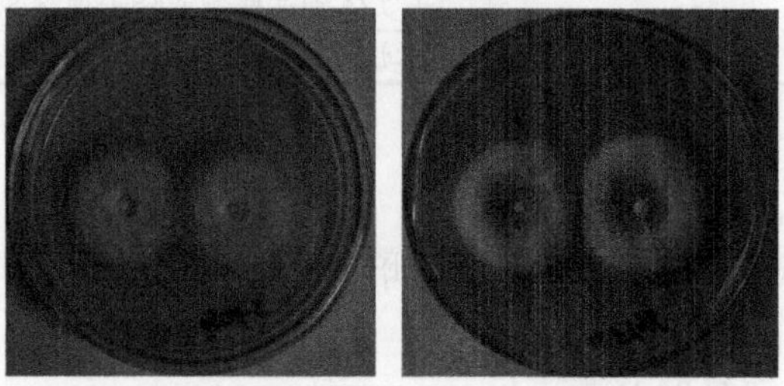

无　　　　有

1　　　　9

图 B.3 菌丝体:拮抗

性状 6 菌落:孢子。

用打孔器定量(3 mm),将待测品种接种于直径 90 mm 的培养皿中,PDA 培养基,培养温度(25±1) ℃,避光培养,15 d 后观察培养基表面有无孢子,见图 B.4。

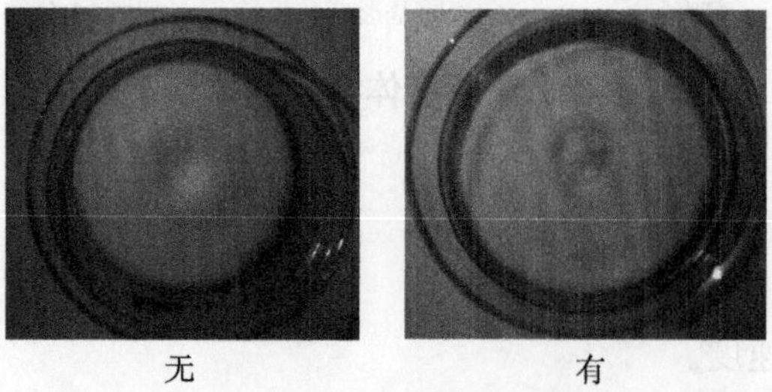

无　　　　有

1　　　　9

图 B.4 菌落:孢子

性状 7 菌丝(液体发酵):色素。

将待测品种定量接种于 500 mL 的三角摇瓶中,培养温度(25±1) ℃,避光培养。培养 2 d 后观察菌丝体(液体发酵)色素,见图 B.5。

性状 8 子实体:原基形成时间。

记录待测品种从接种到 70%原基形成的时间,计算从接种到原基形成的天数。

性状 9 子实体:形状,见图 B.6。

性状 10 子实体:颜色,见图 B.7。

浅 1　　中 2　　深 3

图 B.5　菌丝体(液体发酵):色素

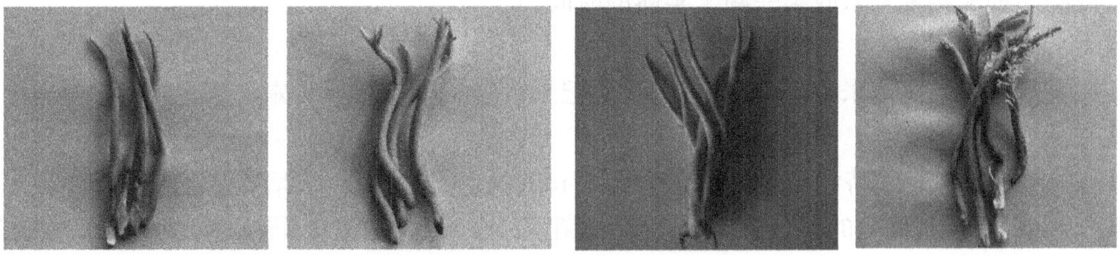

无分叉 1　　顶端分叉 2　　中下部分叉 3　　帚状分叉 4

图 B.6　子实体:形状

浅黄 1　　黄 2　　深黄 3

图 B.7　子实体:颜色

性状 11　子实体:孢子,见图 B.8。

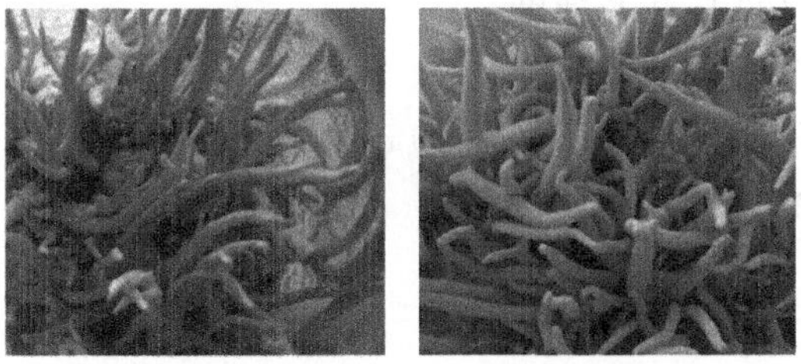

无 1　　有 9

图 B.8　子实体:孢子

性状 12　子实体:长度,见图 B.9。

蝉花发菌结束,光照培养 19 d 后选取最具代表性的子实体,测量子实体长度。

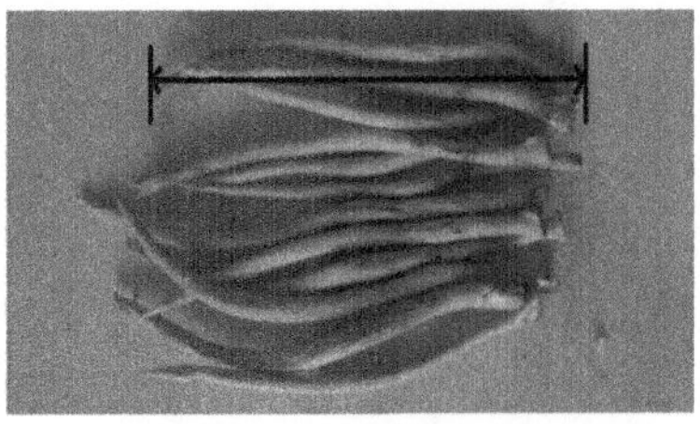

图 B.9　子实体:长度

性状 13　子实体:直径,见图 B.10。

蝉花发菌结束,光照培养 19 d 后选取最具代表性的子实体,测量子实体中部最粗部位的直径。

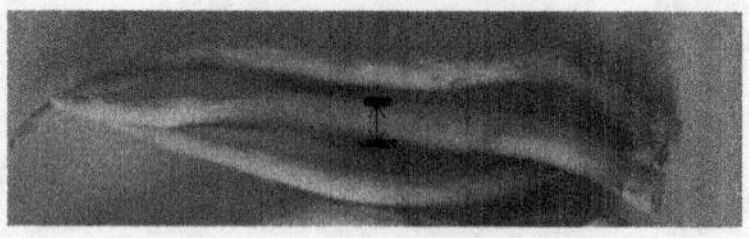

图 B.10　子实体:直径

性状 14　子实体:采收时间。

记录待测品种从接种到采收第一潮子实体的时间。

性状 15　子实体:重量。

子实体重量是指子实体采收、烘干后的干重。记录待测品第一潮子实体干重。

性状 16　菌种:退化。

用打孔器定量 3 mm,将待测品种接种于直径 90 mm 的培养皿中,PDA 培养基,培养温度(25±1) ℃,避光培养 10 d 后观察,通过菌落的形态变异(通常称为菌落局变)来识别退化(图 B.11),统计菌落形态变异程度确定菌种退化速率。

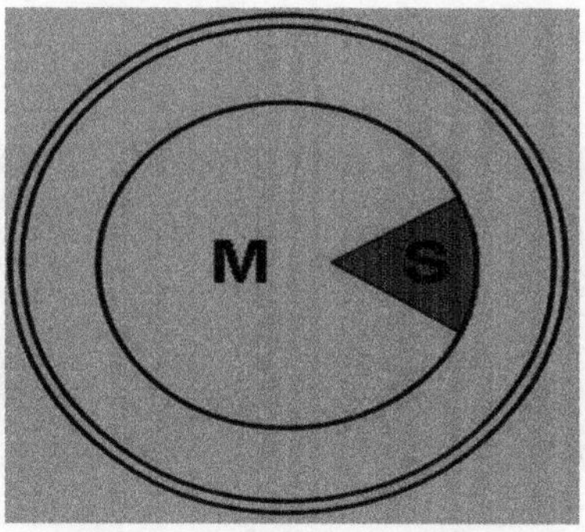

图 B.11　菌落局变示意图

注:S 为变异区,M 为母株区。

性状 17　子实体:光照度 50 lx 生长速度。

性状 18　子实体:光照度 100 lx 生长速度。

性状 19　子实体:光照度 200 lx 生长速度。

蝉花发菌结束后在上述不同光照强度下培养 19 d 后测量子实体长度,子实体生长速度(单位:mm/d)等于子实体长度(单位:mm)除以 19(单位:d)。

性状 20　虫草酸含量。

虫草酸含量,测定方法见 NY/T 2279。

性状 21　腺苷含量。

腺苷含量,测定方法见 NY/T 2116。

性状 22　蝉花粗多糖含量。

蝉花粗多糖含量,测定方法见 NY/T 1676。

性状 23　灰分含量。

灰分含量,测定方法见 GB 5009.4。

性状 24　麦角甾醇含量。

麦角甾醇含量,测定方法见 GB/T 25221。

性状 25　N^6-(2-羟乙基)腺苷(HEA)含量。

N^6-(2-羟乙基)腺苷(HEA)含量,测定方法详见附录 D。

附　录　C
（规范性）
蝉花技术问卷

申请号： 申请日： （由审批机关填写）

（申请人或代理机构签章）

C.1　品种暂定名称

C.2　申请测试人信息

姓名：
地址：
电话号码：　　　　传真号码：　　　　手机号码：
邮箱地址：
育种者姓名（如果与申请测试人不同）：

C.3　植物学分类

拉丁名：*Cordyceps chanhua* Z. Z. Li，Hywel-Jones，F. G. Luan，Z. A. Chen，J. F. Dong
中文名：蝉花

C.4　品种来源（在相符的类型[　]中打√）

野外采集驯化　[　]
系统选育　[　]
杂交　[　]
突变　[　]
其他　[　]

C.5　待测品种的具有代表性彩色照片

（品种照片粘贴处）
（如果照片较多，可另附页提供）

C.6　品种的选育背景、育种过程和育种方法，包括系谱、培育过程和所使用的亲本或其他繁殖材料来源与名称的详细说明

C.7 适于生长的区域或环境以及栽培技术的说明

C.8 其他有助于辨别待测品种的信息

（如品种用途、生长特征、产量和品质，请提供详细资料）

C.9 品种种植或测试是否需要特殊条件（在相符的[ ] 中打√）

是[ ] 否[ ]

（如果回答是，请提供详细资料）

C.10 品种繁殖材料保存是否需要特殊条件（在相符的[ ] 中打√）

是[ ] 否[ ]

（如果回答是，请提供详细资料）

C.11 待测品种需要指出的性状

在相符的代码后[ ] 中打√，若有测量值，请填写在表C.1中。

表C.1 待测品种需要指出的性状

序号	性状	表达状态	代码	测量值
1	菌落：孢子（性状6）	无	1[ ]	
		有	9[ ]	
2	菌丝（液体发酵）：色素（性状7）	浅	1[ ]	
		中	2[ ]	
		深	3[ ]	
3	子实体：形状（性状9）	无分叉	1[ ]	
		顶端分叉	2[ ]	
		中下部分叉	3[ ]	
		帚状分叉	4[ ]	
4	子实体：颜色（性状10）	浅黄	1[ ]	
		黄	2[ ]	
		深黄	3[ ]	
5	子实体：孢子（性状11）	无	1[ ]	
		有	9[ ]	

C.12 待测品种与近似品种的明显差异性状

在自己认知范围内，请申请测试人在表C.2中列出待测品种与其最为近似品种的明显差异。

表C.2 待测品种与近似品种的明显差异性状

近似品种名称	性状名称	近似品种表达状态	待测品种表达状态
注：可提供有助于待测品种特异性测试的信息。			

申请人员承诺：所填写的技术问卷信息真实！

签名：

附　录　D
（资料性）
蝉花中 N^6-(2-羟乙基)腺苷(HEA)含量的测定

D.1　试剂和溶液

水：超纯水。

甲醇：色谱纯。

提取液：超纯水。

腺苷标准储备液：准确称量 N^6-(2-羟乙基)腺苷标准品 20.0 mg，用提取液溶解、稀释、定容至 100 mL。此溶液每毫升含 0.2 mg 腺苷，4 ℃下可保存 30 d。

D.2　仪器设备

高效液相色谱仪配备紫外检测器(UV)。

小型粉碎机。

离心机。

超声波提取仪。

电子天平。

D.3　分析步骤

D.3.1　试样处理

取供试品粉末 0.200 0 g，准确称定于 20 mL 具塞试管中，准确加入 5.0 mL 纯水，超声提取 15 min，取出，0.22 μm 滤膜过滤后供液相色谱分析用。

D.3.2　液相色谱条件

色谱柱：C18 柱，4.6 mm×150 mm，5 μm。

柱温：30 ℃。

紫外检测器。

检测波长：260 nm。

流动相：甲醇-水(10∶90)。

流速：1.000 mL/min。

进样量：10 μL。

D.3.3　色谱分析

取 10 μL 标准溶液及试样溶液注入液相色谱仪中，以保留时间对照进行定性，以试样峰面积与标准峰面积比较进行定量。

D.3.4　标准曲线制备

分别配制 8.0 μg/mL、16.0 μg/mL、32.0 μg/mL、48.0 μg/mL、64.0 μg/mL、80.0 μg/mL、120.0 μg/mL和 160.0 μg/mL 标准品溶液，将上述标准溶液分别注入高效液相色谱仪，并测定主峰的积分面积。以标准品溶液浓度 C(μg/mL)为横坐标 X、积分面积(μV·s)为纵坐标 Y，绘制标准曲线。

D.4　结果结算

N^6-(2-羟乙基)腺苷的含量按公式(D.1)计算。

$$X = \frac{C \times V \times 10^{-6}}{m} \times 100 \quad \cdots\cdots (D.1)$$

式中：

X ——供试品中 N^6-(2-羟乙基)腺苷含量的数值，单位为百分号(%)；

C ——测试溶液中 N^6-(2-羟乙基)腺苷浓度 C 的数值，单位为微克每毫升(μg/mL)；

V ——试样定容体积的数值，单位为毫升(mL)；

m ——供试品质量的数值，单位为克(g)。

计算结果保留 3 位有效数字。

相对标准偏差：平行样相对标准偏差小于等于±2.0%。

线性范围：8.0 μg/mL～160.0 μg/mL。

线性相关系数：$r \geqslant 0.999$。

ICS 65.020.20
CCS B 05

NY

中华人民共和国农业行业标准

NY/T 4218—2022

植物品种特异性、一致性和稳定性测试指南　兵豆属

Guidelines for the conduct of tests for distinctness, uniformity and stability—Lentil

(*Lens* Mill.)

2022-11-11 发布　　2023-03-01 实施

中华人民共和国农业农村部　发布

前　　言

本文件按照 GB/T 1.1—2020《标准化工作导则　第 1 部分：标准化文件的结构和起草规则》的规定起草。

本文件由农业农村部种业管理司提出。

本文件由全国植物新品种测试标准化技术委员会(SAC/TC 277)归口。

本文件起草单位：山西农业大学玉米研究所[农业农村部植物新品种测试(忻州)分中心]、农业农村部科技发展中心、巴彦淖尔市农牧业科学研究院。

本文件主要起草人：焦雄飞、张凯淅、单飞彪、张忠梁、赵鑫、王永行、郭耀东、于晋、王建军、樊丽生、陈喜明、杜瑞霞、梁艺。

植物品种特异性、一致性和稳定性测试指南　兵豆属

1　范围

本文件规定了豆科兵豆属(*Lens* Mill.)品种特异性、一致性和稳定性测试的技术要求和结果判定的一般原则。

本文件适用于兵豆属品种特异性、一致性和稳定性测试和结果判定。

2　规范性引用文件

下列文件中的内容通过文中的规范性引用而构成本文件必不可少的条款。其中,注日期的引用文件,仅该日期对应的版本适用于本文件;不注日期的引用文件,其最新版本(包括所有的修改单)适用于本文件。

GB/T 19557.1　植物新品种特异性、一致性和稳定性测试指南　总则

3　术语和定义

GB/T 19557.1 界定的以及下列术语和定义适用于本文件。

3.1

群体测量　group measurement

对一批植株或植株的某器官或部位进行测量,获得一个群体记录。

3.2

个体测量　single measurement

对一批植株或植株的某器官或部位进行逐个测量,获得一组个体记录。

3.3

群体目测　group visual observation

对一批植株或植株的某器官或部位进行目测,获得一个群体记录。

4　符号

下列符号适用于本文件:

MG:群体测量。

MS:个体测量。

VG:群体目测。

QL:质量性状。

QN:数量性状。

PQ:假质量性状。

*:国际植物新品种保护联盟(UPOV)用于统一品种描述所需要的重要性状,除非受环境条件限制,性状的表达状态无法测试,所有 UPOV 成员都需使用这些性状。

(a)~(b):标注内容在附录 B 的 B.2 中进行了详细解释。

(+):标注内容在附录 B 的 B.3 中进行了详细解释。

_:特别提示测试性状的适用范围。

5　繁殖材料的要求

5.1　繁殖材料以种子形式提供。

5.2　提交的种子数量不少于 500 g。

5.3　提交的繁殖材料应外观健康，活力高，无病虫侵害。繁殖材料的具体质量要求如下：净度≥98%，发芽率≥85%，含水量≤13%。

5.4　提交的繁殖材料一般不进行任何影响品种性状正常表达的处理。如果已处理，需提供处理的详细说明。

5.5　提交的繁殖材料需符合中国植物检疫的有关规定。

6　测试方法

6.1　测试周期

测试周期通常为 2 个独立的生长周期。

6.2　测试地点

测试通常在同 1 个地点进行。如果某些性状在该地点不能充分表达，可在其他符合条件的地点对其进行观测。

6.3　田间试验

6.3.1　试验设计

待测品种与近似品种相邻种植。

采用条播种植，每个小区至少 60 株，株距 15 cm～20 cm，行距 30 cm～40 cm 进行定苗，至少设 2 次重复。

6.3.2　田间管理

田间管理方案与测试点所在地区的大田管理措施相同，对待测品种、近似品种及标准品种的田间管理要严格一致。

6.4　性状观测

6.4.1　观测时期

性状观测宜按照附录 A 中的表 A.1 和表 A.2 列出的生育阶段进行。生育阶段描述宜参考附录 B 中表 B.1。

6.4.2　观测方法

性状观测宜按照附录 A 中的表 A.1 和表 A.2 规定的观测方法（VG、MG、MS）进行。部分性状观测方法宜参考附录 B 的 B.2 和 B.3。

6.4.3　观测数量

除非另有说明，个体测量性状（MS）植株取样数量为 20 个，在观测植株的器官或部位时，每个植株上的取样数量为 1 个。群体观测性状（VG、MG）观测整个小区或规定大小的群体。

6.5　附加测试

必要时，可选用表 A.2 中的性状或本文件未列出的性状进行附加测试。

7　特异性、一致性和稳定性的判定

7.1　总体原则

特异性、一致性和稳定性的判定按照 GB/T 19557.1 确定的原则进行。

7.2　特异性的判定

待测品种需明显区别于所有已知品种。在测试中，当待测品种至少在一个性状上与最为近似的品种具有明显且可重现的差异时，即可判定待测品种具备特异性。

7.3　一致性的判定

对于测试品种，一致性判定时，采用 1%的群体标准和至少 95%的接受概率。当样本大小为 36 株～82 株时，异型株数量不超过 3 株；当样本大小为 83 株～137 株时，异型株数量不超过 5 株。

7.4 稳定性的判定

如果一个品种具备一致性，则认为该品种具备稳定性。一般不对稳定性进行测试。

必要时，宜种植该品种的另一批种子。与以前提供的种子相比，若性状表达无明显变化，则可判定该品种具备稳定性。

8 性状表

8.1 概述

根据测试需要，将性状分为基本性状和选测性状。基本性状是测试中需使用的性状，选测性状为依据申请者要求而进行附加测试的性状。表 A.1 给出了兵豆属基本性状，表 A.2 给出了兵豆属选测性状。性状表列出性状名称、观测时期和方法、表达状态及相应的标准品种和代码等内容。

8.2 表达类型

根据性状表达方式，将性状分为质量性状、假质量性状和数量性状 3 种类型。

8.3 表达状态和相应代码

每个性状划分为一系列表达状态，以便于定义性状和规范描述；每个表达状态赋予一个相应的数字代码，以便于数据记录、处理和品种描述的建立与交流。

8.4 标准品种

性状表中列出部分性状有关表达状态宜参考的标准品种，以助于确定相关性状的不同表达状态和校正环境因素引起的差异。

8.5 分组性状

品种分组性状如下：

a) *始花期(表 A.1 中性状 1)；

b) *植株：花青苷显色(表 A.1 中性状 2)；

c) *花：旗瓣颜色 (表 A.1 中性状 9)；

d) *仅适用于单色种皮品种：种子：种皮颜色(表 A.1 中性状 20)；

e) *种子：百粒重(表 A.1 中性状 22)；

f) *种子：子叶颜色(表 A.1 中性状 23)。

9 技术问卷

申请人宜按照附录 C 格式填写兵豆属技术问卷。

附　录　A
（规范性）
兵豆属性状

A.1　兵豆属基本性状

兵豆属基本性状宜符合表 A.1 的规定。

表 A.1　兵豆属基本性状

序号	性状	观测时期和方法	表达状态	标准品种	代码
1	＊始花期 QN （+）	20 MG	极早		1
			极早到早		2
			早	晋扁豆 3 号	3
			早到中		4
			中	晋扁豆 2 号	5
			中到晚		6
			晚	晋扁豆 1 号	7
			晚到极晚		8
			极晚		9
2	＊植株:花青苷显色 QL （+）	20 VG	无	晋扁豆 1 号	1
			有	Y02	9
3	植株:分枝强度 QN （+）	20 VG	无或极弱		1
			弱	DFS03	2
			中	晋扁豆 1 号	3
			强	晋扁豆 2 号	4
			极强		5
4	＊叶：绿色程度 QN	30 VG	浅	A01	1
			中	晋扁豆 2 号	2
			深	晋扁豆 1 号	3
5	小叶:形状 PQ (a) （+）	30 VG	披针形		1
			卵圆形	晋扁豆 1 号	2
			椭圆形	DFS03	3
			矩形		4
			倒卵圆形		5
6	小叶:大小 QN (a)	30 VG	极小		1
			小	晋扁豆 1 号	2
			中	晋扁豆 2 号	3
			大	Y03	4
			极大		5
7	总状花序 :每花节花朵数量 QN	30 VG	仅 1 朵		1
			1 或 2 朵	晋扁豆 2 号	2
			仅 2 朵		3
			2 或 3 朵	晋扁豆 1 号	4
			仅 3 朵		5
			多于 3 朵		6

表 A.1（续）

序号	性状	观测时期和方法	表达状态	标准品种	代码
8	花:大小 QN	30 VG	极小		1
			小	A01	2
			中	晋扁豆 2 号	3
			大	XZ01	4
			极大		5
9	* 花:旗瓣颜色 PQ	30 VG	白色	晋扁豆 2 号	1
			粉色		2
			蓝紫色	晋扁豆 1 号	3
10	* 花:紫色条纹 QL	30 VG	无		1
			有	晋扁豆 1 号	9
11	植株:生长习性 QN (+)	40 VG	直立		1
			半直立	晋扁豆 1 号	2
			匍匐	晋扁豆 2 号	3
12	* 植株:高度 QN (+)	40 MS/VG	极矮		1
			矮	C02	2
			中		3
			高	晋扁豆 1 号	4
			极高		5
13	荚果:绿色程度 QN (b) (+)	40 VG	浅	晋扁豆 1 号	1
			中	Y02	2
			深	A01	3
14	荚果:胚珠数量 QN (+)	40～50 VG	仅 1 个		1
			1 或 2 个	晋扁豆 1 号	2
			仅 2 个		3
			2 或 3 个	HF03	4
			仅 3 个		5
			多于 3 个		6
15	* 荚果:长度 QN (b)	50 VG/MS	极短		1
			短	晋扁豆 3 号	2
			中	A01	3
			长	HF03	4
			极长		5
16	荚果:宽度 QN (b) (+)	50 VG/MS	窄	晋扁豆 3 号	1
			中	A01	2
			宽	HF03	3
17	* 种子:直径 QN	40～50 VG/MS	窄	B04	1
			中	晋扁豆 2 号	2
			宽	Y02	3
18	* 种子:纵切面形状 QN (+)	50 VG	窄椭圆	DF02	1
			中等椭圆	晋扁豆 1 号	2
			宽椭圆		3
19	种子:种皮颜色数量 QL	50 VG	单色		1
			双色		2
20	* 仅适用于单色种皮品种:种子:种皮颜色 PQ	50 VG	绿色		1
			黄绿色	DF01	2
			粉色		3
			橙色		4
			橙红色	晋扁豆 1 号	5
			红色		6
			灰色		7
			黑色		8

表 A.1（续）

序号	性状	观测时期和方法	表达状态	标准品种	代码
21	＊仅适用于双色种皮品种：种子：种皮色斑类型 PQ （＋）	50 VG	斑点		1
			斑块	XZ04	2
			大理石纹	B04	3
			大理石纹及块状纹	XZ02	4
22	＊种子：百粒重 QN （＋）	50 MG	极低		1
			极低到低		2
			低	B04	3
			低到中		4
			中	晋扁豆 2 号	5
			中到高		6
			高	Y02	7
			高到极高		8
			极高		9
23	＊种子：子叶颜色 PQ	50 VG	绿色		1
			黄绿色	Y02	2
			橙色	晋扁豆 1 号	3
			褐色		4
24	种子：种皮光泽 QL	50 VG	无		1
			有	晋扁豆 2 号	9

A.2 兵豆属选测性状

兵豆属选测性状宜符合表 A.2 的规定。

表 A.2 兵豆属选测性状

序号	性状	观测时期和方法	表达状态	标准品种	代码
25	种子：粗蛋白含量 QN	50 MG	极低		1
			极低到低		2
			低		3
			低到中		4
			中		5
			中到高		6
			高		7
			高到极高		8
			极高		9
26	种子：淀粉含量 QN	50 MG	极低		1
			极低到低		2
			低		3
			低到中		4
			中		5
			中到高		6
			高		7
			高到极高		8
			极高		9
27	抗性：锈病 QN	20～30 VG	高感		1
			高感到感		2
			感		3
			感到中抗		4
			中抗		5
			中抗到抗		6
			抗		7
			抗到高抗		8
			高抗		9

表 A.2（续）

序号	性状	观测时期和方法	表达状态	标准品种	代码
28	抗性:镰刀菌枯萎病 QN	20～30 VG	高感		1
			高感到感		2
			感		3
			感到中抗		4
			中抗		5
			中抗到抗		6
			抗		7
			抗到高抗		8
			高抗		9

附 录 B
(规范性)
兵豆属性状的解释

B.1 兵豆属生育阶段

兵豆属生育阶段见表 B.1。

表 B.1 兵豆属生育阶段

生育阶段代码	名称	描述
10	幼苗期	对生单叶完全展开
20	始花期	小区内 50%植株至少开 1 朵花
30	盛花期	小区内 90%的植株开花
40	荚果绿熟期	荚果充分生长膨大,达到最大长度和宽度
50	成熟期	小区内中下部荚果豆粒变硬,呈现固有颜色,叶片转色
60	收获期	小区内 80%以上的荚果成熟,豆荚呈现固有颜色,豆粒变硬

B.2 涉及多个性状的解释

(a) 第 2 开花节着生复叶的第 1 对小叶。

(b) 植株中上部发育充分的正常荚果。

B.3 涉及单个性状的解释

性状分级和图中代码见表 A.1 和表 A.2。

性状 1 * 始花期。

计算小区出苗到 50%的植株至少有一朵花开花的天数。

性状 2 * 植株:花青苷显色。

观测植株基部,见图 B.1。

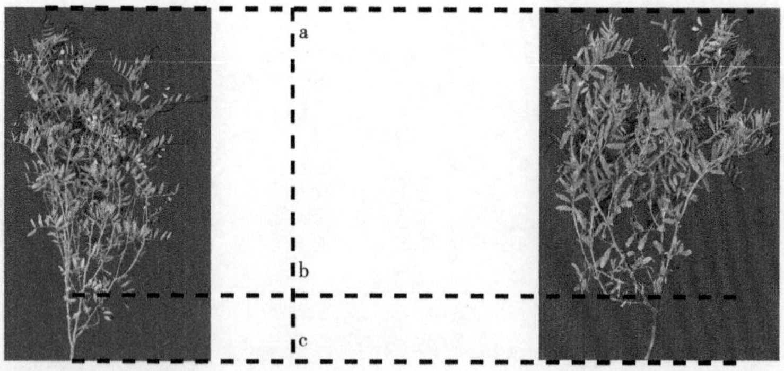

标引序号说明:

ac——植株:高度; bc——植株:花青苷显色。

图 B.1 * 植株:花青苷显色和 * 植株:高度

性状 3 植株:分枝强度,见图 B.2。

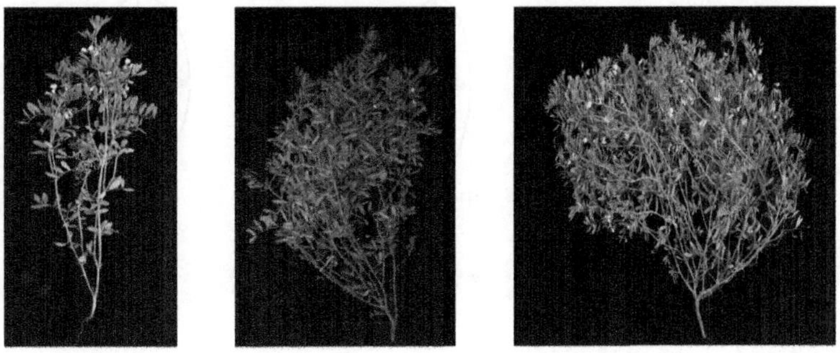

弱 2　　中 3　　强 4

图 B.2　植株:分枝强度

性状 5　小叶:形状,见图 B.3。

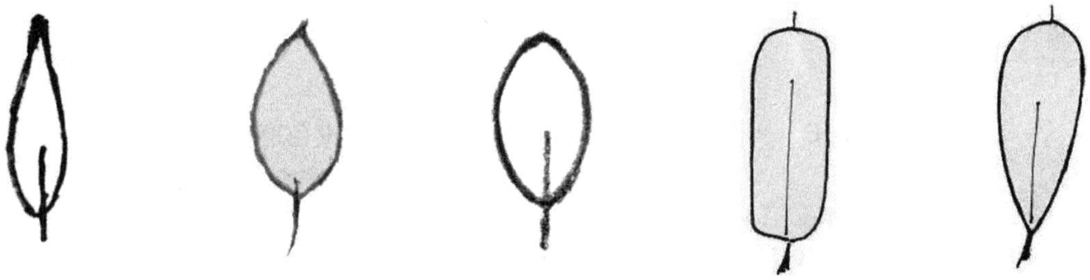

披针形 1　　卵圆形 2　　椭圆形 3　　矩形 4　　倒卵圆形 5

图 B.3　小叶:形状

性状 11　植株:生长习性,见图 B.4。

直立 1　　半直立 2　　匍匐 3

图 B.4　植株:生长习性

性状 12　＊植株:高度,植株最高点至地面的高度,见图 B.1。

性状 13　荚果:绿色程度,应观察成熟期内未完全干燥的荚果。

性状 14　荚果:胚珠数量。

在种子发育完整前、荚果较扁平时,取籽粒平均值;或在成熟收获期,当荚果完全干燥(在荚果自行开裂前),取发育完善的种子和未发育的籽粒平均值。

性状 16　荚果:宽度,测量未开裂荚果最宽处的宽度。

性状 18　＊种子:纵切面形状,见图 B.5。

性状 21　＊仅适用于双色种皮品种:种子:种皮色斑类型,见图 B.6。

性状 22　＊种子:百粒重。

选择充分成熟的饱满籽粒,随机称取 3 次 100 粒籽粒重量,求其平均值。

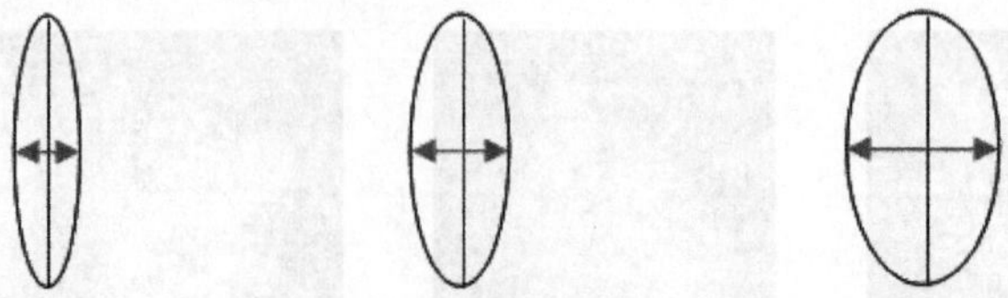

窄椭圆 1　　中等椭圆 2　　宽椭圆 3

图 B.5　＊种子:纵切面形状

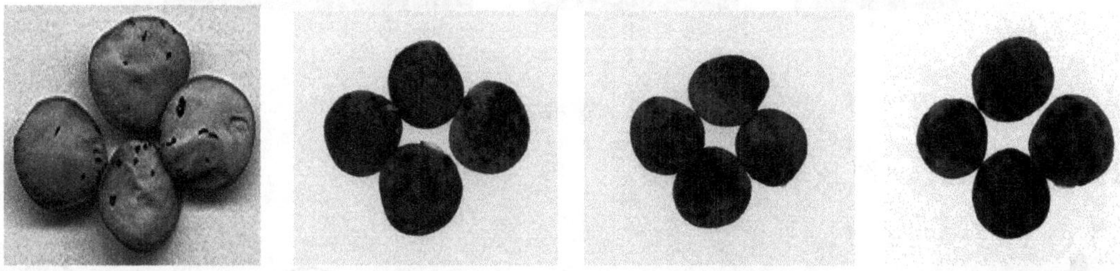

斑点 1　　斑块 2　　大理石纹 3　　大理石纹及块状纹 4

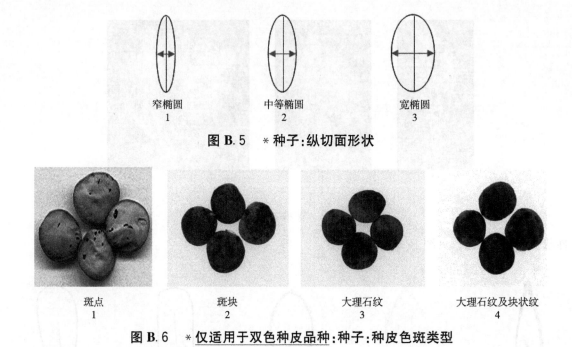

图 B.6　＊仅适用于双色种皮品种:种子:种皮色斑类型

附 录 C
（规范性）
兵豆属技术问卷

申请号：
申请日：
（由审批机关填写）

（申请人或代理机构签章）

C.1 品种暂定名称

C.2 申请人信息

姓名：
地址：
电话号码：　　　　传真号码：　　　　手机号码：
邮箱地址：
育种者姓名（如果与申请测试人不同）：

C.3 植物学分类

中文名：兵豆属
拉丁名：*Lens* Mill.

C.4 品种来源（在相符的［ ］中打√）

C.4.1 系统选育 ［ ］

C.4.2 杂交 ［ ］

C.4.2.1 亲本杂交 ［ ］（请指出亲本）

C.4.2.2 部分已知杂交 ［ ］（请指出已知亲本）

C.4.2.3 未知杂交 ［ ］

C.4.3 突变 ［ ］（请指出亲本）

C.4.4 发现并改良 ［ ］（请指出何时、何地、如何发现）

C.4.5 其他 ［ ］（请提供细节）

C.5 品种类型（按用途方式分，在相符的［ ］中打√）

C.5.1 食用 ［ ］

C.5.2 饲用 ［ ］

C.5.3 绿肥 ［ ］

C.5.4 兼用 ［ ］

C.5.5 其他 ［ ］（请详细说明）

C.6 待测品种具有代表性的彩色照片

（品种照片粘贴处）

（如果照片较多，可另附页提供）

C.7 品种的选育背景、育种过程和育种方法，包括系谱、培育过程和所使用的亲本或其他繁殖材料来源与名称的详细说明

C.8 适于生长的区域或环境以及栽培技术的说明

C.9 其他有助于辨别待测品种的信息

（如品种用途、品质和抗性，请提供详细资料）

C.10 品种种植或测试是否需要特殊条件（在相符的［ ］中打√）

是［ ］　　　　否［ ］

（如果回答是，请提供详细资料）

C.11 待测品种繁殖材料保存是否需要特殊条件（在相符的［ ］中打√）

是［ ］　　　　否［ ］

（如果回答是，请提供详细资料）

C.12 待测品种需要指出的性状

在相符合的代码后［ ］中打√，若有测量值，请填写在表 C.1 中。

表 C.1 待测品种需要指出的性状

序号	性状	表达状态	代码	测量值
1	*始花期（性状 1）	极早	1［ ］	
		极早到早	2［ ］	
		早	3［ ］	
		早到中	4［ ］	
		中	5［ ］	
		中到晚	6［ ］	
		晚	7［ ］	
		晚到极晚	8［ ］	
		极晚	9［ ］	
2	*植株：花青苷显色（性状 2）	无	1［ ］	
		有	9［ ］	

表 C.1（续）

序号	性状	表达状态	代码	测量值
3	*花：旗瓣颜色（性状 9）	白色	1［ ］	
		粉色	2［ ］	
		蓝紫色	3［ ］	
4	植株：生长习性（性状 11）	直立	1［ ］	
		半直立	2［ ］	
		匍匐	3［ ］	
5	*仅适用于单色种皮品种：种子：种皮颜色（性状 20）	绿色	1［ ］	
		黄绿色	2［ ］	
		粉色	3［ ］	
		橙色	4［ ］	
		橙红色	5［ ］	
		红色	6［ ］	
		灰色	7［ ］	
		黑色	8［ ］	
6	*种子：百粒重（性状 22）	极低	1［ ］	
		极低到低	2［ ］	
		低	3［ ］	
		低到中	4［ ］	
		中	5［ ］	
		中到高	6［ ］	
		高	7［ ］	
		高到极高	8［ ］	
		极高	9［ ］	
7	*种子：子叶颜色（性状 23）	绿色	1［ ］	
		黄绿色	2［ ］	
		橙色	3［ ］	
		褐色	4［ ］	

C.13 待测品种与近似品种的明显差异性状

在自己知识范围内，请申请测试人列出待测品种与其最为近似品种的明显差异，填写在表 C.2 中。

表 C.2 待测品种与近似品种的明显差异性状

近似品种名称	性状名称	近似品种表达状态	待测品种表达状态
注：可提供其他利于特异性审查的信息。			

申请人员承诺：技术问卷所填写的信息真实！

签名：

ICS 65.020.20
CCS B 05

NY

中华人民共和国农业行业标准

NY/T 4219—2022

植物品种特异性、一致性和稳定性测试指南　甘草属

Guidelines for the conduct of tests for distinctness, uniformity and stability—Licorice

(*Glycyrrhiza uralensis* Fisch.,*Glycyrrhiza inflata* Batal.,*Glycyrrhiza glabra* L.)

2022-11-11 发布　　2023-03-01 实施

中华人民共和国农业农村部　发布

前　　言

本文件按照 GB/T 1.1—2020《标准化工作导则　第 1 部分：标准化文件的结构和起草规则》的规定起草。

本文件由农业农村部种业管理司提出。

本文件由全国植物新品种测试标准化技术委员会(SAC/TC 277)归口。

本文件起草单位：巴彦淖尔市农牧业科学研究院[农业农村部植物新品种测试(巴彦淖尔)分中心]、农业农村部科技发展中心、新疆农业科学院[农业农村部植物新品种测试(乌鲁木齐)分中心]、新疆维吾尔自治区中药民族药研究所、中国中药有限公司。

本文件主要起草人：闫文芝、李晓瑾、单飞彪、邓超、朱军、王果平、杜瑞霞、樊丛照、王永行、刘春晖、杨钦方、王继永、邓庭伟、尚兴朴、曾燕、刘美娟、颜国荣、王威、白立华、马捷、赵连佳、张际昭、张凯淅、段如文。

植物品种特异性、一致性和稳定性测试指南　甘草属

1　范围

本文件规定了豆科甘草属甘草、胀果甘草和光果甘草及其杂交种品种特异性、一致性和稳定性测试的技术要求和结果判定的一般原则。

本文件适用于豆科(Fabaceae)甘草属(*Glycyrrhiza* L.)甘草(*Glycyrrhiza uralensis* Fisch.)、胀果甘草(*Glycyrrhiza inflata* Batal.)和光果甘草(*Glycyrrhiza glabra* L.)及其杂交种品种特异性、一致性和稳定性测试。

2　规范性引用文件

下列文件中的内容通过文中的规范性引用而构成本文件必不可少的条款。其中,注日期的引用文件,仅该日期对应的版本适用于本文件;不注日期的引用文件,其最新版本(包括所有的修改单)适用于本文件。

GB/T 19557.1　植物新品种特异性、一致性和稳定性测试指南　总则

中华人民共和国药典

3　术语和定义

GB/T 19557.1 界定的以及下列术语和定义适用于本文件。

3.1

群体测量　single measurement of a group of plants or parts of plants

对一批植株或植株的某器官或部位进行测量,获得一个群体记录。

3.2

个体测量　measurement of a number of individual plants or parts of plants

对一批植株或植株的某器官或部位进行逐个测量,获得一组个体记录。

3.3

群体目测　visual assessment by a single observation of a group of plants or parts of plants

对一批植株或植株的某器官或部位进行目测,获得一个群体记录。

4　符号

下列符号适用于本文件:

MG:群体测量。

MS:个体测量。

VG:群体目测。

QL:质量性状。

QN:数量性状。

PQ:假质量性状。

(a)～(c):标注内容在附录 B 的 B.2 中进行了详细解释。

(+):标注内容在附录 B 的 B.3 中进行了详细解释。

_:标注下划线是特别提示测试性状的适用范围。

5　繁殖材料的要求

5.1　繁殖材料以实生苗的形式提供。

5.2　每个生长周期提交测试品种的实生苗数量至少为60株。

5.3　提交的繁殖材料应外观健康，活力高，无病虫侵害。

实生苗的具体质量要求：苗龄10个～22个月，实生苗芽头饱满，长度25 cm以上，芦头直径0.4 cm以上。

5.4　提交的繁殖材料一般不进行任何影响品种性状正常表达的处理。如果已处理，应提供处理的详细说明。

5.5　提交的繁殖材料应符合中国植物检疫的有关规定。

6　测试方法

6.1　测试周期

测试周期至少为2个独立的生长周期。

6.2　测试地点

测试通常在同一个地点进行。如果某些性状在该地点不能充分表达，可在其他符合条件的地点对其进行观测。

6.3　田间试验

6.3.1　试验设计

以育苗移栽方式种植，株距40 cm，行距60 cm，小区间隔不少于1 m。小区不少于25株，共设2次重复。待测品种和近似品种相邻种植。

6.3.2　田间管理

按当地大田生产管理方式进行。各小区田间管理应严格一致，同一管理措施应当日完成。

6.4　性状观测

6.4.1　观测时期

性状观测应按照附录A中的表A.1和表A.2列出的生育阶段进行。附录B对这些生育阶段进行了解释。

6.4.2　观测方法

性状观测应按照附录A中的表A.1和表A.2规定的观测方法（VG、MG、MS）进行。部分性状观测方法见附录B的B.2和的B.3。

6.4.3　观测数量

除非另有说明，个体观测性状（MS）植株取样数量不少20个，在观测植株的器官或部位时，每个植株取样数量应为1个。群体观测性状（VG、MG）应观测整个小区或规定大小的混合样本。

6.5　附加测试

必要时，可选用表A.2中的性状或本文件未列出的性状进行附加测试。

7　特异性、一致性和稳定性的判定

7.1　总体原则

特异性、一致性和稳定性的判定按照GB/T 19557.1确定的原则进行。

7.2　特异性的判定

待测品种应明显区别于所有已知品种。在测试中，当待测品种至少在一个性状上与最近似品种具有明显且可重现的差异时，即可判定待测品种具备特异性。

7.3　一致性的判定

一致性判定时，采用5%的群体标准和至少95%的可接受概率。当群体样本为41株～53株时，最多允许5个异型株。

7.4 稳定性的判定

如果一个品种具备一致性，则可认为该品种具备稳定性。一般不对稳定性进行测试。

必要时，可以种植该品种的下一批繁殖材料，与以前提供的繁殖材料相比，若性状表达无明显变化，则可判定该品种具备稳定性。

8 性状表

8.1 概述

根据测试需要，性状分为基本性状和选测性状。基本性状是测试中必须使用的性状，附录 A 表 A.1 列出了甘草基本性状，表 A.2 列出了甘草选测性状。

性状表列出了性状名称、观测时期和方法、表达状态及相应的标准品种和代码等内容。

8.2 表达类型

根据性状表达方式，将性状分为质量性状、假质量性状和数量性状 3 种类型。

8.3 表达状态和相应代码

每个性状划分为一系列表达状态，为便于定义性状和规范描述，每个表达状态赋予一个相应的数字代码，以便于数据记录、处理和品种描述的建立与交流。

8.4 标准品种

性状表中列出了部分性状有关表达状态可参考的标准品种，以助于确定相关性状的不同表达状态和校正年份、地点引起的差异。

8.5 分组性状

本文件中，品种分组性状如下：

a) 植株：生长习性(表 A.1 中性状 2)；

b) 始花期(表 A.1 中性状 4)；

c) 小花：旗瓣顶端形状(表 A.1 中性状 10)；

d) 小叶：叶缘波状程度(表 A.1 中性状 18)；

e) 仅适用于有腺毛品种荚果：腺毛密度(表 A.1 中性状 25)；

f) 果穗：形状(表 A.1 中性状 27)。

9 技术问卷

申请人应按附录 C 格式填写甘草技术问卷。

附 录 A
（规范性）
甘 草 性 状

A.1 甘草基本性状

见表 A.1。

表 A.1 甘草基本性状

序号	性状	观测时期和方法	表达状态	标准品种	代码
1	嫩茎:花青苷显色强度 QN （+）	50 VG	无或极弱	XW3	1
			极弱到弱		2
			弱	XW2	3
			弱到中		4
			中	XW1	5
			中到强		6
			强	XY1	7
			强到极强		8
			极强		9
2	植株:生长习性 QN （+）	50 VG	直立	GG1	1
			半直立		2
			匍匐		3
3	茎:腺毛密度 QN （+）	50 VG	无或极疏	XZ1	1
			疏		2
			中	XW4	3
			密	XW8	4
4	始花期 QN （+）	65～69 MG	极早		1
			早		2
			中	GG1	3
			晚		4
			极晚		5
5	植株:花序数量 QN	65～69 VG/MS	少		1
			中	GG1	2
			多		3
6	花序:长度(除花柄) QN （+）	65～69 VG/MS	极短		1
			短		2
			中	GG1	3
			长		4
			极长		5
7	花序:宽度 QN （+）	65～69 VG/MS	极窄		1
			窄		2
			中	GG1	3
			宽		4
			极宽		5
8	花序:小花数量 QN （+）	65～69 VG	极少		1
			少	DZ1	2
			中	GG1	3
			多	DG1	4
			极多		5

表 A.1（续）

序号	性状	观测时期和方法	表达状态	标准品种	代码
9	小花:大小 QN (a)	65～69 VG/MS	小		1
			小到中		2
			中	GG1	3
			中到大		4
			大		5
10	小花:旗瓣顶端形状 PQ (a) (+)	65～69 VG	锐尖		1
			钝尖	GG1	2
			近圆		3
11	小花:旗瓣顶端颜色 PQ (a) (+)	65～69 VG	白色		1
			黄色		2
			浅紫色		3
			中等紫色		4
			深紫色		5
12	小花:旗瓣基部颜色 PQ (a) (+)	65～69 VG	白色		1
			黄色		2
			浅紫色		3
			紫色		4
13	茎:长度 QN (+)	69 MS	极短		1
			极短到短		2
			短		3
			短到中		4
			中	GG1	5
			中到长		6
			长		7
			长到极长		8
			极长		9
14	复叶:长度 QN (b) (+)	69～80 VG/MS	极短		1
			极短到短		2
			短		3
			短到中		4
			中	GG1	5
			中到长		6
			长		7
			长到极长		8
			极长		9
15	复叶:宽度 QN (b) (+)	69～80 VG/MS	极短		1
			极短到短		2
			短		3
			短到中		4
			中	GG1	5
			中到长		6
			长		7
			长到极长		8
			极长		9
16	复叶:光泽度 QN (+)	69～80 VG	无或极弱		1
			弱	GG1	2
			中		3
			强	DZ1	4
			极强		5

表 A.1（续）

序号	性状	观测时期和方法	表达状态	标准品种	代码
17	叶片:绿色程度 QN (+)	69~80 VG	浅	XW1	1
			中	XW11	2
			深		3
18	小叶:叶缘波状程度 QN (+) (c)	69~80 VG	无或极弱		1
			弱	GG1	2
			中		3
			强	XZ1	4
19	小叶:数量 QN (+) (c)	69~80 VG/MS	极少		1
			极少到少		2
			少	DZ1	3
			少到中		4
			中	GG1	5
			中到多		6
			多	DG1	7
			多到极多		8
			极多		9
20	小叶:形状 PQ (c) (+)	69~80 VG	披针形		1
			三角形		2
			卵圆形		3
			椭圆形		4
			近圆形		5
21	小叶:大小 QN (c) (+)	69~80 VG	小		1
			小到中		2
			中	GG1	3
			中到大		4
			大		5
22	小叶:先端形状 QN (c) (+)	69~80 VG	渐尖		1
			锐尖		2
			钝尖		3
			圆钝		4
23	荚果:腺毛 QL (+)	80~81 VG	无		1
			有		9
24	仅适用于有腺毛品种荚果:腺毛花青苷显色强度 QN (+)	80~81 VG	无或极弱		1
			弱		2
			中		3
			强		4
			极强		5
25	仅适用于有腺毛品种荚果:腺毛密度 QN (+)	80~81 VG	疏		1
			疏到中		2
			中		3
			中到密		4
			密		5
26	成熟期 QN (+)	89 MG	极早		1
			早		2
			中	GG1	3
			晚		4
			极晚		5
27	果穗:形状 PQ (+)	81~89 VG	纺锤形	G14	1
			圆柱形	G15	2
			球形		3
			不规则形		4

表 A.1（续）

序号	性状	观测时期和方法	表达状态	标准品种	代码
28	荚果:弯曲程度 QN (+)	81～89 VG	无或极弱	DZ1	1
			弱		2
			中	DG1	3
			强		4
			极强	GG1	5
29	荚果:宽度 QN	81～89 VG	窄	DG1	1
			中	GG1	2
			宽	DZ1	3
30	荚果:颜色 PQ	81～89 VG	浅褐色		1
			褐色	GG1	2
			深褐色		3
			红褐色	DG1	4
31	荚果:种子数 QN	81～89 MS/VG	少	DZ1	1
			中	G3	2
			多	DG1	3
32	种子:千粒重 QN (+)	89 MG	极低		1
			低		2
			中	GG1	3
			高		4
			极高		5
33	根:表皮颜色 PQ (+)	89 VG	黄棕色		1
			土黄色		2
			红棕色	GG1	3
			棕色		4
34	根:均匀度 QN (+)	89 VG	均匀		1
			中间型	GG1	2
			不均匀		3
35	根:紧实度 QN (+)	89 VG	紧实		1
			中间型	GG1	2
			疏松		3
36	根:横切面颜色 PQ (+)	89 VG	白色		1
			浅黄色		2
			中等黄色	GG1	3
			深黄色		4

A.2 甘草选测性状

见表 A.2。

表 A.2 甘草选测性状

序号	性状	观测时期和方法	表达状态	标准品种	代码
37	果穗:荚果密度 QN (+)	81～89 VG	疏	G14	1
			中	G15	2
			密	G16	3
38	根:甘草酸含量 QN (+)	89 MG	少		1
			中		2
			多		3
39	根:甘草苷(黄酮)含量 QN (+)	81～89 MG	少		1
			中		2
			多		3

附 录 B
(规范性)
甘草性状的解释

B.1 甘草生育阶段

见表 B.1。

表 B.1 甘草生育阶段

代码	描述
11	返青期
20	幼茎形成第 1 分枝
50	营养生长停止,花序开始形成
51	主茎第 1 花序形成
65	50%小花旗瓣展开
69	旗瓣翼瓣开始萎蔫
80	胚珠变硬,荚果充分发育膨大
81	荚果开始变浅黄色
89	籽粒干硬,荚果枯黄

B.2 涉及多个性状的解释

(a) 观测当天完全盛开的花。
(b) 观测复叶和叶柄,应选择植株茎中部 1/3 处充分扩展且未衰败的叶片。
(c) 观测植株茎中部 1/3 处发育充分的正常复叶上的第 1 对或第 2 对小叶。

B.3 涉及单个性状的解释

性状分级和图中代码见表 A.1 和表 A.2。

性状 1 嫩茎:花青苷显色强度。观测植株茎,应选择正常生长的植株主茎中部 1/3 处,见图 B.1。

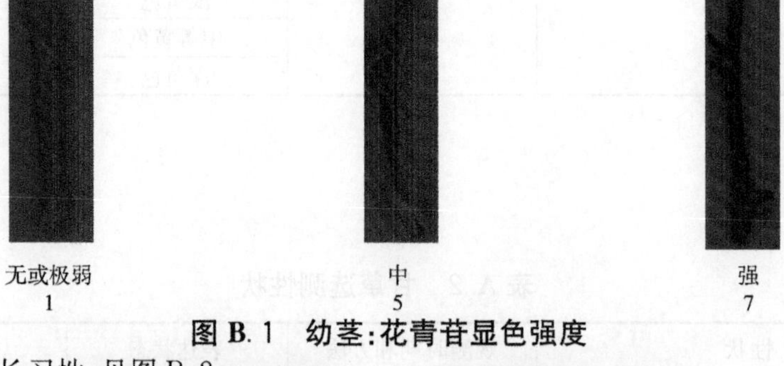

无或极弱 1 中 5 强 7

图 B.1 幼茎:花青苷显色强度

性状 2 植株:生长习性,见图 B.2。

直立 1 匍匐 3

图 B.2 植株:生长习性

性状 3　茎:腺毛密度,见图 B.3。观测植株茎,应选择正常生长的植株主茎中部 1/3 处腺毛。

疏　　中　　密
2　　3　　4

图 B.3　茎:腺毛密度

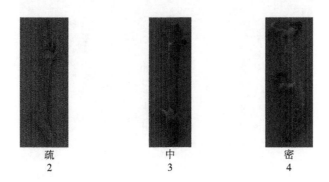

性状 4　始花期,是指出苗期到小区至少 30%的植株第一朵花开放的天数。

性状 6　花序:长度(除花柄),见图 B.4。

性状 7　花序:宽度,见图 B.4。

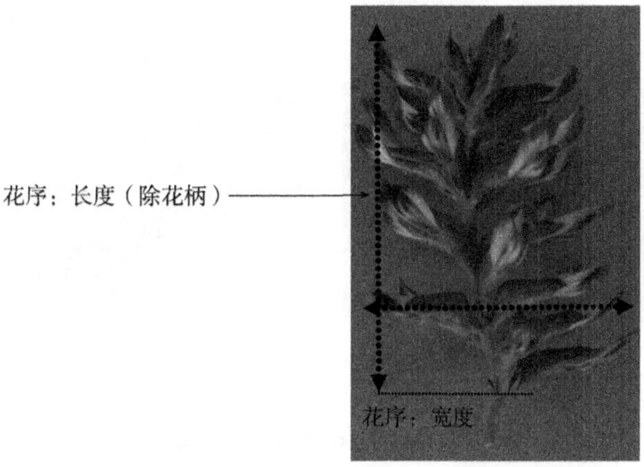

图 B.4　花序:长度(除花柄)和花序:宽度

性状 8　花序:小花数量,见图 B.5。

少　　中　　多
2　　3　　4

图 B.5　花序:小花数量

性状 10　小花:旗瓣顶端形状,见图 B.6。

性状 11　小花:旗瓣顶端颜色,见图 B.7。

性状 12　小花:旗瓣基部颜色,见图 B.8。

性状 13　茎:长度。在测试当年盛花期对最大茎长度进行测量。

性状 14　复叶:长度,见图 B.9。

性状 15　复叶:宽度,见图 B.9。

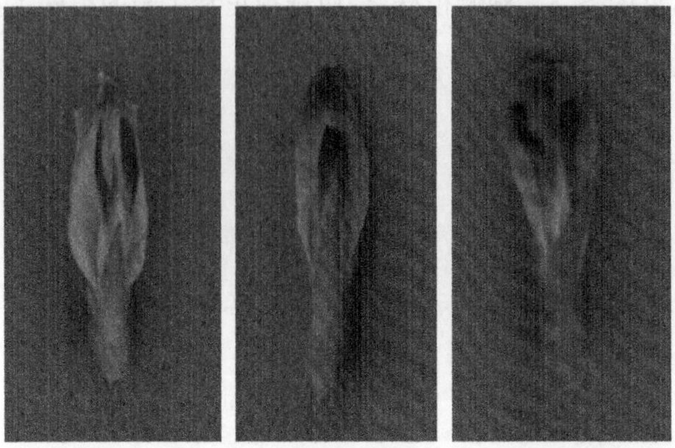

锐尖　　钝尖　　近圆
1　　2　　3

图 B.6　小花:旗瓣顶端形状

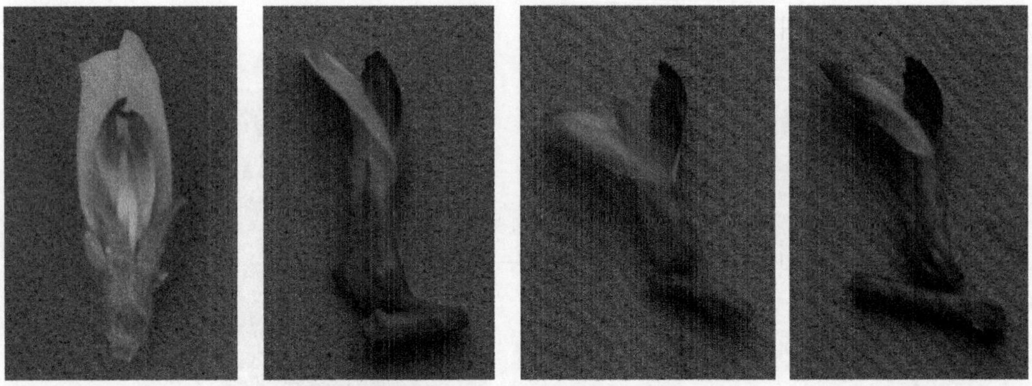

白色　　浅紫色　　中等紫色　　深紫色
1　　3　　4　　5

图 B.7　小花:旗瓣顶端颜色

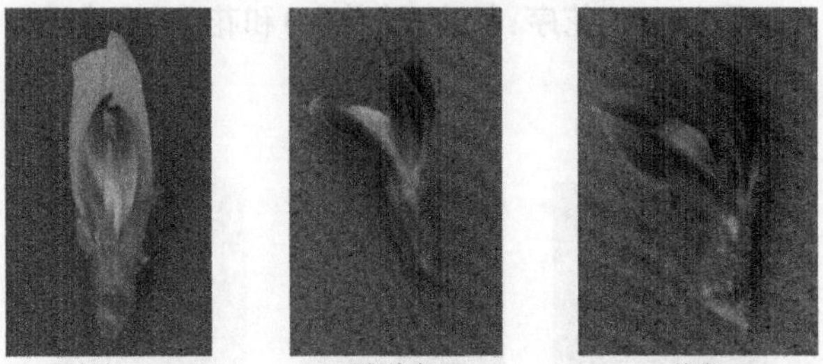

白色　　浅紫色　　紫色
1　　3　　4

图 B.8　小花:旗瓣基部颜色

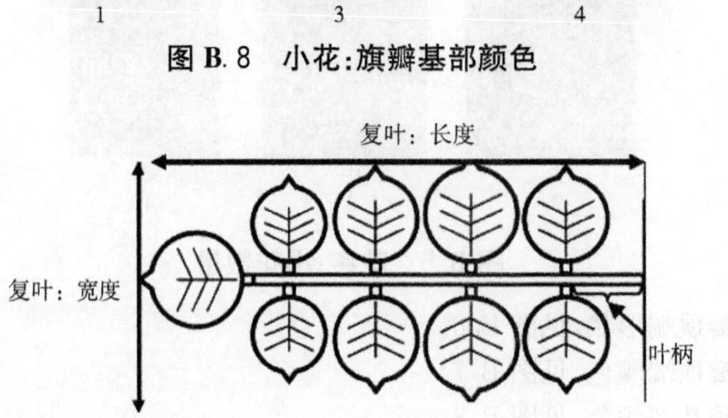

图 B.9　复叶:长度和复叶:宽度

性状 16　复叶:光泽度,见图 B.10。

性状 17　叶片:绿色程度,见图 B.11。

无或极弱　　　　强
1　　　　4

图 B.10　复叶:光泽度

浅　　　　中　　　　深
1　　　　2　　　　3

图 B.11　叶片:绿色程度

性状 18　小叶:叶缘波状程度,见图 B.12。

弱　　　　中　　　　强
2　　　　3　　　　4

图 B.12　小叶:叶缘波状程度

性状 19　小叶:数量,见图 B.13。

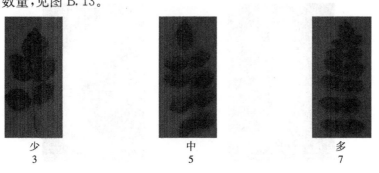

少　　　　中　　　　多
3　　　　5　　　　7

图 B.13　小叶:数量

性状 20　小叶:形状,见图 B.14。

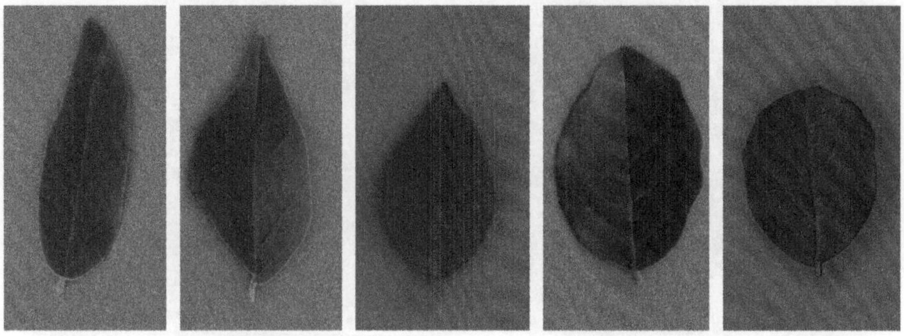

披针形	三角形	卵圆形	椭圆形	近圆形
1	2	3	4	5

图 B.14　小叶:形状

性状 21　小叶:大小,见图 B.15。

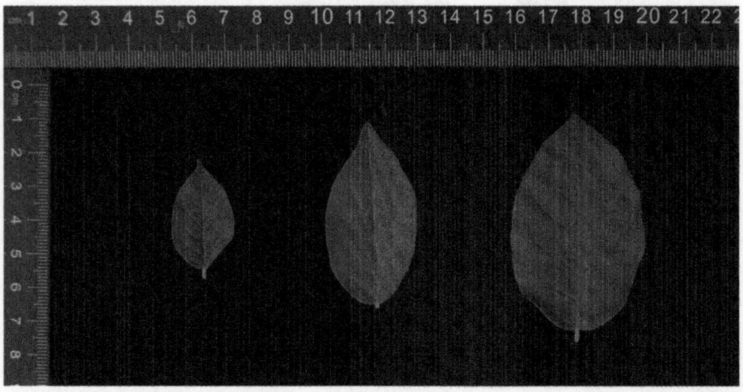

小	中	大
1	3	5

图 B.15　小叶:大小

性状 22　小叶:先端形状,见图 B.16。

渐尖	锐尖	钝尖	圆钝
1	2	3	4

图 B.16　小叶:先端形状

性状 23　荚果:腺毛,见图 B.17。

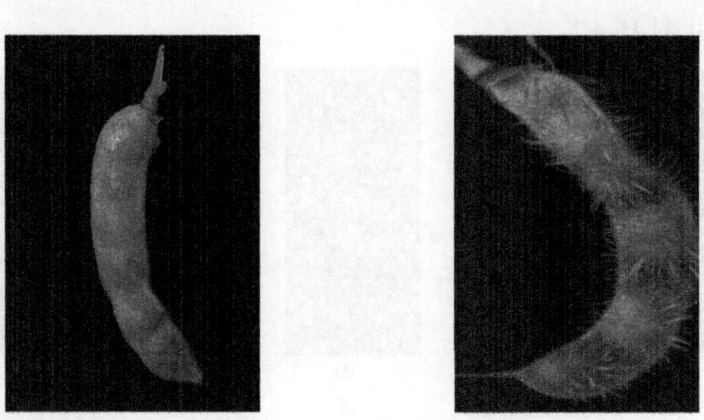

无	有
1	9

图 B.17　荚果:腺毛

性状 24　仅适用于有腺毛品种荚果：腺毛花青苷显色强度，见图 B.18。

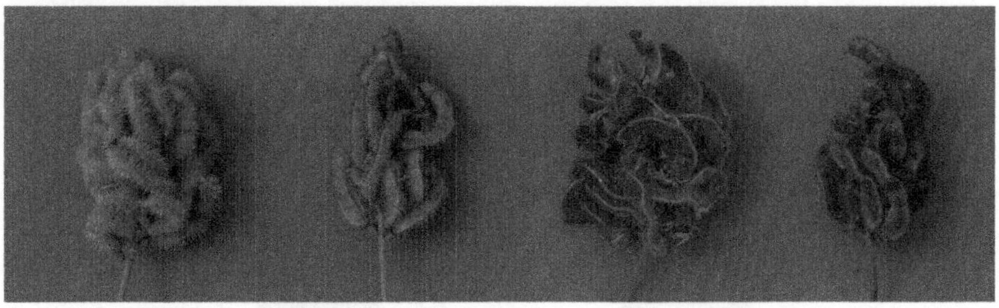

无或极弱 1　弱 2　中 3　强 4

图 B.18　仅适用于有腺毛品种荚果：腺毛花青苷显色强度

性状 25　仅适用于有腺毛品种荚果：腺毛密度，见图 B.19。

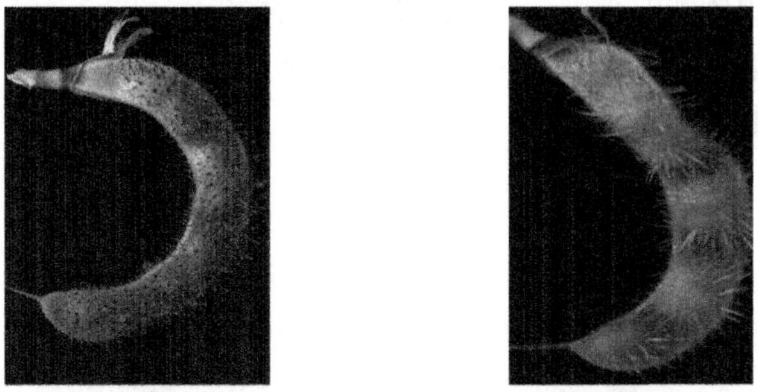

中 3　密 5

图 B.19　仅适用于有腺毛品种荚果：腺毛密度

性状 26　成熟期，是指测试当年全小区 50%的植株籽粒干硬、荚果枯黄的日期。

性状 27　果穗：形状，见图 B.20。

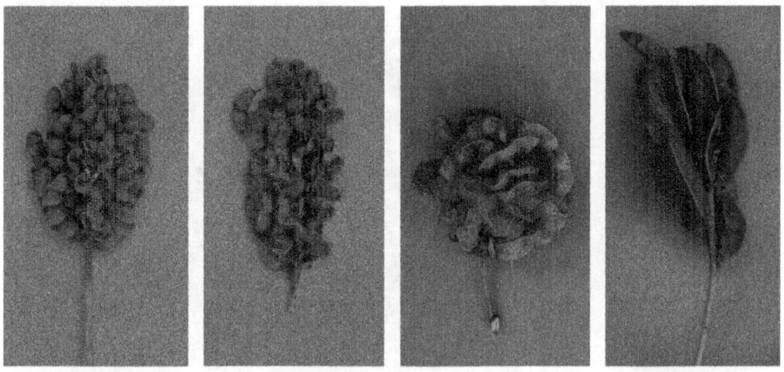

纺锤形 1　圆柱形 2　球形 3　不规则形 4

图 B.20　果穗：形状

性状 28　荚果：弯曲程度，见图 B.21。

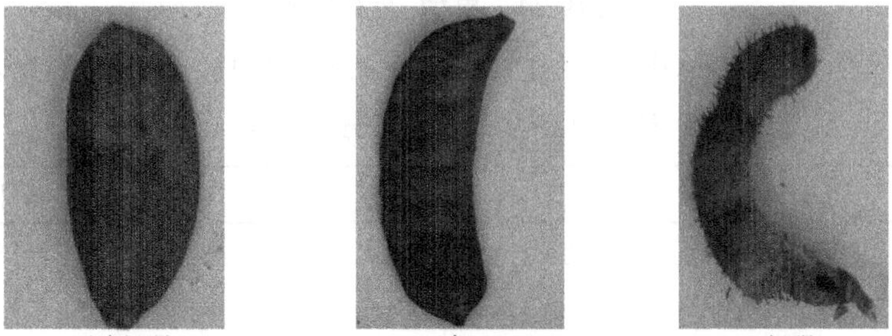

无或极弱 1　中 3　极强 5

图 B.21　荚果：弯曲程度

性状 32　种子:千粒重,随机称取 1 000 粒正常种子的重量,3 次重复。

性状 33　根:表皮颜色,见图 B.22。

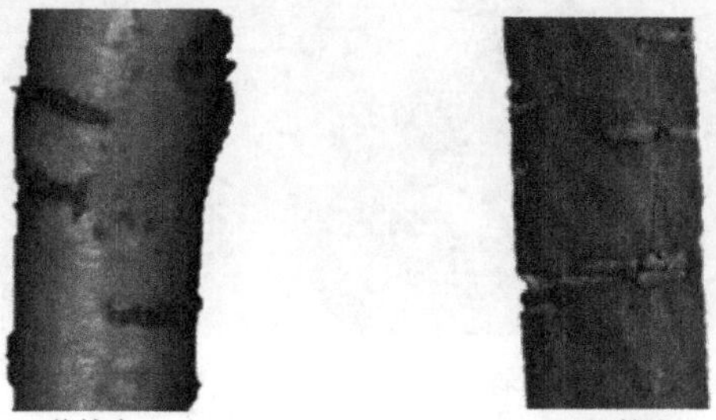

黄棕色　　红棕色
1　　3

图 B.22　根:表皮颜色

性状 34　根:均匀度,观测芦下 2 cm～20 cm 根直径的变化。

性状 35　根:紧实度,取芦下 10 cm 处一小段观测截面。

性状 36　根:横切面颜色,见图 B.23。

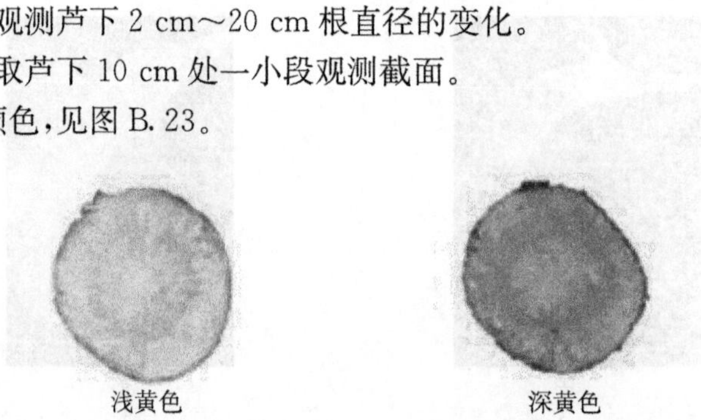

浅黄色　　深黄色
2　　4

图 B.23　根:横切面颜色

性状 37　果穗:荚果密度,见图 B.24。

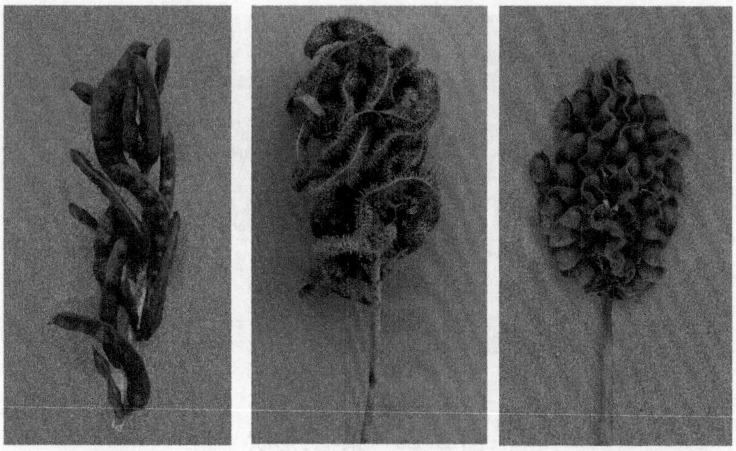

疏　　中　　密
1　　2　　3

图 B.24　果穗:荚果密度

性状 38　根:甘草酸含量,参照《中华人民共和国药典》测定甘草酸,分级标准见表 B.1。

表 B.1　甘草酸含量分级标准

描述	代码	甘草酸含量
少	1	2%～3%
中	2	3%～4%
多	3	>4%

性状 39　甘草苷(黄酮)含量,参照《中华人民共和国药典》甘草苷(黄酮)含量方法测定,分级标准见表 B.2。

表 B.2　甘草苷(黄酮)含量分级标准

描述	代码	甘草苷(黄酮)含量
少	1	<0.5%
中	2	0.5%~1%
多	3	>1%

附　录　C
（规范性）
甘草技术问卷

申请号： 申请日： （由审批机关填写）

（申请人或代理机构签章）

C.1　品种暂定名称

C.2　申请测试人信息

姓名：
地址：
电话号码：　　　　　　　　　传真号码：　　　　　　　　　手机号码：
邮箱地址：
育种者姓名（如果与申请测试人不同）：

C.3　植物学分类

甘草（*Glycyrrhiza uralensis* Fisch.）　[　]
胀果甘草（*Glycyrrhiza inflata* Batal.）[　]
光果甘草（*Glycyrrhiza glabra* L.）　[　]
其他 [　]

C.4　品种类型（在相符的类型[ ]中打√）

C.4.1　育种方式

C.4.1.1　杂交　　　　[　]
C.4.1.2　发现并改良 [　]
C.4.1.3　突变　　　　[　]
C.4.1.4　其他　　　　[　]

C.4.2　用途

C.4.2.1　食用　　　　[　]
C.4.2.2　药用　　　　[　]
C.4.2.3　兼用　　　　[　]
C.4.2.4　其他　　　　[　]

C.5　待测品种的具有代表性彩色照片

（品种照片粘贴处）
（如果照片较多，可另附页提供）

C.6 品种的选育背景、育种过程和育种方法，包括系谱、培育过程和所使用的亲本或其他繁殖材料来源与名称的详细说明

C.7 适于生长的区域或环境以及栽培技术的说明

C.8 其他有助于辨别待测品种的信息

（如品种用途、生长特征、品质和抗性，请提供详细资料）

C.9 品种种植或测试是否需要特殊条件（在相符[ ]中打√）

是[ ] 否[ ]
（如果回答是，请提供详细资料）

C.10 品种繁殖材料保存是否需要特殊条件（在相符[ ]中打√）

是[ ] 否[ ]
（如果回答是，请提供详细资料）

C.11 待测品种需要指出的性状

在相符的代码后[ ]中打√，若有测量值，请填写在表C.1中。

表C.1 待测品种需要指出的性状

序号	性状	表达状态	代码	测量值
1	始花期（性状4）	极早	1[ ]	
		早	2[ ]	
		中	3[ ]	
		晚	4[ ]	
		极晚	5[ ]	
2	花序：小花数量（性状8）	极少	1[ ]	
		少	2[ ]	
		中	3[ ]	
		多	4[ ]	
		极多	5[ ]	

表 C.1（续）

序号	性状	表达状态	代码	测量值
3	小花:旗瓣顶端形状(性状 10)	锐尖	1[ ]	
		钝尖	2[ ]	
		近圆	3[ ]	
4	小花:旗瓣顶端颜色(性状 11)	白色	1[ ]	
		黄色	2[ ]	
		浅紫色	3[ ]	
		中等紫色	4[ ]	
		深紫色	5[ ]	
5	小花:旗瓣基部颜色(性状 12)	白色	1[ ]	
		黄色	2[ ]	
		浅紫色	3[ ]	
		紫色	4[ ]	
6	茎:长度(性状 13)	极短	1[ ]	
		极短到短	2[ ]	
		短	3[ ]	
		短到中	4[ ]	
		中	5[ ]	
		中到长	6[ ]	
		长	7[ ]	
		长到极长	8[ ]	
		极长	9[ ]	
7	小叶:叶缘波状程度(性状 18)	无或极弱	1[ ]	
		弱	2[ ]	
		中	3[ ]	
		强	4[ ]	
8	小叶:数量(性状 19)	极少	1[ ]	
		极少到少	2[ ]	
		少	3[ ]	
		少到中	4[ ]	
		中	5[ ]	
		中到多	6[ ]	
		多	7[ ]	
		多到极多	8[ ]	
		极多	9[ ]	
9	仅适用于有腺毛品种荚果:腺毛密度(性状 25)	疏	1[ ]	
		疏到中	2[ ]	
		中	3[ ]	
		中到密	4[ ]	
		密	5[ ]	
10	果穗:形状(性状 27)	纺锤形	1[ ]	
		圆柱形	2[ ]	
		球形	3[ ]	
		不规则形	4[ ]	
11	根:横切面颜色(性状 36)	白色	1[ ]	
		浅黄色	2[ ]	
		中等黄色	3[ ]	
		深黄色	4[ ]	

C.12 待测品种与近似品种的明显差异性状

在自己认知范围内，请申请测试人在表C.2中列出待测品种与其最为近似品种的明显差异。

表C.2 待测品种与近似品种的明显差异性状

近似品种名称	性状名称	近似品种表达状态	待测品种表达状态
注：可提供有助于待测品种特异性测试的信息。			

申请人员承诺：技术问卷所填写的信息真实！

签名：

ICS 65.020.20
CCS B 05

NY

中华人民共和国农业行业标准

NY/T 4220—2022

植物品种特异性、一致性和稳定性测试指南 救荒野豌豆

Guidelines for the conduct of tests for distinctness, uniformity and stability—Common vetch

(*Vicia sativa* L.)

(UPOV:TG/32/7, Guidelines for the conduct of tests for distinctness, uniformity and stability—Common vetch, NEQ)

2022-11-11 发布　　2023-03-01 实施

中华人民共和国农业农村部 发布

前　言

本文件按照 GB/T 1.1—2020《标准化工作导则　第 1 部分：标准化文件的结构和起草规则》的规定起草。

本文件使用重新起草法修改采用了国际植物新品种保护联盟（UPOV）指南“TG/32/7，Guidelines for the conduct of tests for distinctness，uniformity and stability—Common vetch”。

本文件对应于 UPOV 指南 TG/32/7，与 TG/32/7 的一致性程度为非等效。

本文件与 UPOV 指南 TG/32/7 相比存在技术性差异，主要差异如下：

a）在基本性状表增加了 1 个性状：“叶片：花青苷显色强度”，在选测性状表增加了 4 个性状：“复叶：小叶数”“叶：小叶长度”“植株：生长习性”“花：翼瓣颜色”；

b）将性状“叶：小叶宽度”调整到选测性状表，调整了“种子：形状”和“＊种子：种皮底色”两个性状的表达状态。

本文件由农业农村部种业管理司提出。

本文件由全国植物新品种测试标准化技术委员会（SAC/TC 277）归口。

本文件起草单位：巴彦淖尔市农牧业科学研究院［农业农村部植物新品种测试（巴彦淖尔）分中心］、农业农村部科技发展中心、山西农业大学玉米研究所［农业农村部植物新品种测试（忻州）分中心］。

本文件主要起草人：单飞彪、闫文芝、焦雄飞、温雯、杜瑞霞、王永行、杨钦方、白立华、刘春晖、苗雨、刘琳、段如文。

植物品种特异性、一致性和稳定性测试指南　救荒野豌豆

1　范围

本文件规定了救荒野豌豆品种特异性、一致性和稳定性测试的技术要求和结果判定的一般原则。

本文件适用于救荒野豌豆(又称箭筈豌豆)(*Vicia sativa* L.)品种特异性、一致性和稳定性的测试。

2　规范性引用文件

下列文件中的内容通过文中的规范性引用而构成本文件必不可少的条款。其中,注日期的引用文件,仅该日期对应的版本适用于本文件;不注日期的引用文件,其最新版本(包括所有的修改单)适用于本文件。

GB/T 19557.1　植物新品种特异性、一致性和稳定性测试指南　总则

3　术语和定义

GB/T 19557.1 界定的以及下列术语和定义适用于本文件。

3.1

群体测量　single measurement of a group of plants or parts of plants

对一批植株或植株的某器官或部位进行测量,获得一个群体记录。

3.2

个体测量　measurement of a number of individual plants or parts of plants

对一批植株或植株的某器官或部位进行逐个测量,获得一组个体记录。

3.3

群体目测　visual assessment by a single observation of a group of plants or parts of plants

对一批植株或植株的某器官或部位进行目测,获得一个群体记录。

4　符号

下列符号适用于本文件:

MG:群体测量。

MS:个体测量。

VG:群体目测。

QL:质量性状。

QN:数量性状。

PQ:假质量性状。

*:UPOV 用于统一品种描述所需要的重要性状,除非受环境条件限制性状的表达状态无法测试,所有 UPOV 成员都应使用这些性状。

(+):标注内容在附录 B 的 B.2 中进行了详细解释。

_:本文件中下划线是特别提示测试性状的适用范围。

5　繁殖材料的要求

5.1　繁殖材料以种子形式提供。

5.2　提交测试品种的种子数量至少为 1 kg。

5.3　提交的繁殖材料应外观健康,活力高,无病虫侵害。

种子的具体质量要求如下:净度≥99.0%、发芽率≥85%、含水量≤13.0%。

5.4 提交的繁殖材料一般不进行任何影响品种性状正常表达的处理(如包衣种子)。如果已处理,应提供处理的详细说明。

5.5 提交的繁殖材料应符合中国植物检疫的有关规定。

6 测试方法

6.1 测试周期

测试周期至少为2个独立的生长周期。

6.2 测试地点

测试通常在一个地点进行。如果某些性状在该地点不能充分表达,可在其他符合条件的地点对其进行观测。

6.3 田间试验

6.3.1 试验设计

采用适宜株行距以穴播方式种植,株距20 cm~25 cm,行距30 cm~40 cm,每个小区不少于100株,共设2个重复,待测品种与近似品种相邻种植。

6.3.2 田间管理

可按当地大田生产管理方式进行。各小区田间管理应严格一致,同一管理措施应当日完成。

6.4 性状观测

6.4.1 观测时期

性状观测应按照附录A中的表A.1和表A.2列出的生育阶段进行。附录B对这些生育阶段进行了解释。

6.4.2 观测方法

性状观测应按照附录A中的表A.1和表A.2规定的观测方法(VG、MG、MS)进行。

6.4.3 观测数量

除非另有说明,个体观测性状(MS)植株取样数量不少于20个,在观测植株的器官或部位时,每个植株取样数量应为1个。群体观测性状(VG、MG)应观测整个小区或规定大小的混合样本。

6.5 附加测试

必要时,可选用表A.2中的性状或本文件未列出的性状进行附加测试。

7 特异性、一致性和稳定性的判定

7.1 总体原则

特异性、一致性和稳定性的判定按照GB/T 19557.1确定的原则进行。

7.2 特异性的判定

待测品种应明显区别于所有已知品种。在测试中,当待测品种至少在一个性状上与最近似品种具有明显且可重现的差异时,即可判定待测品种具备特异性。

7.3 一致性的判定

一致性判定时,采用1%的群体标准和至少95%的接受概率,当样本大小为100株时,最多可以允许有3个异型株,当样本大小为200株时,最多可以允许有5个异型株。

7.4 稳定性的判定

如果一个品种具备一致性,则可认为该品种具备稳定性。一般不对稳定性进行测试。

必要时,可以种植该品种的下一批繁殖材料,与以前提供的繁殖材料相比,若性状表达无明显变化,则可判定该品种具备稳定性。

8 性状表

8.1 概述

根据测试需要，将性状分为基本性状、选测性状，基本性状是测试中必须使用的性状。附录A表A.1列出了救荒野豌豆基本性状，表A.2列出了救荒野豌豆选测性状。

性状表列出了性状名称、观测时期和方法、表达状态及相应的标准品种和代码等内容。

8.2 表达类型

根据性状表达方式，将性状分为质量性状、假质量性状和数量性状3种类型。

8.3 表达状态和相应代码

每个性状划分为一系列表达状态，为便于定义性状和规范描述，每个表达状态赋予一个相应的数字代码，以便于数据记录、处理和品种描述的建立与交流。

8.4 标准品种

性状表中列出了部分性状有关表达状态相应的标准品种，以助于确定相关性状的不同表达状态和校正年份、地点引起的差异。

8.5 分组性状

本文件中，品种分组性状如下：

a) *始花期(表A.1中性状5)；

b) *花：旗瓣颜色(表A.1中性状10)；

c) *种子：种皮底色(表A.1中性状18)；

d) *种子：子叶颜色(表A.1中性状23)。

9 技术问卷

申请人应按附录C格式填写救荒野豌豆技术问卷。

附 录 A
（规范性）
救荒野豌豆性状

A.1 救荒野豌豆基本性状

见表 A.1。

表 A.1 救荒野豌豆基本性状

序号	性状	观测时期和方法	表达状态	标准品种	代码
1	*幼苗:小叶长宽比 QN (+)	12～13 VG/MS	极小		1
			极小到小		2
			小		3
			小到中		4
			中	兰箭 1 号	5
			中到大		6
			大	333/A	7
			大到极大		8
			极大		9
2	幼苗:茎秆基部花青苷显色强度 QN (+)	12～13 VG	无或极弱		1
			极弱到弱		2
			弱		3
			弱到中		4
			中	兰箭 1 号	5
			中到强		6
			强	蓝箭 2 号	7
			强到极强		8
			极强		9
3	叶片:花青苷显色强度 QN	12～13 VG	弱	兰箭 1 号	1
			中	333/A	2
			强		3
4	叶片:绿色程度 QN (+)	51～59 VG	浅	兰箭 1 号	1
			中	333/A	2
			深		3
5	*始花期 QN (+)	MG	极早		1
			极早到早		2
			早	333/A	3
			早到中		4
			中	兰箭 1 号	5
			中到晚		6
			晚		7
			晚到极晚		8
			极晚		9

表 A.1（续）

序号	性状	观测时期和方法	表达状态	标准品种	代码
6	*茎秆:上部节间茸毛密度 QN (+)	60～69 VG	无或极疏		1
			极疏到疏		2
			疏	333/A	3
			疏到中		4
			中	兰箭 2 号	5
			中到密		6
			密		7
			密到极密		8
			极密		9
7	茎秆:叶腋花青苷显色强度 QN (+)	60～69 VG	无或极弱		1
			极弱到弱		2
			弱	兰箭 1 号	3
			弱到中		4
			中	333/A	5
			中到强		6
			强		7
			强到极强		8
			极强		9
8	*叶:先端形状 QN (+)	60～69 VG	凸		1
			凸到平		2
			平	兰箭 1 号	3
			平到凹		4
			凹	冬箭豌豆	5
9	*托叶:蜜腺花青苷显色强度 QN	60～69 VG	无或极弱		1
			极弱到弱		2
			弱	兰箭 1 号	3
			弱到中		4
			中		5
			中到强		6
			强		7
			强到极强		8
			极强		9
10	*花:旗瓣颜色 PQ (+)	60～65 VG	白色	75-6	1
			粉色		2
			浅紫罗兰色		3
			中等紫罗兰色	兰箭 3 号	4
			深紫罗兰色		5
11	*荚果:茸毛密度 QN	71～79 VG	无或极疏		1
			极疏到疏		2
			疏	兰箭 3 号	3
			疏到中		4
			中	兰箭 2 号	5
			中到密		6
			密		7
			密到极密		8
			极密		9

表 A.1(续)

序号	性状	观测时期和方法	表达状态	标准品种	代码
12	荚果:长度(喙除外) QN	71～79 VG/MS	极短		1
			极短到短		2
			短	兰箭3号	3
			短到中		4
			中	333/A	5
			中到长		6
			长	盐城青	7
			长到极长		8
			极长		9
13	荚果:宽度 QN (+)	71～79 VG/MS	极窄		1
			极窄到窄		2
			窄		3
			窄到中		4
			中	雁玉2号	5
			中到宽		6
			宽	苏箭3号	7
			宽到极宽		8
			极宽		9
14	荚果:喙长度 QN	71～79 VG	短		1
			中	兰箭1号	2
			长		3
15	荚果:胚珠数量 QN (+)	71～75 MS	极少		1
			极少到少		2
			少	兰箭3号	3
			少到中		4
			中	兰箭1号	5
			中到多		6
			多	盐城青	7
			多到极多		8
			极多		9
16	* 百粒重 QN (+)	89～99 MG	极低		1
			极低到低		2
			低	山西春箭筈豌豆	3
			低到中		4
			中	333/A	5
			中到高		6
			高	盐城青	7
			高到极高		8
			极高		9
17	种子:形状 PQ (+)	89～99 VG	椭圆形		1
			圆形		2
			不规则	333/A	3
18	* 种子:种皮底色 PQ (+)	89～99 VG	泛白色		1
			灰绿色	兰箭1号	2
			棕绿色	兰箭3号	3
			棕色		4
			黑褐色		5
19	* 种子:棕色斑 PQ (+)	89～99 VG	无	333/A	1
			斑点	兰箭1号	2
			斑块	盐城青	3
			斑点和斑块		4

表 A.1（续）

序号	性状	观测时期和方法	表达状态	标准品种	代码
20	* 种子:棕色斑分布 QN	89～99 VG	极小		1
			极小到小		2
			小	兰箭 1 号	3
			小到中		4
			中	盐城青	5
			中到大		6
			大	75-6	7
			大到极大		8
			极大		9
21	* 种子:黑褐色斑 PQ (+)	89～99 VG	无	333/A	1
			斑点	兰箭 1 号	2
			斑块		3
			斑点和斑块	兰箭 3 号	4
22	* 种子:黑褐色斑分布 QN	89～99 VG	极小		1
			极小到小		2
			小	兰箭 1 号	3
			小到中		4
			中		5
			中到大		6
			大		7
			大到极大		8
			极大		9
23	* 种子:子叶颜色 QL	89～99 VG	灰棕色	75-6	1
			橙色	333/A	2

A.2 救荒野豌豆选测性状

见表 A.2。

表 A.2 救荒野豌豆选测性状

序号	性状	观测时期和方法	表达状态	标准品种	代码
24	植株:生长习性 QN	11～13 VG	直立	兰箭 1 号	1
			中间型		2
			匍匐		3
25	复叶:小叶数 QN (+)	60～69 MS	极少		1
			极少到少		2
			少	333/A	3
			少到中		4
			中		5
			中到多		6
			多	雁玉 2 号	7
			多到极多		8
			极多		9
26	叶:小叶长度 QN (+)	60～69 VG/MS	极短		1
			极短到短		2
			短	苏箭 3 号	3
			短到中		4
			中	雁玉 2 号	5
			中到长		6
			长	333/A	7
			长到极长		8
			极长		9

表 A.2（续）

序号	性状	观测时期和方法	表达状态	标准品种	代码
27	叶:小叶宽度 QN (+)	60～69 VG/MS	极窄		1
			极窄到窄		2
			窄	苏箭 3 号	3
			窄到中		4
			中		5
			中到宽		6
			宽	雁玉 2 号	7
			宽到极宽		8
			极宽		9
28	花:翼瓣颜色 PQ	60～62 VG	浅红色		1
			中等红色		2
			紫红色		3

附 录 B
（规范性）
救荒野豌豆性状的解释

B.1 救荒野豌豆生育阶段

见表 B.1。

表 B.1 救荒野豌豆生育阶段表

代码	描述
11	第 1 真叶展开
12	第 2 真叶展开
13	第 3 真叶展开
51	叶外出现第 1 个花芽
59	第 1 个花瓣出现
60	第 1 朵花开放
65	50%的花开放
69	开花结束
71	10%的荚果达到典型长度
75	50%的荚果达到典型长度
79	豆荚已达到典型大小，种子已完全形成
89	所有豆荚变干，变成棕色，种子干硬（后熟）
99	收获

B.2 涉及单个性状的解释

性状分级和图中代码见表 A.1 和表 A.2。

性状 1 ＊幼苗：小叶长宽比，见图 B.1。

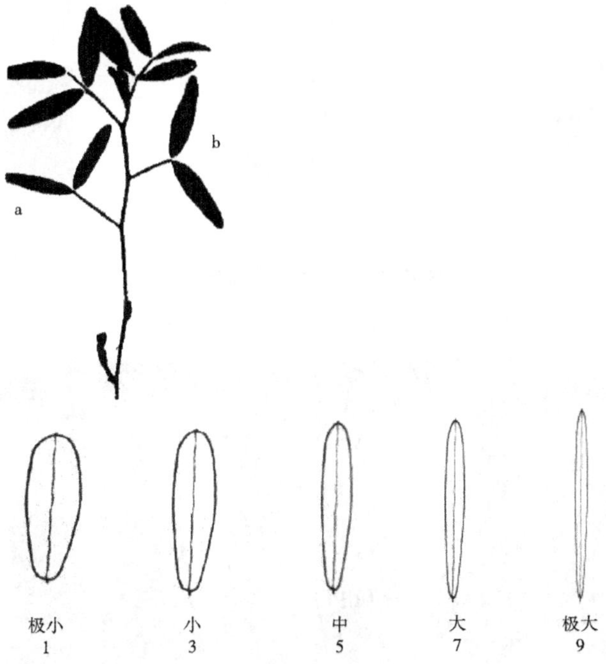

标引序号说明：

a——第 1 基生叶；

b——第 2 基生叶。

图 B.1 ＊幼苗：小叶长宽比

性状 2　幼苗:茎秆基部花青苷显色强度,见图 B.2。

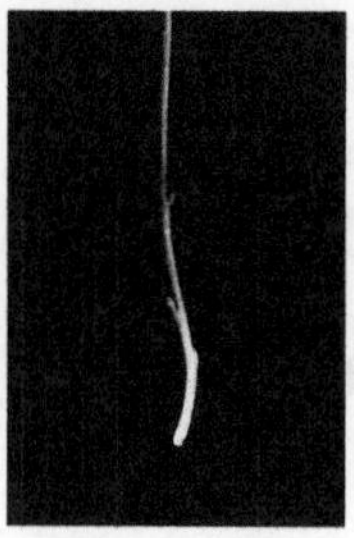

中
5

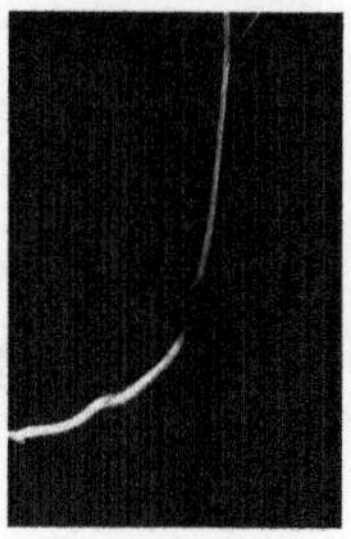

强
7

图 B.2　幼苗:茎秆基部花青苷显色强度

性状 5　*始花期,从出苗期到小区至少 30%的植株第 1 朵花开放的天数。

性状 6　*茎秆:上部节间茸毛密度,观测植株上部 1/3 茎秆处。

性状 7　茎秆:叶腋花青苷显色强度,见图 B.3。

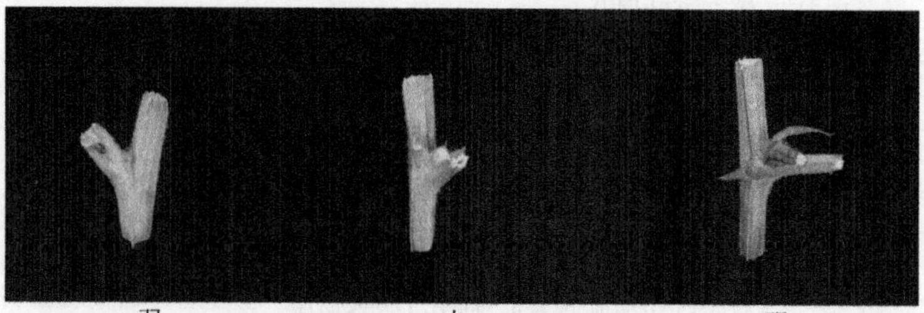

弱 3　　中 5　　强 7

图 B.3　茎秆:叶腋花青苷显色强度

性状 8　*叶:先端形状,见图 B.4。植株中部 1/3 处发育充分的正常小叶。

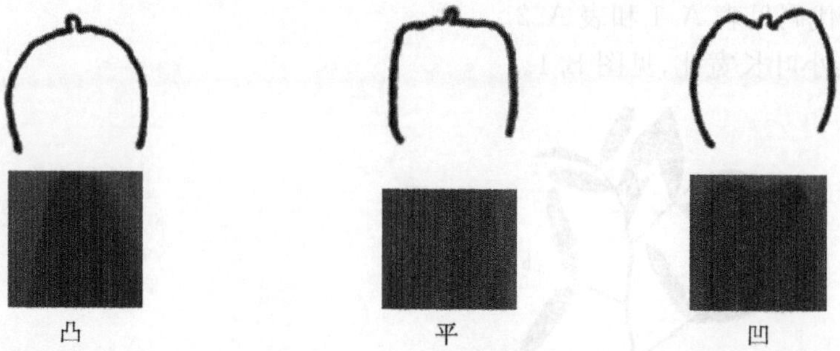

凸 1　　平 3　　凹 5

图 B.4　*叶:先端形状

性状 10　*花:旗瓣颜色。群体 50%的植株第一朵花开放,见图 B.5。

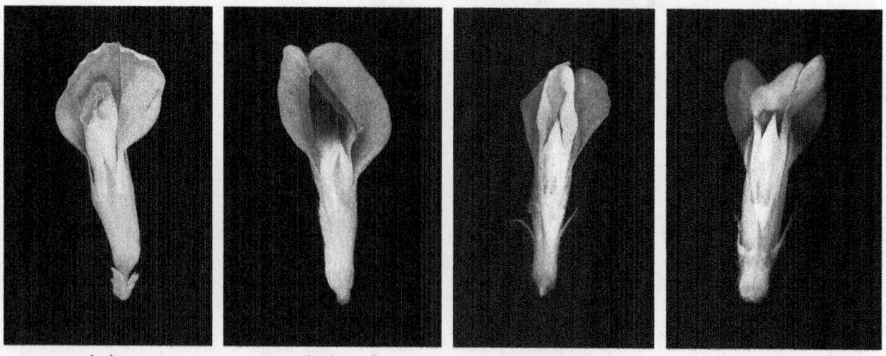

白色 1　　粉色 2　　浅紫罗兰色 3　　中等紫罗兰色 4

图 B.5　*花:旗瓣颜色

性状 13　荚果:宽度,观测发育充分且未开裂的绿色豆荚,测量豆荚的最大宽度。

性状 16　＊百粒重,自燃干燥后随机称取 100 粒正常种子的重量,3 次重复。

性状 18　＊种子:种皮底色,见图 B.6。

泛白色 1　灰绿色 2　棕绿色 3　棕色 4　黑褐色 5

图 B.6　＊种子:种皮底色

性状 19　＊种子:棕色斑,见图 B.7。

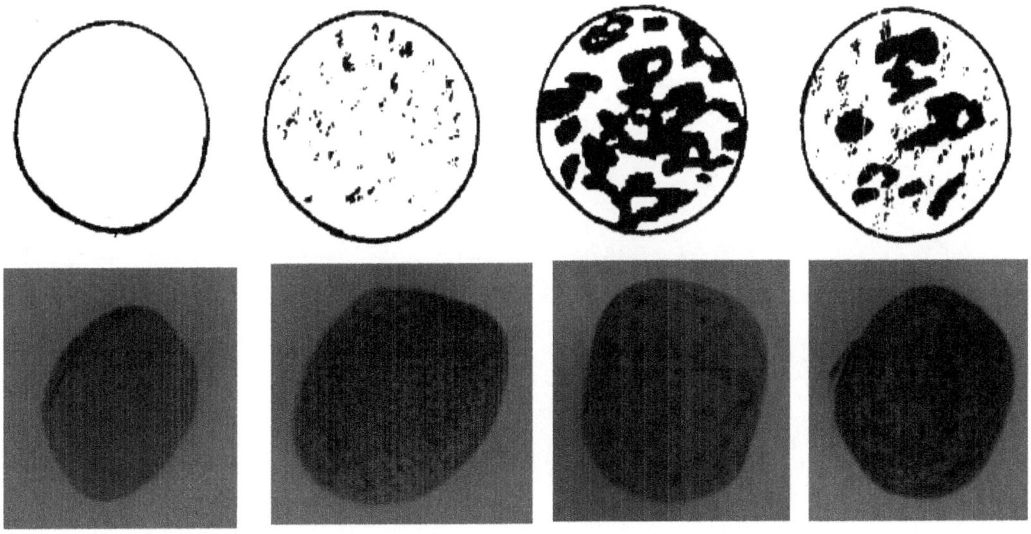

无 1　斑点 2　斑块 3　斑点和斑块 4

图 B.7　＊种子:棕色斑

性状 21　＊种子:黑褐色斑,见图 B.8。

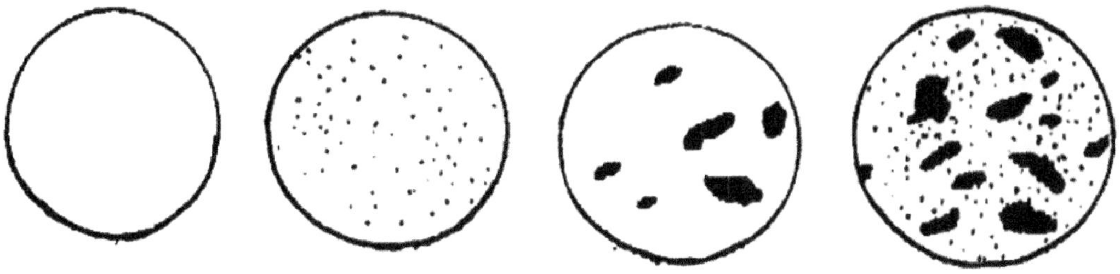

无 1　斑点 2　斑块 3　斑点和斑块 4

图 B.8　＊种子:黑褐色斑

性状 23　＊种子:子叶颜色,见图 B.9。

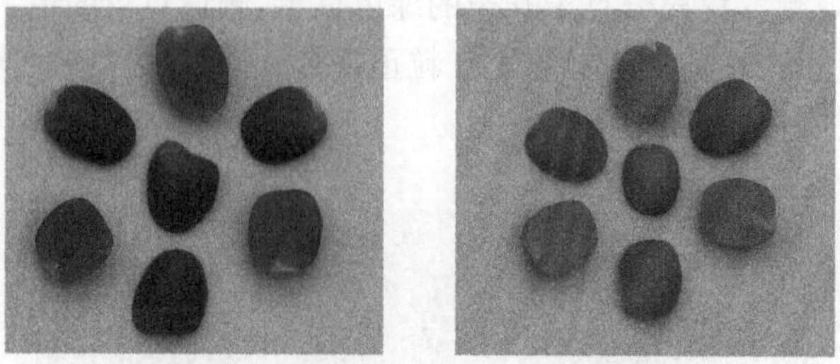

图 B.9　*种子:子叶颜色

性状 25　复叶:小叶数,观测主茎或主枝始花节位叶片。

性状 26　叶:小叶长度,测量主茎或主枝始花节位叶片中最大的小叶。

性状 27　叶:小叶宽度,测量主茎或主枝始花节位叶片中最大的小叶。

附　录　C
（规范性）
救荒野豌豆技术问卷

申请号： 申请日： （由审批机关填写）

（申请人或代理机构签章）

C.1　品种暂定名称

C.2　申请测试人信息

姓名：
地址：
电话号码：　　　　　　　　传真号码：　　　　　　　　手机号码：
邮箱地址：
育种者姓名(如果与申请测试人不同)：

C.3　植物学分类

拉丁名：
中文名：

C.4　品种类型(在相符的类型[　]中打√)

C.4.1　育种方式

C.4.1.1　系统选育　[　]
C.4.1.2　杂交　[　]
C.4.1.3　突变　[　]
C.4.1.4　发现并改良　[　]
C.4.1.5　其他　[　]

C.4.2　用途

C.4.2.1　食用　[　]
C.4.2.2　肥用　[　]
C.4.2.3　饲用　[　]
C.4.2.4　兼用　[　]

C.5　待测品种的具有代表性彩色照片

（品种照片粘贴处）
（如果照片较多,可另附页提供）

C.6　品种的选育背景、育种过程和育种方法，包括系谱、培育过程和所使用的亲本或其他繁殖材料来源与名称的详细说明

C.7　适于生长的区域或环境以及栽培技术的说明

C.8　其他有助于辨别待测品种的信息

（如品种用途、品质和抗性，请提供详细资料）

C.9　品种种植或测试是否需要特殊条件（在相符[　]中打√）

是[　]　　　　否[　]

（如果回答是，请提供详细资料）

C.10　品种繁殖材料保存是否需要特殊条件（在相符[　]中打√）

是[　]　　　　否[　]

（如果回答是，请提供详细资料）

C.11　待测品种需要指出的性状

在相符的代码后[ ]中打√，若有测量值，请填写在表C.1中。

表C.1　待测品种需要指出的性状

序号	性状	表达状态	代　码	测量值
1	*始花期(性状5)	极早	1[　]	
		极早到早	2[　]	
		早	3[　]	
		早到中	4[　]	
		中	5[　]	
		中到晚	6[　]	
		晚	7[　]	
		晚到极晚	8[　]	
		极晚	9[　]	
2	*花:旗瓣颜色(性状10)	白色	1[　]	
		粉色	2[　]	
		浅紫罗兰色	3[　]	
		中等紫罗兰色中	4[　]	
		深紫罗兰色	5[　]	

表 C.1（续）

序号	性状	表达状态	代码	测量值
3	＊种子：种皮底色（性状 18）	泛白色	1[ ]	
		灰绿色	2[ ]	
		棕绿色	3[ ]	
		棕色	4[ ]	
		黑褐色	5[ ]	
4	＊种子：棕色斑（性状 19）	无	1[ ]	
		斑点	2[ ]	
		斑块	3[ ]	
		斑点和斑块	4[ ]	
5	＊种子：黑褐色斑（性状 21）	无	1[ ]	
		斑点	2[ ]	
		斑块	3[ ]	
		斑点和斑块	4[ ]	
6	＊种子：子叶颜色（性状 23）	灰棕色	1[ ]	
		橙色	2[ ]	

C.12 待测品种与近似品种的明显差异性状

在自己认知范围内，请申请测试人在表 C.2 中列出待测品种与其最为近似品种的明显差异。

表 C.2 待测品种与近似品种的明显差异性状

近似品种名称	性状名称	近似品种表达状态	待测品种表达状态
注：可提供有助于待测品种特异性测试的信息。			

申请人员承诺：技术问卷所填写的信息真实！

签名：

ICS 65.020.20
CCS B 05

NY

中华人民共和国农业行业标准

NY/T 4221—2022

植物品种特异性、一致性和稳定性测试指南 羊肚菌属

Guidelines for the conduct of test for distinctness, uniformity and stability—Morchella

(*Morchella* Dill. ex Pers.)

2022-11-11 发布　　2023-03-01 实施

中华人民共和国农业农村部 发布

前　言

本文件按照GB/T 1.1—2020《标准化工作导则　第1部分：标准化文件的结构和起草规则》的规定起草。

本文件由农业农村部种业管理司提出。

本文件由全国植物新品种测试标准化技术委员会(SAC/TC 277)归口。

本文件起草单位：四川省农业科学院土壤肥料研究所、四川省农业科学院作物研究所、农业农村部科技发展中心。

本文件主要起草人：彭卫红、陈影、张浙峰、甘炳成、唐杰、余毅、徐岩、韩瑞玺、何晓兰、黄忠乾、谭伟、王勇、姜邻、王迪、曹雪莲、刘理旭、刘天海。

植物品种特异性、一致性和稳定性测试指南　羊肚菌属

1　范围

本文件规定了羊肚菌属品种特异性、一致性和稳定性测试的技术要求和结果判定的一般原则。

本文件适用于羊肚菌属(*Morchella* Dill. ex Pers.)的梯棱羊肚菌(*Morchella importuna* M. Kuo, O'Donnell & T. J. Volk)、六妹羊肚菌(*Morchella sextelata* M. Kuo)和七妹羊肚菌(*Morchella eximia* Boud.)品种特异性、一致性和稳定性的测试。

2　规范性引用文件

下列文件中的内容通过文中的规范性引用而构成本文件必不可少的条款。其中,注日期的引用文件,仅该日期对应的版本适用于本文件;不注日期的引用文件,其最新版本(包括所有的修改单)适用于本文件。

GB/T 12728　食用菌术语

GB/T 19557.1　植物新品种特异性、一致性和稳定性测试指南　总则

NY/T 528　食用菌菌种生产技术规程

3　术语和定义

GB/T 12728 和 GB/T 19557.1 规定的以及下列术语和定义适用于本文件。

3.1

群体测量　group measurement

对一批植物或植物的某器官或部位进行测量,获得一个群体记录。

3.2

个体测量　single measurement

对一批植物或植物的某器官或部位进行逐个测量,获得一组个体记录。

3.3

群体目测　group visual observation

对一批植物或植物的某器官或部位进行目测,获得一个群体记录。

3.4

个体目测　single visual observation

对一批植物或植物的某器官或部位进行逐个目测,获得一组个体记录。

3.5

营养转化袋　nutrient transformation bag

外源补充营养,促进羊肚菌属由营养生长转向生殖生长的专用基质袋。

4　符号

下列符号适用于本文件:

MG:群体测量。

MS:个体测量。

VG:群体目测。

VS:个体目测。

QL:质量性状。

QN:数量性状。

PQ:假质量性状。

(a)～(c):标注内容在附录B的B.2中进行了详细解释。

(+):标注内容在附录B的B.3中进行了详细解释。

5 繁殖材料的要求

5.1 繁殖材料以母种形式提供。

数量:至少为斜面试管母种3支。

母种试管规格(外口径×长度):(18～20)mm×(180～200)mm。

培养基:PDA培养基。

菌龄:保证送抵时菌龄7 d～10 d。

质量要求:外观健康,活力高,无污染。

5.2 提交的繁殖材料一般不进行任何影响品种性状表达的处理。如果已处理,应提供处理的详细说明。

5.3 提交的繁殖材料应符合中国植物检疫的有关规定。

6 测试方法

6.1 测试周期

至少为2个独立的生长周期。

6.2 测试地点

测试通常在同一个地点进行。如果某些性状在该地点不能充分表达,可在其他符合条件的地点对其进行观测。

6.3 田间试验

6.3.1 试验设计

每小区不少于5 m^2,设2个重复。必要时,近似品种与待测品种相邻种植。

6.3.2 试验方法

原种、栽培种和营养转化袋的配方由申请测试人提供。

撒播后覆土。播种量300 g/m^2～400 g/m^2。10 d～15 d后在畦面摆放转化袋,每平方米4袋～5袋,出菇前移除。其他管理参照当地大田栽培方式。

6.4 性状观测

6.4.1 观测时期

性状观测应按附录A中的表A.1列出的生育阶段进行。附录B对这些生育阶段进行了解释。

6.4.2 观测方法

性状观测应按照附录A中的表A.1规定的观测方法(MG、MS、VG、VS)进行。

6.4.3 观测数量

除非另有说明,个体观测性状(VS、MS)取样数量,菌丝体的取样数量不少于5个培养皿,栽培种的取样数量不少于20瓶,子实体的整体或部位取样数量应不少于40个。群体观测性状(VG、MG)应观测整个小区或规定大小的混合样本。

6.5 附加测试

必要时,可选用本文件未列出的性状进行附加测试。

7 特异性、一致性和稳定性的判定

7.1 总体原则

特异性、一致性和稳定性的判定按照GB/T 19557.1确定的原则进行。

7.2 特异性的判定

待测品种应明显区别于所有已知品种。在测试中，当待测品种至少在一个性状上与最为近似的品种具有明显且可重现的差异时，即可判定待测品种具备特异性。

7.3 一致性的判定

一致性判定时，采用10%的群体标准和至少95%的接受概率。当样本大小为5个时，最多可以允许有2个异型株，当样本大小为20个时，最多可以允许有4个异型株，当样本大小为35个～41个时，最多可以允许有7个异型株。

7.4 稳定性的判定

如果一个品种具备一致性，则可认为该品种具备稳定性。一般不对稳定性进行测试。

必要时，可以种植该品种的下一批无性繁殖材料，与以前提供的繁殖材料相比，若性状表达无明显变化，则可判定该品种具备稳定性。

8 性状表

8.1 概述

根据测试需要，将性状分为基本性状、选测性状，基本性状是测试中必须使用的性状。表A.1列出了羊肚菌属基本性状。

性状表列出了性状名称、观测时期和方法、表达状态及相应的标准(标样)品种和代码等内容。

8.2 表达类型

根据性状表达方式，将性状分为质量性状、假质量性状和数量性状3种类型。

8.3 表达状态和相应代码

8.3.1 每个性状划分为一系列表达状态，为便于定义性状和规范描述，每个表达状态赋予一个相应的数字代码，以便于数据记录、处理和品种描述的建立与交流。

8.3.2 对于质量性状和假质量性状，所有的表达状态都应当在测试指南中列出；对于数量性状，所有的表达状态也都应当在测试指南中列出，偶数代码的表达状态可以描述为"前一个表达状态到后一个表达状态"的形式。

8.4 标准(标样)品种

性状表中列出了部分性状有关表达状态相应的标准(标样)品种，以助于确定相关性状的不同表达状态和校正年份、地点引起的差异。

8.5 分组性状

本文件中，品种分组性状如下：

a) 菌盖：形状(表A.1中性状7)；

b) 菌盖：颜色(表A.1中性状9)；

c) 菌柄：长度(表A.1中性状15)。

9 技术问卷

申请人应按附录C格式填写羊肚菌属技术问卷。

附 录 A
（规范性）
羊肚菌属性状

羊肚菌属基本性状见表 A.1。

表 A.1 羊肚菌属基本性状

序号	性状	观测时期和方法	表达状态	标准（标样）品种	代码
1	菌丝体：气生菌丝发达程度 QN (a) (+)	11 VG	弱	M7	1
			弱到中		2
			中	川羊肚菌 1 号	3
			中到强		4
			强	M12	5
2	菌丝体：菌核有无 QL (a) (+)	11 VG	无	M44	1
			有	川羊肚菌 1 号	9
3	仅适用于有菌核品种：菌丝体：菌核颜色 PQ (a) (+)	11 VG	白色	M10	1
			浅黄色	川羊肚菌 6 号	2
			黄色	川羊肚菌 1 号	3
4	仅适用于有菌核品种：菌丝体：菌核分布方式 PQ (a) (+)	11 VG	Ⅰ型	M6	1
			Ⅱ型	川羊肚菌 6 号	2
			Ⅲ型	川羊肚菌 1 号	3
5	菌丝体：色素强度 QN (+)	11 VG	无或极弱	川羊肚菌 6 号	1
			弱		2
			中	19170	3
			强		4
			极强	M44	5
6	菌丝体（栽培种）：菌核颜色 PQ (b) (+)	12 VG	浅黄色	川羊肚菌 6 号	1
			黄褐色	川羊肚菌 1 号	2
			褐色	M44	3
7	菌盖：形状 PQ (c) (+)	23 VG	近三角形	川羊肚菌 5 号	1
			近卵圆形	川羊肚菌 1 号	2
			近长方形	川羊肚菌 3 号	3
8	菌盖：棱纹密度 QN (c) (+)	23 VG	疏	M101	1
			疏到中		2
			中	川羊肚菌 1 号	3
			中到密		4
			密	19170	5
9	菌盖：颜色 PQ (c) (+)	23 VG	浅褐色	M10	1
			中褐色	19170	2
			深褐色	川羊肚菌 1 号	3
			红褐色	川羊肚菌 6 号	4

表 A.1（续）

序号	性状	观测时期和方法	表达状态	标准(标样)品种	代码
10	菌盖:基部形状 PQ (c) (+)	23 VG	凹	川羊肚菌 1 号	1
			平	川羊肚菌 6 号	2
11	菌盖:长度 QN (c) (+)	23 MS	短	川羊肚菌 5 号	1
			短到中		2
			中	1839	3
			中到长		4
			长	川羊肚菌 6 号	5
12	菌盖:宽度 QN (c) (+)	23 MS	窄	19170	1
			窄到中		2
			中	1839	3
			中到宽		4
			宽	川羊肚菌 5 号	5
13	菌盖:长度/宽度 QN (c)	23 MS	小	川羊肚菌 5 号	1
			小到中		2
			中	1839	3
			中到大		4
			大	川羊肚菌 6 号	5
14	菌盖:厚度 QN (c) (+)	23 VS	薄	M7	1
			中	1839	2
			厚	川羊肚菌 6 号	3
15	菌柄:长度 QN (c) (+)	23 MS	短	川羊肚菌 5 号	1
			短到中		2
			中	川羊肚菌 1 号	3
			中到长		4
			长	1839	5
16	菌柄:直径 QN (c) (+)	23 MS	短	川羊肚菌 5 号	1
			短到中		2
			中	川羊肚菌 1 号	3
			中到长		4
			长	川羊肚菌 6 号	5
17	菌柄:纵切面形状 PQ (c) (+)	23 VG	长方形	川羊肚菌 4 号	1
			梯形	川羊肚菌 6 号	2
18	菌柄:颜色 PQ (c) (+)	23 VG	白色	川羊肚菌 6 号	1
			黄白色	川羊肚菌 1 号	2

附 录 B
（规范性）
羊肚菌属性状的解释

B.1 羊肚菌属生育阶段

见表 B.1。

表 B.1 羊肚菌属生育阶段

编号	名称	描述
11	菌丝体阶段	母种阶段，接种后到 7 d，7 d～10 d
12		栽培种阶段，接种后到 15 d
21	子实体阶段	原基期：原基呈白色，如小米粒，小区 10%土壤表面出现原基的时间
22		子实体分化期：原基分化成子实体，形成菌盖和菌柄，菌盖棱纹未展开，小区 20%子实体形成的时间
23		子实体采收期：子实体菌盖高度长至 3 cm～6 cm，明显可见裸露的子实层，即棱纹展开，凹坑可见，小区 20%子实体可采收的时间

B.2 涉及多个性状的解释

(a) 观测菌丝体时，用打孔器（直径 5 mm）将供试品种接种于直径 90 mm 的培养皿中，PDA 培养基，培养基量 20 mL，(20±1) ℃温度下，避光培养 7 d。

(b) 观测栽培种时，将供试品种接种后置于(20±1) ℃温度下，避光培养 15 d。

(c) 观测子实体时，对第一次采收的子实体进行观测。

B.3 涉及单个性状的解释

性状分级和图中代码见表 A.1。

性状 1 菌丝体：气生菌丝发达程度，见图 B.1。

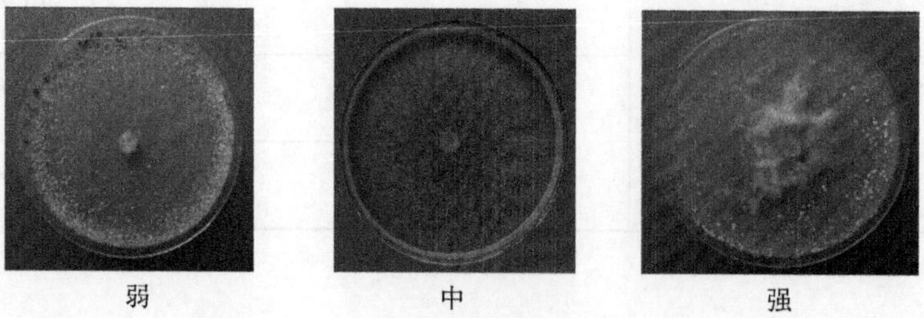

弱 1　　中 3　　强 5

图 B.1 菌丝体：气生菌丝发达程度

性状 2 菌丝体：菌核有无，见图 B.2。

性状 3 仅适用于有菌核品种：菌丝体：菌核颜色，见图 B.3。

性状 4 仅适用于有菌核品种：菌丝体：菌核分布方式，见图 B.4。Ⅰ型菌核主要分布在培养皿近中心位置，Ⅱ型菌核分布在培养皿上，Ⅲ型菌核主要分布在培养皿近外缘位置。

无　　有
1　　9

图 B.2　菌丝体:菌核有无

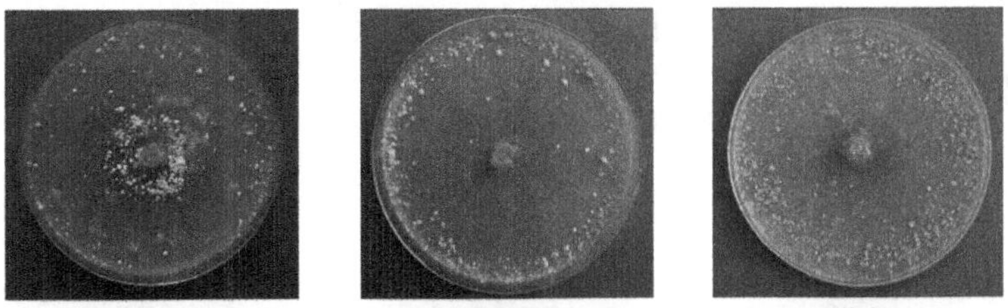

白色　　浅黄色　　黄色
1　　2　　3

图 B.3　仅适用于有菌核品种:菌丝体:菌核颜色

Ⅰ型　　Ⅱ型　　Ⅲ型
1　　2　　3

图 B.4　仅适用于有菌核品种:菌丝体:菌核分布方式

性状 5　菌丝体:色素强度,见图 B.5。(20±1) ℃温度下,避光培养,第 10 d 观察。

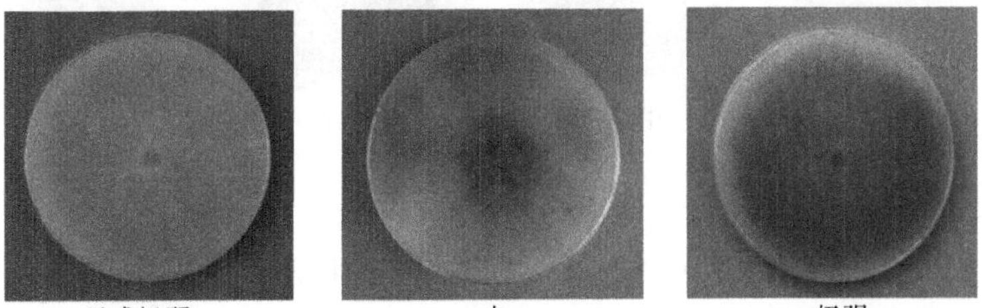

无或极弱　　中　　极强
1　　3　　5

图 B.5　菌丝体:色素强度

性状 6　菌丝体(栽培种):菌核颜色,见图 B.6。

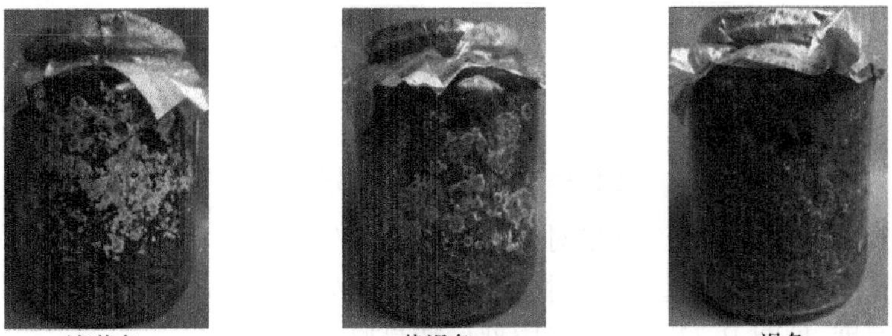

浅黄色　　黄褐色　　褐色
1　　2　　3

图 B.6　菌丝体(栽培种):菌核颜色

性状 7　菌盖:形状,见图 B.7。

图 B.7　菌盖:形状

性状 8　菌盖:棱纹密度,见图 B.8。

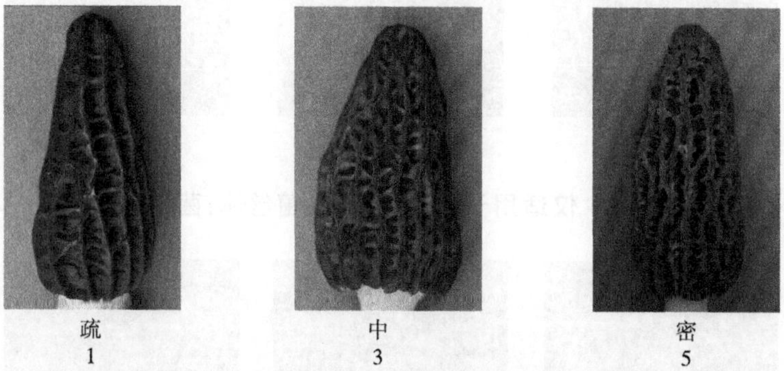

图 B.8　菌盖:棱纹密度

性状 9　菌盖:颜色,见图 B.9。

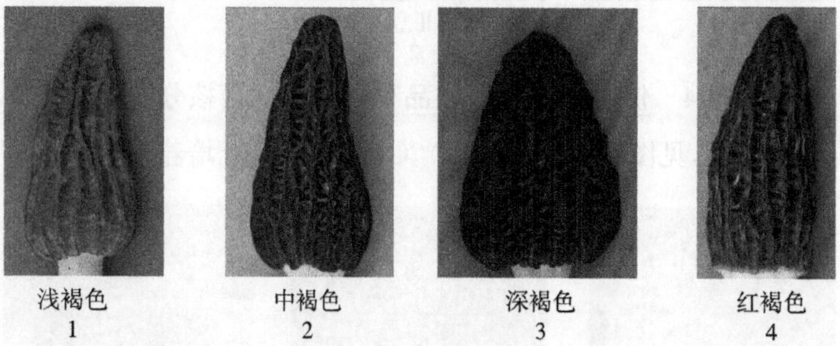

图 B.9　菌盖:颜色

性状 10　菌盖:基部形状,见图 B.10。观察菌盖和菌柄连接部位是否有凹陷。

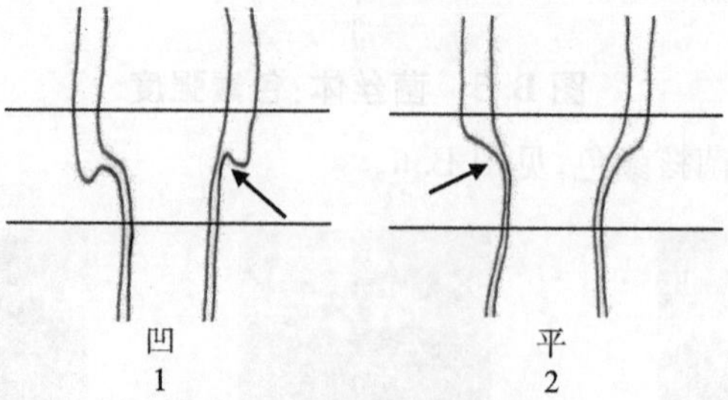

图 B.10　菌盖:基部形状

性状 11　菌盖:长度,见图 B.11。测量对应部位的最长处。

性状 12　菌盖:宽度,见图 B.11。测量对应部位的最宽处。

性状 14　菌盖:厚度,见图 B.11。目测对应部位的最厚处。

性状 15　菌柄:长度,见图 B.11。测量对应部位的最长处。

性状 16　菌柄:直径,见图 B. 11。测量菌柄和菌盖交接位置的最宽处。

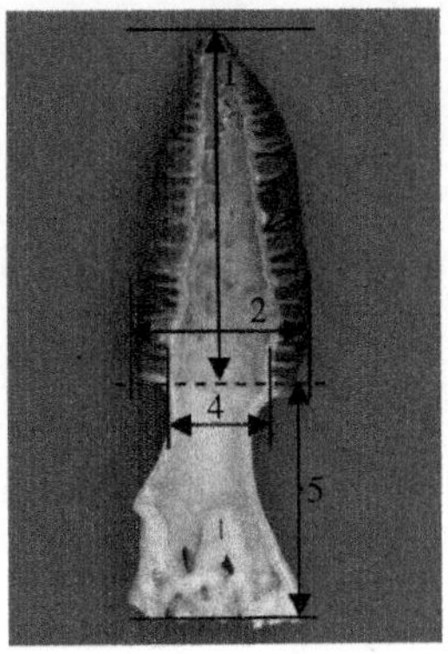

标引序号说明:

1——菌盖:长度;

2——菌盖:宽度;

3——菌盖:厚度;

4——菌柄:直径;

5——菌柄:长度。

图 B. 11　子实体纵切面

性状 17　菌柄:纵切面形状,见图 B. 12。

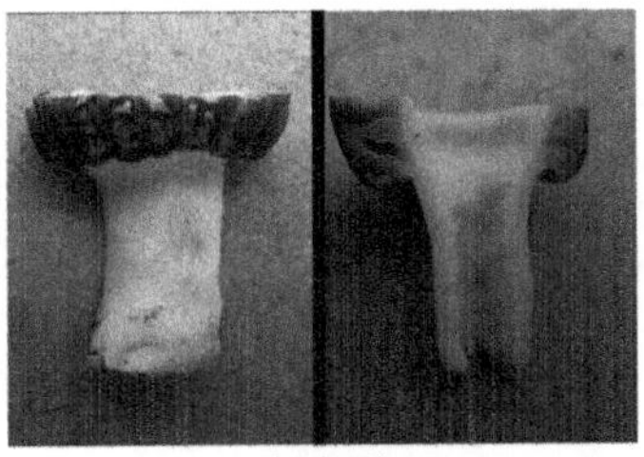

长方形
1

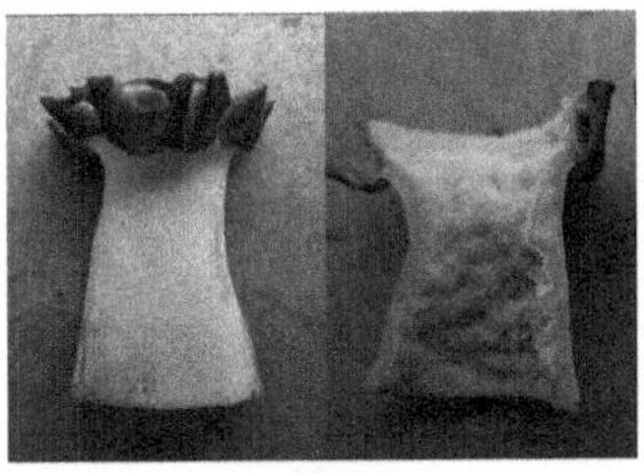

梯形
2

图 B. 12　菌柄:纵切面形状

性状 18　菌柄:颜色,见图 B. 13。

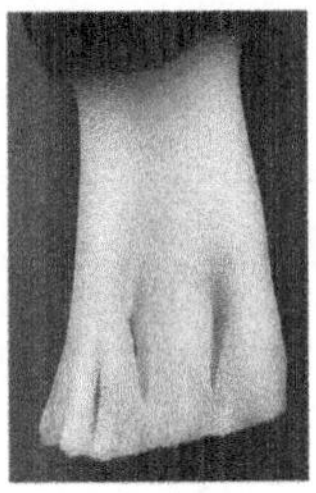

白色
1

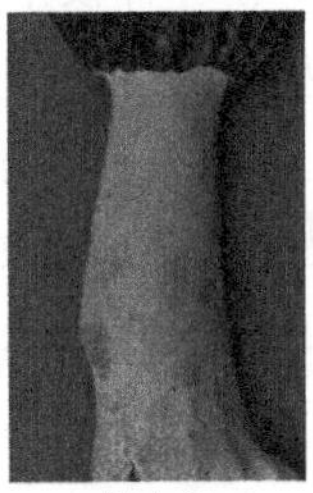

黄白色
2

图 B. 13　菌柄:颜色

附　录　C
（规范性）
羊肚菌属技术问卷

申请号： 申请日： （由审批机关填写）

（申请人或代理机构签章）

C.1　品种暂定名称

C.2　申请测试人信息：

姓名：
地址：
电话号码：　　　　　　　　　传真号码：　　　　　　　　　　　　手机号码：
邮箱地址：
育种者姓名（如果与申请测试人不同）：

C.3　分类

[　　　　]属　[　　　　]种　[　　　　]亚种　[　　　　]变种
拉丁名：*Morchella importuna* M. Kuo，O'Donnell & T. J. Volk
中文名：梯棱羊肚菌
拉丁名：*Morchella sextelata* M. Kuo
中文名：六妹羊肚菌
拉丁名：*Morchella eximia* Boud.
中文名：七妹羊肚菌

C.4　品种来源（在相符的类型[　　] 中打√）

C.4.1　野外采集驯化　[　　]
C.4.2　系统选育　[　　]
C.4.3　杂交选育　[　　]
C.4.4　原生质体融合　[　　]
C.4.5　其他　[　　]

C.5　待测品种的具有代表性彩色照片

（品种照片粘贴处）
（如果照片较多，可另附页提供）

C.6　品种的选育背景、育种过程和育种方法，包括系谱、培育过程和所使用的亲本或其他繁殖材料来源与名称的详细说明

C.7　适于生长的区域或环境以及栽培技术的说明

C.8　其他有助于辨别待测品种的信息

（如品种用途、品种抗性，请提供详细资料）

C.9　品种种植或测试是否需要特殊条件（在相符的类型[　]中打√）

是[　]　　　　　　　　否[　]

（如果回答是，请提供详细资料）

C.10　品种繁殖材料保存是否需要特殊条件（在相符的类型[　]中打√）

是[　]　　　　　　　　否[　]

（如果回答是，请提供详细资料）

C.11　待测品种需要指出的性状

在合适的代码后[　]打√，若有测量值，请填写在表C.1中。

表C.1　待测品种需要指出的性状

序号	性状	表达状态	代码	测量值
1	菌丝体:菌核有无(性状2)	无	1[　]	
		有	9[　]	
2	菌丝体:色素强度(性状5)	无或极弱	1[　]	
		弱	2[　]	
		中	3[　]	
		强	4[　]	
		极强	5[　]	
3	菌盖:形状(性状7)	近三角形	1[　]	
		近卵圆形	2[　]	
		近长方形	3[　]	
4	菌盖:颜色(性状9)	浅褐色	1[　]	
		中褐色	2[　]	
		深褐色	3[　]	
		红褐色	4[　]	

表 C.1（续）

序号	性状	表达状态	代码	测量值
5	菌柄：长度（性状 15）	短	1[ ]	
		短到中	2[ ]	
		中	3[ ]	
		中到长	4[ ]	
		长	5[ ]	

C.12 待测品种与近似品种的明显差异性状

在自己知识范围内，请申请测试人在表 C.2 中列出待测品种与其最为近似品种的明显差异。

表 C.2 待测品种与近似品种的差异

近似品种名称	性状名称	近似品种表达状态	待测品种表达状态
近似品种 1	××	××	××
	……	……	……
近似品种 2[可选择]	××	××	××
	……	……	……
注：可提供其他有利于特异性测试的信息。			

申请人承诺：技术问卷所填信息真实！

签名：

ICS 65.020.20
CCS B 05

NY

中华人民共和国农业行业标准

NY/T 4222—2022

植物品种特异性、一致性和稳定性测试指南 刀豆

Guidelines for the conduct of tests for distinctness, uniformity and stability—Sword bean

[*Canavalia ensiformis*(Line)DC.,*Canavalia gladiata*(Jacq.)DC.]

2022-11-11 发布 2023-03-01 实施

中华人民共和国农业农村部 发布

前　言

本文件按照 GB/T 1.1—2020《标准化工作导则　第 1 部分：标准化文件的结构和起草规则》的规定起草。

本文件由农业农村部种业管理司提出。

本文件由全国植物新品种测试标准化技术委员会(SAC/TC 277)归口。

本文件起草单位：岳阳市农业科学研究院(农业农村部植物新品种测试岳阳分中心)、农业农村部科技发展中心、福建省农业科学院作物研究所。

本文件主要起草人：刘琪龙、刘昆言、韩瑞玺、钟海丰、危家文、涂各亮、郑绍儒、彭长城、李浪、傅岳峰、陈慕文、刘奇颀、禹双双。

植物品种特异性、一致性和稳定性测试指南　刀豆

1　范围

本文件规定了直生刀豆、刀豆品种特异性、一致性和稳定性测试的技术要求和结果判定的一般原则。

本文件适用于直生刀豆[*Canavalia ensiformis*（Line）DC.]、刀豆[*Canavalia gladiata*（Jacq.）DC.]品种特异性、一致性和稳定性的测试。

2　规范性引用文件

下列文件中的内容通过文中的规范性引用而构成本文件必不可少的条款。其中，注日期的引用文件，仅该日期对应的版本适用于本文件；不注日期的引用文件，其最新版本（包括所有的修改单）适用于本文件。

GB/T 19557.1　植物新品种特异性、一致性和稳定性测试指南　总则

3　术语和定义

GB/T 19557.1 界定的以及下列术语和定义适用于本文件。

3.1

群体测量　group measurement

对一批植株或植株的某器官或部位进行测量，获得一个群体记录。

3.2

个体测量　single measurement

对一批植株或植株的某器官或部位进行逐个测量，获得一组个体记录。

3.3

群体目测　group visual observation

对一批植株或植株的某器官或部位进行目测，获得一个群体记录。

4　符号

下列符号适用于本文件：

MG：群体测量。

MS：个体测量。

VG：群体目测。

QL：质量性状。

QN：数量性状。

PQ：假质量性状。

(a)～(d)：标注内容在附录 B 的 B.2 中进行了详细解释。

(+)：标注内容在附录 B 的 B.3 中进行了详细解释。

_：特别提示测试性状的适用范围。

5　繁殖材料的要求

5.1　繁殖材料以种子形式提供。

5.2　提交的种子数量不少于 2 000 粒。

5.3　提交的繁殖材料应外观健康，活力高，无病虫侵害。繁殖材料的具体质量要求如下：净度≥98%，发

芽率≥85%,含水量≤13%。

5.4 提交的繁殖材料一般不进行任何影响品种性状正常表达的处理。如果已处理,需提供处理的详细说明。

5.5 提交的繁殖材料需符合中国植物检疫的有关规定。

6 测试方法

6.1 测试周期

测试周期通常为2个独立的生长周期。

6.2 测试地点

测试通常在同一地点进行。如果某些性状在该地点不能充分表达,可在其他符合条件的地点对其进行观测。

6.3 田间试验

6.3.1 试验设计

待测品种与近似品种相邻种植。

采用育苗移栽方式种植,行距150 cm,株距60 cm。每小区不少于40株,共设2个重复。

6.3.2 田间管理

田间管理方案与测试点所在地区的大田管理措施相同,对待测品种、近似品种及标准品种的田间管理要严格一致。

6.4 性状观测

6.4.1 观测时期

性状观测宜按照附录A中表A.1和表A.2列出的生育阶段进行。生育阶段描述宜参考附录B中表B.1。

6.4.2 观测方法

性状观测宜按照附录A中表A.1和表A.2规定的观测方法(VG、MG、MS)进行。部分性状观测方法宜参考附录B中B.2和B.3。

6.4.3 观测数量

除非另有说明,个体观测性状(MS)植株取样数量为20个,在观测植株的器官或部位时,每个植株上的取样数量为1个。群体观测性状(VG、MG)观测整个小区或规定大小的群体。

6.5 附加测试

必要时,可选用表A.2中的性状或本文件未列出的性状进行附加测试。

7 特异性、一致性和稳定性的判定

7.1 总体原则

特异性、一致性和稳定性的判定按照GB/T 19557.1确定的原则进行。

7.2 特异性的判定

待测品种需明显区别于所有已知品种。在测试中,当待测品种至少在一个性状上与最为近似的品种具有明显且可重现的差异时,即可判定待测品种具备特异性。

7.3 一致性的判定

对于测试品种,一致性判定时,采用1%的群体标准和至少95%的接受概率。当样本大小为36株~82株时,异型株数量不超过2株;当样本大小为83株~137株时,异型株数量不超过3株。

7.4 稳定性的判定

如果一个品种具备一致性,则认为该品种具备稳定性。一般不对稳定性进行测试。

必要时,宜种植该品种的另一批种子。与以前提供的种子相比,若性状表达无明显变化,则可判定该品种具备稳定性。

8 性状表

8.1 概述

根据测试需要，将性状分为基本性状和选测性状。基本性状是测试中需使用的性状，选测性状为依据申请者要求而进行附加测试的性状。表 A.1 给出了刀豆基本性状，表 A.2 给出了刀豆选测性状。

性状表列出性状名称、观测时期和方法、表达状态及相应的标准品种和代码等内容。

8.2 表达类型

根据性状表达方式，将性状分为质量性状、假质量性状和数量性状 3 种类型。

8.3 表达状态和相应代码

每个性状划分为一系列表达状态，以便于定义性状和规范描述；每个表达状态赋予一个相应的数字代码，以便于数据记录、处理和品种描述的建立与交流。

8.4 标准品种

性状表中列出部分性状有关表达状态宜参考的标准品种，以助于确定相关性状的不同表达状态和校正环境因素引起的差异。

8.5 分组性状

品种分组性状如下：

a) 植株：生长习性（表 A.1 中性状 1）；

b) 花：颜色（表 A.1 中性状 11）；

c) 鲜荚：长度（表 A.1 中性状 14）；

d) 种皮：颜色（表 A.1 中性状 32）。

9 技术问卷

申请人宜按照附录 C 格式填写刀豆技术问卷。

附 录 A
（规范性）
刀 豆 性 状

A.1 刀豆基本性状

刀豆基本性状宜符合表A.1的规定。

表A.1 刀豆基本性状

序号	性状	观测时期和方法	表达状态	标准品种	代码
1	植株:生长习性 QL (+)	15 VG	直生	邵东矮刀豆	1
			半蔓生	安徽青刀豆	2
			蔓生	DJV001	3
2	仅适用于蔓生品种:抽蔓期 QN (+)	15 MG	早		1
			早到中		2
			中	本地大刀豆	3
			中到晚		4
			晚		5
3	始花期 QN (+)	30 MG	早	P4205	1
			早到中		2
			中	本地大刀豆	3
			中到晚		4
			晚		5
4	主茎:花青苷显色强度 QN (a) (+)	60 VG	无或弱	DJV001	1
			中	方震大刀豆	2
			强	本地大刀豆	3
5	主茎:节数 QN (+)	60 MS	少	邵东矮刀豆	1
			中	安徽青刀豆	2
			多	本地大刀豆	3
6	主茎:茸毛 QN (a)	60 VG	无或极少	DJV001	1
			中		2
			多	邵阳小刀豆	3
7	叶:绒毛 QN (b)	60 VG	无或极少	福建大田刀豆	1
			中		2
			多	神牛刀把豆	3
8	小叶:长度 QN	60 MS	短		1
			中	福建大田刀豆	2
			长		3
9	小叶:宽度 QN	60 MS	窄		1
			中	本地大刀豆	2
			宽		3
10	小叶:绿色程度 QN	60 VG	浅		1
			中	本地大刀豆	2
			深		3
11	花:颜色 PQ (+)	60 VG	白色	邵阳小刀豆	1
			浅紫色	P4208	2
			紫色		3

表 A.1（续）

序号	性状	观测时期和方法	表达状态	标准品种	代码
12	花:第一花序节位 QN (+)	60 VG	低	DJV001	1
			中	石门刀豆	2
			高		3
13	花序:花青苷显色强度 QN (+)	60 VG	无或弱	DJV001	1
			中	P4205	2
			强		3
14	鲜荚:长度 QN (c) (+)	75 VG	短		1
			短到中		2
			中	本地大刀豆	3
			中到长		4
			长		5
15	鲜荚:宽度 QN (c) (+)	75 VG	窄		1
			中	本地大刀豆	2
			宽		3
16	鲜荚:厚度 QN (c)	75 VG	薄		1
			中等	方震大刀豆	2
			厚		3
17	鲜荚:重量 QN (c)	75 VG	轻		1
			中	福建大田刀豆	2
			重		3
18	荚果:弯曲状态 QN (c) (+)	75 VG	不弯或微弯		1
			弯曲	本地大刀豆	2
			极弯		3
19	荚果:荚面光滑度 QN (c)	75 VG	光滑		1
			中等		2
			粗糙		3
20	荚果:腹缝线花青苷显色强度 QN (c)	75 VG	无或弱		1
			中		2
			强		3
21	荚果:纵肋 QN (c)	75 VG	无或弱		1
			中		2
			强		3
22	荚果:喙弯曲度 QN (c) (+)	75 VG	弱		1
			中	本地大刀豆	2
			强		3
23	荚果:单荚粒数 QN (c)	88 MS	极少		1
			少	邵东矮刀豆	2
			中	本地大刀豆	3
			多	宏炬刀豆	4
			极多		5
24	种子:种皮光泽 QL (d)	99 VG	无	本地大刀豆	1
			有		9
25	种子:长度 QN (d) (+)	99 MS	短	邵东矮刀豆	1
			中	本地大刀豆	2
			长		3

表 A.1（续）

序号	性状	观测时期和方法	表达状态	标准品种	代码
26	种子:宽度 QN (d) (+)	99 MS	窄		1
			中	本地大刀豆	2
			宽		3
27	种子:厚度 QN (d)	99 MS	薄		1
			中等		2
			厚		3
28	种子:种脐大小 QN (d)	99 VG	小	邵东矮刀豆	1
			中	宏炬刀豆	2
			大	本地大刀豆	3
29	种子:横切面形状 PQ (d) (+)	99 VG	近圆形	鼎城白刀豆	1
			椭圆形	邵东矮刀豆	2
			纺锤形	本地大刀豆	3
30	种子:纵切面形状 PQ (d) (+)	99 VG	近圆形	鼎城白刀豆	1
			椭圆形	邵东矮刀豆	2
			窄椭圆形	本地大刀豆	3
			近矩形	福建大田刀豆	4
31	种子:种脐环颜色 PQ (d) (+)	99 VG	黄褐色	邵东矮刀豆	1
			褐色	本地大刀豆	2
			深褐色	宏炬刀豆	3
32	种皮:颜色 PQ (d)	99 VG	白色	邵东矮刀豆	1
			黄色		2
			红色	福建大田刀豆	3
			红褐色		4
			棕色		5
			黑褐色		6
			其他		7
33	种子:饱满度 PQ (d)	99 VG	弱		1
			中	本地大刀豆	2
			强		3
34	种皮:斑纹 QL (d)	99 VG	无	福建大田刀豆	1
			有		9
35	种子:百粒重 QN (d) (+)	99 MG	极小		1
			极小到小		2
			小	寿禾矮刀豆	3
			小到中		4
			中	本地大刀豆	5
			中到大		6
			大	福建大田刀豆	7
			大到极大		8
			极大		9

A.2 刀豆选测性状

刀豆选测性状宜符合表 A.2 的规定。

表 A.2　刀豆选测性状

序号	性状	观测时期和方法	表达状态	标准品种	代码
36	主茎:节间长度 QN	60 VG	短		1
			中		2
			长		3

附　录　B
（规范性）
刀豆性状的解释

B.1　刀豆生育阶段

刀豆生育阶段见表B.1。

表B.1　刀豆生育阶段

生育阶段代码	名称	描述
00	种子	未萌发种子
15	幼苗期	第6三出复叶展开
30	始花期	小区内10%植株第1朵花开放
60	盛花期	小区内所有植株有花开放
75	荚果绿熟期	小区内约75%荚果充分伸长膨大，达到最大长度和宽度
88	荚果成熟期	小区内约70%以上荚果成熟，豆粒呈现成熟色，豆粒变硬
99	收获期	小区内95%以上荚果成熟，豆粒呈现成熟色，豆粒变硬

B.2　涉及多个性状的解释

（a）　观测主茎中部。
（b）　观测植株中部第4节～第6节成熟三出复叶的顶生小叶。
（c）　观测植株中部发育正常的荚果。
（d）　观测收获后风干的籽粒。

B.3　涉及单个性状的解释

性状分级和图中代码见表A.1。

性状1　植株：生长习性，见图B.1。

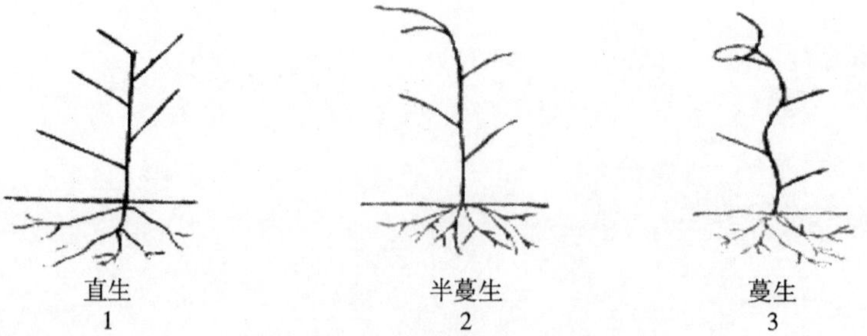

图B.1　植株：生长习性

性状2　仅适用于蔓生品种：抽蔓期，播种后至50%的植株抽蔓的天数。

性状3　始花期，记载播种后至小区内10%植株第一朵花开放的日期，计算天数。

性状4　主茎：花青苷显色强度，见图B.2。

性状5　主茎：节数，主茎基部到植株顶端最后一片展开复叶着生节的节数。

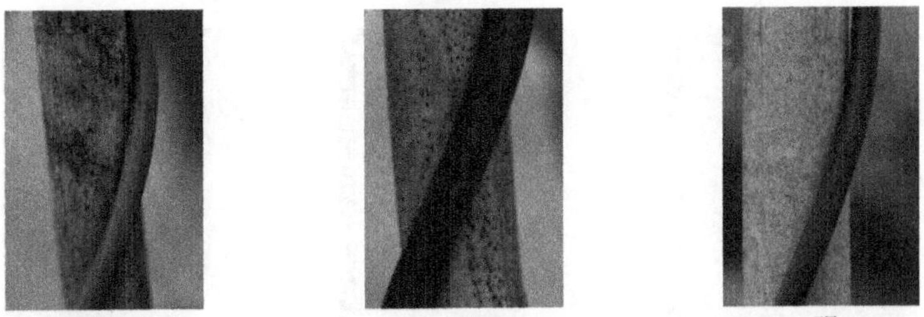

无或弱 1　　中 2　　强 3

图 B.2　主茎:花青苷显色强度

性状 11　花:颜色,见图 B.3。

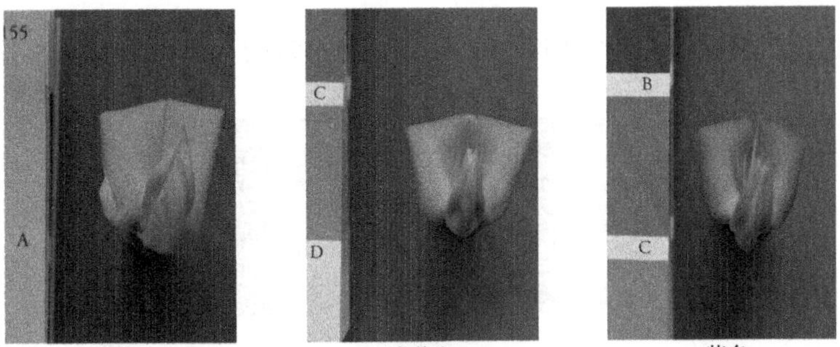

白色 1　　浅紫色 2　　紫色 3

图 B.3　花:颜色

性状 12　花:第一花序节位,盛花期目测第一花序节位位置。

性状 13　花序:花青苷显色强度,见图 B.4。

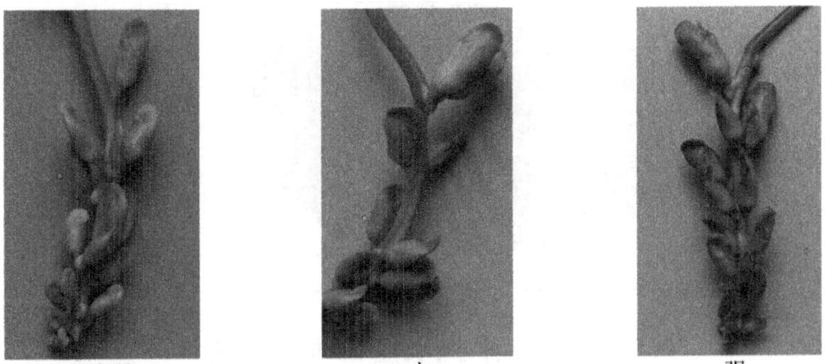

无或弱 1　　中 2　　强 3

图 B.4　花序:花青苷显色强度

性状 14　鲜荚:长度。每小区选取植株中随机抽取 20 个正常成熟荚果,每株需取一个新鲜荚果,测每个豆荚的最长位置,求其平均数。见图 B.5。

性状 15　鲜荚:宽度。每小区选取植株中随机抽取 20 个正常成熟荚果,测每个豆荚的最宽位置,求其平均数。见图 B.5。

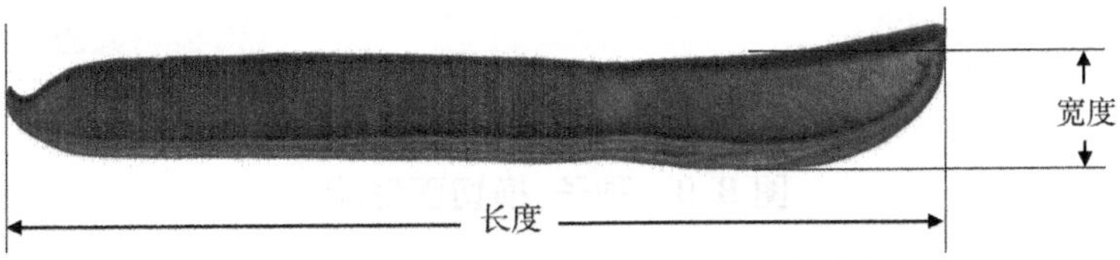

图 B.5　鲜荚:长度和鲜荚:宽度

性状 18　荚果:弯曲状态。目测整个小区植株中部发育正常的荚果弯曲状态,见图 B.6。

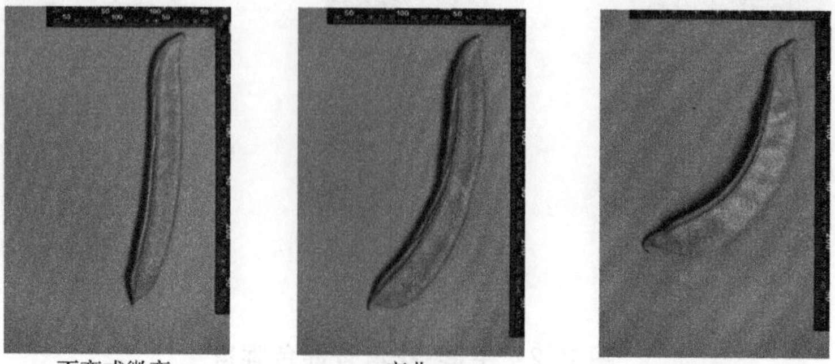

不弯或微弯　　　　弯曲　　　　极弯
1　　　　　　　　2　　　　　　3

图 B.6　荚果:弯曲状态

性状 22　荚果:喙弯曲度,目测整个小区植株中部发育正常的荚果果喙的弯曲程度,见图 B.7。

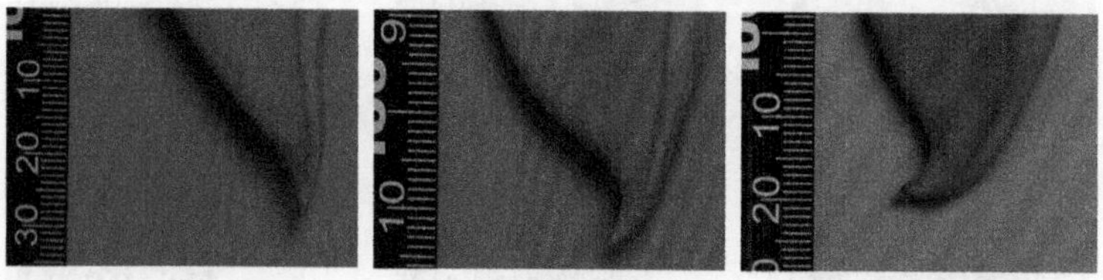

弱　　　　中　　　　强
1　　　　2　　　　3

图 B.7　荚果:喙弯曲度

性状 25　种子:长度,随机选取 20 颗种子,测量其长度,求平均值,见图 B.8。
性状 26　种子:宽度,随机选取 20 颗种子,测量其宽度,求平均值,见图 B.8。

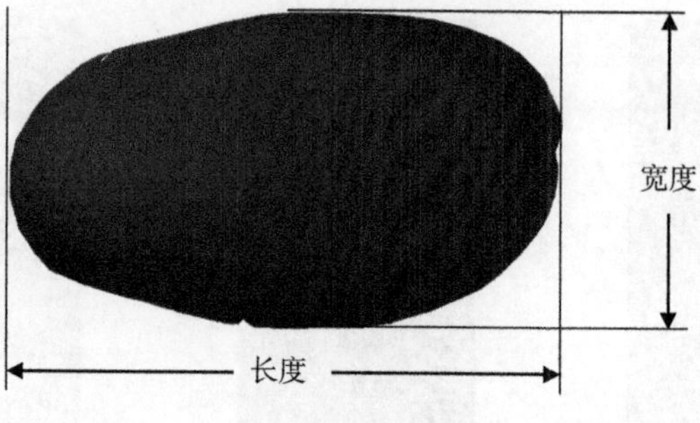

图 B.8　种子:长度和种子:宽度

性状 29　种子:横切面形状,见图 B.9。

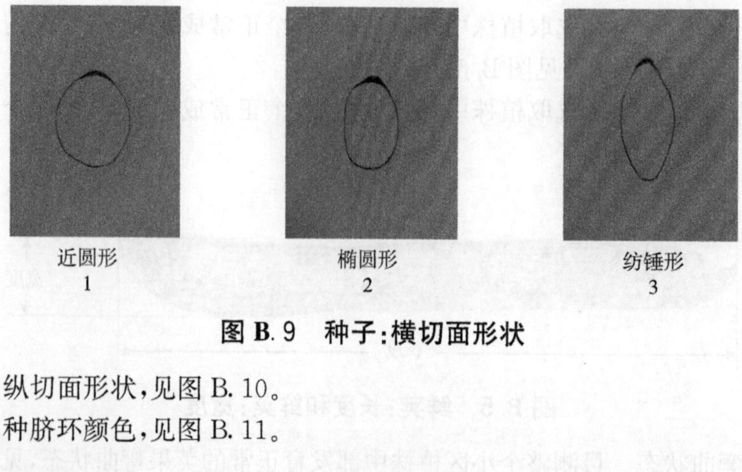

近圆形　　　　椭圆形　　　　纺锤形
1　　　　　　2　　　　　　3

图 B.9　种子:横切面形状

性状 30　种子:纵切面形状,见图 B.10。
性状 31　种子:种脐环颜色,见图 B.11。

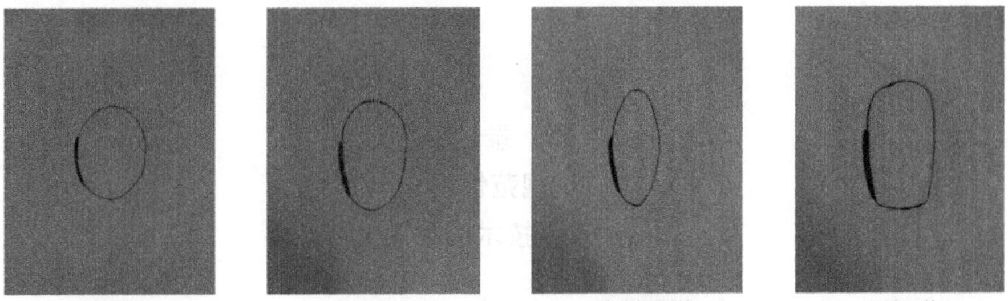

近圆形 1　　椭圆形 2　　窄椭圆形 3　　近矩形 4

图 B.10　种子:纵切面形状

黄褐色 1　　褐色 2　　深褐色 3

图 B.11　种子:种脐环颜色

性状 35　种子:百粒重。

种子收获后,风干至含水量为 13%,随机取 100 粒种子,重复测定 2 次,求平均数,2 次误差不大于 5%,精确到 0.1 g,单位为克(g)。

附　录　C
（规范性）
刀豆技术问卷

申请号：
申请日：
（由审批机关填写）

（申请人或代理机构签章）

C.1　品种暂定名称

C.2　申请人信息

姓名：
地址：
电话号码：　　　　　　　传真号码：　　　　　　　　　手机号码：
邮箱地址：
育种者姓名（如果与申请人测试不同）：

C.3　植物学分类

中文名：
拉丁名：

C.4　品种来源（在相符的[　]中打√）

C.4.1　系统选育　　[　]
C.4.2　杂交　　[　]
C.4.2.1　亲本杂交　　[　]（请指出亲本）
C.4.2.2　部分已知杂交　　[　]（请指出已知亲本）
C.4.2.3　未知杂交　　[　]
C.4.3　突变　　[　]（请指出亲本）
C.4.4　发现并改良　　[　]（请指出何时、何地、如何发现）
C.4.5　其他　　[　]（请提供细节）

C.5　品种类型（按用途方式分，在相符的[　]中打√）

C.5.1　食用　　[　]
C.5.2　绿肥　　[　]
C.5.3　其他　　[　]（请详细说明）

C.6 待测品种具有代表性的彩色照片

（品种照片粘贴处）
（如果照片较多，可另附页提供）

C.7 品种的选育背景、育种过程和育种方法，包括系谱、培育过程和所使用的亲本或其他繁殖材料来源与名称的详细说明

C.8 适于生长的区域或环境以及栽培技术的说明

C.9 其他有助于辨别待测品种的信息

（如品种用途、品质和抗性，请提供详细资料）

C.10 品种种植或测试是否需要特殊条件（在相符的[ ]中打√）

是[ ]　　否[ ]

（如果回答是，请提供详细资料）

C.11 待测品种繁殖材料保存是否需要特殊条件（在相符的[ ]中打√）

是[ ]　　否[ ]

（如果回答是，请提供详细资料）

C.12 待测品种需要指出的性状

在相符合的代码后[ ]中打√，若有测量值，请填写在表C.1中。

表C.1 待测品种需要指出的性状

序号	性状	表达状态	代码	测量值
1	植株:生长习性(性状1)	直生	1[ ]	
		半蔓生	2[ ]	
		蔓生	3[ ]	
2	始花期(性状3)	早	1[ ]	
		早到中	2[ ]	
		中	3[ ]	
		中到晚	4[ ]	
		晚	5[ ]	
3	主茎:花青苷显色强度(性状4)	无或弱	1[ ]	
		中	2[ ]	
		强	3[ ]	

表 C.1（续）

序号	性状	表达状态	代码	测量值
4	花:颜色(性状 11)	白色	1[ ]	
		浅紫色	2[ ]	
		紫色	3[ ]	
5	鲜荚:长度(性状 14)	短	1[ ]	
		短到中	2[ ]	
		中	3[ ]	
		中到长	4[ ]	
		长	5[ ]	
6	种皮:颜色(性状 32)	白色	1[ ]	
		黄色	2[ ]	
		红色	3[ ]	
		红褐色	4[ ]	
		棕色	5[ ]	
		黑褐色	6[ ]	
		其他	7[ ]	
7	种子:百粒重(性状 35)	极小	1[ ]	
		极小到小	2[ ]	
		小	3[ ]	
		小到中	4[ ]	
		中	5[ ]	
		中到大	6[ ]	
		大	7[ ]	
		大到极大	8[ ]	
		极大	9[ ]	

C.13 待测品种与近似品种的明显差异性状

在自己知识范围内，请申请测试人列出待测品种与其最为近似品种的明显差异，填写在表 C.2 中。

表 C.2 待测品种与近似品种的明显差异性状

近似品种名称	性状名称	近似品种表达状态	待测品种表达状态
注:可提供其他利于特异性审查的信息。			

申请人员承诺:技术问卷所填写的信息真实!

签名:

ICS 65.020.20
CCS B 05

NY

中华人民共和国农业行业标准

NY/T 4223—2022

植物品种特异性、一致性和稳定性测试指南 腰果

Guidelines for the conduct of tests for distinctness, uniformity and stability—Cashew(*Anacardium occidentale* L.)

2022-11-11 发布　　　　2023-03-01 实施

中华人民共和国农业农村部　发布

前　言

本文件按照 GB/T 1.1—2020《标准化工作导则　第 1 部分：标准化文件的结构和起草规则》的规定起草。

请注意本文件的某些内容可能涉及专利。本文件的发布机构不承担识别专利的责任。

本文件由农业农村部农垦局提出。

本文件由农业农村部热带作物及制品标准化技术委员会归口。

本文件起草单位：中国热带农业科学院热带作物品种资源研究所、农业农村部植物新品种测试（儋州）分中心、农业农村部科技发展中心。

本文件主要起草人：张中润、黄海杰、黄伟坚、肖丽燕、高玲、徐丽、杨旭红、刘迪发。

植物品种特异性、一致性和稳定性测试指南　腰果

1　范围

本文件规定了腰果(*Anacardium occidentale* L.)品种特异性、一致性和稳定性测试的技术要求和结果判定的一般原则。

本文件适用于腰果品种特异性、一致性和稳定性测试。

2　规范性引用文件

下列文件中的内容通过文中的规范性引用而构成本文件必不可少的条款。其中,注日期的引用文件,仅该日期对应的版本适用于本文件;不注日期的引用文件,其最新版本(包括所有的修改单)适用于本文件。

GB/T 5009.5　食品中蛋白质的测定

GB/T 5009.6　食品中脂肪的测定

GB/T 19557.1　植物新品种特异性、一致性和稳定性测试指南　总则

GB/T 19557.2　植物新品种特异性、一致性和稳定性测试指南　普通小麦

NY/T 486　腰果

NY/T 2637　水果和蔬菜可溶性固形物含量的测定　折射仪法

3　术语和定义

GB/T 19557.1 界定的以及下列术语和定义适用于本文件。

3.1

群体测量　single measurement of a group of plants or parts of plants

对一批植株或植株的某器官或部位进行测量,获得一个群体记录。

[来源:GB/T 19557.2—2017,3.1]

3.2

个体测量　measurement of a number of individual plants or parts of plants

对一批植株或植株的某器官或部位进行逐个测量,获得一组个体记录。

[来源:GB/T 19557.2—2017,3.2]

3.3

群体目测　visual assessment by a single observation of a group of plants or parts of plants

对一批植株或植株的某器官或部位进行目测,获得一个群体记录。

[来源:GB/T 19557.2—2017,3.3]

4　符号

下列符号适用于本文件。

MG:群体测量。

MS:个体测量。

PQ:假质量性状。

QL:质量性状。

QN:数量性状。

VG:群体目测。

(a)~(e):标注内容在附录 B 的 B.2 中进行了详细解释。

（+）：标注内容在附录B的B.3中进行了详细解释。

5 繁殖材料的要求

5.1 繁殖材料以嫁接苗或接穗形式提供。

5.2 提供的嫁接苗数量至少8株或接穗数量至少80个。

5.3 提供的嫁接苗应外观健康，活力高，无病虫侵害，砧木应相同。具体质量要求如下：苗高不低于35 cm，叶片数为10片～15片，新梢茎粗不小于0.50 cm。提供的接穗应选取树冠中上部当年生品种纯正，生长健壮，芽眼饱满的老熟枝条。

5.4 提交的繁殖材料一般不进行任何影响品种性状表达的处理。如果已处理，应提供处理的详细说明。

5.5 提供的繁殖材料应符合中国植物检疫的有关规定。

6 测试方法

6.1 测试周期

测试周期通常至少为2个独立的生长周期，在生长周期结束前，应能结出正常的果实。

一个完整的生长周期是指从开始萌芽，经过抽梢、开花、果实发育直至果实成熟的整个阶段。

6.2 测试地点

测试通常在同一个地点进行。如果某些性状在该地点不能充分表达，可在其他符合条件的地点对其进行观测。

6.3 田间试验

6.3.1 试验设计

每个品种不少于6株，株距5 m～12 m，行距5 m～12 m，砧木应相同。高接时每个砧木嫁接10个接穗。必要时，近似品种与待测品种相邻种植。

6.3.2 田间管理

可按当地腰果大田生产管理方式进行。

6.4 性状观测

6.4.1 观测时期

性状观测应按照附录A中表A.1和表A.2列出的生育阶段进行。附录B对这些生育阶段进行了解释。

6.4.2 观测方法

性状观测应按照附录A中表A.1和表A.2规定的观测方法(VG、MG、MS)进行。

6.4.3 观测数量

除非另有说明，个体观测性状(MS)植株取样数量不少于5株，在观测植株的器官或部位时，每个植株取样数量应为2个。群体观测性状(VG、MG)应观测整个小区或规定大小的混合样本。

6.5 附加测试

必要时，可选用表A.2中的性状或本文件未列出的性状进行附加测试。

7 特异性、一致性和稳定性的判定

7.1 总体原则

特异性、一致性和稳定性的判定按照GB/T 19557.1确定的原则进行。

7.2 特异性的判定

待测品种应明显区别于所有已知品种。在测试中，当待测品种至少在一个性状上与最近似的品种具有明显且可重现的差异时，即可判定待测品种具备特异性。

7.3 一致性的判定

对于腰果常规品种和杂交品种，一致性判定时，采用1%的群体标准和至少95%的接受概率。当样本大小为 6 株～10 株时，最多可以允许有 1 个异型株。

7.4 稳定性的判定

如果一个品种具备一致性，则可认为该品种具备稳定性。一般不对稳定性进行测试。

必要时，可种植该品种下一批种苗，与以前提供的种苗相比，若性状表达无明显变化，则可判定该品种具备稳定性。

8 性状表

8.1 概述

根据测试需要，将性状分为基本性状、选测性状，基本性状是测试中必须使用的性状。表 A.1 列出了腰果基本性状，表 A.2 列出了腰果选测性状。

性状表列出了性状名称、观测时期和方法、表达状态及相应的标准（标样）品种和代码等内容。

8.2 表达类型

根据性状表达方式，将性状分为质量性状、假质量性状和数量性状 3 种类型。

8.3 表达状态和相应代码

8.3.1 每个性状划分为一系列表达状态，为便于定义性状和规范描述，每个表达状态赋予一个相应的数字代码，以便于数据记录、处理和品种描述的建立与交流。

8.3.2 对于质量性状和假质量性状，所有的表达状态都应当在测试指南中列出；对于数量性状，所有的表达状态也都应当在测试指南中列出，偶数代码的表达状态可描述为“前一个表达状态到后一个表达状态”的形式。

8.4 标准（标样）品种

性状表中列出了部分性状有关表达状态相应的标准（标样）品种，以助于确定相关性状的不同表达状态和校正年份、地点引起的差异。

8.5 性状表解释

附录 B 对性状表中的观测时期、部分性状观测方法进行了补充解释。

8.6 分组性状

本文件中，品种分组性状如下：

a) 植株：类型（表 A.1 中性状 1）；
b) 叶片：形状（表 A.1 中性状 8）；
c) 果梨：形状（表 A.1 中性状 21）；
d) 果梨：颜色（表 A.1 中性状 22）；
e) 坚果：基部形状（表 A.1 中性状 32）；
f) 坚果：缝合线突出部与顶点相对位置（表 A.1 中性状 33）。

9 技术问卷

申请人应按附录 C 格式填写腰果技术问卷。

附 录 A
（规范性）
腰 果 性 状

A.1 腰果基本性状

见表 A.1。

表 A.1 腰果基本性状

序号	性状	观测时期和方法	表达状态	标准(标样)品种	代码
1	植株:类型 QL (+)	25～45 VG	灌木型	LDD1	1
			乔木型	FL30	2
2	枝条:分枝 QN (+) (a)	26 VG	少	—	1
			中	—	2
			多	—	3
3	枝条:粗度 QN (a) (+)	26 MS	极细	—	1
			极细到细	—	2
			细	B3-2	3
			细到中	—	4
			中	B5	5
			中到粗	—	6
			粗	B3-5	7
			粗到极粗	—	8
			极粗	—	9
4	叶片:幼叶花青苷显色强度 QN (+) (b)	25 VG	无	—	1
			弱	—	2
			中	—	3
			强	—	4
5	叶片:长度 QN (b)	25 MS	极短	—	1
			极短到短	—	2
			短	B2-10	3
			短到中	—	4
			中	FL30	5
			中到长	—	6
			长	B5	7
			长到极长	—	8
			极长	—	9
6	叶片:宽度 QN (b)	25 MS	极窄	—	1
			极窄到窄	—	2
			窄	B5	3
			窄到中	—	4
			中	B1	5
			中到宽	—	6
			宽	FL30	7
			宽到极宽	—	8
			极宽	—	9

表 A.1（续）

序号	性状	观测时期和方法	表达状态	标准(标样)品种	代码
7	叶片:长宽比 QN (b)	25 MS/MG	极小	—	1
			极小到小	—	2
			小	YZ-TD	3
			小到中	—	4
			中	B4	5
			中到大	—	6
			大	B2	7
			大到极大	—	8
			极大	—	9
8	叶片:形状 PQ (+) (b)	25 VG	椭圆形	B7	1
			近圆形	—	2
			倒卵形	FL30	3
9	叶片:叶基形状 PQ (+) (b)	25 VG	窄楔形	B5	1
			阔楔形	FL30	2
			近圆形	YZ-TD	3
10	叶片:叶尖形状 PQ (+) (b)	25 VG	渐尖	—	1
			急尖	—	2
			钝圆形	—	3
			圆形	—	4
			截形	—	5
			微凹	—	6
11	叶片:横切面形状 PQ (+) (b)	25 VG	内卷	—	1
			平展	—	2
			外翻	—	3
			波浪	—	4
12	叶片:上表面绿色程度 QN (+) (b)	25 VG	浅	—	1
			中	—	2
			深	—	3
13	叶片:泡状突起 QN (+) (b)	25 VG	无或弱	—	1
			中	—	2
			强	—	3
14	叶片:叶柄长度 QN (b)	25 MS	极短	—	1
			极短到短	—	2
			短	B2-10	3
			短到中	—	4
			中	FL30	5
			中到长	—	6
			长	B7	7
			长到极长	—	8
			极长	—	9
15	花:花序基部宽度 QN (+)	35 VG	窄	—	1
			中	—	2
			宽	—	3
16	花:花冠花青苷显色强度 QN (+)	35 VG	无或弱	—	1
			中	FL30	2
			强	—	3

表 A.1（续）

序号	性状	观测时期和方法	表达状态	标准(标样)品种	代码
17	果梨:幼果颜色 PQ (+)	41 VG	绿色	—	1
			褐色	FL30	2
			紫色	—	3
18	果梨:长度 QN (+) (c)	45 MS	极短	—	1
			极短到短	—	2
			短	CP63-36	3
			短到中	—	4
			中	HL2-21	5
			中到长	—	6
			长	B1-15	7
			长到极长	—	8
			极长	—	9
19	果梨:宽度 QN (+) (c)	45 MS	极窄	—	1
			极窄到窄	—	2
			窄	HL2-21	3
			窄到中	—	4
			中	B5-1	5
			中到宽	—	6
			宽	B2	7
			宽到极宽	—	8
			极宽	—	9
20	果梨:长宽比 QN (c)	45 MS/MG	极小	—	1
			极小到小	—	2
			小	YZ-TD	3
			小到中	—	4
			中	MZ-11	5
			中到大	—	6
			大	HL2-21	7
			大到极大	—	8
			极大	—	9
21	果梨:形状 PQ (+) (c)	45 VG	长卵圆形	B7	1
			卵圆形	HL2-21	2
			近圆形	GA63	3
22	果梨:颜色 PQ (+) (c)	45 VG	黄色	FL30	1
			橙色	—	2
			红色	GA63	3
23	果梨:果肉颜色 PQ (+) (c)	45 VG	白色	—	1
			黄色	FL30	2
24	果梨:梗洼深度 QN (+) (c)	45 VG	无或浅	—	1
			中	—	2
			深	—	3
25	果梨:顶洼深度 QN (+) (c)	45 VG	无或浅	—	1
			中	—	2
			深	—	3

表 A.1（续）

序号	性状	观测时期和方法	表达状态	标准(标样)品种	代码
26	坚果:幼果颜色 PQ (+)	41 VG	绿色	—	1
			红棕色	—	2
			紫红色	—	3
27	坚果:长度 QN (+) (d)	45 MS	极短	—	1
			极短到短	—	2
			短	GA63	3
			短到中	—	4
			中	HL2-21	5
			中到长	—	6
			长	B7	7
			长到极长	—	8
			极长	—	9
28	坚果:宽度 QN (+) (d)	45 MS	极窄	—	1
			极窄到窄	—	2
			窄	CP63-36	3
			窄到中	—	4
			中	HL2-21	5
			中到宽	—	6
			宽	MZ-11	7
			宽到极宽	—	8
			极宽	—	9
29	坚果:长宽比 QN (d)	45 MS	极小	—	1
			极小到小	—	2
			小	B5	3
			小到中	—	4
			中	HL2-21	5
			中到大	—	6
			大	CP63-36	7
			大到极大	—	8
			极大	—	9
30	坚果:厚度 QN (+) (d)	45 MS	极薄	—	1
			极薄到薄	—	2
			薄	B4	3
			薄到中	—	4
			中	HL2-21	5
			中到厚	—	6
			厚	YZ-TD	7
			厚到极厚	—	8
			极厚	—	9
31	坚果:颜色 PQ (+)	45 VG	浅灰色	—	1
			灰色	—	2
			深灰色	—	3
32	坚果:基部形状 PQ (+) (d)	45 VG	向上圆凸	—	1
			向外圆凸	—	2
			向下圆凸	FL30	3
			向下倾斜	—	4
33	坚果:缝合线突出部与顶点相对位置 QN (+) (d)	45 VG	突出	FL30	1
			相同	—	2
			缩后	—	3

表 A.1（续）

序号	性状	观测时期和方法	表达状态	标准(标样)品种	代码
34	坚果:出仁率 QN (+) (d)	45 MG	极低	—	1
			极低到低	—	2
			低	B1-10	3
			低到中	—	4
			中	B1	5
			中到高	—	6
			高	B2-10	7
			高到极高	—	8
			极高	—	9
35	成熟期 QN	45 MG	极早	—	1
			极早到早	—	2
			早	—	3
			早到中	—	4
			中	—	5
			中到晚	—	6
			晚	—	7
			晚到极晚	—	8
			极晚	—	9

A.2 腰果选测性状

见表 A.2。

表 A.2 腰果选测性状

序号	性状	观测时期和方法	表达状态	标准(标样)品种	代码
36	果梨:单果重 QN (d)	45 MG	极轻	—	1
			极轻到轻	—	2
			轻	HL2-21	3
			轻到中	—	4
			中	MZ-7	5
			中到重	—	6
			重	B5	7
			重到极重	—	8
			极重	—	9
37	果梨:可溶性固形物含量 QN (+) (d)	45 MG	极低	—	1
			极低到低	—	2
			低	—	3
			低到中	—	4
			中	—	5
			中到高	—	6
			高	—	7
			高到极高	—	8
			极高	—	9
38	坚果:单果重 QN (e)	45 MG	极轻	—	1
			极轻到轻	—	2
			轻	FL30	3
			轻到中	—	4
			中	坦 3-1	5
			中到重	—	6
			重	B7	7
			重到极重	—	8
			极重	—	9

表 A.2（续）

序号	性状	观测时期和方法	表达状态	标准(标样)品种	代码
39	果仁:单果重 QN (f)	45 MG	极轻	—	1
			极轻到轻	—	2
			轻	CP63-36	3
			轻到中	—	4
			中	HL2-21	5
			中到重	—	6
			重	YZ-TD	7
			重到极重	—	8
			极重	—	9
40	果仁:蛋白质含量 QN (+) (f)	45 MG	低	—	1
			中	—	2
			高	—	3
41	果仁:脂肪含量 QN (+) (f)	45 MG	低	—	1
			中	—	2
			高	—	3

附　录　B
（规范性）
腰果性状的解释

B.1　腰果生育阶段

见表 B.1。

表 B.1　腰果生育阶段

编号	名称	描述
10	苗期	从芽接到种苗可出圃的时期
21	营养生长期	从种苗定植后到初次开花(定植后 2 年～3 年)的时期
25	新梢生长期	全树 75%新梢旺盛生长的时期
26	新梢停长期	全树 75%新梢停止生长的时期
31	初花期	全树 25%花朵开放的时期
35	盛花期	全树 50%花朵开放的时期
41	果实发育期	授粉成功后，果实迅速膨大至发育完全的时期
45	果实成熟期	全树 75%以上果实成熟的时期

B.2　涉及多个性状的解释

(a)　枝条的观测应选取树冠外围中上部当年生完全成熟的新梢。

(b)　叶片的观测应选取树冠外围中上部刚转绿老熟的枝条，每根枝条取从顶端往下第 4 片发育正常的叶片。

(c)　果梨的观测应选取正常发育成熟的果梨。

(d)　坚果的观测应选取正常发育成熟的坚果。

(e)　果仁的观测应选取正常发育成熟的坚果内的果仁。

B.3　涉及单个性状的解释

性状分级和图中代码见表 A.1 和表 A.2。

性状 1　植株：类型，见图 B.1。

灌木型
1

乔木型
2

图 B.1　植株：类型

性状 2　枝条：分枝，见图 B.2。

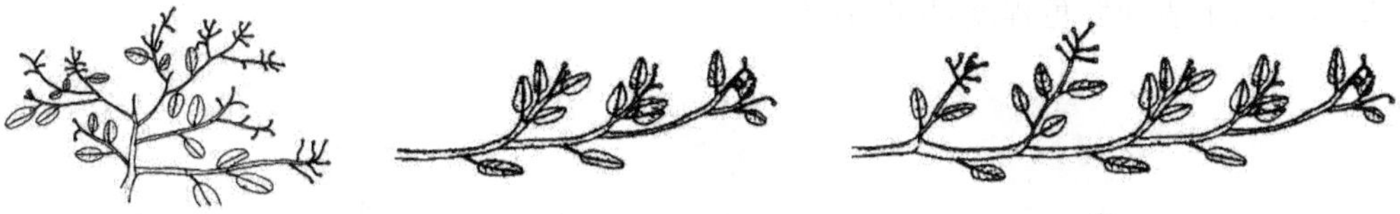

少 1　　中 2　　多 3

图 B.2　枝条:分枝

性状 3　枝条:粗度,选测从顶端往下第 4 片至第 5 片叶节间中部的粗度。

性状 4　叶片:幼叶花青苷显色强度,见图 B.3。

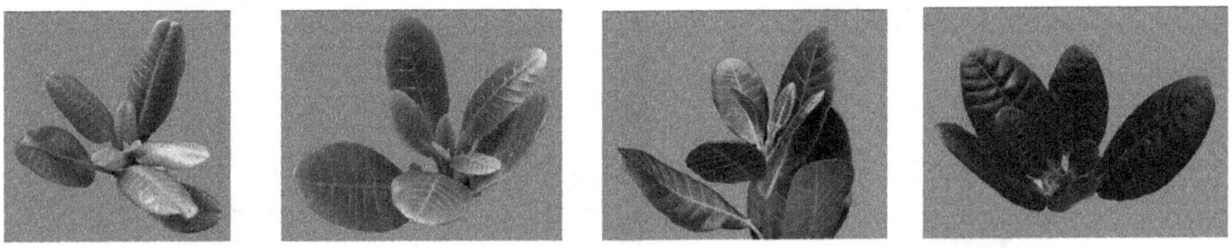

无 1　　弱 2　　中 3　　强 4

图 B.3　叶片:幼叶花青苷显色强度

性状 8　叶片:形状,见图 B.4。

椭圆形 1　　近圆形 2　　倒卵形 3

图 B.4　叶片:形状

性状 9　叶片:叶基形状,见图 B.5。

窄楔形 1　　阔楔形 2　　近圆形 3

图 B.5　叶片:叶基形状

性状 10　叶片:叶尖形状,见图 B.6。

渐尖 1　　急尖 2　　钝圆形 3　　圆形 4　　截形 5　　微凹 6

图 B.6　叶片:叶尖形状

性状 11　叶片:横切面形状,见图 B.7。

内卷 1　　平展 2　　外翻 3　　波浪 4

图 B.7　叶片:横切面形状

性状 12　叶片:上表面绿色程度,见图 B.8。

浅　　中　　深
1　　2　　3

图 B.8　叶片:上表面绿色程度

性状 13　叶片:泡状突起,见图 B.9。

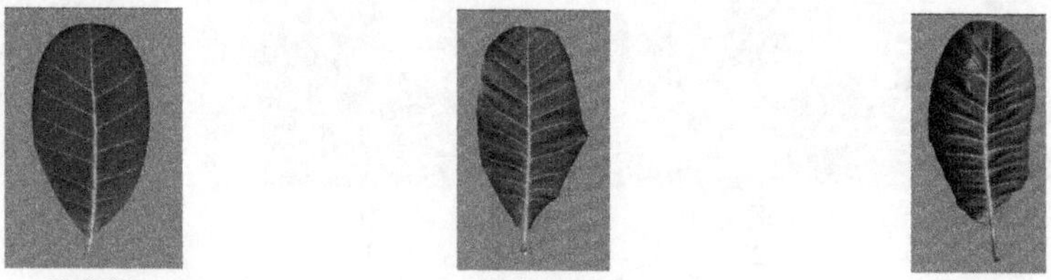

无或弱　　中　　强
1　　2　　3

图 B.9　叶片:泡状突起

性状 15　花:花序基部宽度,选取盛花期发育正常的花序观测。见图 B.10。

窄　　中　　宽
1　　2　　3

图 B.10　花:花序基部宽度

性状 16　花:花冠花青苷显色强度。见图 B.11。

无或弱　　中　　强
1　　2　　3

图 B.11　花:花冠花青苷显色强度

性状 17　果梨:幼果颜色,见图 B.12。

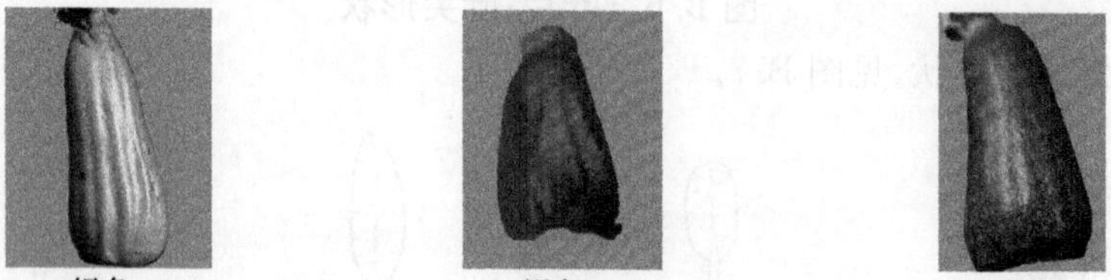

绿色　　褐色　　紫色
1　　2　　3

图 B.12　果梨:幼果颜色

性状 18　果梨:长度,见图 B.13。

性状 19　果梨:宽度,见图 B.13。

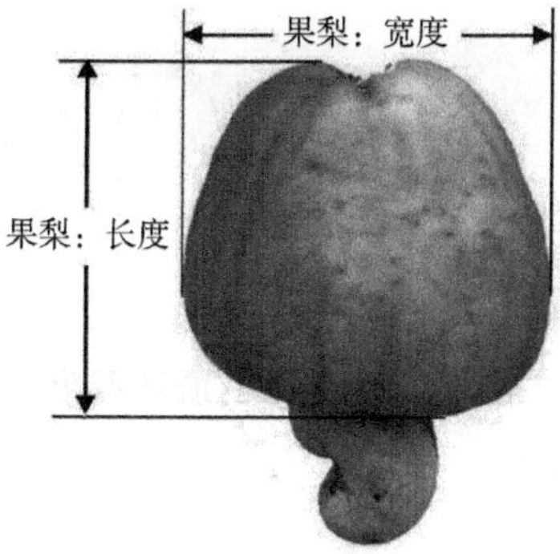

图 B.13 果梨:长度和果梨:宽度

性状 21 果梨:形状,见图 B.14。

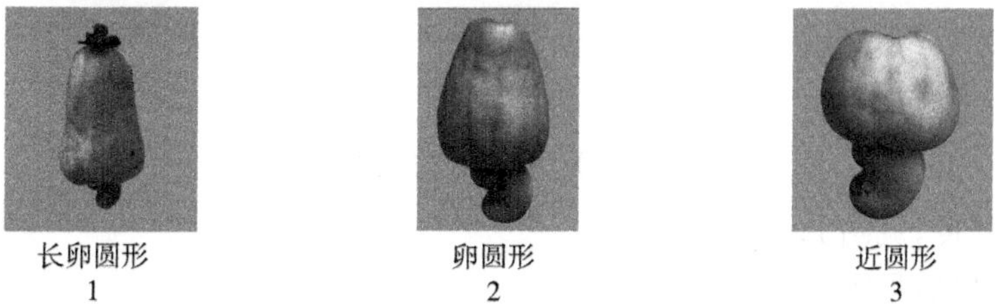

图 B.14 果梨:形状

性状 22 果梨:颜色,见图 B.15。

图 B.15 果梨:颜色

性状 23 果梨:果肉颜色,见图 B.16。

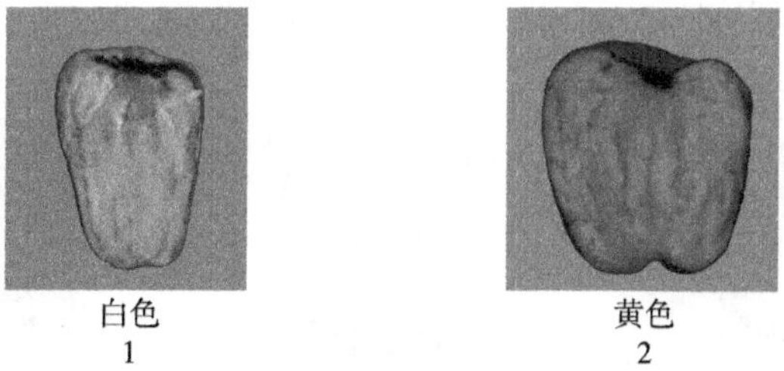

图 B.16 果梨:果肉颜色

性状 24 果梨:梗洼深度,见图 B.17。

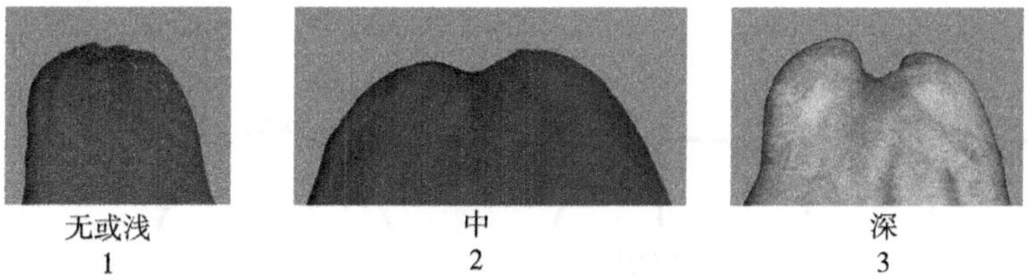

图 B.17 果实:梗洼深度

性状 25　果梨:顶洼深度,见图 B.18。

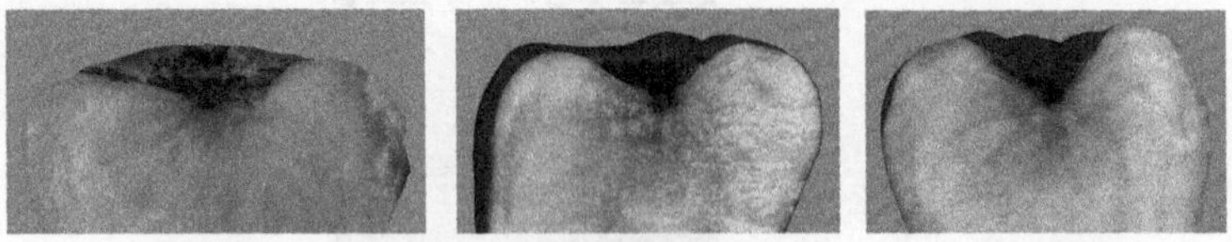

无或浅　　中　　深
1　　2　　3

图 B.18　果实:顶洼深度

性状 26　坚果:幼果颜色,见图 B.19。

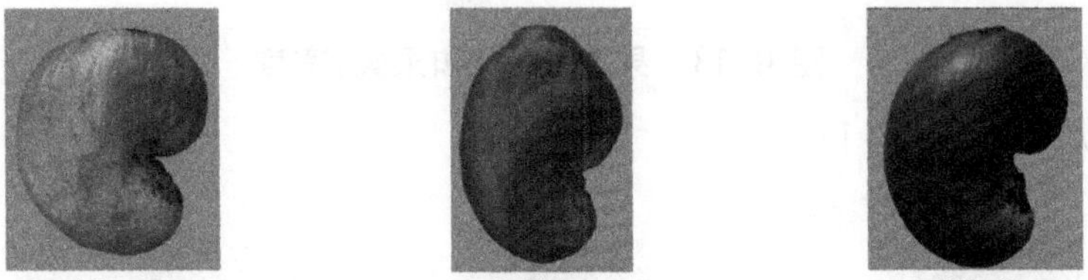

绿色　　红棕色　　紫红色
1　　2　　3

图 B.19　坚果:幼果颜色

性状 27　坚果:长度,见图 B.20。
性状 28　坚果:宽度,见图 B.20。
性状 30　坚果:厚度,见图 B.20。

图 B.20　坚果:长度、坚果:宽度和坚果:厚度

性状 31　坚果:颜色,见图 B.21。

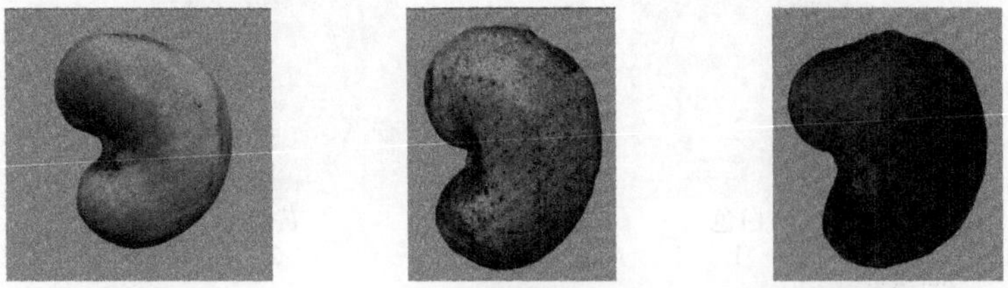

浅灰色　　灰色　　深灰色
1　　2　　3

图 B.21　坚果:颜色

性状 32　坚果:基部形状,见图 B.22。

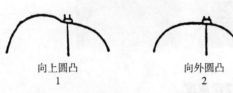

向上圆凸　　向外圆凸　　向下圆凸　　向下倾斜
1　　2　　3　　4

图 B.22　坚果:基部形状

性状 33　坚果:缝合线突出部与顶点相对位置,见图 B.23。

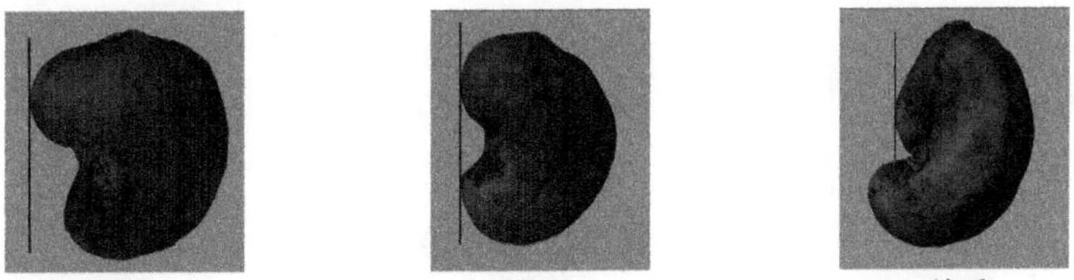

突出　相同　缩后
1　2　3

图 B.23　坚果:缝合线突出部与顶点相对位置

性状 34　坚果:出仁率,按照 NY/T 486 规定的方法测定。

性状 37　果梨:可溶性固形物含量,按照 NY/T 2637 规定的方法测定。

性状 40　果仁:蛋白质含量,按照 GB 5009.5 规定的方法测定。

性状 41　果仁:脂肪含量,按照 GB 5009.6 规定的方法测定。

附 录 C
（规范性）
腰果技术问卷

申请号： 申请日： （由审批机关填写）

（申请人或代理机构签章）

C.1　品种暂定名称

C.2　申请测试人信息

姓名：
地址：
电话号码：　　　　传真号码：　　　　手机号码：
邮箱地址：
育种者姓名(如果与申请测试人不同)：

C.3　植物学分类

拉丁名：
中文名：

C.4　品种来源（在相符的类型［　］中打√）

杂交［　］
突变［　］
其他［　］

C.5　待测品种的具有代表性彩色照片

（品种照片粘贴处）
（如果照片较多，可另附页提供）

C.6　品种的选育背景、育种过程和育种方法，包括系谱、培育过程和所使用的亲本或其他繁殖材料来源与名称的详细说明

C.7 适于生长的区域或环境以及栽培技术的说明

C.8 其他有助于辨别待测品种的信息

(如品种用途、品质抗性,请提供详细资料)

C.9 品种种植或测试是否需要特殊条件(在相符的类型[ ]中打√)

是[ ] 否[ ]

(如果回答是,请提供详细资料)

C.10 品种繁殖材料保存是否需要特殊条件(在相符的类型[ ]中打√)

是[ ] 否[ ]

(如果回答是,请提供详细资料)

C.11 待测品种需要指出的性状

在合适的代码后[ ]中打√,若有测量值,请填写在表C.1中。

表C.1 待测品种需要指出的性状

序号	性状	表达状态	代码	测量值
1	植株:类型(性状1)	灌木型	1[ ]	
		乔木型	2[ ]	
2	叶片:幼叶花青苷显色强度(性状4)	无	1[ ]	
		弱	2[ ]	
		中	3[ ]	
		强	4[ ]	

表 C.1（续）

序号	性状	表达状态	代码	测量值
3	叶片:长度(性状 5)	极短	1[ ]	
		极短到短	2[ ]	
		短	3[ ]	
		短到中	4[ ]	
		中	5[ ]	
		中到长	6[ ]	
		长	7[ ]	
		长到极长	8[ ]	
		极长	9[ ]	
4	叶片:宽度(性状 6)	极窄	1[ ]	
		极窄到窄	2[ ]	
		窄	3[ ]	
		窄到中	4[ ]	
		中	5[ ]	
		中到宽	6[ ]	
		宽	7[ ]	
		宽到极宽	8[ ]	
		极宽	9[ ]	
5	叶片:形状(性状 8)	椭圆形	1[ ]	
		近圆形	2[ ]	
		倒卵形	3[ ]	
6	叶片:叶尖形状(性状 10)	渐尖	1[ ]	
		急尖	2[ ]	
		钝圆形	3[ ]	
		圆形	4[ ]	
		截形	5[ ]	
		微凹	6[ ]	
7	果梨:幼果颜色(性状 17)	绿色	1[ ]	
		褐色	2[ ]	
		紫色	3[ ]	
8	果梨:长度(性状 18)	极短	1[ ]	
		极短到短	2[ ]	
		短	3[ ]	
		短到中	4[ ]	
		中	5[ ]	
		中到长	6[ ]	
		长	7[ ]	
		长到极长	8[ ]	
		极长	9[ ]	
9	果梨:宽度(性状 19)	极窄	1[ ]	
		极窄到窄	2[ ]	
		窄	3[ ]	
		窄到中	4[ ]	
		中	5[ ]	
		中到宽	6[ ]	
		宽	7[ ]	
		宽到极宽	8[ ]	
		极宽	9[ ]	
10	果梨:形状(性状 21)	长卵圆形	1[ ]	
		卵圆形	2[ ]	
		近圆形	3[ ]	

表 C.1（续）

序号	性状	表达状态	代码	测量值
11	果梨：颜色(性状 22)	黄色	1[ ]	
		橙色	2[ ]	
		红色	3[ ]	
12	坚果：幼果颜色(性状 26)	绿色	1[ ]	
		红棕色	2[ ]	
		紫红色	3[ ]	
13	坚果：颜色(性状 31)	浅灰色	1[ ]	
		灰色	2[ ]	
		深灰色	3[ ]	
14	坚果：基部形状(性状 32)	向上圆凸	1[ ]	
		向外圆凸	2[ ]	
		向下圆凸	3[ ]	
		向下倾斜	4[ ]	
15	坚果：缝合线突出部与顶点相对位置(性状 33)	突出	1[ ]	
		相同	2[ ]	
		缩后	3[ ]	
16	坚果：出仁率(性状 34)	极低	1[ ]	
		极低到低	2[ ]	
		低	3[ ]	
		低到中	4[ ]	
		中	5[ ]	
		中到高	6[ ]	
		高	7[ ]	
		高到极高	8[ ]	
		极高	9[ ]	

C.12 待测品种与近似品种的明显差异性状

在自己知识范围内，请申请测试人在表 C.2 中列出待测试品种与其最为近似品种的明显差异。

表 C.2 待测品种与近似品种的明显差异性状

近似品种名称	性状名称	近似品种表达状态	待测品种表达状态
注：可提供其他有利于特异性测试的信息。			

申请人员承诺：技术问卷所填写的信息真实！

签名：

ICS 83.040.10
CCS B 72

NY

中华人民共和国农业行业标准

NY/T 4224—2022

浓缩天然胶乳　无氨保存离心胶乳 规格

Natural rubber latex concentrate—Centrifuged non-ammonia-preserved type—Specifications

2022-11-11 发布　　2023-03-01 实施

中华人民共和国农业农村部 发布

前 言

本文件按照 GB/T 1.1—2020《标准化工作导则　第 1 部分：标准化文件的结构和起草规则》的规定起草。

请注意本文件的某些内容可能涉及专利。本文件的发布机构不承担识别专利的责任。

本文件由农业农村部农垦局提出。

本文件由农业农村部热带作物及制品标准化技术委员会归口。

本文件起草单位：中国热带农业科学院农产品加工研究所、北京天一瑞博科技发展有限公司、海南天然橡胶产业集团金橡有限公司、广东省广垦橡胶集团有限公司、中国热带农业科学院橡胶研究所、中国天然橡胶协会、云南天然橡胶产业集团有限公司。

本文件主要起草人：刘宏超、李一民、陆颖、余和平、吴凌江、宁家胜、卢光、赵立广、王丽娟、张荣华。

浓缩天然胶乳　无氨保存离心胶乳　规格

1　范围

本文件规定了无氨保存离心浓缩天然胶乳规格要求、检验规则、包装、标志、储存和运输。

本文件适用于以新鲜天然胶乳为原料，采用离心工艺生产、以无氨保存剂保存的浓缩天然胶乳（以下简称无氨胶乳）。

2　规范性引用文件

下列文件中的内容通过文中的规范性引用而构成本文件必不可少的条款。其中，注日期的引用文件，仅该日期对应的版本适用于本文件；不注日期的引用文件，其最新版本（包括所有的修改单）适用于本文件。

GB/T 8290　胶乳　取样

GB/T 8291　浓缩天然胶乳　凝块含量（筛余物）的测定

GB/T 8292　浓缩天然胶乳　挥发脂肪酸值的测定

GB/T 8293　浓缩天然胶乳　残渣含量的测定

GB/T 8295　天然橡胶和胶乳　铜含量的测定　光度法

GB/T 8296　天然生胶和胶乳　锰含量的测定　高碘酸钠光度法

GB/T 8298　胶乳　总固体含量的测定

GB/T 8299　浓缩天然胶乳　干胶含量的测定

GB/T 8300—2016　浓缩天然胶乳　碱度的测定

GB/T 8301　浓缩天然胶乳　机械稳定度的测定

GB/T 24130　柔性包装胶乳　取样

3　术语和定义

本文件没有需要界定的术语和定义。

4　要求

无氨胶乳应符合表1的要求。

无氨保存剂应本身无氨且在胶乳储存过程中也不产生氨。

加入无氨胶乳中的任何无氨保存剂，都应说明其化学性质和大约的用量。

表1　无氨胶乳质量要求

项目	限值	检验方法
总固体含量（质量分数），%	≥61.0	GB/T 8298
干胶含量（质量分数），%	≥60.0	GB/T 8299
非胶固体（质量分数）[a]，%	≤2.0	—
碱度（KOH）[b]，按浓缩胶乳计（质量分数），%	≤0.5	GB/T 8300—2016
机械稳定度（s）	≥650	GB/T 8301
凝块含量（质量分数），%	≤0.03	GB/T 8291
铜含量，mg/kg	≤8	GB/T 8295
锰含量，mg/kg	≤8	GB/T 8296
残渣含量（质量分数），%	≤0.10	GB/T 8293
挥发脂肪酸（VFA）值	≤0.06	GB/T 8292

表 1（续）

项目	限值	检验方法
逸出氨含量[c],mg/kg	≤500	附录 A
目测颜色[d]	没有显著的蓝色或灰色	—
硼酸中和后的气味[d]	没有明显的腐臭味	—

[a] 总固体含量与干胶含量之差。

[b] 测定时,按 GB/T 8300—2016 的 8.3 中公式(2)计算。

[c] 在规定条件下自无氨胶乳中逸出的氨气含量。

[d] 为非强制性项目。

5 检验规则

5.1 组批

采用积聚罐、罐车、柔性包装袋等包装的无氨胶乳,每一个聚集罐、一辆罐车或一个柔性包装袋为一批。未装满的聚集罐、罐车或柔性包装袋,按一批计。采用钢桶包装的无氨胶乳,每 20 t 为一批,不足 20 t 按一批计。

5.2 取样

采用积聚罐、钢桶、罐车等包装的无氨胶乳,应按 GB/T 8290 规定的方法进行取样。采用柔性包装的无氨胶乳,应按 GB/T 24130 规定的方法取样。

5.3 出厂检验项目和验收检验项目

本文件第 4 章所规定的项目均为出厂检验项目或验收检验项目。

5.4 判定

全部检验项目符合表 1 的规定要求为合格。如果检验项目有一项性能不符合规定,应加倍抽样检验;加倍抽样检验结果仍有不符合项,则该批无氨胶乳为不合格。

6 包装、标志、储存和运输

6.1 包装

采用容量为 205 L 的胶乳专用包装桶、柔性包装或胶乳专用集装箱对无氨胶乳进行包装,也可用胶乳罐车直接装运。

包装容器应清洗干净。使用 205 L 的胶乳专用包装桶时,先用无氨胶乳对包装桶进行滚桶,让桶壁覆盖一层浓缩天然胶乳。

包装前,积聚罐内的无氨胶乳应搅拌均匀;包装时,应小心操作,避免污染。无氨胶乳应采用孔径为 710 μm(20 目)不锈钢筛网过滤,不应带入任何杂物,并注意防止胶乳溢出容器外。外溢胶乳应收集后重新加工。

6.2 标志

每一个独立包装上应标志注明下列项目:

a) 产品名称;

b) 执行标准、商标;

c) 产地;

d) 生产企业名称、详细地址、邮政编码、电话;

e) 批号;

f) 净重、毛重;

g) 生产日期。

6.3 储存

包装后的无氨胶乳应保持在 2 ℃~35 ℃的温度中储存,注意防晒并经常检查。

6.4 运输

产品待运和运输过程中，应保持在 2 ℃～35 ℃的温度范围，应有遮盖物，防止暴晒，并保持包装完整、标志清晰。避免与油类、酸碱、有机溶剂及其他对无氨胶乳有害的物质混装、混运。

如使用胶乳专用包装桶包装，搬运时应轻放慢滚，避免碰撞。

附 录 A
（规范性）
无氨保存离心浓缩天然胶乳逸出氨含量的测定

A.1 原理

氨气通过传感器时，发生电化学反应产生电流，从而把氨气含量转化为电流信号输出。

A.2 仪器

A.2.1 氨气检测仪，采用电化学传感器，测量量程 0 mg/kg～1 000 mg/kg，检出限 0.01 mg/kg。

A.2.2 天平，精度为 0.01 g。

A.3 实验步骤

逸出氨含量测定装置的示意图见图 A.1。称取 100 g 无氨胶乳，精确至 0.01 g，置于 500 mL 洗气瓶中。打开空气瓶阀门，利用压缩空气将无氨胶乳中的氨赶入 500 mL 氨气收集瓶中。控制压缩空气流量，防止胶乳溢出。约 10 min 后，开启氨气传感器，读取氨含量最大值。

或直接称取 100 g 无氨胶乳，精确至 0.01 g，加入干净、干燥的 500 mL 锥形瓶中，打开氨气传感器，将传感器探头插入锥形瓶中，使探头位于无氨胶乳液面之上，但应避免探头与胶乳直接接触，读取氨含量最大值。

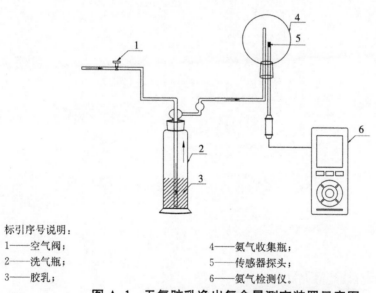

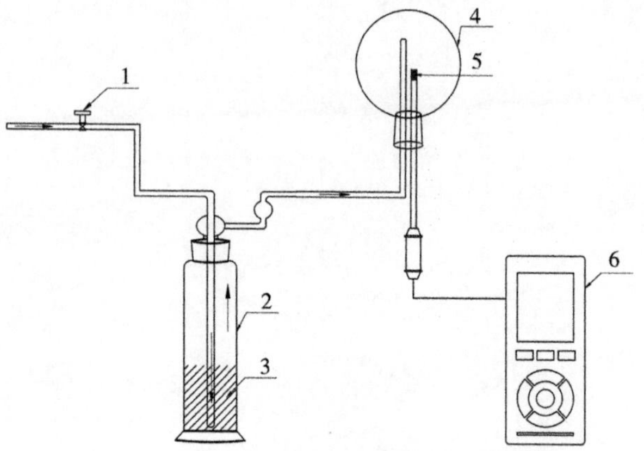

标引序号说明：

1——空气阀；
2——洗气瓶；
3——胶乳；
4——氨气收集瓶；
5——传感器探头；
6——氨气检测仪。

图 A.1 无氨胶乳逸出氨含量测定装置示意图

A.4 结果表示

以传感器读取的数值作为无氨胶乳的逸出氨含量，读数保留至小数点后 1 位，单位为 mg/kg。

参 考 文 献

[1] GB/T 8289—2016 浓缩天然胶乳 氨保存离心或膏化胶乳 规格

ICS 83.040.10
CCS B 72

NY

中华人民共和国农业行业标准

NY/T 4225—2022

天然生胶　脂肪酸含量的测定 气相色谱法

Rubber, raw natural—Determination of the content of fatty acids—Gas chromatography

2022-11-11 发布　　2023-03-01 实施

中华人民共和国农业农村部　发布

前　言

本文件按照 GB/T 1.1—2020《标准化工作导则　第 1 部分:标准化文件的结构和起草规则》的规定起草。

请注意本文件的某些内容有可能涉及专利。本文件的发布机构不承担识别专利的责任。

本文件由农业农村部农垦局提出。

本文件由农业农村部热带作物及制品标准化技术委员会归口。

本文件起草单位:中国热带农业科学院农产品加工研究所、海南省天然橡胶质量检验站。

本文件主要起草人:王兵兵、潘琪、张福全、黄世清、廖禄生、卢光、李一民。

天然生胶 脂肪酸含量的测定 气相色谱法

警示——使用本文件的人员应有正规实验室工作的实践经验。本文件并未指出所有可能的安全问题。使用者有责任采取适当的安全和健康措施,并保证符合国家有关法规规定的条件。

1 范围

本文件描述了天然生胶中脂肪酸含量的测定方法。

本文件适用于天然生胶中肉豆蔻酸、棕榈酸、十七烷酸、硬脂酸、油酸、亚油酸、花生酸 7 种脂肪酸含量的测定。

2 规范性引用文件

下列文件中的内容通过文中的规范性引用而构成本文件必不可少的条款。其中,注日期的引用文件,仅该日期对应的版本适用于本文件;不注日期的引用文件,其最新版本(包括所有的修改单)适用于本文件。

GB/T 6682 分析实验室用水规格和试验方法

GB/T 15340 天然、合成生胶取样及其制样方法

3 术语和定义

本文件没有需要界定的术语和定义。

4 原理

天然生胶中的长链脂肪酸(碳原子数≥14)经过甲酯化反应后,再进行萃取,然后对萃取物进行气相色谱分析,采用内标法定量计算各种脂肪酸的含量。

5 试剂

警示——处理甲苯溶液应在通风橱内进行。

除非另有规定,仅使用确认的分析纯试剂。

5.1 水,GB/T 6682,二级。

5.2 甲苯(CAS 号 108-88-3),ρ=0.866 g/cm³,含量不低于 99.5%(质量分数)。

5.3 甲醇(CAS 号 67-56-1),ρ=0.791 g/cm³,含量不低于 99.5%(质量分数)。

5.4 浓硫酸(CAS 号 7664-93-9),ρ=1.84 g/cm³,含量不低于 98.0%(质量分数)。

5.5 无水硫酸钠(CAS 号 7757-82-6),ρ=2.68 g/cm³,含量不低于 99.0%(质量分数)。

5.6 碳酸氢钠(CAS 号 144-55-8),ρ=2.16 g/cm³,含量不低于 99.8%(质量分数)。

5.7 二氯甲烷(CAS 号 75-09-2),色谱纯,ρ=1.325 g/cm³,含量不低于 99.9%(质量分数),含 50 mg/kg~150 mg/kg 异戊烯稳定剂。

5.8 脂肪酸标准品,肉豆蔻酸($C_{14}H_{28}O_2$,CAS 号 57677-52-8)、十五烷酸($C_{15}H_{30}O_2$,CAS 号 1002-84-2)(内标物)、棕榈酸($C_{16}H_{32}O_2$,CAS 号 57-10-3)、十七烷酸($C_{17}H_{34}O_2$,CAS 号 506-12-7)、硬脂酸($C_{18}H_{36}O_2$,CAS 号 57-11-4)、油酸($C_{18}H_{34}O_2$,CAS 号 112-80-1)、亚油酸($C_{18}H_{32}O_2$,CAS 号 60-33-3)、花生酸(C20:0,CAS 号 506-30-9),纯度不低于 99%(质量分数)。

5.9 甲苯/甲醇共沸混合溶剂,将 276 mL 甲苯(5.2)置于 1 000 mL 单标线容量瓶(6.9)中,并用甲醇(5.3)稀释至 1 000 mL,制得甲苯/甲醇共沸混合溶剂。

5.10 饱和碳酸氢钠溶液，称取 65 g 碳酸氢钠(5.6)，精确至 0.1 g，置于 500 mL 广口锥形烧瓶(6.8)中，加入 400 mL 温度为 60 ℃的蒸馏水，搅拌溶解冷却后，制得饱和碳酸氢钠溶液。

5.11 内标十五烷酸溶液，准确称取(1.250±0.001)g 的十五烷酸标准品，置于 250 mL 单标线容量瓶(6.9)中，并用甲苯/甲醇共沸混合溶剂(5.9)稀释至 250 mL，制得内标十五烷酸溶液。

6 仪器设备

实验室常规仪器及以下仪器设备。

6.1 实验室开炼机。

6.2 水浴锅，(75±0.2)℃。

6.3 电子天平，精确至 0.1 mg。

6.4 气相色谱仪，带有氢火焰离子化 FID 检测器。

6.5 蛇形回流冷凝器，长度为 300 mm，磨口为 24/40。

6.6 圆底烧瓶，容量为 100 mL，磨口为 24/40。

6.7 锥形分液漏斗，容量为 250 mL。

6.8 广口锥形烧瓶，容积为 500 mL。

6.9 单标线容量瓶，容量分别为 50 mL、250 mL 和 1 000 mL。

6.10 高型烧杯，容量为 100 mL。

6.11 玻璃止沸珠。

6.12 一次性无菌注射针管，规格为 10 mL。

6.13 有机相滤膜，材质为尼龙 66，孔径为 0.45 μm。

7 试验步骤

警示——甲酯化萃取操作应在通风橱内进行。

7.1 取样和试样制备

按 GB/T 15340 的规定取样并对生胶样品进行均匀化。称取均匀化样品(10±2)g，在(27±3)℃下通过实验室开炼机(6.1)过辊 10 次；每次过辊时，应将胶片打卷或对折。调节辊距，使胶片最终厚度约 2.5 mm，再剪成小细条(约 1 mm×10 mm)状试样待测备用。

进行双份平行测定。

7.2 试样的甲酯化反应

准确称取均匀化处理后的细条状生胶试样 3.0 g(m_0)(精确至 0.1 mg)，置于 100 mL 圆底烧瓶中，然后依次加入 3 个玻璃止沸珠(6.11)、55 mL 甲苯/甲醇共沸混合溶剂(5.9)、1 mL 内标十五烷酸溶液(5.11)和 0.5 mL 浓硫酸(5.4)，再将圆底烧瓶(6.6)置于水浴锅(6.2)中并将其与蛇形回流冷凝器(6.5)连接(调整冷凝水流速，以确保回流完全)，打开水浴锅使试样溶液在 75 ℃下回流反应 18 h，得到试样的甲酯化溶液。回流冷凝器装置如图 1 所示。

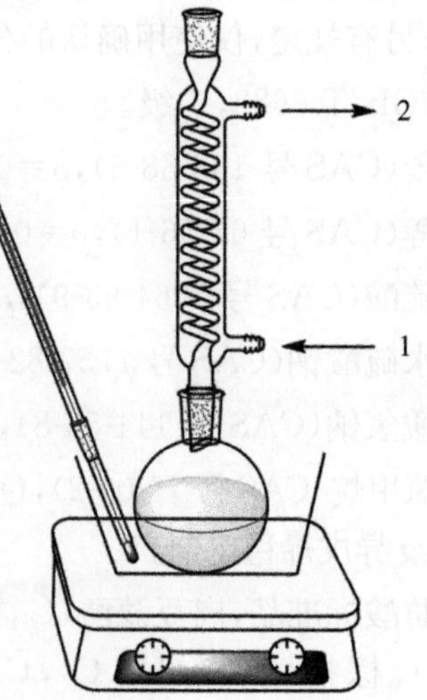

标引序号说明：

1——冷凝水进口；

2——冷凝水出口。

图 1 回流冷凝器装置图

7.3 脂肪酸标准品的甲酯化反应

准确称取每种脂肪酸标准品各 0.05 g(m_i)(精确至 0.1 mg)，置于圆底烧瓶中作为校准标准品，然后依次加入 3 个玻璃止沸珠(6.11)、55 mL 甲苯/甲醇共沸混合溶剂(5.9)、1 mL 内标十五烷酸溶液(5.11)和 0.5 mL 浓硫酸(5.4)，在 75 ℃下的水浴锅内回流反应 18 h，得到校准标准品混合物的甲酯化溶液。

7.4 甲酯化产物的萃取

将 7.2 和 7.3 所得到的甲酯化溶液分别转移至高型烧杯(6.10)中，加热浓缩至 20 mL 左右，加入 10 mL饱和碳酸氢钠溶液(5.10)，摇匀倒入 250 mL 锥形分液漏斗(6.7)；将 10 mL 二氯甲烷(5.7)和 2 mL水加入烧杯(促进溶液快速萃取分层)，润洗后倒入分液漏斗。待溶液完全分层后，用干净的 100 mL 高形烧杯回收底相溶液(P_1)，再次加入 10 mL 二氯甲烷和 2 mL 水进行二次萃取，用同一只烧杯回收二次萃取溶液的底相溶液(P_2)，得到混合底相溶液(P_1+P_2)后，再加入 5 g 无水硫酸钠(5.5)，旋转烧杯确保水分被完全吸干。将脱水后的混合底相溶液转移至 50 mL 单标线容量瓶(6.9)中，使用二氯甲烷稀释至刻度，静置澄清后，用 10 mL 一次性无菌注射针管(6.12)抽取约 9 mL 澄清液，取下注射针头，换上 0.45 μm 有机相滤膜(6.13)，推动注射器，分别过滤并收集所得试样与脂肪酸标准品的萃取待测溶液。

7.5 气相色谱分析

7.5.1 气相色谱参考条件

7.5.1.1 色谱柱，甲基聚硅氧烷非极性毛细管柱。

7.5.1.2 载气，氮气，流速 1 mL/min，分流比 25∶1。

7.5.1.3 进样口温度，230 ℃。

7.5.1.4 检测器温度，250 ℃。

7.5.1.5 柱温箱温度，初始温度 150 ℃，以 2 ℃/min 升温至 210 ℃后保持 5 min，再以 50 ℃/min 升温至 230 ℃后保持 5 min。

7.5.1.6 进样量，1 μL。

7.5.2 标准品的测定

移取 2 mL 校准标准品混合物萃取待测溶液(7.4)至进样瓶，按 7.5.1 的色谱条件进行气相色谱检测，得到内标十五烷酸甲酯的峰面积(A_n)，各个标准品脂肪酸甲酯的峰面积(A_i)及各脂肪酸标准品的相应出峰时间(见附录 A)。

7.5.3 样品的测定

移取 2 mL 试样萃取待测溶液(7.4)至进样瓶，每个试样萃取液使用气相色谱法进行双份平行测定，得到生胶试样萃取溶液中内标十五烷酸甲酯的峰面积(B_n)，各个脂肪酸甲酯的峰面积(B_i)。通过与校准标准品混合物图谱比对定性，与内标物十五烷酸的峰面积比对定量，计算出试样中各个脂肪酸甲酯的含量(W_i)。

8 结果表示

8.1 标准品的校准响应因子

按公式(1)计算各标准品脂肪酸甲酯的响应因子(R_{fi})。

$$R_{fi}=\frac{A_n \times m_i}{A_i \times m_n} \quad\cdots\cdots(1)$$

式中：

R_{fi}——脂肪酸甲酯 i 的响应因子；

A_n——校准标准品混合物萃取溶液中内标十五烷酸甲酯的峰面积；

m_i——校准标准品混合物萃取溶液中脂肪酸甲酯 i 质量的数值，单位为克(g)；

A_i——校准标准品混合物萃取溶液中脂肪酸甲酯 i 的峰面积；

m_n——校准标准品混合溶液中内标十五烷酸甲酯质量的数值，单位为克(g)。

8.2 试样中每种脂肪酸的含量

生胶试样中脂肪酸 i 的含量(W_i)，按公式(2)计算。

$$W_i=\frac{B_i \times m_n \times R_{fi}}{B_n \times m_0} \quad\cdots\cdots(2)$$

式中：

W_i——生胶试样中脂肪酸 i 含量的数值,单位为百分号(%);
B_i——生胶试样萃取溶液中脂肪酸甲酯 i 的峰面积;
m_n——生胶试样萃取溶液中内标十五烷酸甲酯质量的数值,单位为克(g);
R_{fi}——脂肪酸甲酯 i 的响应因子;
B_n——生胶试样萃取溶液中内标十五烷酸甲酯的峰面积;
m_0——生胶试样质量的数值,单位为克(g)。

双份平行测定结果的相对偏差不应大于 10%。

试验结果以双份平行测定结果的平均值表示,数值精确至小数点后 2 位。

8.3 试样中总脂肪酸的含量

生胶试样中脂肪酸的总含量(W),按公式(3)计算。

$$W = \sum W_i \quad \cdots\cdots (3)$$

式中:

W ——生胶试样中脂肪酸总含量的数值,单位为百分号(%);
W_i——生胶试样中脂肪酸 i 含量的数值,单位为百分号(%)。

双份平行测定结果的相对偏差不应大于 10%。

试验结果以双份平行测定结果的平均值表示,数值精确至小数点后 2 位。

9 试验报告

试验报告应包括下列内容:

a) 本文件编号;
b) 标识样品的所有详细内容;
c) 测定结果;
d) 可能影响试验结果的任何异常现象;
e) 试验日期。

附　录　A
（资料性）
8 种脂肪酸甲酯标准溶液参考色谱图

8 种脂肪酸甲酯标准溶液参考色谱图见图 A.1。

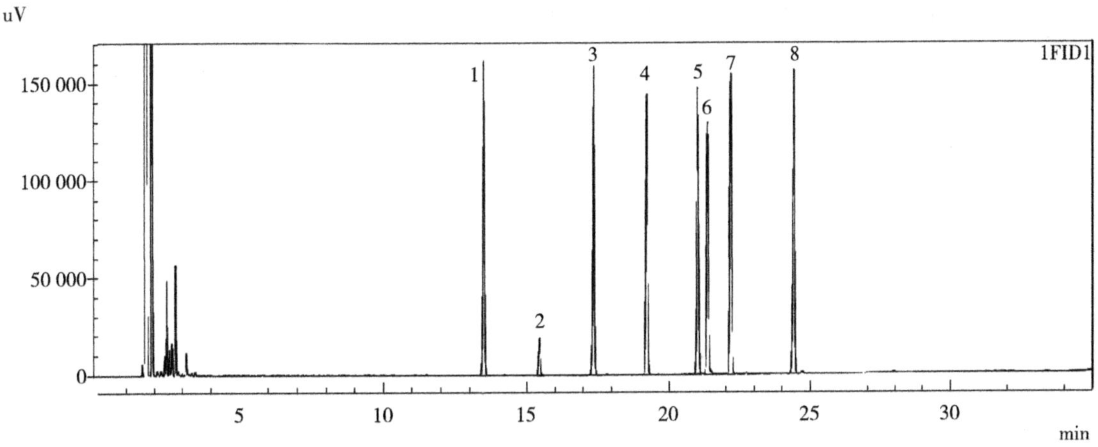

标引序号说明：
1——肉豆蔻酸；
2——十五烷酸；
3——棕榈酸；
4——十七烷酸；
5——亚油酸；
6——油酸；
7——硬脂酸；
8——花生酸。

图 A.1　8 种脂肪酸甲酯标准溶液参考色谱图

参 考 文 献

[1] Ichihara K, Fukubayashi Y. Preparation of fatty acid methyl esters for gas-liquid chromatography [J]. Journal of Lipid Research, 2010, 51(3): 635-640

[2] Kwang Seo Park, Yun Ju Kim, Eun Kyung Choe. Composition Characterization of Fatty Acid Zinc Salts by Chromatographic and NMR Spectroscopic Analyses on Their Fatty Acid Methyl Esters [J]. Journal of Analytical Methods in Chemistry, 2019: 1-11

ICS 65.020
CCS B 21

NY

中华人民共和国农业行业标准

NY/T 4226—2022

杨桃苗木繁育技术规程

Technical code of practice for propagation of carambola nursery stocks

2022-11-11 发布　　　　2023-03-01 实施

中华人民共和国农业农村部　发布

前　言

本文件按照 GB/T 1.1—2020《标准化工作导则　第 1 部分：标准化文件的结构和起草规则》的规定起草。

请注意本文件的某些内容可能涉及专利。本文件的发布机构不承担识别专利的责任。

本文件由农业农村部农垦局提出。

本文件由农业农村部热带作物及制品标准化技术委员会归口。

本文件起草单位：广西壮族自治区农业科学院。

本文件主要起草人：任惠、王小媚、苏伟强、刘业强、董龙、方位宽、黄章保、蔡昭艳、邱文武、施平丽。

杨桃苗木繁育技术规程

1 范围

本文件确立了杨桃(阳桃,*Averrhoa carambola* L.)苗木繁育技术的程序,规定了苗圃建立、砧木苗培育、嫁接苗培育、苗木出圃、苗木档案的要求。

本文件适用于杨桃苗木的繁育。

2 规范性引用文件

下列文件中的内容通过文中的规范性引用而构成本文件必不可少的条款。其中,注日期的引用文件,仅该日期对应的版本适用于本文件;不注日期的引用文件,其最新版本(包括所有的修改单)适用于本文件。

NY/T 452 杨桃 嫁接苗

3 术语和定义

本文件没有需要界定的术语和定义。

4 苗圃建立

4.1 圃地选择

圃地选择应注意环境清洁、交通便利、背风向阳、排水良好、地下水位在 1.0 m 以下,有灌溉条件,土层深厚,土壤疏松、肥沃、透气性好,土质以沙壤土或壤土为宜,土壤 pH 以 5.0～7.0 为宜。

4.2 整地

4.2.1 育苗床

播种前 1 个月深翻、平整和细耙棚内土地,除去杂草并起畦;畦面宽 1.2 m,每平方米加 1.5 kg 腐熟有机肥与细土拌匀后铺上;播种前 15 d,畦面每平方米用福尔马林 50 mL 加水 6 kg 喷洒消毒土壤后盖膜 1 d。

4.2.2 苗圃地

4.2.2.1 露地

每 667 m^2先施腐熟有机肥 4 000 kg～5 000 kg,深耕 30 cm～40 cm,整畦开行,畦宽 1.2 m,畦间距 50 cm,在畦面上每 22 cm～28 cm 开 1 条深 8 cm～12 cm 的横向沟。

4.2.2.2 容器苗地

根据育苗量确定苗地面积,浅耕 10 cm～20 cm,整畦开行,畦宽 1.2 m,畦间距 50 cm,畦面平整。

4.3 育苗棚搭建

4.3.1 在育苗床上用竹片或玻璃纤维杆等材料搭建高 1 m 的小拱棚。

4.3.2 在苗圃地上用竹子或木条等材料搭建高 1 m～1.5 m 平棚。

4.4 采穗圃建立

品种应准确,树体健壮,无检疫性病虫害。建立采穗圃档案,包括引种名称、定植图、品种特征特性等。

5 砧木苗培育

5.1 砧木选择

推荐选择酸杨桃品种做砧木。

5.2 种子处理

5.2.1 采集

采集成熟的酸杨桃果实，堆放在干净的地面上，待果实充分变软后取出种子，除去假种皮，清水洗净，新鲜种子可直接播种，阴干种子待用。

5.2.2 消毒

用0.15%的高锰酸钾溶液浸种1 h消毒，新鲜的种子晾干后直接消毒，阴干后的种子用清水浸泡6 h后再消毒。

5.2.3 催芽和播种

5.2.3.1 宜在1月—3月催芽播种。

5.2.3.2 用0.15%的高锰酸钾溶液浸泡30 min的木糠作基质，使用时其含水量70%～75%（手抓木糠松手后能自然松散），铺上述木糠2 cm～3 cm厚度的木糠在托盘上，上面撒上一层种子后，再覆盖木糠1 cm～2 cm，置30 ℃的恒温箱内催芽。

5.2.3.3 催芽期每2 d检查一次木糠湿度，发现过干时，喷水保湿；发现有霉变种子及时捡出。

5.2.3.4 催芽12 d后，每3 d将萌动露白和萌出胚根的种子捡出，播在育苗床畦面上，播种密度每平方米播8 000粒～10 000粒种子。播种后用木板稍压实畦面，用消毒后的细土或火烧土覆盖种子，厚度1 cm～2 cm，淋透水，在育苗棚架上覆盖塑料薄膜和遮阳网。

5.3 移植

5.3.1 露地移植

5.3.1.1 将小苗连土铲起，按7片--9片复叶和多于9片复叶2个等级分畦种植，少于7片复叶不移栽。

5.3.1.2 种植株距离10 cm，种植深度2 cm，种植后将土盖平原苗根颈，淋足定根水。

5.3.2 容器苗移植

使用带排水孔的营养杯规格（口径×高）为（13～16）cm×（11～14）cm；营养土按照腐熟有机肥与土1∶3的配比进行搅匀、混合配制；移植前营养杯先装上2/3配制好的营养土，淋少量清水；将小苗放进容器内并填入营养土至苗根颈处，淋足定根水后再补填营养土至离容器口2 cm～3 cm的高度。移植后将容器苗整齐地排放在容器苗地的畦面上，每行摆放8株～10株容器苗。

5.4 田间管理

5.4.1 盖遮阳网

移栽后用遮光率70%的遮阳网覆盖棚架上，待苗长至20 cm高时揭开遮阳网。

5.4.2 淋水

移栽后一周内早晚各淋一次水，以后每3 d淋一次水。

5.4.3 土肥水管理

幼苗新梢转绿后结合淋水，每15 d～20 d用0.3%～0.5%的配比为1∶0.5∶1的复合肥（N∶P_2O_5∶K_2O）浸出液淋施一次。

5.4.4 修剪

及时抹去主干上的侧芽，当苗高35 cm～40 cm时摘心。

6 嫁接苗培育

6.1 品种选择

嫁接品种宜选择适合当地栽培的优良品种。

6.2 要求

6.2.1 砧木

宜在实生砧木苗高≥30 cm，距地面10 cm处茎粗≥0.7 cm时嫁接。

6.2.2 接穗

接穗应从品种纯正、长势健壮、无病虫害的丰产植株上采集。选择树冠外围、向阳的一年生枝条，枝条长 30 cm～50 cm、径粗 0.4 cm～0.8 cm、芽眼饱满、复叶青绿。枝条采下后剪除复叶，保留 0.5 cm 复叶柄，剪去嫩梢，采后保湿置阴凉处备用。

6.3 嫁接时期

推荐选择 3 月—5 月、9 月—10 月进行嫁接。

6.4 嫁接方法

宜采用单芽切接法。

6.5 田间管理

6.5.1 抹砧芽

嫁接成活后，及时抹去砧木上萌发的芽，每隔 4 d～6 d 抹一次。

6.5.2 解绑

嫁接 2 个月后，嫁接部位愈合完全、新梢老熟后，用嫁接刀轻轻划破嫁接膜并除去。

6.5.3 土水肥管理

嫁接前 3 d～5 d 淋透水，嫁接后 7 d 内不宜淋水。嫁接苗解绑后，每 15 d～20 d 淋施用浓度 0.3%～0.5%的配比为 1∶0.5∶1 的复合肥（$N:P_2O_5:K_2O$）料淋施一次。根据土壤水分状况，及时淋水和中耕除草。

7 苗木出圃

7.1 出圃要求

嫁接苗木的出圃要求和分级标准按 NY/T 452 的规定执行。

7.2 起苗

7.2.1 露地苗

起苗前 1 d 将苗圃地淋透水，采用专用铁锹挖苗。起苗时要尽量少伤主根和侧根，起出的苗按 NY/T 452 分级，主根留 18 cm～22 cm 长，用黄心土泥浆蘸根，剪去过多的枝和叶，50 株一扎捆紧，根部用塑料膜包扎。

7.2.2 容器苗

起苗时剪断长出容器的根系，保持容器和营养土完整不松散。

8 苗木档案

应建立完整的育苗档案，包括苗圃建立、砧木来源、播种、嫁接时间、接穗来源、经手人、嫁接品种分布图、管理措施、成苗率、出圃数量、销售对象等全程记录。

ICS 65.020.20
CCS B 21

NY

中华人民共和国农业行业标准

NY/T 4227—2022

油梨种苗繁育技术规程

Technical code of practice for propagation of avocado seedlings

2022-11-11 发布　　　　2023-03-01 实施

中华人民共和国农业农村部　发布

前　言

本文件按照 GB/T 1.1—2020《标准化工作导则　第 1 部分：标准化文件的结构和起草规则》的规定起草。

请注意本文件的某些内容可能涉及专利。本文件的发布机构不承担识别专利的责任。

本文件由农业农村部农垦局提出。

本文件由农业农村部热带作物及制品标准化技术委员会归口。

本文件起草单位：中国热带农业科学院分析测试中心、中国热带农业科学院海口实验站、普洱绿银生物股份有限公司。

本文件主要起草人：王甲水、韩丙军、马蔚红、张贺、刘远征、李艳霞、何燕、陈显柳、赵方方、祁家柱。

油梨种苗繁育技术规程

1 范围

本文件规定了油梨(*Persea americana* Mill.)嫁接苗繁育的苗圃地选择与规划、育苗准备、种子选择与处理、砧木苗繁育、嫁接、换袋移棚、嫁接后管理、苗木出圃及育苗档案等技术要求。

本文件适用于油梨嫁接苗繁育。

2 规范性引用文件

下列文件中的内容通过文中的规范性引用而构成本文件必不可少的条款。其中,注日期的引用文件,仅该日期对应的版本适用于本文件;不注日期的引用文件,其最新版本(包括所有的修改单)适用于本文件。

GB/T 51057 种植塑料大棚工程技术规范

LY/T 1000 容器育苗技术

NY/T 5010 无公害农产品 种植业产地环境条件

3 术语和定义

下列术语和定义适用于本文件。

3.1

幼苗劈接法 seedling cleft grafting

又称幼芽嫁接或籽苗嫁接,在砧木幼茎尚未木质化、叶片转绿前进行劈接的一种嫁接方法。

3.2

成苗切接法 adult seedling cut grafting

在砧木幼茎木质化、叶片转绿后进行切接的一种嫁接方法。

4 苗圃地选择与规划

4.1 苗圃地选择

选择在交通便利、水源充足、排水良好、背风向阳、无霜冻、地势平坦、未发生过根腐病等土传病害的地方建立。宜避开油梨病虫害严重的区域。园地的灌溉水和土壤的质量应符合 NY/T 5010 的要求。

4.2 苗圃规划

4.2.1 设施大棚

根据各地气候条件采用育苗设施大棚,以确保避雨、夏季降温、遮阳和冬季保温。大棚材料要求按照 GB/T 51057 的规定执行。

4.2.2 道路规划

宜建设苗圃各功能区及对外运输相连接的道路。

4.2.3 排灌系统

宜采用喷滴灌系统。排水系统设置明沟,明沟位于大棚四周,宽 0.3 m~0.4 m,深 0.4 m~0.6 m。

4.2.4 功能区划分

4.2.4.1 消毒区

在苗圃入口处设立消毒池,放置石灰等消毒剂对进入车辆轮胎、人员进行消毒。对入圃物资、生产工具、育苗设施、通道等采用 0.02%次氯酸钠溶液喷洒消毒,每 7 d 进行 1 次,生产工具根据使用频率及时消毒。

4.2.4.2 准备区

育苗相关的材料区域,包括种子处理区、育苗基质制备区等。

4.2.4.3 小苗区

从种子处理、播种至嫁接成活一蓬梢老化阶段的育苗区。区内划分苗床与田间作业通道,苗床宜采用钢材或砖石等材料搭建,高 0.3 m~0.6 m,宽 0.8 m~1.0 m,两行苗床之间至少间隔 0.4 m,长度可根据地形而定;田间作业通道宽 0.8 m~1.2 m;建设育苗大棚,棚高 2.0 m~4.0 m,棚顶与四周覆盖薄膜和遮阳率为 40%~50%的遮阳网。

4.2.4.4 大苗区

从嫁接成活,一蓬梢老化至种苗出圃阶段的育苗区。区内设置苗床与田间作业通道,苗床宜用水泥砖或钢材等材料搭建,苗床高 0.2 m~0.3 m,宽 0.3 m~0.9 m,长依地形而定,田间作业通道宽 0.8 m~1.2 m。搭建网棚,棚高 2 m~4 m,棚顶覆盖遮阳率为 30%~40%的遮阳网。

5 育苗准备

5.1 育苗容器

育苗容器宜采用塑料或无纺布育苗袋(杯)。小苗期,育苗容器高度 15.0 cm~20.0 cm、直径 7.0 cm~10.0 cm。大苗期,育苗容器高度 25.0 cm~30.0 cm、直径 10.0 cm~15.0 cm。育苗容器材质要求按 LY/T 1000 的规定执行。

5.2 育苗基质

推荐以椰糠或粗锯木屑、土壤或有机肥加入适量的蛭石、珍珠岩等作为育苗基质。按照 7∶2∶1 的比例将椰糠/粗锯木屑、土壤/有机肥、蛭石/珍珠岩拌匀配成营养土,装袋时用 50%多菌灵可湿性粉剂 500 倍液或 30%甲霜·噁霉灵水剂 800 倍~1 200 倍液或 50%氟啶胺悬浮剂 1 500 倍液等淋透基质消毒。

5.3 基质装填与容器摆放

将育苗基质装填满育苗容器,装满后整齐摆放到苗床上,或摆放到筐内再放置于苗床上。

6 种子选择与处理

6.1 种子选择

应选择与接穗品种亲和性强、大小一致、成熟饱满、采摘后不超过 20 d 的种子。

6.2 种子处理

种子洗净,剥去种皮,播种前宜用 50%多菌灵可湿性粉剂 1 000 倍液或 50%甲基硫菌灵可湿性粉剂 500 倍液浸泡 20 min~30 min,或用 40%福尔马林溶液 200 倍液浸泡 30 min 等方法杀菌消毒,捞出清洗阴干。

6.3 种子储存

种子宜随采随播,不能立即播种的,应置于冷凉干燥处摊开存放,切忌日晒,时间不宜超过 20 d。若需较长时间存放,宜将洗净晾干的种子存放于 5 ℃~7 ℃冷藏柜或库中,但存放时间不超过 2 个月。

7 砧木苗繁育

7.1 播种

将处理好的种子直接播种在小苗期基质容器中。胚根朝下,种子顶部与基质表面齐平。播种后淋透水,保持基质湿润。

7.2 播种后管理

7.2.1 水分管理

育苗后应适当保持容器基质湿润,根据天气及基质水分情况及时淋水,以淋透容器基质为宜。雨季及时排除苗圃积水。

7.2.2 除草

采用人工除草，应及时清除苗床、通道及棚内其余空间杂草。

7.2.3 疏芽定苗

萌芽后选留一个生长健壮、直生的幼芽，抹去其他侧芽。

8 嫁接

8.1 砧木准备

不同的嫁接方法对砧木要求不同。幼苗劈接法要求砧木苗高 5.0 cm～15.0 cm，粗度根据接穗大小选择。成苗切接法要求砧木苗高度 20.0 cm 以上，茎粗 0.8 cm 以上。

8.2 嫁接时期

油梨周年都可嫁接，以 10 月至翌年 3 月、气温为 16 ℃～25 ℃嫁接为宜。

8.3 接穗选取与采集

选取品种纯正、长势健壮、无病虫害的植株作为接穗母株。剪取生长健壮、老熟的当年生枝条作为接穗枝条。剪去叶片，将枝条剪成 5.0 cm～8.0 cm 的茎段，保留 2 个～3 个芽。

8.4 接穗保存

接穗宜用经消毒处理过的湿毛巾包裹保存。当天嫁接剩余的接穗，宜存放于 6 ℃～8 ℃冰箱冷藏，保存期不应超过 3 d。

8.5 嫁接方法

幼苗推荐使用劈接方法嫁接，成苗推荐使用切接方法嫁接。

8.5.1 幼苗劈接法步骤

8.5.1.1 剪砧与切砧

在砧木幼茎尚未木质化、叶片转绿前进行。砧木幼芽长出地面 5.0 cm～15.0 cm 时，在幼茎离育苗基质表土面 3.0 cm～5.0 cm 处剪断，用利刀沿主干中心垂直纵切一刀，深度 1.5 cm～2.5 cm。

8.5.1.2 削接穗

选取与砧木粗度基本一致的接穗，用利刀将接穗下端削成楔形斜面，削面长 1.5 cm～2.0 cm，削面平滑，保留 2 个～3 个有效芽。

8.5.1.3 绑缚

用厚度约 0.01 cm，宽约 2.5 cm 的条形塑料薄膜绑带自下而上覆瓦状将嫁接口和接穗全部包裹。绑扎过程中，应轻扶接穗，使接穗与砧木形成层对齐，接穗芽眼处包一层薄膜，以利于芽眼萌发破膜而出。也可采用可降解嫁接薄膜局部绑缚嫁接口，完成后套上大小合适的自封袋。

8.5.2 成苗切接法步骤

8.5.2.1 剪砧与切砧

在砧木幼茎木质化、叶片转绿后进行。在砧木离育苗基质表土面 20.0 cm 的地方选一平直处切断砧木，用嫁接刀从切口下平直部位自上而下纵切一刀，深达木质部或带少量木质部，削面长 1.5 cm～2.0 cm，要求切面平滑。

8.5.2.2 削接穗

倒拿接穗，在芽下方约 2.5 cm 处用嫁接刀呈 45°角把接穗下端削去。反转一面，在芽下方约 0.5 cm 处下刀削一长削面，深达木质部或稍带木质部，削面长 1.5 cm～2.0 cm，切面平滑。保留 2 个～3 个芽，在顶芽上方约 0.5 cm 处切断。

8.5.2.3 插入接穗

把削好的接穗插入砧木开口中。接穗的长削面向着砧木的削面，对齐两者的形成层，如果砧木和接穗削面大小不一致，至少保证接穗的形成层与砧木一侧的形成层对齐。

8.5.2.4 绑缚

方法同 8.5.1.3。

9 换袋移棚

将嫁接成活后的苗移植到大苗容器中，并转移到大苗区继续培育。

10 嫁接后管理

10.1 解绑

根据各地实际情况在嫁接后 30 d～50 d，嫁接部位愈合完全、新梢老熟后解去残留的绑带。采用自封袋套袋的出芽后取下。采用可降解嫁接薄膜的无需解绑。

10.2 水分管理

根据天气、基质干湿、苗木大小和生长等情况，适当淋水。嫁接成活至第二蓬梢成熟阶段，每周浇水 2 次～3 次，保持容器内基质湿润。

10.3 养分管理

遵循勤施、薄施的施肥原则，接穗萌发第一次新梢老熟后即可开始施肥。推荐采用滴灌施肥：建议施用全水溶复合肥（N-P_2O_5-K_2O，17-17-17）10.0 g～15.0 g，每月施肥 2 次～3 次；每半个月喷施一次含氨基酸和微量元素的叶面肥。

10.4 病虫害防治

苗期主要病虫害有油梨根腐病、枝干溃疡病、炭疽病、蓟马、盲蝽、白粉虱、烟粉虱等，防治方法见附录 A。

10.5 抹芽与除萌

嫁接后至出圃前，及时抹除砧木上的萌芽。

10.6 光照调节

苗木入棚 1 个月后，天气晴朗时从当日 16:00 至翌日 9:00 将遮阳网打开，增加光照，随着叶片数的增多，遮阳时间逐步缩短，阴雨天气完全撤除，持续至苗木出圃。

11 苗木出圃

符合以下条件的苗木可出圃：

a) 植株生长正常，至少二次梢叶片稳定老熟，叶片颜色呈深绿色，无明显机械损伤，接穗抽梢无扭曲现象，嫁接口愈合良好，无绑带绞缢现象；
b) 无病虫害；
c) 茎秆直立，苗高≥35 cm，接穗茎粗 ≥0.8 cm；
d) 应保持出圃苗木容器完好，育苗基质不松散。

12 育苗档案

应建立育苗档案，见附录 B。

附 录 A
（资料性）
油梨苗期主要病虫害及防治方法

油梨苗期主要病虫害及防治方法见表A.1。

表A.1 油梨苗期主要病虫害及防治方法

类别	名称	危害特征	防治方法	注意事项
病害	油梨根腐病	根系症状：发病初期根尖变成浅褐色至黑色，逐渐向侧根、主根和茎基部扩展，导致根部和茎基部褐化至黑色，随着病部的进一步扩展，整个根系腐烂，侧根坏死脱落 地上部分症状：初期叶片黄化，继而病树叶片大量脱落，树冠稀疏，后期病树叶片全部干枯并大量脱落	1. 加强水肥管理，及时增施沃美克或高碳等高能有机肥，丰富土壤的微生态环境 2. 发病初期采用50%甲基硫菌灵可湿性粉剂800倍～1 000倍液，50%多菌灵可湿性粉剂800倍液或1.8%辛菌胺醋酸盐水剂1 000倍液等灌根，每10 d～15 d施用1次	定期检查，早期防治
	油梨枝干溃疡病	发病初期油梨主干呈现水渍状病斑，后期病斑呈暗褐色或黑褐色。病斑呈椭圆形或不规则形状，侵染初期病斑较小，随侵染时间的增加而不断扩大，部分病斑组织连接成片，表面凹陷，表皮开裂，皮层内韧皮组织溃疡，严重时整株死亡。此外，病原菌还可侵染枝条皮孔，导致皮孔开裂，在枝干表皮形成颗粒状突起	发病初期采用70%甲基硫菌灵可湿性粉剂500倍液，50%多菌灵可湿性粉剂400倍液或50%甲基硫菌灵可湿性粉剂200倍液等涂抹或喷洒主干和分枝，每7 d施用1次，连续2次～3次	定期检查，早期防治
	油梨炭疽病	幼苗茎基部或稍偏上部产生紫红至紫褐色条纹，后扩大成梭形病斑，稍凹陷，严重时失水纵裂，幼苗萎倒死亡。潮湿时，病斑上产生橘红色黏物质（分生孢子）。叶部病斑呈不整圆形，易干枯开裂	可用50%多菌灵可湿性粉剂800倍液，70%甲基硫菌灵可湿性粉剂1 000倍液或70%百菌清可湿性粉剂800倍液等对准根颈部及叶片均匀喷雾，每隔14 d喷施1次，连续2次～3次	定期检查，早期防治
虫害	盲蝽	苗期主要危害嫩叶、嫩梢。嫩叶危害会产生一个褐红色的小点，逐渐扩大，随着时间的推移，小点会变得中空，后期叶片会皱缩，生长缓慢	在6:00～9:00或17:00后进行药剂防治，在嫩叶、嫩梢生长期采用5%高效氟氯氰菊酯乳油1 200倍，10%啶虫啉可湿性粉剂1 000倍液或5%啶虫脒乳油600倍液等喷雾防治，每10 d～15 d施用1次	定期检查，早期防治
	蓟马	蓟马具有趋嫩性，主要取食油梨幼苗的新梢、新叶、嫩芽、嫩茎等幼嫩组织，嫩叶嫩梢变硬卷曲枯萎，叶面上有密集的小白点或长条状斑块，后期叶脉变黑褐色，受害嫩梢节间变短，生长缓慢。叶背面出现长条状或斑点状黄白、银灰色斑块，后期斑块失绿、黄枯、叶脉变黑褐色，叶片逐渐皱缩、干枯	1. 挂蓝色粘虫板，诱捕成虫 2. 选择早晨或下午光线较弱时进行药剂防治，可选择10%吡虫啉可湿性粉剂1 000倍～1 500倍液，25%呋虫胺可溶性粉剂3 000倍液，4.5%高效氟氯氰菊酯乳油1 000倍～2 000倍液或5%啶虫脒乳油600倍液等均匀喷施幼苗和地表进行全面防治	定期检查，早期防治

表 A.1（续）

类别	名称	危害特征	防治方法	注意事项
虫害	白粉虱	白粉虱主要吸食油梨幼苗的汁液，被害叶片会出现褪绿、变黄、萎蔫等症状，严重时甚至全株死亡。此外，白粉虱可排泄很多蜜液，严重污染叶片，并引发煤污病	1. 挂防虫网。同时铲除苗圃周边的杂草，减少虫源 2. 悬挂黄板诱杀白粉虱 3. 选择早晨或下午光线较弱时进行药剂防治。可选择 3% 啶虫脒乳油 2 000 倍～2 500 倍液，10% 溴虫腈悬浮剂 2 000 倍～4 000 倍液或 25% 噻嗪酮可湿性粉剂 1 500 倍～2 000 倍液等均匀喷施幼苗和地表，进行全面防治	定期检查，早期防治
	烟粉虱	烟粉虱的成虫和若虫群集于油梨植株叶片和嫩茎，吸食汁液，受害叶片褪绿、变黄，严重的萎蔫枯死，降低光合作用和呼吸作用，直接影响植物的生长发育；烟粉虱可大量分泌蜜露，污染叶片，导致霉菌繁衍，阻碍植物的光合作用，并引发煤污病	1. 挂防虫网 2. 悬挂黄板诱杀烟粉虱 3. 选择早晨或下午光线较弱时进行药剂防治。可选择用 50% 吡蚜酮水分散粒剂 2 000 倍液＋20% 呋虫胺可湿性粉剂 2 000 倍液，10% 烯啶虫胺水剂 3 000倍液＋70% 噻虫嗪水分散粒剂 5 000倍液或 20% 呋虫胺可溶性粉剂 2 000倍液＋24% 螺虫乙酯悬浮剂 2 000 倍液等均匀喷施幼苗，7 d～10 d 喷 1 次，连续 2 次～3 次	定期检查，早期防治

附 录 B
（资料性）
油梨种苗繁育技术档案

油梨种苗繁育技术档案见表B.1。

表B.1 油梨种苗繁育技术档案

砧木名称		接穗名称	
砧木产地		接穗产地	
育苗负责人			
种子个数,个			
播种时间	年 月 日		
种子发芽数,个		种子发芽率,%	
嫁接时间		嫁接方法	
嫁接苗成活数,株		嫁接苗成活率,%	
管理记录			
出圃种苗数,株			

ICS 65.020.20
CCS B 05

NY

中华人民共和国农业行业标准

NY/T 4228—2022

荔枝高接换种技术规程

Technical code of practice for top grafting of litchi

2022-11-11 发布　　　　2023-03-01 实施

中华人民共和国农业农村部　发布

前　　言

本文件按照 GB/T1.1—2020《标准化工作导则　第 1 部分:标准化文件的结构和起草规则》的规定起草。

请注意本文件的某些内容可能涉及专利。本文件的发布机构不承担识别专利的责任。

本文件由农业农村部农垦局提出。

本文件由农业农村部热带作物及制品标准化技术委员会归口。

本文件起草单位:华南农业大学、中国农垦经济发展中心。

本文件主要起草人:胡桂兵、黄旭明、刘建玲、赵杰堂、孙娟、傅嘉欣、钟鑫、刘成明。

荔枝高接换种技术规程

1 范围

本文件规定了荔枝高接换种技术，包括砧穗品种选择、高接换种前准备、高接换种时期、高接换种方法、高接换种后植株管理等阶段的操作技术，描述了过程记录、标记、试验方法等追溯方法。

本文件适用于荔枝高接换种。

2 规范性引用文件

下列文件中的内容通过文中的规范性引用而构成本文件必不可少的条款。其中，注日期的引用文件，仅该日期对应的版本适用于本文件；不注日期的引用文件，其最新版本（包括所有的修改单）适用于本文件。

GB/T 8321（所有部分） 农药合理使用准则

GB/T 17419 含有机质叶面肥料

GB/T 17420 微量元素叶面肥料

NY/T 394 绿色食品 肥料使用准则

NY/T 1478 热带作物主要病虫害防治技术规范 荔枝

NY/T 1839—2010 果树术语

NY/T 5010 无公害农产品 种植业产地环境条件

3 术语和定义

下列术语和定义适用于本文件。

3.1

高接换种 top grafting for replacing cultivar

以成年植株的主干、主枝及各级枝条作为基枝进行嫁接，将原植株品种树冠更换为接穗品种树冠的一种农艺措施。

3.2

切接 cut-grafting

在砧木断面的木质部和韧皮部的连接处垂直切开，在切口中插入削切好的接穗的嫁接方法。

［来源：NY/T 1839—2010，5.34，有修改］

3.3

挑皮接 pry-grafting

在砧木断面距离略宽于接穗粗度的两处，以嫁接刀垂直于砧木断面切入树皮，呈"｜｜"型，砧木树皮开口宽度根据接穗削面的宽度而定，将断面以下 2 cm～3 cm 的树皮挑离木质部，将削切好的接穗从树皮和木质部间的缝隙插入的嫁接方法。

3.4

大枝嫁接 grafting on thick stem

在成年树直径 3 cm 以上的枝干处回缩修剪后，在锯口或剪口处用切接或挑皮接法直接进行嫁接的方式。

3.5

小枝嫁接 grafting on spindly stem

成年树枝干回缩修剪后，在锯口或剪口下方长出的两年生以内、直径小于 3 cm 的老熟枝梢上，用切接法、改良切接法等进行嫁接的方式。

3.6

砧穗组合　rootstock-scion combination

接穗品种和砧木类型的组配。

[来源:NY/T 1839—2010,5.45]

4　高接换种

4.1　接穗品种选择

高接换种接穗品种选择,应遵循以下原则:

a)　丰产稳产性好、品质优、经济性状好;

b)　具有熟期优势,能体现区域特色优势的优良品种;

c)　砧穗组合亲和,砧穗亲和性可按照附录 A;

d)　适应当地生态条件。

4.2　改土施肥

有机肥使用应符合 NY/T 394 的规定。于冬季,在原树冠滴水线内侧挖深、宽 30 cm 的环状沟。在环状沟内,每株施用有机肥 20 kg～50 kg,以及复合肥(N∶P∶K=1∶1∶1)1 kg ～3 kg,施肥后盖土灌水。

4.3　基枝/砧木的准备

4.3.1　树冠回缩修剪时期

采用大枝嫁接法换种时:回缩修剪(锯大枝)与嫁接换种同步进行,在 2 月气温开始回升至 5 月底前完成,或在 9 月至 10 月上旬进行。但如 9 月—10 月修剪和嫁接后,接穗新梢无法在 12 月前老熟的地区,则不宜在 9 月—10 月进行修剪嫁接。

采用小枝嫁接法换种时:在 2 月气温回升后至秋季气温明显下降前回缩修剪,其间宜避开高温干旱季节。

4.3.2　树冠回缩修剪方法

选择分布于树冠内不同朝向的、斜生的 3 条～5 条大枝回缩到离地 60 cm～80 cm 处,保留树冠中间相对直立的 1 条～2 条大枝作抽水枝。可分两次锯除大枝,第一次在预定锯口处以上 30 cm 处锯断,第二次在预定锯口处枝条的下端先锯出深达 1/3～1/2 的锯口,然后在锯口稍偏上部位自上而下锯断枝条,防止断面撕裂。

4.4　接穗选择、采集与储运

4.4.1　接穗选择

接穗选择应遵循以下原则:

a)　采穗树应选择品种纯正、树势健壮、无病虫害的植株;

b)　选用树冠外围即将萌芽、刚萌芽或新梢长度 5 cm 以内的枝梢作为接穗;

c)　大枝嫁接时宜采用充分老熟、直径大于 0.8 cm 的枝梢作为接穗;

d)　小枝嫁接宜采用充分老熟、直径大于 0.5 cm 枝梢作为接穗。

4.4.2　接穗采集前处理

嫁接前一周,对采穗圃进行病虫害防治,避免接穗病虫害传播。

4.4.3　接穗采集

接穗采集宜在晴天。接穗剪离树体后,应剪除叶片,每 30 条～50 条扎成捆后,用拧干湿布或打孔塑料薄膜加叶片包裹,置阴凉处待用或待运。

4.4.4　接穗运输

异地采集接穗后,宜用纱布或其他保湿材料包好。携带运输途中,应保湿和避免阳光直晒,并检查包内或袋内温度,枝条发热时,适当打开包口、袋口散热,待温度下降后重新包扎好。

交寄或托运时应采用快递运输方式,并将包扎保湿好的接穗放入木箱或较坚固的纸箱内。

4.4.5 接穗储藏

异地运回和本地多采的接穗当天用不完，应储藏。储藏前应先去除接穗上的包扎物，每 30 条～50 条扎成捆，并用塑料袋或嫁接薄膜包装后，放在含水量 20%～30%湿润的清洁河沙中埋藏。储藏的接穗应在 2 d～3 d 内使用。

4.5 高接换种时期

高接换种时期，宜在春季 2 月—5 月，如错过春季高接，则可在秋季 9 月—10 月上旬进行。采用大枝嫁接法换种时，应在回缩修剪后立即进行。采用小枝嫁接时，应在枝干修剪剪口附近预留 1 条～2 条不定梢，完成至少两次枝梢生长周期、末次梢充分成熟且嫁接处粗度即直径大于 0.5 cm 时实施。

4.6 高接换种方法

4.6.1 大枝嫁接

4.6.1.1 砧木切削

砧木切削应按照以下要求执行：

a) 嫁接前 20 d～30 d，对嫁接砧木进行灌溉，嫁接时以砧木皮层易剥离为宜；
b) 宜采用回缩修剪的大枝桩上高接，回缩修剪做法应符合 4.6.1.2 的规定；
c) 回缩修剪后，大枝锯口以下至少保留 15 cm 光滑的桩头作为嫁接的基枝，之后修平枝桩上的锯口；
d) 采用挑皮嫁接法时，应符合 3.3 的规定；
e) 采用切接法时，在枝干锯口下方侧面平滑处，用嫁接刀在砧木断面的木质部和韧皮部的连接处垂直切开，长度 2.0 cm～3.0 cm，切口深度达木质层表面。

4.6.1.2 削接穗

将接穗剪成 2 个～3 个芽眼的长 5 cm～8 cm 的小段，在距基部约 2.0 cm 处起刀向下平整削去皮层，切削深度宜为刚达木质部，之后在切削面的背向削成约 45°斜面。

4.6.1.3 砧穗贴合

以接穗的斜切面朝外，平切面朝内，将切好的接穗插入基枝树皮与木质部的缝隙，使基枝和接穗切口暴露的形成层组织最大限度接触，接穗露出约 0.3 cm 的切口。

4.6.1.4 绑扎

用塑料薄膜条在砧木切口下方 2.0 cm 处由下而上交叉缠绕将接穗和砧木密封与固定，整个过程保持塑料薄膜打开，固定住接穗后再由上而下将接穗全部包严，最后在接穗下方 1 cm 砧木处打结固定薄膜。

4.6.2 小枝切接

4.6.2.1 砧木切削

宜采用切接法，应符合 4.6.1.1(e)的规定。

4.6.2.2 削接穗

削接穗应符合 4.6.1.2 的规定。

4.6.2.3 砧穗贴合

砧穗贴合应符合 4.6.1.3 的规定。

4.6.2.4 绑扎

绑扎应符合 4.6.1.4 的规定。

4.7 高接换种后植株管理

4.7.1 遮阳

回缩修剪后，在 5 月前未长出新梢的换种树用草料或枝叶等覆盖，防止暴晒，待萌芽抽发第二次新梢后去除覆盖物。

4.7.2 疏除不定梢

如嫁接成功，砧木应及时抹芽。大枝嫁接时，如嫁接失败，可保留砧木上 1 条～2 条新梢，充当补接的基枝;嫁接成活后,应及时剪除这些不定梢。

4.7.3 防虫保梢

接穗新梢萌发后,应防治荔枝蝽、金龟子、瘿螨、尺蠖、蓟马、叶甲、卷叶蛾类等害虫,防治方法应符合NY/T 1478的规定。

4.7.4 防蚂蚁

嫁接后新芽萌发前及时喷洒杀虫药防止蚂蚁咬破薄膜,也可在主干上绑沾有农药的布条,可按照NY/T 1478的规定执行。

4.7.5 检查成活、补接、解缚、防风

嫁接20 d后检查是否成活,不成活的应及时补接。补接方法应与原嫁接法相同。对于已经成活的接穗,在第一次新梢老熟后,可解除嫁接包扎膜,或用刀片纵向划裂包扎膜。对成活的接穗进行固定,防止风吹断。

4.8 高接换种果园的栽培管理措施

4.8.1 水分管理

灌溉用水质量应符合NY/T 5010的规定。高接后10 d～15 d遇干旱时,应及时淋水或灌水,保持土壤湿度。果园积水时应及时排除。

4.8.2 施肥

施肥应遵循以下原则:

a) 高接当年每生长一次梢,在梢前应根际施肥1次;
b) 肥料以速效肥为主,每株宜施复合肥0.25 kg～0.30 kg,或淋施以麸饼、鸡粪等沤至腐熟的稀薄水肥1 kg～10 kg;
c) 每次梢叶片展开至完全老熟期,宜喷施1次～2次叶面肥,可视叶色状况,选用0.3%过磷酸钙,0.2%～0.3%尿素,0.2%磷酸二氢钾或其他叶面肥;
d) 商品肥应为经国家有关部门批准登记和生产的肥料;
e) 叶面肥应符合GB/T 17419和GB/T 17420的规定。

4.8.3 病虫害防治

4.8.3.1 防治原则

贯彻“预防为主、综合防治”的方针,坚持以“农业防治、物理、生物防治为主,化学防治为辅”的综合治理原则。

4.8.3.2 农业防治

加强肥水管理,增强树势,提高抗病虫害能力。加强树体管理,改善树冠内外光照和湿度条件,减少病虫害。回缩大枝修剪后及时清园,减少病虫传染源。严格执行接穗检疫。

4.8.3.3 物理防治

使用频振杀虫灯、蓝色板、黄色板等诱杀害虫,利用防虫网隔离和捕虫网捕杀害虫。

4.8.3.4 化学防治

合理使用高效、低毒、低残留量化学农药,限制使用中等毒性农药,禁用高毒、高残留的化学农药,将有害生物的发生和危害控制在经济阈值下。化学防治农药应按GB/T 8321的规定执行,药品的使用要注意安全间隔期。

4.8.3.5 防治方法

病害主要包括荔枝霜疫霉病、炭疽病等,虫害主要包括荔枝蝽、尺蠖、卷叶蛾类、瘿螨等,防治方法按照NY/T 1478的规定执行。

5 追溯方法

5.1 标记方法

高接换种接穗采集和砧木准备阶段,应标记下列内容:

a） 接穗品种名称；
b） 砧木品种名称；
c） 标记编号；
d） 标记时植株状态；
e） 标记人员；
f） 标记时间。

5.2 过程记录

在高接换种过程中，应记录并保持下列内容：

a） 执行阶段程序人员；
b） 时间、地点；
c） 操作内容；
d） 操作结果或观察现象。

附 录 A
（规范性）
荔枝高接换种砧木亲和性

荔枝品种间存在嫁接亲和性差异。嫁接亲和性强弱与品种间的亲缘关系密切相关。具体品种的嫁接亲和性如表 A.1 所示。嫁接亲和的砧穗组合，嫁接愈合良好，嫁接口光滑，砧穗运输通道通畅，接穗长势强，树冠形成快。而嫁接亲和性弱的砧穗组合，嫁接口膨大，砧穗运输通道不通畅，接穗枝梢长势弱，叶片黄化，树冠形成缓慢。然而，通过将亲和性弱的接穗嫁接在砧木直径在 3 cm 的大基枝上，接穗新梢长势强，树冠形成快。因而，针对嫁接亲和性弱的品种，须采用大枝嫁接技术。

表 A.1 荔枝高接换种砧木亲和性情况

砧木品种	亲和性好的接穗品种	小枝嫁接亲和性弱 但大枝嫁接亲和性好的接穗品种
黑叶	鸡嘴荔、妃子笑、翡脆、桂早荔	井岗红糯、岭丰糯、观音绿、唐夏红、仙进奉、凤山红灯笼、御金球、桂味
妃子笑	三月红、桂早荔	桂味、岭丰糯、井岗红糯
双肩玉荷包	妃子笑、无核荔、鸡嘴荔、大丁香、紫娘喜	岭丰糯、井岗红糯
三月红	妃子笑	桂味
褐毛荔	三月红、桂早荔、妃子笑、燎原 1 号、红巨人	
怀枝、白蜡、白糖罂、大红袍	广亲和	

ICS 65.020.20
CCS B 31

NY

中华人民共和国农业行业标准

NY/T 4229—2022

芒果种质资源保存技术规程

Technical code of practice for conservation of mango germplasm resources

2022-11-11 发布　　　　2023-03-01 实施

中华人民共和国农业农村部　发布

前　　言

本文件按照 GB/T 1.1—2020《标准化工作导则　第 1 部分:标准化文件的结构和起草规则》的规定起草。

请注意本文件的某些内容可能涉及专利。本文件的发布机构不承担识别专利的责任。

本文件由农业农村部农垦局提出。

本文件由农业农村部热带作物及制品标准化技术委员会归口。

本文件起草单位:中国热带农业科学院热带作物品种资源研究所。

本文件主要起草人:陈业渊、朱敏、党志国、高爱平、黄建峰、罗睿雄、何书强、雷新涛。

芒果种质资源保存技术规程

1 范围

本文件规定了芒果属(*Mangifera*)种质资源圃保存的术语和定义、工作程序、入圃保存、种质管理和共享利用。

本文件适用于芒果种质资源圃的种质资源保存。

2 规范性引用文件

下列文件中的内容通过文中的规范性引用而构成本文件必不可少的条款。其中,注日期的引用文件,仅该日期对应的版本适用于本文件;不注日期的引用文件,其最新版本(包括所有的修改单)适用于本文件。

GB/T 2260 中华人民共和国行政区划代码

GB/T 2659 世界各国和地区名称代码

GB/T 12404 单位隶属关系代码

GB 15569 农业植物调运检疫规程

NY/T 590 芒果 嫁接苗

NY/T 880 芒果栽培技术规程

NY/T 1808 芒果种质资源描述规范

NY/T 2812 热带作物种质资源收集技术规程

NY/T 3238—2018 热带作物种质资源 术语

3 术语和定义

下列术语和定义适用于本文件。

3.1

种质 germplasm

亲代通过有性生殖过程或体细胞直接传递给子代并决定固有特性的遗传物质。

[来源:NY/T 3238—2018,3.1.2]

3.2

种质资源 germplasm resources

栽培种、野生种以及利用它们创造的各种遗传材料,如果实、种子、苗、根、茎、叶、花、组织、细胞等。

[来源:NY/T 3238—2018,3.1.3]

3.3

种质资源圃 field genebank

通过田间种植方式保存种质资源并经各级政府管理部门授权的场所。

3.4

圃基本单元区 basic unit area of the field genebank

圃中用于每份种质资源保存所需的最小单位面积,其大小由每份种质资源保存株数和行株距确定。

3.5

圃位号 the number of the field gene-bank's basic unit area's loacation

按一定的原则和顺序对圃基本单元区位置的编号。

4 工作程序

工作程序见图1。

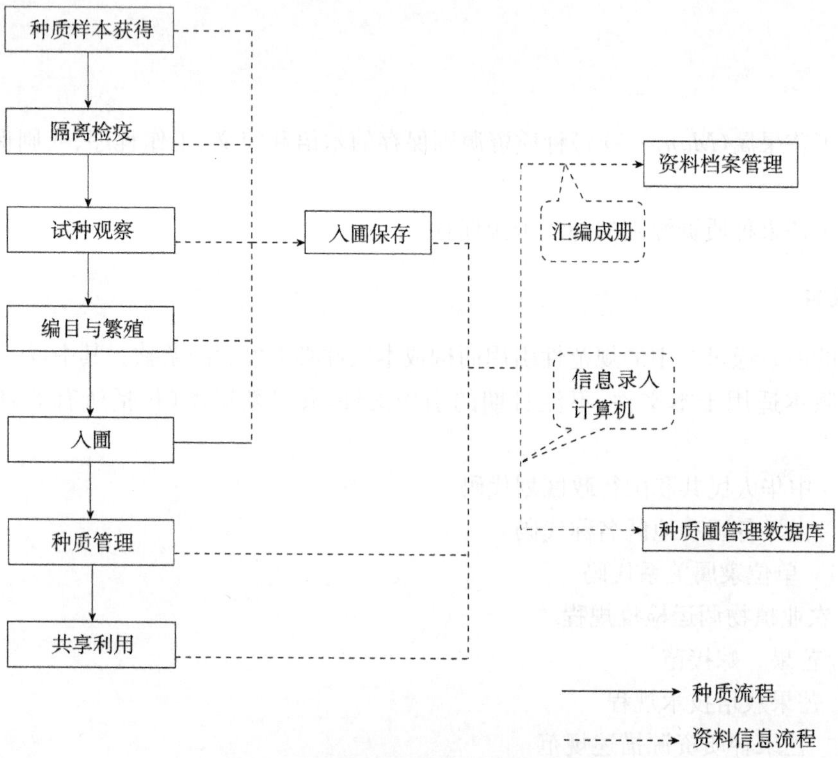

图1 芒果种质资源保存工作程序

5 入圃保存

5.1 种质样本获得

5.1.1 获得途径

包括相关单位或个人送交保存、从野外收集、从国外引进。

5.1.2 信息记载

记载种质的基本信息，见附录A。其中：原产国，国家和地区名称按照 GB/T 2659 的规定执行；原产地，省、市、县名称按照 GB/T 2260 的规定执行；原保存单位，单位名称参照 GB/T 12404 的规定执行；采集号或引种号，按照 NY/T 2812 的规定执行。

5.2 隔离检疫

经海关等部门按《中华人民共和国进出境动植物检疫法》《植物检疫条例实施细则（农业部分）》及修正和 GB 15569 等检疫后的引进种质材料或国内收集的种质材料应在隔离网室内种植，隔离网室应符合阻止花粉、病原菌、昆虫的传播要求，观察确认无检疫性病虫草害。种子类型的种质材料应对种子表面进行消毒处理。

5.3 试种观察

通过种植或嫁接收集、引进的芒果种质，对主要植物学特征、生物学特性进行观察、调查与记载，进一步核实确认种质身份。剔除与圃内重复或没有保存价值的种质资源。

5.4 编目与繁殖

对符合入圃保存的每一份芒果种质，按照全国种质资源目录编写规范要求，给予一个“全国统一编号”（由8位字符构成，第一位表示国别，C代表国内种质，A代表国外种质；第二位表示种质类型，O代表栽培原种和地方品种，W代表野生资源，H代表杂交品种或品系；第三位至第八位表示序号，由6位数字组成。例：CW000025，为国内野生资源第25号，该编号由国家芒果种质资源圃赋予），并汇编成全国种质资源目录。

对编目的种质进行繁殖,以获得入圃保存的足够植株数量,繁殖方法采用嫁接繁殖。

5.5 入圃

5.5.1 种植安排

入圃保存前应预先做好圃位号的编制和资源种植分布的安排。

圃位号的编制:每份芒果种质保存 3 株,按株行距确定圃基本单元区的面积,再对每个基本单元区给一个圃位号,并标注于平面图上。

资源种植分布的安排:对拟入圃保存的每份种质的定植位置进行安排,根据不同种、类型或用途等,分别安排在各种植小区,并绘制定植图。每类小区应预留一些种植区域给新增种质资源。

5.5.2 保存株数

根据不同种类以及土地资源等因素而定,每份种质保存数量不少于 3 株,重要种质可适当增加数量。定植时每份资源应另地假植 2 株以上备用,待两年后定植成活株数足够时,方可将假植苗淘汰。

5.5.3 株行距

株行距为(4～5) m×(5～6) m。

5.5.4 种植

5.5.4.1 植穴准备

按照 NY/T 880 的规定执行。

5.5.4.2 苗木准备

按照 NY/T 590 的规定执行。

5.5.4.3 苗木挂牌及编号

对每份种质的每株苗木进行挂牌,标牌上应标注该份种质名称、圃编号(按"NYB+地名拼音首字母+作物名称拼音首字母+5 位序号")或圃位号。

5.5.4.4 定植时间

按照 NY/T 880 的规定执行。

5.5.4.5 定植技术

按照 NY/T 880 的规定执行。

5.5.5 嫁接

提前种有实生苗的种质圃,通过嫁接种质接穗入圃保存,其他按照 5.5.4.3 进行。

5.5.6 绘制保存定植图

所有原始记载图存档,并在计算机上绘制定植图,标明每份种质的圃位号、种植时间、保存株数,以及种植负责人与制图人。

6 种质管理

6.1 补栽

种植后,对死苗缺株或长势弱的苗木,应及时补栽。

6.2 栽培管理

6.2.1 技术措施

按种质保存的正常栽培管理技术实施,确保不改变种质的固有性状。

6.2.2 更新复壮

树势衰弱植株应加强土肥水、花果、病虫害等栽培管理,进行树势复壮。濒临死亡的植株应提前繁殖更新。

6.3 种质核对

按照 NY/T 1808 对种质的植物学特征和生物学特性进行描述和核对。如果错乱或丢失,应及时更正、补充征集或重新培育苗木,并及时修正定植图,核对工作持续 2 年～6 年。

6.4 种质监测

依据芒果全生育周期定期对每份种质存活株数、生长状况、病虫害、土壤状况等进行观察监测，确保种质健康生长。

7 共享利用

7.1 实物共享

7.1.1 提供种质数量

提供的每份种质数量应以能保证芒果种质资源的遗传完整性为宜。

7.1.2 程序

共享利用程序参照《热带作物种质资源圃管理办法》按如下程序进行：

网站查询种质资源共享目录—提交申请书(附录B)—提供种质(无法提供种质时应及时作出答复)。

利用者所获取的种质资源只享有有限的、不排他的使用权。须履行如下承诺：遵守国家有关种质资源管理法规，不得用于申请知识产权保护和向境内外任何单位或个人提供种质。

7.2 信息共享

7.2.1 种质信息

种质样本获得、隔离、试种观察、编目、入圃、栽培管理、监测等处理过程中获得的信息及共享利用信息。见附录A、附录B、附录C。

7.2.2 信息管理

7.2.2.1 数据库建立

主要的种质信息录入计算机，建立种质资源圃管理数据库。

7.2.2.2 纸质档案建立

种质资源入圃保存过程中的相关原始纸质记载表，按圃编号或种质入圃时间顺序装订成册，建立原始记录纸质档案。

7.2.2.3 信息共享

信息共享见《热带作物种质资源圃管理办法》。

附 录 A
(规范性)
保存数据采集

保存数据采集见表 A.1。

表 A.1 保存数据采集

1 入圃保存			
1.1 基本信息			
获得日期		提供者	
种质名称		种质外文名	
获得种质样本类型		获得种质样本健康状况	
获得种质样本量		采集号	
引种号		全国统一编号	
科名		属名	
学名		原产国	
原产省		原产地	
来源地		原保存单位	
原保存单位编号		种质类型	1:野生资源 2:地方品种 3:选育品种 4:品系 5:遗传材料 6:其他
图像		系谱	
选育单位		育成年份	
选育方法		经度	
纬度		海拔	
土壤类型			
1.2 隔离检疫信息			
隔离编号		隔离起始日期	
隔离结束日期		入隔离网室前处理措施	
隔离结果			
1.3 试种观察信息			
试种观察圃编号		试种起始日期	
试种结束日期		试种方式	
初步鉴定		编目	
1.4 入圃保存初始信息			
圃编号		圃位号	
繁殖年份		保存量	

表 A.1（续）

入圃保存日期		株行距	
整形方式		受光状况	
年均气温		年积温	
年均空气湿度		年均降水量	
土壤状况		土壤 pH	
2 种质管理信息			
2.1 栽培管理			
盛花期		坐果率	
成熟期		丰产性	
稳产性			
2.2 监测信息			
监测日期		监测间期	
监测时期		监测量	
监测保存量		死亡监测	
生长状况监测		土壤状况监测	
土壤 pH 监测		年均气温监测	
年积温监测		年均空气湿度监测	
年均降水量监测		虫害监测	
病害监测		自然灾害状况	
3 共享利用信息			
利用者申请日期		利用者姓名	
利用者联系方式		利用者单位	
提供日期		提供量	
提供种质类型		利用目的	
利用信息反馈			

附 录 B
（规范性）
共享利用申请

共享利用申请见表 B.1。

表 B.1 共享利用申请

<table>
<tr><td>申请单位(人)</td><td></td><td>联系人</td><td></td></tr>
<tr><td>通信地址</td><td></td><td>邮编</td><td></td></tr>
<tr><td>联系电话</td><td></td><td>电子邮箱</td><td></td></tr>
<tr><td>种质名称</td><td></td><td>学名</td><td></td></tr>
<tr><td>利用时间</td><td></td><td>利用数量</td><td></td></tr>
<tr><td>全国统一编号</td><td></td><td>圃编号</td><td></td></tr>
<tr><td>申请种质
类　型</td><td colspan="3">地方品种□　育成品种□　引进品种□　野生近缘种□
遗传材料□　突变体□　其他□(说明)</td></tr>
<tr><td>申请种质
材　料</td><td colspan="3">植株(苗)□　果实□　种子□　根□　茎(枝条)□　叶□　芽□
花(粉)□　组织□　细胞□　核酸□　其他□(说明)</td></tr>
<tr><td colspan="4">利用目的：</td></tr>
<tr><td colspan="4">申请承诺：
1. 共享利用情况反馈时间：__________；2. 利用成果标注种质提供方；3. 未经允许不能提供给第三方；4. 其他：
__________________________。</td></tr>
<tr><td colspan="4">申请单位盖章：　　　　负责人：
年　月　日</td></tr>
<tr><td colspan="4">提供种质资源圃意见：
负责人：
年　月　日</td></tr>
<tr><td colspan="4">提供单位意见：
单位盖章：　　　　负责人：
年　月　日</td></tr>
</table>

附 录 C
(规范性)
共享利用反馈

共享利用反馈见表C.1。

表C.1 共享利用反馈

<table>
<tr><td>种质名称</td><td></td><td>学名</td><td></td></tr>
<tr><td>利用单位(人)</td><td></td><td>联系人</td><td></td></tr>
<tr><td>联系地址</td><td></td><td>邮编</td><td></td></tr>
<tr><td>电话</td><td></td><td>电子邮箱</td><td></td></tr>
<tr><td>利用时间</td><td></td><td>利用数量</td><td></td></tr>
<tr><td>提供单位</td><td></td><td>获得日期</td><td></td></tr>
<tr><td>全国统一编号</td><td></td><td>圃编号</td><td></td></tr>
<tr><td>利用种质
类型</td><td colspan="3">地方品种□　育成品种□　引进品种□　野生近缘种□
遗传材料□　突变体□　其他□(说明)</td></tr>
<tr><td>利用种质
材料</td><td colspan="3">植株(苗)□　果实□　种子□　根□　茎(枝条)□　叶□　芽□
花(粉)□　组织□　细胞□　核酸□　其他□(说明)</td></tr>
<tr><td colspan="4">利用过程:</td></tr>
<tr><td colspan="4">利用效果:</td></tr>
<tr><td colspan="4">种质利用单位盖章:　　　　负责人:

年　月　日</td></tr>
</table>

参 考 文 献

[1] 《农业部办公厅关于印发〈热带作物种质资源圃管理办法(试行)〉的通知》(农办垦〔2011〕53 号)
[2] 植物检疫条例实施细则(农业部分)(中华人民共和国农业部 1995 年第 5 号令)

ICS 65.020.20
CCS B 31

NY

中华人民共和国农业行业标准

NY/T 4230—2022

香蕉套袋技术操作规程

Technical code of practice for banana bagging

2022-11-11 发布　　　　2023-03-01 实施

中华人民共和国农业农村部　发布

前　言

本文件按照 GB/T 1.1—2020《标准化工作导则　第 1 部分：标准化文件的结构和起草规则》的规定起草。

请注意本文件的某些内容可能涉及专利。本文件的发布机构不承担识别专利的责任。

本文件由农业农村部农垦局提出。

本文件由农业农村部热带作物及制品标准化技术委员会归口。

本文件起草单位：中国热带农业科学院分析测试中心、中国热带农业科学院热带作物品种资源研究所。

本文件主要起草人：谢德芳、魏守兴、王明月、俞欢、张月、郇志博、吕岱竹、王咪咪、范高志。

香蕉套袋技术操作规程

1 范围

本文件规定了香牙蕉(*Musa* AAA Cavendish sub-group)的术语和定义、套袋前管理、套袋、套袋后管理、果实采收要求。

本文件适用于香牙蕉的套袋管理,其他香蕉种类可参照执行。

2 规范性引用文件

下列文件中的内容通过文中的规范性引用而构成本文件必不可少的条款。其中,注日期的引用文件,仅该日期对应的版本适用于本文件;不注日期的引用文件,其最新版本(包括所有的修改单)适用于本文件。

GB/T 8321(所有部分) 农药合理使用准则

GB/T 9827 香蕉

NY/T 517 青香蕉

NY/T 3193 香蕉等级规格

NY/T 5022 无公害食品 香蕉生产技术规程

3 术语和定义

GB/T 9827、NY/T 517、NY/T 3193 界定的术语和定义适用于本文件。

4 套袋前管理

4.1 肥水管理

4.1.1 施肥

应充分满足香蕉对各种营养元素的需求,提倡采用平衡施肥和营养诊断配方施肥,氮、磷、钾肥配合施用,增施有机肥和钾肥,补充钙、镁、硼等中微量元素肥,提高果实品质。分别在现蕾、断蕾时各施一次壮果肥。施肥可采用撒施、沟施、喷施等方式,有条件者采用灌溉式施肥。具体要求按 NY/T 5022 的规定执行。

4.1.2 水分管理

按 NY/T 5022 的规定执行。

4.2 树体管理

4.2.1 护蕾

抽蕾期要经常检查蕉树。例如,花蕾下垂的位置刚好在叶柄之上的,及早将花蕾小心移至叶柄一侧,使花蕾下垂生长。同时,将靠近或接触花蕾的叶片绑于假茎上,避免花蕾与周边的叶片接触。

4.2.2 抹花

在果指末端小花花瓣刚变为褐色、果指开始平展上弯时期,选择晴天 10:00～17:00 进行抹花,雨天或早上露水未干时不宜抹花。

抹花前,戴手套或剪指甲,在果梳间垫报纸、牛皮纸或蕉叶,避免蕉液流淌到下面的果梳。抹花时,拇指和食指夹住花瓣中部,向上或者向下扳断小花花瓣及柱头,由下梳往上梳顺序进行。一穗果分上、下部二次进行,即在花果间产生离层或当第二、三梳果指上翘呈水平状时抹第一次花,在末梳果指上翘呈水平状时抹第二次花。

4.2.3 疏果

依据植株生长势保留果梳,一般每穗果选留 6 梳～9 梳果为宜;果梳过多时,可将果穗下部果梳割除;

若头梳果的果指太少或梳形不整齐时也将其割除。同时,应疏除双连或多连果、畸形果、三层果、受病虫危害的果指,当末(尾)梳蕉不足 14 个果指时要整梳割掉。果穗末梳果下应保留 2 个空节;并在最后的节上保留 1 个果指或留较长果柄,或留 3 个空节。

4.2.4 断蕾

当花蕾的雌花开放完毕,且若干段不结果的花苞开放后,即可进行断蕾,断口应距末梳小果约 12 cm。断蕾宜选择晴天 9:00～17:00 进行,雨天或早上露水未干时不宜断蕾。

4.2.5 垫把

在抹花工序结束后,当香蕉果梳向上弯曲生长开始收梳成型,上下果梳的果指将碰到一起时进行垫把。垫把时,视果梳大小,将规格为(25～35) cm×(40～45) cm(长×宽)珍珠绵、白色牛皮纸或打孔 PE 薄膜衬于香蕉果把(梳)间。垫把宜在上午雾水褪去或雨停果面风干后进行。

4.3 病虫害防治

贯彻"预防为主,综合防治"的植保方针,以改善蕉园生态环境,加强栽培管理为基础,综合应用各种防治措施,优先采用农业防治、生物防治和物理防治措施,科学使用化学防治。

香蕉刚现蕾至苞片刚打开 1 片～2 片时,对花蕾施一次防治香蕉花蓟马的杀虫剂,套袋前对果穗再施一次防治香蕉黑星病、炭疽病的杀菌剂和防治香蕉花蓟马的杀虫剂。施用的农药应已在香蕉上登记,施药方法按 GB/T 8321 的规定执行。喷药后 2 h 内遇雨应补喷。

4.4 立桩防风

选用坚硬的竹子或木头作为蕉桩,在距蕉头 20 cm 处打洞立桩,洞深 40 cm。抽蕾前至抽蕾早期立桩,分二道绑绳,用塑料片绳等将假茎中部绑牢于蕉桩上,蕉桩上部绑牢于果轴上。

5 套袋

5.1 果袋选择

5.1.1 材料

根据栽培的季节和套袋的作用选择果袋的材料。

a) 冬、春蕉宜选用牛皮纸袋、珍珠棉袋、不打孔的 PE 薄膜袋等保温或透光性强的果袋。

b) 夏、秋蕉宜选用牛皮纸袋、花纸袋、打孔的 PE 薄膜袋(每个袋均匀分布 1 cm 径孔 20 个～40 个)等透气或遮光的果袋。

c) 全年均可选用无纺布袋,用于收把塑形及果面保护。

5.1.2 规格

根据果袋的用途和果穗的大小选择果袋的规格。

a) 无纺布袋(塑型袋)的规格:(70～110) cm×(53～65) cm(长×宽)。

b) PE 薄膜袋(厚度为 0.02 mm～0.03 mm)、珍珠棉袋、牛皮纸袋的规格:(110～150) cm×(60～80) cm(长×宽)。

5.2 套袋时期

套袋一般在果指上弯、断蕾后的 10 d 内完成。

5.3 套袋方法

按如下方法进行套袋:

a) 取无纺布袋,张开袋口,从下往上将整个果穗套入;上袋口距离头梳果的果柄 10 cm 以上,下袋口覆盖末梳果。

b) 将纸袋或珍珠棉袋放入 PE 薄膜袋内,张开袋口,从下往上将整个果穗套入;上袋口应距离头梳果的果柄 25 cm 以上,上部用绳在果轴处扎紧袋口,并做好记号和记录断蕾套袋时间。

c) 夏季套袋,PE 薄膜袋须打孔,并在果穗中上部向阳面加垫双层报纸、珍珠棉、牛皮纸、软质包装纸或无黑心病的蕉叶隔开袋子和果实,防止强日照灼伤果实。

d) 冬季套袋,PE 薄膜袋不需打孔;出现寒流前,可把下袋口扎紧,天气回暖再解开。

e） 套袋时动作要轻，避免蕉袋与果皮相互摩擦损伤果面。

6 套袋后管理

6.1 肥水管理

参照 4.1，套袋后再施一次壮果肥，田间持水量保持 75%～80%，采果前 7 d～10 d 应停止浇水。

6.2 病虫害防治

参照 4.3，施药方法应符合 GB/T 8321 的要求。

6.3 调整果穗轴方向

对果穗轴与地面不垂直的，宜用绳子绑住果穗的末端，拉往假茎方向并固定在假茎上，使其与地面垂直。

7 果实采收

按 NY/T 517 的规定执行。

ICS 67.080.01
CCS B 05

NY

中华人民共和国农业行业标准

NY/T 4231—2022

香蕉采收及采后处理技术规程

Technical code for the harvesting and postharvest treatment of banana

2022-11-11 发布 2023-03-01 实施

中华人民共和国农业农村部 发布

前　言

本文件按照 GB/T 1.1—2020《标准化工作导则　第 1 部分:标准化文件的结构和起草规则》的规定起草。

请注意本文件的某些内容可能涉及专利。本文件的发布机构不承担识别专利的责任。

本文件由农业农村部农垦局提出。

本文件由农业农村部热带作物及制品标准化技术委员会归口。

本文件起草单位:华南农业大学。

本文件主要起草人:陈维信、李雪萍、陆旺金、陈建业、朱孝扬。

香蕉采收及采后处理技术规程

1 范围

本文件规定了香蕉的采收、采后处理、包装、预冷、储藏、催熟等技术要求。

本文件适用于香蕉的采收和采后处理。

2 规范性引用文件

下列文件中的内容通过文中的规范性引用而构成本文件必不可少的条款。其中,注日期的引用文件,仅该日期对应的版本适用于本文件;不注日期的引用文件,其最新版本(包括所有的修改单)适用于本文件。

GB 2763 食品中农药最大残留限量

GB/T 5009.18 食品中氟的测定

GB/T 5009.20 食品中有机磷农药残留量的测定

GB/T 5009.104 植物性食品中氨基甲酸酯类农药残留量的测定

GB/T 5009.146 植物性食品中有机氯和拟除虫菊酯类农药多种残留量的测定

GB/T 6543 运输包装用单瓦楞纸箱和双瓦楞纸箱

GB/T 8559 苹果冷藏技术

NY/T 517 青香蕉

NY/T 1395 香蕉包装、贮存与运输技术规程

NY/T 5022 无公害食品 香蕉生产技术规程

3 术语和定义

3.1

香蕉 banana

香牙蕉[*Musa* acuminata (AAA), Cavendish subgroup]。

3.2

果实饱满度 plumpness of the fruit finger

香蕉果实生长的饱满程度,以果实横截面棱角和果指直径判断。

3.3

机械损伤 mechanical damage

在采收前、采收、采后处理和运输过程中,由于自然或人为摩擦、挤压和病虫害损伤等原因对果实造成的伤害。

3.4

自然损耗 natural loss

储藏运输期间水分和干物质的损失。

4 采前及采收要求

4.1 采前管理

4.1.1 栽培管理与病虫害防治

栽培管理与病虫害防治按照 NY/T 5022 的规定执行。

4.1.2 产品质量要求

香蕉产品质量按照 NT/T 517 的规定执行，重金属和农残检测按照 GB/T 5009.18、GB/T 5009.20、GB/T 5009.104、GB/T 5009.146 的规定执行。

4.2 采收

4.2.1 采收前的水肥管理

采收前约一个月应停止施肥，但可以喷施叶面肥。采收前约一个月减少灌溉，但应保持土壤湿润。

4.2.2 采收时适宜的果实饱满度

香蕉采收时适宜的果实饱满度（俗称肥瘦程度）为七成左右，适宜的果实采收饱满度因采收季节和储运时间长短不同而异。6 月—9 月采收的香蕉，果实适宜饱满度为六成五至七成；10 月至翌年 5 月采收，果实适宜饱满度为七成至七成五。

判断果实饱满度方法：

a) 目测法：通过目测果穗中部果指的果棱和果皮颜色来判断果实的饱满度。六成五饱满度：果实棱角明显突出，果皮较绿；七成饱满度：果皮棱角较明显，果色青绿，横切面果肉发白；八成饱满度：果身较圆满，尚有棱角，果皮褪至浅绿色，横切面果肉中心微黄。

b) 测量果指直径法：用游标卡尺测量尾梳外排中间果指直径，28 mm 直径的果指饱满度约为六成五，32 mm 直径的果指饱满度约为七成，36 mm 直径的果指饱满度约为七成五；38 mm 直径的果指饱满度约为八成。

4.2.3 采收天气

宜在晴天采收，避免在雨天、大雾天、台风天采收。

4.2.4 采收方法

采收过程应防止机械损伤。采用“两人两刀”的方法。采收后用人工将香蕉挑（背）送或用索道运到包装场。采收后运输到加工厂全程香蕉不着地。

5 采后处理

5.1 去轴落梳

在包装场所进行落梳，用落梳刀将梳蕉脱梳。工作人员应戴手套进行处理，以防果实受伤。

5.2 清洗与修把整理

香蕉落梳后，将梳蕉放入清洁水池中清洗，用利刀将切口修整。如果梳蕉太大，可切开分把。剔除有病虫害、梳形不整齐、饱满度不合标准、有机械伤、裂果、畸形果、“青熟”等不合要求的果实。用海绵清洗除蕉乳、污物，并去除残花。

5.3 杀菌保鲜处理

香蕉清洗后，使用有效浓度为 450 mg/L～800 mg/L 的咪鲜胺和有效浓度为 500 mg/L～800 mg/L 的异菌脲浸果 1 min，或者使用其他国家允许用于香蕉采后杀菌的药剂进行处理。咪鲜胺和异菌脲最大残留限量应符合 GB 2763 的规定。

5.4 风干及贴商标

香蕉杀菌处理后，待香蕉吹干或表面水分自然沥干后，在果指腹部或在包装箱上贴上商标。

5.5 分级

分级参照 NY/T 517 等级规格要求执行。

5.6 包装

5.6.1 包装材料

香蕉宜采用双瓦楞纸板箱包装，按 GB/T 6543 的规定执行。内包装使用的聚乙烯薄膜袋应符合 NY/T 1395 的规定。所有包装材料均应符合国家相关规定。

5.6.2 包装规格

按照 NY/T 1395 的规定执行。

5.6.3 包装方法

按照 NY/T 1395 的规定执行。

5.7 预冷

香蕉可采用强制通风进行预冷，预冷温度不得低于 13 ℃。

6 储藏

6.1 储藏最适条件

香蕉储藏适宜温度为 13 ℃～15 ℃，相对湿度为 90%～95%。香蕉储藏库应专库专用，不与其他水果蔬菜混合存放。储藏前应先对库内外进行彻底的消毒，方法按 GB/T 8559 的规定执行。

6.2 储藏库管理

6.2.1 堆码

货位堆码方式按 GB/T 8559 的规定执行。

根据不同包装容器合理安排货位，其堆码形式、高度、垫木和货垛排列方式、走向应与库内空气环流方向一致。

6.2.2 温度管理

果实入库前，先将库温降到 13 ℃～15 ℃。储藏期间冷库温度应保持稳定，避免波动。

6.3 储藏方法与储藏期

6.3.1 常温储藏

夏季香蕉在常温条件下储藏，储藏场所要通风，堆垛之间留有一定距离以保证通风，堆垛间距离 15 cm～25 cm。

6.3.2 低温储藏

香蕉低温储藏适温为 13 ℃～15 ℃。

7 果实质量检验

定期检验储藏期间香蕉果实的颜色变化、腐烂情况等。

8 催熟

8.1 催熟温度

催熟温度根据预期成熟时间不同而异，香蕉催熟温度为 14 ℃～21 ℃，相对湿度为 90%～95%。根据催熟预期成熟时间设定催熟温度（见表 1）。

表 1 香蕉催熟控制温度

预期成熟时间	果肉温度，℃					
	第 1 d	第 2 d	第 3 d	第 4 d	第 5 d	第 6 d
4 d	19	19	18	18		
5 d	19	18	17	16	15	
6 d	19	18	17	16	15	14

注 1. 香蕉饱满度（肥瘦程度）为七成至七成五。

注 2. 按此计划控制温度，上市时果皮基本变黄，果指尖端带青绿色。

注 3. 高温季节采收的香蕉，进库后先将蕉果温度降至 15 ℃～17 ℃，然后催熟；经长期低温储运的香蕉或外界气温过低时，先将蕉果温度升至 17 ℃～19 ℃后再催熟。

8.2 催熟剂及其使用方法

香蕉常用的催熟剂有乙烯气体和乙烯利溶液。其使用浓度因果实饱满度和催熟温度不同而异，具体方法参照表 2。

表 2　香蕉催熟剂使用方法

催熟温度,℃	果实饱满度	乙烯气体,mL/L	乙烯利溶液,mg/L
17～18	六成五至七成	0.5	600
	七成以上	0.3	400
20	六成五至七成	0.4	500
	七成以上	0.2	300

8.3　催熟房管理

催熟房要求密闭性能良好,催熟前先按 GB/T 8559 的规定对库房进行消毒。导入乙烯气体或乙烯利溶液处理后立即密封催熟房,24 h 后打开催熟房门,通风换气 15 min～20 min。

ICS 65.120
CCS B 46

NY

中华人民共和国农业行业标准

NY/T 4232—2022

甘蔗尾梢发酵饲料生产技术规程

Technical code of practice for feed fermented by sugarcane tail

2022-11-11 发布　　　　2023-03-01 实施

中华人民共和国农业农村部　发布

前　　言

本文件按照GB/T 1.1—2020《标准化工作导则　第1部分:标准化文件的结构和起草规则》的规定起草。

请注意本文件的某些内容可能涉及专利。本文件的发布机构不承担识别专利的责任。

本文件由农业农村部农垦局提出。

本文件由农业农村部热带作物及制品标准化技术委员会归口。

本文件起草单位:广西壮族自治区农业科学院、广西热带作物学会。

本文件主要起草人:张娥珍、黄振勇、梁晓君、淡明、周主贵、廖才学、韦馨平、曾心怡。

甘蔗尾梢发酵饲料生产技术规程

1 范围

本文件界定了甘蔗尾梢发酵饲料生产技术涉及的术语和定义，规定了原料、基本设施和设备、加工工艺、品质检验以及取用的要求。

本文件适用于甘蔗尾梢发酵饲料生产。

2 规范性引用文件

下列文件中的内容通过文中的规范性引用而构成本文件必不可少的条款。其中，注日期的引用文件，仅该日期对应的版本适用于本文件；不注日期的引用文件，其最新版本（包括所有的修改单）适用于本文件。

GB 5749 生活饮用水卫生标准

GB/T 6432 饲料中粗蛋白的测定 凯氏定氮法

GB/T 6433 饲料中粗脂肪的测定

GB/T 6435 饲料中水分的测定

GB/T 6436 饲料中钙的测定

GB/T 6437 饲料中总磷的测定 分光光度法

GB/T 6438 饲料中粗灰分的测定

GB/T 13078 饲料卫生标准

GB/T 13091 饲料中沙门氏菌的测定

GB/T 13092 饲料中霉菌总数的测定

GB/T 14699 饲料 采样

GB/T 19540 饲料中玉米赤霉烯酮的测定

GB/T 20806 饲料中中性洗涤纤维（DNF）的测定

GB/T 30957 饲料中赭曲霉毒素 A 的测定 免疫亲和柱净化-高效液相色谱法

GB/T 36858 饲料中黄曲霉毒素 B_1 的测定 高效液相色谱法

NY/T 1459 饲料中酸性洗涤纤维的测定

NY/T 2698 青贮设施建设技术规范 青贮窖

NY/T 3476 饲料原料 甘蔗糖蜜

3 术语和定义

下列术语和定义适用于本文件。

3.1

甘蔗尾梢 sugarcane tail

甘蔗收割时在生物学顶端砍下的 2 个～3 个嫩节和青绿色叶片的统称。

3.2

甘蔗尾梢微贮发酵饲料 sugarcane tail microbial treated fermented feed

以甘蔗尾梢为主要原料，添加有益微生物制剂混合均匀，利用有益微生物生长繁殖产生的直接或次级代谢产物将甘蔗尾梢中动物难以消化吸收的组分进行降解或转化为易消化吸收的营养物质所形成的饲料。

3.3

甘蔗尾梢全混合发酵饲料 sugarcane tail fermented total mixed ration

根据牛、羊等动物不同生长阶段营养需求，以甘蔗尾梢为主要原料，配合能量、蛋白质、常量元素、微量元素、维生素等饲料辅料，再添加有益微生物制剂混合均匀，利用有益微生物生长繁殖产生的直接或次级代谢产物将甘蔗尾梢中动物难以消化吸收的组分进行降解或转化为易消化吸收的营养物质所形成的混合饲料。

4 原料要求

4.1 甘蔗尾梢原料要求

原料甘蔗尾梢应为砍收后 1 d～2 d 的新鲜梢枝，梢枝刀口位置如有因霉变引起的红斑，应当去除。泛黄、干枯、发霉的原料不能使用。

4.2 其他饲料辅料要求

所有原料需符合《饲料原料目录》规定的范围，原料卫生指标需符合 GB/T 13078 的规定要求，原料品质指标应保持相对稳定，无霉变和污染；所使用微生物菌剂应符合农业农村部最新修订的《饲料添加剂品种目录》要求。

4.3 糖蜜

发酵饲料生产过程使用的糖蜜应符合 NY/T 3476 的规定。

5 基本设施和设备

5.1 基本设施

场地应划分甘蔗尾梢原料堆放区、辅料堆放区、成品堆放区和加工区。根据生产需要，可建设符合 NY/T 2698 规定要求的窖池。

5.2 加工设备

5.2.1 粉碎机

根据不同原料、粉碎程度和生产量需求，配置合适型号大小的铡草机或揉丝机。

5.2.2 搅拌机

根据生产量需要，配置合适型号大小的搅拌机。搅拌机装载量不宜超过总容积的 70%。

5.2.3 装填与压实设备

根据生产需要，配置压包机或裹包机进行装填和压实。

6 加工工艺

6.1 甘蔗尾梢微贮发酵饲料

6.1.1 原料粉碎

甘蔗尾梢收割后应及时收运、切碎，根据饲喂对象选择粉碎程度。牛饲料切碎长度在 2 cm～3 cm 为宜；羊饲料宜采用揉丝机进行揉丝处理，长度在 1 cm～2 cm 为宜；猪、鸡、鸭等畜禽动物饲料切碎长度在 0.2 cm～0.5 cm 为宜。

6.1.2 菌剂活化、预混

根据发酵饲料专用微生物菌剂产品使用说明，确定菌剂是否需要活化。需活化的菌剂，先用糖蜜、白糖或红糖与水按 1∶10 比例制成糖水，随后将菌剂产品与 10 倍～20 倍糖水勾兑搅拌均匀，放置活化 2 h～3 h，形成菌液；不需活化的菌剂在使用前需与 10 倍～20 倍的玉米粉进行预混合，形成预混合菌粉。

6.1.3 水分调节

原料水分含量调节至 50%～65%。所用水符合 GB 5749 的规定。

6.1.4 接种、混合

在搅拌机中，将活化好的菌液或预混合好的菌粉均匀撒入原料中，混合均匀。

6.1.5 储装

6.1.5.1 根据实际情况，可选择袋储、拉伸膜裹包或窖储等方式储装。

6.1.5.2 选择袋储方式，混匀原料经压包机压缩成捆后装入发酵袋密封；选择拉伸膜裹包方式，混匀原料经打捆机高密度压实打捆后用裹包机裹包密封；选择窖储方式，窖池底部应先铺设一层塑料薄膜，将混匀原料装入窖池并压实，装填厚度每达 20 cm 压实一次，装填完成后在饲料顶部覆盖能起到密封作用、无毒无害的塑料薄膜，确保薄膜与饲料接触面密封，薄膜上加盖一层防水苫布，用重物压实。

6.1.6 储存

袋储或裹包要选择干净安全的成品堆放区存放，谨防接触有毒有害物质，禁止暴晒。注意防虫防鼠，受虫、鼠等破坏导致包装漏气引起霉变失去饲用价值的，应弃用。

6.1.7 发酵

发酵环境平均温度应高于 15 ℃。当环境平均温度低于 15 ℃时，可在其表面覆盖毛毡或者篷布等物件进行增温，使其升温至 15 ℃以上；当环境温度在 15 ℃～25 ℃时，发酵时间一般为 35 d；当环境平均温度高于 25 ℃时，发酵时间一般为 30 d。

6.2 甘蔗尾梢全混合发酵饲料

6.2.1 原料粉碎

同 6.1.1。

6.2.2 原料添加

根据饲料配方称取各类辅料，按照饲料配方比例，采用先多后少顺序、边添加边搅拌方式将各类辅料加入搅拌机中，搅拌 10 min～15 min。

6.2.3 菌剂活化

同 6.1.2。

6.2.4 水分调节

原料水分含量调节至 40%～50%。所用水符合 GB 5749 的规定。

6.2.5 接种、混合

将粉碎好的甘蔗尾梢投入预混合好的辅料中，同时将活化好的菌液或预混合好的菌粉撒入，混合搅拌均匀，搅拌时间在 30 min～35 min 为宜。

6.2.6 储装

同 6.1.5。

6.2.7 储存

同 6.1.6。

6.2.8 发酵

发酵环境平均温度应高于 15 ℃。当环境平均温度低于 15 ℃时，需要在其表面覆盖毛毡或者篷布等物件进行增温，使其升温至 15 ℃以上；当环境平均温度在 15 ℃～25 ℃时，发酵时间一般为 45 d；当环境平均温度高于 25 ℃时，发酵时间一般为 40 d。

7 品质检验

7.1 采样

按 GB/T 14699 中规定的饲料采样方法进行。

7.2 感官检验

取适量样品，在正常光照、通风良好、无异味的环境下，通过目测、鼻嗅、触摸进行检验。检验标准见表 1。

表 1 甘蔗尾梢发酵饲料感官检验表

等级	感官			可饲情况
	色泽	气味	质地	
优等	黄绿色或青绿色	醇香味或酸香味	松散、易分离、不发黏	可饲用
中等	淡黄色或褐色	气味淡或有刺鼻气味	不松散，水分多	可饲用
劣等	褐色或黑褐色	霉味、腐烂味或其他异味	腐烂、结块、发黏	不可饲用

7.3 营养成分指标及检验方法

成品粗蛋白、中性洗涤纤维、酸性洗涤纤维、粗脂肪、水分、粗灰分、钙和总磷的测定分别按照 GB/T 6432、GB/T 20806、NY/T 1459、GB/T 6433、GB/T 6435、GB/T 6438、GB/T 6436 和 GB/T 6437 的规定方法进行。

7.4 卫生检验

霉菌、沙门氏菌、黄曲霉毒素 B_1、玉米赤霉烯酮和赭曲霉毒素 A 的检验应分别符合 GB/T 13092、GB/T 13091、GB/T 36858、GB/T 19540 和 GB/T 30957 的规定。

8 取用

发酵完成后，即开即用，未使用完的应及时密封取料口。袋储或裹包的，开启后应在 1 d～2 d 内用完；窖储的应按饲喂量取料，每次取样厚度不应少于 30 cm。饲喂过程应及时清理料槽，以防发霉变质。

ICS 65.020.20
CCS B 21

NY

中华人民共和国农业行业标准

NY/T 4233—2022

火龙果　种苗

Pitaya nursery plants

2022-11-11 发布　　2023-03-01 实施

中华人民共和国农业农村部　发布

前　　言

本文件按照 GB/T 1.1—2020《标准化工作导则　第 1 部分:标准化文件的结构和起草规则》的规定起草。

请注意本文件的有些内容可能涉及专利。本文件的发布机构不承担识别专利的责任。

本文件由农业农村部农垦局提出。

本文件由农业农村部热带作物及制品标准化技术委员会归口。

本文件起草单位:中国热带农业科学院热带作物品种资源研究所。

本文件主要起草人:李洪立、胡文斌、陈华蕊、李琼、何云、洪青梅、濮文辉、李婧。

火龙果　种苗

1　范围

本文件规定了火龙果[*Hylocereus* spp.]种苗的术语和定义、要求、检验方法、检验规则、包装、标识、运输和储存。

本文件适用于火龙果的扦插苗、嫁接苗和组培苗。

2　规范性引用文件

下列文件中的内容通过文中的规范性引用而构成本文件必不可少的条款。其中，注日期的引用文件，仅该日期对应的版本适用于本文件；不注日期的引用文件，其最新版本（包括所有的修改单）适用于本文件。

GB 9847　苹果苗木

GB 15569　农业植物调运检疫规程

NY/T 3517　热带作物种质资源描述规范　火龙果

3　术语和定义

下列术语和定义适用于本文件。

3.1

扦插苗　cutting seedling

选择生长健壮、成熟的茎蔓，待伤口风干后插入基质中，培养长成的新植株。

3.2

组培苗　tissue culture seedling

利用茎作为外植体，采用植物组织培养技术在培养容器中生长且已达到种植标准的根、茎、刺座俱全的完整无菌的新植株。

4　要求

4.1　基本要求

a)　种源应来自经确认的品种纯正的母本园或母株，供检种苗品种纯度≥98%；

b)　出圃苗分为容器苗和非容器苗，为容器苗时，育苗容器完好，育苗基质不松散；

c)　同一批次的种苗植株大小均匀一致，生长正常，健壮，无机械性损伤，无检疫性病虫害；为容器苗时，应根系完整、发达。

4.2　分级指标

扦插苗的分级指标见表 1。

表 1　扦插苗分级指标

项　目	等　级	
	一级	二级
苗高，cm	≥40	≥30
茎蔓宽度，cm	≥7	≥5
茎蔓棱厚度，mm	≥15.0	≥10.0

嫁接苗的分级指标见表 2。

表2　嫁接苗分级指标

项　目	等　级	
	一级	二级
砧木长度,cm	≥40,≤50	≥30
砧木茎蔓宽度,cm	≥7	≥5
砧木茎蔓棱厚度,mm	≥15.0	≥10.0
接穗抽梢长度,cm	≥8	≥5
接穗抽梢茎蔓宽度,cm	≥4	≥2
接穗抽梢棱厚度,mm	≥6.0	≥4.0

组培苗的分级指标见表3。

表3　组培苗分级指标

项　目	等　级	
	一级	二级
苗高,cm	≥30	≥20
茎蔓宽度,cm	≥3	≥2
茎蔓棱厚度,mm	≥3.0	≥2.0

5　检验方法

5.1　纯度

采用目测法逐株检验种苗,根据品种的主要特征逐株检验检测种苗,确定本品种的种苗数。纯度按公式(1)计算。

$$X=\frac{A}{B}\times 100 \quad\cdots\cdots\cdots\cdots\cdots\cdots\cdots\cdots\cdots\cdots\cdots\cdots\cdots\cdots\cdots\cdots\cdots\cdots\cdots\cdots\cdots\cdots\cdots\cdots\cdots\cdots\cdots\cdots \quad (1)$$

式中:

X——品种纯度的数值,单位为百分号(%),保留1位小数;

A——样品中鉴定品种株数的数值,单位为株;

B——抽样总株数的数值,单位为株。

5.2　外观

采用目测法观测植株生长、机械损伤、病虫害等情况。

5.3　苗龄

通过查看育苗档案核定苗龄。

5.4　检疫性病虫害

按照GB 15569的规定执行。

5.5　苗高

自基部(含长根部分)至植株顶端的直线距离,单位为厘米(cm),保留整数。

5.6　茎蔓宽度

按照NY/T 3517的规定执行。

5.7　茎蔓棱厚度

按照NY/T 3517的规定执行。

5.8　砧木长度

自基部(含长根部分)至砧木顶端的直线距离,单位为厘米(cm),保留整数。

5.9　砧木茎蔓宽度

按照NY/T 3517的规定执行。

5.10 砧木茎蔓棱厚度

按照 NY/T 3517 的规定执行。

5.11 接穗抽梢长度

自嫁接口至植株顶端的直线距离，单位为厘米(cm)，保留整数。

5.12 接穗抽梢茎蔓宽度

按照 NY/T 3517 的规定执行。

5.13 接穗抽梢棱厚度

按照 NY/T 3517 的规定执行。

5.14 检测记录

检测的数据记录于附录 A。

6 检验规则

6.1 组批

同一基地、同一种源、同一批种苗、同一等级可作为一个检验批次。

6.2 抽样

按照 GB 9847 的规定执行。

6.3 交收检验

每批种苗交收前，生产单位应进行交收检验。交收检验内容包括外观、包装和标识等。检验合格并附质量检验证书(附录 B)和检疫部门颁发的本批有效的检疫合格证书方可交收。

6.4 判定规则

a) 如不符合 4.1 的基本要求，该批种苗判定为不合格；在符合 4.1 规定的情况下，再进行等级判定；
b) 同一批种苗中，允许有 5%的种苗低于一级苗标准，但应达到二级苗标准，则判定为一级种苗；
c) 同一批种苗中，允许有 5%的种苗低于二级苗标准，则判定为二级种苗。超过此范围，则判定为不合格。

6.5 复验规则

如果对检验结果产生异议，可加倍抽样复验一次，复验结果为最终结果。

7 包装、标识、运输和储存

7.1 包装

a) 非容器苗和育苗容器完整的种苗，可直接装筐运输；
b) 育苗容器轻微破损或有穿根现象的应剪除根系，再进行单株包装；
c) 长途运输宜采用适宜高度的塑料筐装运。

7.2 标识

种苗销售或调运时应附有质量检验证书和标签。检验证书格式见附录 B，标签内容和规格见附录 C。

7.3 运输

种苗应按不同种源、不同级别分批装运；装卸过程应轻拿轻放，防止碰伤茎段；防止日晒、雨淋，并适当保湿和通风透气。

7.4 储存

种苗运抵目的地后短时间内不能定植的，应储存于阴凉处，保持土团湿润。

附　录　A
（资料性）
火龙果种苗质量检测记录

A.1　火龙果扦插苗质量检测记录

见表 A.1。

表 A.1　火龙果扦插苗质量检测记录

样品编号：________________　　样品名称：________________
出圃株数：________________　　抽检株数：________________
检测地点：________________　　检测日期：________________
育苗单位：________________　　购苗单位：________________
执行标准或方法：________________　　判定依据：________________

检测结果							
品种纯度，%				苗龄，月			
病虫害情况		育苗容器直径，cm			育苗容器高度，cm		
其他							
育苗容器完好情况				育苗基质完整情况			
项目	单株级别			综合评级			
株数							
一级，%							
株数							
二级，%							
株数							
等外，%							
检验记录							
序号	苗高，cm	单项级别	茎蔓宽度，cm	单项级别	茎蔓棱厚度，mm	单项级别	单株级别
备注							

检测人：　　　　　　校核人：　　　　　　审核人：

A.2 火龙果嫁接苗质量检测记录

见表 A.2。

表 A.2 火龙果嫁接苗质量检测记录

样品编号：________________ 样品名称：________________

出圃株数：________________ 抽检株数：________________

检测地点：________________ 检测日期：________________

育苗单位：________________ 购苗单位：________________

执行标准或方法：____________ 判定依据：________________

<table>
<tr><td colspan="6">检测结果</td></tr>
<tr><td>品种纯度,%</td><td colspan="2"></td><td>苗龄,月</td><td colspan="2"></td></tr>
<tr><td>病虫害情况</td><td></td><td>育苗容器直径,cm</td><td></td><td>育苗容器高度,cm</td><td></td></tr>
<tr><td>其他</td><td colspan="5"></td></tr>
<tr><td colspan="2">育苗容器完好情况</td><td></td><td colspan="2">育苗基质完整情况</td><td></td></tr>
<tr><td colspan="2">项目</td><td>单株级别</td><td colspan="3">综合评级</td></tr>
<tr><td colspan="2">株数</td><td></td><td colspan="3" rowspan="6"></td></tr>
<tr><td colspan="2">一级,%</td><td></td></tr>
<tr><td colspan="2">株数</td><td></td></tr>
<tr><td colspan="2">二级,%</td><td></td></tr>
<tr><td colspan="2">株数</td><td></td></tr>
<tr><td colspan="2">等外,%</td><td></td></tr>
</table>

<table>
<tr><td colspan="14">检验记录</td></tr>
<tr><td>序号</td><td>砧木长度,cm</td><td>单项级别</td><td>砧木茎蔓宽度,cm</td><td>单项级别</td><td>砧木茎蔓棱厚度,mm</td><td>单项级别</td><td>接穗抽梢长度,cm</td><td>单项级别</td><td>接穗抽梢茎蔓宽度,cm</td><td>单项级别</td><td>接穗抽梢棱厚度,mm</td><td>单项级别</td><td>单株级别</td></tr>
<tr><td></td><td></td><td></td><td></td><td></td><td></td><td></td><td></td><td></td><td></td><td></td><td></td><td></td><td></td></tr>
<tr><td></td><td></td><td></td><td></td><td></td><td></td><td></td><td></td><td></td><td></td><td></td><td></td><td></td><td></td></tr>
<tr><td></td><td></td><td></td><td></td><td></td><td></td><td></td><td></td><td></td><td></td><td></td><td></td><td></td><td></td></tr>
<tr><td></td><td></td><td></td><td></td><td></td><td></td><td></td><td></td><td></td><td></td><td></td><td></td><td></td><td></td></tr>
<tr><td></td><td></td><td></td><td></td><td></td><td></td><td></td><td></td><td></td><td></td><td></td><td></td><td></td><td></td></tr>
<tr><td></td><td></td><td></td><td></td><td></td><td></td><td></td><td></td><td></td><td></td><td></td><td></td><td></td><td></td></tr>
<tr><td>备注</td><td colspan="13"></td></tr>
</table>

检测人： 校核人 ： 审核人：

A.3 火龙果组培苗质量检测记录

见表A.3。

表A.3 火龙果组培苗质量检测记录

样品编号：____________ 样品名称：____________

出圃株数：____________ 抽检株数：____________

检测地点：____________ 检测日期：____________

育苗单位：____________ 购苗单位：____________

执行标准或方法：____________ 判定依据：____________

检测结果					
品种纯度，%			苗龄，月		
病虫害情况		育苗容器直径，cm		育苗容器高度，cm	
其他					
育苗容器完好情况			育苗基质完整情况		
项目	单株级别		综合评级		
株数					
一级，%					
株数					
二级，%					
株数					
等外，%					

检验记录							
序号	苗高，cm	单项级别	茎蔓宽度，cm	单项级别	茎蔓棱厚度，mm	单项级别	单株级别
备注							

检测人： 校核人： 审核人：

附 录 B
（资料性）
火龙果种苗检验证书

火龙果种苗检验证书见表 B.1。

表 B.1 火龙果种苗检验证书

签证日期：　　年　　月　　日　　　　　　　　　　NO：

<table>
<tr><td>育苗单位</td><td colspan="2"></td><td>检验意见</td></tr>
<tr><td>育苗地址</td><td colspan="2"></td><td rowspan="10">检验单位（章）</td></tr>
<tr><td>购苗单位</td><td colspan="2"></td></tr>
<tr><td>品种名称</td><td colspan="2"></td></tr>
<tr><td>出圃株数</td><td colspan="2"></td></tr>
<tr><td colspan="3">检验结果</td></tr>
<tr><td>品种纯度，%</td><td colspan="2"></td></tr>
<tr><td>级别</td><td>株数，株</td><td>比例，%</td></tr>
<tr><td>一级苗</td><td></td><td></td></tr>
<tr><td>二级苗</td><td></td><td></td></tr>
<tr><td>等外苗</td><td></td><td></td></tr>
<tr><td>证书签发日期</td><td>年　　月　　日</td><td>证书有效期</td><td></td></tr>
<tr><td colspan="4">注：本证一式三份，育苗单位、购买单位、检验单位各一份。</td></tr>
</table>

附 录 C
（资料性）
火龙果种苗标签

火龙果种苗标签见图 C.1。

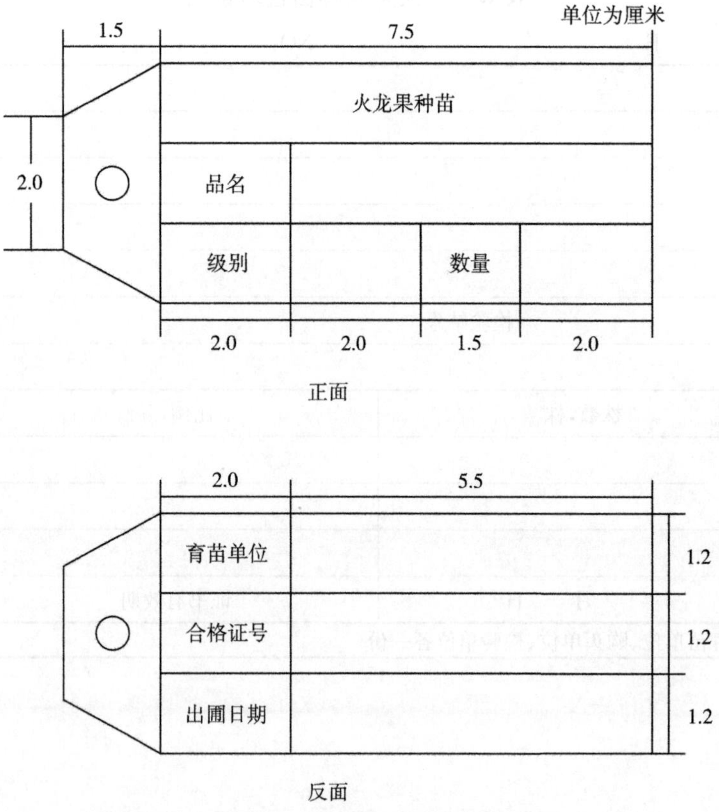

注：标签用 150 g 的牛皮纸，标签孔用金属包边。

图 C.1 火龙果种苗标签

ICS 65.020.01
CCS B 05

NY

中华人民共和国农业行业标准

NY/T 4234—2022

芒果品种鉴定　MNP标记法

Identification of Mango Varieties—MNP marker method

2022-11-11 发布　　　　2023-03-01 实施

中华人民共和国农业农村部　发布

前　言

本文件按照 GB/T 1.1—2020《标准化工作导则　第 1 部分:标准化文件的结构和起草规则》的规定起草。

本文件的某些内容可能涉及专利。本文件的发布机构不承担识别专利的责任。

本文件由农业农村部农垦局提出。

本文件由农业农村部热带作物及制品标准化技术委员会归口。

本文件起草单位:中国热带农业科学院热带作物品种资源研究所、江汉大学。

本文件主要起草人:李琼、何云、彭海、洪青梅、濮文辉、黄建峰、方治伟、李甜甜、周俊飞、李论、高利芬、陈利红。

芒果品种鉴定　MNP 标记法

1　范围

本文件描述了应用多核苷酸多态性(MNP)标记法进行芒果(*Mangifera indica* Linn.)品种鉴定的原理、试剂和材料、仪器设备、鉴定步骤、结果计算分析。

本文件适用于芒果的原始品种、实质性派生品种和品种真实性的鉴定。

2　规范性引用文件

下列文件中的内容通过文中的规范性引用而构成本文件必不可少的条款。其中,注日期的引用文件,仅该日期对应的版本适用于本文件;不注日期的引用文件,其最新版本(包括所有的修改单)适用于本文件。

GB/T 6682　分析实验室用水规格和试验方法

GB/T 38551　植物品种鉴定　MNP 标记法

NY/T 2440　植物新品种特异性、一致性和稳定性测试指南　芒果

3　术语和定义

下列术语和定义适用于本文件。

3.1

多核苷酸多态性　multiple nucleotide polymorphism, MNP

在一段不超过 300 bp 的核苷酸序列中,由多个核苷酸引起的序列多态性。

[来源:GB/T 38551,3.1,有修改]

3.2

芒果参考基因组　mango reference genome

版本号 GCA_011075055.1 的芒果基因组序列。

3.3

实质性派生品种　essential derived variety, EDV

由原始品种实质性派生,或者由该原始品种的实质性派生品种派生出来的品种,与原始品种有明显区别,除派生引起的性状差异外,受原始品种的基因型或基因型组合控制的基本性状的表达与原始品种相同。

3.4

平均覆盖倍数　average coverage

比对到标记位点上的测序片段数目与标记位点数目的比值。

[来源:GB/T 38551,3.4]

3.5

检出的标记位点　detected marker

至少有一个等位基因型有 20 条及以上测序片段支持的标记位点。

[来源:GB/T 38551,3.5]

4　原理

利用多重聚合酶链式反应(PCR)扩增和高通量测序,检测样品基因组上的 MNP 标记位点,分析测序数据,获得标记位点的分型结果和鉴定结论。

5 试剂和材料

除非另有规定，仅使用分析纯试剂。

5.1 水

GB/T 6682 规定的一级水。

5.2 多重 PCR 扩增与文库构建试剂盒

该试剂盒能采用附录 A 中所有引物进行多重 PCR 扩增，且构建的文库能匹配采用的高通量测序仪品牌与型号。

5.3 高通量测序试剂盒

该试剂盒能匹配所采用的高通量测序仪品牌与型号。

5.4 芒果 MNP 标记引物

见附录 A。

6 仪器设备

基因扩增仪、高通量测序仪。

7 鉴定步骤

7.1 操作要求

样品准备、DNA 提取、多重 PCR 扩增与文库构建、高通量测序在规定的区域或相互隔离的区域按单一方向进行操作且保持实验室洁净。不同区域的仪器设备应专用。

7.2 抽样

7.2.1 从芒果品种群体中抽取的个体的数量应大于 30。

7.2.2 样品个体类型宜为幼嫩且新鲜的叶片，也可采用其他能代表当代基因组 DNA 遗传物质且能提取合格基因组 DNA 的组织或器官。

7.2.3 从芒果品种群体中的抽样应具有代表性。

7.3 DNA 提取

DNA 提取宜根据提取试剂盒说明书进行。所用 DNA 提取方法应确保提取的 DNA 质量和浓度符合多重 PCR 扩增的要求，DNA 电泳主带明显，无明显降解和 RNA 残留，提取与纯化的 DNA 溶液在260 nm 与 280 nm 处的吸光度比值宜介于 1.8～2.0，在 260 nm 与 230 nm 处的吸光度比值宜大于 2.0。

7.4 多重 PCR 扩增与文库构建

按多重 PCR 扩增与文库构建试剂盒的说明书进行 DNA 质控、多重 PCR 扩增、文库构建与纯化。其中，多重 PCR 的扩增循环数不建议高于 20 个。

7.5 高通量测序

按高通量测序试剂盒和高通量测序仪的操作说明进行高通量测序。

高通量测序的平均覆盖倍数设置为 700 倍以上，测序长度大于标记引物在参考基因组上的扩增长度。

7.6 测序数据质量控制

数据质量控制如下：

a) 利用 MLMNP 品种鉴定软件(V1.0 及其更新版本)将样品的测序数据比对到参考基因组的标记位点上，统计第一次检测的标记位点的平均覆盖倍数 C_1；

b) 当 C_1 小于 500 时，判定样品的测序数据量不足，从 7.5 或之前的步骤开始重新实验至第一次检测的标记位点的平均覆盖倍数 C_1 大于或等于 500；

c) 当 C_1 大于或等于 500 时，进一步计算检出的标记位点的比例 $R_1=\frac{T_1}{T}$，其中，T_1 和 T 分别为样品检出的标记位点的数目和检测的标记位点的数目；

d） 当R_1大于或等于95%时，判定测序数据合格；

e） 当R_1小于95%时，判定文库构建可能失败，从7.3或之前的步骤开始重新实验至第二次检测的标记位点的平均覆盖倍数C_2大于或等于500；

f） 当C_2大于或等于500时，进一步计算第一次和第二次共同的检出的标记位点的比例$R=\frac{2T_{12}}{T_1+T_2}$，其中，$T_{12}$为第一次和第二次共同检出的标记位点的数目，$T_1$和$T_2$为第一次和第二次分别检出的标记位点的数目；

g） 当R_2大于或等于95%时，判定测序数据合格。

8 结果计算分析

8.1 结果计算

遗传相似度按公式(1)计算。

$$GS=\frac{n_{ij}}{N_{ij}}\times 100 \quad \cdots\cdots (1)$$

式中：

GS ——待测品种与对照品种遗传相似度的数值，单位为百分号(%)；

n_{ij} ——待测品种与对照品种中均检出的但基因型无差异的标记位点的数目；

N_{ij} ——待测品种与对照品种中均检出的标记位点的数目。

8.2 结果判定

8.2.1 原始品种的鉴定

当对照品种为待测品种植物新品种权申请日前的所有已知品种时，判定待测品种是否为原始品种；

当待测品种与所有对照品种间的遗传相似度(GS)均小于90%时，判定待测品种为原始品种。

8.2.2 实质性派生品种的鉴定

当对照品种为原始品种时，判定待测品种是否为对照品种的实质性派生品种；

当GS小于90%时，判定待测品种不是对照品种的实质性派生品种；

当GS大于或等于90%时，判定待测品种是对照品种的实质性派生品种。

8.2.3 品种真实性鉴定

当GS小于96%时，判定待测品种与对照品种为“不同品种”；

当GS大于或等于96%且小于99%时，判定待测品种与对照品种为“近似品种”；

当GS大于或等于99%时，判定待测品种与对照品种为“极近似品种或相同品种”。

8.2.4 对“近似品种”或“极近似品种或相同品种”的样品，可按NY/T 2440的规定进一步进行田间种植鉴定。

附 录 A
（规范性）
芒果 MNP 标记引物

表 A.1 中提供了 654 个 MNP 标记位点对应的引物序列信息。

表 A.1 芒果 MNP 标记引物

序号	染色体	正向引物(从 5′端到 3′端)	反向引物(从 5′端到 3′端)
1	chr1	TGTAGGAAACCTTGTGGAGTTCAAT	AAAAACTTGTACGACTGGAATAGGC
2	chr1	ATTTTGTGCCAAGGCCATTTAAAAC	GTTACGTTCCATGAAGCATGATCTC
3	chr1	TCACCTTATGCTGCTTTAACAATCG	CAATATGCTGGAAAGAAGCCCTTAG
4	chr1	CCAACGCAATACAGCAATTTGAATC	TGCTTGATTGATTTGTAGACATGGG
5	chr1	TACTAGAGTTGGCATGAGGAAACAA	TTTCTATGAATACGTCCCAGCATCT
6	chr1	GACTAATCAATGTGGAAGACATGCT	AAAGTCAATTGGAAAACGTTTCAGT
7	chr1	GCTGTAACCTTCCTTGAGTTTAGTA	TCAACAAATTACTTGCTCTTGGACC
8	chr1	TTGTGCAATTTGTGTTCCTTGTTTC	ACTGAATTTGCAAACTTCTCAGGAA
9	chr1	CCTGCTTAGAAGAAATCCCCTTTTT	GATATGAATGCTGTGAAGGAGCTTC
10	chr1	GTGACATATGATCTTCCTGGCTTTG	GATGCTGACCTTGTTAAATAGCCAA
11	chr1	TAAAACCAAACAAGAGTGGCAAAGA	AAGCTAGAACAATATATGGCGTTGC
12	chr1	ATTCTATATTGCTCCAGTCTGCCTT	TGCCACCAAATATTACAACTTTCCC
13	chr1	TGAATGCCCTGAAAATTCTGACAAA	CATCCATCCCCACAATACTTTCCTA
14	chr1	GAGCATTTACCATCCAGAAACAACT	GGAAAGTGCAAGAGGTTAGTGAAGA
15	chr1	TGATGAGGAAGATGATGAGGATGAC	CCAGATTCAATTTCGTCATACTCGT
16	chr1	AAAATTGTTTCCTTGAATGCCTTGC	TCAGCACAGAGAATTACCATGAAAA
17	chr1	GGAGGATCCTGAAAGTTTTAGACCA	TCCCACTTAAAGCAATGAAGCAAAT
18	chr1	AAATGATGCAAAGCCTTCTCTCAAA	AGCTGCAAACTAAGTAGACATACCT
19	chr1	CCTGGCCCAAGATTAGTAGTGATTA	GTGATTTTTCTGCGTTTGCTTATGG
20	chr1	TCAAGTTCAATCCAGTGGGTTCATA	AAAGAGCCAATTCCCCCATTTTAAG
21	chr1	AGTTGGAAGGAAGTTTTATGTCTACA	GGTCATCTGGTGGAAAATCTTCATC
22	chr1	GGGAAAGACAACACTCTCTACTGAT	GTATGCTCATCAAACACCACATTCT
23	chr1	ATTTTGTGCCCTTGAATCATGAGTT	GCCTCAAATGTACAAGAAACTGGAA
24	chr1	GAAGGAAATCCATTGACCATTGACA	ACAATGTGTTACTCCATCCGAAGAT
25	chr1	GAATGTGTTTGTCCAGGAAGAGAAG	ACAGCTTCCCAGGAAAACAGTAATA
26	chr1	CAATCTCTTTGGTCTAGACTCTTTACA	AAATGGTTGAGTGTCTCCTATGGTT
27	chr1	CAGTGCTTATTTTAGAGCTTGGGAG	ACACAGATAACATTGTTGTGCACAT
28	chr1	AATCAGAGATTAGATGGGTCGCTC	TGGGCGGATAATAAGTTCAAAAAGG
29	chr1	GTTTCATTCTCCGCAAAGAAAGGTA	GGTTTTCAATTTTGCAGAAGGTTCC
30	chr1	TGATGAAAATGCCAGAGAATCAAAA	AGTTATGTCACCTTTTGCTCAACTG
31	chr1	TTTTGAACCATAATTTGAGCAGCCT	GAAATTCTTCTGAAGTCAACCCCAG
32	chr1	TTCTCCCAGCTTATAGGATCTTTCG	GCAATGACACTAAAGGTTCAAGGTT
33	chr1	GGAGACAAAATCATCTGCCAAGAAA	ATTAGTGAGGATCAGCTGATGTCAA
34	chr1	TGTTCTCTTTGCTAATCCAGACAGA	TTGTATCATAAATAGTATGCTCAAGGAG
35	chr1	GCCCATATGGAGAAGCTGTCTATTA	TTTCTGTGCCTTGGAATAGGAAATG
36	chr1	GCCATTGGCTTTCACATGATAGTTA	TACCTTGTAGTGCCACAATATTCCA
37	chr1	GGACAATCTCACTGAACTTTCCTTG	AAATTGTTTGCCTTGACATTTGACG
38	chr1	ATCCTTAATCTAGGGCATGGAGTTC	AACAGTATCAAGTGGTCATCAGGAA
39	chr1	CCCTTCTGGTAAGTAATCCTGGAAA	ACGATCAACCTACAGAATCAGTGAT
40	chr1	TTTTAGCTCGATTGGTATTTCCTGC	AGCCTACAACATTACCTATGGTCTC
41	chr1	TGCACAAATAATTTTGGCAAGCAAA	CGTTTGTTGTGTTGCTATCTAGACC

表 A.1（续）

序号	染色体	正向引物(从5′端到3′端)	反向引物(从5′端到3′端)
42	chr1	AATAATCGAAGAAGACAACCTGCTG	AAAGTACCAACAGCCTCTGAAACTT
43	chr1	TGAAATGGCATTGTTTGGTGTTACT	CACCATTAAAGCTAAGCATGAACCA
44	chr1	ATTCTGAGCTTAAGTTGCGTGATTC	CCTGGGCAATTGCTAGACATAAATT
45	chr1	TCACACAGCAAACACTGAATCTTAC	GGATAACCAGACCATCTGTGCATTT
46	chr1	CATTATTTCTTTGGCGAATTCAGGC	TGCGTTTCTTCTCAATCCTAATCAC
47	chr1	TGCAAAGGAGAATTTCTGAAAGCTT	GTTCAACTACTACATTTTCAGGAGGT
48	chr1	GCTTTTGTAGCTTCACAAGTTTTCC	CAACAACTTAACCGGTGCAATTC
49	chr10	TTTGCAAACACTGTAACCCAATACA	CAAATCGAACTACTTCATCGGGTTT
50	chr10	TGGGGATGGTTTTGTTATGAGTTTT	ACATCATAATTGAGCATAAGGAAGCA
51	chr10	AGAAGTTTGTGATGCAATTGTAGCA	CAATCCCCACATCAAACCTGATTAC
52	chr10	TGTGGTCTCCCATTATAGGTACAAC	AAAATGAGTCCAAATGCTGTAACCC
53	chr10	GCGCTTAATCTCAGTCACATAGATG	GCAACATCTCATAGGCCTCACTATA
54	chr10	GGTGCTATGCTATTTACTTGTGCAA	CTCTATATGAACTTCCTTGGTGGCT
55	chr10	TTCTTTTGAATGCGACAGAAACGTT	TAGCTTTCCCTGCAATTTGAAATGT
56	chr10	AAATTTGGGACTGTCGCATAAAGTT	TTCCACACCTCAACAACCAATAAAG
57	chr10	CATTTTGTGACTGATCAGCACTTCT	GAGCTTTGTTAAAATTGGTCTGTGC
58	chr10	ATGGATACTGGCTGTAGGTTAATCC	TGGTTAGTTGGAATAAAATACGGGG
59	chr10	ATTCAACAGTTGATGGATTCCGTTT	AGATCAATGATTTTGCTGCAATGGA
60	chr10	CAGCAGTAAGTATCACCCAAAAAGT	GTGCTTTGTAGGAAGATGAGCTTTT
61	chr10	TTGTGGTGAAAGTGTTGGGATAATG	TGGAACAGGAAAAGTTCTCAGTTTC
62	chr10	ATCTCTGATTCTCTGCTATGCTCAC	TGGGGTTTTTCCACTAAAGATTCTC
63	chr10	AAGCTTTGAAGTGTTGCTTGAGTTA	AGGCAATGAAGATAAGGCTTTGATG
64	chr10	TCTGTTTGTGTAAGCCTTTTCAAGT	TTTATCGAGGAGCCTGATGAAAGAA
65	chr10	CAAATGTCCATGCAAGAAGATACGA	GTTGACCTTGTAGAGATGCAATCAA
66	chr10	ACTTGTTTGGAAGACTTTTTGTGTT	TGTTTCCACTCTGTTGTTGACAATC
67	chr10	AACTTGATCTCCTCCATTTTCTCCA	TTGACTGGGATGTGATTTTAGTGGA
68	chr10	CGCCATAAGTGTCCTTCCTAAATGA	TGGGGAACTTTTTGGTGTGATTATG
69	chr10	CCAAGAAGTGCTTTGAAGAGTTGAA	TTATGAATTTCCACCATCCAGCATG
70	chr10	ACTTGTGATGTCCATAATCTTGGTG	CCTATGGAAGACTGAGGGATTCTG
71	chr10	CACCACTCACTCCAAATTTTGAAGA	CAGCTCTGCAATGAATATCAACCAT
72	chr11	GACAATAGCCTTTGAAGTGTAGCTC	ATGGTCTGGAACTTGATTAGTCGAA
73	chr11	CTATTCCTGCCTCTATTGCAAAAGG	ACTTACTTGCATGCATTGAGAAGAC
74	chr11	ACACAGAAGCTAACTTTGCATCAAA	ATGCAGCAACACAAGCAATTTTAAG
75	chr11	ACTCAGATTCATGCACAATGTCATC	GGTTAGACAATTACTCACTGTCCCT
76	chr11	GTTCTGTTCGGCAAACATTAGTAGT	TTCATATGAGAATGCTGTCTGTTGC
77	chr11	ACCACAAAAAGCTCCAAAGAAAAGA	TGATGTTGTCTACTCTCATCTGTGT
78	chr11	TATGCAGCCTCTGTTACTTCTGTTA	GTGAGCACAACTATCACTTTTTCCT
79	chr11	ACCACTACTACTTCCAAATGCAGAT	GAGATGAACAATGTCCAAGATGGC
80	chr11	GCTTTCTTTTCCTTTAACAGGCTGA	TGAGCCACATGTTTAACATCAGTTG
81	chr11	CAAGTTTTACGTGGAAGATGGTTCA	TTGCACGTGCTTAGAATATTGAGAG
82	chr11	GCTCTTCAACTTATGCCTTCTTTGG	AATTTCCAGCCTTTAAGACTAGCAC
83	chr11	TGCAAAACTTTCCTTATGAAGCCAA	ATTGACTCTGTTGTATGCACATGTG
84	chr11	CCCCTGTAAGGAAGACAAGATTTTC	CCTTTCATGCTGAACAAAATGGAGT
85	chr11	TTCTGTAGTTCAAGTCATGGGGTAG	ATGTAATCAATTCCCAGAACGCATG
86	chr11	TTCAAGACCATCCTTGTCTCTTCAG	GCTCTCTCTTCAGGATTGCTGT
87	chr11	GCAAGAAGCAGAGAAGAACAAATTG	TAATAATAAGCTCGGACTGGAACCA
88	chr11	ATCAACATTTCTGTGTGAGATGCAG	GTTGTGGGTTAAGGTTTGATGGAAA
89	chr11	AGAATTGGGCAAATGAATACTGGTG	GTTGCTTATGGCTCCAAGAATGAAA
90	chr11	AAGTTACTGTTTGGGAATGTAGCAC	TACAAGTGATGGAGGAAAACAGCTA
91	chr11	TATACCCTTGAGACCACTATGTTAGG	TAAAGTTTGAACTGGTTTGTCAGGG
92	chr11	AGACAAAATGGAAAAGTTGTTAAAATTTATAA	TCCTCTTGAACCTACCACATACATC

表 A.1（续）

序号	染色体	正向引物(从5′端到3′端)	反向引物(从5′端到3′端)
93	chr11	AGAAATGAACAAGACAATCATCAGCA	TACACTAGCAGAGATTGAGCACTTT
94	chr11	CAGGATTTGTGACATGCATATCCAA	CTGACCATGCTTCAAATTAGCCTAG
95	chr11	TATCCATGCACCAGATTAGGGAAAT	TGACATTTCTAGACATTCCCAGCTG
96	chr11	CCTGTTTGGAGTTGATTTCTGTAGT	GCACTATATTTGCTGGACCTCAAAA
97	chr11	TGCATTGTTTGGTTGGATGTATGAA	GGAGTTCTTACTTTCCACCCACATA
98	chr11	AAGTTTCACACAAAAGGGTAAGCAA	TGACAAGTTGAGTACTCTCTTCAACA
99	chr11	CTCTTCACAGGATAGATCTCATGCA	TCATATCCCTAAATTGAGCATCAAGC
100	chr11	GTTGCCGTGGACTTTAAAGATCAAG	TCTGACAAGGAAACCATCATCCATA
101	chr12	GGAATAAGCTTGAGGAGAAAAAGGA	TTACCTTAGTTTTAGGGGCAAGACC
102	chr12	GGTTCTTCATCAATGATGACTGGTG	AGTTTAGCTGTCTGGTGAGATTCAT
103	chr12	ATCATGAACCTAAGCGACGACATAT	TGGACATCTGAGATATAAATATGTTGACG
104	chr12	TGTAGGTGCATTTAGAGAAGGGAAA	AAGTTCAAGTCCTGCATCATTCATC
105	chr12	TGGCTAAGAAAGAGAGAGATATGGC	TGTCATTGCATTGTTTCATGAAAGA
106	chr12	AGCAATGGACAAAAGGGACTACATA	AAATCCAACGAACTCACAGGTTTTT
107	chr12	ACTTGAAGATTGTATAAGTCGTGCC	GTGCTAACTTGTTAGGCATCAAGC
108	chr12	GCCATGAACAGGGTAAGACTTCATT	GCACATGAAAAGAAGACCAAAAAGC
109	chr12	GGATTGATGTCTCATATTTCTTGATCGT	CCATAATGCTTTGCTTTGAGCTCTT
110	chr12	TATCATTTGGCTCCTCTTAACGGAA	ACCATGAATATTAACCCGATGTGGA
111	chr12	GATATGCCTTTCAGCCTTTGTTTCT	CCCCTTTGCTGTTTTTACAGGTTAA
112	chr12	TTATGGTGGTGCTAATAGTCCACAT	TTGTTGCATCTCTCTTTCTTAGGGA
113	chr12	ACTGGCAGGTTTTTCTTTGTTTCTT	ACTGCCAAAACAATACAATAGCACT
114	chr12	ACAGGTATGTCCTTAACTTGAGAAT	TCTTATCCAGATCTGAGACAAGACG
115	chr12	GTCTTCAGTTTGGGCATTTTTGAAG	CTATTTGTGGAGCAACGACCAAAA
116	chr12	CAAAAACCAAACCAATCGAACGTAC	ATGTCCAAGATTATATGACTGGCGA
117	chr12	AGCACTCATGAACTCTTGTAGAAGT	TCTATATTGGGCTCAGACAAAGGAG
118	chr12	GCAAGAACTTTGAAGGAAGTGAAGA	ATATGCCAATATCAAGCCTACCTGT
119	chr12	CCCCCTCCCTTTCCTTTTATTTTTG	CACACAAAGCCAGCTCTAACTATTT
120	chr12	CATGTAAGCCACAGAGAAAACCTTT	TATTTTGAACCATACATGTAGCCGC
121	chr12	AACTCAATTACCCCATCAACCAGTA	AGAGCGGACATTTCAACAATAAAGG
122	chr12	TGGAAGAGAAGTAGAGGAAGGAGAT	AAGATCAACCTAGCGAGTCAATGTA
123	chr12	TCAGTAGTTTTGTGGTCTTCCATCT	AGACATTGCATGGTTGTTTATTCTCA
124	chr12	TCAATTCCATTATTTCCTAATCCTATCAT	TTGGAGGTCCCTTGATGCATATAAT
125	chr12	GAGAATGAATATCAGTTTGCTCGCA	GAGCTTTGAATTGTGGTACAGGAAA
126	chr12	GTTGAGCTGTGTGATGATGATGATT	AACTACAGAACTAAGGGGAAAGCTT
127	chr12	GCTAGCTTCATGCATTATAGTATCCA	GCATTGGCTATATCTTTCTCAAGAACA
128	chr12	CTAAAATCCCCAACATGCCCTTAGT	TCAAATTCAAATGTTTCCACCAAGT
129	chr13	ATAATGGGGAGCCGAATCTTTATCA	CTGCTGCTGTAATGACTTTCTTCTT
130	chr13	TAGATGGGTCAGAAACATTGGGAAT	AATTTGAAACGTTTTTGTGGCTCAG
131	chr13	TTTGATTCATTAGCATCACCGATGG	CCACAAACAACAGAAGAAAGGACAT
132	chr13	AATTTGTGATGTGAGATGGATGAGC	CAAATCAATCCAAGTTCAACCAGCT
133	chr13	TGTCCTCTGTAATATGGCAGAAAGT	TTGCATTGCAAGATCATTAGGATTT
134	chr13	GTATGAGCATCCACAGCACTAAATG	AAGAGACAACATTTTGTTTGGGTCT
135	chr13	GCAATGTCCTTCCAATAGTTAAGCA	AGTTGGTATTATCTGATGGGATAGTGA
136	chr13	ATGATCGTAAAGCAACTGAATCGAC	TCAAGTTGTTCGAGACAGACTGTAA
137	chr13	GATGAAGAATGACTCAAGTTGCCTC	AAAGCTCTCTTTAAAGTTTGCTGGA
138	chr13	AACGTGAGATTTTGGGTTGTACTTC	ATCCAAGATGAAAGTCCAATGCAAG
139	chr13	ACTGTTGGTGAAAAGTGAGAGGTAA	GTGACCTGGTACAATGCTTTACTTC
140	chr13	GGCAACACCAATTAGCTTATCAAGT	GAAGAATAGGTTCGCTGAAACGATT
141	chr13	GTAGCTTTCTCATCCGTTCACTGAT	CAGAGATAGCTGCCATGGAAAAATT
142	chr13	CCTCTTGCCTCTAACTCCATAATCA	ATTTCTGGTTCTTATGTACCTGCCT
143	chr13	AAGTCCATTTTCAATGAGAGTCTGC	ATGTACTCCACTCTTGAGGAAGAAC

表 A.1（续）

序号	染色体	正向引物(从 5′端到 3′端)	反向引物(从 5′端到 3′端)
144	chr13	TCCAATTCGGTTTTCAAAACATTGC	TTGTGCCAAAGAGCAAACTATTTCT
145	chr13	TTCACATGGCTTGAGATTGAATGAG	ACATGTTTACTTGTGCATGGTTTGA
146	chr13	TTTTGTTTTATTTTTGGCCAACGCG	CAGCATGTCAAGGTTGAGAGATATG
147	chr13	TTCTTAGAAGTAAGTGGTGCAGTGA	AGCACAGGAAACAAAAAGTAAACCA
148	chr13	CCTATTTTGTGGCTTCACCTTTCAT	CCCAAACTCCACTCAAGACATAGTA
149	chr13	TTACATACACATGCATGATGAGCAT	TATTGCTGCTTCTTTCTTTGCTTGA
150	chr13	TTATCCTGATGATGCCTCTGAATAA	AGAAGGCATATTTGAACTCACGTTG
151	chr13	ACTGTGAGAGTGATACCCAAAATCA	AGAAAATGCAGTTGAAAGACTCTGG
152	chr13	ATGACTAGGACTGGACAATTCACAA	TCTGGTCTTCGTGTTATGTATCCAG
153	chr13	GCATGCAGTTAAAGCACACATATTG	GCCAGTTAGAGTCATCCTTGAAGTA
154	chr13	ATGCTGGTTAGGAACACATATCCTT	CAACCCAATACCAAAGCCAAGAT
155	chr13	ACAGTGACTTTGTTTTGTTTGTTATGG	GCTCCTCAATTTTGCAGGAATAACT
156	chr13	TGTTTTCTGGTATGCTGGTGTTTTT	GAAAAAGATTGACCCAAACTCCTGC
157	chr13	AAAGACCAAAACAACACAAGTGTCT	GTATGCTCGTTGGAGAAAACTTGAA
158	chr13	TCCACTGGCAAAGGGTTATTTAGTA	ACCGAATTCGAACCAAACACTTTT
159	chr14	GGCCTACCTCATCTTCTAACTTGTA	AATGGATTGTTGAAGCTTCCGATTT
160	chr14	CCTCAAATCATCTGATGCTTGAGTC	ACTAGGACATTGCCTGAATCAGATT
161	chr14	TCAAAGTATACGGAAAATGTATAATTGATCA	GCCCTAATTTTATACATCCAAGGACA
162	chr14	GCATATCCTTCAATTAGGTTGTCCA	TAATGAAGCGCAACTACCCAAATTT
163	chr14	ATCCAATAGCAAACCTGTCCACTAT	TGGCGAAGAGATAATTAGTGTCACA
164	chr14	AGCATTCCATGAATTCCCTTTTTCA	AATAGTGAGCTTGAAGTCGATGTCT
165	chr14	GGTACAAGCTTCTTGACATTCCAAA	TTCTTATCATGGCTTTGTGTTGGAC
166	chr14	AGGTTCTCTTTTGTAGCACAGAGAT	CTGATGGGCGAAATGTAAAGTTGAT
167	chr14	GAAATGCCATTTGATCTTTCACTGC	TCCATGAATTTGCAGGTGAATACAC
168	chr14	ACTTCAAAACTTATGTGCGAATGGT	GTTCCCATATCAAAATCACGGAACA
169	chr14	GTCCTCAAACTTCTGAACCTCAATG	ATAGATTTGCAGAGGAATTTTGAGAA
170	chr14	GCCATTGAAATCAACCCAAAAACTG	TATGAGCAAAAGGAGAACATGGGTA
171	chr14	AGATGAAATTTTACCTGATTTGTGCT	ACTGCAGAGGAATTATCGATTTTTCT
172	chr14	GTTTGAGGAAGTGATTGACTGTCAG	TCTCATCAGTGGATAGAAAAGCCAA
173	chr14	GCAAGGAGAGGCATTACATACCATA	ACAAGAAAGTGCATCCATGTAGTTG
174	chr14	AGAGTCCATCTTTCTCAAGTCAACA	CTGCAAGCAAGGATGATATTTCCAT
175	chr14	TGAGATTCTTTTGTTCACCGAGATT	CATCTTGATCAATCCAATGGCTGTA
176	chr14	CAAGCTTCGTTTTCAACTCATTCAC	GGAACTGTAATGCTGGTTTTTGGTA
177	chr14	CTGTCATTTTGTATCTCTCAGGCAT	GGCTTGGTTTCTATTAAATTGCAACA
178	chr14	TTTAATCTCAACGATGCTGTGACTG	AAAGGTTACCAGAATGCCTATCAGT
179	chr14	TCTGCAACATTTGTCTGCTGTTAAT	TCAATGCCCTTCAGACATACTTGTA
180	chr14	TAAATAAACCCTACTGTCACAGCCT	GGAAGAGCGATTGAGAAAGGATTTT
181	chr14	ATCCCATTTTGATTCTGGCACATTT	TCAAGTAATCTCTGATCACCTTCCC
182	chr14	GCTGTGCTTGATGGTATCAGGTAT	AGGGTAAACTCTGGTGTACAAATGA
183	chr14	ATTTACTTCATACGTACGTGTCTGT	AAACAAGGGCACAATTTATCGACTT
184	chr14	TTGTTGTGTTCTGATTCCGTACTTG	AAGGCATACCAGCTTTGATTTTCAA
185	chr15	AACTTCAAAAGAAGCTTTGCCTGTA	TCCTGTCAAGATTCATGGAGTCTTT
186	chr15	CTTCTTCCACCACATCTTCTTCAAC	CTTCGACAACAAGTACTACGTTGAC
187	chr15	AGACCTTCAGGCAAGAGGATAAATT	AAATGATGGTCAGTCAAGGTTTTCC
188	chr15	TCCATCATTGTACTCACCATAACCT	GTCTTGGAGGAACTAGCTCCTTTAA
189	chr15	TATTTTATCCCAGTTTTGCTCCAGC	GATTGGATGTGTTTTGTTTTACGCA
190	chr15	CTCTAACGGAGGAGATCAAAAGCC	AAAGATTGCAAGAACTTACACTCGG
191	chr15	TGTTTTTGGGTCTTATACTGGTTGC	GAGCTGTGCGAAGGATATTAACAAA
192	chr15	GGTTTGCCATAGAGTTTGTGTACTT	GTTAAATAGTTTACCTGCAGCCCAA
193	chr15	TTTAGTGTCATCGCTACTTGGAAGA	AGATCCTGAAAACCAAATCAAGCAG
194	chr15	CTCGTAGGAATCTTCATGTAATGGC	TGTGGTACTTTTTAACTGAACTTCA

表 A.1（续）

序号	染色体	正向引物(从5′端到3′端)	反向引物(从5′端到3′端)
195	chr15	ACTGGAATACTAGACTGAAGAAAAAGC	CATGGTCATCATCTCCAGAGAATCT
196	chr15	CTGCTGAGACAGAGAACAAGAAAAC	AGTGCTTGTTGTTGTTGAGATGTTT
197	chr15	CACTCATTTTATTCATCAGTCCCCC	GTCACCGTCTGTCATTTCATTTGAA
198	chr15	GTCGTTTTATGCATGACAAATTTGC	CATGAACCAGAGGCTTCATTAACAA
199	chr15	TGTTGTTCTTGTGATTCTGGTAATGG	AGCCACGATTTTGAAAATCCATACC
200	chr15	GAAACTGAACCCATCTTGTTCTCTG	TCATTTTGACTGTTGCATAAGCGAT
201	chr15	GAAAAATGGGCAAAAGGGTTTGAAT	CTGACTGAAATTTCCGCAGAATCTT
202	chr15	AGGCCTATTCGACTAAATCAAGACA	TGATGCTGTTGTTCTGGCTTAATTT
203	chr15	AATTTTTGGAAGCCAGACCTTTGAG	AAGCCAATTAGAAGCAACAGTTGAA
204	chr16	CCAATGTGGTTCCAATTCCCAATTA	TGTCACCAATACCAAGTTTAGAAGA
205	chr16	TCATCAAGTTCGCAGTTTTAACACA	GAGCAGTGAAGATCAGCTACAGAA
206	chr16	GGAGTGATACATCTTCCACAACTCT	TCCGAAAATCTCACAGCTTTTTCTG
207	chr16	GCATCAAATTATTTTCCAATTGCAGC	CTCCACTGTCTTATCAAACCTGAGA
208	chr16	CTCAGATTGTGGGATATTAGGAGGG	GCAGGATGACCCCTAAATGAAGATA
209	chr16	GCACTTCTCTTCACTCTTTCATTGA	GAGAATGTTATTTGTGTTGAGGGGG
210	chr16	GATAAGAACCTAATAGCCACCTAAAG	GCAAGCTTTTGATAATACCCTCTTCA
211	chr16	AAGAAAAAGAATACTCACAGGCTGC	ATCAACTCAGACTGGACTTACTCTG
212	chr16	CTCAGGTGGATTGGTGTGAATTTTT	AAACAACAACAGAAACTTGTCCTGA
213	chr16	GGTAGCATTCCACAAAGTATGTCAA	ATTACCATGATCAACAACTCCTCCA
214	chr16	GCTGGAGAAAACTTGAAGGAAAGAA	GCACACTCAAATGACTTTAAGCAGA
215	chr16	AGCCCTGATGCATTTCTTATTCTTG	GCTCTCCCTTGTAGTTCTTTAAAGC
216	chr16	CAACTTCTAAACCCTACAAAGCCAT	ACCCTAAGCCCTTTGAGGATAATTT
217	chr16	ACAAGGTTCAAGTAATACTTCACGC	TGCTCTGGTAAACACTGAATTTAGC
218	chr16	GGGATGTAAATGTTGCATGTGCTAT	AAATTACACCCATGATCATACCTAATG
219	chr16	TCTTCCTCAAGTAGTTGGATCTTCC	TGCATCACAAGTATAAGGAGTGTGA
220	chr16	TGTTTTTGCATTGTTTCATGAAAGA	TGTGATTGTGAATGTCTCTCCTCTT
221	chr16	GGTGTTCCAACCAAATGATTAGGTT	TGCCACTATTGTTCCTTCTCTTTTG
222	chr16	AGTGTGTGTAATTGGGTTTCTTGAG	GGTGGCTGATATAGTGGGAAAAATG
223	chr16	CTGCTACCTTTTCTCCTGGTCTTAG	AGTGAAAAATACCACAACTCTGCAG
224	chr16	AAGAAAGCTTAAAGGTTAGGCCTCA	CCGAATGAGACTGATTTTGTGTGAA
225	chr16	GTTCTTGCATTGTTCACATTTGACA	AGTATGCTTCCGGAGAGATATTGTC
226	chr16	GAGGTCTGTCGAGAGAGAATCATC	AAAAACCTGTTTTGCATTGGTAACA
227	chr16	TCTTGAGTCTCAGATGGGAAAAGAG	GAAATGGCATACAGGAGAAGACATG
228	chr16	TGTAAATTGGCTGCATTCATGAAAA	TGATACACAAGCACAATCATTTCCT
229	chr16	ACTAACAAGCCCTAGTCCAAAAGAA	GATGACAGAATTGCAAGTAGACGAG
230	chr16	ATGGTTAAAAGGAGAAAAGTGCAGG	GATGTGGAGCCTTCTAGTCAGATTA
231	chr17	TCTTTGTCCATCATACTTTCACCCT	AACTGTTGCTAACAAGGGTTTGAAA
232	chr17	AAGGATAGACCGTTGTGTTGACATA	GGGATGGATTTATGGTTCAATCACA
233	chr17	GGCTGACACATTCAATGAAGGTAAA	ACCTCTTCTGCAATTGTTTGTTCTT
234	chr17	ACACTTAAAAGAAACCATAGCCACA	ATATATCAATATGCTTTATAGAAAAAGAATACCA
235	chr17	GACTTGTGATGAGATCCTATTTGCG	TCTTCAAAGGATCATGTAACTTGCA
236	chr17	GTCTTAACACTTTCATGATGGTGCT	AGCAGTCTTCCTGTTGATTCACTAA
237	chr17	CCCACAAAAGACTACAAAAAGAAAACG	GGCTTTTCTTTGCAATTCTTGGATC
238	chr17	CTTTCAGCATTTGCACCAATGAATG	AATCAACCCCAGAATCACAATTGAC
239	chr17	CCAACTAGTGGCCTTTATTTTCCAC	AAGCATTCAACATATCAATCGGCAT
240	chr17	TGCAAAGCAGTTATTTCAGTTGTCT	TCTTCCTCTTTCACGACCTATAAAA
241	chr17	TTATGGGAAGATGTCCTAAAACGCT	GACACTGAAGAACAATTCGGAGTTT
242	chr17	AGTTCTTCTTCAGATCCATCAGTGA	AAAAAGCCAACATCAACCATCTCTT
243	chr17	GGTCCATCTCTTCGTTTCTCAATTC	GGACACAACATGAATTCAACGAGAA
244	chr17	AGTATGCATGCAATAGGGTTAGGAT	GAAATTGTATCTACTGCTCCTTGGC
245	chr17	GCAAGAGGTTTTACTCACAATTCCA	CACTTTAGATCATCGCCAACTTGAA

表 A.1（续）

序号	染色体	正向引物(从 5′端到 3′端)	反向引物(从 5′端到 3′端)
246	chr17	TGTTTATGCAGAAAACATGGAGATC	CTTGCTACCTTCTCAAACGTTTCAT
247	chr17	GCCTACTGATGGAGATAAAAATGCC	TTGGCTTCCCATCAAACTCAAAAAT
248	chr17	ACCAGTATCTTAATCAGGGGTTTGA	ATATTTCCTTCTCAATGAACCGGTC
249	chr17	CCATCATCTTTGTGGGTTTGTTGTA	CAGCTTGCCTATGACTTTTTGAGAA
250	chr17	AGGATGGAGAAGAGATGGACGATAA	TCAAGTGCTTTAGCTTGTTTAGTCT
251	chr17	TGCAGCTATAAGAACAAGTAGTGGT	TCCGTTCGTCAAATTTTGATCTGTT
252	chr17	CCCTGTTGACTGTAAAACATTCACA	CTGGGATTAAAGGCCCTGAAATTTT
253	chr17	AAATGTTGGCCTTGTACATAACCTC	ATGATATAAGAGGTTGCAGATGCCT
254	chr17	CCTTTAATCACAGCCAATTCCCAAT	ACTCTGAATCTACAATGCAGTGGAA
255	chr17	ACATACGTAGATCATTCTGAGTGCA	TCTCTAGCAAACTTGTTACCGAGAA
256	chr18	ACAATAGGGACGACAACAACATAGA	CACCCAGATAAGAAATTGCTCCATC
257	chr18	CTCTCAGCCATTTCAACACCAATAA	AGTCCGCACAATAACTTAGAAAACG
258	chr18	ATTTCACAGCCAAGACAGAAATGAG	TCCATGCTAATATGTCAACCAAAGC
259	chr18	AATAGAAGCTGAAATCTGACCTGGT	GAAATTGGCACACCTTCAAAAATGG
260	chr18	CATGCTTATCAGAGGAAATCCCAAC	GAAGAGATCCTCATAGCATTGCTGA
261	chr18	CAACTTCTCCTTTCTCCCAAAATCC	TGACCTTTCAATATGTCTCACTCCA
262	chr18	TTCAGTAAGGATACCATTGCTCCAT	TGCAATATTCAGTAACTTGTAAGAGTGA
263	chr18	TATGACTAGTAAGGGAAGGAGGAGG	CATTGAGCAGAGTGTCTCATTAGAG
264	chr18	CTCCTGTTGTTGTTGATTCAGACAT	TGCATGCTTGTCCATTATTACAACC
265	chr18	GCCACAATTGCAACATTAAACTCTG	AATGAGTTGGTCTCTCTCTTGTCAG
266	chr18	GGTCTTAACCATGGAACTACCAGAA	CCAATGGGAGGTTTAGAAGGACTAT
267	chr18	CCCATCATTGTTGCCCTAATCTCTA	CCAGGGTTCAACAAAAGCTAATTGT
268	chr18	TTCAAATTTGGCACCTTCTTGTTCT	GCTAGAGCCACTATGAACAGATACA
269	chr18	ATTTTGTCATTGCTCATGATGGGTT	AATGAAGAAGGCATGCCAAAACATA
270	chr18	ATGCTCAAGCCATTGTCATAACATT	ACAAAGTAACTTGTCCACAGTTGAC
271	chr18	TCTGTTTAGCTATTGCACTGATGTG	AGCAGTCACTGAAACAAATTCCATT
272	chr18	GGTGAGCTTGCAAATGGGTATTATT	TTCCTGTAACGTATCCCTCAAGAAG
273	chr18	GGAAGATGGCCGTAATGAATCATTT	ACCACTTTCCACAGCATAAAATTGT
274	chr18	CAAATGTCCATAACCATCACCCAAA	TGAGCAACTATCAAAGAAAAGCAGG
275	chr18	TACAGGGAACAGCTTGATTCACTTA	ATTTGCTCTGTATCAATGGTAGGCA
276	chr18	ATCATCCCAGGTTTCTCCTTTATCC	ACTTACTAGGTTCAGGTAGTTGCTG
277	chr18	CCCCATTTGGCATGTTGAATCTTTA	TCTCATCCGAATTAGTCCACTCTTT
278	chr18	TGTATGGATTACACAAGGCCAAGTA	CATGAAAACCGACTTAAAGGGGAAC
279	chr18	AACCTTCATCAGTCCGTAATCAGAT	TACTGTATCTTGTGTGCCAATGGAT
280	chr18	CCACCAAATTTTGCGATTGGTATGT	ATCATAACATACCACAGTAGCTGCT
281	chr18	TGATGTCAAACAACTCTCAAACAGG	AACTTATGGAATCCGTACTCAAGCT
282	chr18	TAGTCTGGTCTTGAAACCTGATGTT	TTCATCAATAAGAGCAATGCCCTTC
283	chr18	CAAATTGACAGTTGAGTCTGTTCCA	GAAAGCTTCATTGTTCTTTTGGTCA
284	chr18	TGCAATCCCTGAAATCACCATTAAG	GCCAAACAAATGAAAATGAGTTGGG
285	chr18	AGATAGCAAAACAACAGAATTCTAGCA	GTCTTAATACTGCCATCTTCAGCAC
286	chr19	AGCTCTTGCGTAGAAATTGCATAAA	CCCCATTGCTCCTTGATTATGTTAC
287	chr19	TTTTCTTTTTCCAGGGTTTGAGAGC	CTTCACTTCCCATTTGTATCTGCAG
288	chr19	GCCTACAAAAGTGCAAACTGTATCT	GCTTTAGCAACTCTAATGTATGCCC
289	chr19	GAAACTCTTGCACAAAGTCCACATA	TGGATAGCGAATCGATTAAATTGCT
290	chr19	AGAAGAATGAGACTTCAGCCACTTA	TCAAAAAGAAGGCCCTGAAAACTTT
291	chr19	GTTAGATGATCTTGATGCCCCATTG	ATACCCAGTCTCTTGTTTGATGGAA
292	chr19	AGCTGACTCCTACTTTAAGCCTATG	TGTCCATTTGTTTCCAGGTTTCAAA
293	chr19	GGAGATCCCAACCAAAAGATAGACT	TAACTCATCTGACCATAATCGTGCA
294	chr19	TCTAACAGTGCCACTAAAGTAACAA	ACTTGAGTTTTTCTTCAAATCTTCAAGA
295	chr19	TCACGTACACTAATCAAATCCAAGA	TGTGCATTCTTTGATGTTCTTCACA
296	chr19	TGAGATTTGGACTGAGGGATAATCC	ACTAATTTGCTTGCTTACCAATGCT

表 A.1（续）

序号	染色体	正向引物(从 5′端到 3′端)	反向引物(从 5′端到 3′端)
297	chr19	TTGATGAGAATTCCCAGCTTAGACA	AGCATGATATGTGGGTCCATCTTTA
298	chr19	AAGTGAGAGAGAAAGAAACTCGGAA	GCGGTTACTTACTTCGCCTTAATTT
299	chr19	GGTTTCAACTTTTGAGGCCTTTAGA	CTCCCGCAATTCCTTCAAGTAATTG
300	chr19	AATGATACAACAGCATGGCATATCG	TAAACCTAACAACATCTTGCTGCTG
301	chr19	AAAACCACTCACTCTATCTGGAACA	GTTGGCATTCATGAGTGTCCATTAT
302	chr19	CAGTACTCAAAAACACCTGTACCAA	GGTCCCCTGATCATATTCATGGATT
303	chr19	TTCCCAAATACTCCTACTGCAAGTT	TCAACTTGTCTATTAGGCTAGGCTC
304	chr19	CGCATTTCCTCAACAAGATCATACA	GGGAACATATCTCCTCTGGCTTTTA
305	chr19	CGCAAATAGGATTCTATCATGGCAA	AAGGCATGAGTGAACTTTCATTAGC
306	chr19	GCAGCCTAGAGACAAATTCTGAATC	TCTCTCATCAACATTACTGCCAGAA
307	chr2	AAGATGAAGGAAAAAGATCCAGTCT	TTAATACTGAGCAATGCAAAGCACA
308	chr2	GAGAGGGTTAGGAAAGAGAGGTTTT	CACATTGTGCAGCATATCTCATCTT
309	chr2	TTTTGCACAAACAAAGCCTATTGTG	TGGAGTTTTCAACTAAAAGGTCCCT
310	chr2	GACAGAATCCTGATACTCCAGCAAT	TTCCACTGGCATAATAATCATTGGC
311	chr2	TTTCACAATCAGCAACAACTACACA	GGCGAGAAGAAGAGAAATGTTCAAA
312	chr2	AAAAAGTCAAATGCCACCTGTGTAT	ACGTCTTATCTTGAAAACATGTTGGT
313	chr2	AGAGTCCCCTTAAGAACAACAACAA	ACCTTGTCAAAGCAGATGATTTCTC
314	chr2	TCAACATCTTCTTCCATTGAAAGCC	ATTTATGGCCTTTGAATCTCGTGAC
315	chr2	TTTCCCTCTTACCTAGAACCAACTG	AACAGTTATTTGCAGTCACAGCTAG
316	chr2	ACACTTCATTCAATCTGGTTTCTTCA	ATGACAAACTACTGCTGAGTGTACT
317	chr2	TCATGCTATTTTAAAACAAGGTGCA	AAGAGTAAAACTGAGTGATGGGAGG
318	chr2	GAAGGATAAAGGGCATGATTCTGTG	GGCAACCCAGATCACTATTAGACTA
319	chr2	ACAGTTCCCACATCTCCCTATTTTA	TGTGTTCAGTGTGCCATATTGATTT
320	chr2	ATTCGAGGAGTAAATGAGTGAGGAG	TGGATAGCAGCCAATACATTTGAAG
321	chr2	AATTTTAGCATTCAGGAACAGCACA	ATTTGGTTTTTGGTGACTTCTGGTT
322	chr2	TTGGGATGGTTGTAGGTTCAACATA	CGCTCTCTTTTCACTCCTTTTGATT
323	chr2	GGAACAAATTCGTCTAGGATTGCAA	TAAAATTGGCACCACTAGAGGAAGT
324	chr2	GCTAGGGCATTTAGTTTTCATTGGT	TTAATCTCTTCTGTTTGGCTTCACC
325	chr2	ACTCTGTGTCTCTGTCAAAGTGTTA	TTGAAGGAGAGTCAAGATTGGAGAG
326	chr2	AACTCTCCAGCAACTCATAAGTGAT	TTCACCACTGGTTCGAATTAACAAG
327	chr2	ATGCAAGAAAGTCTGAAAGAAAGCA	AGGACATTCTTTTGGAGCAAAAACT
328	chr2	TGTAGCCACAATAAAAACCAAACGA	AGCCTTACATCAGCTATCCTAACAT
329	chr2	TATGGGTTTGGGAAGTGATGTTTTG	TTGCTATCACCTCTCCTAGCATAAC
330	chr2	GTGGTAGCCCGTTCAAATATGAAAT	ACATGTACACTTCTTTTGTAGCTTCA
331	chr2	CTGTCATAACAGCTTCTTCATGGTG	ACATCATCTTCCTGTAGCAGTTACTT
332	chr2	ACAGCTATGTTGAACCCAATGAAAT	TCAATCAAAAAGGAGCAAGAAAGGG
333	chr2	ATGACTGATATTCCTTCTCAGGTCG	GCCTAAAGCAATCTATGTCCACGAT
334	chr2	TCTGGACAATGCAGTTATGAGTAGG	GTCCTTGTTTCAACTCTTCAAGTGT
335	chr2	GAGAGTGAACCGTTTTGGAAATCAT	GACTCTTGCAGAAAAGATTGGTCAA
336	chr2	AAGCTAAGGACTTCTGGTCTTGAAT	TTCCTAAATCCTTACCTAGTGCGAG
337	chr2	GAGAACCCAAAACTTGACCAACTAG	TTAATCCTCCAATTGGGTTGTTTCC
338	chr2	ACGATCCACCCTAGAAAATGCATTA	GAGCAATCAGTGACTTCTTCTGAAC
339	chr2	TACTAGATAAGCCATGTTTGGGACC	TGTTCAGAGTTAAACATTCAGAGGC
340	chr2	GAACTACACAGTACACATACCACCT	TCATCACTCATCACTTTTGCATCAC
341	chr2	GCAAGAAATTCATTTCCAGAAAGGC	GTGGCTTCATTATCAAGCATCGTAA
342	chr2	CATAGCTCAAACTTCTCACTGTTGC	ATTTGCTGTGTCGATAGTAACATCG
343	chr2	TCTCAAATCTCCAACTTCCTATTCTGT	TCATTCTCCATTTGTTTGTTGGTCT
344	chr2	CACTTGATGTACTTTCTAGGTTGGC	TACCTACAATATCTGTGCTGGAGAC
345	chr2	CTCCGCATCTATGATTCATTTCGAG	TTTCACATTCAGATATTGCTGGCTC
346	chr2	ATGACTTCTACCATGACACTGTTCA	GCTGTATGTCATCCAGTTTGTTTCT
347	chr2	ATTGACCAACACTTGAAGGACATTC	TCCCCAAATGGCAAGATTATATCCT

表 A.1（续）

序号	染色体	正向引物(从5′端到3′端)	反向引物(从5′端到3′端)
348	chr2	CCATCAGGTGAAAGGATTGCAATTT	GACCATCTTTTGAGTGGTTGCAATA
349	chr20	AGTGAAAACTTTGGTCTAAGGCAAC	TCTGAGTATCAACCTAAGGAGACCT
350	chr20	TGCTACCTAAAACTTCCAGGTTGAT	GCTCATAATTGTCTCTTTGATCAGCA
351	chr20	GATGATCAATTGCAACTACTCAGCA	CTGTATTCCATGTATACCATCCCGT
352	chr20	ATAGAGTCTTGTTCCAACGAAAACG	CTGCCTCTTCAGCAGTATCATAAGT
353	chr20	AACTAGCTGAGAAGCGTCATTTTTC	GTAACAAGTCCCAAATCAGCAGAAA
354	chr20	TGAATCACTCATACAGAAAAACTAGGA	GGATACCTCCTCTGATTATGGAACC
355	chr20	CATCTCAACATATTCATGGCCCATC	TTAAGGAATGACCCCTATCGAGTTG
356	chr20	CCTAGTAAAGTATTCAGTTGCTTGACA	CATTTTGTCTGCCATCATTTGCAAA
357	chr20	TCTTTCAGAAGACCTGGATCCTTTT	TAAACAAATCTTTGGGTGCGCTATT
358	chr20	CCATTCTTGGAAATCCCATACAGAT	AGGCAATAACTCCAACAGTAGATAA
359	chr20	TGCATTCTTGTTTTGATGACATCCA	CCTGTGAACAAAAAGAAGACCTCTG
360	chr20	ACTCTTCAACAAGTAATGATCACCA	GAAGAGACAAATCGAATTCTAGCGG
361	chr20	GTATGAAACCAATAGCTCTAGCAACC	TGTACTATCTGTGCCATTGAACAGA
362	chr20	AAACAACAAAGGTGACTGAGAAAAG	CCAAATGGAAAGAGAATTGAAGGCT
363	chr20	GAAGCATCTTATTCCATGCAAAAGC	TTTGCTGAGATTTTATGTTGCTGGT
364	chr20	ACAACATCAGGCTTGAGTTTCAAAT	CTACAAAAGCATTTCCAGCAGATCA
365	chr20	TCCTCTTCTTCTCGTTCATCATTCA	CCAATTGAATCCGCTCTCTTGTAAA
366	chr20	ATATTGTTCAACTCAAAGGCACTCG	AGGCATAAAATAACTAGCTCCCACA
367	chr20	TGATTCAGGAATCCTCCAGCAAATA	TCCTGGAAGAAGCTACTGAAAGATC
368	chr3	TGAAACGGACACTTTGCTTTTACAT	AGTGAGAGATTCAGGCATTATCCAA
369	chr3	AGGTTGGCTTTGAAGTAGAGACTAG	GGGCTCTATCACACTTTTATGCTTC
370	chr3	GCCATCTACCCACTTTACAACAGTA	TTCTGTCCGTCGTAAAGTATGTCAT
371	chr3	ATGTGACAAGAAAGCATATCCAAGC	GCCTTGAACTAGACAGCTATCCTTA
372	chr3	TAACATGCTTATAAGTCTCTCCGGG	ATCAACTATGTGCTAGACAATCCGA
373	chr3	AGGAAAGGGATTCTGGTAGGATTTC	AAACAAAATCCAGAAGTCCACTGTG
374	chr3	ATATGCTCGTTTCTGTGGAAGAGTA	AACTGCAAGCATTCAGTGACATTAT
375	chr3	TGTATTTGAAAACTTCTGAGGTGCT	TAATTTTTGTGCCATGTGGTCCAAT
376	chr3	TTGACCATTTCTTCCTTTGACAAGC	CGTGAACAGTTTACCAGTTGATGAA
377	chr3	TGATGTGTTTGAGTGAGAGTTGTTG	TCCATAATGCTGCCTGTAATGGATA
378	chr3	GATAGAGGCACAAATTCCCAACATT	AGTTTAGTCCTTGATACTACTGGCT
379	chr3	TTTACGGTGTGAAGATTTTGTCCTG	TATTGTTGTGGCTGTGAAAAGCATA
380	chr3	CTTGAAAACACAGAGAAGTCTTGCT	ATGGTCTCACGATAAACACTACCAA
381	chr3	GGCCAACTTTAGGGATGTCATAATG	AAGCACAGAAGTATCAACTGATCCT
382	chr3	TAGTCAGTTGGGGATTTGGAATCAT	GTGAAAGATTTTGTGTTCGGTTGTG
383	chr3	TATCAAGCTTTTGTGTCAGAATGGG	CACAAAAATTGGTCGAAGAAAACCC
384	chr3	TGATAATTCCAGTTCGTTGCTTCAC	GTCTGCCTGTAGAAGATCAAGGTAT
385	chr3	GTTCCAGGATCGAAAGACCTCTATT	AGAACATTGTCCCGAATATCAAAGC
386	chr3	ACATGCTAAAAGTCTCAAGTGATGT	ATGAACACTACATTGGTGCTCCTAT
387	chr3	GAATGCAGAGAAAGAGTGAATCTGC	ATTCTGATAGCTCTGCAGATGCTTA
388	chr3	GCAGATTCAAGATCAGCAGAATGAA	TTACTGGCCATCTGGATCATTAACT
389	chr3	GCAGCCAAACATAGTCTTGATGAAT	GGATGCTTCTTTATGTTGGGAGGTA
390	chr3	TCTACACCAATGTTCTAACCTCTGG	TGAGCAAGATCCAAATTAACCAAAA
391	chr3	ATCACCCTAAAATCTAAGCCATGGT	CCCAACCTCATCCATAAATCCATTG
392	chr3	GACATCTTTCAGAGCACAAGGTATG	AGGATGATAACCTCAAAGAGTTTAATGG
393	chr3	TTTGATGCTGTGATTGCTTTAGAGG	TGGAAAGCCATTGATCAAATAGC
394	chr3	ACAGTTAACTTCATGGCAATCACAA	TGTGGAATTCACTAAGCTGCAAAAA
395	chr3	GGGCAAAGCAATCTCTGATCAATAT	GATATGATGCTGTGATCCACTTTGG
396	chr3	AATGCCATAATCATCCAAGACACTG	TCAACAAAATGGCTACTAAACCACC
397	chr3	CTAGTCTCGCTGCTATTGATTTTCG	GAAACTGAATCAGATCACGCTCAAT
398	chr3	CCTTCCATTTTCCTTTCCATTCCTC	AAGGTTGTTTTGCTGTTCAACAATG

表 A.1（续）

序号	染色体	正向引物(从 5′端到 3′端)	反向引物(从 5′端到 3′端)
399	chr3	TTTCAATCTGACTTCTCCACATCCC	ATACCTACAAAGTACAGCATGTGGT
400	chr3	ACAAACTTCTCCTCTACTTAGGTGT	ATGAAAGAGAGGAGTATGCCAAAGT
401	chr3	ACTTATGCATGGCAAGTGATAATGG	GTGCATAAACCCAACCACTAATGTA
402	chr3	TCAGAGTCTAATGAATCAGCTCCTG	CAATGGAAATCCGATATGGTGAAGG
403	chr3	GGTGCAAGCAATAAAACTTTTTGCT	ACTTCTTGAACAAAGAGTCTTGCAA
404	chr3	GCTACAACTATAAGAAGGCAAACACA	GATATTATTTCTCTCATTTGAAGATTTCTTTC
405	chr3	TCAGTGCTGTCTTACATAACTAGCA	GACCAATCCTTGATGCAACTGTTTA
406	chr3	TCCACATGAAACTCATTAGAGGTGA	TGACTTGGATGTTTTCAACAACTGT
407	chr3	GTCACTCCCAAAAATAAAGGATAGCA	GATTAATGTGTGAACCAGCTAAGCA
408	chr3	CTTTACTGTTGTGTCCCCTGTTTTT	TCCCCAACCTTCAAAATGTTCTCTA
409	chr3	CATAAACATTACGGTCCTTGTTGGA	ATTCCAACTTCTCTAAAAGGTACGC
410	chr3	CTGTCCCAGATTCTTGTGGTTTTAC	CACTGTCTGCTAATAAAACCTGCAA
411	chr3	TTCCCTTCATGTTCACCAAGTTCTA	AACAAATCAACCTCTGGAACAAAGG
412	chr3	GTGATCTCTCAAGGAATCAATGCAG	AGCTTCGCAGATTTTATCGACTTTT
413	chr3	CTTAGCAATGGTCTTTTCTGAACCA	TACATCAAATGTGAAGCAATGGTGG
414	chr3	ATGACAAAACCATTCACATGCTCAT	AAGGGTGGAAAACAATTCTAAGCTG
415	chr3	CAGCAGTATCCTTAGGTTCAGTCAT	ATCACCTTCCAGCAATGAACATTTT
416	chr3	TATCGTAAAGTCCTCACCTGATTGG	TGCCATCATGGAGAAAATATTGCAA
417	chr3	CGATACAATTGCTTGATTCCTCCTC	GAGGAATGTTTGCCTTCCATACTTT
418	chr4	GAGCTGATGAGAAAGTTGCTAGAGT	ACATATATAGGCTTCTGTGACAGCC
419	chr4	CCCAGTAAAAGAAAAAGGGCAAAGA	TGCATTATTTTCCTGATAGCTGCAG
420	chr4	TTGTCCCATTCCATGAGATTGAGAT	TGAACAGGTAAGATGATTTAGATGACT
421	chr4	GCTGGAAGCACACAACAAATGAATA	TGCCCATGTGGTTGTGTTATTTTTA
422	chr4	GAAGCGAATTCTCATCCAAACTGAA	TATTCTAATCTGTTGGAGCTTGCCT
423	chr4	TTAGAACACTTGTTGCCAACACTTT	TTCATGGTGTAGGCCATAACACAAA
424	chr4	ATATCTCCTGGTAGATGAACCCAAG	AGACAACAAAGAAGATGGCGATTAC
425	chr4	GGTATGTACTCTGTGAACTCTCCTC	ACAGAAGGTGTAATGATGACTGGAA
426	chr4	TGTACATACTCAGTAATGGCAGCAG	CGTTTGAGTCATCCGGTTTTCATAT
427	chr4	AAAACACTCTCCACCATTAGATCCA	TGGGTTTGTCACTTTTGATGAGAAA
428	chr4	TGAACAAAAGAATAGATAAACCCACA	ACAAATGCTCTCTAAGTAACAATACCT
429	chr4	CTGAATTGCATCCTTCCAAGAAAGT	CTTCAACACGATTATAGGAAGTGGC
430	chr4	AACCTGCTGAGACTTACTGTGTTAT	TCTGAACTTAAAGCAGCTTCTTACA
431	chr4	GGAACCTTATGAGCCAAACAAGTC	TGGCCTTAACAATCTTTTCCACAAA
432	chr4	CCAATGACCAAAACCTCATCAATCA	GATCCGTTGTCTTTTAGAAACTGCA
433	chr4	CTCTGTATCAAAACGCGATTCTCAT	GACTGGGAGAGTAAAAAGGGAAGAA
434	chr4	CGGATCCAGGATCAGTGATTCTTAT	TTATTGAGAATTTCCGATCCACAGC
435	chr4	AGCAGATGATGATTTGCCTAGTGTA	TCATGATAAATCAAAAGATCCCTGCC
436	chr4	GTATGAAAAGTACCCAAAAGGCCAA	CCACAAAATTAACCTCTTTCCCCAA
437	chr4	TGGAAAGAGGAGAAAAGCTACTTGA	TTCAAGTTTAACAACATTATGCGCG
438	chr4	TCAGATTCATCAGAGCCCTGTAATT	GACACTTGGCAATCTGAATTTGGTA
439	chr4	CTTCATGGTCTTTGTGTTGATTCCA	ACCCTTCAAACATTTCATGTCACAA
440	chr4	TCATCCTCGTGCTTCTCATTCTTAT	TACCAAGTCAAGCATTCCCATGATA
441	chr4	ATTAAGGCCAAGATTCTTAGCTGGA	AACTGATTGATGCCTTTATGCACAA
442	chr4	TGGTTCTGAAGTTTCCTTATGCCTT	GCTCAAAGAAAGGGTAGTCCAAGTA
443	chr4	GTTATGCGATTGCCTTGATCGTTTG	ACTTATATTCGTCCGTTGAGTTCGA
444	chr4	CCATTGGTGATGCTTGTTCTTCTTA	CACCAGAAAATGAAACTAAGGGACC
445	chr4	TCATTGAATCATATAATATTCATTTAACAATCCA	GAAGACTTTCCAACGTAACAAAGGT
446	chr4	GTTCGTTTGTCTCTTGATGATCCTG	AATCCAGCAAGCCAAATTCATGTTA
447	chr4	TTGGTTTTGAGATCCATGAAGTTGG	TTTTGATGTCAAGATCCCAAAGCTC
448	chr4	CTGCATACTAACATGATCTTGTGCA	GCAGTTGGGGTCATATCTTCTATCT
449	chr4	AAACAGCTGTTTGATGTGTTTTTGG	TCATATCCATAATGTGACATGGCCT

表 A.1（续）

序号	染色体	正向引物(从5′端到3′端)	反向引物(从5′端到3′端)
450	chr4	TGACACTGGAATTTATCACCAGACT	AGATTTCCATTGCTTCTGTCACAAG
451	chr4	CCTGTGCTTCTGAAACTACTGTAAG	ATACAAACACAACCTACAAGCATGA
452	chr4	TTTATAGCAGAGATCGGGTTAGCAA	TATGCTTGGTCAACTCACTCTAACA
453	chr4	ACAGCTTGGTCATTTATTTCCATCC	TGGCATTGATGGATTGTACTTGTTT
454	chr4	GGTGGTGCAAGTCTTTCAGAATTTA	TATCCTCCACTATTATGATGCCTGG
455	chr4	AGTGAGATGATAACATAGACGCCTG	TGTTTTATTCTGAAGACTGTACGCG
456	chr4	CGGAATTTTGAGAGGAGGTTCAATT	ATTGCCAATGAGCTGAGAAATTTGA
457	chr4	TGTATACTCCTGGCTATTATGGTGC	GCAAGGCAAACAAACTTTTCATCTT
458	chr4	CACCGCACTTCAATTATCACCAATA	ACTTGTTTGGTTTTAGTGCATAGTCT
459	chr4	AGTTTGGCATGGATTCACTTATGTT	GATATCTCCAGCAACTTGTCATTGG
460	chr4	TCATCATCTTAGCCTGATCACTGTT	GGAATGCGACATATTGAAAGGTCAT
461	chr4	CGTTTCACAGCCCTTGAGAAAATAT	AAAAGTGGCTAGTAGATGTACGAGG
462	chr5	CAAAACAAAGTCTTCATCACAACGC	TCTGAGCTAAAAATTTTTGAACTAAACTT
463	chr5	AGTGGTGCTCTTACTAATAGAGGAC	ATAACCCAACAAGGCAAATTCCAAT
464	chr5	GTGCTCATTGGAAGAGGATACATTG	GCTAGGAAGCCCAAGGAGAATAATG
465	chr5	GCCACCAAAAAGGAATAAGATGCTT	TCCCTTGGTCATTTTGCTCATAAAC
466	chr5	TCACCTTCGAGAGTTATATGACACA	AAATTTCAACACTAGGTCAATGGCT
467	chr5	TCTTTGCTTGAAGGTTTGTTGCTAA	AGGGTTCGATTGTTTCTATCCTCTA
468	chr5	CCAACATCTCTTTGACGGAATTTCA	TAGGACACACATACACGTTGTTACT
469	chr5	GACAAAACAAAGCCCATCCTTGATC	GATGCTATACGTTGGGAAGAACAAC
470	chr5	ATTCACAAGAGAAGGAGAAGGGTTT	TCTATGACTGCCCTTAAAATTGGTG
471	chr5	TGAGAAGAACCTATGGCCTAAACAA	TTTTTCTCCTTTCTCTCTCAGACCC
472	chr5	TCAGTTAAGCGTTGAGTTGTTTACA	GCTGAAGAAGTATGTTGTGCATTCT
473	chr5	AAGATAGGTGTTTGTGTGATCTCCA	GGAAGTGACTTAGTTTGCAACTCTC
474	chr5	ACTTTGCTGCCATAAATTGATGACA	AAGGCTTGTGTTGAAGTTCATATGG
475	chr5	GCTCACAAAGGAAAAATCAGATAACG	CAAAGGACAAAGAAGGTGATGGAAA
476	chr5	CTGGACAGCAAAACAATGTAAAAGC	CCTGTAAAAGTTGGCCACCTTAAAT
477	chr5	CTGGTTCTTCTCTGTTGCTCAAAAA	AAGTCTTTAGGGAGGCGTTTAAGAA
478	chr5	CAAGCTGCTTTTCAAGTGATTCAAG	CAGCAGGAATATCTGAAGCTGAAAG
479	chr5	CTTACCATCTCTGAATTGGTGATGC	TTATGGGACTCAAAAACAAGTGCTC
480	chr5	TCCTGTGTGCCTATATTAACCACTG	TTGAAGTTGCTAAAGATGGTGTTCT
481	chr5	CTGCATAAGATTTGCAGATATGGGG	CGTCTCCTTTCTTCAGTCTGTCATA
482	chr5	CACCATTAAAAGCACTAGAACCCTG	ATGATTCAAACACTGGTTCTGTTCC
483	chr5	ACTTGTTATTCTAGCCTTGGCTTTG	TTTTGTGCCACATTGGGAAAAGATA
484	chr5	TAATTTGGAACTTCTTTGCCCCAAG	GCGAAGTTGGTCAATAAAAATGCAA
485	chr5	AAGGTTGTTATCCCATCTTGGATCA	ACTTATCCCCATATTCCACATGAGG
486	chr5	GATAGACAGGTTGCCCTTGAAAATT	GCCTATACTTCAACTCAATTTAGGCC
487	chr5	CACAAGAGGGGCCATTCAAATATAC	AACTTGGTGAGAAAGTCGAAACATC
488	chr5	ATGTGAACTCCATGAAAAAGCACAT	GCCGACAAAGAATGATATTCCGAAT
489	chr5	TTCATTTCAATAGCTTTTTCCAGCA	CTAAAACTGATACTGTTTCCGGAGC
490	chr5	CAGGGGAGACTTTTCTGTATTGGTA	TGTGTCTGACCCAATCTAATCCATT
491	chr5	TGGACATTAATAAAGACATACCAAACA	TGGGGAAGGTGACTAAATGATTCAA
492	chr5	GCTTCTGCAGCCATATTTGATGTTA	ACAACAGGCACAACCATTGATTTAA
493	chr5	GCAAACTCATAATCCACAGCAAAAC	CTGTTAAGGTGGTGGAATTTGAACT
494	chr5	GTTGATGCTACTTGAAATCCACCAC	CAAGAATGTGATGCCATTCTCCTTT
495	chr5	CAAACCGTCAAGTTACAGACATGAT	GCAGAAAATGGATTGCAATATGTGTT
496	chr5	ATAATACCTGGCTAAGTCTTCGGAG	GGAGGTTCTTGAGGGGAAGATATTC
497	chr6	AACTCAAGGTGCAAAGGAGATTAAA	AATCAATCCCACTCAAGCAAGTAAC
498	chr6	TATCGCTGCCAGAAAACATGTTATC	TTGGTGGCACTGGCATTTATTTAAA
499	chr6	CTTCCAACTCAAGTTTCTTCCTTCA	TTCAATATACCAGGCATCAGAGTGG
500	chr6	CAACCAAAATTCTCAAAGTCGCATC	GCTCACTAACCATACAACAACTAGC

表 A.1（续）

序号	染色体	正向引物(从 5′端到 3′端)	反向引物(从 5′端到 3′端)
501	chr6	GTTTTTGCCAAAGCTCAGAACAATT	ATGGCATTGTACTATGTCTTCTGGT
502	chr6	CAAGTGGATAATTTGGACAGATGGC	CATTAAGCACAATTGAACTGCCTTT
503	chr6	GACACTGAGGCTAGTACTTATGTCA	TGACTTCATTGAAGGACATTGCTAC
504	chr6	AAATATGCTTTCAAGAGTACCTGGC	AATTATGTCCAGGTTTCAGAGAGGG
505	chr6	TTGAAGATCTGATTGCCTAGAATGG	AGGTTAAGGTTGAAGAGAAGGAGAC
506	chr6	GAGCCAAAAACATCTACTTCAACCA	GCTCAATTAGATTGCTAGCTCCATC
507	chr6	TCTAAAGGTCAGAATGAAGCTTCGA	AGCAAGGGAGAAGGAATAAAATGGA
508	chr6	TCTATAACTTCTCTAGAGTGTGTGC	GGGACAAATCATTACCTTACCGTTC
509	chr6	CAAGTTGGTCACCTTGGTTCATATA	AAGGCACTCAAATAGTTTCTTGACC
510	chr6	TCACTTATCTTGCCACTTACGTACA	GCAAGGATGAAGAATGACCATGTAT
511	chr6	CGACAAGGGCATATGTAAACAACTT	TAGCACTATCTGGGGCTCTATTTTC
512	chr6	GGACAAGGACAGATATGATAAGGCT	TCTTACATTGAATAGAGTTGCAGCG
513	chr6	CCCAAGGACAAGTTTCCTAAGTTTC	AACATTTCAGATCTCGAGTCAGAGT
514	chr6	GGCATAGTAATTGATTCCTTGAGGT	GATATCATGCATTTCACCAAGCTCA
515	chr6	TGTATTGTGGAATGTCAAACCCATG	TTTATTGCACGAGTAATGGAAGCTC
516	chr6	CCCTACAGAGACTAAGGGTTATAAGG	TACTTTGACTCTGACTCTGTGATGG
517	chr6	AGTTCCATAGGCATGAGTTAGTTGT	GTCAACCAAGAATTTCCATTCACCA
518	chr6	TACAGAAAATGTGATGGTACCTGGT	AAACATTTGCAGTGACATAGCTGAA
519	chr6	TAAACTAAAACAAACAGACCGACAA	TTACTTTGATCTGATTTCTGCCGTG
520	chr6	ACCAGTTAGCTAGAGACTTAAAGGC	ACAACGTTATGGTTCACACTGAAAT
521	chr6	TGCTTACTCTTTTGTTTTTGATTGCT	GACCACAAGTCTGAGTGAACAATTC
522	chr6	CCGCACAAATGAAAATGGAAAACTT	TATTTAGAACAGGAAGCTCAAGGGG
523	chr6	TTCACCAAGTCCATTTTGAGCATAC	ATTGGCTAATGACCCGAAGCATATA
524	chr6	GCAACAAATTGTTTCAACTTCAGCA	GTTGACTCAGTGGTGAATGCAATTA
525	chr6	TTTTCGTGATATCGATGACCGTACA	TAATATATAGCATCTGCAAGGGGCT
526	chr6	CAGTGAAGGACGTTGGGAAAATTAA	ATGCAGAATTTCTAGACAAAGTGGG
527	chr6	GACTCACCATTTTCTCACATTCCAT	AAAGAATGGGTTTGAGAAAGAGCAG
528	chr7	AGAATGTCATATTTCGCAGTTGCTT	CATGACTTGTTAGAATGCTGATCCC
529	chr7	GGTCACTGATCTTGCAAAAGTTGTA	TGCTGAAATTAAAGAAACAGTACCTCC
530	chr7	AACAAAACTTAGTATCACACCCTGG	ATCTCTTCCAAATTTAATGCCACGG
531	chr7	TGGAAGTGGAATTGTTATGATGCTT	ATTGTAGAAAATCGCATACTCCAGA
532	chr7	CATCGGCAACAAGTTTCTTCAATTG	TCTGAATTTCACGTGTGCGATTTTA
533	chr7	TAATCCTCTACAACTTTCTTGACGC	GTTTTGCACCCACTTCATAACAATG
534	chr7	ATCTTCAGAGTTCCAACCGAAAGTA	AATTTCCTCCATGTTCTAAGGGACA
535	chr7	TCTATGAATTTTAATGCTGCCAGGC	TCAACTAAAGATTAAAGGGGCCTGA
536	chr7	TCAATTGGTAAGTGAATGTTGGGAT	GATAAATTCACCCTTCGCAAGTTGA
537	chr7	TTGCTACAAGTTGTTCTAAGGGTCT	TCAGCAAGAAAATCAAGGCAAATCT
538	chr7	TCTCTACTTCCACAAAAAGCTCAGA	ATCTCCTAATCTCAATACCCTTGCC
539	chr7	AGCATTTTCAGAGCTGTTACTCCTA	CTATTGAAGGCGTAAGAAGCATGAG
540	chr7	AGAGTTGGACAATTTGGTAGTCGTA	ACATTAATTCATACAAGGCACCCTC
541	chr7	TCCTTTCTGAGAGTAGCATATGAGC	TTGGGACCTATTAAGCAACCTTCAT
542	chr7	ACGGAGAACTAGTAAAACTTGAGGT	GGGTGGGAAGCTTGAGAAATAAAAA
543	chr7	ATCATCAGGTCAAAGGCAATTGTTT	TAGTCCACCTCTTACTATATCCCCC
544	chr7	TCACAGCAAACGAGCTTTTAATCTT	GACTTTCTCTGCAGCAAACAAGTAA
545	chr7	AGCACTTTATCTAGCCAACTTAGGG	CCTTTTGGGATTGTTCTGTTGACAC
546	chr7	ATGGGAATTTCTAAACATGGAAGCC	CTCTCCAGTTCTTCCCATGTTTTTC
547	chr7	CTCCCCTGTTACAATTTGCATTGAT	TACGGCGTTGATCCTATAGATGAAA
548	chr7	AAAAACAACTGGACTAACGAGAAGG	ACCACAAAACATCTTAATGACTGACA
549	chr7	CTCGTTTGGCCATTTGCAATTTC	TCCAAATCCACAGACATTGAATTCC
550	chr7	AGTAGATATAGGGGGCTCAGATTCA	GTAATGAGGCTGTGACGAATGTTTC
551	chr7	ATAGAGTGCCAACCTCTTTGTATCA	AGGTCCGTAGTTGTAATTCCATGAA

表 A.1（续）

序号	染色体	正向引物(从 5′端到 3′端)	反向引物(从 5′端到 3′端)
552	chr7	GATATGCAGAGAACTTCGCAATGAG	ACTAGTTTTGTATGTGCAATCTGCT
553	chr7	ACCATGGGAAACGAGGTTATGATAT	TCCATTGGCTTTCTGACACTGTATA
554	chr7	CAATGGAAAAGCAACAGAGTTTTCG	CCTGGCGAATCTTTATTCTTCTTCC
555	chr8	ACATTTGTTTTTATATTTTGTCGATGGT	TCACATTTGAAAGAGAGAATAGAGGA
556	chr8	GAAGGGATGCACAAGAGAAAAGAAA	CTGGATGTTGTCAATGAACTTCTGT
557	chr8	GAGCGTTCCAAATTACAGGCATAAT	ATTCCTAAAGACGTGAAACAAACCC
558	chr8	TGTTAATATATAAGGGGTCATTAAACTGAT	TTTTCTTCTAGTTCCTTACCCCCTC
559	chr8	GTAAGAAGACCATAGAGAGGCCTTG	GATGTTTTGACTGCAGTATCAACCA
560	chr8	GTGATTTTTCCAAATGCATGCAAGA	AATGAATTAACTGGGGCTGTTACAG
561	chr8	CCAAATTTCTTTTGCACAAGACTGG	GCAAAATTCATCAAACCAACAGTCC
562	chr8	ATGATTGTACACAAACCGCTAACAG	GTAAATGTTTGGCTAGAACCTCTGG
563	chr8	AGCTTCCTAAAAATCCATCCATCCT	AAACATTTGCGAGAAATTGTTTGCA
564	chr8	ATATCACTCACTTTGCCTCTTTCCT	ATCACCCTTAAGATCACAAGACCAA
565	chr8	TGCAAAGGATTACTTCAATCAGTCT	TACTAGACTTTGGGAATCAAGGCAT
566	chr8	ATTTTGGCTGGATATGCTCAACAC	CAGCATTGCCTAAGTTTAATCCCAA
567	chr8	CCAAGTCACAAAATCCTACATGTGT	GCAGTAACAGCATCCACATTCATTA
568	chr8	CTGGAATCTGTTTGGATCTCAGGTA	ACTAGCACTGCAGTTATGTCCTTAA
569	chr8	GATGGCTCTGCAGTATTTAACAGAA	ACCTGTTAAAAATGACCTAAAGCAGA
570	chr8	TGTAAATTCATCCAGGTCCCTGAAT	ATGCAAAAAGACATTAGCACAGACA
571	chr8	TCTTCTTCAAGCTCTACACGATCAA	GATTCTCATCTACTGGGCTCACTAG
572	chr8	TAAAGGCTCCCAGTTGAAGTCTAAA	CATTGATTTCTCCCCAAAGAGTCAC
573	chr8	GCTTCTCATTTCATCTTTTGGGAGT	TGCTATCATATGGAAGTTACATCATCA
574	chr8	TGTGCATTTACCAAGGAAACAAAGG	CAGCTGCATTCTCTTTGTTTCTAGG
575	chr8	CATATACAACATCCATCGCAGTCAC	GTAAGGTCCTCCGAGATAACATTCA
576	chr8	CAACACCGGATTGATATCTCCAAAG	GTGGACTATCGTGGAAAGAACAAAG
577	chr8	GGTGTAATATGGTAGCTTTCGAACA	TGGGGTCCATAGGATAGCATAGTTA
578	chr8	TCTACCACCTTTGATCCATTCATGT	ACCCCTAAGGAACATGAAACACTTA
579	chr8	AGTGATAACAAACAATGCAGAAACT	GGATTTCAATGCGACAAAATTCAGG
580	chr8	AACTGGATATTCTGGCGGATCATTA	AGATCGATAAAGTTGCTTTGATGCC
581	chr8	GAAGACACTCCTTCCACTCTTACTT	GGCGAGTGTAATGTTGTTTTATGGA
582	chr8	GAATTGAGAGGCTATGACCTTGAGA	ACATTTCTTCCAAAATCTTTTCCACA
583	chr8	TGGTTCCTCGAATGCTTTTGAATTG	CATGCAGATTACAAGTTCTGGATCA
584	chr8	CAGGAAAGACACCAGGATTAAACAT	TGGGATTTGTTTGAACACCGTTTTA
585	chr8	TATAACACAATTTCAGCATCTCCGG	TTACCCTGAGTTTAGCCTACAGTTG
586	chr8	ACAAGCTGGTTAAAAGAAATGGTCA	TATTTGCAATCTTGTCACAAAGCCT
587	chr8	CGTTTGTGTTTTGTGAATTGAAGGG	CTTTTGGGGCTCTTCCTTTGTAAAA
588	chr8	TGATGGTCAGTCGCAATAATAATTAT	ACTTGAGAGCATTTTTGAAGTGGG
589	chr9	CAAATTGCCTCTCTACAGCCTTATG	GCTGAAGAGCTAAGACTCCATTAGA
590	chr9	CCCTGTAAAAATGCTTGAGTTCAGA	CTACCTACTGGGGTGAAAGATAACC
591	chr9	CAACCATCGTTTTCATCTACTTCCC	CTCGACGGATAACACTGTAAGAGAA
592	chr9	CTATGGCTGGCATCTTCCTTATTTG	TTGATTTTGTAGCCGAGAAAACTCA
593	chr9	TGCTTCCAGATGAAAATCAATCAGG	AAGAATGTTGCTTTCAGGTGGAAAT
594	chr9	TGCCCTTCATGGTATAAGCTATCTT	TCTCGAACAAAGTATGACCAGACTT
595	chr9	AACATCACTAGCTTTGTGTTCATGG	GGCACAAAATTGCAATCTTGTACCT
596	chr9	AGAGGGCAAGAGAGACTTTATTTCA	CCTGAGGCTAAGGACTTTGTAAAGA
597	chr9	TACATTGAACCAGAATGCTGTGAAC	TTTATAGAGTCTGGGGAATTGGACC
598	chr9	TCATGCTTCTGCTTTGCATTAATGA	ATCATCTTTGCAGAATCGTAATGCC
599	chr9	ACCTTGTTCCCAATTTCAGTTTCTG	GGGCCATCCAGGTAATTAAATGTTT
600	chr9	TCCTTGATTTTGGGCCAATCAATAG	AAGACTTGTTTCAAGATAAGCCTCA
601	chr9	TTGCTTCAACTTAAATGGAAGCAGT	TAAAGAGGGCACTTGTATATGCCAT
602	chr9	TTAACATGAAGGGTCAGTTAGGAGG	TTCTTGTAGGTGCACTTGTTTTCTC

表 A.1（续）

序号	染色体	正向引物(从 5′端到 3′端)	反向引物(从 5′端到 3′端)
603	chr9	GGGAGAGGAAAAAGCAAAACTCTTT	TTTTTACTAAACTCACGGGATTGCC
604	chr9	TGCCAGGATATCAGAAACACATACA	AAGATGCCATGGAAGATTCTATCGA
605	chr9	GCTGACTGGAACATTTTGAACCATA	GCATCTTTACCATCACCTTCCAAAT
606	chr9	AGGCATCGAACTGGTAACTAGTATC	GTCTTCTCACATTTCAGGGGAAAAG
607	chr9	GCCTCATTGAGACAAACTAATCCAC	TGCTTGGAGATATTGATAGGCTTGA
608	chr9	TGAGCCGGAATACATGTAGAGAAAA	CCGTTTTCTAGATTTTGTTCTGCCT
609	chr9	CATCCTTCATCTCAGTGAGTGTACA	CAGACTCCAATGCATAACCAAACAA
610	chr9	TTCTGGCCATCATCTGATTCAATTG	GATTTCAGGTTTGGGATGTCTTGAG
611	chr9	CTTTCAGATGAGCTTTGTACCAGTG	AAGGTTTTCTCTATCACTCAGCAGA
612	chr9	TTTCAGTTCTGATTCAACTTGCAGG	CTGGTCATTTCTTTTGAGACGAACA
613	chr9	TCTCAACTTCAGTGAATGGGAAGAT	GCTTGTAGAAATTGGTTCCTGAGAC
614	chr9	CCCTGTCTTTGCCTTACATCAAATT	TGCATACATACTAGCTGAGGGAGTA
615	chr9	TCAAGCCTCAAAATTCCACTTTTGT	CAAATCATCTCCACCTAAACGATGG
616	chr9	GTTTCTTTTTGTGTCCTTAGGGTCC	AAGACCAAGCTTGTCAGTTATCTCT
617	chr9	CCTTGTCACATCCAGAATCTCAAAC	CAAATACATCAACAACTGCAGAGGA
618	chr9	CCTCATCAGAAAACATGCATGTCTT	AGATTGTTCCGTGTATATGCTCACA
619	chr9	TGATGCCAGAGAGAGAAAAAGAGAA	CGTTAAGCTTCCATCGTTATTTCGA
620	chr9	GTGACCTAATGACTTGAAAGCTTGA	AGCACTGCAAGGTTCAAGAAAATAT
621	chr9	CTGTATTGTGACAGCAAATCAGGTT	ATCAACCACTTTAATTGCAGCAAGA
622	chr9	TCTGTTTACAAGAGTCAGAAGGTGT	TGTCATTACTGAAGCAGCATGTTTT
623	chr9	GCATACCTAAACCAAAAATGGTGCT	TCTGGTTTTATCAATAAGCAAGTGCA
624	chr9	TTCAAATTTCACATGAAAATCACCTT	GTCTTAGTCTTGTTTTCCTTCCTCA
625	chr9	GGAGTTCAGTGCTCTTTCTTTTTCA	GAAACTGACGCTGCTGAGAAAAATA
626	chr9	TTGAGGTCTTATGCACCTTAGACAA	CAACCATGCACATATTCTTGAACCT
627	chr9	CGAGAAATTCAAATACCTTTGTGCC	CCTCAAGTTTGTGAACACCTTTTCT
628	chr9	GGTCCAGTGTAAACGTAAGGTCTAT	AAGAGCATAACCTTGAAGAGCAGTA
629	Un_00001	CTCTAAGGTGGTCTTCATGTGTCAT	TTCCTTACCTTGATGGAGGATTACC
630	Un_00003	CCATTACGGACTTCAATAACAGACC	GGCAACTGTTTAAGGACTCAGTTTT
631	Un_00003	AGAGCTGTGTTAATAGTCCAGCTAG	GACTAACTATGACCATGCCAACAAA
632	Un_00004	TCTTCCTCAACATTGAAAAGACCAA	AGAGCATGTTTCTTCAGTAAGTCCT
633	Un_00004	AGGGCAAAGGATTATGCAAAGAAAA	GTCTCACTTCTTGAAATTGAAATGCA
634	Un_00011	TCGACATTCTTGTGCCTATATGTCT	TTGGAGTTCTGGGCATGTTTTTAAA
635	Un_00017	AGTGCAGGGAACTTTTGGATATTTG	CACCCTCTTTCAAAACTCGATCATC
636	Un_00026	TATAGGAATGGGTAGATGGTTGGGC	GTTATAGGATAATTTGGAACCACCGT
637	Un_00029	TCTCTTAACCAAGTCTTTCTGCAAA	TTTAATTTTTAGTTGATAGAGTCCTGTCT
638	Un_00032	TGGAATGTGACCAATTTCTGTTCAG	TTGCAGATAAATGTCTCCAGAGTGT
639	Un_00042	GCTTAACTGTCGGTCATAGAACATG	CATCAAGAAAACAACGCCAACAAAA
640	Un_00052	GAAATGAACCCCACACAACATGAAT	CAGGTCTGTTCTGTATTCTGACTGA
641	Un_00056	TCGTTTCACAATGATCCAAAGTTGT	CGGTTCTGAATCACTTAAGCTTTGT
642	Un_00088	AGGTAATCAGGCCATTCAAGATGAT	GATAGCGTCTCTCCCTCTAATTGTT
643	Un_00099	AAATCTGACTACAGTTTGCAGCTTC	TGAACTATGAATTTCTCCTTTCAATGGT
644	Un_00100	GCAACCCGGTAAACTGATGTTTATT	TCAGTGGTTTGTGTCAAGAAAACAA
645	Un_00143	AGATCAGGAATTTGAGACAGAAATGT	CTCTTTTAACTTGTGGAGTGGCTG
646	Un_00146	GCTAAGCACTGAGAGCAAAGTTTAA	GATCCAAATGACAATGCAGCATTTC
647	Un_00147	GGTTTTGTTTGGATGTAGCAATTGG	CTTTGAACATGATCAGACTCCACAG
648	Un_00178	AGATTGATAATGTTTGGGCAATGCT	TCCTCATTCAGCCTATTATAGAACACA
649	Un_00179	GTACTGCAGATGTAGTGTTTGATGG	ATATCGTTAGCAAGCAGGACTAGAG
650	Un_00182	CACTGATATGAAGACATCCCAGGAT	TATTTGTTTGCCATGTCAATCTCCG
651	Un_00212	AGGTCCTTATTTCTAAACCCTCAGG	AAAAAGATCTGCTTTGCTCAGGTTA
652	Un_00226	AAGATTCAGCACACAATGGGTTAAG	TTGGACACTGATGTTGTTATGCTTG
653	Un_00264	GGCAGAGTACATGAGTATTTCTGGA	AATCAGGTCCTAACATCCCATTTCT

表 A.1（续）

序号	染色体	正向引物(从 5′端到 3′端)	反向引物(从 5′端到 3′端)
654	Un_00267	GCTTCCTTGTCTAAGCACTCTACA	TCAAAGAAGGTATGGTGAGATCCTT

ICS 67.080.20
CCS B 31

NY

中华人民共和国农业行业标准

NY/T 4237—2022

菠萝等级规格

Grades and specifications of pineapples

2022-11-11 发布

2023-03-01 实施

中华人民共和国农业农村部 发布

前　言

本文件按照 GB/T 1.1—2020《标准化工作导则　第 1 部分:标准化文件的结构和起草规则》的规定起草。

请注意本文件的某些内容可能涉及专利。本文件的发布结构不承担识别专利的责任。

本文件由农业农村部农垦局提出。

本文件由农业农村部热带作物及制品标准化技术委员会归口。

本文件起草单位:中国热带农业科学院农产品加工研究所、中国热带农业科学院南亚热带作物研究所、海南大学。

本文件主要起草人:刘元靖、叶剑芝、潘晓威、梁黄冰、杨春亮、孙伟生、李积华、郑龙、章程辉、杨健荣、周伟、林丽静。

菠萝等级规格

1 范围

本文件规定了菠萝等级规格质量要求、抽样、检验方法、判定规则、包装及储运规定。

本文件适用于鲜食菠萝。

2 规范性引用文件

下列文件中的内容通过文中的规范性引用而构成本文件必不可少的条款。其中，注日期的引用文件，仅该日期对应的版本适用于本文件；不注日期的引用文件，其最新版本（包括所有的修改单）适用于本文件。

GB/T 191 包装储运图示标志

GB/T 5737 食品塑料周转箱

GB/T 6543 运输包装用单瓦楞纸箱和双瓦楞纸箱

GH/T 1154 鲜菠萝

3 术语和定义

本文件没有需要界定的术语和定义。

4 质量要求

4.1 基本要求

菠萝应符合下列基本要求：

a) 同一品种或相似品种；

b) 果实发育完整，具有适于市场或储运要求的成熟度；

c) 果实新鲜完好，具有该品种成熟时所固有的色泽和风味；

d) 洁净，无可见异物，无明显的病虫害损伤；

e) 表面无异常水分，冷藏后取出形成的凝结水除外；

f) 包括冠芽在内的外观新鲜，当有冠芽时应无死叶或干叶；

g) 带果柄时，切口横向，平直并干净。

4.2 等级划分

在符合基本要求的前提下，菠萝分为优等品、一等品和二等品。各等级应符合表1的规定。

表1 菠萝等级

等级	项目要求	
	果面	冠芽
优等品	允许有不影响产品外观、质量和储藏的缺陷，但面积不应超过果面总面积的1%	带冠芽时，单冠芽，长度不低于10 cm，但不超过果长的1.5倍，冠芽与果实接合良好
一等品	在不影响产品外观、质量和储藏前提下，允许轻微缺陷，但面积不应超过果面总面积的3%	带冠芽时，单冠芽，长度不低于10 cm，但不超过果长的2倍，冠芽与果实接合良好
二等品	允许在不影响产品外观、质量和储藏前提下，允许轻度缺陷，但面积不应超过果面总面积的5%	带冠芽时，单冠芽或个别双芽，允许轻微弯曲，冠芽与果实接合良好

4.3 规格划分

以单果质量为指标，新鲜菠萝果实分大（L）、中（M）、小（S）3种规格。各规格的划分应符合表2的规定。

表 2　菠萝规格

单果重(单位为千克)

品种类别	规格					
	大(L)		中(M)		小(S)	
	无冠芽	带冠芽	无冠芽	带冠芽	无冠芽	带冠芽
大果型品种	>2.0	>2.5	1.3～2.0	1.8～2.5	<1.3	<1.8
中果型品种	>1.2	>1.5	0.6～1.2	0.8～1.5	<0.6	<0.8
小果型品种	>0.8	>1.0	0.4～0.8	0.6～1.0	<0.4	<0.6

注 1:大果型品种包括无刺卡因、澳大利亚卡因、无眼菠萝、珍珠菠萝、台农 22 号(西瓜凤梨)等。

注 2:中果型品种包括巴厘菠萝、台农 4 号(手撕凤梨)、台农 16 号(甜蜜蜜凤梨)、台农 17 号(金钻凤梨)、台农 20 号(牛奶凤梨)、菲律宾菠萝、金菠萝等。

注 3:小果型品种包括台农 11 号(香水凤梨)、神湾菠萝、泰国小菠萝、Puket、Josapine、Perola 等。

注 4:上表未能列入的其他品种可以根据品种特性参照近似品种的有关指标。

4.4　等级和规格的容许度

4.4.1　等级容许度

按个数计,在任一批产品中,各等级要允许有下列的情况:

a)　优等品允许有 5%的产品不符合该等级的要求,但应符合一等品要求;

b)　一等品允许有 8%的产品不符合该等级的要求,但应符合二等品要求;

c)　二等品允许有 10%的产品不符合该等级的要求,但应符合基本要求。

4.4.2　规格容许度

按个数计,所有级别允许有 10%的产品不符合该规格的要求。

5　抽样

5.1　抽样批次

同品种、同等级、同一批收购、储运、销售的鲜菠萝作为一个抽样批次。

5.2　抽样方法

按 GH/T 1154 的规定执行。

6　检验方法

6.1　外观检验

果形、果面和病虫害等用目测检验。

6.2　单果重

按照 5.2 的要求抽样,取样称重,取平均值,精确至 0.1 kg。

6.3　果实与冠芽长度

按照 5.2 的要求取样,用直尺直接测量,取平均值,精确至 0.1 cm。

6.4　容许度计算

检验时,将不符合规定的果实检出,按公式(1)计算容许度。

$$W = \frac{X_1}{X_2} \quad \cdots\cdots (1)$$

式中:

W ——容许度的数值,单位为百分号(%);

X_1——不符合该质量等级要求果数;

X_2——总果数。

7　判定规则

7.1　等级判定

在符合基本要求的前提下，整批产品不超过某等级规定的容许度，则判为某等级产品。若超过，按低一级规定的容许度检验，直到判出等级为止。若产品不符合等级，则判为等外产品。

7.2 规格判定

整批产品不超过某规格规定的容许度，则判为某规格产品。若超过，则按低一级规定的容许度检验，直到判出规格为止。

8 包装

8.1 一致性

同一包装内菠萝应为同一产地、同一品种，等级、规格应一致，优等品在色泽和成熟度上应一致。包装内的产品可视部分应具有整个包装产品的代表性。同一包装内菠萝质量一致性应符合表 3 的要求。

表 3　同一包装中允许的果重差异

单果重差异(单位为千克)

品种类别	规格		
	大(L)	中(M)	小(S)
大果型品种	≤0.3	≤0.3	≤0.2
中果型品种	≤0.2	≤0.2	≤0.2
小果型品种	≤0.2	≤0.2	≤0.1

注 1:大果型品种包括无刺卡因、澳大利亚卡因、无眼菠萝、珍珠菠萝、台农 22 号(西瓜凤梨)等。

注 2:中果型品种包括巴厘菠萝、台农 4 号(手撕凤梨)、台农 16 号(甜蜜蜜凤梨)、台农 17 号(金钻凤梨)、台农 20 号(牛奶凤梨)、菲律宾菠萝、金菠萝等。

注 3:小果型品种包括台农 11 号(香水凤梨)、神湾菠萝、泰国小菠萝、Puket、Josapine、Perola 等。

注 4:上表未能列入的其他品种可以根据品种特性参照近似品种的有关指标。

8.2 包装方式

果实应采用平放或竖直摆放。包装容器(箱、筐等)应符合食品包装卫生要求。大小一致、清洁干燥、牢固、透气、无污染、无异味。塑料箱应符合 GB/T 5737 的规定，纸箱应符合 GB/T 6543 的规定。

8.3 限度范围

每批受检样品，等级或规格的允许误差按所检单位的平均值计算，其值不应超过规定的限度，且任何所检单位的允许误差不应超过规定值的 2 倍。

8.4 标识

包装上应有产品名称、种类(商品名)、等级、规格、产品执行标准编号、生产者、供应商、详细地址、净含量和生产日期等标识。若需冷藏保存，应注明其保存方式。标注内容要求字迹清晰、完整、准确，且不易褪色。包装、储运、图示应符合 GB/T 191 的规定。

8.5 储运

菠萝储藏和运输条件应根据菠萝的品种、运输方式和运输距离等进行确定，以确保菠萝品质。

ICS 65.020.20
CCS B 30

NY

中华人民共和国农业行业标准

NY/T 4238—2022

菠萝良好农业规范

Good agricultural practice for pineapple

2022-11-11 发布

2023-03-01 实施

中华人民共和国农业农村部 发布

前　言

本文件按照 GB/T 1.1—2020《标准化工作导则　第 1 部分:标准化文件的结构和起草规则》的规定起草。

请注意本文件的某些内容可能涉及专利。本文件的发布机构不承担识别专利的责任。

本文件由农业农村部农垦局提出。

本文件由农业农村部热带作物及制品标准化技术委员会归口。

本文件起草单位:中国热带农业科学院分析测试中心。

本文件主要起草人:陈显柳、庞朝海、韩丙军、张利强、陈博钰、吕岱竹。

菠萝良好农业规范

1 范围

本文件规定了菠萝[*Ananas comosus*（L.）Merr.]生产的组织管理、质量安全管理、种植技术、采收、废弃物及污染物处理等技术要求。

本文件适用于菠萝的生产管理。

2 规范性引用文件

下列文件中的内容通过文中的规范性引用而构成本文件必不可少的条款。其中，注日期的引用文件，仅该日期对应的版本适用于本文件；不注日期的引用文件，其最新版本（包括所有的修改单）适用于本文件。

GB/T 191　包装储运图示标志

GB 2762　食品安全国家标准　食品中污染物限量

GB 2763　食品安全国家标准　食品中农药最大残留限量

GB 3095　环境空气质量标准

GB 5084　农田灌溉水质标准

GB/T 8321（所有部分）　农药合理使用准则

GB 15618　土壤环境质量　农用地土壤污染风险管控标准（试行）

GB/T 20014.2　良好农业规范　第2部分：农场基础控制点与符合性规范

GB/T 20014.3　良好农业规范　第3部分：作物基础控制点与符合性规范

GB/T 20014.5　良好农业规范　第5部分：水果和蔬菜控制点与符合性规范

NY/T 450　菠萝

NY/T 451　菠萝　种苗

NY/T 496　肥料合理使用准则　通则

NY/T 1105　肥料合理使用准则　氮肥

NY/T 1276　农药安全使用规范　总则

NY/T 1442　菠萝栽培技术规程

NY/T 1477　菠萝病虫害防治技术规范

NY/T 1535　肥料合理使用准则　微生物肥料

NY/T 1778　新鲜水果包装标识　通则

NY/T 1868　肥料合理使用准则　有机肥料

NY/T 1869　肥料合理使用准则　钾肥

NY/T 2001　菠萝贮藏技术规范

NY/T 2253　菠萝组培苗生产技术规程

NY/T 3520　菠萝种苗繁育技术规程

3 术语与定义

本文件没有需要界定的术语和定义。

4 组织管理

4.1 组织机构与形式

4.1.1　生产经营者应建立与生产规模相适应的组织机构，明确各部门岗位的职责，确保生产、储藏、销售等环节的质量管理。

4.1.2 有统一或相对统一的组织形式，管理、协调菠萝良好操作规范的实施。可采用但不限于以下几种组织形式：

a) 公司化组织管理；
b) 公司加基地加农户；
c) 种植合作社；
d) 家庭农场；
e) 种植大户牵头的生产基地。

4.2 人员管理

4.2.1 负责制定技术操作规程、技术指导、培训等工作的人员需具有相应专业知识，必要时可外聘技术人员进行工作指导。

4.2.2 负责生产过程质量管理与控制的人员需具有菠萝生产相关知识。

4.2.3 负责品种选择、土肥水管理、病虫害防治、农业投入品使用管理、产品储运保鲜、大型农机操作等工作的人员，需进行岗位培训，合格后方可上岗。

4.2.4 建立和保存所有人员的受教育培训经历、专业资格技能证书等档案记录。

4.3 应急与健康

4.3.1 应制定书面的卫生规程、事故和紧急情况的处理规程，并张贴于明显位置。

4.3.2 在危险处设立永久性警示牌，标明潜在的危险。在固定场所和工作区应配有急救箱；生产时，至少有一个接受过急救培训、具备应急处置能力的人员在场。

4.3.3 包括农业生产经营者和管理者在内的所有员工每年都应参加卫生规程培训。

4.3.4 为从事特殊工作的人员(如使用农药等)提供完备、完好的防护用品(如胶靴、防水服、橡胶手套、面罩等)。

4.3.5 有专人负责员工的健康、安全和福利，对接触农药制品的人员应进行年度身体检查。每年至少举行两次生产基地管理者与员工之间的双向交流会，就经营、员工健康、安全和福利等有关问题进行公开讨论。

5 质量安全管理

5.1 质量安全管理制度

实施的生产基地应建立质量安全管理体系和可追溯体系，其内容应符合 GB/T 20014.2、GB/T 20014.3、GB/T 20014.5 的规定，并在相应的功能区明示。

5.2 质量管理体系

5.2.1 制定包含生产过程各环节的质量管理体系文件，包括质量手册和操作规程。

5.2.2 质量管理文件内容应包括：

a) 组织机构图、部门、岗位人员和风险评估实施程序；
b) 生产销售全过程的管理实施计划；
c) 内部审核(检查)程序、纠偏措施；
d) 风险评估实施程序；
e) 员工培训和健康安全规定；
f) 农业投入品及设施设备管理办法；
g) 产品的溯源管理办法；
h) 记录和档案管理制度；
i) 客户投诉处理和产品召回制度。

5.2.3 操作规程应简明易操作并附有记录表，便于员工使用，其内容应至少包括：

a) 种植菠萝过程关键技术的操作方法，如病虫害防治、肥水管理、套袋、催花、采收、储运等；

b) 人员卫生健康及环境相关的操作方法，如生产基地卫生、废弃污染物处理、紧急事件处理、野生动物保护等。

5.3 内部检查

5.3.1 每年应对照本文件至少进行1次内部检查，并保存相关记录。

5.3.2 内部检查应覆盖生产场所、生产过程和产品，并记录检查内容和检查结果。

5.3.3 内部检查发现的不符合项应采取有效的整改措施，并记录。

5.3.4 内部检查应由内部检查员实施。

5.4 可追溯系统

5.4.1 生产批号

根据种植基地、产品类型、地块、采收时间、加工批次等信息编制唯一的生产批号。应有文件规定生产批号的编制、使用和记录。

5.4.2 生产记录

5.4.2.1 生产记录应涵盖生产的全过程，并如实反映生产真实情况。主要记录格式见附录A。

5.4.2.2 生产基地基本情况记录包括：

a) 地块分布图(分布图应清楚地标示出生产基地内各地块的大小、位置和编号)；

b) 地块的基本情况(应记录土地以前使用情况、地块环境及周边环境变化情况)；

c) 灌溉水基本情况(应记录灌溉水的来源及变化情况)。

5.4.2.3 生产过程记录包括：

a) 农事管理记录(每个地块均应有农事管理记录，主要包括种植、土壤管理、肥水管理、投入品使用、套袋、采收、储存等记录)；

b) 农业投入品管理记录(包括投入品的商品信息、出入库及废弃物处理记录)；

c) 产品销售记录(主要包括生产批号、销售日期、购买方及物流信息)。

5.4.2.4 其他记录包括：

a) 环境、投入品和产品质量检验记录；

b) 农药和化肥使用的技术指导与监督记录；

c) 设施、设备和农机具的定期维护记录。

5.4.2.5 应保存本文件中要求的所有文件记录，保存期不少于2年。

5.5 投诉处理

5.5.1 应制定产品服务投诉处理程序和产品质量问题的应急处置预案。

5.5.2 对有效投诉和产品质量安全问题应采取相应的纠正措施，并予记录。

5.5.3 发现产品有质量问题时，应及时通知相关方(官方、客户、消费者)并召回产品。

6 种植技术

6.1 种植基地选择

6.1.1 种植基地应具备菠萝种植所必须的条件，其灌溉水质应符合GB 5084的规定；土壤应符合GB 15618的规定；大气环境应符合GB 3095的规定，并参照附录B进行风险评估。

6.1.2 种植基地应远离污染源，如工矿企业、矿业用地、垃圾填埋场等。

6.2 种苗管理

6.2.1 品种选择

应根据当地自然条件、栽培技术和市场需求选择适宜的品种，宜选用抗病虫、抗逆、适应性广、优质丰产、商品性好的品种。

6.2.2 苗木繁育

菠萝种苗按照 NY/T 3520 的规定进行繁育。菠萝组培苗按照 NY/T 2253 的规定进行生产。

6.2.3 **苗木质量**

菠萝的苗木质量应符合 NY/T 451 或购买合同的规定，具有检疫合格证、质量合格证或相关的有效证明。

6.3 农业投入品管理

6.3.1 **采购**

6.3.1.1 应选择具备经营资质的农业投入品供应商，并对其合法性、质量保证能力等进行评价。采购的肥料、农药、其他化学药剂等农业投入品应有登记、生产许可和产品合格证明，建立登记台账，并保存相关票据、质保单、合同等文件资料。

6.3.1.2 严禁采购国家明令禁止在菠萝上使用的农药。

6.3.2 **储存**

6.3.2.1 农业投入品仓库不得设在生活区，应清洁、干燥、安全、独立，有相应的危险警告标识，并配备通风、防潮、防火、防爆、防虫、防鼠、防鸟、防渗等设施。

6.3.2.2 仓库内不同种类的农业投入品应分区域存放、清晰标识。

6.3.2.3 农业投入品应有专人管理，并有出入库领用记录。

6.4 栽培管理

6.4.1 **土壤管理**

6.4.1.1 应对新种植菠萝地块的土壤进行农药残留、重金属和有害元素调查，并根据结果参照附录 B 进行风险评估。

6.4.1.2 宜将采后剩余的菠萝茎叶等菠萝废弃物直接粉碎还田，增加土壤肥力。

6.4.1.3 采用干草、稻草、蔗渣或者农用地膜覆盖，防止水土流失。

6.4.2 **种植**

按照 NY/T 1442 的规定执行。

6.5 肥料

6.5.1 **施肥原则**

6.5.1.1 除按照 NY/T 496、NY/T 1105、NY/T 1535、NY/T 1868、NY/T 1869 等标准的规定进行合理施肥外。前期勤施薄施，中期重施，后期补施，前期多施氮、磷肥，后期重施钾肥。

6.5.1.2 根际施肥宜用水施、沟施和穴施；根外追肥采用叶面喷施。

6.5.1.3 所使用的商品肥料应具备生产许可证、肥料登记证、执行标准号。

6.5.1.4 堆肥、沤肥、厩肥、粪肥、沼气肥等应经发酵，充分腐熟后方能施用。

6.5.1.5 每 2 年至少采用一次测土配方技术施肥，提倡多施有机肥，科学使用化肥。

6.5.1.6 施肥机械应状态良好，且每年至少校验一次。施肥完毕，施肥器械、运输工具、包装用品等应清洗干净。

6.5.2 **施肥管理**

施肥方法与施肥量等按照 NY/T 1442 的规定执行。

6.6 水分管理

6.6.1 建立完善的沟渠系统，根据菠萝需水规律、土壤墒情和降水量，适时灌水。雨后应及时排水，防止旱害和涝害。

6.6.2 除定植后遇到旱情需及时灌溉外，在苗期、花蕾抽生期、果实发育期和吸芽抽生期如连续 15 d 不下雨时，也应及时灌溉。

6.6.3 灌溉水水质应符合 GB 5084 的规定，并根据结果参照附录 B 进行风险评估。

6.6.4 灌溉方法首选喷灌或滴灌。

6.7 花果管理

按照 NY/T 1442 的规定进行催花、除芽和壮果。通过果实套袋防晒、防冻提高果实的品质。

6.8 有害生物防治

6.8.1 防治原则

贯彻“预防为主、综合防治”的植保方针。优先选用农业防治、物理防治、生物防治等防治技术。加强病虫害的预测预报工作，按照病虫害发生规律、发生程度和经济阈值，做到对症下药，适时开展化学防治。

6.8.2 农业防治

6.8.2.1 种苗及其他繁殖材料应经过检疫，严禁使用携带有检疫对象的种苗。

6.8.2.2 选用抗病虫害或耐病虫害的优良品种。

6.8.2.3 加强田间管理，提高植株抗病能力，消灭病虫害和破坏其繁衍的环境。及时清除枯叶、病虫叶、病株病芽。枯叶可留回填，其他清除对象应集中销毁。

6.8.2.4 采用轮作制度，创造良好的生态环境。

6.8.3 物理防治

6.8.3.1 果实套袋阻断病虫到果实的传播途径，防止或减轻果实病虫危害。

6.8.3.2 利用害虫趋光性和趋化性，采用杀虫灯、色板、糖醋液等诱杀害虫。

6.8.3.3 人工捕捉老鼠、东风螺等害虫。

6.8.4 生物防治

6.8.4.1 结合防风林的建设，栽植多层次防护林，营造有利于害虫天敌繁衍的生态环境，充分发挥天敌自控能力。

6.8.4.2 繁殖、释放和人工引移或助迁害虫的天敌并加强对其的保护。

6.8.4.3 使用微生物源农药和植物源农药。

6.8.5 化学防治

6.8.5.1 按照 GB/T 8321 和 NY/T 1477 的规定合理选用农药，应选用已登记在菠萝上的农药，不使用国家明令禁止使用的农药。

6.8.5.2 按照农药标签规定的时期、浓度、施药次数和安全间隔期用药。合理混用、轮换交替使用不同作用机理或不易产生抗药性的药剂，防止和推迟病虫抗药性的产生和发展。

6.8.5.3 应有农药配制专用区域，并有相应的配药设施。使用农药人员的安全防护、安全操作和用药档案记录按照 NY/T 1276 的规定执行。

7 采收

7.1 卫生要求

7.1.1 采收上市前，产品应进行农产品质量安全检验检测，检测结果指标符合 GB 2762 和 GB 2763 的规定，方可上市。

7.1.2 应配备采收专用容器，以免对果实造成伤害。重复使用的采收工具应定期进行清洗、维护。

7.1.3 分级设备和包装容器应清洁、干净、安全。果实采收、分级、包装人员应穿工作服、戴胶手套，防止污染果实。

7.1.4 工作区域内应有卫生状况良好的洗手池、卫生间等设施。卫生间应与采收、分级、包装、储藏等场所保持足够距离。

7.2 果实采收

按照 NY/T 1442 的规定执行。采收时应确保所用农药已过安全间隔期。

7.3 产品质量

7.3.1 产品等级规格应符合 NY/T 450 或销售合同的规定。

7.3.2 每造果应根据 NY/T 450 至少开展一次全项检测，检测结果应符合标准要求。

7.4 包装与标识

7.4.1 包装

应按 NY/T 450 和 NY/T 1778 的规定执行。

7.4.2 标识

应符合 NY/T 1778 的规定。包装品或无包装产品宜附有食用农产品合格证；产品随货单应标明产品名称、品种、等级规格、执行标准、生产者、产地、果实数量、采收日期、产品执行标准号及认证标志等信息。标注的内容应字迹清晰、准确且不易褪色。所用图示标志应符合 GB/T 191 的规定。

7.5 储藏运输

7.5.1 储存库库房应清洁、干燥、无污染，不得与农业投入品等有毒有害物质混合储藏。

7.5.2 库房消毒、产品储藏前处理、储藏管理、储藏期限及出库指标等应符合 NY/T 2001 的规定。

7.5.3 运输工具应清洁、干燥、无毒、无污染、无异物，能抗震、通风、防晒和防雨。不得与有毒、有害物质混运，运输过程应平稳，装卸轻搬轻放。

8 废弃物及污染物处理

8.1 设立废弃物及污染物存放区，并建立处置的管理档案记录。

8.2 对生产过程中可能产生的废弃物及污染物准确识别、分类管理、安全存放、及时处置。

8.3 对剩余、变质和过期的投入品做好标记，并分别进行回收、隔离、禁用处理。

8.4 应委托专业机构对废弃物及污染物进行处理。

附 录 A
（资料性）
菠萝生产良好农业规范主要记录表

A.1 土壤质量记录表

见表 A.1。

表 A.1 土壤质量记录表

检测机构名称		检测日期	
生产基地名称		地块编号	
土壤类型		pH	
检验结果	详见所附检验报告	与 GB 15618 的符合情况	
检验结论			
污染发生情况说明			

记录人：　　　　年　　月　　日　　　　　　　　审核人：　　　　年　　月　　日

A.2 灌溉水质记录表

见表 A.2。

表 A.2 灌溉水质记录表

检测机构名称		检测日期	
生产基地名称		地块编号	
水来源		pH	
检验结果	详见所附检验报告	与 GB 5084 的符合情况	
检验结论			
污染发生情况说明			

记录人：　　　　年　　月　　日　　　　　　　　审核人：　　　　年　　月　　日

A.3 苗木质量记录表

见表 A.3。

表 A.3 苗木质量记录表

检测单位		检测日期	
苗木来源	自繁（ ）　外购（ ）	苗木类型	
苗木数量		检验文件	
检验结果	详见所附检验报告	检验结论	
注：检验文件指检验所依据的购销合同或苗木产品文件。			

记录人：　　　　年　　月　　日　　　　　　　　审核人：　　　　年　　月　　日

A.4 投入品购入和领用记录表

见表 A.4。

表 A.4 投入品购入和领用记录表

农场名称					保管人				
地块面积，亩					记录人				
序号	投入品名称	农药/肥料登记证	生产厂家	供应商	购入日期	购入数量	领用日期	领用人	库存
备注									

记录人： 年 月 日 审核人： 年 月 日

A.5 果园作业记录表

见表 A.5。

表 A.5 果园作业记录表

生产基地名称			
地块面积，亩		地块编号	
主栽品种		种植时间	
日期	天气	果园作业内容	作业人员签名
备注			

记录人： 年 月 日 审核人： 年 月 日

A.6 肥料施用记录表

见表 A.6。

表 A.6 肥料施用记录表

生产基地名称						
地块面积，亩			地块编号			
日期	天气	肥料名称	成分含量	施用量，kg	施用方法	施用人
备注						

记录人： 年 月 日 审核人： 年 月 日

A.7 农药使用记录表

见表 A.7。

表 A.7 农药使用记录表

生产基地名称					地块编号			
地块面积，亩					技术指导员			
日期	防治对象	农药名称	生产厂家	成分含量	稀释倍数	使用方法	安全间隔期	使用人
备注								

记录人： 年 月 日 审核人： 年 月 日

A.8 废弃农业投入品及其包装处理记录表

见表 A.8。

表 A.8 废弃农业投入品及其包装处理记录表

生产基地名称			操作人		
处理对象	处理日期	处理方式	处理地点	处理数量	操作人
注：处理对象分过期农药、剩余药液、药罐清洗液、农药包装、肥料包装 5 类。					

记录人：　　　年　　月　　日　　　　　　审核人：　　　年　　月　　日

A.9 采收和分级包装记录表

见表 A.9。

表 A.9 采收和分级包装记录表

采收日期	地块编号	品种	采收重量，kg	等级	规格	生产批号	备注

记录人：　　　年　　月　　日　　　　　　审核人：　　　年　　月　　日

A.10 储藏记录表

见表 A.10。

表 A.10 储藏记录表

储藏地点					
保管员		生产批号		品种名称	
储藏温度					
储藏库编号	进库		出库		
	日期	数量	日期	数量	目的地

记录人：　　　年　　月　　日　　　　　　审核人：　　　年　　月　　日

A.11 销售记录表

见表 A.11。

表 A.11 销售记录表

销售人	销售日期	品种	生产批号	产品等级规格	数量，kg	购买人	联系方式

记录人：　　　年　　月　　日　　　　　　审核人：　　　年　　月　　日

A.12 设施、设备和农机具维护记录表

见表 A.12。

表 A.12　设施、设备和农机具维护记录表

维护时间	维护对象	维护内容 （检定、校准、维修、保养、其他）	操作人

记录人：　　　　　　年　　　月　　　日　　　　　　　　审核人：　　　　　　年　　　月　　　日

附 录 B
(资料性)
种植基地土地及灌溉水的风险评估指南

B.1 土地的评估

B.1.1 合法性评估

应首先确认使用该土地完全符合国家法律的规定。

B.1.2 土地以前的使用情况评估

对种植基地土地以前的使用情况进行评估主要包括以下4个方面：

a) 以前种植的农作物。应考虑其投入品对所种植作物的影响。例如，除草剂频繁使用对计划种植作物的长期影响。

b) 工业和军事用途。应考虑工业产品的污染。例如，汽油的污染等。

c) 垃圾填埋或矿业用地。应考虑微生物、重金属等污染及可能发生的土地沉陷造成的危害。

d) 自然植被。应考虑潜在病虫害和杂草的危害。

B.1.3 土壤类型评估

应该对计划种植农作物的基地进行构造和斜度、水土流失、排水方式等进行评估。

B.1.4 土壤重金属及农药残留评估

土壤重金属、农药残留风险评估按GB 15618的规定执行。

B.2 灌溉水的评估

B.2.1 水质评估

农田灌溉水的质量应符合GB 5084的要求。

B.2.2 有效性评估

应有水源全年的供给充足性分析，至少对拟定的生长季节进行评估分析。

B.2.3 对环境影响的评估

应对水源的合法使用可能会对依靠此水源生存的动植物造成的不利影响进行评估。

ICS 67.080.10
CCS B 31

NY

中华人民共和国农业行业标准

NY/T 4239—2022

香蕉良好农业规范

Good agricultural practice for banana

2022-11-11 发布　　2023-03-01 实施

中华人民共和国农业农村部　发布

前　言

本文件按照GB/T 1.1—2020《标准化工作导则　第1部分：标准化文件的结构和起草规则》的规定起草。

请注意本文件的某些内容可能涉及专利。本文件的发布机构不承担识别专利的责任。

本文件由农业农村部农垦局提出。

本文件由农业农村部热带作物及制品标准化技术委员会归口。

本文件起草单位：中国热带农业科学院分析测试中心。

本文件主要起草人：吕岱竹、宋佳、王明月、戎瑜、马晨、张群、陈显柳。

香蕉良好农业规范

1 范围

本文件规定了香蕉生产的组织管理、质量安全管理、种植技术、采后技术规范、废弃物管理等的基本要求。

本文件适用于香蕉农业生产管理。

2 规范性引用文件

下列文件中的内容通过文中的规范性引用而构成本文件必不可少的条款。其中，注日期的引用文件，仅该日期对应的版本适用于本文件；不注日期的引用文件，其最新版本（包括所有的修改单）适用于本文件。

GB/T 191　包装储运图示标志
GB 2762　食品安全国家标准　食品中污染物限量
GB 2763　食品安全国家标准　食品中农药最大残留限量
GB 5084　农田灌溉水质标准
GB 5749　生活饮用水卫生标准
GB/T 8321（所有部分）　农药合理使用准则
GB 15618　土壤环境质量　农用地土壤污染风险管控标准（试行）
GB/T 20014.2　良好农业规范　第2部分：农场基础控制点与符合性规范
GB/T 20014.3　良好农业规范　第3部分：作物基础控制点与符合性规范
GB/T 20014.5　良好农业规范　第5部分：水果和蔬菜控制点与符合性规范
GB/T 25413　农田地膜残留量限值及测定
GB/T 33129　新鲜水果、蔬菜包装和冷链运输通用操作规程
NY/T 357　香蕉　组培苗
NY/T 395　农田土壤环境质量监测技术规范
NY/T 396　农用水源环境质量监测技术规范
NY/T 496　肥料合理使用准则　通则
NY/T 517　青香蕉
NY/T 1105　肥料合理使用准则　氮肥
NY/T 1276　农药安全使用规范　总则
NY/T 1395　香蕉包装、贮存与运输技术规程
NY/T 1535　肥料合理使用准则　微生物肥料
NY/T 1778　新鲜水果包装标识　通则
NY/T 1868　肥料合理使用准则　有机肥料
NY/T 1869　肥料合理使用准则　钾肥
NY/T 2120　香蕉无病毒种苗生产技术规范
NY/T 3200　香蕉种苗繁育技术规程
NY/T 5022　无公害食品　香蕉生产技术规程

3 术语和定义

本文件没有需要界定的术语和定义。

4 组织管理

4.1 组织机构与形式

4.1.1 实施单位应建立与生产规模相适应的组织机构，明确生产、加工、质量管理、检验和销售等部门和人员的岗位职责。

4.1.2 宜有统一或相对统一的组织形式（如公司化组织管理、公司＋基地＋农户或种蕉大户、专业合作社、家庭农场等），管理和协调香蕉良好操作规范的实施。

4.2 人员管理

4.2.1 有具备相应专业知识的技术员，负责技术操作规程制定、技术指导、技术培训等工作，必要时可外聘技术人员进行工作指导。

4.2.2 有熟知香蕉生产相关知识的质量安全管理人员，负责生产过程质量管理与控制。

4.2.3 从事投入品使用管理、品种种苗、土肥水管理、病虫害防治、产品储运保鲜、农机操作等关键岗位的人员需定期进行专门培训，培训合格后方可上岗。

4.2.4 建立和保存所有人员的教育、培训、专业资格、专业技能证书等档案记录。

4.3 应急与健康

4.3.1 应制定紧急事故处置规程、卫生操作规程和设施设备安全使用规程，并张贴于明显处。

4.3.2 每个生产区域至少配备1名受过应急培训并具备应急处置能力的人员。

4.3.3 应为从事特殊工作（如使用农药等）的人员提供完备、完好的防护用品（如胶靴、防护服、橡胶手套、面罩等），定期清洗，避免污染。

4.3.4 应有专人负责员工健康、安全和福利的监督和管理。所有员工每年都应参加卫生规程培训及关于健康、安全和福利的会议，接触农药制品的人员应进行定期体检。

5 质量安全管理

5.1 质量安全管理制度

应建立符合GB/T 20014.2、GB/T 20014.3、GB/T 20014.5要求的质量安全管理制度，并在相应的功能区明示。

5.2 质量管理体系

5.2.1 制定包含生产全过程要素的质量管理体系文件，包括质量手册、程序文件和作业指导书。

5.2.2 质量手册和程序文件应包括但不限于：

a) 组织机构图、部门、岗位人员和风险评估实施程序；

b) 相关部门、岗位、人员的职责和权限；

c) 质量管理措施、内部审核（检查）程序、纠偏措施；

d) 从生产到销售全过程的管理实施计划；

e) 风险评估实施程序；

f) 员工培训和健康安全规定；

g) 投入品及设施（含供应商）管理办法；

h) 产品的追溯管理办法；

i) 记录和档案管理制度；

j) 客户投诉处理和产品质量改进制度。

5.2.3 作业指导书应简明扼要，包括但不限于：

a) 从种植到采收、初加工、包装、储运的生产操作步骤；

b) 生产关键技术的操作方法，如施肥、立桩（绑绳）、抹花、断蕾（标记）、套袋、病虫草害防治、采收、初加工、包装等环节；

c） 有与操作规程相配套的记录表。

5.3 可追溯系统

5.3.1 生产批号

生产批号应包含种植产地、基地名称、产品类型、地块、采收时间、初加工批次等信息内容。生产批号的编制和使用应有文件规定，每个批号均有记录，并保证其唯一性、可追溯性。

5.3.2 生产记录

5.3.2.1 生产记录应如实反映生产真实情况，并能涵盖生产的全过程。基本记录格式见附录A。

5.3.2.2 基本情况记录包括：

a） 地块分布图，分布图应清楚地标示出基地内各地块的面积、位置和编号；

b） 土壤的基本情况，若环境发生重大变化或香蕉生长异常时，应及时监测并记录；

c） 灌溉水基本情况，应记录灌溉水的来源及变化情况。

5.3.2.3 生产过程记录包括：

a） 农事管理记录，主要包括品种、土壤管理、肥水管理、有害生物防治、抗风抗寒管理、果穗管理、抹花套袋等蕉园种植活动，以及投入品使用、采收、储藏、操作时间、方式、人员等内容；

b） 农业投入品进货记录，包括投入品名称、有效成分及含量、供应商、生产单位、购买数量、批号、日期等；

c） 农业投入品的领用、配制、回收及报废处理记录；

d） 农药使用记录，主要包括农药名称、生产厂家、有效成分及含量、种植面积、地块编号、农药防治对象、使用日期、稀释倍数、使用方法、安全间隔期、使用人等；

e） 储藏记录，包括品种、采收日期、储存地点、环境条件、出入库日期、数量和批号等记录；

f） 销售记录，包括销售日期、产品信息、购买者、销售量、批号等记录。

5.3.2.4 其他记录包括：

a） 环境、投入品和产品质量检验记录；

b） 农药和化肥的使用应有统一的技术指导与监督记录；

c） 设施、设备和农机具的定期维护记录；

d） 废弃物、潜在污染物应进行分类与处理记录。

5.3.2.5 应保存本文件中要求的所有记录，保存期不少于2年。

5.4 内部审核与检查

5.4.1 每年至少对基于本文件制定的质量管理体系进行一次审核，内部审核记录、审核发现、纠正措施及其跟踪验证记录均应保持且易于查找。

5.4.2 在外部审核期间，审核员可随时获取已完成的质量管理体系检查表。检查表应包含对每个质量管理体系控制点的评价。

5.4.3 每年应根据本文件制定的自查规程与自查表至少进行1次内部检查，并保存相关记录。

5.4.4 内部检查发现的不符合项应采取有效的整改措施，并编写整改报告。

5.4.5 应建立并保持处理不符合及纠正措施的程序并形成文件，对不符合的纠正措施进行评价，明确实施和完成纠正措施的职责，规定纠正措施完成时限。

5.5 投诉与召回

5.5.1 应制定投诉处理程序和香蕉质量安全问题应急处置和公关预案。

5.5.2 对有效投诉和产品质量安全问题应采取相应的纠正措施，并予记录。

5.5.3 发现产品有质量安全问题时，应及时通知相关方（官方/客户/消费者）召回产品，并记录。

6 种植技术

6.1 产地选择

6.1.1 生产基地应选择生态适宜区，远离工矿区，避免工业和城市污染的影响，生产基地灌溉水水质应符合 GB 5084 的规定；土壤应符合 GB 15618 的规定。

6.1.2 选择地势过低、地下水位过高的地段建园宜建好排灌系统后再进行种植。在沿海台风和常风较大的地区，宜营造防护林带。

6.2 种苗管理

6.2.1 品种选择

应根据当地自然条件选择适宜品种，宜选用抗逆性强、本地适栽品种。

6.2.2 种苗质量

6.2.2.1 种苗采购

应具备检疫合格证或相关的有效证明，保存种苗质量、品种纯度、品种名称等有关记录及种苗销售商的证书。

6.2.2.2 种苗繁育

应根据购买合同或 NY/T 357 等有关标准的规定进行种苗繁育，其繁育技术可按照 NY/T 2120、NY/T 3200 等相关标准的规定执行。

6.3 农业投入品管理

6.3.1 应制定农药、肥料及其他农业投入品采购管理制度，选择具备资质的供应商，并对其合法性、质量保证能力等进行评价。

6.3.2 采购的农药应是在香蕉上正式登记的农药，不应采购使用国家明令禁止在水果上使用的农药；储存采购的农药、肥料和其他化学药剂等投入品应有产品合格证明，建立登记台账并保存相关票据、质保单、合同等文件资料。

6.3.3 农业投入品应根据不同种类，分区域存放，标识清晰，专人管理，并有进库、出库领用记录。

6.4 栽培管理

6.4.1 土壤管理

6.4.1.1 新建蕉园应检测土壤重金属、农药残留等指标，并将检测结果按附录 B 进行风险评估。

6.4.1.2 在生产过程中可按照生产实际需要对农药残留、病原菌进行检测，对不符合相应标准要求的土壤应整改或另择种植地。

6.4.1.3 蕉园的土壤肥力水平可按实际生产需求安排检测，根据检测结果，有针对性地制订合理的土壤施肥方案，多施有机肥、生物菌肥以改善土壤、培肥地力。

6.4.2 水分管理

6.4.2.1 合理排灌，灌溉水水质应符合 GB 5084 的规定。

6.4.2.2 保持土壤处于湿润状态，按照 NY/T 5022 的规定执行。

6.4.3 施肥

6.4.3.1 应充分满足香蕉生长对各种营养元素的需求，以有机肥为主，化肥和微生物肥料搭配，不施用未经处理检验的堆肥、沤肥、粪肥、沼气肥等。

6.4.3.2 按照 NY/T 496、NY/T 1105、NY/T 1535、NY/T 1868、NY/T 1869、NY/T 5022 等标准的规定进行合理施肥。

6.4.3.3 应建立肥料施用记录，主要内容包括：肥料名称、生产商、有效成分及含量、施用方法、施用量、操作人等。

6.4.4 植株管理

6.4.4.1 植株管理包含除芽、留芽、校蕾，抹花垫把、疏果、断蕾、套袋等活动。

6.4.4.2 及时进行除芽、留芽、病虫害防控、蕉蕾管理、绑蕉等生产管理活动，按照 NY/T 5022 的规定执行。

6.4.4.3 合理留芽。假茎顶部用薄膜等材料进行覆盖；用稻草、蕉叶或薄膜等材料进行地面覆盖；寒潮来前,采用堆谷壳焚烧、地面灌水、果穗套袋等措施用于防寒,避免寒害。

6.5 有害生物综合防治

6.5.1 防治原则

坚持"预防为主、综合防治"的植保方针。以改善蕉园生态环境,加强栽培管理为基础,按照病虫害的发生规律、程度与经济阈值,综合应用各种防治措施,优先采用农业防治和物理防治,辅以化学防治。

6.5.2 农业防治

6.5.2.1 选用适应性好、抗(耐)病虫能力强的优良品种。

6.5.2.2 加强土肥水管理,增强树势,提高树体自身抗病虫能力。

6.5.2.3 不与茄科、葫芦科、十字花科等作物进行轮作或间作。

6.5.2.4 保持蕉园卫生;控制杂草生长,以减少病源与虫源;及时清除园内花叶心腐病、枯萎病等病株;及时割除病残老叶,清除后及时喷洒病虫药剂,维持果园的生态环境。

6.5.3 物理防治

6.5.3.1 使用果实套袋技术,避免病虫直接危害果穗。

6.5.3.2 利用害虫趋光性和趋化性,用杀虫灯、色板等装置诱杀害虫。

6.5.4 化学防治

6.5.4.1 优先使用生物源、矿物源及低毒低残留农药,选用已在香蕉上登记的农药,根据 GB/T 8321 的要求合理使用农药。应严格按照农药标签规定的防治时期、浓度、用药次数用药,并遵守安全间隔期。

6.5.4.2 不同作用机理的农药合理混用、轮换交替使用,延缓或避免病虫抗药性的发生。

6.5.4.3 要加强对香蕉虫害的防控,如使用新型桶混助剂、花蕾注射药剂防治蓟马等。

6.5.4.4 农药配制应有相应的配药设施与专用区域。农药配制区域应选择在远离水源、居所、畜牧栏等的场所,并且农药配制、用药器械选择和管理、安全操作和用药档案记录等按照 NY/T 1276 的规定执行。

6.5.4.5 剩余农药溶液及清洗液应专门处理,不可随意倾倒危及食品安全和环境。

7 采后技术规范

7.1 卫生要求

7.1.1 应制定采收、清洗、保鲜、包装、储藏和运输等工序的卫生操作规程。清洗与保鲜用水水质应符合 GB 5749 的规定。

7.1.2 果实采收、清洗、保鲜、分级、包装人员应穿工作服、戴胶手套,防止污染果实;采收工具、设备应定期进行清洗、维护。

7.1.3 工作区域内应有卫生状况良好的洗手池、卫生间等设施。卫生间应与采收、分级、包装、储藏等场所保持足够距离。

7.2 采收

7.2.1 根据香蕉采收季节、储运条件和采后运输时间长短的不同确定适当的采收成熟度,按 NY/T 1395、NY/T 517 等标准的规定执行,并应确保所用农药的安全间隔期。

7.2.2 采收方法及采后处理按 NY/T 5022 有关规定执行,严防香蕉出现机械损伤与晒伤。采收上市前,应进行农产品质量安全检验检测,检测结果应符合 GB 2762、GB 2763 和有关标准或购买合同的要求。

7.2.3 香蕉进行商品化处理时,应制定清洗消毒、防腐保鲜、分级、包装标识等操作规程。防腐保鲜应按照 NY/T 1395 的有关规定执行,或选用国家允许在香蕉上使用的杀菌剂、防腐保鲜剂等,并严格按照产品说明书操作。

7.2.4 建立果实商品化处理记录,包括:品种、种植地、处理量、杀菌剂与防腐剂名称与浓度、等级规格、操作人姓名等内容。

7.3 包装与标识

7.3.1 包装

7.3.1.1 包装前处理与包装方法应按照 GB/T 33129、NY/T 1395 的有关规定执行。

7.3.1.2 包装材料应洁净、无毒、无害、无异味。包装容器除了符合上述要求外，还应符合透气性、抗压强度和防潮要求，以保证香蕉适宜搬运、保存和出售。纸箱包装材料、瓦楞纸箱尺寸、装蕉容量及允许堆码层数应符合 GB/T 33129、NY/T 1395 的规定。

7.3.1.3 香蕉采收后应 24 h 内处理包装，及时运走或进行预冷。

7.3.2 标识

标志应符合 GB/T 191、NY/T 1778 的规定。

7.4 储藏运输

香蕉的储藏运输应按照 GB/T 33129、NY/T 1395 的规定执行。

8 废弃物管理

8.1 设有农药包装袋、农药废液、垃圾等废物收集设施和存放区。尤其对剩余、变质和过期的农药要做好标记，回收隔离禁用，并在有关部门指导下安全处置，保存相关处理记录。

8.2 生产过程中产生的废弃物，应进行分类管理、安全存放、及时处置。

8.3 地膜和香蕉果袋应及时回收处理。地膜残留量应满足 GB/T 25413 中的限值要求。

8.4 香蕉秸秆等废弃物应及时清理、安全存放，用于还田处理或综合利用。

附　录　A
（资料性）
香蕉生产良好农业规范主要记录表

A.1　土壤质量记录表

见表 A.1。

表 A.1　土壤质量记录表

检测机构名称		检测日期	
种植基地		地块编号	
土壤类型		pH	
检验结果	详见所附检验报告	与 GB 15618 的符合情况	
检验结论			
污染发生情况说明			

记录人：　　　　年　　月　　日　　　　　　　　审核人：　　　　年　　月　　日

A.2　灌溉水质记录表

见表 A.2。

表 A.2　灌溉水质记录表

检测机构名称		检测日期	
种植基地		地块编号	
水来源		pH	
检验结果	详见所附检验报告	与 GB 5084 的符合情况	
检验结论			
污染发生情况说明			

记录人：　　　　年　　月　　日　　　　　　　　审核人：　　　　年　　月　　日

A.3　种苗质量记录表

见表 A.3。

表 A.3　种苗质量记录表

检测单位		检测日期	
种植基地		地块编号	
种苗来源	自繁（　）　外购（　）		
种苗数量		检验文件	
检验结果	详见所附检验报告	检验结论	
注：检验文件指检验所依据的购销合同或种苗产品文件。			

记录人：　　　　年　　月　　日　　　　　　　　审核人：　　　　年　　月　　日

A.4 投入品购入和领用记录表

见表 A.4。

表 A.4 投入品购入和领用记录表

种植基地						保管人				
地块编号						地块面积，亩				
序号	投入品名称	农药/肥料登记证	生产厂家	生产批号	供应商	购入日期	购入数量	领用日期	领用人	库存
种植基地						保管人				
备注										

记录人： 年 月 日 审核人： 年 月 日

A.5 蕉园作业记录表

见表 A.5。

表 A.5 蕉园作业记录表

种植基地				
地块编号			地块面积，亩	
主栽品种			种植时间	
日期	天气	蕉园作业内容		作业人员签名
备注				

记录人： 年 月 日 审核人： 年 月 日

A.6 肥料施用记录表

见表 A.6。

表 A.6 肥料施用记录表

种植基地						
地块编号			地块面积，亩			
日期	天气	肥料名称	成分含量	施用量，kg	施用方法	施用人
备注						

记录人： 年 月 日 审核人： 年 月 日

A.7 农药使用记录表

见表 A.7。

表 A.7 农药使用记录表

种植基地					地块编号			
地块面积，亩					技术指导员			
日期	防治对象	农药名称	生产厂家	成分含量	稀释倍数	使用方法	间隔期	使用人
备注								

记录人：　　　　年　　月　　日　　　　　　　　　　审核人：　　　　年　　月　　日

A.8 废弃农业投入品及其包装处理记录表

见表 A.8。

表 A.8 废弃农业投入品及其包装处理记录表

种植基地			操作人		
处理对象	处理日期	处理方式	处理地点	处理数量	操作人
注：处理对象分过期农药、剩余药液、药罐清洗液、农药包装、肥料包装 5 类。					

记录人：　　　　年　　月　　日　　　　　　　　　　审核人：　　　　年　　月　　日

A.9 采收和分级包装记录表

见表 A.9。

表 A.9 采收和分级包装记录表

采收日期	地块编号	品种	采收重量，kg	等级	规格	生产批号	备注

记录人：　　　　年　　月　　日　　　　　　　　　　审核人：　　　　年　　月　　日

A.10 储藏记录表

见表 A.10。

表 A.10 储藏记录表

储藏地点					
保管员		生产批号		品种名称	
储藏温度					
储藏库编号	进库		出库		
	日期	数量	日期	数量	目的地

记录人： 年 月 日 审核人： 年 月 日

A.11 销售记录表

见表 A.11。

表 A.11 销售记录表

销售人	销售日期	品种	生产批号	产品等级规格	数量，kg	购买人	联系方式

记录人： 年 月 日 审核人： 年 月 日

A.12 设施、设备和农机具维护记录表

见表 A.12。

表 A.12 设施、设备和农机具维护记录表

维护时间	维护对象	维护内容 （检定、校准、维修、保养、其他）			操作人

记录人： 年 月 日 审核人： 年 月 日

附 录 B
（规范性）
香蕉生产良好农业规范风险评估方法

B.1 风险评估简介

风险评估是保护产品、员工健康和生产经营符合良好农业规范和法律法规要求的一个重要步骤。能够帮助企业组织识别、评估生产区域潜在的、能够造成伤害的风险。本附录运用实用、简单的方法指导生产者建立生产全过程风险评估体系以符合标准的要求。

B.2 种植地土壤安全风险评估方法

土壤采样方法按 NY/T 395 的规定执行，土壤重金属、农药残留风险评估按 GB 15618 的规定执行。

B.3 蕉园灌溉水评估方法

灌溉水采样方法按 NY/T 396 的规定执行。当灌溉水污染物含量等于或低于 GB 5084 中农田旱地作物灌溉水质基本控制项目限值时，蕉园水质污染风险较低，一般情况下可以忽略；高于 GB 5084 中农田旱地作物灌溉水质基本控制项目限值时，可能存在水质污染风险且难以通过安全利用措施降低风险，原则上应另择水源或另择基地。

B.4 采后处理用水评估方法

香蕉采后处理用水微生物指标、感官性状和化学毒理指标应符合 GB 5749 中小型集中供水水质指标及限值要求。当香蕉采后处理用水微生物指标、感官性状和化学毒理指标等于或低于 GB 5749 中小型集中供水水质指标限值时，香蕉采后处理用水污染风险较低，一般情况下可以忽略；当高于 GB 5749 中小型集中供水水质指标限值时，可能存在水质污染风险且难以通过安全利用措施降低风险，原则上应另择水源。

ICS 65.020.20
CCS B 30

NY

中华人民共和国农业行业标准

NY/T 4240—2022

西番莲良好农业规范

Good agricultural practice for passion fruit

2022-11-11 发布

2023-03-01 实施

中华人民共和国农业农村部 发布

前　言

本文件按照 GB/T 1.1—2020《标准化工作导则　第 1 部分：标准化文件的结构和起草规则》的规定起草。

请注意本文件的某些内容可能涉及专利。本文件的发布机构不承担识别专利的责任。

本文件由农业农村部农垦局提出。

本文件由农业农村部热带作物及制品标准化技术委员会归口。

本文件起草单位：中国热带农业科学院分析测试中心、贵州省山地资源研究所、龙岩市新罗区经济作物技术推广站。

本文件主要起草人：陈显柳、蔡国俊、张文斌、张丽敏、韩丙军、彭熙、孙亮、李安定。

西番莲良好农业规范

1 范围

本文件规定了西番莲(又名百香果)生产的组织管理、质量安全管理、种植技术、采收、废弃物及污染物处理等技术要求。

本文件适用于西番莲的生产管理。

2 规范性引用文件

下列文件中的内容通过文中的规范性引用而构成本文件必不可少的条款。其中,注日期的引用文件,仅该日期对应的版本适用于本文件;不注日期的引用文件,其最新版本(包括所有的修改单)适用于本文件。

GB/T 191 包装储运图示标志

GB 2762 食品安全国家标准 食品中污染物限量

GB 2763 食品安全国家标准 食品中农药最大残留限量

GB 3095 环境空气质量标准

GB 5084 农田灌溉水质标准

GB/T 6543 运输包装用单瓦楞纸箱和双瓦楞纸箱

GB/T 8321(所有部分) 农药合理使用准则

GB 15618 土壤环境质量 农用地土壤污染风险管控标准(试行)

GB/T 20014.2 良好农业规范 第2部分:农场基础控制点与符合性规范

GB/T 20014.3 良好农业规范 第3部分:作物基础控制点与符合性规范

GB/T 20014.5 良好农业规范 第5部分:水果和蔬菜控制点与符合性规范

GB/T 29373 农产品追溯要求 果蔬

NY/T 491 西番莲

NY/T 496 肥料合理使用准则 通则

NY/T 1105 肥料合理使用准则 氮肥

NY/T 1276 农药安全使用规范 总则

NY/T 1535 肥料合理使用准则 微生物肥料

NY/T 1778 新鲜水果包装标识 通则

NY/T 1868 肥料合理使用准则 有机肥料

NY/T 1869 肥料合理使用准则 钾肥

3 术语与定义

本文件没有需要界定的术语和定义。

4 组织管理

4.1 组织机构与形式

生产经营者(个体户、合作社、企业等)应有统一或相对统一的组织形式。设立生产种植、物资管理、销售等部门,并明确各部门人员岗位的职责。

4.2 人员管理

4.2.1 有熟知西番莲生产相关知识的人员,负责生产操作规程的制定、技术指导、人员培训和质量安全管理等工作。

4.2.2 应对从事品种选择、土肥水管理、病虫害防治、农业投入品使用管理、产品储运、农机操作等工作的人员进行岗位培训，合格后方可上岗。

4.2.3 应为从事特殊工作(如使用农药等)的人员提供完备、完好的防护用品(如胶靴、防水服、橡胶手套、面罩等)。

4.2.4 建立和保存所有人员的受教育培训经历、专业资格技能证书等档案记录。

4.3 应急与健康

4.3.1 应制定书面的卫生规程、设施设备安全使用、事故和紧急情况的处理程序。

4.3.2 在明显处张贴急救、消防等紧急联系电话，标明灭火器和急救箱等救援物资位置。

4.3.3 在危险处设立永久性警示牌，标明潜在的危险。在固定场所和工作区应配有急救箱。生产时，每个工作区至少配备1名受过应急培训、具备应急处置能力的人员。

4.3.4 包括生产经营者和管理者在内的所有员工每年都应参加卫生规程培训。

4.3.5 有专人负责员工的健康、安全和福利，对接触农药制品的人员应进行年度身体检查。每年在管理人员和作业人员之间至少举行两次关于员工健康、安全和福利的会议。

5 质量安全管理

5.1 质量安全管理制度

应建立质量安全管理体系和可追溯体系，其内容应符合 GB/T 20014.2、GB/T 20014.3、GB/T 20014.5 的要求，并在相应的功能区明示。

5.2 质量管理体系

5.2.1 应根据实际生产过程编制各环节适用的质量管理文件(包括质量手册和操作技术规程)，并根据文件实施生产过程中关键环节的质量控制措施。

5.2.2 质量管理文件内容应包括：

a) 组织机构图、部门、岗位人员和风险评估实施程序；
b) 生产作业指导书；
c) 基地生产全过程的管理计划；
d) 有害生物综合管理制度；
e) 投入品及设施设备使用管理规定；
f) 仓库管理规定；
g) 卫生管理程序；
h) 人员培训和健康安全规定；
i) 产品追溯管理办法；
j) 客户投诉处理和产品质量改进制度；
k) 记录和档案管理制度；
l) 内部审核(检查)程序、纠偏措施。

5.2.3 操作规程应简明易操作并附有记录表，便于员工使用，其内容应包括生产销售各环节。

5.3 可追溯系统

5.3.1 生产批号

以保障溯源为目的，根据种植基地、产品类型、地块、采收时间、加工批次等信息编制唯一的生产批号。应有文件规定生产批号的编制、使用。每给定一个批号均有记录。

5.3.2 生产记录

生产记录应涵盖生产的全过程，并如实反映生产真实情况，应符合 GB/T 29373 的要求。主要记录格式参见附录A。

5.3.2.1 生产过程记录包括：

a) 农事管理记录。每个地块均应有农事管理记录,包括种苗、种植、土壤管理、肥水管理、投入品使用、整形修剪、病虫害防治、采收、储存等记录。
b) 农业投入品管理记录。包括投入品的登记台账、出入库及废弃物处理等记录。
c) 储存记录。包括采收日期、等级规格、温湿度条件、批号、出入库日期和数量等记录。
d) 产品销售记录。主要包括生产批号、销售日期、购买方及物流信息等记录。

5.3.2.2 其他记录包括:
a) 环境、投入品和产品质量检验记录;
b) 农药和化肥使用的技术指导与监督记录;
c) 设施、设备的定期维护和检查记录;
d) 生产过程中废弃物、潜在污染物的分类处理记录。

5.3.2.3 应保存本文件中要求的所有文件记录,保存期不少于2年。

5.4 内部检查

5.4.1 应根据本文件制定自查规程和自查表。

5.4.2 每年至少进行1次内部检查,并保存相关记录。

5.4.3 内部检查应覆盖生产场所、生产过程和产品,并记录检查内容和检查结果。

5.4.4 内部检查发现的不符合项应采取有效的整改措施,并记录。

5.5 投诉处理

5.5.1 应制定产品服务投诉处理程序。对有效投诉和产品质量安全问题应采取相应的纠正措施,并予记录。

5.5.2 应制定产品质量问题的应急处置预案。发现产品有质量问题时,应及时通知相关方(官方、客户、消费者)并召回产品。

6 种植技术

6.1 种植基地选择

6.1.1 基地应建在西番莲种植的生态适宜区,其灌溉水质应符合GB 5084的要求;土壤应符合GB 15618的要求;大气环境应符合GB 3095的要求,并按附录B的规定进行风险评估。当存在污染风险时,应进行标识并制订有效的纠正措施计划以降低污染风险水平,同时做好相关记录。

6.1.2 基地应充分考虑周围环境的潜在影响,远离污染源,如工矿企业、矿业用地、垃圾填埋场等。

6.1.3 种植前宜从以下4个方面对基地的产地环境进行调查和评估,并保存相关的检测和评价记录。
a) 基地以前的土地使用情况,以及土壤重金属、化学农药的残留程度;
b) 基地周围农用、民用和工业用水的排污情况,以及土壤的侵蚀情况;
c) 基地灌溉水的来源情况,以及农药、微生物的污染情况;
d) 基地周围农业生产中投入品的使用情况,包括农药种类和农药漂移对西番莲的影响。

6.1.4 应记录基地地块分布图。分布图应清楚地标示出基地内各地块的土壤类型、面积、位置和编号等信息。

6.2 种苗管理

6.2.1 品种和砧木选择

应根据当地自然条件、栽培技术和市场需求选择适宜的品种和砧木,宜选用抗病虫、抗逆、适应性广、优质丰产、商品性好的品种。

6.2.2 苗木质量

西番莲的苗木质量应具备检疫合格证、质量合格证,符合相关标准或者合同证明。提倡采用无病毒苗、大苗、壮苗、容器苗。

6.3 农业投入品管理

6.3.1 采购

6.3.1.1 应制定农业投入品采购管理制度。通过选择合格供应商购买符合相关法律法规、获得国家登记许可、证件有效齐全、质量合格的农业投入品。建立登记台账，并保存相关票据凭证、质保单、合同等证明材料。

6.3.1.2 严禁采购国家明令禁止在西番莲上使用的农药。

6.3.2 储存

6.3.2.1 配备符合要求的投入品储存仓库和安全存放的相应设施，按产品标签规定的储存条件在储存仓库分类存放，根据要求采用隔离（如墙、隔板）等方式防止交叉污染，有清晰醒目标记。

6.3.2.2 农业投入品仓库不得设在生活区，应清洁、干燥、安全、独立，有相应的危险警告标识，并配备通风、防潮、防火、防爆、防虫、防鼠、防鸟和防渗等设施。

6.3.2.3 农业投入品应有专人管理，并有出库、入库、领用记录。

6.4 栽培管理

6.4.1 土壤管理

6.4.1.1 采用行间生草、建排水沟等技术，防水土流失。

6.4.1.2 至少每2年检测基地的土壤肥力水平，根据检测结果，有针对性地制订合理的施肥方案，保持或改良土壤肥力等。

6.4.2 水分管理

6.4.2.1 提倡采用滴灌或喷灌等节水灌溉措施。在西番莲花期和果实膨大期，适时灌溉，增加水分供给，雨后如有积水应及时排水清淤，防止旱害或涝害的出现。

6.4.2.2 灌溉水水质应符合GB 5084的要求。

6.4.3 施肥

6.4.3.1 根据西番莲的生长需求和土壤肥力监测结果配方施肥，提倡有机肥为主，科学合理使用化肥。

6.4.3.2 按照NY/T 496、NY/T 1105、NY/T 1535、NY/T 1868、NY/T 1869等标准的要求进行合理施肥。

6.4.3.3 根际施肥宜用水施、沟施和穴施；根外追肥采用叶面喷施。

6.4.3.4 所使用的商品肥料应具备生产许可证、肥料登记证、执行标准号。

6.4.3.5 不施用未经处理的堆肥、沤肥、厩肥、粪肥、沼气肥等。

6.4.4 整形修剪

以树体合理、通风透光、花果优质和利于农事活动为目标，及时修剪多余的枝蔓，达到省力增效的目的。

6.4.5 花果管理

宜采用辅助授粉措施。及时控花疏果，上架后人工疏除畸形果、病虫果。

6.5 有害生物防治

6.5.1 防治原则

贯彻"预防为主、综合防治"的植保方针。以农业防治为基础，提倡物理防治和生物防治，加强病虫害的预测预报工作，按照病虫害发生规律、发生程度和经济阈值，适时开展化学防治。

6.5.2 农业防治

6.5.2.1 种苗及其他繁殖材料应经过检疫，严禁使用携带有检疫对象的种苗。

6.5.2.2 选用抗性强的优良品种、砧木。

6.5.2.3 加强田间肥水管理，增强树势，提高植株抗病能力。

6.5.2.4 保持基地清洁，及时清理病枯枝叶，维护基地的生态环境。

6.5.3 物理防治

6.5.3.1 应用杀虫灯、黄蓝粘板等诱杀害虫。

6.5.3.2 利用果实蝇对糖、酒和醋的趋性，采用诱杀罐进行诱杀。

6.5.3.3 人工捕捉天牛，蜗牛等害虫。

6.5.4 **生物防治**

6.5.4.1 人工引入、繁殖释放天敌，营造有利于害虫天敌繁衍的生态环境，充分发挥天敌自控能力。

6.5.4.2 使用微生物源农药和植物源农药。

6.5.5 **化学防治**

6.5.5.1 禁用国家明令禁止使用的农药。

6.5.5.2 按照 GB/T 8321 的要求合理选用农药，按照农药标签规定的时期、浓度、用药次数和安全间隔期用药。

6.5.5.3 合理混用、轮换交替使用不同作用机理或不易产生抗药性的药剂，防止和延迟病虫抗药性的产生和发展。

6.5.5.4 应有农药配制专用区域，并有相应的配药设施。农药配制区域应选择在远离水源、居所、畜牧栏等的场所。

6.5.5.5 使用农药人员的安全防护、安全操作和用药档案记录按照 NY/T 1276 的规定执行。

6.5.5.6 应建立农药使用记录，主要包括农药名称、防治对象、有效成分及含量、生产厂家、稀释倍数、使用方法、用药时间、安全间隔期、使用人等。

7 采收

7.1 卫生要求

7.1.1 应制定采收、分级、包装、运输和储藏等工序的卫生操作规程。

7.1.2 工作区域内应有卫生状况良好的洗手池、卫生间等设施。卫生间应与采收、分级、包装、储藏等场所保持足够距离。

7.1.3 果实采收、分级、包装人员应穿工作服、戴胶手套，防止污染果实。分级设备和包装容器应清洁、干净、安全。

7.1.4 应配备采收专用容器，容器内壁不能碰伤果皮。重复使用的采收工具应定期进行清洗、维护。

7.1.5 采收上市前，产品应进行农产品质量安全检验检测，检测结果指标符合 GB 2762 和 GB 2763 的要求，方可上市。

7.2 果实采收

7.2.1 根据果实成熟度、品种、用途和市场需求综合确定采收时间，采收时应确保所用农药已过安全间隔期。

7.2.2 本地销售的鲜食果可根据市场需求在八九成熟时采收，外销的鲜食果的采收成熟度应在七成以上。

7.2.3 阴雨天、有雾、果面潮湿时不适宜采收。采收和搬运过程应轻拿轻放，避免人为造成的划伤、碰伤和磨伤等。产品堆高以不造成果实压伤为宜。田间临时堆放宜放在阴凉处，防雨。

7.3 产品质量

7.3.1 产品等级规格应符合 NY/T 491 或销售合同的要求。

7.3.2 每年应根据 NY/T 491 至少开展一次全项检测，检测结果应符合标准要求。

7.4 包装与标识

7.4.1 **包装**

包装材料应洁净、无毒、无害、无异味。包装容器除了符合上述要求外，还应符合透气和强度要求，大小适宜且一致，以保证西番莲适宜搬运、堆垛、保存和出售。纸箱包装材料应符合 GB/T 6543 的要求。

7.4.2 **标识**

标志应符合 GB/T 191 的要求，标识应符合 NY/T 1778 的要求。包装品或无包装产品宜附有食用农产品合格证;产品随货单应标明产品名称、品种、等级规格、执行标准、生产者、产地、果实数量、采收日期、产品执行标准号及认证标志等信息。标注的内容应字迹清晰、准确且不易褪色。

7.5 储藏运输

7.5.1 储存库应清洁、通风,应有防晒防雨设施,产品应分等级规格堆放。严禁与有毒、有害、有异味的物品混存。

7.5.2 严禁与有毒、有害、有异味及其他易于传播病虫的物品混合运输,应轻装轻卸,严禁重压。

7.5.3 运输工具应清洁卫生、防晒、防雨。

8 废弃物及污染物处理

8.1 设立废弃物及污染物存放区,并建立处置的管理档案记录。

8.2 对生产过程中可能产生的废弃物及污染物准确识别、分类管理、安全存放、及时处置。

8.3 对剩余、变质和过期的投入品做好标记,并分别进行回收、隔离、禁用处理。

8.4 应委托专业机构对废弃物及污染物进行处理。

附 录 A
（资料性）
西番莲生产良好农业规范主要记录表

A.1 土壤质量记录表

见表 A.1。

表 A.1 土壤质量记录表

检测机构名称		检测日期	
农场名称		地块编号	
土壤类型		pH	
检验结果	详见所附检验报告	与 GB 15618 的符合情况	
检验结论			
污染发生情况说明			

记录人： 年 月 日 审核人： 年 月 日

A.2 灌溉水质记录表

见表 A.2。

表 A.2 灌溉水质记录表

检测机构名称		检测日期	
农场名称		地块编号	
水来源		pH	
检验结果	详见所附检验报告	与 GB 5084 的符合情况	
检验结论			
污染发生情况说明			

记录人： 年 月 日 审核人： 年 月 日

A.3 苗木质量记录表

见表 A.3。

表 A.3 苗木质量记录表

检测单位		检测日期	
苗木来源	自繁（ ） 外购（ ）	苗木类型	
苗木数量		检验文件	
检验结果	详见所附检验报告	检验结论	
注：检验文件指检验所依据的购销合同或苗木产品文件。			

记录人： 年 月 日 审核人： 年 月 日

A.4 投入品购入和领用记录表

见表 A.4。

表 A.4 投入品购入和领用记录表

农场名称				保管人					
地块面积，亩				记录人					
序号	投入品名称	农药/肥料登记证	生产厂家	供应商	购入日期	购入数量	领用日期	领用人	库存
备注									

记录人：　　　　年　　月　　日　　　　　　　　审核人：　　　　年　　月　　日

A.5 基地作业记录表

见表 A.5。

表 A.5 基地作业记录表

农场名称				
地块面积，亩			地块编号	
主栽品种			种植时间	
日期	天气	作业内容		作业人员签名
备注				

记录人：　　　　年　　月　　日　　　　　　　　审核人：　　　　年　　月　　日

A.6 肥料施用记录表

见表 A.6。

表 A.6 肥料施用记录表

农场名称						
地块面积，亩			地块编号			
日期	天气	肥料名称	成分含量	施用量，kg	施用方法	施用人
备注						

记录人：　　　　年　　月　　日　　　　　　　　审核人：　　　　年　　月　　日

A.7 农药使用记录表

见表 A.7。

表 A.7 农药使用记录表

农场名称					地块编号			
地块面积，亩					技术指导员			
日期	防治对象	农药名称	生产厂家	成分含量	稀释倍数	使用方法	安全间隔期	使用人
备注								

记录人：　　　　年　　月　　日　　　　　　　　审核人：　　　　年　　月　　日

A.8 废弃农业投入品及其包装处理记录表

见表A.8。

表A.8 废弃农业投入品及其包装处理记录表

农场名称			操作人		
处理对象	处理日期	处理方式	处理地点	处理数量	操作人
注:处理对象分过期农药、剩余药液、药罐清洗液、农药包装、肥料包装5类。					

记录人:　　　　年　　月　　日　　　　　　　　审核人:　　　　年　　月　　日

A.9 采收和分级包装记录表

见表A.9。

表A.9 采收和分级包装记录表

采收日期	地块编号	品种	采收重量,kg	等级	规格	生产批号	备注

记录人:　　　　年　　月　　日　　　　　　　　审核人:　　　　年　　月　　日

A.10 储藏记录表

见表A.10。

表A.10 储藏记录表

储藏地点					
保管员		生产批号		品种名称	
储藏温度					
储藏库编号	进库		出库		
	日期	数量	日期	数量	目的地

记录人:　　　　年　　月　　日　　　　　　　　审核人:　　　　年　　月　　日

A.11 销售记录表

见表A.11。

表A.11 销售记录表

销售人	销售日期	品种	生产批号	产品等级规格	数量,kg	购买人	联系方式

记录人:　　　　年　　月　　日　　　　　　　　审核人:　　　　年　　月　　日

A.12 设施、设备和农机具维护记录表

见表 A.12。

表 A.12 设施、设备和农机具维护记录表

维护时间	维护对象	维护内容 （检定、校准、维修、保养、其他）	操作人

记录人： 年 月 日 审核人： 年 月 日

附 录 B
（规范性）
种植基地土地及灌溉水的风险评估指南

B.1 土地的评估

B.1.1 合法性评估

应首先确认使用该土地完全符合国家法律的规定。

B.1.2 土地以前的使用情况评估

对种植基地土地以前的使用情况进行评估主要包括以下4个方面：

a） 以前种植的农作物。应考虑其投入品对所种植作物的影响。例如，除草剂频繁使用对计划种植作物的长期影响。

b） 工业和军事用途。应考虑工业产品的污染。例如，汽油的污染等。

c） 垃圾填埋或矿业用地。应考虑微生物、重金属等污染及可能发生的土地沉陷造成的危害。

d） 自然植被。应考虑潜在病虫害和杂草的危害。

B.1.3 土壤类型评估

应该对计划种植农作物的基地进行构造和斜度，水土流失，排水方式等进行评估。

B.1.4 土壤重金属及农药残留评估

土壤重金属、农药残留风险评估按GB 15618的规定执行。

B.2 灌溉水的评估

B.2.1 水质评估

农田灌溉水的质量应符合GB 5084的要求。

B.2.2 有效性评估

应有水源全年的供给充足性分析，至少对拟定的生长季节进行评估分析。

B.2.3 对环境影响的评估

应对水源的合法使用可能会对依靠此水源生存的动植物造成的不利影响进行评估。

ICS 65.020.20
CCS B 05

NY

中华人民共和国农业行业标准

NY/T 4245—2022

草莓生产全程质量控制技术规范

Technical specification for quality control of strawberry during whole process of production

2022-11-11 发布　　2023-03-01 实施

中华人民共和国农业农村部　发布

前　言

本文件按照 GB/T 1.1—2020《标准化工作导则　第 1 部分：标准化文件的结构和起草规则》的规定起草。

请注意本文件的某些内容可能涉及专利。本文件的发布机构不承担识别专利的责任。

本文件由农业农村部农产品质量安全监管司提出。

本文件由农业农村部农产品质量安全中心归口。

本文件起草单位：浙江省农业科学院、安徽省农业科学院、浙江省植物病理学会、建德市新安江街道建伟家庭农场。

本文件主要起草人：吕露、赵学平、吴声敢、李艳杰、戴芬、苍涛、徐明飞、王强、童舟、彭一文、张耿苗、杨文叶、李建伟、王艳丽。

草莓生产全程质量控制技术规范

1 范围

本文件规定了设施草莓生产的组织管理、技术要求及产品质量管理等全程质量控制要求。

本文件适用于农业企业、合作社、家庭农场等规模生产主体开展草莓生产与管理,其他生产主体可参照使用。

2 规范性引用文件

下列文件中的内容通过文中的规范性引用而构成本文件必不可少的条款。其中,注日期的引用文件,仅该日期对应的版本适用于本文件;不注日期的引用文件,其最新版本(包括所有的修改单)适用于本文件。

GB 2762 食品安全国家标准 食品中污染物限量
GB 2763 食品安全国家标准 食品中农药最大残留限量
GB 3095 环境空气质量标准
GB 4806.7 食品安全国家标准 食品接触用塑料材料及制品
GB 5084 农田灌溉水质标准
GB/T 6543 运输包装用单瓦楞纸箱和双瓦楞纸箱
GB 15618 土壤环境质量 农用地土壤污染风险管控标准(试行)
GB/T 25413 农田地膜残留量限值及测定
GB/Z 26575 草莓生产技术规范
GB/T 32950 鲜活农产品标签标识
JB/T 10594 日光温室和塑料大棚结构与性能要求
JB/T 10595 寒地节能日光温室建造规程
NY/T 496 肥料合理使用准则 通则
NY/T 896 绿色食品 产品抽样准则
NY/T 1276 农药安全使用规范 总则
NY/T 1778 新鲜水果包装标识 通则
NY/T 1789 草莓等级规格
NY/T 1868 肥料合理使用准则 有机肥料
NY/T 3550 浆果类水果良好农业规范

3 术语和定义

本文件没有需要界定的术语和定义。

4 组织管理

4.1 组织机构

4.1.1 应建立生产企业、专业合作社、社会化服务组织等生产主体,并进行法人登记。

4.1.2 应建立相应的生产、销售、质量管理等组织部门,明确岗位职责。

4.2 文件管理

4.2.1 草莓生产者应根据生产实际编制适用的制度、程序和作业指导书等文件,并在相应功能区上墙明示。

4.2.2 制度和程序文件宜包括:组织机构文件、员工管理制度、内部自查制度、记录和档案管理制度、农业投入品管理制度(含选购、储存、使用、维护、处置程序)、产品质量管理制度(含抽样检测制度、追溯管理制度和投诉处理程序)、卫生管理制度和紧急事故处理程序等。

4.2.3 作业指导书宜包括:土壤消毒、肥水管理、定植管理、环境调控、茎叶管理、花果管理、病虫害防治、采收分级、储藏、包装标识、运输、抽样检测等环节。

4.3 员工管理

4.3.1 应根据生产需要配备必要的管理人员、技术人员和生产人员。应建立和保存所有人员的相关能力、教育和专业资格、培训、健康等记录。

4.3.2 应对所有人员进行公共卫生和质量安全基础知识培训。从事品种选择、土壤消毒、肥水管理、栽培管理、病虫害防治、农业投入品管理、采收分级、储藏、包装标识、运输、抽样检测等草莓生产关键岗位的人员应进行相关技术培训。每个草莓生产区域应至少配备 1 名受过应急救护培训,并具有应急处理能力的人员。

4.3.3 应为从事农药等投入品使用的特定工作人员提供必要的防护条件(如胶靴、防护服、橡胶手套、口罩等)。

4.3.4 直接接触草莓采收、分级和包装的人员应身体健康,并定期体检。

4.4 内部自查

4.4.1 应制定内部自查制度和自查表,至少每年进行 1 次内部自查,并保存相关记录。

4.4.2 针对内部自查发现的不符合项,制定有效的整改措施,实施并记录。

4.5 记录管理

4.5.1 全程记录应涵盖并如实反映草莓生产全过程,宜包括基本情况记录(基地、地块及排灌基本情况),生产过程记录(追溯码,农事管理记录,农业投入品选购、储存、使用、维护、处置记录,采收分级、储藏、包装标识、运输物流记录,产品销售记录等),检验及调查记录(环境、农业投入品和产品质量等),人员相关记录和内部自查记录等。

4.5.2 记录可包括纸质记录及电子记录。所有记录,保存期应不少于 2 年。

5 技术要求

5.1 基地选择与规划

5.1.1 基地选择

5.1.1.1 生产基地选择地面平坦、排灌方便、土壤肥沃、土质疏松、保水保肥性能良好的微酸性或中性壤土的田块为宜。

5.1.1.2 生产基地应远离污染源。灌溉用水水质应符合 GB 5084 中对草本水果的要求;大气环境质量应符合 GB 3095 中对二类环境空气功能区的要求;土壤质量应符合 GB 15618 的要求。

5.1.1.3 宜从以下几个方面对基地环境进行调查和评估,建立并保存相关的调查和评估记录:

a) 基地种植的前茬作物,不能与草莓有共同病虫害,如茄科蔬菜及桃、葡萄等;

b) 种植基地历年耕作情况,以及重金属污染、化学农药残留情况;

c) 周围农用、民用和工业用水的排污情况。

5.1.2 基地规划

5.1.2.1 根据经营规模,划分作业区,安装监控、规划园区道路与排灌系统。应分别建立存放农业投入品和草莓的专用仓库。建立产品分级、包装、储藏、检测等专用场所,并配备相应设备。设有盥洗室和废弃物存放区。有关区域应设置醒目的平面图、标志、标识等。

5.1.2.2 根据环境条件、草莓品种和栽培方式,配备相应的生产设施,如日光温室、塑料大棚或联栋温室等。日光温室和塑料大棚的建造按 JB/T 10594、JB/T 10595 的规定执行。

5.2 农业投入品管理

5.2.1 选购

5.2.1.1 应选择具备必要资质、未发生重大经营事故及严重社会问题的农资经销商，并对其产品质量保证能力和服务能力等进行评估。建立登记台账，并保存相关票据等资料。

5.2.1.2 购买的种苗应具备检疫合格证及标签。

5.2.1.3 农药应标签清晰，农药登记证号、农药生产许可证号和产品质量标准号齐全。不应采购超过保质期的农药以及国家禁止使用的农药。

5.2.1.4 商品肥料应标签清晰，宜包含生产许可证号、肥料登记证号、执行标准号等信息。不应采购超过保质期的商品肥料。

5.2.1.5 采购的农膜、器械、设备等应有产品质量合格证明。

5.2.2 储存

5.2.2.1 农业投入品应有专人管理，并有入库、出库和领用记录。

5.2.2.2 农业投入品仓库应清洁、干燥、安全，并配备通风、防潮、防火、防盗、防爆、防虫、防鼠、防鸟、防渗等设施。

5.2.2.3 不同种类的农业投入品应按产品标签规定的储存条件分类分区存放，有清晰标识，并根据要求采用隔离(如墙、隔板)等方式防止交叉污染。危险品应有危险警告标识。

5.2.3 使用

5.2.3.1 建立和保存农药、肥料、器械及设备的使用记录。内容包括地块、农药或肥料名称、生产厂家、成分含量、施用量、施用方法、施用器械、施用时间、施用人以及农药的防治对象、安全间隔期等。

5.2.3.2 遵守农业投入品使用要求，选择合适的施用器械，适时、适量、科学合理使用投入品。

5.2.3.3 设有农药肥料配制专用区域，并有相应的设施设备。配制区域应远离水源、居所、畜牧场、水产养殖场等。

5.2.3.4 施药器械及设备等使用完毕，及时清洁干净。

5.2.4 维护、处置

5.2.4.1 按农业投入品类别分别建立和保存维护、处置记录，内容包括投入品信息、维护或处置方式和时间等。

5.2.4.2 施药器械及设备每年应至少检修1次，保持良好状态。

5.2.4.3 剩余、变质、过期的废液和废弃物应及时收集；损坏的农膜、器械和设备等应做好标记。分类回收，安全处置，不应随意丢弃。地膜残留量应满足GB/T 25413中的限值要求。

5.3 种植管理

5.3.1 品种选择

5.3.1.1 应综合考虑市场定位、品种特性和气候土壤条件等因素，选择抗病、抗逆、连续结果性好、品质佳的草莓品种。

5.3.1.2 宜选择脱毒(优良)种苗。精选壮苗、浸根防病。宜选择叶柄短，具4叶1心，短缩茎直径0.6 cm～1.0 cm，根系发达，无病虫害的种苗。运输过程中，应防止高温烧苗。

5.3.2 土壤消毒

5.3.2.1 太阳热能消毒法，适用于前季草莓生产中土传病害发生较轻的园地。方法要点：草莓季结束后，在夏季高温条件下，把植株和滴管等设施清理出棚室，翻耕土壤，灌水淹没棚内田块，水面没过土面，用农膜覆盖密闭15 d以上。消毒结束后，揭膜，施基肥，翻耕作畦。

5.3.2.2 药剂消毒法，适用于发病重的园地。方法要点：闷棚并清理棚室及残株后，每667 m^2施用98%棉隆微粒剂20 kg～25 kg或其他土壤消毒药剂，翻耕、耙平，土壤含水量保持在田间持水量的60%～70%，然后用农膜覆盖密闭15 d以上。揭膜后灌水、翻耕，待地面干后，开沟作畦。

5.3.3 施肥管理

5.3.3.1 肥料应是在农业行政主管部门已经登记或免于登记的肥料，不应使用工业垃圾、医院垃圾、城镇生活垃圾、污泥和未经腐熟的畜禽粪便。肥料的使用应符合 NY/T 496 的要求。有机肥料的使用应符合 NY/T 1868 的要求。

5.3.3.2 根据土壤状况、草莓品种和生长阶段以及栽培条件等因素选择肥料类型，制订科学合理的施肥方案。2 年～3 年监测一次土壤肥力，并根据监测结果，优化调整施肥方案。

5.3.3.3 施用肥料以有机肥为主，其他肥料为辅。施足基肥，定植期、盖地膜前后及开花结果期，根据草莓长势酌情追肥。具体肥料施用参照 GB/Z 26575 的规定执行。

5.3.4 水分管理

5.3.4.1 根据草莓生长周期中需水规律、气候条件、栽培方式、土壤特性、畦高等关键参数，适时灌排，防止旱涝。提倡采用滴灌等节水灌溉措施及水肥一体化技术。

5.3.4.2 定植时浇透水，缓苗期要保持较高的土壤相对湿度，定植成活期、保温初期、果实膨大期，保持土壤适度湿润，土壤水分应控制在最大田间相对持水量的 70%～80%。滴灌肥水应适量，防止肥水过量而流入畦沟。

5.3.5 定植管理

5.3.5.1 草莓宜采用双行三角形定植，畦宽 65 cm，畦高 30 cm～35 cm，沟宽 35 cm，弓背朝沟，定植时土壤压实根部。

5.3.5.2 高大型品种，株距 20 cm～22 cm；紧凑型品种，株距为 15 cm～18 cm。

5.3.6 环境调控

5.3.6.1 温度调控：应采用覆地膜、盖棚膜、放置加热设施等方式。花序抽生前，叶面露水干后覆地膜，将畦和沟全面覆盖，拉平地膜，叶片引出膜面。在第一花序开花后坐果前，畦沟铺地布，畦两边垫白网。当最低气温低于 10 ℃时，盖棚膜。棚内温度低于 5 ℃，应加盖二道棚膜。棚内温度低于 0 ℃，北方地区应在棚外加盖棉被等外保温措施，南方地区应在棚内采取加热措施保温。

5.3.6.2 湿度调控：设施栽培的棚内应常通风换气，空气相对湿度宜控制在 75%以下。阴雨天等温度低、湿度过大时，酌情通风换气，保持棚内地面干燥。

5.3.6.3 光照调控：因地制宜在棚内加装补光灯，宜采用以红光为主、蓝光为辅，含 UV 的植物补光灯。每 667 m^2 建议配 40 盏～60 盏，间隔 3 m～4 m，补光灯位置距离植株 1.2 m～1.5 m 为宜。冬季光照不足及雾霾、阴雨天时，白天补光；晴天时，早晚各补光 1 h～2 h。

5.3.7 茎叶管理

5.3.7.1 应及时摘除匍匐茎，掰除老叶、黄叶、枯叶、病叶；植株保留 2 个分蘖芽。

5.3.7.2 在顶花序抽生后，采用 1(顶花序)-2(侧枝)-2(二级侧枝)整枝方式；结果后的花序，应及时掰除。

5.3.8 花果管理

5.3.8.1 及时疏除畸形果、病虫果和高级次的小花、小果。根据市场需求、品种特性及长势，每花序留 4 只～6 只果。

5.3.8.2 盖棚后，每一棚内放养蜜蜂 1 箱。蜂箱置于棚中间处，蜂箱口朝东南，离地面 40 cm，不宜随意移动蜂箱。

5.3.9 病虫害防治

5.3.9.1 坚持"预防为主，综合防治"的植保方针，以农业和物理防治为基础，优先采用生物防治技术，根据病虫害发生规律，科学精准使用化学防治。保存实施病虫害防治的相关记录。

5.3.9.2 农业防治：宜选用抗(耐)病优良品种，脱毒无病或优质良种生产苗；实施土壤消毒处理；育苗地夏秋高温期应根据品种采用避雨、遮阳和控苗措施；基地做深沟高畦，采用地膜覆盖和膜下滴灌技术，大棚或温室实行合理通风等措施，保持草莓地上部环境的清洁和大棚或温室内较低的空气湿度；清洁田园。

5.3.9.3 物理防治：采用杀虫灯、(性)信息素等方法诱杀害虫，采用红色防虫网隔离蓟马类害虫；采用物理、机械、双色地膜覆盖防除杂草；利用臭氧、紫外灯杀菌。

5.3.9.4 生物防治:利用和保护害虫天敌,如释放异色瓢虫防治蚜虫、捕食螨防治害螨等;使用生物源农药,如枯草芽孢杆菌防治草莓白粉病和灰霉病、木霉菌防治草莓枯萎病和灰霉病等。

5.3.9.5 化学防治:对草莓病虫害发生情况进行日常检查,加强科学预测预报,适期防治。对草莓病虫害进行抗药性监测,并根据监测结果采取抗性综合管理措施,注意农药的轮换使用。应严格遵守国家有关法律法规,选用草莓上已登记的农药,优先选用低毒农药品种、环境友好型农药制剂。草莓上已登记允许使用的农药清单见附录 A。应严格按照农药标签规定的作物、防治对象、施药时期、剂量、施药次数、安全间隔期、注意事项等施用农药,不得随意更改。农药配制、施用及施用后的操作等按 NY/T 1276 的规定执行。

5.4 采收及分级

5.4.1 采收要求

5.4.1.1 应建立和保存采收、检验记录,包含采收人、采收品种、采收时间、采收数量和产品质量等内容。

5.4.1.2 采收时,确保所用农药已过安全间隔期。采收前应进行抽样检测,检验合格后方可采摘上市。

5.4.1.3 针对草莓品种特性、果实用途和运输距离远近,适时采收不同成熟度的果实。

5.4.1.4 草莓采收宜在早晨露水干后至午间高温前、傍晚气温较低时或阴天进行。

5.4.2 卫生要求

5.4.2.1 应配备采收专用的盛放容器,容器要浅,底部要平、洁净、无污染,内壁光滑。重复使用的采收工具应定期进行清洗、维护。

5.4.2.2 采收时,采收人员应穿工作服,佩戴手套、头帽及口罩,有感冒、腹泻、呕吐等症状的人员不得参与草莓采收。

5.4.3 采收方法

5.4.3.1 采摘时连同花萼自果柄处摘下,采摘的果实要求不带果柄,不损伤花萼和果面,并随时剔除病虫果、软化果、畸形果、机械损伤果及残次果,同时去除杂质。

5.4.3.2 草莓宜分级分批采收。采收期每 1 d~2 d 采收 1 次,每次采收需将达到采收标准的果实采净。采收时,将果实按大小边采收、边分级,轻放在不同容器内。

5.4.4 分级要求

5.4.4.1 根据草莓品种特性、大小和外观,进行分级。鲜食草莓的分级要求及试验方法按照 NY/T 1789 的规定执行。

5.4.4.2 建立和保存分级记录。

5.5 储藏、包装标识与运输

5.5.1 储藏

5.5.1.1 应有独立、安全的储藏场所和设施,并建立出入库记录。

5.5.1.2 可采用冷藏方式进行短期储藏,温度控制在 2 ℃~10 ℃,湿度控制在 90%左右为宜。

5.5.2 包装标识

5.5.2.1 应有专用包装场所,配备操作台、电子秤、更衣室、洗手池等,照明设备应有防爆功能,出入包装场所应洗手、更衣。包装场所应清洁卫生,有防止动物进入的设施。包装材料仓库应独立设置,宜与包装车间相连接。

5.5.2.2 包装和标识应符合 NY/T 1778 和 NY/T 3550 中的规定。采用聚苯乙烯透明塑料小盒等包装时,包装材料应符合 GB 4806.7 的要求;采用纸箱包装时,包装材料应符合 GB/T 6543 的要求。

5.5.2.3 包装过程中应轻拿、轻放,放入后,切忌翻动,包装容器宜设有软垫层。提倡采用单层框等容器,避免果实压伤。包装盒应有通气孔。每个包装草莓重量不宜超过 2.5 kg。

5.5.2.4 包装容器外标识应包括产品名称、品种、产地、生产者、生产日期、产品质量等级、认证标志等内容。标识内容和方式应符合 GB/T 32950 的要求。

5.5.3 运输

5.5.3.1 运输时，应轻装轻放，防止碰撞和挤压。

5.5.3.2 运载车辆应清洁、卫生，并具有较好的抗震、通风等性能。宜采用带篷车或冷藏厢车运输，避免草莓受到直接日晒、雨淋。

5.5.3.3 无冷藏条件时，宜在清晨和傍晚气温较低时运输。

5.5.3.4 运输时，应保持包装的完整性，不得与其他有毒、有害物质混装。

6 产品质量管理

6.1 抽样检测

6.1.1 草莓上市销售前，应进行抽样自检或送至具备检验资质的检测机构，检验合格后方能上市销售，并附农产品质量安全合格证或承诺书。抽样方法按 NY/T 896 中水果类产品抽样方法的规定执行。

6.1.2 草莓中重金属等污染物和农药最大残留限量应分别符合 GB 2762、GB 2763 的规定。草莓中农药最大残留限量要求见附录 B。

6.1.3 建立并保存抽样记录及检测报告。

6.2 追溯管理

6.2.1 宜采用产品编码或二维码等现代信息技术编制追溯码。追溯码的编制和使用应在追溯管理制度文件中规定。追溯码宜包括草莓品种、种植田块号、采收时间等信息内容。

6.2.2 每个追溯码均应有相应记录。

6.3 投诉处理

6.3.1 发生投诉和草莓质量安全问题时，应按照投诉处理程序，采取相应的纠正措施，并建立和保存相关记录。

6.3.2 发现草莓产品有安全危害时，应及时通知相关方(管理部门/客户/消费者)并召回产品。

附 录 A
（资料性）
草莓上允许使用的农药清单

草莓上允许使用的农药清单见表 A.1。

表 A.1 草莓上允许使用的农药清单

序号	农药类别	防治对象	农药通用名
1	杀菌剂	叶斑病	吡唑醚菌酯
2		炭疽病	d-柠檬烯、苯醚甲环唑、吡唑醚菌酯、二氰蒽醌、氟啶胺、克菌丹、嘧菌酯、咪鲜胺、噻唑锌、戊唑醇
3		白粉病	氨基寡糖素、苯醚甲环唑、吡唑醚菌酯、啶酰菌胺、粉唑醇、氟菌唑、氟唑菌酰胺、互生叶白千层提取物、解淀粉芽孢杆菌 AT-332、枯草芽孢杆菌、醚菌酯、嘧菌酯、蛇床子素、四氟醚唑、肟菌酯、戊菌唑、乙嘧酚、乙嘧酚磺酸酯
4		灰霉病	β-羽扇豆球蛋白多肽、吡唑醚菌酯、啶酰菌胺、多抗霉素、氟吡菌酰胺、氟唑菌酰胺、氟唑菌酰羟胺、解淀粉芽孢杆菌 QST713、克菌丹、枯草芽孢杆菌、咯菌腈、嘧菌酯、嘧霉胺、木霉菌、肟菌酯、异丙噻菌胺、异菌脲、抑霉唑
5		枯萎病	苯醚甲环唑、多黏类芽孢杆菌、井冈霉素 A、枯草芽孢杆菌、木霉菌、氰烯菌酯
6		根腐病	甲基营养型芽孢杆菌 9912、棉隆
7	杀虫剂	蚜虫	吡虫啉、吡蚜酮、苦参碱、噻虫胺
8		叶螨	丁氟螨酯、腈吡螨酯、联苯肼酯、乙唑螨腈
9		斜纹夜蛾	阿维菌素、甲氨基阿维菌素苯甲酸盐
10		红蜘蛛	藜芦根茎提取物、联苯肼酯、乙螨唑、伊维菌素
11		蓟马	啶虫脒、氟酰脲
12		根结线虫	硫酰氟
13	杀线虫剂	线虫	棉隆
14	除草剂	一年生阔叶杂草	甜菜安、甜菜宁
15	植物生长调节剂	/	24-表芸薹素内酯、苄氨基嘌呤、赤霉酸 A4+A7、噻苯隆

注：此表为草莓上已登记农药，来源于中国农药信息网（网址：http://www.chinapesticide.org.cn/），最新草莓登记农药产品情况适用于本文件，国家新禁用的农药自动从本清单中删除。

附 录 B
（资料性）
草莓中农药最大残留限量

草莓中农药最大残留限量见表 B. 1。

表 B. 1 草莓中农药最大残留限量

序号	农药通用名	农药英文名称	最大残留限量 mg/kg	序号	农药通用名	农药英文名称	最大残留限量 mg/kg
1	2,4-滴和 2,4-滴钠盐	2,4-D and 2,4-D Na	0.1	37	毒虫畏	chlorfenvinphos	0.01
2	阿维菌素	abamectin	0.02	38	毒菌酚	hexachlorophene	0.01*
3	胺苯吡菌酮	fenpyrazamine	3*	39	毒死蜱	chlorpyrifos	0.3
4	胺苯磺隆	ethametsulfuron	0.01	40	对硫磷	parathion	0.01
5	巴毒磷	crotoxyphos	0.02*	41	多菌灵	carbendazim	0.5
6	百草枯	paraquat	0.01*	42	二嗪磷	diazinon	0.1
7	百菌清	chlorothalonil	5	43	二溴磷	naled	0.01*
8	保棉磷	azinphos-methyl	1	44	粉唑醇	flutriafol	1
9	倍硫磷	fenthion	0.05	45	氟吡呋喃酮	flupyradifurone	1.5*
10	苯丁锡	fenbutatin oxide	10	46	氟吡菌酰胺	fluopyram	0.4*
11	苯氟磺胺	dichlofluanid	10	47	氟虫腈	fipronil	0.02
12	苯菌酮	metrafenone	0.6*	48	氟除草醚	fluoronitrofen	0.01*
13	苯醚甲环唑	difenoconazole	3	49	氟啶虫胺腈	sulfoxaflor	0.5*
14	苯线磷	fenamiphos	0.02	50	氟啶虫酰胺	flonicamid	1.2
15	吡虫啉	imidacloprid	0.5	51	氟硅唑	flusilazole	1
16	吡氟禾草灵和精吡氟禾草灵	fluazifop and fluazifop-P-butyl	0.3	52	氟菌唑	triflumizole	2*
17	吡噻菌胺	penthiopyrad	3*	53	氟噻虫砜	fluensulfone	0.5*
18	吡唑醚菌酯	pyraclostrobin	2	54	氟酰脲	Novaluron	0.5
19	丙森锌	propineb	5	55	氟唑菌酰胺	fluxapyroxad	2*
20	丙酯杀螨醇	chloropropylate	0.02*	56	福美双	thiram	5
21	草铵膦	Glufosinate-ammonium	0.3	57	福美锌	ziram	5
22	草甘膦	glyphosate	0.1	58	腐霉利	procymidone	10
23	草枯醚	chlornitrofen	0.01*	59	咯菌腈	fludioxonil	3
24	草芽畏	2,3,6-TBA	0.01*	60	格螨酯	2,4-dichlorophenyl benzenesulfonate	0.01*
25	代森铵	amobam	5	61	庚烯磷	heptenophos	0.01*
26	代森联	metiram	5	62	环螨酯	cycloprate	0.01*
27	代森锰锌	mancozeb	5	63	环酰菌胺	fenhexamid	10*
28	敌百虫	trichlorfon	0.2	64	活化酯	acibenzolar-Smethyl	0.15
29	敌草快	diquat	0.05	65	甲氨基阿维菌素苯甲酸盐	emamectin benzoate	0.1
30	敌敌畏	dichlorvos	0.2	66	甲胺磷	methamidophos	0.05
31	敌螨普	dinocap	0.5*	67	甲拌磷	phorate	0.01
32	地虫硫磷	fonofos	0.01	68	甲苯氟磺胺	tolylfluanid	5
33	丁氟螨酯	cyflumetofen	0.6	69	甲磺隆	Metsulfuron-methyl	0.01
34	丁硫克百威	carbosulfan	0.01	70	甲基对硫磷	parathion-methyl	0.02
35	啶虫脒	acetamiprid	2	71	甲基硫环磷	phosfolan-methyl	0.03*
36	啶酰菌胺	boscalid	3	72	甲基异柳磷	isofenphos-methyl	0.01*

表 B.1（续）

序号	农药通用名	农药英文名称	最大残留限量 mg/kg	序号	农药通用名	农药英文名称	最大残留限量 mg/kg
73	甲硫威	methiocarb	1*	119	氰戊菊酯和S-氰戊菊酯	fenvalerate and esfenvalerate	0.2
74	甲氰菊酯	fenpropathrin	2	120	噻草酮	cycloxydim	3*
75	甲氧虫酰肼	methoxyfenozide	2	121	噻虫胺	clothianidin	0.07
76	甲氧滴滴涕	methoxychlor	0.01	122	噻虫啉	thiacloprid	1
77	腈菌唑	myclobutanil	1	123	噻虫嗪	thiamethoxam	0.5
78	久效磷	monocrotophos	0.03	124	噻螨酮	hexythiazox	0.5
79	抗蚜威	pirimicarb	1	125	噻嗪酮	buprofezin	3
80	克百威	carbofuran	0.02	126	三氟硝草醚	fluorodifen	0.01*
81	克菌丹	captan	15	127	三氯杀螨醇	dicofol	0.01
82	喹氧灵	quinoxyfen	1	128	三唑醇	triadimenol	0.7
83	乐果	dimethoate	0.01	129	三唑酮	triadimefon	0.7
84	乐杀螨	binapacryl	0.05*	130	杀虫脒	chlordimeform	0.01
85	联苯肼酯	bifenazate	2	131	杀虫畏	tetrachlorvinphos	0.01
86	联苯菊酯	bifenthrin	1	132	杀螟硫磷	fenitrothion	0.5
87	磷胺	phosphamidon	0.05	133	杀扑磷	methidathion	0.05
88	硫丹	endosulfan	0.05	134	水胺硫磷	isocarbophos	0.05
89	硫环磷	phosfolan	0.03	135	四氟醚唑	tetraconazole	3
90	硫线磷	cadusafos	0.02	136	四螨嗪	clofentezine	2
91	螺虫乙酯	spirotetramat	1.5*	137	速灭磷	mevinphos	0.01
92	螺甲螨酯	spiromesifen	3*	138	特丁硫磷	terbufos	0.01*
93	螺螨酯	spirodiclofen	2	139	特乐酚	dinoterb	0.01*
94	氯苯甲醚	chloroneb	0.01	140	涕灭威	aldicarb	0.02
95	氯苯嘧啶醇	fenarimol	1	141	甜菜安	desmedipham	0.05
96	氯虫苯甲酰胺	chlorantraniliprole	1*	142	肟菌酯	trifloxystrobin	1
97	氯氟氰菊酯和高效氯氟氰菊酯	cyhalothrin and lambda-cyhalothrin	0.2	143	戊菌唑	penconazole	0.1
98	氯化苦	chloropicrin	0.05	144	戊硝酚	dinosam	0.01*
99	氯磺隆	chlorsulfuron	0.01	145	戊唑醇	tebuconazole	2
100	氯菊酯	permethrin	1	146	烯虫炔酯	kinoprene	0.01*
101	氯氰菊酯和高效氯氰菊酯	cypermethrin and beta-cypermethrin	0.07	147	烯虫乙酯	hydroprene	0.01*
102	氯酞酸	chlorthal	0.01*	148	烯酰吗啉	dimethomorph	0.05
103	氯酞酸甲酯	chlorthal-dimethyl	0.01	149	消螨酚	dinex	0.01*
104	氯唑磷	isazofos	0.01	150	硝苯菌酯	meptyldinocap	0.3*
105	马拉硫磷	malathion	1	151	硝磺草酮	mesotrione	0.01
106	茅草枯	dalapon	0.01*	152	辛硫磷	phoxim	0.05
107	咪唑菌酮	fenamidone	0.04	153	溴甲烷	methyl bromide	0.02*
108	醚菌酯	kresoxim-methyl	2	154	溴螨酯	bromopropylate	2
109	嘧菌环胺	cyprodinil	2	155	溴氰虫酰胺	cyantraniliprole	4*
110	嘧菌酯	azoxystrobin	10	156	溴氰菊酯	deltamethrin	0.2
111	嘧霉胺	pyrimethanil	7	157	氧乐果	omethoate	0.02
112	灭草环	tridiphane	0.05*	158	依维菌素	ivermectin	0.1*
113	灭多威	methomyl	0.2	159	乙基多杀菌素	spinetoram	0.15*
114	灭菌丹	folpet	5	160	乙酰甲胺磷	acephate	0.02
115	灭螨醌	acequincyl	0.01	161	乙酯杀螨醇	chlorobenzilate	0.01
116	灭线磷	ethoprophos	0.02	162	异丙噻菌胺	isofetamid	4*
117	内吸磷	demeton	0.02	163	抑草蓬	erbon	0.05*
118	嗪氨灵	triforine	1*	164	抑霉唑	imazalil	2

表 B.1（续）

序号	农药通用名	农药英文名称	最大残留限量 mg/kg	序号	农药通用名	农药英文名称	最大残留限量 mg/kg
165	茚草酮	indanofan	0.01*	172	毒杀芬	camphechlor	0.05*
166	蝇毒磷	coumaphos	0.05	173	六六六	HCH	0.05
167	治螟磷	sulfotep	0.01	174	氯丹	chlordane	0.02
168	唑螨酯	fenpyroximate	0.8	175	灭蚁灵	mirex	0.01
169	艾氏剂	aldrin	0.05	176	七氯	heptachlor	0.01
170	滴滴涕	DDT	0.05	177	异狄氏剂	endrin	0.05
171	狄氏剂	dieldrin	0.02				
注：此表引用《食品安全国家标准　食品中农药最大残留限量》(GB 2763—2021)，其最新版本(包括所有的修改单)适用于本文件。							
* 该限量为临时限量。							

ICS 65.020.20
CCS B 05

NY

中华人民共和国农业行业标准

NY/T 4246—2022

葡萄生产全程质量控制技术规范

Technical specification for quality control of grape during whole process of production

2022-11-11 发布 2023-03-01 实施

中华人民共和国农业农村部 发布

前　言

本文件按照 GB/T 1.1—2020《标准化工作导则　第 1 部分:标准化文件的结构和起草规则》的规定起草。

请注意本文件的某些内容可能涉及专利。本文件的发布机构不承担识别专利的责任。

本文件由农业农村部农产品质量安全监管司提出。

本文件由农业农村部农产品质量安全中心归口。

本文件起草单位:浙江省农业科学院、浙江省植物病理学会、山东省农业科学院、山东省博兴县曹王镇曹乡缘葡萄种植农场、浦江县十里阳光农业发展有限公司。

本文件主要起草人:宋雯、赵学平、苍涛、张锋、陈丽萍、王玉涛、戴芬、胡心意、王强、徐明飞、吴长兴、王艳丽。

葡萄生产全程质量控制技术规范

1 范围

本文件规定了葡萄生产的组织管理、技术要求和产品质量管理等全程质量控制要求。

本文件适用于农业企业、合作社、家庭农场等规模生产主体开展葡萄生产全程质量控制,其他生产主体可参照使用。

2 规范性引用文件

下列文件中的内容通过文中的规范性引用而构成本文件必不可少的条款。其中,注日期的引用文件,仅该日期对应的版本适用于本文件;不注日期的引用文件,其最新版本(包括所有的修改单)适用于本文件。

GB 2761 食品安全国家标准 食品中真菌毒素限量
GB 2762 食品安全国家标准 食品中污染物限量
GB 2763 食品安全国家标准 食品中农药最大残留限量
GB 4806.7 食品安全国家标准 食品接触用塑料材料及制品
GB/T 6543 运输包装用单瓦楞纸箱和双瓦楞纸箱
GB 15569 农业植物调运检疫规程
GB/T 16862 鲜食葡萄冷藏技术
GB/T 32950 鲜活农产品标签标识
JB/T 10594 日光温室和塑料大棚结构与性能要求
JB/T 10595 寒地节能日光温室建造规程
NY 469 葡萄苗木
NY/T 857 葡萄产地环境技术条件
NY/T 896 绿色食品 产品抽样准则
NY/T 1778 新鲜水果包装标识 通则
NY/T 1998 水果套袋技术规程 鲜食葡萄
NY/T 2379 葡萄苗木繁育技术规程
NY/T 2682 酿酒葡萄生产技术规程
NY/T 3026 鲜食浆果类水果采后预冷保鲜技术规程
NY/T 3628 设施葡萄栽培技术规程
NY/T 5088 无公害食品 鲜食葡萄生产技术规程

3 术语和定义

本文件没有需要界定的术语和定义。

4 组织管理

4.1 组织机构

4.1.1 葡萄生产者应经法人登记,建立与生产规模相适应的组织机构,其组织形式可采用但不限于以下形式:企业、合作社、家庭农场、种植大户牵头的生产基地、公司+基地+农户等。

4.1.2 应建立与生产相适应的组织机构,宜包含生产、销售、质量管理、检验等部门,明确各管理部门和各岗位人员职责。

4.2 文件管理

4.2.1 葡萄生产主体应根据实际生产编制适用的制度、程序和作业指导书等文件，并在相应功能区上墙明示。

4.2.2 制度和程序文件宜包括：组织机构文件、员工管理制度、内部自查制度、记录和档案管理制度、投入品管理制度（含采购、储存、使用、维护、处置程序）、产品质量管理制度（含抽样检测制度、追溯管理制度和投诉处理程序）、卫生管理制度和紧急事故处理程序等。

4.2.3 作业指导书宜包括：品种选择、土肥水管理、树体管理及整形修剪、生长调控、病虫害防治、采收、分级、储藏和包装标识、运输、抽样检测等环节。

4.3 员工管理

4.3.1 应配备与生产规模相适应的管理人员、技术人员和生产人员，应建立和保存所有人员相关能力、教育和专业资格、培训、健康等记录。

4.3.2 应对所有人员进行公共卫生和质量安全基础知识培训。从事品种选择、土肥水管理、树体管理及整形修剪、生长调控、病虫害防治、投入品管理、采收、分级、储藏和包装标识、运输、抽样检验等葡萄生产关键岗位的人员应进行必要的相关技术培训。

4.3.3 每个工作场所应至少配备 1 名受过应急、救护培训，并具有处理能力的人员。

4.3.4 应为从事农药等投入品使用的特定工作人员提供必要的防护条件（如胶靴、防护服、橡胶手套、口罩等）。

4.3.5 直接接触葡萄采收、分级和包装的人员应身体健康，并定期体检。

4.4 内部自查

4.4.1 应制定内部自查制度和自查表，至少每年进行 1 次内部自查，保存相关记录。

4.4.2 针对内部自查结果发现的问题，制定有效的整改措施，实施并记录。

4.5 记录管理

4.5.1 全程记录应涵盖并如实反映葡萄生产全过程，宜包括基本情况记录（园地布局、地块和排灌基本情况），生产过程记录（追溯码，农事管理记录，农业投入品采购、储存、使用、维护、处置记录，采收、分级、储藏、包装标识、运输物流记录，产品销售记录等），检验及调查记录（环境、投入品和产品质量等），人员相关记录和内部自查记录等。

4.5.2 记录可包括纸质记录及电子记录。所有记录，保存期应不少于 2 年。

5 技术要求

5.1 园地选择与园区规划

5.1.1 园地选择

5.1.1.1 葡萄生产园地应具备生产所必需条件，建园宜选择土层深厚的冲积土、壤土、黏壤土、沙壤土和轻黏土，光照充足，水源充足，排灌便利的地块。

5.1.1.2 园地应远离污染源。园地气候条件、土壤条件和质量、空气质量、灌溉水质量应符合 NY/T 857 的规定。

5.1.1.3 宜从以下几个方面对园地环境进行调查和评估，并保存相关的调查和评估记录：

a) 园地种植的前茬及相邻作物，不能与葡萄有忌避，如榆树、松柏等；

b) 园地以前的土地使用情况以及重金属、化学农药（特别是长残留农药）的残留情况；

c) 周围农用、民用和工业用水的排污情况以及土壤的浸蚀和溢流情况；

d) 周围农业生产中农药等化学品的施用方式是否对葡萄存在漂移影响。

5.1.2 园区规划

5.1.2.1 根据经营规模、地形、坡向和坡度，划分作业区，铺设园区道路网与排灌系统。应建有分别存放投入品和葡萄的专用仓库，及葡萄产品分级、包装、储藏、检测等专用场所，并配备相应设备。设有盥洗室和废弃物存放区。有关区域应设置醒目的平面图、标志、标示等。

5.1.2.2 根据环境条件、葡萄品种和栽培方式，配备相应的生产设施，如日光温室、塑料大棚和避雨棚等。日光温室和塑料大棚的建造按 JB/T 10594 的规定执行。寒地节能日光温室的建造按 JB/T 10595 的规定执行。避雨棚的建造按 NY/T 3628 中有关规定执行。

5.2 农业投入品管理

5.2.1 采购

5.2.1.1 应选择具备必要资质、未发生重大经营事故及严重社会问题的农资经销商，并对其产品质量保证能力和服务能力等进行评估。建立登记台账，并保存相关票据等文件资料。

5.2.1.2 购买的苗木应符合 NY 469 的质量标准，应附检疫合格证；跨境调运时，按 GB 15569 的规定执行。

5.2.1.3 农药应标签清晰，农药登记证号、农药生产许可证号和产品质量标准号齐全。不应采购超过保质期的农药以及国家禁止使用的农药。

5.2.1.4 商品肥料应标签清晰，宜包含生产许可证号、肥料登记证号、执行标准号等信息。不应采购超过保质期的商品肥料。

5.2.1.5 采购的农膜、器械、设备等应有产品质量合格证明。

5.2.2 储存

5.2.2.1 农业投入品应有专人管理，并建有入库、出库和领用台账记录。

5.2.2.2 农业投入品仓库应保持清洁、干燥、安全，有相应的标识，配备通风、避光、防潮、防火、防盗、防爆、防虫、防鼠、防鸟、防渗等设施。

5.2.2.3 不同种类的农业投入品应按产品标签规定的储存条件，分区域存放。根据要求采用隔离（如墙、隔板）等方式防止交叉污染，有清晰醒目标识。危险品应有危险警告标识。

5.2.3 使用

5.2.3.1 建立并保存农药、肥料、器械及设备的使用记录。内容包括作业地块、农药或肥料名称、防治对象或作用、生产厂家、成分含量、施用量、施用方法、施用器械、施用时间、施用次数、农药安全间隔期、施用人等。

5.2.3.2 遵守投入品使用要求，选择合适的施用器械，适时、适量、科学合理使用投入品。

5.2.3.3 设有农药肥料配制专用区域，并有相应的设施。配制区域应远离水源、居所、畜牧栏、水产养殖场等场所。

5.2.3.4 施药器械及设施设备等使用完毕，及时清洁干净。

5.2.4 维护、处置

5.2.4.1 按农业投入品类别分别建立和保存维护、处置记录，内容包括投入品信息、维护或处置方式和时间等。

5.2.4.2 施药器械及设备每年应至少校验 1 次，定期维护。

5.2.4.3 剩余、变质、过期的废液和废弃物应及时收集；损坏的农膜、器械和设备等应做好标记。分类回收，安全处置，不应随意丢弃。

5.3 种植管理

5.3.1 品种选择

5.3.1.1 选择与环境条件相适应的葡萄品种，兼顾品种抗性和市场需求。

5.3.1.2 同一地块、棚室定植品种时，宜选择同一品种或生育期基本一致的同一品种群的品种。

5.3.1.3 如自行繁育苗木，则按照 NY/T 2379 的规定执行。

5.3.2 土壤管理

5.3.2.1 记录各地块地势、土壤类型、土层深度和地下水位等。2 年～3 年对土壤肥力进行检测分析。建立和保存相关记录和检测报告。

5.3.2.2 根据土壤状况、前茬作物及土传病虫害和化感物质的情况，确定栽种葡萄前是否应进行土壤消毒处理。

5.3.2.3 采用兼顾土壤和品种特性的土壤管理制度，根据检测结果，保持或改良土壤结构，对不符合相应标准要求的土壤应局部改良或采取根域限制栽培管理。

5.3.3 施肥管理

5.3.3.1 肥料施用按照 NY/T 5088 的规定执行。提倡多施有机肥、禁止施用工业垃圾、医院垃圾、城镇生活垃圾、污泥和未经处理的畜禽粪便。

5.3.3.2 萌芽期、坐果期、膨大期、转熟/色期和采后期是施肥的关键时期，根据葡萄的养分需求、树体生长发育情况、土壤肥力与肥料利用率，制订年度平衡施肥方案并组织实施。

5.3.4 水分管理

5.3.4.1 根据葡萄年生长周期中需水规律、气候条件、栽培方式、土壤墒情和地下水位等关键参数，制订生育期排灌方案，适时灌排，防止旱涝。

5.3.4.2 萌芽期、开花前、落花后到转熟/色期、采收后和封冻期需要良好的水分供应。花期、转色期到成熟期，以及果实采收前需要适当减少给水量。

5.3.4.3 提倡采用微喷灌、滴灌、渗灌等节水灌溉措施及水肥耦合的灌溉方式。

5.3.5 生长调控

5.3.5.1 遵循“生产必须、适期调控、谨慎用药”的原则，综合考虑品种、生育期、天气条件和水肥状态等，根据葡萄生产关键节点的调控需求，适期调控。必需时，可按农药标签使用植物生长调节剂。葡萄上已登记的植物生长调节剂见附录 A 中表 A.1。

5.3.5.2 打破休眠：农艺措施按照 NY/T 3628 的规定执行。在冬/春促早和一年两收栽培中，可使用单氰胺促进休眠解除。

5.3.5.3 拉长花序：坐果好、果穗紧密和果粒较小的品种可采用赤霉酸拉长花序。坐果较差的品种，或者坐果较好但新梢生长旺盛的品种不宜拉长花序。

5.3.5.4 疏花整穗：疏花序、疏穗和疏粒宜适时尽早进行，合理负载。

5.3.5.5 诱导无核：单性结果多的二倍体、四倍体或提早成熟的品种可使用赤霉酸诱导无核。处理应在枝条长势一致、生长健壮的株体上进行，保持水肥充足。

5.3.5.6 保花保果：花期叶面宜喷施硼肥，控制氮肥施用。无核品种、自然坐果率低的大粒品种，以及花前长势太旺盛的品种，或花期遇到低温或阴雨天气影响坐果的葡萄，可采用赤霉酸、氯吡脲等植物生长调节剂处理花穗提高坐果率。无核化处理时，可同步使用氯吡脲保果。

5.3.5.7 膨果壮果：宜及时补充氮、磷、钾大量元素水溶肥和钙、镁等中微量元素肥。自然无核品种、三倍体品种、有核品种无核化栽培的品种可使用植物生长调节剂促进果实膨大。

5.3.5.8 促进转色：可采用铺设反光膜、转果穗、环剥或环割、适时除袋、使用 S-诱抗素等方法。除袋操作按照 NY/T 1998 的规定执行。

5.3.6 病虫害管理

5.3.6.1 遵循“预防为主，综合防治”的植保方针，在优先采用农业防治的基础上，协调运用物理防治、生物防治、化学防治来控制病虫害的发生。

5.3.6.2 农业防治：主要有选用脱毒、抗(耐)性优良品种和砧木；合理修剪，避免树冠郁蔽；采用滴灌、铺膜等技术；中耕除草，清洁田园；间作绿肥或行间生草，改善天敌栖息环境；剪除病虫枝、摘除病僵果、清除枯枝落叶、刮除树干翘皮，集中销毁或深埋。

5.3.6.3 物理防治：主要有采用色板等诱杀害虫，机械捕捉害虫；设置防虫网，阻隔害虫及飞鸟迁入；果实套袋和避雨栽培。

5.3.6.4 生物防治：主要有释放寄生性和捕食性天敌，利用性信息素诱杀害虫或干扰交配；采用糖醋液诱杀害虫;放养家禽啄食害虫、除草;使用生物源农药。

5.3.6.5 化学防治:根据病虫发生规律及监测预报,适时用药。不使用国家禁止使用的农药,出口产品还需满足目标市场的要求。优先选用在葡萄上已登记的高效、低毒、低残留农药,注意农药的轮换使用。严格按照农药标签规定的方法、剂量、施药次数和安全间隔期等信息规范用药。葡萄上已登记的杀菌剂和杀虫剂分别见表A.2和表A.3。

5.4 采收管理

5.4.1 采收要求

5.4.1.1 应做好采收记录,包含采收人、采收品种、采收时间、采收数量和产品质量等内容。

5.4.1.2 采收时,确保所用农药已过安全间隔期。采收前应对葡萄质量安全进行检验,真菌毒素限量应符合GB 2761的规定;污染物含量应符合GB 2762的规定;农药残留量应符合GB 2763的规定,见附录B。检验合格后采收。

5.4.1.3 根据品种特性和采后用途确定最适宜的采收时期。鲜食葡萄在具有该品种典型色泽、香气、糖度和口感后,即可采收。酿酒葡萄采收期的确定按NY/T 2682的规定执行。熟期不一致的宜分批采收。

5.4.1.4 采收应避免在雨后、阴雨天气、露水未干或浓雾时进行,宜在清晨露水干后的上午或阴天气温较低时进行。

5.4.1.5 采收时一手提穗梗,一手用采果剪在贴近母枝处剪下,宜带有长的穗梗。过程中应轻拿轻放,避免损伤果穗和果粉。

5.4.2 卫生要求

5.4.2.1 采收配备专用容器,容器内部干净、光洁,以免对果实造成伤害。重复使用的采收工具应及时清洗维护。

5.4.2.2 采收时,采收人员应穿着干净工作服并佩戴手套,防止污染葡萄。

5.5 分级、储藏和包装标识管理

5.5.1 分级要求

分级前须集中对果穗进行整修,葡萄应新鲜,完好,洁净,无可见异物,无腐烂和变质果实。根据市场、品种性状进行分级,鲜食葡萄分级要求见附录C。

5.5.2 储藏要求

5.5.2.1 果穗质量要求、库房储前准备、入库堆码和湿度管理按照GB/T 16862的规定执行。

5.5.2.2 欧美杂交种适宜储藏温度为(−1±0.5)℃,欧亚种晚熟、极晚熟品种适宜储藏温度为(−0.5±0.5)℃,中早熟品种、果梗脆嫩、皮薄及含糖量偏低的品种适宜储藏温度为(0±0.5)℃。

5.5.2.3 气体调节和出库管理按NY/T 3026的规定执行。

5.5.2.4 采用的保鲜剂应在登记范围内,并按农药标签规范使用。

5.5.3 包装标识要求

5.5.3.1 应符合NY/T 1778的规定。

5.5.3.2 操作过程中避免对葡萄造成机械损伤和二次污染。

5.5.3.3 宜单穗小袋/盒包装,每个包装所装的葡萄重量不宜超过5 kg。包装容器宜有软垫层和通气孔。包装材料应分别符合GB 4806.7和GB/T 6543的规定要求。不宜过度包装。

5.5.3.4 包装容器外面应注明商标、合格证、产品名称、生产者、等级、重量、产地、认证标志及采收、包装日期等内容。标识内容和方式应符合GB/T 32950的相关要求。

5.5.4 卫生要求

5.5.4.1 分级、包装应有专用场所,遮阴避雨,清洁卫生。配备操作台、更衣室、洗手池等。照明设备应有防爆设施。配有防止动物进入的设施。与盥洗室保持足够的距离。

5.5.4.2 储藏场所和包装材料仓库应独立设置,不与有毒有害物质、农药等投入品和其他农产品混储。

包装材料仓库宜与包装场所相连接。

5.5.4.3　操作人员应穿着工作服、戴口罩和乳胶手套操作。

5.6　运输管理

5.6.1　运载车辆应清洁卫生，避免葡萄受到直接日晒、雨淋，并具有较好的抗震、通风等性能。

5.6.2　无冷藏条件时，宜在清晨和傍晚气温较低时运输。

5.6.3　运输时，应保持包装的完整性，不与其他有毒、有害物质混装。

6　产品质量管理

6.1　抽样检测

生产者应在上市销售前，对葡萄进行抽样自检或送至具备检测资质的检测机构，检测合格后方能上市销售，并附农产品质量安全合格证或承诺书。抽样方法按 NY/T 896 中水果类产品抽样方法的规定执行。建立和保存检测记录及报告。

6.2　追溯管理

宜采用产品编码或二维码等现代信息技术编制追溯码。追溯码的编制和使用应在追溯管理制度文件中规定。追溯码宜包括葡萄品种、种植田块号、采收时间等信息内容。每给定一个追溯码均应有记录。

6.3　投诉处理

对于有效投诉和葡萄质量安全问题，应根据投诉处理程序，采取相应的纠正措施，并记录。发现葡萄产品有安全危害时，应及时通知相关方(管理部门/客户/消费者)并召回产品。

附　录　A
（资料性）
葡萄上允许使用的生长调节、病虫害防控的农药

表 A.1～表 A.3 分别列出了葡萄上允许使用的植物生长调节剂、杀菌剂和杀虫剂。此表引用自中国农药信息网（http://www.chinapesticide.org .cn/），最新葡萄登记农药产品情况适用于本文件，国家新禁用的农药自动从本清单中删除。

表 A.1　葡萄上允许使用的植物生长调节剂

调节对象	农药通用名
提高插条成活率	萘乙酸、吲哚丁酸
打破休眠	单氰胺
无核	赤霉酸 GA3
提高坐果率	赤霉酸 GA3、赤霉酸 GA4＋赤霉酸 GA7、氯吡脲、苄氨基嘌呤
促进果实生长	噻苯隆、氯吡脲、赤霉酸 GA3、赤霉酸 GA4＋赤霉酸 GA7、苄氨基嘌呤、羟烯腺嘌呤、烯腺嘌呤
促进着色	S-诱抗素、氯化胆碱、三十烷醇、胺鲜酯、乙烯利
保鲜	1-甲基环丙烯
其他调节生长用途	芸薹素内酯、28-高芸薹素内酯、丙酰芸薹素内酯、24-表芸薹素内酯、22、23、24-表芸薹素内酯、14-羟基芸薹素甾醇、几丁聚糖、吲哚乙酸、烯腺嘌呤、羟烯腺嘌呤、二氢卟吩铁

表 A.2　葡萄上允许使用的杀菌剂

防治对象	农药通用名
霜霉病	丁子香酚、氰霜唑、波尔多液、松脂酸铜、双炔酰菌胺、氢氧化铜、啶氧菌酯、克菌丹、哈茨木霉菌、苦参碱、氧化亚铜、喹啉铜、硫酸铜钙、醚菌酯、霜脲氰、苯醚甲环唑、霜霉威盐酸盐、烯酰吗啉、多菌灵、福美双、嘧菌酯、百菌清、甲霜灵、吡唑醚菌酯、戊唑醇、代森联、丙森锌、代森锰锌、井冈霉素、唑嘧菌胺、精甲霜灵、噁唑菌酮、烯肟菌酯、氟吡菌胺、氟噻唑吡乙酮、灭菌丹、三乙膦酸铝、肟菌酯、缬霉威、氟吗啉、氟醚菌酰胺、王铜、蛇床子素、春雷霉素、壬菌铜、氨基寡糖素、异菌脲、二氰蒽醌、缬菌胺、噻霉酮
白粉病	嘧啶核苷类抗菌素、多抗霉素、蛇床子素、甲基硫菌灵、β-羽扇豆球蛋白多肽、氟环唑、百菌清、大黄素甲醚、硫黄、石硫合剂、氟菌唑、氟唑菌酰胺、嘧菌酯、苯醚甲环唑、肟菌酯、戊菌唑、己唑醇、乙嘧酚磺酸酯、戊唑醇、啶酰菌胺、双胍三辛烷基苯磺酸盐、吡唑醚菌酯、嘧菌环胺
灰霉病	β-羽扇豆球蛋白多肽、解淀粉芽孢杆菌 QST713、苦参碱、哈茨木霉菌、木霉菌、咯菌腈、吡唑醚菌酯、井冈霉素、吡噻菌胺、双胍三辛烷基苯磺酸盐、啶酰菌胺、氟唑菌酰胺、氟吡菌酰胺、肟菌酯、嘧菌环胺、异菌脲、腐霉利、嘧霉胺、氟唑菌酰羟胺
白腐病	福美双、戊菌唑、氟硅唑、波尔多液、代森锰锌、嘧菌酯、苯醚甲环唑、抑霉唑、戊唑醇、氟吡菌酰胺、肟菌酯、甲基硫菌灵、克菌丹、吡唑醚菌酯、代森联、井冈霉素、多菌灵、啶酰菌胺、咪鲜胺
黑痘病	井冈霉素、嘧菌酯、代森锰锌、氟硅唑、百菌清、烯唑醇、苯醚甲环唑、亚胺唑、啶氧菌酯、咪鲜胺锰盐、咪鲜胺、氟吡菌酰胺、肟菌酯、戊唑醇、喹啉铜、噻菌灵、嘧霉胺、二氰蒽醌
炭疽病	苯醚甲环唑、腈菌唑、抑霉唑、烯唑醇、咪鲜胺、氯氟醚菌唑、多抗霉素、氟硅唑、苦参碱、吡唑醚菌酯、克菌丹、戊唑醇、嘧菌酯、多菌灵、己唑醇、氟环唑
穗轴褐枯病	丙硫唑、氟唑菌酰胺、苯醚甲环唑、醚菌酯、啶酰菌胺
斑点病	井冈霉素

表 A.3　葡萄上允许使用的杀虫剂

防治对象	农药通用名
绿盲蝽	苦皮藤素
蚜虫	苦参碱
盲蝽	氟啶虫胺腈
介壳虫	噻虫嗪
蓟马	乙基多杀菌素

附 录 B
(资料性)
葡萄中农药最大残留限量

葡萄中农药最大残留限量见表B.1。

表B.1 葡萄中农药最大残留限量

序号	农药通用名	农药英文名称	最大残留限量 mg/kg	序号	农药通用名	农药英文名称	最大残留限量 mg/kg
1	阿维菌素	abamectin	0.03	28	啶酰菌胺	boscalid	5
2	胺苯吡菌酮	fenpyrazamine	4*	29	啶氧菌酯	picoxystrobin	1
3	百菌清	chlorothalonil	10	30	毒死蜱	chlorpyrifos	0.5
4	苯并烯氟菌唑	benzovindiflupyr	1*	31	多菌灵	carbendazim	3
5	苯丁锡	fenbutatinoxide	5	32	多抗霉素	polyoxins	10*
6	苯氟磺胺	dichlofluanid	15	33	多杀霉素	spinosad	0.5*
7	苯菌酮	metrafenone	5*	34	噁唑菌酮	famoxadone	5
8	苯醚甲环唑	difenoconazole	0.5	35	二氰蒽醌	dithianon	2*
9	苯嘧磺草胺	saflufenacil	0.01*	36	二溴磷	naled	0.01*
10	苯霜灵	benalaxyl	0.3	37	粉唑醇	flutriafol	0.8
11	苯酰菌胺	zoxamide	5	38	呋虫胺	dinotefuran	0.9
12	吡虫啉	imidacloprid	1	39	氟苯虫酰胺	flubendiamide	2*
13	吡氟禾草灵和精吡氟禾草灵	Fluazifop and fluazifop-P-butyl	0.01	40	氟苯脲	teflubenzuron	0.7
14	吡唑醚菌酯	pyraclostrobin	2	41	氟吡呋喃酮	flupyradifurone	3*
15	丙硫多菌灵	albendazole	2*	42	氟吡甲禾灵和高效氟吡甲禾灵	haloxyfop-methyl and haloxyfop-P-methyl	0.02*
16	丙炔氟草胺	flumioxazin	0.02	43	氟吡菌胺	fluopicolide	2*
17	丙森锌	propineb	5	44	氟吡菌酰胺	fluopyram	2*
18	草铵膦	glufosinate-ammonium	0.1	45	氟啶虫胺腈	sulfoxaflor	2*
19	虫酰肼	tebufenozide	2	46	氟硅唑	flusilazole	0.5
20	代森铵	amobam	5	47	氟环唑	epoxiconazole	0.5
21	代森联	metiram	5	48	氟菌唑	triflumizole	1*
22	代森锰锌	mancozeb	5	49	氟吗啉	flumorph	5*
23	单氰胺	cyanamide	0.05*	50	福美双	thiram	5
24	敌草腈	dichlobenil	0.05*	51	福美锌	ziram	5
25	敌螨普	dinocap	0.5*	52	腐霉利	procymidone	5
26	丁氟螨酯	cyflumetofen	0.6	53	咯菌腈	fludioxonil	2
27	啶虫脒	acetamiprid	0.5	54	环酰菌胺	fenhexamid	15*

表 B.1（续）

序号	农药通用名	农药英文名称	最大残留限量 mg/kg	序号	农药通用名	农药英文名称	最大残留限量 mg/kg
55	己唑醇	onazole	0.1	90	三环锡	cyhexatin	0.3
56	甲氨基阿维菌素苯甲酸盐	emamectin benzoate	0.03	91	三乙膦酸铝	fosetyl-aluminium	10*
57	甲苯氟磺胺	tolylfluanid	3	92	三唑醇	triadimenol	0.3
58	甲基硫菌灵	thiophanate-methyl	3	93	三唑酮	triadimefon	0.3
59	甲霜灵和精甲霜灵	metalaxyl and metalaxyl-M	1	94	三唑锡	azocyclotin	0.3
60	甲氧虫酰肼	methoxyfenozide	1	95	杀草强	amitrole	0.05
61	腈苯唑	fenbuconazole	1	96	双胍三辛烷基苯磺酸盐	iminoctadinetris (albesilate)	1*
62	腈菌唑	myclobutanil	1	97	双炔酰菌胺	mandipropamid	2*
63	克菌丹	captan	5	98	霜霉威和霜霉威盐酸盐	propamocarb and propamocarb hydrochloride	2
64	喹啉铜	oxine-copper	3	99	霜脲氰	cymoxanil	0.5
65	喹氧灵	quinoxyfen	2	100	四螨嗪	clofentezine	2
66	联苯肼酯	bifenazate	0.7	101	肟菌酯	trifloxystrobin	3
67	联苯菊酯	bifenthrin	0.3	102	戊菌唑	penconazole	0.2
68	螺虫乙酯	spirotetramat	2*	103	戊唑醇	tebuconazole	2
69	螺螨酯	spirodiclofen	0.2	104	烯肟菌酯	enestroburin	1
70	氯苯嘧啶醇	fenarimol	0.3	105	烯酰吗啉	dimethomorph	5
71	氯吡脲	forchlorfenuron	0.05	106	烯唑醇	diniconazole	0.2
72	氯氰菊酯和高效氯氰菊酯	cypermethrin and beta-cypermethrin	0.2	107	硝苯菌酯	meptyldinocap	0.2*
73	氯硝胺	dicloran	7	108	溴螨酯	bromopropylate	2
74	马拉硫磷	malathion	8	109	溴氰菊酯	deltamethrin	0.2
75	咪鲜胺和咪鲜胺锰盐	prochloraz and prochloraz-manganese chloride complex	2	110	亚胺硫磷	phosmet	10
76	咪唑菌酮	fenamidone	0.6	111	亚胺唑	imibenconazole	3*
77	醚菊酯	etofenprox	4	112	乙基多杀菌素	spinetoram	0.3*
78	醚菌酯	kresoxim-methyl	1	113	乙螨唑	etoxazole	0.5
79	嘧菌环胺	cyprodinil	20	114	乙嘧酚磺酸酯	bupirimate	0.5
80	嘧霉胺	pyrimethanil	4	115	乙烯利	ethephon	1
81	灭菌丹	folpet	10	116	异丙噻菌胺	isofetamid	3*
82	萘乙酸和萘乙酸钠	1-naphthylacetic acid and sodium1-naphthalacitic acid	0.1	117	异菌脲	iprodione	10
83	氰霜唑	cyazofamid	1	118	抑霉唑	imazalil	5
84	噻苯隆	thidiazuron	0.05	119	茚虫威	indoxacarb	2
85	噻草酮	cycloxydim	0.3*	120	莠去津	atrazine	0.05
86	噻虫胺	clothianidin	0.7	121	唑螨酯	fenpyroximate	0.1
87	噻菌灵	thiabendazole	5	122	唑嘧菌胺	ametoctradin	2*
88	噻螨酮	hexythiazox	1	123	2,4-滴和2,4-滴钠盐	2,4-D and 2,4-DNa	0.1
89	噻嗪酮	buprofezin	1	124	胺苯磺隆	ethametsulfuron	0.01

表 B.1（续）

序号	农药通用名	农药英文名称	最大残留限量 mg/kg	序号	农药通用名	农药英文名称	最大残留限量 mg/kg
125	巴毒磷	crotoxyphos	0.02*	171	茅草枯	Dalapon	0.01*
126	百草枯	paraquat	0.01*	172	嘧菌酯	Azoxystrobin	5
127	倍硫磷	fenthion	0.05	173	灭草环	tridiphane	0.05*
128	苯线磷	fenamiphos	0.02	174	灭多威	methomyl	0.2
129	丙酯杀螨醇	chloropropylate	0.02*	175	灭螨醌	acequincyl	0.01
130	草甘膦	glyphosate	0.1	176	灭线磷	ethoprophos	0.02
131	草枯醚	chlornitrofen	0.01*	177	内吸磷	Demeton	0.02
132	草芽畏	2,3,6-TBA	0.01*	178	氰戊菊酯和S-氰戊菊酯	fenvalerate and esfenvalerate	0.2
133	敌百虫	trichlorfon	0.2	179	噻虫啉	thiacloprid	1
134	敌敌畏	dichlorvos	0.2	180	噻虫嗪	thiamethoxam	0.5
135	地虫硫磷	fonofos	0.01	181	三氟硝草醚	fluorodifen	0.01*
136	丁硫克百威	carbosulfan	0.01	182	三氯杀螨醇	dicofol	0.01
137	毒虫畏	chlorfenvinphos	0.01	183	杀虫脒	chlordimeform	0.01
138	毒菌酚	hexachlorophene	0.01*	184	杀虫畏	tetrachlorvinphos	0.01
139	对硫磷	parathion	0.01	185	杀螟硫磷	fenitrothion	0.5
140	氟虫腈	fipronil	0.02	186	杀扑磷	methidathion	0.05
141	氟除草醚	fluoronitrofen	0.01*	187	水胺硫磷	isocarbophos	0.05
142	氟唑菌酰胺	fluxapyroxad	7*	188	速灭磷	mevinphos	0.01
143	格螨酯	2,4-dichlorophenyl benzenesulfonate	0.01*	189	特丁硫磷	terbufos	0.01*
144	庚烯磷	heptenophos	0.01*	190	特乐酚	dinoterb	0.01*
145	环螨酯	cycloprate	0.01*	191	涕灭威	aldicarb	0.02
146	甲胺磷	methamidophos	0.05	192	戊硝酚	dinosam	0.01*
147	甲拌磷	phorate	0.01	193	烯虫炔酯	kinoprene	0.01*
148	甲磺隆	metsulfuron-methyl	0.01	194	烯虫乙酯	hydroprene	0.01*
149	甲基对硫磷	parathion-methyl	0.02	195	消螨酚	dinex	0.01*
150	甲基硫环磷	phosfolan-methyl	0.03*	196	硝磺草酮	mesotrione	0.01
151	甲基异柳磷	isofenphos-methyl	0.01*	197	辛硫磷	phoxim	0.05
152	甲氰菊酯	fenpropathrin	5	198	溴甲烷	methyl bromide	0.02*
153	甲氧滴滴涕	methoxychlor	0.01	199	溴氰虫酰胺	cyantraniliprole	4*
154	久效磷	monocrotophos	0.03	200	氧乐果	omethoate	0.02
155	抗蚜威	pirimicarb	1	201	乙酰甲胺磷	acephate	0.02
156	克百威	carbofuran	0.02	202	乙酯杀螨醇	chlorobenzilate	0.01
157	乐果	dimethoate	0.01	203	抑草蓬	erbon	0.05*
158	乐杀螨	binapacryl	0.05*	204	茚草酮	indanofan	0.01*
159	磷胺	phosphamidon	0.05	205	蝇毒磷	coumaphos	0.05
160	硫丹	endosulfan	0.05	206	治螟磷	sulfotep	0.01
161	硫环磷	phosfolan	0.03	207	艾氏剂	aldrin	0.05
162	硫线磷	cadusafos	0.02	208	滴滴涕	DDT	0.05
163	氯苯甲醚	chloroneb	0.01	209	狄氏剂	dieldrin	0.02
164	氯虫苯甲酰胺	chlorantraniliprole	1*	210	毒杀芬	camphechlor	0.05*
165	氯氟氰菊酯和高效氯氟氰菊酯	cyhalothrin and lambda-cyhalothrin	0.2	211	六六六	HCH	0.05
166	氯磺隆	chlorsulfuron	0.01	212	氯丹	chlordane	0.02
167	氯菊酯	permethrin	2	213	灭蚁灵	mirex	0.01
168	氯酞酸	chlorthal	0.01*	214	七氯	heptachlor	0.01
169	氯酞酸甲酯	chlorthal-dimethyl	0.01	215	异狄氏剂	endrin	0.05
170	氯唑磷	isazofos	0.01	216	保棉磷	azinphos-methyl	1

注：此表引用《食品安全国家标准　食品中农药最大残留限量》(GB 2763—2021)，其最新版本(包括所有的修改单)适用于本文件。

* 该限量为临时限量。

附　录　C
（资料性）
鲜食葡萄分级要求及代表性品种的平均果粒重量和可溶性固形物含量

C.1　鲜食葡萄分级要求

鲜食葡萄果穗基本要求：果穗完整、洁净、无异常气味，不落粒，无水罐，无干缩果，无腐烂，无小青粒，无非正常的外来水分，果梗、果蒂发育良好并健壮、新鲜、无伤害。

鲜食葡萄果粒基本要求：充分发育，充分成熟，果形端正，具有本品种固有特征。

鲜食葡萄分级要求见表 C.1。

表 C.1　鲜食葡萄分级要求

项目名称		等级		
		一等果	二等果	三等果
果穗要求	果穗大小，kg	0.4～0.8	0.3～0.4	＜0.3 或＞0.8
	粒着生紧密度	中等紧密	中等紧密	极紧密或稀疏
果粒要求	大小[a]，g	≥平均值的 15%	≥平均值	＜平均值
	果粒整齐度	好	良好	较好
	着色	好	良好	较好
	果粉	完整	完整	基本完整
	果面缺陷	无	缺陷果粒≤2%	缺陷果粒≤5%
	二氧化硫伤害	无	受伤果粒≤2%	受伤果粒≤5%
	可溶性固形物含量[a]，%	≥平均值的 15%	≥平均值	＜平均值
	风味	好	良好	较好

[a] 果粒大小和可溶性固形物含量的平均值见表 C.2。

C.2　我国代表性鲜食葡萄品种的平均果粒重量和可溶性固形物含量要求

见表 C.2。

表 C.2　我国代表性鲜食葡萄品种的平均果粒重量和可溶性固形物含量

品种	单粒重，g	可溶性固形物含量，%
玫瑰香	5.0	17
无核白	2.5	19
瑞必尔	8.0	16
夏黑	8.0	18
阳光玫瑰	10.0	16
秋黑	8.0	17
里扎马特	10.0	15
牛奶	8.0	15
藤稔	15.0	14
红地球	12.0	16
龙眼	6.0	16
圣诞玫瑰	6.0	16
泽香	5.5	17
京秀	7.0	16

表 C.2（续）

品种	单粒重，g	可溶性固形物含量，%
绯红	9.0	14
木讷格	8.0	18
巨峰	10.0	15
无核白鸡心	6.0	15
京亚	9.0	14

ICS 65.020.20
CCS B 31

NY

中华人民共和国农业行业标准

NY/T 4247—2022

设施西瓜生产全程质量控制技术规范

Technical specification for quality control of facility watermelon during whole process of production

2022-11-11 发布

2023-03-01 实施

中华人民共和国农业农村部 发布

前　言

本文件按照 GB/T 1.1—2020《标准化工作导则　第 1 部分:标准化文件的结构和起草规则》的规定起草。

本文件的某些内容可能涉及专利。本文件的发布机构不承担识别专利的责任。

本文件由农业农村部农产品质量安全监管司提出。

本文件由农业农村部农产品质量安全中心归口。

本文件起草单位:北京市农产品质量安全中心、北京农产品质量安全学会、农业农村部农产品质量安全中心、中国科学院沈阳应用生态研究所、河北省农产品质量安全中心。

本文件主要起草人:欧阳喜辉、李玲、王蒙、陶晶、王芳、张国光、闫建茹、李国琛、杨云燕、庞博、连燕辉、祝宁。

设施西瓜生产全程质量控制技术规范

1 范围

本文件规定了设施西瓜生产全程质量控制的管理体系、生产过程控制及技术要求、产品质量管理、废弃物处置的要求，描述了对应的证实方法。

本文件适用于农业企业、合作社、家庭农场等规模生产主体开展设施西瓜生产过程的质量控制。

2 规范性引用文件

下列文件中的内容通过文中的规范性引用而构成本文件必不可少的条款。其中，注日期的引用文件，仅该日期对应的版本适用于本文件；不注日期的引用文件，其最新版本（包括所有的修改单）适用于本文件。

GB 2762 食品安全国家标准 食品中污染物限量
GB 2763 食品安全国家标准 食品中农药最大残留限量
GB 3095 环境空气质量标准
GB/T 4455 农业用聚乙烯吹塑棚膜
GB 15569 农业植物调运检疫规程
GB 15618 土壤环境质量 农用地土壤污染风险管控标准（试行）
GB 16715.1 瓜菜作物种子 第1部分：瓜类
GB 20287 农用微生物菌剂
GB/T 23416.1 蔬菜病虫害安全防治技术规范 第1部分：总则
GB/T 23416.3 蔬菜病虫害安全防治技术规范 第3部分：瓜类
GB/T 25413 农田地膜残留量限值及测定
GB/T 29373 农产品追溯要求 果蔬
GB/T 39947 食品包装选择及设计的要求
JB/T 10594 日光温室和塑料大棚结构与性能要求
JB/T 10595 寒地节能日光温室建造规程
NY/T 496 肥料合理使用准则 通则
NY/T 525 有机肥料
NY/T 584 西瓜（含无子西瓜）
NY/T 1276 农药安全使用规范 总则
NY/T 1778 新鲜水果包装标识 通则
NY/T 1868 肥料合理使用准则 有机肥料
NY/T 2118 蔬菜育苗基质
NY/T 3244 设施蔬菜灌溉施肥技术通则
NY/T 3441 蔬菜废弃物高温堆肥无害化处理技术规程
NY/T 5010 无公害农产品种植业产地环境条件

3 术语和定义

下列术语和定义适用于本文件。

3.1

设施西瓜 facility watermelon

以连栋温室、日光温室、塑料大棚或拱棚等保护设施类型进行生产的西瓜。

4 管理体系

4.1 组织机构

4.1.1 应建立经法人登记的生产主体(如企业、合作社、家庭农场等)。

4.1.2 应建立与生产全程质量控制相关的部门或岗位参加的质量管理小组,这些部门或岗位包含但不限于投入品采购、生产管理、检验、销售等,明确质量管理小组的职责与任务。

4.2 员工管理

4.2.1 应根据生产需要配备必要的技术人员、生产人员和质量管理人员。

4.2.2 应对员工进行基本的安全、卫生和生产技术知识培训。从事植保、施肥等关键岗位的人员应进行专门培训,培训合格后方可上岗。

4.2.3 每个生产区域应至少配备1名受过生产安全应急培训、并具有相关应急处理能力的人员。

4.2.4 应建立和保存所有人员的健康档案、相关能力、教育和专业资格、培训等记录。

4.3 管理制度

生产主体应根据实际生产建立并实施管理制度。制度内容包括但不限于:

a) 制度文件:组织机构、投入品管理、产品质量管理、员工管理、内部检查、记录和档案管理等;

b) 程序文件:人员培训、卫生管理、农业投入品使用、废弃物处理、紧急事故处理等;

c) 作业指导书:田园清洁、土壤消毒、育苗、定植、田间管理、病虫害防治、采收、储藏、运输等。

4.4 内部检查

4.4.1 应建立内部检查制度,设立内部检查员岗位,承担全程质量控制的管理文件修订更新工作,履行日常开展全程质量控制管理的内部检查义务。

4.4.2 每年检查不少于2次,对检查发现的不符合项应采取有效的整改措施,并保存书面检查记录。

5 生产过程控制及技术要求

5.1 基地选择与规划

5.1.1 基地选择

5.1.1.1 宜选择光照条件好、地势高燥、排灌方便、生态条件良好的地区。

5.1.1.2 土壤环境指标应满足GB 15618二级及以上的要求。并以土层深厚、疏松肥沃、通透性好的沙壤土或壤土为宜。采用基质栽培的,基质质量应符合NY/T 2118的要求。

5.1.1.3 灌溉水质应满足NY/T 5010的要求。

5.1.1.4 大气环境应符合GB 3095二级及以上的要求。

5.1.1.5 种植前应对基地环境进行调查和评估,并保存记录。调查和评估内容包括但不限于:

a) 前茬种植作物及种植方式情况;

b) 种植基地历史使用情况以及重金属、化学农药(特别是长残留农药)的残留程度;

c) 周围农用、民用和工业用水的排污情况等。

5.1.2 基地建设

5.1.2.1 根据环境条件、西瓜品种和栽培方式,配备相应的生产设施。日光温室和塑料大棚的结构与性能应符合JB/T 10594、JB/T 10595的要求,塑料棚膜应符合GB/T 4455中耐老化棚膜及流滴耐老化棚膜的要求。

5.1.2.2 根据经营规模、地形,划分作业区,铺设园区道路网与排灌系统。应建有分别存放投入品和产品的专用仓库。并根据生产需要,建立产品分级、包装、储藏、检测等专用场所,并配备相应设备。设有盥洗室和废弃物存放区。有关区域应设置醒目的平面图、标志、标示等。

5.2 投入品管理

5.2.1 选购

5.2.1.1 种子应标签清晰,生产经营许可证号、检疫证号齐全。种子质量应符合 GB 16715.1 的规定。由外地调运的种子还应有种子产地主管部门的检疫合格证书,跨境调运种子种苗时,按 GB 15569 的规定执行。

5.2.1.2 农药和商品肥料应"三证"齐全(登记证号、生产许可证号和执行标准号),产品质量合格。

5.2.1.3 优先选择便于回收的 0.01 mm 以上农膜,试行选用高质量、可降解农膜。

5.2.1.4 购买种子、农药、肥料、农膜等投入品时,应索取并保存购买凭据等证明材料。

5.2.2 储存

5.2.2.1 不同种类的投入品按标签规定的储存条件分类存放,可采用隔离(如墙、隔板)等方式防止交叉污染。

5.2.2.2 储存仓库应符合防火、卫生、防腐、避光、干燥、通风等安全条件,配有急救药箱,温湿度适宜,出入处贴有警示标志。

5.2.2.3 仓库应有专人管理,并有入库、出库和领用记录。

5.2.3 使用

5.2.3.1 应按照农药、肥料的标签和说明书规范使用。

5.2.3.2 应设有农药肥料配制专用区域,并有相应的设施。配制区域应选择在远离水源地、居所、畜牧栏等场所。

5.2.3.3 施药前应对施药器械进行检查,保持良好状态。施药器械每年应至少校验 1 次。使用完毕,器械及时清洗干净,清洗废液和农药包装分类回收。

5.2.3.4 建立和保存农药、肥料和施用器械的使用记录。内容包括种植地块信息、农药或肥料名称、生产厂家、成分含量、防治对象、施用量、施用方法、施用器械、施用时间、安全间隔期及施用人等。

5.2.3.5 对变质和过期的投入品做好标记,回收隔离禁用,并安全处置。

5.3 栽培管理

5.3.1 品种选择

选用通过国家非主要农作物品种登记并在当地示范成功的优质、高产、抗裂和抗逆性强、商品性好的品种。

5.3.2 育苗

5.3.2.1 宜选用穴盘育苗或营养钵装入基质或营养土育苗。营养土宜使用未种过葫芦科作物的无病菌土壤和优质腐熟有机肥配制,基质质量应符合 NY/T 2118 的规定。

5.3.2.2 育苗前,育苗棚和育苗设施应进行消毒;种子可采用阳光晒种、温汤浸种、干热箱处理或者药剂处理等方法进行消毒;无子西瓜种子宜采用引发或破壳技术处理。

5.3.2.3 苗期应加强温度、湿度和光照管理。播种前浇足底水,将营养土或基质浇透,苗床覆膜保湿,出苗前尽可能不浇水或少浇水,育苗期间保持营养土或基质相对湿度 60%~80%,白天温度保持20 ℃~30 ℃,夜间温度保持 14 ℃~20 ℃。夏秋育苗可适当遮阳降温,一旦幼苗出土须立即透光通风;冬春育苗,宜提前建立电热温床,采用多层覆盖,增加光照。

5.3.3 嫁接

5.3.3.1 重茬种植宜采用嫁接。可选用顶插、靠接或"双断根"嫁接法。

5.3.3.2 长江流域早春早熟栽培宜选用耐低温、坐果性好的葫芦砧木;江淮地区推荐使用葫芦砧木、南瓜砧木和野生西瓜砧木;晚熟栽培宜选用耐高温、不易倒瓤的南瓜砧木。

5.3.3.3 嫁接工具如刀片、竹签、嫁接夹等应进行消毒处理,消毒可用 75%酒精浸泡 30 min 或高温蒸煮 30 min。

5.3.3.4 加强温度、湿度和光照管理。嫁接后早晚可见光,并适当通风,10:00 至 15:00 可用遮阳网防强光。白天温度保持 22 ℃~25 ℃,夜间温度保持 18 ℃~20 ℃,空气相对湿度 95%以上。嫁接后 8 d~10 d 后恢复正常管理,并及时摘除砧木萌芽,定植前 3 d~5 d 进行炼苗。

5.3.4 定植

5.3.4.1 选取壮苗。冬春茬苗龄45 d左右，3片～4片真叶；秋茬苗龄20 d～30 d，2片～3片真叶。真叶浓绿，根系发达，无病虫害。

5.3.4.2 定植前应提前进行耕翻、整地与土壤消毒。连续生产2年以上的地块，应采用夏季太阳能高温闷棚、冬季冻土并结合药剂的方法进行土壤消毒；药剂消毒后的土壤应添加微生物菌剂进行改良，微生物菌剂应满足GB 20287的要求。

5.3.4.3 定植前10 d，扣棚提高温度。设施内10 cm地温稳定在15 ℃以上，日平均气温稳定在18 ℃以上，夜间最低气温不低于5 ℃时定植。一栽即管，早春栽培注意夜间保温。

5.3.4.4 推荐小型西瓜吊蔓栽培，双蔓整枝，每667 m^2 定植2 000株～2 300株，爬地栽培每667 m^2 定植750株～1 000株。中型西瓜爬地栽培每667 m^2 定植600株～750株。嫁接栽培、无籽西瓜栽培适当降低定植密度。

5.3.5 水肥管理

5.3.5.1 推荐微灌或滴灌方式，浇水时应在晴天。定植期水要浇足；缓苗期、伸蔓期要根据土壤墒情确定浇水量；开花坐果期严格控制浇水，当土壤墒情影响坐果时，可在授粉前7 d浇小水；果实膨大期宜增大肥水，果实定个(停止生长)微量给水或停止浇水。如遇雨涝灾害，及时清沟理墒，排除积水。

5.3.5.2 肥料施用宜采用水肥一体化，控制氮素化肥，增施钾肥、钙肥、微量元素肥料，实现平衡施肥，不宜使用含氯肥料。肥料使用应符合NY/T 496和NY/T 3244的规定。

5.3.5.3 施足有机肥，有机肥应充分腐熟或经过无害化处理，不应使用工业垃圾、医院垃圾、城镇生活垃圾、污泥作为有机肥原料。有机肥使用应符合NY/T 1868、NY/T 525的规定。

5.3.5.4 施肥后需加大通风。

5.3.6 整枝

5.3.6.1 注意整枝理蔓，保持通风透光。早熟品种可采用单蔓或双蔓整枝，中、晚熟品种可采用双蔓或三蔓整枝，也可采用稀植多蔓整枝；小型西瓜可采用单蔓、双蔓或多蔓整枝，中大型西瓜多用三蔓或多蔓整枝。小型西瓜品种在苗高30 cm时及时吊蔓。大中型品种地爬式栽培应及时压蔓，第一次压蔓应在蔓长40 cm～50 cm时进行，以后每隔4节～5节压一次蔓，压蔓时各瓜秧在田间均匀分布，主蔓、侧蔓都要压。

5.3.6.2 及时去除低节位瓜、畸形瓜。

5.3.7 授粉

可采用人工授粉，选取当天开放的雄花，去掉花瓣后将花粉涂抹在雌花柱头上，小型西瓜选择主蔓第二雌花和侧蔓同期雌花进行人工辅助授粉；中型西瓜选择主蔓第二或第三雌花人工授粉。并标记授粉日期。也可采用蜜蜂授粉，每667 m^2 用1箱授粉蜂群，蜂箱放置于设施中部，风口需增加防虫网。蜜蜂授粉前一周及授粉期间不应使用对蜜蜂有毒害作用的农药。

5.3.8 病虫草害防控

5.3.8.1 坚持“预防为主，综合防治”的原则。以农业防治、物理防治、生物防治为主，化学防治为辅。

5.3.8.2 加强设施内管理，避免低温、高湿环境。对西瓜发病情况进行日常检查和病虫害预测预报。及时摘除病叶、病果等病害残体并移出棚外远处深埋。

5.3.8.3 利用害虫的趋性，可采用色板诱杀、灯光诱杀、性信息素诱杀等方法防治虫害；也可采用防虫网等物理方法防治虫害。

5.3.8.4 利用天敌生物防治病虫害。可利用捕食螨、丽蚜小蜂等害虫天敌，苦参碱、印楝素、藜芦碱等植物源农药或春雷霉素等生物源农药。

5.3.8.5 可采用物理、机械、地膜覆盖或人工方法防除杂草。

5.3.8.6 农药的使用应符合GB/T 23416.1和GB/T 23416.3的规定。喷雾防治宜在晴天上午进行，注意轮换用药，合理混用。

注：中国农药信息网(http://www.chinapesticide.org.cn/)可查询防治西瓜病虫害的登记农药。

5.3.9 **采收**

采用人工鉴别熟度，抽样检测质量，按授粉标记分批采收。供当地市场的可在九成熟时采收；运往外地或储藏可八成熟时采收。雨后、中午烈日不宜采收。采收时用剪刀将果柄从基部剪断，每个果保留一段果柄。采收时应严格执行农药的安全间隔期。

5.4 分级与包装

5.4.1 适用时，按照 NY/T 584 的规定对西瓜进行分级。

5.4.2 包装材料选择与设计应符合 GB/T 39947 的要求；包装后可加贴标签与追溯码；标识应符合 NY/T 1778 的要求。

5.4.3 产品包装内应有产品质量合格证明。

5.5 储藏与运输

5.5.1 应按品种、规格分别存放。储藏温度 2 ℃～7 ℃，相对湿度 75%～90%，并保证气流均匀流通。特殊储藏方式应符合相应规定条件。

5.5.2 运输过程中注意防冻、防雨、防晒、通风散热。运输散装瓜时，运输工具的底部及四周与果实接触的地方应加铺垫物，以防机械损伤。运输用的车辆、工具、铺垫物等应清洁、干燥、无污染。

6 产品质量管理

6.1 生产企业应承诺产品合格，并有产品自检记录或产品检验报告。产品应符合 NY/T 584 的要求，污染物应符合 GB 2762 的要求；农药残留应符合 GB 2763 的要求。

6.2 应建立可追溯体系。追溯应符合 GB/T 29373 的要求。

6.3 应建立并保存各环节生产档案。记录应保存 2 年以上，保证产品可追溯。

6.4 应制定质量投诉处理程序和应急处理预案。对于有效投诉和质量安全问题，应采取相应的纠正措施，并记录。发现西瓜产品有安全危害时，应及时通知相关方(官方/客户/消费者)并召回产品。

7 废弃物处置

7.1 剩余的农药药液和施药器械的清洗液不得随意泼洒，应妥善安全处理；农药包装废弃物处理应符合 NY/T 1276 的要求，并依据《农药包装废弃物回收处理管理办法》对农药包装废弃物进行处理。

7.2 依据《农业农村部办公厅关于肥料包装废弃物回收处理的指导意见》的规定对肥料包装物进行处理。

7.3 地膜和棚膜应及时回收处理。地膜残留量应满足 GB/T 25413 的要求。

7.4 植株残体处理按 NY/T 3441 的规定执行。

7.5 建立并保留废弃物处理记录。

附 录 A
（资料性）
西瓜上允许使用的农药清单

西瓜上允许使用的农药清单见表 A.1。

表 A.1 西瓜上允许使用的农药清单

序号	农药类别	防治对象	农药通用名
1	杀菌剂	炭疽病	苯醚甲环唑、嘧菌酯、醚菌酯、吡唑醚菌酯、溴菌腈、代森锰锌、代森锌、代森联、咪鲜胺、多菌灵、福美锌、福美双、啶氧菌酯、戊唑醇、肟菌酯、己唑醇、喹啉铜、多抗霉素、百菌清、甲基硫菌灵、噁唑菌酮、丙硫唑、二氰蒽醌、双胍三辛烷基苯磺酸盐、多黏类芽孢杆菌
2		白粉病	苯醚甲环唑、嘧菌酯、醚菌酯、吡唑醚菌酯、吡唑萘菌胺、氟菌唑、氟唑菌酰胺、氟唑菌酰羟胺、戊菌唑、氯氟醚菌唑、硫黄、氨基寡糖素
3		病毒病	毒氟磷、硫酸铜、低聚糖素、混合脂肪酸、香菇多糖
4		细菌性角斑病	噻森铜、喹啉铜、低聚糖素、春雷霉素
5		枯萎病	甲基硫菌灵、噁霉灵、稻瘟灵、络氨铜、吡唑醚菌酯、五氯硝基苯、多菌灵、柠檬酸铜、咯菌腈、申嗪霉素、嘧菌酯、甲霜灵、精甲霜灵、溴菌腈、福美双、百菌清、噻菌铜、咪鲜胺、咪鲜胺锰盐、丙硫唑、嘧啶核苷类抗菌素、春雷霉素、氨基寡糖素、混合氨基酸铜、敌磺钠、氢氧化铜、多抗霉素、硫黄、多黏类芽孢杆菌、地衣芽孢杆菌、枯草芽孢杆菌、解淀粉芽孢杆菌 B7900、极细链格孢激活蛋白
6		疫病	氟吡菌胺、霜霉威盐酸盐、精甲霜灵、百菌清、氰霜唑、丙森锌、双炔酰菌胺、代森锰锌、代森联、吡唑醚菌酯、嘧菌酯
7		蔓枯病	苯醚甲环唑、氟唑菌酰羟胺、双胍三辛烷基苯磺酸盐、代森联、吡唑醚菌酯、溴菌腈、嘧菌酯、多抗霉素、氟吡菌酰胺、肟菌酯、百菌清、啶氧菌酯、己唑醇、烯肟菌胺、代森联、戊唑醇、氟唑菌酰胺
8		猝倒病	嘧菌酯、噁霉灵
9		叶斑病	异菌脲
10		立枯病	敌磺钠、咯菌腈、噁霉灵
11		灰霉病	啶酰菌胺、吡唑醚菌酯
12		细菌性果腐病	噻唑锌
13		叶枯病	氟唑菌酰胺、苯醚甲环唑
14		根结线虫	噻唑膦、阿维菌素、氟氯氰菊酯、甲氨基阿维菌素、氟吡菌酰胺
15	杀虫剂	蓟马	乙基多杀菌素、溴氰虫酰胺、氟啶虫胺腈
16		红蜘蛛	乙螨唑
17		蚜虫	除虫菊提取物、吡蚜酮、氟啶虫胺腈、噻虫嗪、溴氰虫酰胺、双丙环虫酯、呋虫胺、啶虫脒、乙基多杀菌素、氟啶虫酰胺
18		蝼蛄	氟氯氰菊酯、甲氨基阿维菌素
19		棉铃虫、甜菜夜蛾	氯虫苯甲酰胺、溴氰虫酰胺
20		烟粉虱	溴氰虫酰胺、螺虫乙酯、噻虫啉
21	除草剂		高效氟吡甲禾灵、精喹禾灵、噁草酸、精异丙甲草胺、仲丁灵、敌草胺、异丙甲草胺
22	植物生长调节剂		24-表芸薹素内酯、芸薹素内酯、苄氨基嘌呤、氯吡脲

注：此表为西瓜上已登记农药，来源于中国农药信息网（网址：http://www.chinapesticide.org.cn/），最新西瓜登记农药产品情况适用于本文件，国家新禁用的农药自动从本清单中删除。

附 录 B
（资料性）
西瓜中农药最大残留限量

西瓜中农药最大残留限量见表B.1。

表B.1 西瓜中农药最大残留限量

序号	农药通用名	农药英文名称	最大残留限量 mg/kg	序号	农药通用名	农药英文名称	最大残留限量 mg/kg
1	阿维菌素	abamectin	0.02	37	丁硫克百威	carbosulfan	0.01
2	胺苯磺隆	ethametsulfuron	0.01	38	啶虫脒	acetamiprid	0.2
3	巴毒磷	crotoxyphos	0.02*	39	啶氧菌酯	picoxystrobin	0.05
4	百草枯	paraquat	0.02*	40	毒虫畏	chlorfenvinphos	0.01
5	百菌清	chlorothalonil	5	41	毒菌酚	hexachlorophene	0.01*
6	保棉磷	azinphos-methyl	0.2	42	对硫磷	parathion	0.01
7	倍硫磷	fenthion	0.05	43	多菌灵	carbendazim	2
8	苯并烯氟菌唑	benzovindiflupyr	0.2*	44	多抗霉素	polyoxins	0.5*
9	苯菌酮	metrafenone	0.5*	45	多杀霉素	spinosad	0.2*
10	苯醚甲环唑	difenoconazole	0.1	46	噁霉灵	hymexazol	0.5*
11	苯霜灵	benalaxyl	0.1	47	噁唑菌酮	famoxadone	0.2
12	苯酰菌胺	zoxamide	2	48	二氰蒽醌	dithianon	1*
13	苯线磷	fenamiphos	0.02	49	二溴磷	naled	0.01*
14	吡虫啉	imidacloprid	0.2	50	粉唑醇	flutriafol	0.3
15	吡唑醚菌酯	pyraclostrobin	0.5	51	呋虫胺	dinotefuran	1
16	吡唑萘菌胺	isopyrazam	0.1*	52	氟吡甲禾灵和高效氟吡甲禾灵	haloxyfop-methyl and haloxyfop-P-methyl	0.1*
17	丙硫多菌灵	albendazole	0.05*	53	氟吡菌胺	fluopicolide	0.1*
18	丙炔氟草胺	flumioxazin	0.02	54	氟吡菌酰胺	fluopyram	0.1*
19	丙森锌	propineb	1	55	氟虫腈	fipronil	0.02
20	丙酯杀螨醇	chloropropylate	0.02*	56	氟除草醚	fluoronitrofen	0.01*
21	草甘膦	glyphosate	0.1	57	氟啶虫胺腈	sulfoxaflor	0.5*
22	草枯醚	chlornitrofen	0.01*	58	氟啶虫酰胺	flonicamid	0.2
23	草芽畏	2,3,6-TBA	0.01*	59	氟菌唑	triflumizole	0.2*
24	春雷霉素	kasugamycin	0.1*	60	氟氯氰菊酯和高效氟氯氰菊酯	cyfluthrin and beta-cyfluthrin	0.1
25	代森铵	amobam	1	61	氟噻虫砜	fluensulfone	0.3*
26	代森联	metiram	1	62	氟噻唑吡乙酮	oxathiapiprolin	0.2*
27	代森锰锌	mancozeb	1	63	氟唑菌酰胺	fluxapyroxad	0.2*
28	代森锌	zineb	1	64	福美锌	ziram	1
29	稻瘟灵	isoprothiolane	0.1	65	咯菌腈	fludioxonil	0.05
30	敌百虫	trichlorfon	0.2	66	格螨酯	2,4-dichlorophenyl benzenesulfonate	0.01*
31	敌草胺	napropamide	0.05	67	庚烯磷	heptenophos	0.01*
32	敌草腈	dichlobenil	0.01*	68	环螨酯	cycloprate	0.01*
33	敌敌畏	dichlorvos	0.2	69	活化酯	acibenzolar-Smethyl	0.8
34	敌磺钠	fenaminosulf	0.1*	70	己唑醇	hexaconazole	0.05
35	敌螨普	dinocap	0.05*	71	甲氨基阿维菌素苯甲酸盐	emamectin benzoate	0.1
36	地虫硫磷	fonofos	0.01	72	甲胺磷	methamidophos	0.05

表 B.1（续）

序号	农药通用名	农药英文名称	最大残留限量 mg/kg	序号	农药通用名	农药英文名称	最大残留限量 mg/kg
73	甲拌磷	phorate	0.01	114	灭线磷	ethoprophos	0.02
74	甲磺隆	Metsulfuron-methyl	0.01	115	内吸磷	demeton	0.02
75	甲基对硫磷	parathion-methyl	0.02	116	嗪氨灵	triforine	0.5*
76	甲基硫环磷	phosfolan-methyl	0.03*	117	氰霜唑	cyazofamid	0.5
77	甲基硫菌灵	thiophanate-methyl	2	118	氰戊菊酯和S-氰戊菊酯	fenvalerate and esfenvalerate	0.2
78	甲基异柳磷	isofenphos-methyl	0.01*	119	噻虫啉	thiacloprid	0.2
79	甲氰菊酯	fenpropathrin	5	120	噻虫嗪	thiamethoxam	0.2
80	甲霜灵和精甲霜灵	metalaxyl and metalaxyl-M	0.2	121	噻螨酮	hexythiazox	0.05
81	甲氧滴滴涕	methoxychlor	0.01	122	噻唑膦	fosthiazate	0.1
82	久效磷	monocrotophos	0.03	123	三氟硝草醚	fluorodifen	0.01*
83	抗蚜威	pirimicarb	1	124	三氯杀螨醇	dicofol	0.01
84	克百威	carbofuran	0.02	125	三唑醇	triadimenol	0.2
85	喹禾灵和精喹禾灵	quizalofop-ethyl and quizalofop-P-ethyl	0.2	126	三唑酮	triadimefon	0.2
86	喹啉铜	oxine-copper	0.2	127	杀虫脒	chlordimeform	0.01
87	乐果	dimethoate	0.01	128	杀虫畏	tetrachlorvinphos	0.01
88	乐杀螨	binapacryl	0.05*	129	杀螟硫磷	fenitrothion	0.5
89	联苯肼酯	bifenazate	0.5	130	杀扑磷	methidathion	0.05
90	磷胺	phosphamidon	0.05	131	申嗪霉素	phenazino-1-carboxylic acid	0.02*
91	硫丹	endosulfan	0.05	132	双胍三辛烷基苯磺酸盐	iminoctadinetris (albesilate)	0.2*
92	硫环磷	phosfolan	0.03	133	双炔酰菌胺	mandipropamid	0.2*
93	螺虫乙酯	spirotetramat	0.2*	134	霜霉威和霜霉威盐酸盐	propamocarb and propamocarb hydrochloride	5
94	螺甲螨酯	spiromesifen	0.09*	135	水胺硫磷	isocarbophos	0.05
95	氯苯甲醚	chloroneb	0.01	136	速灭磷	mevinphos	0.01
96	氯吡脲	forchlorfenuron	0.1	137	特丁硫磷	terbufos	0.01*
97	氯虫苯甲酰胺	chlorantraniliprole	0.3*	138	特乐酚	dinoterb	0.01*
98	氯氟氰菊酯和高效氯氟氰菊酯	cyhalothrin and lambda-cyhalothrin	0.05	139	涕灭威	aldicarb	0.02
99	氯磺隆	chlorsulfuron	0.01	140	肟菌酯	trifloxystrobin	0.2
100	氯菊酯	permethrin	2	141	五氯硝基苯	quintozene	0.02
101	氯氰菊酯和高效氯氰菊酯	cypermethrin and beta-cypermethrin	0.07	142	戊菌唑	penconazole	0.05
102	氯酞酸	chlorthal	0.01*	143	戊硝酚	dinosam	0.01*
103	氯酞酸甲酯	chlorthal-dimethyl	0.01	144	戊唑醇	tebuconazole	0.1
104	氯唑磷	isazofos	0.01	145	烯虫炔酯	kinoprene	0.01*
105	茅草枯	dalapon	0.01*	146	烯虫乙酯	hydroprene	0.01*
106	咪鲜胺和咪鲜胺锰盐	prochloraz and prochloraz-manganese chloride complex	0.1	147	烯酰吗啉	dimethomorph	0.5
107	咪唑菌酮	fenamidone	0.2	148	消螨酚	dinex	0.01*
108	醚菌酯	kresoxim-methyl	0.02	149	辛硫磷	phoxim	0.05
109	嘧菌环胺	cyprodinil	0.5	150	溴甲烷	methyl bromide	0.02*
110	嘧菌酯	azoxystrobin	1	151	溴菌腈	bromothalonil	0.2*
111	灭草环	tridiphane	0.05*	152	溴氰虫酰胺	cyantraniliprole	0.05
112	灭多威	methomyl	0.2	153	氧乐果	omethoate	0.02
113	灭螨醌	acequincyl	0.01	154	乙基多杀菌素	spinetoram	0.1*

表 B.1（续）

序号	农药通用名	农药英文名称	最大残留限量 mg/kg	序号	农药通用名	农药英文名称	最大残留限量 mg/kg
155	乙酰甲胺磷	acephate	0.02	164	艾氏剂	aldrin	0.05
156	乙酯杀螨醇	chlorobenzilate	0.01	165	滴滴涕	DDT	0.05
157	异菌脲	iprodione	0.5	166	狄氏剂	dieldrin	0.02
158	抑草蓬	erbon	0.05*	167	毒杀芬	camphechlor	0.05*
159	茚草酮	indanofan	0.01*	168	六六六	HCH	0.05
160	蝇毒磷	coumaphos	0.05	169	氯丹	chlordane	0.02
161	增效醚	piperonyl butoxide	1	170	灭蚁灵	mirex	0.01
162	治螟磷	sulfotep	0.01	171	七氯	heptachlor	0.01
163	仲丁灵	butralin	0.1	172	异狄氏剂	endrin	0.05

注：此表引用《食品安全国家标准　食品中农药最大残留限量》(GB 2763—2021)，其最新版本(包括所有的修改单)适用于本文件。

* 该限量为临时限量。

参 考 文 献

[1] 中华人民共和国农业农村部,生态环境部．农药包装废弃物回收处理管理办法
[2] 农业农村部办公厅关于肥料包装废弃物回收处理的指导意见

ICS 65.020.20
CCS B 22

NY

中华人民共和国农业行业标准

NY/T 4248—2022

水稻生产全程质量控制技术规范

Technical specification for quality control of rice during whole process of production

2022-11-11 发布 2023-03-01 实施

中华人民共和国农业农村部 发布

前　　言

本文件按照 GB/T 1.1—2020《标准化工作导则　第 1 部分：标准化文件的结构和起草规则》的规定起草。

本文件的某些内容有可能涉及专利。本文件的发布机构不承担识别专利的责任。

本文件由农业农村部农产品质量安全监管司提出。

本文件由农业农村部农产品质量安全中心归口。

本文件起草单位：江苏省农业科学院农产品质量安全与营养研究所、江苏省植物保护植物检疫站、江苏省农学会。

本文件主要起草人：卢海燕、刘贤金、程新杰、朱凤、孙晓明、林曼曼、陈健、何鑫、孙爱东、卞立平、白红武、谢雅晶、徐重新、朱庆、张霄、刘媛、胡晓丹、李寅秋、余想。

水稻生产全程质量控制技术规范

1 范围

本文件规定了水稻生产的组织管理、文件管理、过程控制技术要求、产品质量管理、废弃物处置以及内部检查等全程质量控制要求，描述了对应的证实方法。

本文件适用于农业企业、农民专业合作社、家庭农场等规模生产主体开展水稻生产的全程质量控制。

2 规范性引用文件

下列文件中的内容通过文中的规范性引用而构成本文件必不可少的条款。其中，注日期的引用文件，仅该日期对应的版本适用于本文件；不注日期的引用文件，其最新版本（包括所有的修改单）适用于本文件。

GB 1350 稻谷

GB/T 1354 大米

GB 2715 粮食卫生标准

GB 3095 环境空气质量标准

GB 4404.1 粮食作物种子 第1部分：禾谷类

GB 5084 农田灌溉水质标准

GB 7718 食品安全国家标准 预包装食品标签通则

GB/T 8321（所有部分） 农药合理使用准则

GB 12475 农药储运、销售和使用的防毒规程

GB 15618 土壤环境质量 农用地土壤污染风险管控标准（试行）

GB/T 17109 粮食销售包装

GB 22508 食品安全国家标准 原粮储运卫生规范

GB/T 26630 大米加工企业良好操作规范

GB/T 30102 塑料 塑料废弃物的回收和再循环指南

GH/T 1355 包装废弃物回收、储存与运输技术规范

GH/T 1354 废旧地膜回收技术规范

NY/T 496 肥料合理使用准则 通则

NY/T 498 水稻联合收割机 作业质量

NY/T 1105 肥料合理使用准则 氮肥

NY/T 1276 农药安全使用规范 总则

NY/T 1534 水稻工厂化育秧技术规程

NY/T 1535 肥料合理使用准则 微生物肥料

NY/T 1607 水稻抛秧技术规程

NY/T 1868 肥料合理使用准则 有机肥料

NY/T 1869 肥料合理使用准则 钾肥

农业农村部办公厅关于肥料包装废弃物回收处理的指导意见

3 术语和定义

本文件没有需要界定的术语和定义。

4 组织管理

4.1 组织机构

4.1.1 应建立经法人登记的生产主体(农业企业、农民专业合作社、家庭农场等)。若涉及稻米加工,应按规定取得食品生产许可证。

4.1.2 应建立与生产相适应的部门或岗位,包含生产、质量管理、检验、销售等,明确各部门或岗位职责。

4.2 员工管理

4.2.1 应根据生产需要配备必要的质量管理人员、技术人员和生产人员,并具有明确的岗位职责和资质要求。应建立和保存所有人员教育、能力和专业资格等证明材料。

4.2.2 应定期对所有人员进行公共卫生安全和生产技术相关知识培训,并保存培训记录。

4.2.3 从事水稻生产关键岗位的人员(如质检员、植保员、仓库管理员等)和特殊岗位的人员(如施药人员等)应进行专门培训,培训合格后方可上岗。并为特殊岗位人员提供完备、完好的防护用具(如胶靴、防护服、胶手套、面罩等)。

4.2.4 每个水稻生产区域至少应配备1名受过应急(农药中毒、机械伤害等突发状况)培训,并具有应急处理能力的人员。

5 文件管理

5.1 体系文件内容

5.1.1 生产主体应根据实际生产编制适用的质量管理体系文件。体系文件包括制度文件、程序文件和作业指导书。

5.1.2 制度和程序文件应包括但不限于:

a) 生产基地全程质量控制管理制度(含文件和记录控制程序、内部检查程序、卫生管理程序、紧急事故处理程序等);
b) 产地环境保护制度(含产地环境评价、监测与保护程序、废弃物处置程序等);
c) 农业投入品管理制度(含投入品采购、储存、使用及处理程序等);
d) 产品质量管理制度(含产品质量评价和检测程序、产品追溯和召回程序、产品意见反馈和投诉处理程序等);
e) 仓库管理制度(含出入库程序等);
f) 员工管理制度(含人员培训程序等)。

5.1.3 作业指导书

作业指导书应包括但不限于:选种和浸种、整地、直播(适用时)、育苗(适用时)、移栽(适用时)、肥水管理、有害生物防治、收获、晾晒(烘干)、储存、运输、加工(适用时)、分类分级(适用时)、包装标识(适用时)、产品质量控制等生产管理过程。

5.2 体系文件管理

5.2.1 体系文件应方便查阅、使用,即人手有有效版本,必要时可在相关功能区上墙公示。

5.2.2 档案记录应保证格式简单、方便记录、信息完整,并由专人保管,如有需要查阅、调用需向责任人申请,做好调阅及归还记录。档案记录应妥善保存,一般应至少保留2年。

5.2.3 条件允许时宜建立档案记录的电子化管理,并由专人负责信息的录入、更新与存储,以保证水稻生产全程可电子追溯。

6 过程控制技术要求

6.1 基地选择与管理

6.1.1 基地选择

6.1.1.1 选择生产基地前应对土地使用历史、周围民用和工业等排污情况进行调查和评估。生产基地应具备生产所必需的条件，宜选择在无污染和生态良好的地区。产地环境空气质量应符合 GB 3095 的要求，灌溉水水质应符合 GB 5084 的要求，土壤环境质量应符合 GB 15618 的要求。

6.1.1.2 宜选择水源条件好、排灌方便、土壤肥沃、利于机械耕作的田块。

6.1.2 基地管理

6.1.2.1 根据经营规模、地形划分作业区，铺设基地道路与排灌系统。

6.1.2.2 应建有分别存放投入品和产品的专用仓库。应根据生产需要，建立产品加工、分级、包装、储存、检测等专用场所，并配备相应设备。设有废弃物存放区。有关区域应设置醒目的平面图、标志、标识等。

6.2 农业投入品管理

6.2.1 选购

6.2.1.1 应从正规渠道购买符合国家相关法律法规、获得登记许可、证件有效齐全、产品质量合格的农业投入品（种子、肥料、农药、基质、农膜、包装、器械等）。

6.2.1.2 建立购买登记台账，并保存购买凭据等证明材料。

6.2.1.3 种子应符合 GB 4404.1 的质量要求，跨地区调种应附产地检疫合格证。农药和商品肥料应“三证”齐全（生产许可证或生产批准文件、产品标准和登记证），标签清晰。优先选择可降解的农膜。

6.2.2 储存

6.2.2.1 不同种类的投入品按标签规定的储存条件分类存放，可采用空间物理隔离（如墙、隔板）等方式防止交叉污染。

6.2.2.2 储存仓库应符合清洁卫生、防水、防火、防腐、防鼠、通风、温湿度适宜等条件，并配有急救箱。

6.2.2.3 仓库应封闭且有专人管理，建立并保存入库、出库和领用记录。

6.2.3 使用

6.2.3.1 应遵守投入品使用要求，适时、适量、科学合理使用投入品。

6.2.3.2 设有农药肥料配制专用区域，并有相应的安全设施。配制区域应选择在远离水源、居所、畜牧栏等场所。

6.2.3.3 器械使用完毕，及时清洁整理，每年至少校验一次，保持良好状态。

6.2.3.4 建立和保存投入品使用记录。

6.3 栽培管理

6.3.1 整地

前茬作物收获后适时翻耕。耕田深度控制在 25 cm 左右，不重不漏。浅水整地、秸秆埋没，地面高低差小于 3 cm。

6.3.2 品种选择

选用通过国家或地方审定并在当地示范成功的具有优质高产、养分高效、低重金属积累、抗（耐）病虫等绿色特点的水稻品种，宜推广在当地种植 2 年以上的品种。

6.3.3 种子处理

6.3.3.1 晒种 1 d～2 d。盐水或清水选种，去除秕粒，用盐水选种的需及时用清水洗脱盐分。

6.3.3.2 应加强种子处理，根据当地病虫害发生特点采用药剂浸种或拌种。药剂浸种时间要保证在 48 h～60 h，浸后不能淘洗，包衣时将种子与调好的药液充分混匀，确保种子均匀着药。

6.3.3.3 宜进行稻种催芽处理，催至破胸露白，芽长不超过 3 mm，摊晾备播。

6.3.4 直播（适用时）

6.3.4.1 根据水稻齐穗期、茬口安排及品种特性确定适宜播期。

6.3.4.2 根据当地产量要求、品种类型和水、旱直播方式，确定具体的播种量。

6.3.4.3 注意播种质量，确保全苗齐苗。播种出苗后及时疏密补空补稀。

6.3.4.4 适时采取“一封二杀”控制杂草危害。

6.3.5 育秧和移栽(适用时)

6.3.5.1 宜以机插秧为主、人工插秧为辅。

6.3.5.2 根据适宜移栽期推算播种期，做好分期播种，防止超龄移栽。

6.3.5.3 机插秧宜采用工厂化育秧，育秧过程按照 NY/T 1534 的规定执行。秧块完整、适龄健壮的秧苗，随起随栽。人工移栽稻稀播培育多蘖壮秧。

6.3.5.4 机插常规稻、杂交稻每 667 m^2 分别移栽不少于 1.8 万穴和 1.4 万穴，基本苗分别为 7 万株～10 万株和 3 万株～4 万株。人工插常规稻、杂交稻每 667 m^2 分别移栽不少于 1.6 万穴和 1.3 万穴，基本苗分别为 5 万株～7 万株和 2 万株～3 万株。以浅插为主，机插、人工插深度分别1 cm～2 cm、2 cm～3 cm，做到行直、穴匀、不漂苗。

6.3.5.5 抛秧应分次匀抛，即先用 70％的秧苗完全田抛，再用剩余 30％补抛，抛完秧后按厢宽3 m～5 m，人工捡出 0.25 m～0.3 m 宽的管理道，匀密补稀并按下浮秧。抛秧过程符合 NY/T 1607 的要求。

6.4 水分管理

6.4.1 遵循“薄水活棵，湿润促蘖，浅水勤灌，干湿交替”的原则。

6.4.2 播种至移栽阶段

6.4.2.1 水直播稻播种时，畦面呈花斑水，播种后及时排干田间积水；旱直播播种后，灌浅水（水深 2 cm～3 cm），保持浅水 20 h～24 h 后立即排水，排水后保持畦面湿润直至齐苗，若田面发白缺水时，灌跑马水。

6.4.2.2 机插田耕平后浅水沉实 2 d～3 d 后机栽，人工移栽稻和机插稻移栽时田间保持薄水层（水深 1 cm～2 cm）；抛秧田耕平后立即抛栽，抛栽时保持 1 cm 水层，抛后 3 d 之内不灌水，待秧苗扎根立苗后浅水勤灌。

6.4.3 返青至分蘖阶段

6.4.3.1 栽后 3 d～5 d，以湿润灌溉为主，秸秆还田田块适时露田 1 次～2 次。

6.4.3.2 秧苗返青后 5 d～20 d，宜保持浅水层。

6.4.3.3 每 667 m^2 茎蘖苗达到预期穗数的 80％～90％时开始搁田，保证“时到不等苗，苗到不等时”，轻搁勤搁。

6.4.4 拔节至抽穗阶段

6.4.4.1 保持干湿交替。减数分蘖期和抽穗扬花期间，保持浅水层。

6.4.4.2 存在重金属累积风险的籼稻区宜全程浅水。

6.4.5 灌浆结实至成熟阶段

6.4.5.1 前期坚持清水硬板，干湿交替，浅水勤灌。

6.4.5.2 结实中后期干湿交替，土壤适度干旱。

6.4.5.3 收获前 7 d～10 d 适时断水。

6.5 肥料管理

6.5.1 避免使用酸性肥料，肥料的合理使用应符合 NY/T 496、NY/T 1105、NY/T 1535、NY/T 1868、NY/T 1869 的要求。

6.5.2 肥料运筹要因田、因品种、因产、因苗而定，原则是“前促、中控、后补足”，即带好足量基肥，适时分次施好分蘖肥，看苗补足穗肥。需要时后期喷施叶面肥，灌浆期至蜡熟期喷施硅硒肥。

6.5.3 根据水稻品质目标、产量目标，结合测土配方，制订肥料施用方案，有机肥和无机肥合理搭配。氮肥施用以基蘖肥与穗肥之比为(7～6)：(3～4)为宜。除防早衰外，倒 2 叶后不宜施用氮肥。

6.5.4 施肥后 7 d 内不排水。

6.6 有害生物防治

6.6.1 防治原则

坚持"预防为主，综合防治"的原则。从农田生态系统整体出发，以农业防治为基础，协调使用多种非化学防治措施，积极保护利用自然天敌，营造不利于病虫害的生存环境，提高农作物抗病虫能力。在必要时科学使用化学农药。

6.6.2 农业防治

通过避害栽培、翻耕灌水灭蛹、人工控草等方式进行农业防治。

6.6.3 生态调控

通过生物多样性调节和保护、种植诱虫植物（如香根草等）和种植显花植物（如芝麻、大豆、向日葵等）等方式进行稻田生态调控。

6.6.4 生物防治

通过释放寄生蜂（如稻螟赤眼蜂等）、性诱剂诱杀、食诱剂诱杀、灯光诱杀（如黑光灯、频振式杀虫灯等）和生物农药防治等方式进行生物防治。

6.6.5 化学防治

6.6.5.1 农药使用应符合 GB/T 8321、GB 12475 和 NY/T 1276 的要求，禁止使用禁限用农药。

6.6.5.2 应根据当年当地病虫害发生预测预报制订减量化药剂防治方案，遵照"病害以种子种苗防病为基础，分蘖至孕穗前防控为重点；虫害以虫源控制为基础，虫情始发期控制为重点；草害以产地环境整治为基础，草害萌发期防控为重点；齐穗后基本不用药"的减量减次施药策略。

6.6.5.3 应选择在水稻上登记的低毒低风险农药品种和环境友好型农药制剂，并严格按标签使用农药，遵守安全间隔期规定。注意轮换用药，合理混用。

注："中国农药信息网"（http://www.chinapesticide.org.cn/）可查询防治水稻病虫草害的登记农药。

6.7 收获

6.7.1 收获时期

完熟率达 95%时，选择晴天适时收割。

6.7.2 收获方式

宜采用机械收割，收割作业标准应符合 NY/T 498 的要求。收获后禁止在公路、沥青路面及粉尘污染严重的地方晒谷，及时倒堆，严控温度和水分。

6.8 储运

6.8.1 稻谷应专储、专运。储运过程符合 GB 22508 的要求。

6.8.2 宜采用低温烘干达到水稻仓储安全含水量，入库稻谷应符合 GB 1350 的要求。应储存在清洁、干燥、防雨、防潮、防虫、防鼠、无异味的仓库内，不应与有毒有害物质或含水分较高的物质混存，并采用不同储粮生态区域相应的技术措施，确保粮食储藏安全。

6.8.3 应使用符合卫生要求的运输工具，运输过程中应注意防止被雨淋和被污染。

6.9 加工（适用时）

加工场所应保持良好的卫生状况，生产设备应易于清洗消毒、易于检查。稻米加工过程应符合 GB/T 26630 的要求。

6.10 分类分级（适用时）

宜按照产品质量、功能作用、销售地区、消费人群等对产品进行分类分级，并制定明确的分类标准。

6.11 包装标识（适用时）

按照产品功能定位、储运方式、销售环境、分类分级、认证认可等情况选择适宜的包装标识。包装材料应无毒、环保，并符合 GB/T 17109 的要求。标识应规范、清晰、不褪色，成品米标签应符合 GB 7718 的要求。

7 产品质量管理

7.1 质量要求

7.1.1 产品卫生指标应符合 GB 2715 等的要求，成品米质量应符合 GB/T 1354 的要求。

7.1.2 应对产品质量进行评估（必要时应进行抽检），确保合格后方可销售，并附承诺达标合格证。

7.2 可追溯管理

7.2.1 产品应有完善的档案记录，包括田间重要农事操作（播种、移栽、肥水管理、有害生物防治、收获等）、农业投入品管理（产品名称、生产企业名称、国家登记许可证号、使用日期、使用量、使用方法、使用人、购买单位及其联系人等信息）、产后处理加工、包装储运、产品销售等相关信息。

7.2.2 应制定产品唯一标识（如生产批次号）规则，并可根据标识实现生产销售全过程可追溯。

7.2.3 条件允许时宜采用现代信息技术和网络技术，建立信息化追溯体系。

8 废弃物处置

8.1 应设立废弃物存放区，对不同类型的废弃物分类存放、及时回收、按规处置。

8.2 使用过的地膜、基质，剩余农药、清洗废液、过期农药、过期肥料、包装容器等，应进行无害化处理。农药废弃物的处理按 NY/T 1276 和《农药包装废弃物回收处理管理办法》的规定执行，肥料废弃物按照《农业农村部办公厅关于肥料包装废弃物回收处理的指导意见》的规定执行。其他包装废弃物、废旧地膜等按照 GB/T 30102、GH/T 1355 和 GH/T 1354 的规定进行处置。

8.3 水稻生产的副产品（如秸秆、砻糠、米皮糠等）应综合开发、合理利用。

9 内部检查

9.1 应建立内部检查制度，由内部检查员承担全程质量控制的体系文件修订更新工作，履行日常内部检查义务。

9.2 每年内部检查不少于 2 次，对检查发现的不符合项应采取有效的整改措施，并保存书面检查和整改记录。

ICS 67.080.20
CCS B 31

NY

中华人民共和国农业行业标准

NY/T 4249—2022

芹菜生产全程质量控制技术规范

Technical specification for quality control of celery during whole process of production

2022-11-11 发布 2023-03-01 实施

中华人民共和国农业农村部 发布

前　言

本文件按照 GB/T 1.1—2020《标准化工作导则　第 1 部分：标准化文件的结构和起草规则》的规定起草。

请注意本文件的某些内容可能涉及专利。本文件的发布机构不承担识别专利的责任。

本文件由农业农村部农产品质量安全监管司提出。

本文件由农业农村部农产品质量安全中心归口。

本文件起草单位：山东省寿光蔬菜产业集团有限公司、潍坊科技学院、山东省农业科学院农产品加工与营养研究所、全国蔬菜质量标准中心、山东省农业科学院农业质量标准与检测技术研究所、安丘市农业技术推广中心、潍坊市产品质量监督检验所。

本文件主要起草人：田素波、胡永军、国家进、彭立增、丁俊洋、王凯燕、亓烨、林桂玉、夏海波、胡莹莹、王玉涛、辛晓菲、李敏、张传伟、李英杰、刘平香、李素英、张潇、张中华、孙玉华、王冠杰、韩宪东。

芹菜生产全程质量控制技术规范

1 范围

本文件规定了芹菜生产的组织管理、技术要求及产品质量管理等全程质量控制要求。

本文件适用于农业企业、合作社、家庭农场等规模生产主体开展芹菜生产与管理,其他生产主体可参照使用。

2 规范性引用文件

下列文件中的内容通过文中的规范性引用而构成本文件必不可少的条款。其中,注日期的引用文件,仅该日期对应的版本适用于本文件;不注日期的引用文件,其最新版本(包括所有的修改单)适用于本文件。

GB 2760 食品安全国家标准 食品添加剂使用标准
GB 2762 食品安全国家标准 食品中污染物限量
GB 2763 食品安全国家标准 食品中农药最大残留限量
GB 3095 环境空气质量标准
GB 4806.7 食品安全国家标准 食品接触用塑料材料及制品
GB 4806.8 食品安全国家标准 食品接触用纸和纸板材料及制品
GB 4806.10 食品安全国家标准 食品接触用涂料及涂层
GB 5084 农田灌溉水质标准
GB/T 8321(所有部分) 农药合理使用准则
GB 15618 土壤环境质量 农用地土壤污染风险管控标准(试行)
GB 16715.5 瓜菜作物种子 第5部分:绿叶菜类
GB/T 22918 易腐食品控温运输技术要求
GB/T 25413 农田地膜残留量限值及测定
GB/T 30134 冷库管理规范
GB/T 32950 鲜活农产品标签标识
NY/T 496 肥料合理使用准则 通则
NY/T 580 芹菜
NY/T 1276 农药安全使用规范 总则
NY/T 1529 鲜切蔬菜加工技术规范
NY/T 1729 芹菜等级规格
NY/T 2103 蔬菜抽样技术规范

3 术语和定义

本文件没有需要界定的术语和定义。

4 组织管理

4.1 组织机构

4.1.1 应建立经法人登记的生产主体(如企业、合作社、家庭农场等)。

4.1.2 应建立与生产相适应的组织机构,包含生产、销售、质量管理、检验等部门,明确各管理部门和各岗位人员职责。

4.2 文件管理

4.2.1 芹菜生产者应根据生产实际编制适用的制度、程序和作业指导书等文件，并在相应功能区上墙明示。

4.2.2 制度和程序文件宜包括：组织机构文件、员工管理制度、内部自查制度、记录和档案管理制度、农业投入品管理制度（含选购、储存、使用、维护、处置程序）、产品质量管理制度（含抽样检测制度、追溯管理制度和投诉处理程序）、卫生管理制度和紧急事故处理程序等。

4.2.3 作业指导书宜包括：种植管理、田间管理、病虫害防治、采收、分级、包装、储存、运输、抽样检测等环节。

4.3 员工管理

4.3.1 应配备与生产规模相适应的管理人员、技术人员和生产人员，应建立和保存所有人员的相关能力、教育和专业资格、培训、健康等记录。

4.3.2 应对所有人员进行公共卫生和质量安全基础知识培训。从事种植管理、田间管理、病虫害防治、采收、分级、包装、储存、运输、抽样检测等芹菜生产关键岗位的人员应进行相关技术培训。

4.3.3 每个工作场所应至少配备1名受过应急、救护培训，并具有应急处理能力的人员。

4.3.4 应为从事农药等投入品使用的特定工作人员提供必要的防护条件（如胶靴、防护服、橡胶手套、口罩等）。

4.3.5 直接接触芹菜采收、分级和包装的人员应身体健康，并定期体检。

5 技术要求

5.1 基地选择与要求

5.1.1 基地选择

5.1.1.1 生产基地应远离污染源，灌溉用水水质应符合 GB 5084 的要求，土壤应符合 GB 15618 的要求，空气质量应符合 GB 3095 的要求。

5.1.1.2 芹菜生产主体应对产地环境进行调查和评估，并保存相关的调查和评估记录。包括但不限于：

a） 基地的历史使用情况以及化学农药、重金属等残留程度；
b） 周围农用、民用和工业用水的排污情况以及土壤的浸蚀和溢流情况；
c） 周围农业生产中农药等化学物品使用情况，包括化学物品的种类及其操作方法。

5.1.2 基地要求

5.1.2.1 基础设施

应提供、配备保障生产的基础设施，包括但不限于：

a） 基地应建有专用仓库，单独存放种子、农药、肥料和施药器械等。仓库应符合安全、卫生、通风、避光等要求，配置必要的农药配制量具、防护服、急救箱等。
b） 基地应设有盥洗室，并保持盥洗室的清洁卫生，便于人员清洗污染物。
c） 基地应分别设有垃圾、农药空包装等污染物的收集设施。
d） 基地应建有灌溉系统，如储水池、供水管道等。
e） 设施栽培基地应配备日光温室、塑料大棚等保护设施。

5.1.2.2 标志标识

基地有关的位置、场所，应设置醒目的平面图、标志、标识等。

5.1.2.3 土壤管理要求

应符合以下要求：

a） 采用轮作，至少3年与非伞形花科作物进行一次轮作；
b） 利用太阳能、药剂等土壤消毒技术进行处理；
c） 至少每2年监测1次土壤肥力水平，根据检测结果，有针对性地采取土壤肥力方案；
d） 每1年～3年委托有资质的检验机构对土壤进行分析检测，对不符合安全生产要求的土壤应修复。

5.2 农业投入品管理

5.2.1 采购

5.2.1.1 应选择具备必要资质、未发生重大经营事故及严重社会问题的农资经销商，并对其产品质量保证能力和服务能力等进行评估。建立登记台账，并保存相关票据等资料。

5.2.1.2 购买的种苗应具备检疫合格证及标签。

5.2.1.3 农药应标签清晰，农药登记证号、农药生产许可证号和产品质量标准号齐全。不应采购超过保质期的农药以及国家禁止使用的农药。

5.2.1.4 商品肥料应标签清晰，宜包含生产许可证号、肥料登记证号、执行标准号等信息。不应采购超过保质期的商品肥料。

5.2.1.5 采购的农膜、器械、设备等应有产品质量合格证明。

5.2.2 储存

5.2.2.1 农业投入品应有专人管理，并有入库、出库和领用记录。

5.2.2.2 农业投入品仓库应清洁、干燥、安全，并配备通风、防潮、防火、防盗、防爆、防虫、防鼠、防鸟、防渗等设施。

5.2.2.3 不同种类的农业投入品应按产品标签规定的储存条件分类分区存放，有清晰标识，并根据要求采用隔离（如墙、隔板）等方式防止交叉污染。危险品应有危险警告标识。

5.2.3 使用

5.2.3.1 建立和保存农药、肥料、器械及设备的使用记录。内容包括地块、农药或肥料名称、生产厂家、成分含量、施用量、施用方法、施用器械、施用时间、施用人以及农药的防治对象、安全间隔期等。

5.2.3.2 遵守农业投入品使用要求，选择合适的施用器械，适时、适量、科学合理使用投入品。

5.2.3.3 设有农药肥料配制专用区域，并有相应的设施设备。配制区域应远离水源、居所、畜牧场、水产养殖场等。

5.2.3.4 施药器械及设备等使用完毕，及时清洁干净。

5.2.4 维护、处置

5.2.4.1 按农业投入品类别分别建立和保存维护、处置记录，内容包括投入品信息、维护或处置方式和时间等。

5.2.4.2 施药器械及设备每年应至少检修1次，定期维护。

5.2.4.3 剩余、变质、过期的废液和废弃物应及时收集；损坏的农膜、器械和设备等应做好标记。分类回收，安全处置，不应随意丢弃。地膜残留量应满足GB/T 25413中的限值要求。

5.3 种植管理

5.3.1 品种选择

应该根据地区气候环境特点，选择优质高产、抗逆性好、抗病虫害能力强的芹菜品种。

5.3.2 育苗

5.3.2.1 苗床准备

每平方米土中施入腐熟有机肥5 kg～7 kg，氮磷钾复合肥（15-15-15）50 g～80 g。精耕细耙，作成宽1 m～1.5 m的育苗畦。也可选择128孔穴盘进行穴盘育苗。

5.3.2.2 浸种催芽

先将种子在50 ℃温水中浸泡15 min～20 min；之后清水室温下浸种8 h～12 h，同时洗掉种皮上的附着物；最后，沥干水分置于15 ℃～20 ℃条件下催芽，多数种子露白即可。机械化穴盘育苗可进行种子丸粒化处理。

5.3.2.3 播种

播种前，先将育苗畦浇透水，种子与少量细土混匀后均匀地撒在苗床上，每667 m^2苗床撒播种子

1 kg。在苗床上均匀地覆盖 0.5 cm 厚的细土以盖严种子。露地育苗时，为了保湿和防止大雨冲刷苗床，在育苗畦上覆盖塑料膜或草帘。穴盘育苗采用机械播种。

5.3.2.4 苗期管理

按以下技术方案进行：

a） 出苗前，苗床气温白天保持 20 ℃～25 ℃，夜间 10 ℃～15 ℃。温度高时，宜采用遮阳网覆盖，遮阳降温。

b） 齐苗后，白天保持 18 ℃～22 ℃，夜间不低于 10 ℃。在育苗期间，浇小水，保持土壤湿润。当幼苗第 1 片真叶展开后，进行初次间苗，苗距 1 cm～1.5 cm；3 片真叶展开时进行第 2 次间苗，苗距 2 cm～3 cm 为宜，每次间苗后浇小水弥缝。

c） 定植前 2 周，可根据植株长势随水追施 1 次尿素，每 667 m^2施 5 kg～8 kg。

5.3.2.5 壮苗标准

当真叶 4 片～5 片、株高 15 cm～20 cm 时，即可定植。

5.3.3 整地

每 667 m^2施入完全腐熟的有机肥 1 000 kg～1 500 kg，叶菜类专用复合肥 25 kg～30 kg，微生物菌剂 20 kg，硼砂 0.5 kg～1.0 kg。深耕耙细，整平作畦，畦宽 1.0 m～1.2 m 为宜。

5.3.4 定植

5.3.4.1 定植前 1 d，将苗床浇透水，随水冲施 1 次腐植酸液肥，促进芹菜幼苗生根、壮根。

5.3.4.2 待水渗下后，在苗床上每 667 m^2均匀喷施 1 次 10%苯醚甲环唑水分散粒剂 9.5 g～12 g，预防幼苗带菌。

5.3.4.3 选用植株健壮、株高整齐一致的壮苗定植，设置合理的株行距，深度以埋住主根茎、叶柄基部与地表平齐为宜，栽后立即浇水。

5.3.5 田间管理

5.3.5.1 温度管理

芹菜生长最适宜温度为 15 ℃～20 ℃，温度较高时宜覆盖遮阳网，温度较低时宜覆盖保温材料。

5.3.5.2 水分管理

提倡利用节水设施。定植后 15 d～20 d 为缓苗期，宜勤浇小水，保持湿润。缓苗后 10 d～15 d 进入蹲苗期，宜多中耕，且保持土壤湿润。营养生长旺盛期应加强水分供应。

5.3.5.3 施肥管理

根据土壤类型和芹菜需肥规律等因素，选择适宜的肥料种类、施肥量及施肥方式。施肥时应少量勤施，定植后每 15 d 施肥 1 次，每 667 m^2追施三元复合肥 5 kg～8 kg，前期以氮肥为主，后期应多施磷、钾肥。不应使用工业垃圾、城镇生活垃圾、污泥和未经腐熟的畜禽粪便。采收前 15 d 停止追肥。肥料的使用应遵循 NY/T 496 的规定。

5.3.5.4 施用植物生长调节剂

定植后可喷施 3%赤霉酸乳油 1 500 倍～2 000 倍液，整个生长期叶面处理 1 次。

5.3.6 种植管理记录

按照地块（棚室）做好田间各环节农事活动记录。

5.4 病虫害防治

5.4.1 基本要求

遵循“预防为主，综合防治”的植保方针，在优先采用农业防治的基础上，协调运用物理防治、生物防治、化学防治来控制病虫害的发生。应配备经过正规培训并具有作物保护相关资质和能力的技术人员，真实记录并保存病虫害防治的相关记录。

5.4.2 防治方法

5.4.2.1 农业防治

包括但不限于：

a） 选用抗(耐)病优良品种，种子质量应符合 GB 16715.5 的要求，植物检疫合格；

b） 应与非伞形科作物轮作，推荐实行水旱轮作；

c） 培育无病虫害壮苗，播种前种子和苗床应进行消毒处理；

d） 定植前 10 d～15 d 应清理田间，去除杂草，土壤翻耕，深沟高畦；

e） 合理密植，合理施肥，提倡施用生物菌肥。

5.4.2.2 物理防治

根据芹菜栽培模式、虫害和草害发生情况，可采用以下措施：

a） 设施栽培，通风口处覆盖孔径为 0.425 mm 的防虫网阻隔蚜虫类、夜蛾类、潜叶蝇类等害虫进入；

b） 露地栽培，安装频振式杀虫灯诱杀夜蛾类害虫；

c） 悬挂黄板或黄带诱杀蚜虫等；

d） 对发生较轻、为害中心明显的害虫，宜采用人工捕杀；

e） 采用黑色地膜覆盖、机械或人工方法去除杂草。

5.4.2.3 生物防治

可采用以下生物防治措施：

a） 释放瓢虫、草蛉、食蚜瘿蚊、蚜茧蜂等防治蚜虫，可选择其中任一种天敌进行释放，释放技术见附录 A；

b） 利用苦参碱防治蚜虫，使用方法和使用量见附录 B；

c） 利用苦皮藤素防治甜菜夜蛾，使用方法和使用量见附录 B。

5.4.2.4 化学防治

依据芹菜田间病虫害的实际发生情况，可精量使用高效、低风险化学农药：

a） 化学药剂的使用应符合 GB/T 8321 及 NY/T 1276 的要求，不应使用国家规定在蔬菜上禁限用的化学农药；

b） 宜用高压微雾、静电喷雾法喷药；

c） 主要病虫害推荐使用的化学农药品种及其使用方法和使用量见附录 B。

5.5 采收

5.5.1 采收要求

5.5.1.1 应建立和保存采收、检验记录，包含采收人、采收品种、采收时间、采收数量和产品质量等内容。

5.5.1.2 采收时，确保所用农药已过安全间隔期。采收前应进行抽样检测，检验合格后方可采摘上市。

5.5.1.3 在正常气候允许情况下，芹菜达到各品种的高度、单株重指标的 90%以上，叶柄数量达到本品种指标，外部叶柄叶片不变黄，叶柄脆、生食纤维少、清爽、味甜时即可采收。

5.5.1.4 收获时选择气温较低时段，避免雨水。收获时要连根铲下，带根宜短，去泥土和黄叶、病叶，轻拿轻放，减少机械损伤。

5.5.2 卫生要求

采收人员应穿着干净工作服并佩戴手套；采收工具及容器应干净整洁，定期进行清洗、维护。

5.6 采后初加工

5.6.1 预冷

5.6.1.1 芹菜可在采收后 2 h 内进行预冷。宜采用冷风预冷，预冷温度为0 ℃～2 ℃，相对湿度为95%～98%。

5.6.1.2 采用常规冷风预冷，要注意码垛方式，留有适宜的空气循环通道；采用压差预冷，根据实际采用的预冷装置，合理选择符合压差预冷的包装及堆码方式。

5.6.1.3 芹菜中心温度达到 0 ℃～2 ℃时，终止预冷。

5.6.2 分级

预冷后在阴凉洁净环境中根据芹菜的整齐度、抽薹、萎蔫、鲜嫩、大小、质量等指标进行分级，等级规格应符合 NY/T 1729 的规定。做好产品分级记录。

5.6.3 包装

5.6.3.1 场地要求

包装标识操作场地的内外环境应整洁、卫生，根据需要设置消毒、防尘、防虫、防鼠等设施，根据需要配置温湿度调节装置。

5.6.3.2 设备要求

包装标识的相应设备适用范围和精度等应符合质量检验要求，易于清洁，便于操作，确保安全性，定期维修和保养。

5.6.3.3 材料要求

宜选用塑料周转箱、塑料保鲜袋、瓦楞纸箱包装，所用包装材料应符合国家法律法规和标准要求：

a) 塑料制品应符合 GB 4806.7 的规定；

b) 纸质材料应符合 GB 4806.8 的规定；

c) 标签标识用的涂料涂层应符合 GB 4806.10 的规定。

5.6.3.4 操作要求

符合以下要求：

a) 按照等级指标采用捆扎或塑料袋或纸箱进行包装。应符合安全、卫生的原则，采取有效措施，防止在包装和标识过程中对芹菜造成二次污染，避免对芹菜造成机械损伤；

b) 以新鲜芹菜为原料，经预处理、清洗、切分、消毒、包装等加工过程为鲜切菜的，应按 NY/T 1529 的规定执行；

c) 同一包装内产品的等级、规格、品种、来源和批次应一致，如有例外要进行特别说明。建立产品包装记录档案。

5.6.3.5 标签、标识

应符合 GB/T 32950 的规定。

5.7 储藏

5.7.1 储前准备

储存前应对库房和用具进行彻底的清扫（清洗）和消毒，及时通风换气，并检修所有设备。在入库前将库温降至 0 ℃左右。

5.7.2 储藏管理

5.7.2.1 产品按等级、品种分别储存，堆码应便于空气流通，冷库管理应符合 GB/T 30134 的规定。

5.7.2.2 若需使用保鲜剂等物质，应符合 GB 2760 及相关法律法规要求。

5.7.2.3 定期观测记录温度、湿度等指标，严格控制温湿度，应符合 NY/T 580 的要求，温度波动幅度 ±0.5 ℃。

5.7.2.4 储藏期间应定期检查产品质量，及时清除病变个体，防止污染。

5.7.2.5 储藏库应实行专人管理，定期对库内温湿度等重要参数及出入库进行记录，建立档案。

5.8 运输

5.8.1 根据运输距离选择适宜的运输工具，确保芹菜全程冷链环境。宜采用冷藏车运输，装载前车厢温度应提前预冷至 0 ℃，车厢温度应保持在 0 ℃～1 ℃。

5.8.2 装运工具应清洁、干燥、无毒、便于通风，不能与有毒、有害物质混运。

5.8.3 装载应适量，货物与车底板及壁板之间应留有合理间隙，宜采用托盘式装卸运输，轻装轻卸、快装快运。

5.8.4 运输过程中应监测温度变化，按 GB/T 22918 的相关规定执行。

6 产品质量管理

6.1 抽样检测

6.1.1 生产者应在上市销售前，对芹菜进行抽样自检或送至具备检测资质的检测机构，检测合格后方能上市销售，并附农产品质量安全合格证或承诺书。抽样方法按 NY/T 2103 的规定执行。建立和保存检测记录及报告。

6.1.2 芹菜产品农药残留和污染物含量应分别符合 GB 2763 和 GB 2762 的相关规定。芹菜中农药最大残留限量要求见附录 C。

6.2 质量追溯

6.2.1 建立独立完整的生产记录档案：

a) 芹菜的产地、品种、施肥、田间操作、病虫害防治、采收、采后处理、储存运输等管理措施的记录；

b) 芹菜生产中涉及的各种物料原始凭证票据和记录文件，包括农业投入品采购及使用等记录；

c) 环境、投入品和产品质量的检验记录。

6.2.2 应合理划分记录生产批次，采用产品批号等方式进行标识，便于对产品生产、采后处理、储藏、运输等相关信息进行追溯。

6.2.3 追溯档案至少保存 2 年。

6.3 投诉处理

6.3.1 应建立产品投诉处理制度和产品召回制度。

6.3.2 对产品的意见反馈及有效投诉，应立即追查原因，采取相应纠正措施，并建立档案记录。

6.3.3 对问题产品应根据销售记录，快速、有效地召回产品。

附 录 A
(资料性)
天敌昆虫释放

A.1 天敌品种

食蚜瘿蚊、瓢虫、草蛉、蚜茧蜂。

A.2 释放时间

定植 5 d～7 d 后,加强监测,发现害虫即可释放天敌。

A.3 释放方法

A.3.1 食蚜瘿蚊

667 m^2按 200 头～300 头,隔 7 d～10 d 释放 1 次,连续释放 2 次～3 次。

A.3.2 瓢虫(卵)

667 m^2按 500 头～1 000 头,隔 7 d～10 d 释放 1 次,连续释放 2 次～3 次。

A.3.3 草蛉(茧)

667 m^2按 300 头～500 头,隔 7 d～10 d 释放 1 次,连续释放 2 次～3 次。

A.3.4 蚜茧蜂

667 m^2按 2 000 头～4 000 头,隔 7 d～10 d 释放 1 次,连续释放 2 次～3 次。

附　录　B
（资料性）
芹菜主要病虫害绿色防控化学药剂和生物药剂推荐

芹菜主要病虫害绿色防控化学药剂和生物药剂推荐见表 B.1。

表 B.1　芹菜主要病虫害绿色防控化学药剂和生物药剂推荐

<table>
<tr><th>序号</th><th>农药类别</th><th>防治对象</th><th>农药通用名</th></tr>
<tr><td>1</td><td rowspan="3">杀菌剂</td><td rowspan="2">斑枯病</td><td>苯醚甲环唑</td></tr>
<tr><td>2</td><td>咪鲜胺</td></tr>
<tr><td>3</td><td>叶斑病</td><td>苯醚甲环唑</td></tr>
<tr><td>4</td><td rowspan="8">杀虫剂</td><td rowspan="7">蚜虫</td><td>吡蚜酮</td></tr>
<tr><td>5</td><td>吡虫啉</td></tr>
<tr><td>6</td><td>啶虫脒</td></tr>
<tr><td>7</td><td>呋虫胺·溴氰菊酯</td></tr>
<tr><td>8</td><td>噻虫嗪</td></tr>
<tr><td>9</td><td>螺虫乙酯·溴氰菊酯</td></tr>
<tr><td>10</td><td>苦参碱</td></tr>
<tr><td>11</td><td>夜蛾</td><td>苦皮藤素</td></tr>
<tr><td colspan="4">注 1：严格按照农药标签规定的方法、剂量、施药次数和安全间隔期用药。
注 2：此表为芹菜上已登记农药，来源于中国农药信息网（网址：http://www.chinapesticide.org.cn/），最新芹菜登记农药产品情况适用于本文件，国家新禁用的农药自动从本清单中删除。</td></tr>
</table>

附 录 C
（资料性）
芹菜农药残留和污染物限量指标要求

芹菜农药残留和污染物限量指标要求见表C.1。

表C.1 芹菜农药残留和污染物限量指标要求

序号	项目名称	项目英文名称	限量	单位
1	阿维菌素	abamectin	0.05	mg/kg
2	胺苯磺隆	ethametsulfuron	0.01	mg/kg
3	艾氏剂	aldrin	0.05	mg/kg
4	巴毒磷	crotoxyphos	0.02*	mg/kg
5	百菌清	chlorothalon	5	mg/k
6	百草枯	paraquat	0.05*	mg/kg
7	保棉磷	azinphos-methyl	0.5	mg/kg
8	倍硫磷	fenthion	0.05	mg/kg
9	苯醚甲环唑	difenoconazole	3	mg/kg
10	苯线磷	fenamiphos	0.02	mg/kg
11	吡虫啉	imidacloprid	5	mg/kg
12	吡唑醚菌酯	pyraclostrobin	30	mg/kg
13	丙环唑	propiconazole	20	mg/k
14	丙酯杀螨醇	chloropropylate	0.02*	mg/kg
15	草枯醚	chlornitrofen	0.01*	mg/kg
16	虫酰肼	tebufenozide	10	mg/kg
17	草芽畏	2,3,6-TBA	0.01*	mg/kg
18	除虫菊素	pyrethrins	1	mg/kg
19	敌百虫	trichlorfon	0.2	mg/kg
20	滴滴涕	DDT	0.05	mg/kg
21	地虫硫磷	fonofos	0.01	mg/kg
22	敌草腈	dichlorobenil	0.07*	mg/kg
23	敌敌畏	dichlorvos	0.2	mg/kg
24	丁硫克百威	carbosulfan	0.01	mg/kg
25	啶虫脒	acetamiprid	3	mg/kg
26	毒虫畏	chlorfenvinphos	0.01	mg/kg
27	毒菌酚	hexachlorophene	0.01*	mg/kg
28	毒杀芬	camphechlor	0.05*	mg/kg
29	狄氏剂	dieldrin	0.05	mg/kg
30	毒死蜱	chlorpyrifos	0.05	mg/kg
31	对硫磷	parathion	0.01	mg/kg
32	多杀霉素	spinosad	2*	mg/kg
33	二甲戊灵	pendimethalin	0.2	mg/kg
34	二溴磷	naled	0.01*	mg/kg
35	呋虫胺	dinotefuran	0.6	mg/kg
36	氟虫腈	fipronil	0.02	mg/kg
37	氟除草醚	fluoronitrofen	0.01*	mg/kg
38	粉唑醇	flutriafo	3	mg/kg
39	氟胺氰菊酯	tau-fluvalinate	0.5	mg/kg
40	氟苯虫酰胺	flubendiamide	5	mg/kg
41	氟苯脲	teflubenzuron	0.5	mg/kg

表 C.1（续）

序号	项目名称	项目英文名称	限量	单位
42	氟吡菌胺	fluopicolide	20*	mg/kg
43	氟啶虫胺腈	sulfoxaflo	1.5*	mg/kg
44	氟啶虫酰胺	flonicami	1.5	mg/kg
45	氟虫腈	fipronil	0.02	mg/kg
46	氟氯氰菊酯和高效氟氯氰菊酯	cyfluthrinandbeta-cyfluthrin	0.5	mg/kg
47	氟噻虫砜	fluensulfon	2*	mg/kg
48	氟唑菌酰胺	fluxapyroxad	10*	mg/kg
49	格螨酯	2,4-dichlorophenyl benzenesulfonate	0.01*	mg/kg
50	庚烯磷	heptenophos	0.01*	mg/kg
51	环螨酯	cycloprate	0.01*	mg/kg
52	甲胺磷	methamidophos	0.05	mg/kg
53	甲拌磷	phorate	0.01	mg/kg
54	甲磺隆	metsulfuron-methyl	0.01	mg/kg
55	甲基对硫磷	parathion-methyl	0.02	mg/kg
56	甲基硫环磷	phosfolan-methyl	0.03*	mg/kg
57	甲基异柳磷	isofenphos-methyl	0.01*	mg/kg
58	甲萘威	carbaryl	1	mg/kg
59	甲氰菊酯	fenpropathrin	1	mg/kg
60	甲氧虫酰肼	methoxyfenozide	15	mg/kg
61	甲氧滴滴涕	methoxychlor	0.01	mg/kg
62	腈菌唑	myclobutanil	0.05	mg/kg
63	久效磷	monocrotophos	0.03	mg/kg
64	克百威	carbofuran	0.02	mg/kg
65	乐果	dimethoate	0.01	mg/kg
66	六六六	HCH	0.05	mg/kg
67	乐杀螨	binapacryl	0.05*	mg/kg
68	磷胺	phosphamidon	0.05	mg/kg
69	硫丹	endosulfan	0.05	mg/kg
70	螺虫乙酯	spirotetramat	4*	mg/kg
71	氯虫苯甲酰胺	chlorantraniliprole	7*	mg/kg
72	氯丹	chlordane	0.02	mg/kg
73	氯氟氰菊酯和高效氯氟氰菊酯	cyhalothrinandlambda-cyhalothrin	0.5	mg/kg
74	硫环磷	phosfolan	0.03	mg/kg
75	螺甲螨酯	spiromesifen	15*	mg/kg
76	氯菊酯	permethrin	2	mg/kg
77	氯氰菊酯和高效氯氰菊酯	cypermethrinandbeta-cypermethrin	1	mg/kg
78	硫线磷	cadusafos	0.02	mg/kg
79	氯苯甲醚	chloroneb	0.01	mg/kg
80	氯磺隆	chlorsulfuron	0.01	mg/kg
81	氯酞酸	chlorthal	0.01*	mg/kg
82	氯酞酸甲酯	chlorthal-dimethyl	0.01	mg/kg
83	氯唑磷	isazofos	0.01	mg/kg
84	茅草枯	dalapon	0.01*	mg/kg
85	灭草环	tridiphane	0.05*	mg/kg
86	马拉硫磷	malathion	1	mg/kg
87	咪唑菌酮	fenamidone	40	mg/kg
88	醚菊酯	etofenprox	1	mg/kg
89	嘧菌酯	azoxystrobin	5	mg/kg
90	灭多威	methomyl	0.2	mg/kg
91	灭螨醌	acequincyl	0.01	mg/kg
92	灭线磷	ethoprophos	0.02	mg/kg

表 C.1（续）

序号	项目名称	项目英文名称	限量	单位
93	灭蝇胺	cyromazine	4	mg/kg
94	灭蚁灵	mirex	0.01	mg/kg
95	内吸磷	demeton	0.02	mg/kg
96	七氯	heptachlor	0.02	mg/kg
97	氰霜唑	cyazofamid	10	mg/kg
98	噻虫胺	clothianidin	0.04	mg/kg
99	噻虫嗪	thiamethoxam	1	mg/kg
100	杀螟硫磷	fenitrothion	0.5	mg/kg
101	杀扑磷	methidathion	0.05	mg/kg
102	双炔酰菌胺	mandipropamid	20*	mg/kg
103	水胺硫磷	isocarbophos	0.05	mg/kg
104	杀虫脒	chlordimeform	0.01	mg/kg
105	杀虫畏	tetrachlorvinphos	0.01	mg/kg
106	四聚乙醛	metaldehyde	1*	mg/kg
107	三氟硝草醚	fluorodifen	0.01*	mg/kg
108	三氯杀螨醇	dicofol	0.01	mg/kg
109	速灭磷	mevinphos	0.01	mg/kg
110	杀螟硫磷	fenitrothion	0.5	mg/kg
111	杀扑磷	methidathion	0.05	mg/kg
112	三唑磷	triazophos	0.05	mg/kg
113	特丁硫磷	terbufos	0.01*	mg/kg
114	特乐酚	dinoterb	0.01*	mg/kg
115	涕灭威	aldicarb	0.03	mg/kg
116	肟菌酯	trifloxystrobin	1	mg/kg
117	戊硝酚	dinosam	0.01*	mg/kg
118	戊唑醇	tebuconazole	15	mg/kg
119	烯虫炔酯	kinoprene	0.01*	mg/kg
120	烯虫乙酯	hydroprene	0.01*	mg/kg
121	溴甲烷	methylbromide	0.02*	mg/kg
122	消螨酚	dinex	0.01*	mg/kg
123	烯酰吗啉	dimethomorph	15	mg/kg
124	溴氰虫酰胺	cyantraniliprol	15*	mg/kg
125	辛硫磷	phoxim	0.05	mg/kg
126	溴氰菊酯	deltamethrin	2	mg/kg
127	氧乐果	omethoate	0.02	mg/kg
128	乙酯杀螨醇	chlorobenzilate	0.01	mg/kg
129	抑草蓬	erbon	0.05*	mg/kg
130	茚草酮	indanofan	0.01*	mg/kg
131	蝇毒磷	coumaphos	0.05	mg/kg
132	乙基多杀菌素	spinetoram	6*	mg/kg
133	乙酰甲胺磷	acephate	0.02	mg/kg
134	异狄氏剂	endrin	0.05	mg/kg
135	治螟磷	sulfotep	0.01	mg/kg
136	铅(以 Pb 计)	lead(calculate by Pb)	0.3	mg/kg
137	镉(以 Cd 计)	cadmium(calculate by Cd)	0.2	mg/kg
138	汞(以 Hg 计)	mercury(calculate by Hg)	0.01	mg/kg

表 C.1（续）

序号	项目名称	项目英文名称	限量	单位
139	砷(以 As 计)	arsenic(calculate by As)	0.5	mg/kg
140	铬(以 Cr 计)	chromium(calculate by Cr)	0.5	mg/kg

注 1:本文件农药残留检测按照 GB 2763 推荐的方法执行;污染物残留检测按照 GB 2762 推荐的方法执行。

注 2:本文件所列限量高于最新颁布的食品安全国家标准的限量时,执行最新颁布的食品安全国家标准的限量。

注 3:标* 的限量为临时限量。

ICS 65.060.01
CCS B 90

NY

中华人民共和国农业行业标准

NY/T 4252—2022

标准化果园全程机械化生产技术规范

Technical specification for standardized whole-course mechanized production for orchards

2022-11-11 发布　　　　2023-03-01 实施

中华人民共和国农业农村部　发布

前　言

本文件按照 GB/T 1.1—2020《标准化工作导则　第 1 部分：标准化文件的结构和起草规则》的规定起草。

请注意本文件的某些内容可能涉及专利。本文件的发布机构不承担识别专利的责任。

本文件由农业农村部农业机械化管理司提出。

本文件由全国农业机械标准化技术委员会农业机械化分技术委员会(SAC/TC 201/SC 2)归口。

本文件起草单位：江苏省农业工程学会、江苏省农机具开发应用中心、农业农村部南京农业机械化研究所。

本文件主要起草人：沈启扬、马拯胞、张萌、杨雅婷、蔡国芳、朱虹、李健、刘卫华、周玛、冯传营、於锋、周学剑、孙龙霞、徐斌、葛迅一。

标准化果园全程机械化生产技术规范

1 范围

本文件规定了果园机械化生产的基本要求、定植、生草管理、施肥、水分管理、花果管理、病虫灾害防治、采收、转运、预冷储藏、树体管理、枝条粉碎等环节的技术要求。

本文件适用于鲜食苹果、梨、桃等落叶果树标准化种植果园的机械化生产，其他果树标准化果园可参照执行。

2 规范性引用文件

下列文件中的内容通过文中的规范性引用而构成本文件必不可少的条款。其中，注日期的引用文件，仅该日期对应的版本适用于本文件；不注日期的引用文件，其最新版本（包括所有的修改单）适用于本文件。

GB/T 8321（所有部分） 农药合理使用准则

NY/T 992 风送式果园喷雾机 作业质量

NY/T 1276 农药安全使用规范总则

NY/T 2136 标准果园建设规范 苹果

NY/T 2194 农业机械田间行走道路技术规范

NY/T 2628 标准果园建设规范 梨

NY/T 3104 仁果类水果（苹果和梨） 采后预冷技术规范

3 术语和定义

本文件没有需要界定的术语和定义。

4 基本要求

4.1 品种选择

主栽品种应选适于本地栽培、抗病虫能力强、品质好，适宜机械化生产的丰产稳产品种。

4.2 机具要求

作业机具应满足相应产品标准规定，机具宽度、高度、性能应满足果园生产的作业要求。

4.3 地块选择

应选择土层深厚、土质疏松肥沃、透水和保水性较好，适宜果树生长，沟渠配套，灌溉排水顺畅，地势相对平坦、坡度小于15°的成片规整地块。坡度大于等于15°需建成等高梯阶，以长方形为宜。苹果种植应符合 NY/T 2136、梨树种植应符合 NY/T 2628 的规定。

4.4 田间行走道路要求

作业区内无障碍物，相邻地块间、地块与道路间应互联互通，田间道路满足农业机械通行、进出作业和农资运输需要，符合 NY/T 2194 的规定。

4.5 操作要求

机具操作人员应经过专业培训，需驾驶证操作的应获得相关证件持证上岗。具有安全意识，熟练掌握操作技术并严格按照机具使用说明书和安全操作规程进行调整、作业和维护。

5 定植

5.1 根据果树品种、农艺要求、土壤和气候条件，选择开沟定植、起垄定植、挖穴定植等方式。果树行距宜大于动力主机宽度的 2 倍且不小于 4 m，每行长度不小于 50 m，地头应留有机械转弯调头的空地，空地宽度不小于机组转弯半径。

5.2　定植机械宜选用开沟机、起垄机、挖穴机或挖掘机进行作业。

5.3　根据苗木大小不同确定合适栽植深度，栽植苗木与地面垂直角度偏差不大于±5°。采用开沟机或挖掘机进行定植时，黏土定植沟宽 40 cm～50 cm，栽植深度 25 cm～30 cm；沙壤土定植沟宽 30 cm～40 cm，栽植深度 25 cm～30 cm。定植后回土一般高出地面 20 cm。采用起垄机进行定植时，垄宽 1.2 m～1.5 m，垄高 30 cm～40 cm。采用挖穴机进行定植时，穴的直径 40 cm～80 cm，栽植深度 30 cm～90 cm。

6　生草管理

6.1　果园行间采用人工种草或自然生草，草带应距树盘外缘 40 cm 左右，及时割草、控草，碎草还田，保墒及改良土壤，提高土壤肥力，保持果园生态。

6.2　割草宜选用拖拉机配套避障割草机、行间割草机，或手扶式、乘坐式、遥控式割草机等进行作业。除草宜选用拖拉机配套旋耕机、圆盘耙、田园管理机等进行作业。

6.3　割草留茬高度控制在 5 cm～10 cm，割草作业漏割率不大于 5%。除草旋耕深度为 10 cm～15 cm，地表无明显杂草。

7　施肥

7.1　根据不同品种和农艺要求确定沟施、地表撒施、水溶肥喷滴等施肥方式。

7.2　施肥宜选用旋耕机、田间运输车、撒肥机、开沟施肥一体机、开沟机、水肥一体化设备等进行作业。

7.3　采用开沟机或开沟施肥一体机施肥，应在距离树体滴水线内 50 cm 左右处开沟；施肥开沟深度不小于 30 cm，宽度不小于 25 cm；采用撒肥机进行撒肥，应抛洒均匀，再用旋耕机将肥料和土壤充分混拌，旋耕深度不小于 10 cm；使用水肥一体化设备，按农艺要求施用满足不同生长期需求的水溶复合肥料。

8　水分管理

8.1　果园灌溉通常采用沟灌、管灌(含滴管、喷灌)，水分管理和追肥同步进行。宜使用滴灌、渗灌、微灌等节水灌溉和水肥一体化技术。汛期要及时排出果园积水。

8.2　灌溉、排水机械宜选用开沟机、水肥一体化设备、喷灌机、排灌机械进行作业。

8.3　灌溉管线排布合理，暗管埋管深度不小于 30 cm 处，明管设于第一分枝之上或树冠层内，喷滴竖管高度可调整，可降至距离地面不小于 30 cm，不阻碍机械作业。采用喷灌时喷头高度根据旋喷半径与根系区域来调整，采用滴灌时铺设滴灌管或滴灌带，距树干中心距离不大于 30 cm。在喷滴灌作业范围应保持灌溉均匀。排水沟深度不小于 30 cm，宽度不小于 25 cm。

9　花果管理

9.1　一般在盛花期对果树进行疏花、授粉作业，生理落果后进行疏果、套袋作业。

9.2　花果管理机械宜选用疏花机、疏果机、授粉机、套袋机、多功能果园作业平台进行作业。

9.3　根据不同果树花朵或果穗特性、疏密程度、疏花器大小等，确定疏花轴转速和前进速度，仿形疏花，打掉多余花朵或切除多余果穗。授粉、套袋作业质量应满足农艺要求。例如，采用多功能果园作业平台作业，应控制作业高度、速度及平衡性等。

10　病虫害防治

10.1　根据病虫灾害发生特点及防治要求，应用化学、物理、生物等措施进行综合防治；化学防治按 GB/T 8321的规定执行，交替使用不同药剂。

10.2　病虫害防治机械宜选用风送式喷雾机、喷杆喷雾机、植保无人飞机、杀虫灯、烟雾机、烟雾发生器等进行作业。

10.3　喷雾作业时，应在无雨、少露，气温 5℃～32℃，风速不大于三级风条件下进行；农药的选用按照 GB/T 8321 和 NY/T 1276 的规定执行。风送式喷雾机的作业质量应符合 NY/T 992 的规定；喷杆喷雾机、担架式或手推式喷雾机作业质量应满足病虫害防治要求。药液在果树上的覆盖率不小于 33%；防虫时，喷洒在果树叶片上的雾滴数不小于 25 粒/cm^2；防病时，喷洒在果树叶片上的雾滴数不小于 30 粒/cm^2（内吸性杀菌剂）或 70 粒/cm^2（一般性杀菌剂）。

11　采收、转运

11.1　根据品种特性、果实成熟度、用途和市场需求等确定适宜采收期。转运道路平整，机具行驶无明显颠簸。

11.2　采收、转运机械宜选用多功能果园作业平台、轨道运输机、搬运机、减振拖车、果箱叉车等进行作业。

11.3　采收机械运行时，低挡匀速进行，保证人员安全和果品不滚动损伤，果品损伤率小于 5%。

12　预冷储藏

12.1　采摘后应及时入库预冷储藏，采收到入库时间不宜超过 48 h。

12.2　预冷储藏机械宜选用机械制冷或气调储藏保鲜库。

12.3　水果出库时应遵照“先入先出”的原则，储藏温度应符合苹果、梨、桃等储藏要求，符合 NY/T 3104 的规定。

13　树体管理

13.1　休眠期修剪（冬季修剪）一般在 11 月至翌年 3 月进行，生长期修剪（夏季修剪）一般在 4 月—10 月，从萌芽至落叶前进行。修剪后的果树应通风透光良好，植株生长整齐，树形规整，树高、冠径、树形等指标基本一致。

13.2　树体管理机械宜选用气动剪、电动剪、油锯、多功能果园作业平台等进行作业。

13.3　树体修剪应剪口平整。修剪中大枝，伤口直径在 2 cm 以上，需进行消毒并涂抹保护剂。

14　枝条粉碎

14.1　果树修剪后的枝条应按照生长年限及粗细进行初步分类，并规整后打捆晾晒。修剪的枝条尺寸适宜机械粉碎。

14.2　枝条粉碎机械宜选用枝条粉碎机、枝条粉碎还田机、枝条捡拾粉碎收集一体机等进行作业。

14.3　修剪后的枝条进行粉碎处理。不同用途的枝条粉碎颗粒的大小要求：用于发酵床垫料粉碎颗粒平均粒度应不大于 5 mm；用于菌基质粉碎颗粒平均粒度应不大于 5 mm；用于堆肥处理粉碎颗粒平均粒度应不大于 15 mm；用于直接还田粉碎颗粒平均粒度应不大于 30 mm。以上枝条粉碎合格率应不小于 85%。

ICS 65.060.01
CCS B 90

NY

中华人民共和国农业行业标准

NY/T 4253—2022

茶园全程机械化生产技术规范

Technical specification for whole production process mechanization for tea plantation

2022-11-11 发布　　2023-03-01 实施

中华人民共和国农业农村部　发布

前　　言

本文件按照 GB/T 1.1—2020《标准化工作导则　第 1 部分：标准化文件的结构和起草规则》的规定起草。

请注意本文件的某些内容可能涉及专利。本文件的发布机构不承担识别专利的责任。

本文件由农业农村部农业机械化管理司提出。

本文件由全国农业机械标准化技术委员会农业机械化分技术委员会(SAC/TC 201/SC 2)归口。

本文件起草单位：农业农村部南京农业机械化研究所、农业农村部农业机械化总站、福建省农业机械推广总站、安徽省农业机械技术推广总站、湖北省农业机械化技术推广总站、盐城市盐海拖拉机制造有限公司。

本文件主要起草人：宋志禹、冯健、韩余、杨瑶、丁文芹、陈兴和、梅松、李丹阳、傅立雯、蒋清海、蔡海涛、夏先飞、周雄峰、杨光、武小燕、金月、陈凌霄、占才学、王林松、张健飞、赵映、祁士尧。

茶园全程机械化生产技术规范

1 范围

本文件规定了茶园全程机械化生产的作业基本条件、耕作与除草、施肥、植保、灌溉、修剪、采摘环节的机械化作业技术要求。

本文件适用于满足机械化作业条件的茶园机械化生产。

2 规范性引用文件

下列文件中的内容通过文中的规范性引用而构成本文件必不可少的条款。其中,注日期的引用文件,仅该日期对应的版本适用于本文件;不注日期的引用文件,其最新版本(包括所有的修改单)适用于本文件。

GB/T 5084 农田灌溉水质标准

GB/T 50363 节水灌溉工程技术规范

NY/T 225 机械化采茶技术规程

NY/T 650 喷雾机(器) 作业质量

NY/T 1276 农药安全使用规范 总则

NY/T 2172 标准茶园建设规范

NY/T 3697 农用诱虫灯应用技术规范

NY/T 5018 茶叶生产技术规程

3 术语和定义

本文件没有需要界定的术语和定义。

4 机械化作业基本条件

4.1 茶园条件

4.1.1 茶树品种、园地要求、种植规格应符合 GB/T 50363 和 NY/T 2172 的规定。

4.1.2 茶行两端应留有 1.5 m～2.5 m 的地头,供茶园机械顺利转向或调头作业。

4.1.3 茶行之间应地面平整,无残枝、断根或石块等杂物。

4.2 机具条件

4.2.1 茶园作业机械应确保整机完好,质量可靠,性能稳定。

4.2.2 整机应运转平稳,不应有异常声响,紧固件不应松动。

4.2.3 各传动部件工作应灵活、可靠;皮带轮固定应可靠,不应产生轴向偏移。

4.2.4 行间作业机械或部件宽度应满足茶园工作需要,不大于 80 cm。

4.2.5 机具固定安装位置应不影响其他机具作业。

4.3 操作人员要求

机具操作人员应经过岗前培训,具有较强的安全意识,熟练掌握操作技术并严格按照机具使用说明书进行调整、作业和维护。

5 耕作与除草

5.1 耕作

5.1.1 应根据当地的种植模式、农艺要求和土壤条件等情况,选择机械耕作方式与作业时间。浅耕宜在

2 月—7 月结合追肥、除草等作业进行，深耕宜在 8 月—10 月或秋茶采摘结束后进行。

5.1.2 浅耕宜选用微耕机、旋耕机、茶园多功能管理机配套旋耕等机具进行作业。深耕宜选用齿式深耕机、茶园多功能管理机等机具进行作业。

5.1.3 浅耕深度 8 cm～15 cm，每年耕作 2 次～3 次。深耕深度 20 cm～30 cm，宽度不超过 50 cm，茶行中间深、两边浅。作业时应松碎土块，平整地面，不能压伤茶树。深耕可结合施用基肥，如复合肥、有机肥等。

5.2 除草

5.2.1 茶园行间杂草应及时清理，避免与茶树争夺养分，应根据杂草长势和种类选择机械除草作业方式与作业时间。除草一般在 4 月—10 月结合耕作作业进行。

5.2.2 除草宜选用茶园除草机、茶园中耕机、茶园多功能管理机等机具进行作业。

5.2.3 除草耕作深度为 10 cm～15 cm，将草根翻至土表。具体作业次数根据杂草生长情况适当增减。

6 施肥

6.1 根据土壤理化性质、茶树长势、预计产量、制茶类型和气候等条件，确定合理的肥料种类、数量、施肥位置和时间，应符合 NY/T 5018 的规定。

6.2 宜选用翻耕机翻肥入土或开沟、施肥、覆土一体机具进行作业。

6.3 叶面施肥宜选用背负式弥雾机、风送式喷雾机、喷杆喷雾机、水肥一体化设备等机具。集中连片茶园可采用植保无人飞机作业，喷施应均匀、无漏施。

6.4 基肥施用深度 20 cm 以上，追肥深度 10 cm 左右，施肥后及时盖土，作业应符合 NY/T 5018 的规定。

7 植保

7.1 病虫害防控

7.1.1 应根据当地病虫害种类、发生规律等情况，选择作业方式和作业时机。茶园主要病虫害的防控指标、防控适期、防控方式及其安全使用标准应符合 NY/T 5018 的规定。

7.1.2 化学防控宜选用背负式弥雾机、担架式喷雾机、风送式喷雾机、喷杆喷雾机、植保无人飞机等高效植保机械进行作业，应符合 NY/T 1276 和 NY/T 650 的规定。

7.1.3 物理防控宜选用具有自动控制功能的 LED 诱虫灯、频振式诱虫灯、黏虫色板、负压吸虫机等机具进行作业。

7.1.4 喷雾作业药液覆盖率不小于 33%，茶树机械损伤率不大于 1%，作业质量应符合 NY/T 650 的规定。诱虫灯安装基座稳固、安全、环保，安装高度 100 cm～150 cm，间距 100 m～150 m，防控效果不小于 50%，安装位置和防控效果应符合 NY/T 3697 的规定。

7.2 防霜冻

7.2.1 春季“倒春寒”易发期间，应及时选用防霜冻机械。霜冻发生前，应选用喷灌设备对茶蓬表面连续喷水，防止茶蓬成霜；当茶蓬已成霜时，通过喷水将附着在茶蓬上的霜洗去。气温降至 0 ℃以下的霜冻发生时，应避免喷水造成冰冻伤害。

7.2.2 宜选用防霜机、烟雾机、烟雾发生器和喷灌设备进行作业。

7.2.3 防霜风机设置为自动启闭，保持冠层温度不低于 0 ℃，雨雪天气时应手动关闭。

8 灌溉

8.1 茶园灌溉通常采用管灌（含滴管、喷灌），水分管理和追肥可同步进行。宜使用滴灌、渗灌、微灌等节水灌溉和水肥一体化技术。

8.2 灌溉宜选用水肥一体化设备、喷灌机作业。

8.3 灌溉管线排布合理，暗管埋管深度不小于 30 cm，喷滴竖管高度可调整，不阻碍机械作业。喷滴灌作业范围应保持灌溉均匀。灌溉作业应符合 GB/T 50363 和 GB/T 5084 的规定。

9 修剪

9.1 根据茶树的树龄、长势和修剪要求，分别采用定型修剪、轻修剪、深修剪、重修剪和台刈等方法，培养优化型树冠，复壮树势。

9.2 定型修剪、轻修剪、深修剪宜选用单人修剪机、双人修剪机、乘坐式修剪机等机具进行作业；重修剪宜选用果枝剪、重修剪机、圆盘锯等机具进行作业；台刈选用弯刀、手锯、圆盘锯、台刈机等机具进行作业；侧边修剪宜选用单人修剪机或手扶式侧边修剪机进行作业。

9.3 投产茶园每年应进行 1 次～2 次侧边修剪，相邻茶行树冠外缘应保持不小于 20 cm 间距，利于机械化田间作业和通风透光。茶树修剪作业应符合 NY/T 5018 的规定。

10 采摘

10.1 根据茶树生长特性和茶叶生产工艺要求，对发芽整齐、生长势强、采摘面平整，标准新梢达到60%～80%的茶园，选用机械进行采摘。

10.2 大宗茶采摘宜选用单人采茶机、双人采茶机、乘用型采茶机等机具进行作业；名优茶采摘可选用乘用型、遥控型、背负式名优茶采茶机等机具进行作业。

10.3 采口高度根据留养要求掌握，在上次采摘面上提高 1 cm～2 cm 采摘。机采作业应符合 NY/T 225 的规定。

附录

中华人民共和国农业农村部公告
第 576 号

《小麦土传病毒病防控技术规程》等 135 项标准业经专家审定通过，现批准发布为中华人民共和国农业行业标准，自 2022 年 10 月 1 日起实施。标准编号和名称见附件。该批标准文本由中国农业出版社出版，可于发布之日起 2 个月后在中国农产品质量安全网(http://www.aqsc.org)查阅。特此公告。

附件：《小麦土传病毒病防控技术规程》等 135 项农业行业标准目录

农业农村部

2022 年 7 月 11 日

附件：

《小麦土传病毒病防控技术规程》等 135 项农业行业标准目录

序号	标准号	标准名称	代替标准号
1	NY/T 4071—2022	小麦土传病毒病防控技术规程	
2	NY/T 4072—2022	棉花枯萎病测报技术规范	
3	NY/T 4073—2022	结球甘蓝机械化生产技术规程	
4	NY/T 4074—2022	向日葵全程机械化生产技术规范	
5	NY/T 4075—2022	桑黄等级规格	
6	NY/T 886—2022	农林保水剂	NY/T 886—2016
7	NY/T 1978—2022	肥料　汞、砷、镉、铅、铬、镍含量的测定	NY/T 1978—2010
8	NY/T 4076—2022	有机肥料　钙、镁、硫含量的测定	
9	NY/T 4077—2022	有机肥料　氯、钠含量的测定	
10	NY/T 4078—2022	多杀霉素悬浮剂	
11	NY/T 4079—2022	多杀霉素原药	
12	NY/T 4080—2022	威百亩可溶液剂	
13	NY/T 4081—2022	噁唑酰草胺乳油	
14	NY/T 4082—2022	噁唑酰草胺原药	
15	NY/T 4083—2022	噻虫啉原药	
16	NY/T 4084—2022	噻虫啉悬浮剂	
17	NY/T 4085—2022	乙氧磺隆水分散粒剂	
18	NY/T 4086—2022	乙氧磺隆原药	
19	NY/T 4087—2022	咪鲜胺锰盐可湿性粉剂	
20	NY/T 4088—2022	咪鲜胺锰盐原药	
21	NY/T 4089—2022	吲哚丁酸原药	
22	NY/T 4090—2022	甲氧咪草烟原药	
23	NY/T 4091—2022	甲氧咪草烟可溶液剂	
24	NY/T 4092—2022	右旋苯醚氰菊酯原药	
25	NY/T 4093—2022	甲基碘磺隆钠盐原药	
26	NY/T 4094—2022	精甲霜灵原药	
27	NY/T 4095—2022	精甲霜灵种子处理乳剂	
28	NY/T 4096—2022	甲咪唑烟酸可溶液剂	
29	NY/T 4097—2022	甲咪唑烟酸原药	
30	NY/T 4098—2022	虫螨腈悬浮剂	
31	NY/T 4099—2022	虫螨腈原药	
32	NY/T 4100—2022	杀螺胺(杀螺胺乙醇胺盐)可湿性粉剂	
33	NY/T 4101—2022	杀螺胺(杀螺胺乙醇胺盐)原药	
34	NY/T 4102—2022	乙螨唑悬浮剂	
35	NY/T 4103—2022	乙螨唑原药	
36	NY/T 4104—2022	唑螨酯原药	
37	NY/T 4105—2022	唑螨酯悬浮剂	
38	NY/T 4106—2022	氟吡菌胺原药	
39	NY/T 4107—2022	氟噻草胺原药	

（续）

序号	标准号	标准名称	代替标准号
40	NY/T 4108—2022	嗪草酮可湿性粉剂	
41	NY/T 4109—2022	嗪草酮水分散粒剂	
42	NY/T 4110—2022	嗪草酮悬浮剂	
43	NY/T 4111—2022	嗪草酮原药	
44	NY/T 4112—2022	二嗪磷颗粒剂	
45	NY/T 4113—2022	二嗪磷乳油	
46	NY/T 4114—2022	二嗪磷原药	
47	NY/T 4115—2022	胺鲜酯(胺鲜酯柠檬酸盐)可溶液剂	
48	NY/T 4116—2022	胺鲜酯(胺鲜酯柠檬酸盐)原药	
49	NY/T 4117—2022	乳氟禾草灵乳油	
50	NY/T 4118—2022	乳氟禾草灵原药	
51	NY/T 4119—2022	农药产品中有效成分含量测定通用分析方法　高效液相色谱法	
52	NY/T 4120—2022	饲料原料　腐植酸钠	
53	NY/T 4121—2022	饲料原料　玉米胚芽粕	
54	NY/T 4122—2022	饲料原料　鸡蛋清粉	
55	NY/T 4123—2022	饲料原料　甜菜糖蜜	
56	NY/T 2218—2022	饲料原料　发酵豆粕	NY/T 2218—2012
57	NY/T 724—2022	饲料中拉沙洛西钠的测定　高效液相色谱法	NY/T 724—2003
58	NY/T 2896—2022	饲料中斑蝥黄的测定　高效液相色谱法	NY/T 2896—2016
59	NY/T 914—2022	饲料中氢化可的松的测定	NY/T 914—2004
60	NY/T 4124—2022	饲料中 T-2 和 HT-2 毒素的测定　液相色谱-串联质谱法	
61	NY/T 4125—2022	饲料中淀粉糊化度的测定	
62	NY/T 1459—2022	饲料中酸性洗涤纤维的测定	NY/T 1459—2007
63	SC/T 1078—2022	中华绒螯蟹配合饲料	SC/T 1078—2004
64	NY/T 4126—2022	对虾幼体配合饲料	
65	NY/T 4127—2022	克氏原螯虾配合饲料	
66	SC/T 1074—2022	团头鲂配合饲料	SC/T 1074—2004
67	NY/T 4128—2022	渔用膨化颗粒饲料通用技术规范	
68	NY/T 4129—2022	草地家畜最适采食强度测算方法	
69	NY/T 4130—2022	草原矿区排土场植被恢复生物笆技术要求	
70	NY/T 4131—2022	多浪羊	
71	NY/T 4132—2022	和田羊	
72	NY/T 4133—2022	哈萨克羊	
73	NY/T 4134—2022	塔什库尔干羊	
74	NY/T 4135—2022	巴尔楚克羊	
75	NY/T 4136—2022	车辆洗消中心生物安全技术	
76	NY/T 4137—2022	猪细小病毒病诊断技术	
77	NY/T 1247—2022	禽网状内皮组织增殖症诊断技术	NY/T 1247—2006
78	NY/T 573—2022	动物弓形虫病诊断技术	NY/T 573—2002
79	NY/T 4138—2022	蜜蜂孢子虫病诊断技术	
80	NY/T 4139—2022	兽医流行病学调查与监测抽样技术	
81	NY/T 4140—2022	口蹄疫紧急流行病学调查技术	

（续）

序号	标准号	标准名称	代替标准号
82	NY/T 4141—2022	动物源细菌耐药性监测样品采集技术规程	
83	NY/T 4142—2022	动物源细菌抗菌药物敏感性测试技术规程　微量肉汤稀释法	
84	NY/T 4143—2022	动物源细菌抗菌药物敏感性测试技术规程　琼脂稀释法	
85	NY/T 4144—2022	动物源细菌抗菌药物敏感性测试技术规程　纸片扩散法	
86	NY/T 4145—2022	动物源金黄色葡萄球菌分离与鉴定技术规程	
87	NY/T 4146—2022	动物源沙门氏菌分离与鉴定技术规程	
88	NY/T 4147—2022	动物源肠球菌分离与鉴定技术规程	
89	NY/T 4148—2022	动物源弯曲杆菌分离与鉴定技术规程	
90	NY/T 4149—2022	动物源大肠埃希菌分离与鉴定技术规程	
91	SC/T 1135.7—2022	稻渔综合种养技术规范　第7部分：稻鲤(山丘型)	
92	SC/T 1157—2022	胭脂鱼	
93	SC/T 1158—2022	香鱼	
94	SC/T 1159—2022	兰州鲇	
95	SC/T 1160—2022	黑尾近红鲌	
96	SC/T 1161—2022	黑尾近红鲌　亲鱼和苗种	
97	SC/T 1162—2022	斑鳢　亲鱼和苗种	
98	SC/T 1163—2022	水产新品种生长性能测试　龟鳖类	
99	SC/T 2110—2022	中国对虾良种选育技术规范	
100	SC/T 6104—2022	工厂化鱼菜共生设施设计规范	
101	SC/T 6105—2022	沿海渔港污染防治设施设备配备总体要求	
102	NY/T 4150—2022	农业遥感监测专题制图技术规范	
103	NY/T 4151—2022	农业遥感监测无人机影像预处理技术规范	
104	NY/T 4152—2022	农作物种质资源库建设规范　低温种质库	
105	NY/T 4153—2022	农田景观生物多样性保护导则	
106	NY/T 4154—2022	农产品产地环境污染应急监测技术规范	
107	NY/T 4155—2022	农用地土壤环境损害鉴定评估技术规范	
108	NY/T 1263—2022	农业环境损害事件损失评估技术准则	NY/T 1263—2007
109	NY/T 4156—2022	外来入侵杂草精准监测与变量施药技术规范	
110	NY/T 4157—2022	农作物秸秆产生和可收集系数测算技术导则	
111	NY/T 4158—2022	农作物秸秆资源台账数据调查与核算技术规范	
112	NY/T 4159—2022	生物炭	
113	NY/T 4160—2022	生物炭基肥料田间试验技术规范	
114	NY/T 4161—2022	生物质热裂解炭化工艺技术规程	
115	NY/T 4162.1—2022	稻田氮磷流失防控技术规范　第1部分：控水减排	
116	NY/T 4162.2—2022	稻田氮磷流失防控技术规范　第2部分：控源增汇	
117	NY/T 4163.1—2022	稻田氮磷流失综合防控技术指南　第1部分：北方单季稻	
118	NY/T 4163.2—2022	稻田氮磷流失综合防控技术指南　第2部分：双季稻	
119	NY/T 4163.3—2022	稻田氮磷流失综合防控技术指南　第3部分：水旱轮作	
120	NY/T 4164—2022	现代农业全产业链标准化技术导则	
121	NY/T 472—2022	绿色食品　兽药使用准则	NY/T 472—2013
122	NY/T 755—2022	绿色食品　渔药使用准则	NY/T 755—2013
123	NY/T 4165—2022	柑橘电商冷链物流技术规程	

（续）

序号	标准号	标准名称	代替标准号
124	NY/T 4166—2022	苹果电商冷链物流技术规程	
125	NY/T 4167—2022	荔枝冷链流通技术要求	
126	NY/T 4168—2022	果蔬预冷技术规范	
127	NY/T 4169—2022	农产品区域公用品牌建设指南	
128	NY/T 4170—2022	大豆市场信息监测要求	
129	NY/T 4171—2022	12316 平台管理要求	
130	NY/T 4172—2022	沼气工程安全生产监控技术规范	
131	NY/T 4173—2022	沼气工程技术参数试验方法	
132	NY/T 2596—2022	沼肥	NY/T 2596—2014
133	NY/T 860—2022	户用沼气池密封涂料	NY/T 860—2004
134	NY/T 667—2022	沼气工程规模分类	NY/T 667—2011
135	NY/T 4174—2022	食用农产品生物营养强化通则	

农　业　农　村　部
国家卫生健康委员会
国家市场监督管理总局
公　告
第594号

根据《中华人民共和国食品安全法》规定，经食品安全国家标准审评委员会审查通过，现发布《食品安全国家标准　食品中41种兽药最大残留限量》(GB 31650.1—2022)及21项兽药残留检测方法食品安全国家标准，自2023年2月1日起实施。标准编号和名称见附件，标准文本可在中国农产品质量安全网(http://www.aqsc.org)查阅下载。

附件：《食品安全国家标准　食品中41种兽药最大残留限量》(GB 31650.1—2022)及21项兽药残留检测方法食品安全国家标准目录

农业农村部
国家卫生健康委员会
国家市场监督管理总局
2022年9月20日

附录

附件：

《食品安全国家标准　食品中41种兽药最大残留限量》(GB 31650.1—2022)及21项兽药残留检测方法食品安全国家标准目录

序号	标准号	标准名称	代替标准号
1	GB 31650.1—2022	食品安全国家标准　食品中41种兽药最大残留限量	
2	GB 31613.4—2022	食品安全国家标准　牛可食性组织中吡利霉素残留量的测定　液相色谱-串联质谱法	
3	GB 31613.5—2022	食品安全国家标准　鸡可食组织中抗球虫药物残留量的测定　液相色谱-串联质谱法	
4	GB 31613.6—2022	食品安全国家标准　猪和家禽可食性组织中维吉尼亚霉素 M_1 残留量的测定　液相色谱-串联质谱法	
5	GB 31659.2—2022	食品安全国家标准　禽蛋、奶和奶粉中多西环素残留量的测定　液相色谱-串联质谱法	
6	GB 31659.3—2022	食品安全国家标准　奶和奶粉中头孢类药物残留量的测定　液相色谱-串联质谱法	GB/T 22989—2008
7	GB 31659.4—2022	食品安全国家标准　奶及奶粉中阿维菌素类药物残留量的测定　液相色谱-串联质谱法	GB/T 22968—2008
8	GB 31659.5—2022	食品安全国家标准　牛奶中利福昔明残留量的测定　液相色谱-串联质谱法	
9	GB 31659.6—2022	食品安全国家标准　牛奶中氯前列醇残留量的测定　液相色谱-串联质谱法	
10	GB 31656.14—2022	食品安全国家标准　水产品中27种性激素残留量的测定　液相色谱-串联质谱法	
11	GB 31656.15—2022	食品安全国家标准　水产品中甲苯咪唑及其代谢物残留量的测定　液相色谱-串联质谱法	
12	GB 31656.16—2022	食品安全国家标准　水产品中氯霉素、甲砜霉素、氟苯尼考和氟苯尼考胺残留量的测定　气相色谱法	
13	GB 31656.17—2022	食品安全国家标准　水产品中二硫氰基甲烷残留量的测定　气相色谱法	
14	GB 31657.3—2022	食品安全国家标准　蜂产品中头孢类药物残留量的测定　液相色谱-串联质谱法	GB/T 22942—2008
15	GB 31658.18—2022	食品安全国家标准　动物性食品中三氮脒残留量的测定　高效液相色谱法	
16	GB 31658.19—2022	食品安全国家标准　动物性食品中阿托品、东莨菪碱、山莨菪碱、利多卡因、普鲁卡因残留量的测定　液相色谱-串联质谱法	
17	GB 31658.20—2022	食品安全国家标准　动物性食品中酰胺醇类药物及其代谢物残留量的测定　液相色谱-串联质谱法	
18	GB 31658.21—2022	食品安全国家标准　动物性食品中左旋咪唑残留量的测定　液相色谱-串联质谱法	
19	GB 31658.22—2022	食品安全国家标准　动物性食品中β-受体激动剂残留量的测定　液相色谱-串联质谱法	GB/T 22286—2008 GB/T 21313—2007
20	GB 31658.23—2022	食品安全国家标准　动物性食品中硝基咪唑类药物残留量的测定　液相色谱-串联质谱法	
21	GB 31658.24—2022	食品安全国家标准　动物性食品中赛杜霉素残留量的测定　液相色谱-串联质谱法	
22	GB 31658.25—2022	食品安全国家标准　动物性食品中10种利尿药残留量的测定　液相色谱-串联质谱法	

国家卫生健康委员会
农 业 农 村 部
国家市场监督管理总局
公 告
2022 年 第 6 号

根据《中华人民共和国食品安全法》规定，经食品安全国家标准审评委员会审查通过，现发布《食品安全国家标准 食品中 2,4-滴丁酸钠盐等 112 种农药最大残留限量》(GB 2763.1—2022)标准。

本标准自发布之日起 6 个月正式实施。标准文本可在中国农产品质量安全网(http://www.aqsc.org)查阅下载，文本内容由农业农村部负责解释。

特此公告。

国家卫生健康委员会
农业农村部
国家市场监督管理总局
2022 年 11 月 11 日

中华人民共和国农业农村部公告
第 618 号

《稻田油菜免耕飞播生产技术规程》等 160 项标准业经专家审定通过，现批准发布为中华人民共和国农业行业标准，自 2023 年 3 月 1 日起实施。标准编号和名称见附件。该批标准文本由中国农业出版社出版，可于发布之日起 2 个月后在中国农产品质量安全网(http://www.aqsc.org)查阅。

特此公告。

附件：《稻田油菜免耕飞播生产技术规程》等 160 项农业行业标准目录

农业农村部

2022 年 11 月 11 日

附件：

《稻田油菜免耕飞播生产技术规程》等160项农业行业标准目录

序号	标准号	标准名称	代替标准号
1	NY/T 4175—2022	稻田油菜免耕飞播生产技术规程	
2	NY/T 4176—2022	青稞栽培技术规程	
3	NY/T 594—2022	食用粳米	NY/T 594—2013
4	NY/T 595—2022	食用籼米	NY/T 595—2013
5	NY/T 832—2022	黑米	NY/T 832—2004
6	NY/T 4177—2022	旱作农业　术语与定义	
7	NY/T 4178—2022	大豆开花期光温敏感性鉴定技术规程	
8	NY/T 4179—2022	小麦茎基腐病测报技术规范	
9	NY/T 4180—2022	梨火疫病监测规范	
10	NY/T 4181—2022	草地贪夜蛾抗药性监测技术规程	
11	NY/T 4182—2022	农作物病虫害监测设备技术参数与性能要求	
12	NY/T 4183—2022	农药使用人员个体防护指南	
13	NY/T 4184—2022	蜜蜂中57种农药及其代谢物残留量的测定　液相色谱-质谱联用法和气相色谱-质谱联用法	
14	NY/T 4185—2022	易挥发化学农药对蚯蚓急性毒性试验准则	
15	NY/T 4186—2022	化学农药　鱼类早期生活阶段毒性试验准则	
16	NY/T 4187—2022	化学农药　鸟类繁殖试验准则	
17	NY/T 4188—2022	化学农药　大型溞繁殖试验准则	
18	NY/T 4189—2022	化学农药　两栖类动物变态发育试验准则	
19	NY/T 4190—2022	化学农药　蚯蚓田间试验准则	
20	NY/T 4191—2022	化学农药　土壤代谢试验准则	
21	NY/T 4192—2022	化学农药　水-沉积物系统代谢试验准则	
22	NY/T 4193—2022	化学农药　高效液相色谱法估算土壤吸附系数试验准则	
23	NY/T 4194.1—2022	化学农药　鸟类急性经口毒性试验准则　第1部分:序贯法	
24	NY/T 4194.2—2022	化学农药　鸟类急性经口毒性试验准则　第2部分:经典剂量效应法	
25	NY/T 4195.1—2022	农药登记环境影响试验生物试材培养　第1部分:蜜蜂	
26	NY/T 4195.2—2022	农药登记环境影响试验生物试材培养　第2部分:日本鹌鹑	
27	NY/T 4195.3—2022	农药登记环境影响试验生物试材培养　第3部分:斑马鱼	
28	NY/T 4195.4—2022	农药登记环境影响试验生物试材培养　第4部分:家蚕	
29	NY/T 4195.5—2022	农药登记环境影响试验生物试材培养　第5部分:大型溞	
30	NY/T 4195.6—2022	农药登记环境影响试验生物试材培养　第6部分:近头状尖胞藻	
31	NY/T 4195.7—2022	农药登记环境影响试验生物试材培养　第7部分:浮萍	
32	NY/T 4195.8—2022	农药登记环境影响试验生物试材培养　第8部分:赤子爱胜蚓	
33	NY/T 2882.9—2022	农药登记　环境风险评估指南　第9部分:混配制剂	

（续）

序号	标准号	标准名称	代替标准号
34	NY/T 4196.1—2022	农药登记环境风险评估标准场景　第1部分:场景构建方法	
35	NY/T 4196.2—2022	农药登记环境风险评估标准场景　第2部分:水稻田标准场景	
36	NY/T 4196.3—2022	农药登记环境风险评估标准场景　第3部分:旱作地下水标准场景	
37	NY/T 4197.1—2022	微生物农药　环境风险评估指南　第1部分:总则	
38	NY/T 4197.2—2022	微生物农药　环境风险评估指南　第2部分:鱼类	
39	NY/T 4197.3—2022	微生物农药　环境风险评估指南　第3部分:溞类	
40	NY/T 4197.4—2022	微生物农药　环境风险评估指南　第4部分:鸟类	
41	NY/T 4197.5—2022	微生物农药　环境风险评估指南　第5部分:蜜蜂	
42	NY/T 4197.6—2022	微生物农药　环境风险评估指南　第6部分:家蚕	
43	NY/T 4198—2022	肥料质量监督抽查　抽样规范	
44	NY/T 2634—2022	棉花品种真实性鉴定　SSR分子标记法	NY/T 2634—2014
45	NY/T 4199—2022	甜瓜品种真实性鉴定　SSR分子标记法	
46	NY/T 4200—2022	黄瓜品种真实性鉴定　SSR分子标记法	
47	NY/T 4201—2022	梨品种鉴定　SSR分子标记法	
48	NY/T 4202—2022	菜豆品种鉴定　SSR分子标记法	
49	NY/T 3060.9—2022	大麦品种抗病性鉴定技术规程　第9部分:抗云纹病	
50	NY/T 3060.10—2022	大麦品种抗病性鉴定技术规程　第10部分:抗黑穗病	
51	NY/T 4203—2022	塑料育苗穴盘	
52	NY/T 4204—2022	机械化种植水稻品种筛选方法	
53	NY/T 4205—2022	农作物品种数字化管理数据描述规范	
54	NY/T 1299—2022	农作物品种试验与信息化技术规程　大豆	NY/T 1299—2014
55	NY/T 1300—2022	农作物品种试验与信息化技术规程　水稻	NY/T 1300—2007
56	NY/T 4206—2022	茭白种质资源收集、保存与评价技术规程	
57	NY/T 4207—2022	植物品种特异性、一致性和稳定性测试指南　黄花蒿	
58	NY/T 4208—2022	植物品种特异性、一致性和稳定性测试指南　蟹爪兰属	
59	NY/T 4209—2022	植物品种特异性、一致性和稳定性测试指南　忍冬	
60	NY/T 4210—2022	植物品种特异性、一致性和稳定性测试指南　梨砧木	
61	NY/T 4211—2022	植物品种特异性、一致性和稳定性测试指南　量天尺属	
62	NY/T 4212—2022	植物品种特异性、一致性和稳定性测试指南　番石榴	
63	NY/T 4213—2022	植物品种特异性、一致性和稳定性测试指南　重齿当归	
64	NY/T 4214—2022	植物品种特异性、一致性和稳定性测试指南　广东万年青属	
65	NY/T 4215—2022	植物品种特异性、一致性和稳定性测试指南　麦冬	
66	NY/T 4216—2022	植物品种特异性、一致性和稳定性测试指南　拟石莲属	
67	NY/T 4217—2022	植物品种特异性、一致性和稳定性测试指南　蝉花	
68	NY/T 4218—2022	植物品种特异性、一致性和稳定性测试指南　兵豆属	
69	NY/T 4219—2022	植物品种特异性、一致性和稳定性测试指南　甘草属	

（续）

序号	标准号	标准名称	代替标准号
70	NY/T 4220—2022	植物品种特异性、一致性和稳定性测试指南　救荒野豌豆	
71	NY/T 4221—2022	植物品种特异性、一致性和稳定性测试指南　羊肚菌属	
72	NY/T 4222—2022	植物品种特异性、一致性和稳定性测试指南　刀豆	
73	NY/T 4223—2022	植物品种特异性、一致性和稳定性测试指南　腰果	
74	NY/T 4224—2022	浓缩天然胶乳　无氨保存离心胶乳　规格	
75	NY/T 459—2022	天然生胶　子午线轮胎橡胶	NY/T 459—2011
76	NY/T 4225—2022	天然生胶　脂肪酸含量的测定　气相色谱法	
77	NY/T 2667.18—2022	热带作物品种审定规范　第18部分:莲雾	
78	NY/T 2667.19—2022	热带作物品种审定规范　第19部分:草果	
79	NY/T 2668.18—2022	热带作物品种试验技术规程　第18部分:莲雾	
80	NY/T 2668.19—2022	热带作物品种试验技术规程　第19部分:草果	
81	NY/T 4226—2022	杨桃苗木繁育技术规程	
82	NY/T 4227—2022	油梨种苗繁育技术规程	
83	NY/T 4228—2022	荔枝高接换种技术规程	
84	NY/T 4229—2022	芒果种质资源保存技术规程	
85	NY/T 1808—2022	热带作物种质资源描述规范　芒果	NY/T 1808—2009
86	NY/T 4230—2022	香蕉套袋技术操作规程	
87	NY/T 4231—2022	香蕉采收及采后处理技术规程	
88	NY/T 4232—2022	甘蔗尾梢发酵饲料生产技术规程	
89	NY/T 4233—2022	火龙果　种苗	
90	NY/T 694—2022	罗汉果	NY/T 694—2003
91	NY/T 4234—2022	芒果品种鉴定　MNP标记法	
92	NY/T 4235—2022	香蕉枯萎病防控技术规范	
93	NY/T 4236—2022	菠萝水心病测报技术规范	
94	NY/T 4237—2022	菠萝等级规格	
95	NY/T 1436—2022	莲雾等级规格	NY/T 1436—2007
96	NY/T 4238—2022	菠萝良好农业规范	
97	NY/T 4239—2022	香蕉良好农业规范	
98	NY/T 4240—2022	西番莲良好农业规范	
99	NY/T 4241—2022	生咖啡和焙炒咖啡　整豆自由流动堆密度的测定(常规法)	
100	NY/T 4242—2022	鲁西牛	
101	NY/T 1335—2022	牛人工授精技术规程	NY/T 1335—2007
102	NY/T 4243—2022	畜禽养殖场温室气体排放核算方法	
103	SC/T 1164—2022	陆基推水集装箱式水产养殖技术规程　罗非鱼	
104	SC/T 1165—2022	陆基推水集装箱式水产养殖技术规程　草鱼	
105	SC/T 1166—2022	陆基推水集装箱式水产养殖技术规程　大口黑鲈	
106	SC/T 1167—2022	陆基推水集装箱式水产养殖技术规程　乌鳢	
107	SC/T 2049—2022	大黄鱼　亲鱼和苗种	SC/T 2049.1—2006、SC/T 2049.2—2006
108	SC/T 2113—2022	长蛸	

（续）

序号	标准号	标准名称	代替标准号
109	SC/T 2114—2022	近江牡蛎	
110	SC/T 2115—2022	日本白姑鱼	
111	SC/T 2116—2022	条石鲷	
112	SC/T 2117—2022	三疣梭子蟹良种选育技术规范	
113	SC/T 2118—2022	浅海筏式贝类养殖容量评估方法	
114	SC/T 2119—2022	坛紫菜苗种繁育技术规范	
115	SC/T 2120—2022	半滑舌鳎人工繁育技术规范	
116	SC/T 3003—2022	渔获物装卸技术规范	SC/T 3003—1988
117	SC/T 3013—2022	贝类净化技术规范	SC/T 3013—2002
118	SC/T 3014—2022	干条斑紫菜加工技术规程	SC/T 3014—2002
119	SC/T 3055—2022	藻类产品分类与名称	
120	SC/T 3056—2022	鲟鱼子酱加工技术规程	
121	SC/T 3057—2022	水产品及其制品中磷脂含量的测定　液相色谱法	
122	SC/T 3115—2022	冻章鱼	SC/T 3115—2006
123	SC/T 3122—2022	鱿鱼等级规格	SC/T 3122—2014
124	SC/T 3123—2022	养殖大黄鱼质量等级评定规则	
125	SC/T 3407—2022	食用琼胶	
126	SC/T 3503—2022	多烯鱼油制品	SC/T 3503—2000
127	SC/T 3507—2022	南极磷虾粉	
128	SC/T 5109—2022	观赏性水生动物养殖场条件　海洋甲壳动物	
129	SC/T 5713—2022	金鱼分级　虎头类	
130	SC/T 7015—2022	病死水生动物及病害水生动物产品无害化处理规范	SC/T 7015—2011
131	SC/T 7018—2022	水生动物疫病流行病学调查规范	SC/T 7018.1—2012
132	SC/T 7025—2022	鲤春病毒血症(SVC)监测技术规范	
133	SC/T 7026—2022	白斑综合征(WSD)监测技术规范	
134	SC/T 7027—2022	急性肝胰腺坏死病(AHPND)监测技术规范	
135	SC/T 7028—2022	水产养殖动物细菌耐药性调查规范　通则	
136	SC/T 7216—2022	鱼类病毒性神经坏死病诊断方法	SC/T 7216—2012
137	SC/T 7242—2022	罗氏沼虾白尾病诊断方法	
138	SC/T 9440—2022	海草床建设技术规范	
139	SC/T 9442—2022	人工鱼礁投放质量评价技术规范	
140	NY/T 4244—2022	农业行业标准审查技术规范	
141	NY/T 4245—2022	草莓生产全程质量控制技术规范	
142	NY/T 4246—2022	葡萄生产全程质量控制技术规范	
143	NY/T 4247—2022	设施西瓜生产全程质量控制技术规范	
144	NY/T 4248—2022	水稻生产全程质量控制技术规范	
145	NY/T 4249—2022	芹菜生产全程质量控制技术规范	
146	NY/T 4250—2022	干制果品包装标识技术要求	
147	NY/T 2900—2022	报废农业机械回收拆解技术规范	NY/T 2900—2016
148	NY/T 4251—2022	牧草全程机械化生产技术规范	
149	NY/T 4252—2022	标准化果园全程机械化生产技术规范	
150	NY/T 4253—2022	茶园全程机械化生产技术规范	

（续）

序号	标准号	标准名称	代替标准号
151	NY/T 4254—2022	生猪规模化养殖设施装备配置技术规范	
152	NY/T 4255—2022	规模化孵化场设施装备配置技术规范	
153	NY/T 1408.7—2022	农业机械化水平评价　第7部分:丘陵山区	
154	NY/T 4256—2022	丘陵山区农田宜机化改造技术规范	
155	NY/T 4257—2022	农业机械通用技术参数一般测定方法	
156	NY/T 4258—2022	植保无人飞机　作业质量	
157	NY/T 4259—2022	植保无人飞机　安全施药技术规程	
158	NY/T 4260—2022	植保无人飞机防治小麦病虫害作业规程	
159	NY/T 4261—2022	农业大数据安全管理指南	
160	NY/T 4262—2022	肉及肉制品中7种合成红色素的测定　液相色谱-串联质谱法	

中华人民共和国农业农村部公告
第 627 号

《饲料中环丙安嗪的测定》等 2 项标准业经专家审定通过，现批准发布为中华人民共和国国家标准，自 2023 年 3 月 1 日起实施。标准编号和名称见附件。该批标准文本由中国农业出版社出版，可于发布之日起 2 个月后在中国农产品质量安全网(http://www.aqsc.org)查阅。

特此公告。

附件：《饲料中环丙安嗪的测定》等 2 项国家标准目录

农业农村部

2022 年 12 月 19 日

附件：

《饲料中环丙安嗪的测定》等2项国家标准目录

序号	标准号	标准名称	代替标准号
1	农业农村部公告第627号—1—2022	饲料中环丙氨嗪的测定	
2	农业农村部公告第627号—2—2022	饲料中二羟丙茶碱的测定　液相色谱-串联质谱法	

中华人民共和国农业农村部公告
第 628 号

《转基因植物及其产品环境安全检测　抗病毒番木瓜　第 1 部分：抗病性》等 13 项标准业经专家审定通过，现批准发布为中华人民共和国国家标准，自 2023 年 3 月 1 日起实施。标准编号和名称见附件。该批标准文本由中国农业出版社出版，可于发布之日起 2 个月后在中国农产品质量安全网（http://www.aqsc.org）查阅。

特此公告。

附件：《转基因植物及其产品环境安全检测　抗病毒番木瓜　第 1 部分：抗病性》等 13 项国家标准目录

农业农村部

2022 年 12 月 19 日

附件：

《转基因植物及其产品环境安全检测　抗病毒番木瓜　第 1 部分:抗病性》等 13 项国家标准目录

序号	标准号	标准名称	代替标准号
1	农业农村部公告第 628 号—1—2022	转基因植物及其产品环境安全检测　抗病毒番木瓜　第 1 部分:抗病性	
2	农业农村部公告第 628 号—2—2022	转基因植物及其产品环境安全检测　抗病毒番木瓜　第 2 部分:生存竞争能力	
3	农业农村部公告第 628 号—3—2022	转基因植物及其产品环境安全检测　抗病毒番木瓜　第 3 部分:外源基因漂移	
4	农业农村部公告第 628 号—4—2022	转基因植物及其产品环境安全检测　抗病毒番木瓜　第 4 部分:生物多样性影响	
5	农业农村部公告第 628 号—5—2022	转基因植物及其产品环境安全检测　抗虫棉花　第 1 部分:对靶标害虫的抗虫性	农业部 1943 号公告—3—2013
6	农业农村部公告第 628 号—6—2022	转基因植物环境安全检测　外源杀虫蛋白对非靶标生物影响　第 10 部分:大型蚤	
7	农业农村部公告第 628 号—7—2022	转基因植物及其产品成分检测　抗虫转 Bt 基因棉花外源 Bt 蛋白表达量 ELISA 检测方法	农业部 1943 号公告—4—2013
8	农业农村部公告第 628 号—8—2022	转基因植物及其产品成分检测　bar 和 pat 基因定性 PCR 方法	农业部 1782 号公告—6—2012
9	农业农村部公告第 628 号—9—2022	转基因植物及其产品成分检测　大豆常见转基因成分筛查	
10	农业农村部公告第 628 号—10—2022	转基因植物及其产品成分检测　油菜常见转基因成分筛查	
11	农业农村部公告第 628 号—11—2022	转基因植物及其产品成分检测　水稻常见转基因成分筛查	
12	农业农村部公告第 628 号—12—2022	转基因生物及其产品食用安全检测　大豆中寡糖含量的测定　液相色谱法	
13	农业农村部公告第 628 号—13—2022	转基因生物及其产品食用安全检测　抗营养因子　大豆中凝集素检测方法　液相色谱-串联质谱法	

图书在版编目（CIP）数据

种植行业标准汇编．2024 / 标准质量出版分社编
．—北京 ：中国农业出版社，2024．3
ISBN 978-7-109-31819-9

Ⅰ．①种…　Ⅱ．①标…　Ⅲ．①种植业一行业标准一汇编一中国一2024　Ⅳ．①S3-65

中国国家版本馆 CIP 数据核字（2024）第 057601 号

种植行业标准汇编（2024）
ZHONGZHI HANGYE BIAOZHUN HUIBIAN（2024）

中国农业出版社出版
地址：北京市朝阳区麦子店街 18 号楼
邮编：100125
责任编辑：冀　刚　廖　宁
版式设计：王　晨　　责任校对：张雯婷
印刷：北京印刷一厂
版次：2024 年 3 月第 1 版
印次：2024 年 3 月北京第 1 次印刷
发行：新华书店北京发行所
开本：880mm×1230mm　1/16
印张：57.25
字数：1855 千字
定价：570.00 元